U0416827

华为智能计算技术丛书

HUAWEI

openGauss
数据库源码解析

李国良　张树杰◎编著

清華大學出版社
北京

内容简介

本书是针对 openGauss 开源数据库的源码进行分模块解析的书籍。

全书共分为 10 章。第 1 章对 openGauss 进行简介。第 2 章介绍了内核开发所需的入门知识，包括 openGauss 的安装、基本使用、开发、编译、参与社区开源项目等。第 3～10 章针对 openGauss 不同的功能模块分别进行源码介绍。第 3 章针对系统表、多线程架构、内存管理等作用于整个数据库系统的公共组件从定义、原理、流程等方面进行源码介绍；第 4 章介绍 openGauss 满足 OLTP、OLAP 不同业务场景的存储引擎实现及对应的源码；第 5 章介绍保证数据库 ACID 属性的事务机制的原理和源码；第 6 章介绍 SQL 引擎的 SQL 解析和查询优化代码主流程；第 7 章介绍 openGauss 执行器的整体架构和各类执行算子的源码；第 8 章介绍 openGauss 在人工智能与数据库结合领域探索的源码；第 9 章从系统整体角度出发，针对基础和高阶的安全能力进行全面介绍和源码解读；第 10 章介绍 openGauss 的备份恢复机制的源码，包括全量备份、增量备份所涉及的工具、交互流程和主要文件等。

本书可以作为内核开发者了解 openGauss 数据库并基于 openGauss 进行数据库开发的参考教程，也可以作为广大高校计算机专业“数据库设计”课程的参考教材。

图书在版编目(CIP)数据

openGauss 数据库源码解析/李国良，张树杰编著. —北京：清华大学出版社，2021.8（2024.11重印）
（华为智能计算技术丛书）
ISBN 978-7-302-58617-3

Ⅰ. ①o… Ⅱ. ①李… ②张… Ⅲ. ①关系数据库系统 Ⅳ. ①TP311.138

中国版本图书馆 CIP 数据核字(2021)第 131671 号

策划编辑：盛东亮
责任编辑：钟志芳　崔　彤
封面设计：李召霞
责任校对：时翠兰
责任印制：宋　林

出版发行：清华大学出版社
网　　址：https://www.tup.com.cn，https://www.wqxuetang.com
地　　址：北京清华大学学研大厦 A 座　　**邮　　编**：100084
社 总 机：010-83470000　　**邮　　购**：010-62786544
投稿与读者服务：010-62776969，c-service@tup.tsinghua.edu.cn
质量反馈：010-62772015，zhiliang@tup.tsinghua.edu.cn
课件下载：https://www.tup.com.cn，010-83470236
印 装 者：三河市铭诚印务有限公司
经　　销：全国新华书店
开　　本：186mm×240mm　　**印　　张**：39.75　　**字　　数**：892 千字
版　　次：2021 年 9 月第 1 版　　**印　　次**：2024 年 11 月第 3 次印刷
印　　数：4001～5000
定　　价：145.00 元

产品编号：093230-01

FOREWORD
序　一

数据库是 IT 行业最重要的基础软件之一，被誉为“软件行业皇冠上的明珠”。 数据库行业历经六十年的发展，其产品与技术呈现百家争鸣、百花齐放的格局。 传统行业数字化转型加快，对数据库技术要求也越来越高。 近年来，数据库技术在学术界和工业界都得到快速发展。

2020 年是极不平凡的一年，疫情对社会发展产生了深远影响。 在抗击疫情上，ICT 基础设施发挥了重要作用，也让全社会对数字经济和行业数字化转型有了更深刻的认识。 我们认为，未来十年将是行业数字化转型的关键期。 一直以来，华为公司致力于构建万物互联的智能世界，聚焦 ICT 基础设施。 2001 年华为公司开启了自研数据库的征程，经过二十年的研发，形成了可以满足通信、IT、云、工业控制等多场景的系列数据库产品和技术。 为满足中国和世界各国对数字主权的诉求，2020 年 6 月华为公司联合众多合作伙伴创建了 openGauss 企业级数据库社区，旨在立足中国、面向全球，构筑一个全新的数据库生态，和全行业一起打造数字全场景数据库。

openGauss 是企业级开源数据库，面向企业核心应用场景，聚焦行业数字化转型，打造数据库根技术，主要有以下优势。

（1）高性能：面向多核架构的并发控制技术、CodeGen 编译执行技术等，在两路鲲鹏下 TPCC Benchmark 性能达到 150 万 tpmC。

（2）高可用：多地多中心高可用，支持主备同步/异步及级联备机多种部署模式。

（3）高安全：支持全密态计算，具备原生区块链防篡改、动态数据脱敏等安全特性，提供全方位端到端的数据安全保护。

（4）高智能：支持基于 AI 的智能参数调优和索引推荐、多维性能自监控视图、在线自学习的 SQL 时间预测和慢 SQL 诊断。

（5）全开放：采用木兰宽松许可证协议，允许对代码自由修改和使用。

openGauss 从民生行业数据库应用的最紧迫问题和长远需求出发，不断在核心技术上进行突破，将根扎深，推进数据库生态建设，目前已经在金融、制造等多行业核心系统广泛应用。 在学术创新方面，openGauss 数据库技术团队的专家在数据库顶级会议（SIGMOD、VLDB、ICDE）上发表了多篇论文，有力地推动了数据库的创新和发展。 目前，清华大学、北京大学、复旦大学等 50 余所著名高校已开设 openGauss 数据库课程，覆盖数万名学生，未来几年将全面覆盖中国两千余所院校，实现产学研融合。

openGauss 同时是数据库领域的创新平台，清华大学、北京航空航天大学、西北工业大学、西安电子科技大学等十余所高校，均已基于 openGauss 开展创新型基础研究工作。

从基础研究、关键技术攻关到产业创新，openGauss 开源社区汇聚高校、研究机构、产业界的智慧和力量，围绕数字世界的全场景数据库持续创新。

openGauss 开源社区也是开放的平台，自 2020 年 6 月开源以来高速发展，已经聚集数千名开发者和运营商及金融领域的近百个企业成员，社区版本下载遍布约 70 个国家的 500 个城市。 openGauss 已经成立技术委员会，有近 20 个 SIG 组，是中国非常活跃的数据库开源社区，欢迎广大开发者和爱好者加入社区，秉承“共建、共享、共治”的理念，面向不同业务场景持续技术创新。

本书介绍了 openGauss 的设计思路、技术细节和源代码分析，以及 openGauss 数据库的核心技术，包括存储引擎、数据库事务机制和并发机制、多版本技术、执行引擎技术、优化器和 SQL 引擎技术、数据库安全技术、数据库自治技术。 本书涵盖理论和实践，让读者了解数据库设计和实现的核心思想，充分理解核心代码，从而更好地开发和应用数据库。

openGauss 将持续聚焦数据库根技术研究，开源协作创新，为业界带来持续领先的数据库技术与产品，把企业级数据库能力带给千行百业，助力数字化转型，共促产业发展和生态繁荣。

（汪涛）

华为技术有限公司常务董事

ICT 产品与解决方案总裁

2021 年 8 月

FOREWORD
序　二

数据库系统是计算机软件皇冠上的明珠，它向下发挥硬件算力，向上支撑各类应用软件，集计算机软件各类技术于一体。只有掌握数据库系统源代码才能真正驾驭计算机信息系统，实现基础软件自主创新，解决卡脖子技术问题，为我国信息化建设提供强有力的技术支撑和安全保障。

武汉大学数据库团队为了研制对象代理数据库系统 TOTEM，实现数据库系统自主创新，从 2002 年开始对国际著名的对象关系数据库系统 PostgreSQL 源代码进行分析。PostgreSQL 数据库系统由图灵奖获得者 Mike Stonebraker 教授在美国加州伯克利分校领导开发，是目前功能强大、技术先进、稳定可靠、生态良好、应用广泛的开源数据库系统。面对这么庞大的代码，没有任何参考书，曾使得许多探索者迷失在了这座数据库技术迷宫。武汉大学数据库团队一批又一批学生前赴后继，不断地探索 PostgreSQL 的体系架构、存储管理、索引机制、查询执行、查询编译、并发控制和安全机制等，通过群体智慧，终于打开了这座数据库技术宝库，出版了《PostgreSQL 数据库内核分析》一书，受到了产业界欢迎，也助力了包括 openGauss 在内的国产数据库开发。

openGauss 数据库最初基于 PostgreSQL 开发，然后进行了全面的系统改造和技术创新，从而在许多技术方向超越了 PostgreSQL。例如，openGauss 数据库实现了单进程多线程架构，支持行列混合存储，主要包括行存储引擎、列存储引擎和内存存储引擎等。openGauss 数据库的事务分为隐式事务和显式事务，隔离级别除了默认的读已提交还有可重复读。openGauss 数据库实现了软硬件很好的结合，包括多核并发访问控制、基于固态硬盘的输入/输出优化、智能缓冲池数据管理等。openGauss 数据库采用智能的代价模型，进行智能计划选择，能够向量化执行，显著地提高了查询性能。openGauss 数据库利用 AI 技术实现了自调优、索引推荐、慢 SQL 诊断。openGauss 数据库支持透明加密、全密态、防篡改、敏感数据智能发现等非常好的安全特性。

非常高兴看到 openGauss 数据库也开放了源代码，构建了一个企业级开源数据库社区。《openGauss 数据库源码解析》的出版将为社区贡献者走进 openGauss 数据库技术宝库提供导航，它能够帮助学术界基于 openGauss 数据库开展基础研究，也可以方便产业界基于 openGauss 数据库进行技术升级和应用适配。

本书作者李国良教授是我国自己培养的国际数据库著名学者，他将自己许多最新的高水平研究成果和目前国际最先进的数据库技术融入 openGauss 数据库中，使得这本书不仅参考价值大，而且技术水平高，非常值得仔细研读。

彭智勇

武汉大学教授

2021 年 8 月

FOREWORD

序　三

当前，我国金融行业面临前所未有的变革，其中以金融科技为底层逻辑重塑传统金融行业的进程在持续推进且已经进入深水区。 银行业尤其是大型银行机构在金融科技硬趋势下的变革已经不只是停留在尝试、试点、验证的环节，而是正在重要的、核心的场景落地并承载起关键的业务生命线。 近年来，我作为大型银行机构金融科技架构的决策者，不断地思考如何在应对极大容量、极高并发、高度弹性、极其可靠、完全信创等诸多极端挑战时得到一个最优解。 为得到这个最优解，一个满足各种苛刻要求的数据库产品是个始终绕不过、躲不开的核心议题。

目前，各行各业绝大多数的信息系统需要使用数据库系统来管理业务数据。 银行业作为数字化程度最高的行业之一，无论是从支撑业务正常运行的角度，还是从银行中数据资产价值重要程度的角度来看，数据库在银行业的重要性怎么强调都不过分。 这也就对数据库产品提出了最为苛刻的要求，能满足这些要求的产品全世界范围内屈指可数。

数据库系统经过了半个多世纪的发展，已经成为整个企业（组织）或整个大型核心系统运转的基石。 数据库技术不断向结构复杂化、数据独立性进化，而近十年来国产数据库也有了长足的进步，在学术界和工业界都取得了突破性的成就，在很多行业和重要系统得到应用，获得了广泛的认可。

国产数据库进一步做大做强，生态建设至关重要。 开源对于覆盖更多的用户、吸纳更多的技术优势点有非常大的帮助。 openGauss 是华为公司开源的企业级数据库产品，对于促进整个国产数据库技术和市场发展都产生了巨大影响。 2020 年 6 月，openGauss 社区正式发布企业级 OLTP 开源数据库。 早在其发布之前，邮储银行即开始组织进行了一系列、多轮次审慎深入的技术论证、评估与各项详尽测试，从企业级基础功能、高级功能、性能压力、可运维性等方面进行了多轮多层次的测试与分析，并与同类数据库结果进行了充分的对比； 对相应的生态、支持能力及全栈式自主可控考量等几方面综合进行了验证。 在这个过程中， openGauss 这一产品在各方面都有优异的表现，更是让我对华为公司在数据库产品上的技术能力和专业态度有了新的认识。 这坚定了我们在银行核心场景走自主可控这条路的信心和决心。

目前，openGauss 数据库已成功支撑邮储银行新一代核心系统上线，并以此为基石成功打造了领先的大型银行分布式核心系统案例。

邮储银行的新一代分布式核心系统是国内首家业务建模与技术重构、业技双创新的大型银行核心系统，承载着超过 6 亿客户、18 亿账户的超大体量的业务交易。 设计容量上，需要支持超过 5.5 万笔 TPS 的峰值交易量并可随需平滑扩展，以及全天 20 亿笔的交易量级。openGauss 数据库在技术上突破性地采用了分布式、单元化架构，将海量数据下的核心大型应用拆分为更小粒度、更灵活的业务单元，从而降低了应用对单一数据库的依赖，具备了满足严苛的大型银行核心系统可靠性要求的先决条件。此架构也真正解决了大型银行核心架构所要面临的各类极端挑战。

在此基础上，openGauss 数据库在邮储银行的核心系统中作为关键的数据计算与存储组件，支撑着系统的稳定运行。openGauss 数据库在稳定性、高可用等多方面均达到甚至优于同类数据库的水平，通过了邮储银行新一代核心系统的实际运行压力考验。

在性能方面，在 x86 服务器下 openGauss 数据库处理能力最高提升了 130%，在鲲鹏服务器下最高提升了 201%；在稳定性方面，规避了传统开源产品的一系列问题；在高可用方面，openGauss 数据库满足金融级核心系统 RPO 及 RTO 指标，支持稳定多样化的主备同步、异步及级联备机等多种部署模式。背靠华为研发团队的支持能力和响应速度，openGauss 数据库可满足金融级核心系统的使用与运行支撑需求。

在运维方面，邮储银行与 openGauss 深度合作，基于大型银行金融级核心应用场景提升业务与技术相结合的运维管理能力。尤其是在智能运维领域，首期实现的智能索引推荐已应用于开发、测试和生产系统，在 SQL 和索引两方面综合进行持续的自学习与优化推荐，助力软件交付及运行过程中的性能优化，有效提升了开发效能，预防了生产性能隐患。

鉴于 openGauss 数据库在邮储银行新一代核心系统的成功实践，我们有理由相信 openGauss 数据库会快速成长为企业级国产数据库的成熟产品，适配于越来越广泛的行业及领域。

在 openGauss 数据库快速成长为流行度排名第四的数据库产品的背景下，本书的推出恰逢其时。本书从理论到系统再到实践，全方位地介绍数据库的核心技术。我作为数据库战线的一名老兵，拿到本书后手不释卷，在阅读中得到了极大的满足感。本书为广大从业人员技术能力的提升提供了一个极好机会，在此推荐给大家，希望大家也能从中受益。

最后，借此机会，谨对华为公司及其数据库团队表达敬意，希望你们能继续持之以恒、勠力同心、攻坚克难，把 openGauss 打造成最好的数据库产品。

牛新庄
中国邮政储蓄银行 CIO
2021 年 8 月

FOREWORD
序　四

今天，我们生活在一个眼花缭乱、高速发展的社会中，过去很多的不可能快速变成现实，让人应接不暇。这一切的背后，核心动力源于科技。

20 世纪 50 年代，计算机开始投入商业应用，IT 行业诞生。在 IT 这个加速器的推动下，人类社会发展进入新的时代。过去二十年，我们陆续经过互联网时代、移动互联时代，而今正迈步在全面数字化的新时代。

在计算机出现之前，就已经出现了大量的数据管理与数据处理需求，当时数据主要记录在纸面或卡片上，对数据的处理主要依靠人工，工作量大、成本高昂且容易出错。计算机诞生后，其最主要的使命就是信息处理，这也是 Information Technology 这个行业名称的由来。正因如此，在 IT 行业波澜壮阔的六十年发展历程中，有关数据库技术的各类数据存储、查询、分析和挖掘技术一直在持续发展，直到今天仍在继续。

从 20 世纪 90 年代开始，国内不少企业、团体在联机事务数据库的自主研发上做了不少的投入，也涌现出一批国产数据库产品，但因为技术创新和代码水平的不足，一些产品的性能和稳定性存在短板，未得到很好的应用和推广。华为公司凭借多年深耕数据库领域的经验，推出了自主研发的 openGauss 数据库，其核心引擎全自研，具有性能优越、容灾完善、安全可靠等特点，受到了行业的广泛关注。在 openGauss 数据库的成长过程中，招商银行作为华为公司重要的合作伙伴，通过两方联合成立的"openGauss 数据库联创实验室"，为 openGauss 在容灾能力建设、复杂金融场景的适应和性能验证等方面发挥了积极的作用，帮助华为公司打磨一个面向未来的、全球领先的交易型数据库。

华为公司在通过自主创新推动 openGauss 数据库发展的同时，也投入了大量资源构建开放开源的数据库生态，包括联合开源社区、高校、合作伙伴、厂商等共同培育相关人才，形成应用生态体系，帮助数据库服务商复用产业长期积累的数据库人才，快速形成作战能力。本书的推出对加强国内数据库技术人才（含内核研发、DBA 等）的培养，特别是国产数据库生态的培育，都是非常关键的一步。

展望未来，随着国产数据库生态的发展壮大，依托于中国庞大经济规模下丰富的数据库应用场景，国产数据库与国际顶尖数据库的差距会不断缩小，包括 openGauss 数据库在内的国产数据库将在中国的发展和创新中发挥越来越重要的作用。

周天虹
招商银行信息技术部总经理
2021 年 8 月

PREFACE
前　言

数据库是组织、存储、管理、分析数据的系统，目前各行各业几乎所有的信息系统都需要使用数据库系统来管理业务数据。数据库在硬件和应用之间起到了承上启下的重要作用，是 IT 行业不可或缺的基础软件。

20 世纪 50 年代，随着计算机技术的成熟，计算机开始运用于数据管理，然而传统的文件系统难以应对数据增长的挑战，也无法满足多用户共享数据和快速查询数据的需求。因此，20 世纪 60 年代，数据库应运而生。经过 60 余年的发展，数据库发生了翻天覆地的变化，从网状数据库的提出到关系数据库的蓬勃发展，从单机数据库、集群数据库到分布式数据库，从本地部署形态到云数据库部署形态，从交易型行存引擎到分析型列存引擎，从 SQL 到 NoSQL 再到 NewSQL 的不同应用形态，从手工运维到 AI 自运维，数据库技术出现了百家争鸣、百花齐放的大繁荣和大发展。近年来，我国数据库领域无论在学术界还是在工业界都得到了快速发展。

华为公司在 2020 年 6 月 30 日推出了开源关系数据库 openGauss，它是 GaussDB 云数据库服务的开源版本，采用木兰宽松许可证 v2 发行，深度融合了华为公司在数据库领域多年的经验，是结合企业级场景打造的一款高安全性、高可用性的数据库。本书对 openGauss 开源社区上的源码进行解析，从系统表、多线程架构等公共组件到存储引擎、SQL 引擎、执行引擎、安全、AI 等模块，全方位地介绍源码主流程和重要文件，以帮助读者更快地了解 openGauss 的源码并掌握其具体实现。

本书主要由李国良、张树杰编写。此外，参与本书编写的还包括华为公司多位数据库专家。感谢清华大学出版社的盛东亮老师、钟志芳老师和崔彤老师在本书编辑审校工作中所作出的贡献。

编　者

2021 年 5 月

CONTENTS

目　　录

第1章

openGauss 简介

openGauss是华为公司在将深度融合技术应用于数据库领域多年经验的基础上，结合企业级场景要求，推出的新一代企业级开源数据库。本章将从各方面对该数据库进行简要介绍。

1.1 openGauss 概述

openGauss是关系型数据库(relational database)，采用客户端/服务器模式，具备单进程多线程架构，支持单机和一主多备部署方式，同时具有备机可读、双机高可用等特性。

openGauss具有以下基本功能。

(1) 支持标准SQL。

openGauss支持标准的SQL(Structured Query Language，结构化查询语言)。SQL标准是一个国际性的标准，会定期更新和演进。SQL标准的定义分为核心特性及可选特性，绝大部分的数据库都没有100%支撑SQL标准。openGauss数据库支持SQL 92、SQL 99、SQL 2003等，同时支持SQL 2011大部分核心特性及部分可选特性。

(2) 支持标准开发接口。

openGauss提供业界标准的ODBC(Open Database Connectivity，开放式数据库连接)及JDBC(Java Database Connectivity，Java数据库连接)接口，保证用户能将业务快速迁移至openGauss。openGauss目前支持标准的ODBC 3.5及JDBC 4.0接口，其中ODBC能够支持CentOS、openEuler、SUSE、Win32、Win64等平台，JDBC无平台差异。

(3) 支持混合存储引擎。

openGauss支持行存储引擎、列存储引擎和内存存储引擎等。行存储分为inplace update和append update两种模式，前者通过单独的回滚段(undo log)保留元组的前像以解决读写冲突，可以更自然地支持数据更新；后者将更新记录混杂在数据记录中，通过新旧版本的形式来支持数据更新，对于旧版本需要定期做vacuum操作支持磁盘空间的回收。列存储支持数据快速分析，更适合联机分析处理(Online Analytical Processing，OLAP)业务。内存引擎支持实时数据处理，对有极致性能要求的业务提供支撑。

(4) 支持事务。

事务支持指的是系统提供事务的能力，openGauss支持事务的原子性、一致性、隔离性和持久性。事务支持及数据一致性保证是绝大多数数据库的基本功能，只有支持了事务，才能满足事务化的应用需求。

① A(atomicity)：原子性。整个事务中的所有操作，要么全部完成，要么全部不完成，

不可能停滞在中间某个环节。

② C(consistency)：一致性。事务需要保证从一个执行性状态转移到另一个一致性状态,不能违反数据库的一致性约束。

③ I(isolation)：隔离性。隔离事务的执行状态,使它们好像是系统在给定时间内执行的唯一操作。例如,有两个事务并发执行,事务的隔离性将确保每个事务在系统中“认为”只有该事务在使用系统。

④ D(durability)：持久性。在事务提交以后,该事务对数据库所做的更改便持久地保存在数据库中,不会因掉电、进程异常故障而丢失。

openGauss支持事务的隔离级别有读已提交和可重复读,默认隔离级别是读已提交,保证不会读到脏数据。

事务分为隐式事务和显式事务。显式事务的相关基础接口如下。

① Start transaction：事务开启。

② Commit：事务提交。

③ Rollback：事务回滚。

另有用户还可以通过set transaction命令设置事务的隔离级别、读写模式或可推迟模式。

(5) 软硬结合。

openGauss支持软硬件结合,包括多核并发访问控制、基于SSD(Solid-State Drive,固态硬盘)的I/O(input/output,输入/输出)优化、智能的buffer pool(缓冲池)数据管理。

(6) 提供智能优化器。

openGauss提供的智能代价模型、智能计划选择,可以显著提升数据库性能。openGauss的执行器包含向量化执行和LLVM(Low Level Virtual Machine,底层虚拟机,一种构架编译器的框架系统)编译执行,可以显著提升数据库性能。

(7) 支持AI。

传统数据库生态依赖于DBA(Database Administrator,数据库管理员)进行数据的管理、维护、监控、优化。但是在大量的数据库实例中,DBA难以支持海量实例,而AI(Artificial Intelligence,人工智能)则可以自动优化数据库,openGauss的AI功能包括AI自调优、AI索引推荐、AI慢SQL诊断等。

(8) 支持安全。

openGauss具有非常好的安全特性,包括透明加密(磁盘中的存储文件是加密的)、全密态(数据传输、存储、计算都是加密的)、防篡改(用户不可篡改)、敏感数据智能发现等。

(9) 支持函数和存储过程。

函数和存储过程是数据库中的一种重要对象,主要功能是将用户特定功能的SQL语句集进行封装并方便调用。存储过程是SQL、PL(Procedural Language,过程语言)的组合。存储过程可以使执行商业规则的代码从应用程序中移动到数据库,从而实现代码存储一次但能够被多个程序使用。

① 允许客户模块化程序设计,对SQL语句集进行封装,调用方便。

② 存储过程会进行编译缓存,可以提升用户执行 SQL 语句集的速度。

③ 系统管理员通过对执行某一存储过程的权限进行限制,能够实现对相应数据访问权限的限制,避免了非授权用户对数据的访问,保证了数据的安全。

④ 为了处理 SQL 语句,存储过程分配一段内存区域来保存上下文。游标是指向上下文区域的句柄或指针。借助游标,存储过程可以控制上下文区域的变化。

⑤ 支持 6 种异常信息级别,方便客户对存储过程进行调试,支持设置断点和单步调试。存储过程调试是一种调试手段,可以在存储过程开发中,一步一步跟踪存储过程执行的流程,根据变量的值,找到错误的原因或者程序的缺陷,提高问题定位效率。

openGauss 支持 SQL 标准中的函数及存储过程,增强了存储过程的易用性。

(10) 兼容 PostgreSQL 接口。

openGauss 兼容 PSQL 客户端,兼容 PostgreSQL 标准接口。

(11) 支持 SQL hint。

openGauss 支持 SQL Hint(Hint 是 SQL 语句的注释,可以指导优化器选择人为指定的执行计划),影响执行计划生成,提升 SQL 查询性能。Plan Hint 为用户提供了直接影响执行计划生成的手段,用户可以通过指定 Join 顺序、Join 方法、Scan 方法、结果行数等多种手段进行执行计划的调优,以提升查询性能。

(12) 支持 Copy 接口容错机制。

在 openGauss 中,用户可以使用封装好的函数创建 Copy 错误表,并能在使用 CopyFrom 语句时指定容错选项。指定容错选项后,openGauss 在执行 CopyFrom 语句过程中不会因部分解析、数据格式、字符集等相关的报错中断事务,而是把这些错误信息记录至错误表中,使得在 CopyFrom 的目标文件即使有少量数据错误也可以完成入库操作。用户随后可以在错误表中对相关的错误进行定位及进一步排查。

1.2　应用场景

openGauss 有以下两类主要应用场景。

(1) 交易型应用:大并发、大数据量、以联机事务处理为主的交易型应用,如电商、金融、O2O、电信 CRM/计费等,可按需选择不同的主、备部署模式。

(2) 物联网数据:物联网场景包括工业监控、远程控制、智慧城市及其延展领域、智能家居和车联网等。物联网场景的特点是传感监控设备的种类和数量多、采样频率高、数据存储为追加模型、对数据的操作和分析并重。

1.3　系统架构

openGauss 主要包含 openGauss 服务器、客户端驱动、OM(Operations Manager,运维管理模块)等模块,它的架构如图 1-1 所示,模块说明如表 1-1 所示。

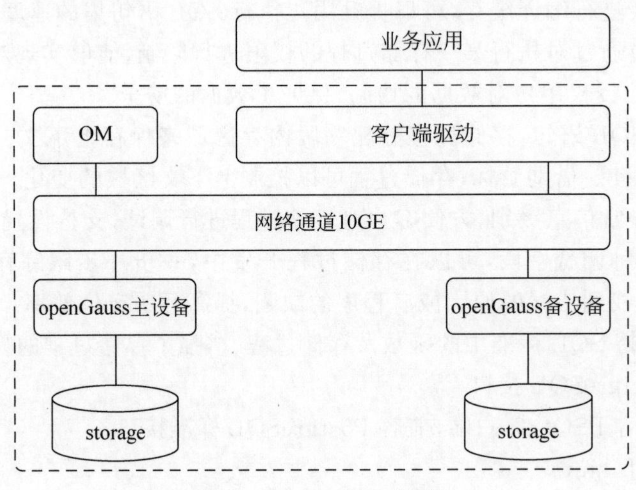

图 1-1 openGauss 架构

表 1-1 openGauss 模块说明

名　称	描　述
OM	运维管理模块，提供 openGauss 日常运维、配置管理的管理接口、工具
客户端驱动	客户端驱动(client driver)，负责接收来自应用的访问请求，并向应用返回执行结果；负责与 openGauss 实例的通信，下发 SQL 在 openGauss 实例上执行，并接收命令执行结果
openGauss 主(备)设备	openGauss 主(备)设备，负责存储业务数据(支持行存储、列存储、内存表存储)、执行数据查询任务及向客户端驱动返回执行结果
storage	服务器的本地存储资源，持久化存储数据

1.4 代码结构

本节从数据库系统通信管理、SQL 引擎和存储引擎 3 个方面对 openGauss 的代码结构进行介绍。

1.4.1 通信管理

openGauss 查询响应使用简单的“单一用户对应一个服务器线程”的客户端/服务器模型实现。由于无法提前知道需要建立多少个连接，因此必须使用主进程(gaussmaster)。主进程在指定的 TCP/IP(Transmission Control Protocol/Internet Protocol，传输控制协议/互联网协议)端口上侦听传入的连接，只要检测到连接请求，主进程就会生成一个新的服务器线程。服务器线程之间使用信号量和共享内存相互通信，以确保整个并发数据访问期间的数据完整性。

客户端进程可以被理解为满足 openGauss 协议的任何程序。许多客户端都基于 C 语言库 libpq 进行通信，但是该协议有几种独立的实现，如 Java JDBC 驱动程序。

建立连接后，客户端进程可以将查询发送到后端服务器。查询使用纯文本传输，即在前端(客户端)中没有进行解析。服务器解析查询语句、创建执行计划、执行并通过在已建立连接上检索到的结果集，将其返回给客户端。

openGauss 数据库中处理客户端连接请求的模块叫作 postmaster。前端程序发送启动信息给 postmaster，postmaster 根据信息内容建立后端响应线程。postmaster 也管理系统级的操作，比如调用启动和关闭程序。postmaster 在启动时创建共享内存和信号量池，但它自身不管理内存、信号量和锁操作。

当客户端发来一个请求信息，postmaster 立刻启动一个新会话，新会话对请求进行验证，验证成功后为它匹配后端工作线程。这种模式架构处理简单，但是高并发下线程过多，切换和轻量级锁区域的冲突过大，导致性能急剧下降。因此，openGauss 通过线程池技术来解决该问题。线程池技术的整体设计思想是线程资源池化，并且在不同连接直接复用。

1. postmaster 源码组织

postmaster 源码目录为/src/gausskernel/process/postmaster。postmaster 源码文件如表 1-2 所示。

表 1-2 postmaster 源码文件

源码文件	功能
postmaster. cpp	用户响应主程序
aiocompleter. cpp	完成预取(prefetch)和后端写(backwrite)I/O 操作
alarmchecker. cpp	闹钟检查线程
lwlockmonitor. cpp	轻量锁的死锁检测
pagewriter. cpp	写页面
pgarch. cpp	日志存档
pgaudit. cpp	审计线程
pgstat. cpp	统计信息收集
startup. cpp	服务初始化和恢复
syslogger. cpp	捕捉并写所有错误日志
autovacuum. cpp	垃圾清理线程
bgworker. cpp	后台工作线程(服务共享内存)
bgwriter. cpp	后台写线程(写共享缓存)
cbmwriter. cpp	修改数据块跟踪记录线程
remoteservice. cpp	远程服务线程，用于双机损坏页修复时的远程服务
checkpointer. cpp	检查点处理
fencedudf. cpp	保护模式下运行用户定义函数
gaussdb_version. cpp	版本特性控制
twophasecleaner. cpp	清理两阶段事务线程
walwriter. cpp	预写式日志写入

2. postmaster 主流程

postmaster 主流程代码如下：

```
/* postmaster.cpp */
...
int PostmasterMain(int argc,char * argv[])
{
InitializePostmasterGUC();              /* 初始化 postmaster 模块配置参数 */
...
pgaudit_agent_init();                   /* 初始化审计模块 */
...
for (i = 0; i < MAXLISTEN; i++)         /* 建立输入 socket 监听 */
  t_thrd.postmaster_cxt.ListenSocket[i] = PGINVALID_SOCKET;
...
/* 建立共享内存和信号池 */
reset_shared(g_instance.attr.attr_network.PostPortNumber);
...
/* 初始化 postmaster 信号管理 */
gs_signal_slots_init(GLOBAL_ALL_PROCS + EXTERN_SLOTS_NUM);
...
InitPostmasterDeathWatchHandle();       /* 初始化宕机监听 */
...
pgstat_init();                          /* 初始化统计数据收集子系统 */
itializeWorkloadManager();              /* 初始化工作负载管理器 */
...
InitUniqueSQL();                        /* 初始化 unique SQL 资源 */
...
autovac_init();                         /* 初始化垃圾清理线程子系统 */
...
status = ServerLoop();                  /* 启动 postmaster 主业务循环 */
...
}
```

1.4.2 SQL 引擎

数据库的 SQL 引擎是数据库重要的子系统之一，它对上承接应用程序发送过来的 SQL 语句，对下则指挥执行器执行计划。优化器作为 SQL 引擎中最重要、最复杂的模块，被称为数据库的“大脑”，优化器产生的执行计划的优劣直接决定数据库的性能。

本节从 SQL 语句发送到数据库服务器开始，对 SQL 引擎的各个模块进行全面的介绍与源码解析，以实现对 SQL 语句执行的逻辑与源码更深入的理解。openGauss SQL 查询响应流程如图 1-2 所示。

1. 查询解析——parser

SQL 解析对输入的 SQL 语句进行词法分析、语法分析、语义分析，获得查询解析树或者逻辑计划。SQL 查询语句解析的解析器(parser)阶段包括以下内容。

(1) 词法分析：从查询语句中识别出系统支持的关键字、标识符、操作符、终结符等，确定每个词固有的词性。

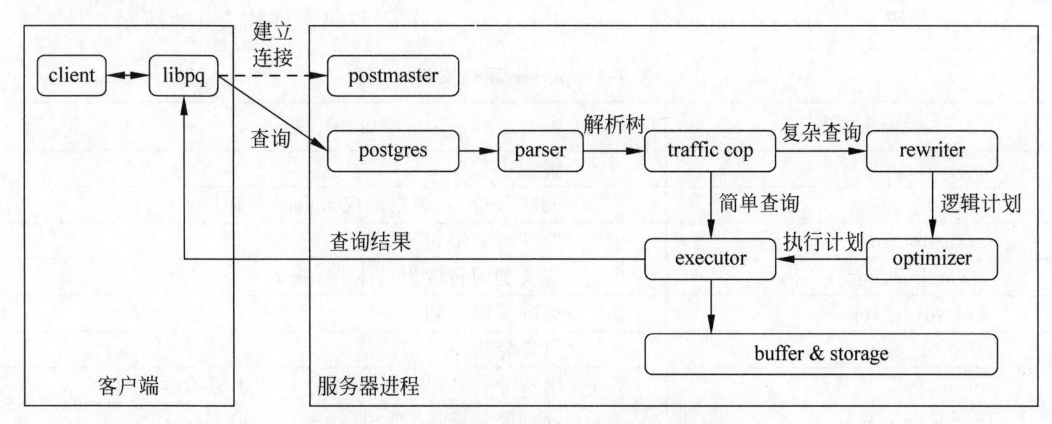

图1-2　openGauss SQL查询响应流程

(2) 语法分析：根据SQL语言的标准定义语法规则，使用词法分析中产生的词去匹配语法规则，如果一个SQL语句能够匹配一个语法规则，则生成对应的语法树(Abstract Syntax Tree，AST)。

(3) 语义分析：对语法树进行检查与分析，检查语法树中对应的表、列、函数、表达式是否有对应的元数据(指数据库中定义有关数据特征的数据，用来检索数据库信息)描述，基于分析结果对语法树进行扩充，输出查询树(Query)，主要检查以下内容。

① 检查关系的使用：FROM子句中出现的关系必须是该查询对应模式中的关系或视图。

② 检查与解析属性的使用：在SELECT语句或者WHERE子句中出现的各个属性必须是FROM子句中某个关系或视图的属性。

③ 检查数据类型：所有属性的数据类型必须是匹配的。

词法和语法分析代码基于gram.y和scan.l中定义的规则，使用UNIX工具bison和flex构建产生。其中，词法分析器在文件scan.l中定义，它负责识别标识符、SQL关键字等。对于找到的每个关键字或标识符，都会生成一个标记并将其传递给解析器。语法解析器在文件gram.y中定义，由一组语法规则和每当触发规则时执行的动作组成，基于这些动作代码架构输出语法树。在解析过程中，如果语法正确，则进入语义分析阶段并建立查询树返回，否则将返回错误，终止解析过程。

解析器在词法和语法分析阶段仅使用有关SQL语法结构的固定规则来创建语法树，它不会在系统目录中进行任何查找，因此无法理解所请求操作的详细语义。

语法解析完成后，语义分析过程将解析器返回的语法树作为输入，并进行语义分析，以了解查询所引用的表、函数和运算符。用来表示此信息的数据结构称为查询树。解析器解析过程分为原始解析与语义分析，系统目录查找只能在事务内完成，并且不希望在收到查询字符串后立即启动事务。原始解析阶段足以识别事务控制命令(如BEGIN、ROLLBACK等)，然后可以正确执行这些命令而无须任何进一步分析。一旦知道正在处理的实际查询(如SELECT或UPDATE)，就可以开始事务，这时才调用语义分析过程。

1）parser 源码组织

parser 源码目录为/src/common/backend/parser。parser 源码文件如表 1-3 所示。

表 1-3　parser 源码文件

源码文件	功　能
parser. cpp	解析主程序
scan. l	词法分析，分解查询成 token(令牌)
scansup. cpp	处理查询语句转义符
kwlookup. cpp	将关键词转换为具体的 token
keywords. cpp	标准关键词列表
analyze. cpp	语义分析
gram. y	语法分析，解析查询 token 并产生原始解析树
parse_agg. cpp	处理聚集操作，如 SUM(col1)、AVG(col2)
parse_clause. cpp	处理子句，如 WHERE、ORDER BY
parse_compatibility. cpp	处理数据库兼容语法和特性支持
parse_coerce. cpp	处理表达式数据类型强制转换
parse_collate. cpp	对表达式添加校对信息
parse_cte. cpp	处理公共表格表达式(WITH 子句)
parse_expr. cpp	处理表达式，如 col、col＋3、x＝3
parse_func. cpp	处理函数、table. column 和列标识符
parse_node. cpp	对各种结构创建解析节点
parse_oper. cpp	处理表达式中的操作符
parse_param. cpp	处理参数
parse_relation. cpp	支持表和列的关系处理程序
parse_target. cpp	处理查询解析的结果列表
parse_type. cpp	处理数据类型
parse_utilcmd. cpp	处理实用命令的解析分析

2）parser 主流程

parser 主流程代码如下：

```
/* parser.cpp */
...
/* 原始解析器,输入查询字符串,做词法和语法分析,返回原始语法解析树列表 */
List* raw_parser(const char* str,List** query_string_locationlist)
{
...
    /* 初始化 flex scanner */
    yyscanner = scanner_init(str,&yyextra.core_yy_extra,ScanKeywords,NumScanKeywords);
...
    /* 初始化 bison parser */
    parser_init(&yyextra);

    /* 解析! */
```

```
    yyresult = base_yyparse(yyscanner);

    /* 清理释放内存 */
    scanner_finish(yyscanner);
…
    return yyextra.parsetree;
}
/* analyze.cpp */
…
/* 分析原始语法解析树,做语义分析并输出查询树 */
Query* parse_analyze(
    Node * parseTree, const char * sourceText, Oid * paramTypes, int numParams, bool
isFirstNode,bool isCreateView)
{
    /* 初始化解析状态和查询树 */
    ParseState* pstate = make_parsestate(NULL);
    Query* query = NULL;
…
    /* 将解析树转换为查询树 */
    query = transformTopLevelStmt(pstate,parseTree,isFirstNode,isCreateView);
…
    /* 释放解析状态 */
    free_parsestate(pstate);
…
    return query;
}
```

2. SQL查询分流——traffic cop

traffic cop模块负责区分简单和复杂的查询指令。事务控制命令(如BEGIN和ROLLBACK)非常简单,因此不需要其他处理,而其他命令(如SELECT和JOIN)则传递给重写器(参考第6章)。这种区分对简单命令执行最少的优化,并将更多的时间投入复杂的命令上,从而减少了处理时间。简单和复杂的查询指令也对应以下两类解析。

(1) 软解析(简单、旧查询): 当openGauss共享缓冲区中存在已提交SQL语句的已解析表示形式时,可以重复利用缓存内容执行语法和语义检查,避免查询优化相对"昂贵"的操作。

(2) 硬解析(复杂、新查询): 如果无缓存语句可重用,或者第一次将SQL语句加载到openGauss共享缓冲区中,则会导致硬解析。同样,当一条语句在共享缓冲区中老化时,重新加载该语句还会导致另一次硬解析。因此,共享缓冲区的大小也会影响解析调用的数量。

可以查询gs_prepared_statements查看缓存了什么,以区分软/硬解析(它仅对当前会话可见)。此外,gs_buffercache模块提供了一种实时检查共享缓冲区高速缓存内容的方法,它甚至可以分辨出有多少数据块来自磁盘,有多少数据来自共享缓冲区。

1) traffic cop(tcop)源码组织

traffic cop(tcop)源码目录为/src/common/backend/tcop。traffic cop(tcop模块)源码文件如表1-4所示。

表 1-4 traffic cop(tcop 模块)源码文件

源码文件	功　能
auditfuncs. cpp	记录数据库操作审计信息
autonomous. cpp	创建可被用来执行 SQL 查询的自动会话
dest. cpp	与查询结果被发往的终点通信
utility. cpp	数据库通用指令控制函数
fastpath. cpp	在事务期间缓存操作函数和类型等信息
postgres. cpp	后端服务器主程序
pquery. cpp	查询处理指令
stmt_retry. cpp	执行 SQL 语句失败时,分析返回的错误码,决定是否重试

2) traffic cop 主流程

traffic cop 主流程代码如下:

```
...
/* 原始解析器,输入查询字符串,做词法和语法分析,返回原始解析树列表 */
int PostgresMain(int argc,char* argv[],const char* dbname,const char* username)
{
...
    /* 整体初始化 */
    t_thrd.proc_cxt.PostInit->SetDatabaseAndUser(dbname,InvalidOid, username);
    ...
    /* 事务的自动错误处理 */
    if (sigsetjmp(local_sigjmp_buf,1) != 0) { ... }
...
/* 错误语句的重新尝试阶段 */
if (IsStmtRetryEnabled() && StmtRetryController->IsQueryRetrying())
{ ... }
    /* 无错误查询指令循环处理 */
    for (;;) {
...
/* 按命令类型执行处理流程 */
switch(firstchar){
...
case: 'Q': ...    /* 简单查询 */
case: 'P': ...    /* 解析 */
case: 'E': ...    /* 执行 */
    }
...
    }
    ...
}
```

3. 查询重写——rewriter

查询重写利用已有语句特征和关系代数运算来生成更高效的等价语句,在数据库优化器中扮演关键角色,尤其在复杂查询中,能够在性能上带来数量级的提升,可谓“立竿见影”

的“黑科技”。SQL 语言是丰富多样的，非常灵活，不同的开发人员依据不同的经验，手写的SQL 语句也是各式各样的，另外 SQL 语句还可以通过工具自动生成。同时，SQL 语言是一种描述性语言，数据库的使用者只是描述了想要的结果，而不关心数据的具体获取方式，输入数据库的 SQL 语言很难做到以最优形式表示，往往隐含了一些冗余信息，这些信息可以被挖掘生成更加高效的 SQL 语句。查询重写就是把用户输入的 SQL 语句转换为更高效的等价 SQL。查询重写遵循两个基本原则。

(1) 等价性：原语句和重写后的语句输出结果相同。

(2) 高效性：重写后的语句比原语句在执行时间和资源使用上更高效。

介绍以下几个 openGauss 关键的查询重写技术。

(1) 常量表达式化简：常量表达式，即用户输入 SQL 语句中包含运算结果为常量的表达式，分为算数表达式、逻辑运算表达式、函数表达式。查询重写可以对常量表达式预先计算以提升效率。例如，“SELECT * FROM table WHERE a＝1＋1;”语句被重写为“SELECT * FROM table WHERE a＝2”语句。

(2) 子查询提升：由于子查询表示的结构更清晰，符合人们的阅读理解习惯，用户输入的SQL 语句往往包含了大量的子查询，但是相关子查询往往需要使用嵌套循环的方法来实现，执行效率较低，因此将子查询优化为 semi join 的形式可以在优化规划时选择其他的执行方法，或能提高执行效率。例如，“SELECT * FROM t1 WHERE t1. a in (SELECT t2. a FROM t2);”语句可重写为“SELECT * FROM t1 LEFT SEMI JOIN t2 ON t1. a＝t2. a”语句。

(3) 谓词下推：谓词(predicate)通常为 SQL 语句中的条件，如“SELECT * FROM t1 WHERE t1. a＝1;”语句中的“t1. a＝1”即为谓词。等价类(equivalent-class)是指等价的属性、实体等对象的集合，如在“WHERE t1. a＝t2. a”语句中，t1. a 和 t2. a 互相等价，组成一个等价类{t1. a,t2. a}。利用等价类推理(又称传递闭包)，可以生成新的谓词条件，从而达到减小数据量和最大化利用索引的目的。举一个形象的例子来说明谓词下推的威力，假设有两个表 t1、t2，它们分别包含[1,2,3,…,100]共 100 行数据，那么查询语句“SELECT * FROM t1 JOIN t2 ON t1. a＝t2. a WHERE t1. a＝1”的逻辑计划在经过查询重写前后的对比，如图 1-3 所示。

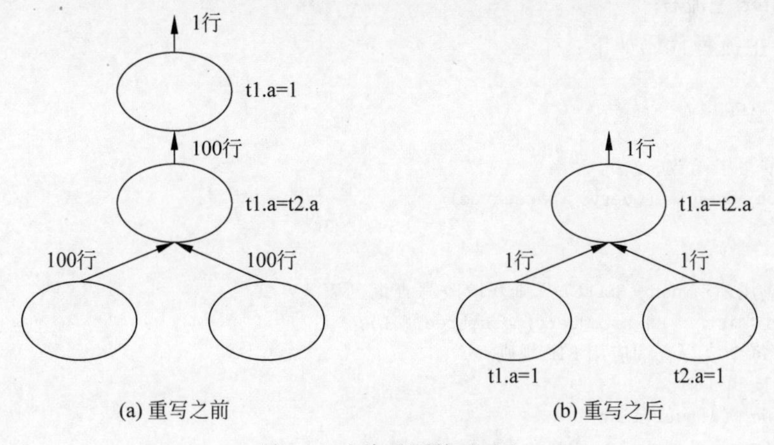

图 1-3 查询重写前后对比

查询重写的主要工作在优化器中实现，源代码目录主要在/src/gausskernel/optimizer/prep，源码文件如表 1-5 所示（prep 模块）。

表 1-5 查询重写源码文件（prep 模块）

源码文件	功　能
prepqual. cpp	对谓词进行正则化
preptlist. cpp	对投影进行重写
prepunion. cpp	处理查询中的集合操作
preprownum. cpp	对表达式中的 rownum 进行预处理
prepjointree. cpp	化简表达式、子查询
prepnonjointree. cpp	Lazy Aggregation 优化

除此之外，openGauss 还提供了基于规则的 rewriter 接口，用户可以通过创建替换规则的方法对逻辑执行计划进行改写。例如，视图展开功能，即通过 rewriter 模块中的规则进行替换，而视图展开的规则是在创建视图的过程中默认创建的。

1）rewriter 源码组织

rewriter 源码目录为/src/gausskernel/optimizer/rewrite。rewriter 源码文件如表 1-6 所示。

表 1-6 rewriter 源码文件

源码文件	功　能
rewriteDefine. cpp	定义重写规则
rewriteHandler. cpp	重写主模块
rewriteManip. cpp	重写操作函数
rewriteRemove. cpp	重写规则移除函数
rewriteRlsPolicy. cpp	重写行粒度安全策略
rewriteSupport. cpp	重写辅助函数

2）rewriter 主流程

rewriter 主流程代码如下：

```
/* rewrite.cpp */
…
/* 查询重写主函数 */
List * QueryRewrite(Query * parsetree)
{
…
    /* 应用所有 non-SELECT 规则获取改写查询列表 */
     querylist = RewriteQuery(parsetree,NIL);
   /* 对每个改写查询应用 RIR 规则 */
    results = NIL;
    foreach (l,querylist) {
        Query * query = (Query *)lfirst(l);
```

```
        query = fireRIRrules(query,NIL,false);
        query->queryId = input_query_id;
        results = lappend(results,query);
    }
    /* 从重写列表确定一个重写结果 */
    origCmdType = parsetree->commandType;
    foundOriginalQuery = false;
    lastInstead = NULL;
    foreach (l,results) {...}
    ...
    return results;
}
```

4. 查询优化——optimizer

优化器(optimizer)的任务是创建最佳执行计划。一个给定的 SQL 查询及一个查询树实际上可以以多种不同的方式执行,每种方式都会产生相同的结果集。如果在计算上可行,则查询优化器将检查这些可能的执行计划中的每一个,最终选择预期运行速度最快的执行计划。

在某些情况下,检查执行查询的每种可能方式都会占用大量时间和内存空间,特别是在执行涉及大量连接操作(join)的查询时。为了在合理的时间内确定合理的(不一定是最佳的)查询计划,当查询连接数超过阈值时,openGauss 使用遗传查询优化器(genetic query optimizer),通过遗传算法(Genetic Algorithm,GA)做执行计划的枚举。

优化器的查询计划(plan)搜索过程实际上与称为路径(path)的数据结构一起使用,该路径只是计划的简化表示,其中仅包含确定计划所需的关键信息。确定代价最低的路径后,将构建完整的计划树传递给执行器。这足够详细地表示所需的执行计划,供执行者运行。在本节的其余部分,将忽略路径和计划之间的区别。

1) 生成查询计划

优化器会生成查询中使用的每个单独关系(表)的计划。候选计划由每个关系上的可用索引确定。对关系的顺序扫描是查询最基本的方法,因此总是会创建顺序扫描计划。假设在关系上定义了索引(如 B 树索引),并且查询属性恰好与 B 树索引的键匹配,则使用 B 树索引创建另一个基于索引的查询计划。如果还存在其他索引并且查询中的限制恰好与索引的关键字匹配,则将考虑生成更多计划。

如果查询需要连接两个或多个关系,则在找到所有可行的扫描单个关系的计划之后,将考虑连接关系的计划。连接关系有以下 3 种可用的连接策略。

(1) 嵌套循环连接:对在左关系中找到的每一行,都会扫描一次右关系。此策略易于实施,但非常耗时。如果可以使用索引扫描来扫描右关系,这可能是一个不错的策略。可以将左关系的当前行中的值用作右索引扫描的键。

(2) 合并连接:在开始连接之前,对进行连接的每个关系的连接属性进行排序。然后,并行扫描连接的两个关系,并组合匹配的行以形成连接行。这种连接更具吸引力,因为每个关系只需扫描一次。所需的排序可以通过明确的排序步骤来实现,也可以通过使用连接键上的索引以正确的顺序扫描关系来实现。

(3) 哈希连接：先将正确的关系扫描并使用其连接属性作为哈希键加载到哈希表(hash table,也称散列表)中。接下来扫描左关系,并将找到的每一行的适当值用作哈希键,以在表中找到匹配的行。

当查询涉及两个以上的关系时,最终结果必须由连接树来确定。优化器检查不同的可能连接顺序以找到代价最低的连接顺序。

如果查询所使用的关系数目较少(少于启动启发式搜索阈值),那么将进行近乎穷举的搜索以找到最佳连接顺序。优化器优先考虑存在 WHERE 限定条件子句中的两个关系之间的连接(即存在诸如 rel1. attr1 = rel2. attr2 之类的限制),最后才考虑不具有 join 子句的连接对。优化器会对每个连接操作生成所有可能的执行计划,然后选择代价最低的那个。当连接表数目超过 geqo_threshold 时,所考虑的连接顺序由基因查询优化(Genetic Query Optimization,GEQO)启发式方法确定。

完成的计划树包括对基础关系的顺序或索引扫描,以及根据需要的嵌套循环、合并、哈希连接节点和其他辅助步骤,例如排序节点或聚合函数计算节点。这些计划节点类型中的大多数具有执行选择(丢弃不满足指定布尔条件的行)和投影(基于给定列值计算派生列集,即执行标量表达式的运算)的附加功能。优化器的职责之一是将 WHERE 子句中的选择条件附加起来,并将所需的输出表达式安排到计划树的最适当节点上。

2) 查询计划代价估计

openGauss 的优化器是基于代价的优化器,对每条 SQL 语句生成的多个候选的计划,优化器会计算一个执行代价,最后选择代价最小的计划。

通过统计信息,代价估算系统就可以了解一个表有多少行数据、用了多少个数据页面、某个值出现的频率等,以确定约束条件过滤出的数据占总数据量的比例,即选择率。当一个约束条件确定了选择率之后,就可以确定每个计划路径所需要处理的行数,并根据行数可以推算出所需要处理的页面数。计划路径处理页面时,会产生 I/O 代价。而计划路径处理元组时(如针对元组做表达式计算),会产生 CPU 代价。由于 openGauss 是单机数据库,无服务器节点间传输数据(元组)会产生通信的代价,因此一个计划的总体代价可以表示为

总代价=I/O 代价+CPU 代价

openGauss 把所有顺序扫描一个页面的代价定义为单位 1,所有其他算子的代价都归一化到这个单位 1 上。比如把随机扫描一个页面的代价定义为 4,即认为随机扫描一个页面所需代价是顺序扫描一个页面所需代价的 4 倍。又比如,CPU 处理一条元组的代价为 0.01,即认为 CPU 处理一条元组所需代价为顺序扫描一个页面所需代价的 1/100。

从另一个角度来看,openGauss 将代价又分成了启动代价和执行代价,其中

总代价=启动代价+执行代价

从 SQL 语句开始执行到此算子输出第一条元组为止,所需要的代价称为启动代价。有的算子启动代价很小,比如基表上的扫描算子,一旦开始读取数据页,就可以输出元组,因此启动代价为 0。有的算子的启动代价相对较大,比如排序算子,它需要把所有下层算子的输出全部

读取到，并且把这些元组排序之后，才能输出第一条元组，因此它的启动代价比较大。

从输出第一条算子开始至查询结束，所需要的代价称为执行代价。这个代价中又可以包含 CPU 代价、I/O 代价，执行代价的大小与算子需要处理的数据量有关，也与每个算子完成的功能有关。处理的数据量越大，算子需要完成的任务越重，执行代价也越大。

如图 1-4 所示示例，查询中包含两张表，分别命名为 t1、t2。t1 与 t2 进行 join 操作，并且对 c1 列做聚集。

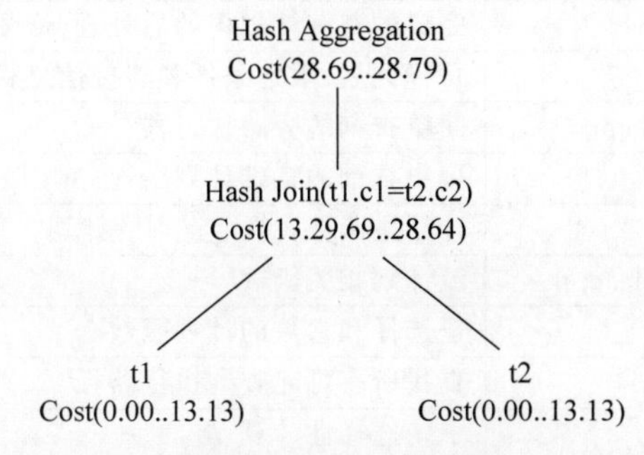

图 1-4　代价计算示例

示例中涉及的代价包括：

(1) 扫描 t1 的启动代价为 0，总代价为 13.13。13.13 的意思是“总代价相当于顺序扫描 13.13 个页面所需的代价”，t2 表的扫描同理。

(2) 此计划的 join 方式为 hash join，使用 hash join 时，必须先对一个子节点的所有数据建立哈希表，再依次使用另一个子节点的每条元组尝试与 hash join 中的元组进行匹配，因此 hash join 的启动代价包括了建立哈希表的代价。

此计划中 hash join 的启动代价为 13.29，对某个结果集建立哈希表时，必须拿到此结果集的所有数据，因此 13.29 比下层扫描算子的代价 13.13 大。

此计划中 hash join 的总代价为 28.64。

(3) join 完毕之后，需要进行聚集运算，此计划中的聚集运算使用了 HashAGG 算子，此算子需要对 join 的结果集以 c1 列作为 hash Key 建立哈希表，因此它的启动代价又包含了一个建立哈希表的代价。聚集操作的启动代价为 28.69，总代价为 28.79。

3) optimizer 源码组织

optimizer 源码目录为/src/gausskernel/optimizer。optimizer 源码文件如表 1-7 所示。

4) optimizer 主流程

optimizer 主流程代码如下：

```
/* planmain.cpp */
…
/*
 * 优化器主函数
 * 生成基本查询的路径(最简化的查询计划)
```

表 1-7 optimizer 源码文件

模　块	源码文件	功　能
plan	analyzejoins. cpp	初始化查询后的连接简化
	createplan. cpp	创建查询计划
	dynsmp_single. cpp	SMP 自适应接口函数
	planner. cpp	查询优化外部接口
	planrecursive_single. cpp	with_recursive 递归查询的处理函数
	planrewrite. cpp	基于代价的查询重写
	setrefs. cpp	完成的查询计划树的后处理(修复子计划变量引用)
	initsplan. cpp	目标列表、限定条件和连接信息初始化
	pgxcplan_single. cpp	简单查询的旁路执行器
	planagg. cpp	聚集查询的特殊计划
	planmain. cpp	计划主函数：单个查询的计划
	streamplan_single. cpp	流计划相关函数
	subselect. cpp	子选择和参数的计划函数
path	allpaths. cpp	查找所有可能查询执行路径
	clausesel. cpp	子句选择性计算
	costsize. cpp	计算关系和路径代价
	pathkeys. cpp	匹配并建立路径键的公用函数
	pgxcpath_single. cpp	查找关系和代价的所有可能远程查询路径
	streampath_single. cpp	并行处理的路径生成
	tidpath. cpp	确定扫描关系 TID(Tuple Identifier,元组标识符)条件并创建对应 TID 路径
	equivclass. cpp	管理等价类
	indxpath. cpp	确定可使用索引并创建对应路径
	joinpath. cpp	查找执行一组 join 操作的所有路径
	joinrels. cpp	确定需要被连接的关系
	orindxpath. cpp	查找匹配 OR 子句集的索引路径

```
* 输入参数:
* root:描述需要计划的查询
* tlist: 查询生成的目标列表
* tuple_fraction: 被抽取的元组数量比例
* limit_tuples: 抽取元组数量的数量限制
* 输出参数:
* cheapest_path: 查询整体上代价最低的路径
* sorted_path: 排好序的代价最低的数个路径
* num_groups: 估计组的数量(如果查询不使用 group 运算返回 1)
*/

void query_planner(PlannerInfo * root, List * tlist, double tuple_fraction, double limit_tuples, query_pathkeys_callback qp_callback, void * qp_extra, Path ** cheapest_path, Path ** sorted_path, double * num_groups, List * rollup_groupclauses, List * rollup_lists){
...
```

```
/* 空连接树简单 query 快速处理 */
if (parse->jointree->fromlist == NIL) {
...
return;
}
setup_simple_rel_arrays(root);                    /* 获取线性版的范围表,加速读取 */
/* 为基础关系建立 RelOptInfo 节点 */
add_base_rels_to_query(root,(Node *)parse->jointree);
check_scan_hint_validity(root);
/* 向目标列表添加条目,占位符信息生成,最后形成连接列表 */
    build_base_rel_tlists(root,tlist);
find_placeholders_in_jointree(root);
    joinlist = deconstruct_jointree(root);
reconsider_outer_join_clauses(root);              /* 基于等价类重新考虑外连接 */
/* 对等价类生成额外的限制性子句 */
    generate_base_implied_equalities(root);
    generate_base_implied_qualities(root);
(*qp_callback) (root,qp_extra);                   /* 将完整合并的等价类集合转换为标准型 */
fix_placeholder_input_needed_levels(root);        /* 检查占位符表达式 */
joinlist = remove_useless_joins(root,joinlist);       /* 移除无用外连接 */
add_placeholders_to_base_rels(root);              /* 将占位符添加到基础关系 */
/* 对每个参与查询表的大小进行估计,计算 total_table_pages */
total_pages = 0;
    for (rti = 1; rti < (unsigned int)root->simple_rel_array_size; rti++)
{...}
root->total_table_pages = total_pages;
/* 准备开始主查询计划 */
final_rel = make_one_rel(root,joinlist);
    final_rel->consider_parallel = consider_parallel;
...
    /* 如果有分组子句,估计结果组数量 */
if (parse->groupClause) {...}                    /* 如果有分组子句,估计结果组数量 */
else if (parse->hasAggs||root->hasHavingQual||parse->groupingSets)
{...} /* 非分组聚集查询读取所有元组 */
else if (parse->distinctClause) {...}            /* 非分组非聚集独立子句估计结果行数 */
else {...}                                        /* 平凡非分组非聚集查询,计算绝对的元组比例 */
/* 计算代价整体最小路径和预排序的代价最小路径 */
cheapestpath = get_cheapest_path(root,final_rel,num_groups,has_groupby);
...
*cheapest_path = cheapestpath;
    *sorted_path = sortedpath;
}
```

5. 查询执行——executor

执行器(executor)采用优化器创建的计划,并对其进行递归处理以提取所需的行的集合。这本质上是一种需求驱动的流水线执行机制,即每次调用一个计划节点时,它都必须再传送一行,或者报告已完成传送所有行。

如图1-5所示的执行计划树示例,顶部节点是merge join节点。在进行任何合并操作前,必须获取两个元组(merge join 节点的两个子计划各返回 1 个元组)。因此,执行器以递归方式调用自身以处理其子计划(如从左子树的子计划开始)。merge join 由于要做归并操作,因此它要子计划按序返回元组,从图 1-5 可以看出,它的子计划是一个 sort 节点。sort 的子节点可能是 seq scan 节点,代表对表的实际读取。执行 seq scan 节点会使执行程序从表中获取一行并将其返回到调用节点。sort 节点将反复调用其子节点以获得所有要排序的行。当输入完毕时(子节点返回 NULL 而不是新行),sort 算子对获取的元组进行排序,它每次返回 1 个元组,即已排序的第 1 行,然后不断排序并向父节点传递剩余的排好序的元组。

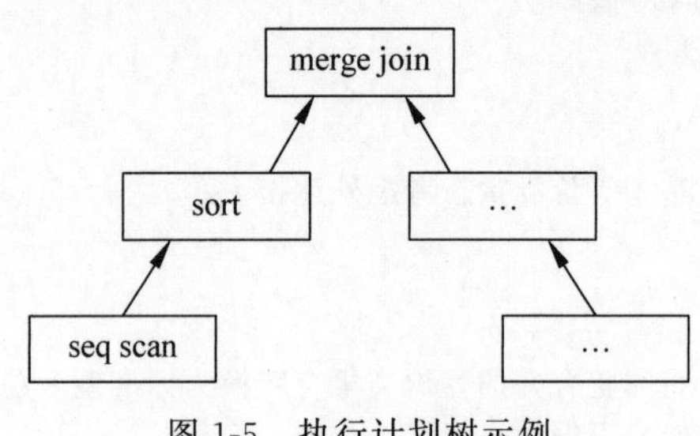

图 1-5　执行计划树示例

类似地,merge join 节点需要获得其右侧子计划中的第 1 个元组,看是否可以合并。如果是,它将向其调用方返回 1 个连接行。在下一次调用时,如果它不能连接当前输入对,则立即前进到 1 个表或另 1 个表的下一行(取决于比较的结果),然后再次检查是否匹配。最终,1 个或另 1 个子计划用尽,并且 merge join 节点返回 NULL,以指示无法再形成更多的连接行。

复杂的查询可能涉及多个级别的计划节点,但是一般方法是相同的:每个节点都会在每次调用时计算并返回其下一个输出行。每个节点还负责执行优化器分配给它的任何选择或投影表达式。

执行器机制用于执行所有 4 种基本 SQL 查询类型:SELECT、INSERT、UPDATE 和 DELETE。

(1) 对于 SELECT,顶级执行程序代码仅需要将查询计划树返回的每一行发送给客户端。

(2) 对于 INSERT,每个返回的行都插入 INSERT 指定的目标表中。这是在称为 ModifyTable 的特殊顶层计划节点中完成的。一个简单的"INSERT … VALUES"命令创建了一个简单的计划树,该树由单个 Result 节点组成,该节点仅计算一个结果行,并传递给 ModifyTable 树节点实现插入。

(3) 对于 UPDATE,优化器对每个计算的更新行附着所更新的列值,以及原始目标行的 TID(元组 ID 或行 ID);此数据被馈送到 ModifyTable 节点,并使用该信息来创建新的更新行并标记旧行已删除。

(4) 对于 DELETE,计划实际返回的唯一列是 TID,而 ModifyTable 节点仅使用 TID 访问每个目标行并将其标记为已删除。

执行器的主要处理控制流程如下。

(1) 创建查询描述。

(2) 查询初始化:创建执行器状态(查询执行上下文)、执行节点初始化(创建表达式与每个元组上下文、执行表达式初始化)。

(3) 查询执行:执行处理节点(递归调用查询上下文、执行表达式,然后释放内存,重复操作)。

(4) 查询完成:执行未完成的表格修改节点。

(5) 查询结束：递归释放资源，释放查询及其子节点上下文。

(6) 释放查询描述。

executor源码目录为/src/gausskernel/runtime/executor。executor源码文件如表1-8所示。

表1-8 executor源码文件

源码文件	功能
execAmi.cpp	各种执行器访问方法
execClusterResize.cpp	集群大小调整
execCurrent.cpp	支持WHERE CURRENT OF
execGrouping.cpp	支持分组、哈希和聚集操作
execJunk.cpp	伪列的支持
execMain.cpp	顶层执行器接口
execMerge.cpp	处理MERGE指令
execParallel.cpp	支持并行执行
execProcnode.cpp	分发函数按节点调用相关初始化等函数
execQual.cpp	评估资质和目标列表的表达式
execScan.cpp	通用的关系扫描
execTuples.cpp	元组相关的资源管理
execUtils.cpp	多种执行相关工具函数
functions.cpp	执行SQL语言函数
instrument.cpp	计划执行工具
lightProxy.cpp	轻量级执行代理
node*.cpp	处理*相关节点操作的函数
opfusion.cpp opfusion_util.cpp opfusion_scan.cpp	旁路执行器，处理简单查询
spi.cpp	服务器编程接口
tqueue.cpp	并行后端之间的元组信息传输
tstoreReceiver.cpp	存储结果元组

executor主流程代码如下：

```
/* execMain.cpp */
...
/* 执行器启动 */
void ExecutorStart(QueryDesc *queryDesc, int eflags)
{
    gstrace_entry(GS_TRC_ID_ExecutorStart);
    if (ExecutorStart_hook) {
        (*ExecutorStart_hook)(queryDesc, eflags);
    } else {
        standard_ExecutorStart(queryDesc, eflags);
```

```
        }
        gstrace_exit(GS_TRC_ID_ExecutorStart);
    }
    /* 执行器运行 */
    void ExecutorRun(QueryDesc * queryDesc, ScanDirection direction, long count)
    {
    ...
        /* SQL 自调优：查询执行完毕时，基于运行时信息分析查询计划问题 */
        if (u_sess->exec_cxt.need_track_resource && queryDesc != NULL && has_track_operator &&
    (IS_PGXC_COORDINATOR || IS_SINGLE_NODE)) {
            List * issue_results = PlanAnalyzerOperator(queryDesc, queryDesc->planstate);
            /* 如果查询问题找到，存在系统视图 gs_wlm_session_history */
            if (issue_results != NIL) {
                RecordQueryPlanIssues(issue_results);
            }
        }
        /* 查询动态特征，操作历史统计信息 */
        if (can_operator_history_statistics) {
            u_sess->instr_cxt.can_record_to_table = true;
                ExplainNodeFinish(queryDesc->planstate, queryDesc->plannedstmt,
    GetCurrentTimestamp(), false);
            ...
        }
    }
    /* 执行器完成 */
    void ExecutorFinish(QueryDesc * queryDesc)
    {
        if (ExecutorFinish_hook) {
            (* ExecutorFinish_hook)(queryDesc);
        } else {
            standard_ExecutorFinish(queryDesc);
        }
    }
    /* 执行器结束 */
    void ExecutorEnd(QueryDesc * queryDesc)
    {
        if (ExecutorEnd_hook) {
            (* ExecutorEnd_hook)(queryDesc);
        } else {
            standard_ExecutorEnd(queryDesc);
        }
    }
```

1.4.3 存储引擎

openGauss 存储引擎支持多个存储引擎来满足不同场景的业务诉求，目前支持行存储引擎、列存储引擎和内存引擎。

早期计算机程序通过文件系统管理数据，到了 20 世纪 60 年代，这种方式逐渐不能满足数据管理要求,用户对数据并发写入的完整性、高效检索提出更高的要求。由于机械磁盘的随机读写性能问题,从20世纪80年代开始,大多数数据库一直在围绕着减少随机读写磁盘进行设计。主要思路是把对数据页面的随机写盘转换为对WAL(Write Ahead Log,预写式日志)的顺序写盘,WAL持久化完成,事务就算提交成功,数据页面异步刷盘。但是随着内存容量变大,保电内存、非易失性内存的发展,以及SSD技术逐渐成熟,I/O性能极大提高,经历了几十年发展的存储引擎需要调整架构来发挥SSD的性能和充分利用大内存计算的优势。随着互联网、移动互联网的发展,数据量剧增,业务场景多样化,一套固定不变的存储引擎不可能满足所有应用场景的诉求。因此,现在的DBMS(Database Management System,数据库管理系统)需要设计支持多种存储引擎,根据业务场景来选择合适的存储模型。

1. 数据库存储引擎要解决的问题

(1) 存储的数据必须要保证ACID:原子性(atomicity)、一致性(consistency)、隔离性(isolation)、持久性(durability)。

(2) 高并发读写和高性能。

(3) 数据高效存储和检索能力。

2. openGauss存储引擎概述

openGauss整个系统设计支持多个存储引擎来满足不同场景的业务诉求。当前openGauss存储引擎有以下3种:

(1) 行存储引擎:主要面向OLTP(Online Transaction Processing,在线交易处理)场景设计,例如订货发货,银行交易系统。

(2) 列存储引擎:主要面向OLAP(Online Analytical Processing,联机分析处理)场景设计,例如数据统计报表分析。

(3) 内存引擎:主要面向极致性能场景设计,例如银行风控场景。

创建表时可以指定行存储引擎表、列存储引擎表、内存引擎表,支持一个事务里包含对3种引擎表的DML(Data Manipulation Language,数据操作语言)操作,可以保证事务ACID。

1) storage源码组织

storage源码目录为/src/gausskernel/storage。storage源码文件如表1-9所示。

表1-9 storage源码文件

源码文件	功能
access	基础行存储引擎方法
	cbtree
	hash
	heap
	index
	...

续表

源码文件	功　能
buffer	缓冲区
freespace	空闲空间管理
ipc	进程内交互
large_object	大对象处理
remote	远程读
replication	复制备份
smgr	存储管理
cmgr	公共缓存方法
cstore	列存储引擎
dfs	分布式文件系统
file	文件类
lmgr	锁管理
mot	内存引擎
page	数据页

2）storage 主流程

storage 主流程代码如下：

```
/ * smgr/smgr.cpp,存储管理 * /
…
/ * 存储管理函数列表,包含磁盘初始化、开关、同步等操作函数 * /
static const f_smgr g_smgrsw[] = {
    / * 磁盘 * /
    {mdinit,
        NULL,
        mdclose,
        mdcreate,
        mdexists,
        mdunlink,
        mdextend,
        mdprefetch,
        mdread,
        mdwrite,
        mdwriteback,
        mdnblocks,
        mdtruncate,
        mdimmedsync,
        mdpreckpt,
        mdsync,
        mdpostckpt,
        mdasyncread,
        mdasyncwrite}};
/ *
 * 存储管理初始化
```

```
 * 当服务器后端启动时调用
 */
void smgrinit(void)
{
    int i;
/* 初始化所有存储相关管理器 */
    for (i = 0; i < SMGRSW_LENGTH; i++) {
        if (g_smgrsw[i].smgr_init) {
            (*(g_smgrsw[i].smgr_init))();
        }
    }

    /* 登记存储管理终止程序 */
    if (!IS_THREAD_POOL_SESSION) {
        on_proc_exit(smgrshutdown, 0);
    }
}
/*
 * 当后端服务关闭时,执行存储管理关闭代码
 */
static void smgrshutdown(int code, Datum arg)
{
    int i;
/* 关闭所有存储关联服务 */
    for (i = 0; i < SMGRSW_LENGTH; i++) {
        if (g_smgrsw[i].smgr_shutdown) {
            (*(g_smgrsw[i].smgr_shutdown))();
        }
    }
}
```

3. 行存储引擎

openGauss 的行存储引擎设计上支持 MVCC(Multi-Version Concurrency Control,多版本并发控制),采用集中式垃圾版本回收机制,可以提供 OLTP 业务系统的高并发读写要求,行存储架构如图 1-6 所示。

行存储引擎的关键技术有:

(1) 基于 CSN(Commit Sequence Number,待提交事务的序列号,它是一个 64 位递增无符号数)的 MVCC 并发控制机制,进行集中式垃圾数据清理。

(2) 并行刷新日志,并行恢复。传统数据库一般都采用串行刷日志的设计,因为日志有顺序依赖关系,例如一个由事务产生的 redo/undo log 是有前后依赖关系的。openGauss 的日志系统采用多个 logwriter 线程并行写的机制,充分发挥 SSD 的多通道 I/O 能力。

(3) 基于大内存设计的缓冲区管理器。

行存储缓冲区主流程代码如下:

```
/* buffer/bufmgr.cpp, 基础行存储管理 */
...
```

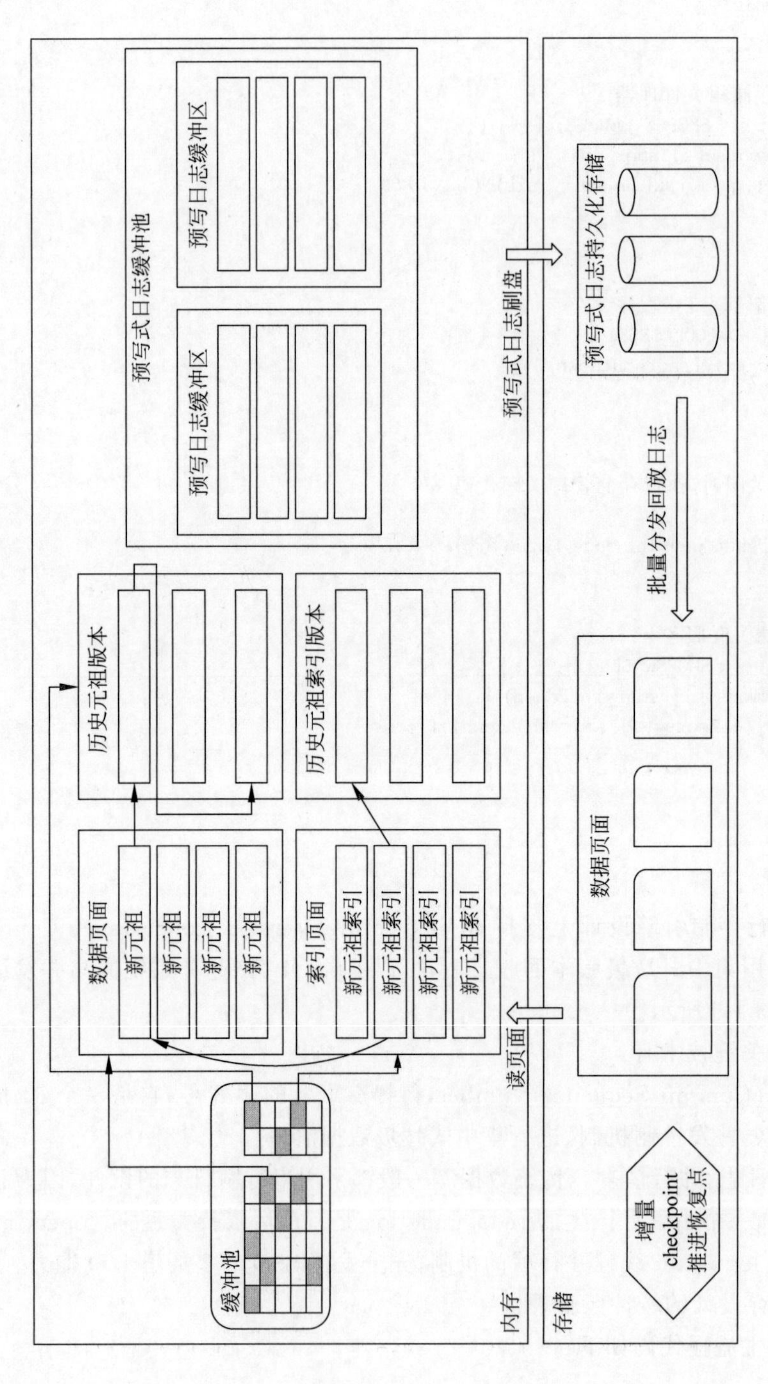

内存
缓冲池
数据页面
新元祖
新元祖
新元祖
新元祖
历史元祖版本
索引页面
新元祖索引
新元祖索引
新元祖索引
新元祖索引
历史元祖索引版本
预写式日志缓冲池
预写日志缓冲区
预写日志缓冲区
读页面
预写式日志刷盘
存储
增量
checkpoint
推进恢复点
数据页面
批量分发回放日志
预写式日志持久化存储

图 1-6 行存储架构

```
/*查找或创建一个缓冲区*/
Buffer ReadBufferExtended(
    Relation reln, ForkNumber fork_num, BlockNumber block_num, ReadBufferMode mode,
BufferAccessStrategy strategy)
{
    bool hit = false;
    Buffer buf;

    if (block_num == P_NEW) {
        STORAGE_SPACE_OPERATION(reln,BLCKSZ);
    }

    /*以 smgr(存储管理器)级别打开一个缓冲区*/
    RelationOpenSmgr(reln);

    /*拒绝读取非局部临时关系的请求,因为可能会获得监控不到的错误数据*/
    if (RELATION_IS_OTHER_TEMP(reln) && fork_num <= INIT_FORKNUM)
        ereport(ERROR,
            (errcode(ERRCODE_FEATURE_NOT_SUPPORTED),errmsg("cannot access temporary tables
of other sessions")));
    /*读取缓冲区,更新统计信息数量,反馈缓存命中情况*/
    pgstat_count_buffer_read(reln);
    pgstatCountBlocksFetched4SessionLevel();
    buf = ReadBuffer_common(reln->rd_smgr,reln->rd_rel->relpersistence,fork_num,block
_num,mode,strategy,&hit);
    if (hit) {
        pgstat_count_buffer_hit(reln);
    }
    return buf;
}

/*释放一个缓冲区*/
void ReleaseBuffer(Buffer buffer)
{
    BufferDesc* buf_desc = NULL;
    PrivateRefCountEntry* ref = NULL;
    /*错误释放处理*/
    if (!BufferIsValid(buffer)) {
      ereport(ERROR,(errcode(ERRCODE_INVALID_BUFFER),(errmsg("bad buffer ID: %d",
buffer))));
    }

    ResourceOwnerForgetBuffer(t_thrd.utils_cxt.CurrentResourceOwner,buffer);

    if (BufferIsLocal(buffer)) {
        Assert(u_sess->storage_cxt.LocalRefCount[-buffer - 1] > 0);
        u_sess->storage_cxt.LocalRefCount[-buffer - 1]--;
```

```
        return;
    }
    /*释放当前缓冲区*/
    buf_desc = GetBufferDescriptor(buffer - 1);

    PrivateRefCountEntry *free_entry = NULL;
    ref = GetPrivateRefCountEntryFast(buffer,free_entry);
    if (ref == NULL) {
        ref = GetPrivateRefCountEntrySlow(buffer,false,false,free_entry);}
    Assert(ref != NULL);
    Assert(ref->refcount > 0);

    if (ref->refcount > 1) {
        ref->refcount--;
    } else {
        UnpinBuffer(buf_desc,false);
    }
}
/*标记写脏缓冲区*/
void MarkBufferDirty(Buffer buffer)
{
    BufferDesc* buf_desc = NULL;
    uint32 buf_state;
    uint32 old_buf_state;

    if (!BufferIsValid(buffer)) {
        ereport(ERROR,(errcode(ERRCODE_INVALID_BUFFER),(errmsg("bad buffer ID: %d",
buffer))));}

    if (BufferIsLocal(buffer)) {
        MarkLocalBufferDirty(buffer);
        return;
    }

    buf_desc = GetBufferDescriptor(buffer - 1);

    Assert(BufferIsPinned(buffer));
    Assert(LWLockHeldByMe(buf_desc->content_lock));

    old_buf_state = LockBufHdr(buf_desc);

    buf_state = old_buf_state | (BM_DIRTY | BM_JUST_DIRTIED);

    /*将未入队的脏页入队*/
    if (g_instance.attr.attr_storage.enableIncrementalCheckpoint) {
        for (;;) {
            buf_state = old_buf_state | (BM_DIRTY | BM_JUST_DIRTIED);
```

```
                if (!XLogRecPtrIsInvalid(pg_atomic_read_u64(&buf_desc->rec_lsn))) {
                    break;
                }

                if (!is_dirty_page_queue_full(buf_desc) && push_pending_flush_queue(buffer)) {
                    break;
                }

                UnlockBufHdr(buf_desc,old_buf_state);
                pg_usleep(TEN_MICROSECOND);
                old_buf_state = LockBufHdr(buf_desc);
            }
        }

        UnlockBufHdr(buf_desc,buf_state);

        /* 如果缓冲区不是"脏"状态,则更新相关计数 */
        if (!(old_buf_state & BM_DIRTY)) {
            t_thrd.vacuum_cxt.VacuumPageDirty++;
            u_sess->instr_cxt.pg_buffer_usage->shared_blks_dirtied++;

            pgstatCountSharedBlocksDirtied4SessionLevel();

            if (t_thrd.vacuum_cxt.VacuumCostActive) {
                t_thrd.vacuum_cxt.VacuumCostBalance += u_sess->attr.attr_storage.
VacuumCostPageDirty;
            }
        }
    }
```

4. 列存储引擎

传统行存储数据压缩率低,必须按行读取,即使读取一列也必须读取整行。openGauss创建表时,可以指定是行存储还是列存储。列存储表也支持DML操作和MVCC。列存储架构如图1-7所示。

列存储引擎有以下优势。

(1) 列的数据特征比较相似,适合压缩,压缩比很高。

(2) 当表列的个数比较多,但是访问的列个数比较少时,列存储可以按需读取列数据,大大减少不必要的读I/O开支,提高查询性能。

(3) 基于列批量数据向量(vector)的运算,CPU的缓存命中率比较高,性能比较好。列存储引擎更适合OLAP大数据统计分析的场景。

列存储源码目录为/src/gausskernel/storage/cstore。列存储源码文件(cstore模块)如表1-10所示。

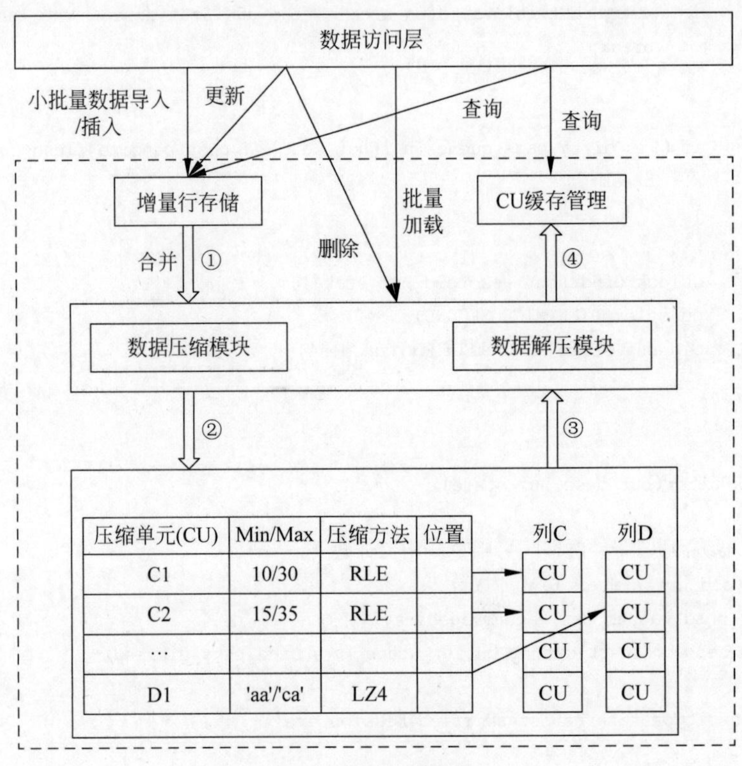

图 1-7 列存储架构

表 1-10 列存储源码文件

源码文件	功能
compression	数据压缩与解压
cstore_allocspace	空间分配
cstore_am	列存储公共 API(Application Programming Interface,应用编程接口)
cstore_ *** _func	支持函数
cstore_psort	列内排序
cu	数据压缩单元
cucache_mgr	缓存管理器
custorage	持久化存储
cstore_delete	删除方法
cstore_update	更新方法
cstore_vector	缓冲区实现
cstore_rewrite	SQL 重写
cstore_insert	插入方法
cstore_mem_alloc	内存分配

列存储主要 API 代码如下：

```
/* cstore_am.cpp */
...
/* 扫描 APIs */
    void InitScan(CStoreScanState * state,Snapshot snapshot = NULL);
    void InitReScan();
    void InitPartReScan(Relation rel);
    bool IsEndScan() const;

    /* 延迟读取 APIs */
    bool IsLateRead(int id) const;
    void ResetLateRead();

    /* 更新列存储扫描计时标记 */
    void SetTiming(CStoreScanState * state);

    /* 列存储扫描 */
    void ScanByTids(_in_ CStoreIndexScanState * state, _in_ VectorBatch * idxOut, _out_
VectorBatch * vbout);
    void CStoreScanWithCU(_in_ CStoreScanState * state, BatchCUData * tmpCUData, _in_ bool
isVerify = false);

    /* 加载数据压缩单元描述信息 */
    bool LoadCUDesc(_in_ int col, __inout LoadCUDescCtl * loadInfoPtr, _in_ bool prefetch_
control, _in_ Snapshot snapShot = NULL);

    /* 从描述表中获取数据压缩单元描述 */
    bool GetCUDesc(_in_ int col, _in_ uint32 cuid, _out_ CUDesc * cuDescPtr, _in_ Snapshot
snapShot = NULL);

    /* 获取元组删除信息 */
    void GetCUDeleteMaskIfNeed(_in_ uint32 cuid, _in_ Snapshot snapShot);

    bool GetCURowCount(_in_ int col, __inout LoadCUDescCtl * loadCUDescInfoPtr, _in_ Snapshot
snapShot);
    /* 获取实时行号 */
    int64 GetLivedRowNumbers(int64 * deadrows);

    /* 获得数据压缩单元 */
    CU * GetCUData(_in_ CUDesc * cuDescPtr, _in_ int colIdx, _in_ int valSize, _out_ int
&slotId);
    CU * GetUnCompressCUData(Relation rel, int col, uint32 cuid, _out_ int &slotId, ForkNumber
forkNum = MAIN_FORKNUM,
                             bool enterCache = true) const;

    /* 缓冲向量填充 APIs */
    int FillVecBatch(_out_ VectorBatch * vecBatchOut);
```

```
/* 填充列向量 */
template <bool hasDeadRow, int attlen>
int FillVector(_in_ int colIdx, _in_ CUDesc * cu_desc_ptr, _out_ ScalarVector * vec);

template <int attlen>
void FillVectorByTids(_in_ int colIdx, _in_ ScalarVector * tids, _out_ ScalarVector *
vec);

template <int attlen>
void FillVectorLateRead(_in_ int seq, _in_ ScalarVector * tids, _in_ CUDesc * cuDescPtr, _
out_ ScalarVector * vec);

void FillVectorByIndex(_in_ int colIdx, _in_ ScalarVector * tids, _in_ ScalarVector *
srcVec, _out_ ScalarVector * destVec);

/* 填充系统列 */
int FillSysColVector(_in_ int colIdx, _in_ CUDesc * cu_desc_ptr, _out_ ScalarVector *
vec);

template <int sysColOid>
void FillSysVecByTid(_in_ ScalarVector * tids, _out_ ScalarVector * destVec);

template <bool hasDeadRow>
int FillTidForLateRead(_in_ CUDesc * cuDescPtr, _out_ ScalarVector * vec);

void FillScanBatchLateIfNeed(__inout VectorBatch * vecBatch);

/* 设置数据压缩单元范围以支持索引扫描 */
void SetScanRange();

/* 判断行是否可用 */
bool IsDeadRow(uint32 cuid, uint32 row) const;

void CUListPrefetch();
void CUPrefetch(CUDesc * cudesc, int col, AioDispatchCUDesc_t ** dList, int &count, File *
vfdList);
/* 扫描函数 */
typedef void (CStore:: * ScanFuncPtr)(_in_ CStoreScanState * state, _out_ VectorBatch *
vecBatchOut);
void RunScan(_in_ CStoreScanState * state, _out_ VectorBatch * vecBatchOut);
int GetLateReadCtid() const;
void IncLoadCuDescCursor();
```

5. 内存引擎

openGauss引入了MOT(Memory-Optimized Table,内存优化表)存储引擎,它是一种事务性行存储,针对多核和大内存服务器进行优化。MOT是openGauss出色的生产级特性(Beta版本),它为事务性工作负载提供更高的性能。MOT完全支持ACID,并提供严格的持久性和高可用性支持。企业可以在关键任务、性能敏感的在线事务处理中使用MOT,

以实现高性能、高吞吐、可预测的低延迟及多核服务器的高利用率。MOT 尤其适合在多路和多核处理器的现代服务器上运行，如基于 ARM(Advanced RISC Machine，高级精简指令集计算机器)/鲲鹏处理器的华为 TaiShan 服务器，以及基于 x86 的戴尔或类似服务器。MOT 存储引擎如图 1-8 所示。

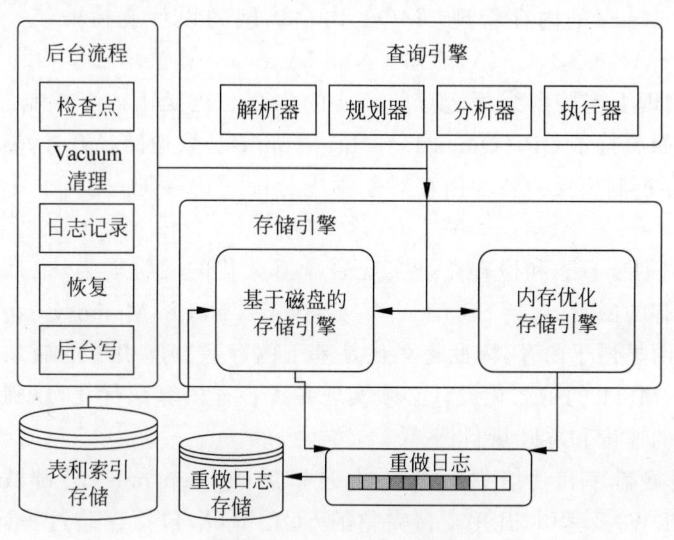

图 1-8 MOT 存储引擎

MOT 与基于磁盘的普通表并排创建。MOT 的有效设计实现了几乎完全的 SQL 覆盖，并且支持完整的数据库功能集，如存储过程和自定义函数。通过完全存储在内存中的数据和索引、非统一内存访问感知(NUMA-aware)设计、消除锁和锁存争用的算法及查询原生编译，MOT 可提供更快的数据访问和更高效的事务执行。MOT 有效的几乎无锁的设计和高度调优的实现，使其在多核服务器上实现了卓越的近线性吞吐量扩展。

MOT 的高性能(查询和事务延迟)、高可扩展性(吞吐量和并发量)等特点，在某些情况下(如高资源利用率)拥有显著优势。

(1) 低延迟(low latency)：提供快速的查询和事务响应。

(2) 高吞吐量(high throughput)：支持峰值和持续高用户并发。

(3) 高资源利用率(high resource utilization)：充分利用硬件。

MOT 的关键技术与特性如下：

(1) 内存优化数据结构：以实现高并发吞吐量和可预测的低延迟为目标，所有数据和索引都在内存中，不使用中间页缓冲区，并使用持续时间最短的锁。数据结构和所有算法都是专门为内存设计而优化的。

(2) 免锁事务管理：MOT 在保证严格一致性和数据完整性的前提下，采用乐观的策略实现高并发和高吞吐。在事务过程中，MOT 不会对正在更新的数据行的任何版本加锁，从而大大降低了一些大内存系统中的争用。

(3) 免锁索引：由于内存表的数据和索引完全存储在内存中，因此拥有一个高效的索引数据结构和算法非常重要。MOT 索引机制基于领域前沿的树结构 Masstree 实现，Masstree 是一种用于多核系统的快速、可扩展的键值(Key Value,KV)存储索引，以 B+树的 Trie 组织实现。通过这种方式，高并发工作负载在多核服务器上可以获得卓越的性能。同时，MOT 应用了各种先进的技术以优化性能，如优化锁方法、高速缓存感知和内存预取。

(4) NUMA-aware 的内存管理：MOT 内存访问的设计支持非统一内存访问(Non-Uniform Memory Access,NUMA)感知。NUMA-aware 算法增强了内存中数据布局的性能，使线程访问物理上连接到线程运行的核心的内存。这是由内存控制器处理的，不需要通过使用互连，[如英特尔 QPI(Quick Path Interconnect，快速路径互连)]进行额外的跳转。MOT 的智能内存控制模块为各种内存对象预先分配了内存池，提高了性能、减少了锁、保证了稳定性。

(5) 高效持久性：日志和检查点是实现磁盘持久化的关键能力，也是 ACID 的关键要求之一。目前所有的磁盘，包括 SSD 和 NVMe(Non-Volatile Memory express，非易失性高速传输总线)，都明显慢于内存，因此持久化是基于内存数据库引擎的瓶颈。作为一个基于内存的存储引擎，MOT 的持久化设计必须实现各种各样的算法优化，以确保持久化的同时还能达到设计时的速度和吞吐量目标。

(6) 高 SQL 覆盖率和功能集：MOT 通过扩展的 openGauss 外部数据封装(Foreign Data Wrapper,FDW)及索引，几乎支持完整的 SQL 范围，包括存储过程、用户定义函数和系统函数调用。

(7) 使用 PREPARE 语句的查询原生编译：通过使用 PREPARE 客户端命令，可以以交互方式执行查询和事务语句。这些命令已被预编译成原生执行格式，也称为 Code-Gen 或即时(Just-In-Time,JIT)编译。这样可以实现平均 30%的性能提升。

(8) MOT 和 openGauss 数据库的无缝集成：MOT 是一个高性能的面向内存优化的存储引擎，已集成在 openGauss 软件包中。MOT 的主内存引擎和基于磁盘的存储引擎并存，以支持多种应用场景，同时在内部重用数据库辅助服务，如 WAL 重做日志、复制、检查点和恢复高可用性等。

内存引擎源码目录为/src/gausskernel/storage/mot。内存引擎源码文件(mot 模块)如表 1-11 所示。

表 1-11　内存引擎源码文件(mot 模块)

源码文件	功　能
concurrency_control	并发控制管理
infra	辅助与配置函数
memory	内存数据管理
storage	持久化存储
system	全局控制 API
utils	日志等通用方法

内存引擎主流程代码如下：

```
/* system/mot_engine.cpp */
...
/* 创建内存引擎实例 */
MOTEngine* MOTEngine::CreateInstance(
    const char* configFilePath /* = nullptr */, int argc /* = 0 */, char* argv[] /* =
nullptr */)
{
    if (m_engine == nullptr) {
        if (CreateInstanceNoInit(configFilePath, argc, argv) != nullptr) {
            bool result = m_engine->LoadConfig();
            if (!result) {
                  MOT_REPORT_ERROR(MOT_ERROR_INTERNAL, "System Startup", "Failed to load
Engine configuration");
            } else {
                result = m_engine->Initialize();
                if (!result) {
                        MOT_REPORT_ERROR(MOT_ERROR_INTERNAL, "System Startup", "Engine
initialization failed");
                }
            }

            if (!result) {
                DestroyInstance();
                MOT_ASSERT(m_engine == nullptr);
            }
        }
    }
    return m_engine;
}
/* 内存引擎初始化 */
bool MOTEngine::Initialize()
{
    bool result = false;
/* 初始化应用服务,开始后台任务 */
    do { //instead of goto
        m_initStack.push(INIT_CORE_SERVICES_PHASE);
        result = InitializeCoreServices();
        CHECK_INIT_STATUS(result, "Failed to Initialize core services");

        m_initStack.push(INIT_APP_SERVICES_PHASE);
        result = InitializeAppServices();
        CHECK_INIT_STATUS(result, "Failed to Initialize applicative services");

        m_initStack.push(START_BG_TASKS_PHASE);
        result = StartBackgroundTasks();
        CHECK_INIT_STATUS(result, "Failed to start background tasks");
    } while (0);
```

```
    if (result) {
        MOT_LOG_INFO("Startup: MOT Engine initialization finished successfully");
        m_initialized = true;
    } else {
        MOT_LOG_PANIC("Startup: MOT Engine initialization failed!");
        /* 调用方应在失败后调用 DestroyInstance() */
    }

    return result;
}
/* 销毁内存引擎实例 */
void MOTEngine::Destroy()
{
    MOT_LOG_INFO("Shutdown: Shutting down MOT Engine");
    while (!m_initStack.empty()) {
        switch (m_initStack.top()) {
            case START_BG_TASKS_PHASE:
                StopBackgroundTasks();
                break;

            case INIT_APP_SERVICES_PHASE:
                DestroyAppServices();
                break;

            case INIT_CORE_SERVICES_PHASE:
                DestroyCoreServices();
                break;

            case LOAD_CFG_PHASE:
                break;

            case INIT_CFG_PHASE:
                DestroyConfiguration();
                break;

            default:
                break;
        }
        m_initStack.pop();
    }
    ClearErrorStack();
    MOT_LOG_INFO("Shutdown: MOT Engine shutdown finished");
}
```

1.5 价值特性

openGauss 相比其他开源数据库主要有高性能、高扩展、高可用和可维护性等特点。

1.5.1 高性能

1. CBO优化器

openGauss优化器是典型的基于代价的优化(Cost-Based Optimization,CBO)。在这种优化器模型下,数据库根据表的元组数、字段宽度、NULL记录比率、唯一值(Distinct Value)、最常见值(Most Common Value,MCV)等表的特征值及一定的代价计算模型,计算出每个执行步骤的不同执行方式的输出元组数和执行代价(cost),进而选出整体执行代价最小或首元组返回代价最小的执行方式进行执行。

CBO优化器能够在众多计划中依据代价选出最高效的执行计划,最大限度满足客户业务要求。

2. 行列混合存储

openGauss支持行存储和列存储两种存储模型,用户可以根据应用场景,在建表时选择行存储表还是列存储表。

一般情况下,如果表的字段比较多(大宽表),查询中涉及的列不太多,适合列存储。如果表的字段个数比较少,查询大部分字段,那么选择行存储比较好。

在大宽表、数据量比较大的场景中,查询经常关注某些列,行存储引擎查询性能比较差。例如气象局的场景,单表有200～800个列,查询经常访问10个列,在类似的场景下,向量化执行技术和列存储引擎可以极大地提升性能和减少存储空间。行存储表和列存储表各有优劣,建议根据实际情况选择。

(1) 行存储表。默认创建表的类型。数据按行进行存储,即一行数据紧挨着存储。行存储表支持完整的增、删、改、查,适用于需要经常更新数据的场景。

(2) 列存储表。数据按列进行存储,即一列所有数据紧挨着存储。单列查询I/O小,比行存储表占用更少的存储空间,适合数据批量插入、更新较少和以查询为主统计分析类的场景。列存储表不适合点查询,INSERT操作插入单条记录性能差。

行存储表和列存储表的选择原则如下:

(1) 更新频繁程度:数据如果频繁更新,选择行存储表。

(2) 插入频繁程度:如果是频繁少量插入数据,选择行存储表;一次插入大批量数据,选择列存储表。

(3) 表的列数:如果表的列数很多,选择列存储表。

(4) 查询的列数:如果每次查询时,只涉及表的少数几个列(小于50%总列数),选择列存储表。

(5) 压缩率:列存储表比行存储表压缩率高,但高压缩率会消耗更多的CPU资源。

3. 自适应压缩

当前主流数据库通常都会采用数据压缩技术。数据类型不同,适用的压缩算法不同。对于相同类型的数据,其数据特征不同,采用不同的压缩算法达到的效果也不同。自适应压缩正是从数据类型和数据特征出发,采用相应的压缩算法,实现了良好的压缩比、快速的入库性能及良好的查询性能。

数据入库和频繁的海量数据查询是用户的主要应用场景。在数据入库场景中，自适应压缩可以大幅度地减少数据量，成倍提高 I/O 操作效率，将数据簇集存储，从而获得快速的入库性能。当用户进行数据查询时，少量的 I/O 操作和快速的数据解压可以加快数据获取的速率，从而在更短的时间内得到查询结果，如支持手机号字符串的大整数压缩、支持 numeric 类型的大整数压缩、支持对压缩算法进行不同压缩水平的调整。

4. 分区

在 openGauss 系统中，数据分区是将实例内部的数据集按照用户指定的策略做进一步拆分的水平分表，将表按照指定范围划分为多个数据互不重叠的部分。

对于大多数用户使用场景，分区表和普通表相比具有以下优点：

(1) 改善查询性能：对分区对象的查询可以仅搜索自己关心的分区，提高检索效率。

(2) 增强可用性：如果分区表的某个分区出现故障，表在其他分区的数据仍然可用。

(3) 方便维护：如果分区表的某个分区出现故障，需要修复数据，只修复该分区即可。

(4) 均衡 I/O：可以把不同的分区映射到不同的磁盘以平衡 I/O，改善整个系统性能。

目前 openGauss 支持的分区表为范围分区表、列表分区表、哈希分区表。

(1) 范围分区表：将数据基于范围映射到每个分区，这个范围是由创建分区表时指定的分区键决定的，这种分区方式是最为常用的。范围分区功能，即根据表的一列或者多列，将要插入表的记录分为若干个范围(这些范围在不同的分区里没有重叠)，然后为每个范围创建一个分区，用来存储相应的数据。

(2) 列表分区表：将数据基于各个分区内包含的键值映射到每个分区，分区包含的键值在创建分区时指定。列表分区功能，即根据表的一列，将要插入表的记录中出现的键值分为若干个列表(这些列表在不同的分区里没有重叠)，然后为每个列表创建一个分区，用来存储相应的数据。

(3) 哈希分区表：将数据通过哈希映射到每个分区，每个分区中存储了具有相同哈希值的记录。哈希分区即根据表的一列，通过内部哈希算法将要插入表的记录划分到对应的分区中。

用户在下发 CREATE TABLE 命令时增加 PARTITION 参数，即表示针对此表应用数据分区功能。

用户可以在实际使用中根据需要调整建表时的分区键，使每次查询结果尽可能存储在相同或者最少的分区内(称为"分区剪枝")，通过获取连续 I/O 大幅度提升查询性能。

实际业务中，时间经常被作为查询对象的过滤条件。因此，用户可考虑选择时间作为分区键，键值范围可根据总数据量、一次查询数据量调整。

5. SQL by pass

在典型的 OLTP 场景中，简单查询占了很大一部分比例，这种查询的特征是只涉及单表和简单表达式的查询。为了加速这类查询，出现了 SQL by pass 框架：在 parse 层对这类查询做简单的模式判别后，进入特殊的执行路径里，跳过经典的执行器执行框架，包括算子的初始化与执行、表达式与投影等经典框架，直接重写一套简洁的执行路径，并且直接调用存储接口。这样可以大大加速简单查询的执行速度。

6. 鲲鹏 NUMA 架构优化

鲲鹏 NUMA 架构优化图如图 1-9 所示。

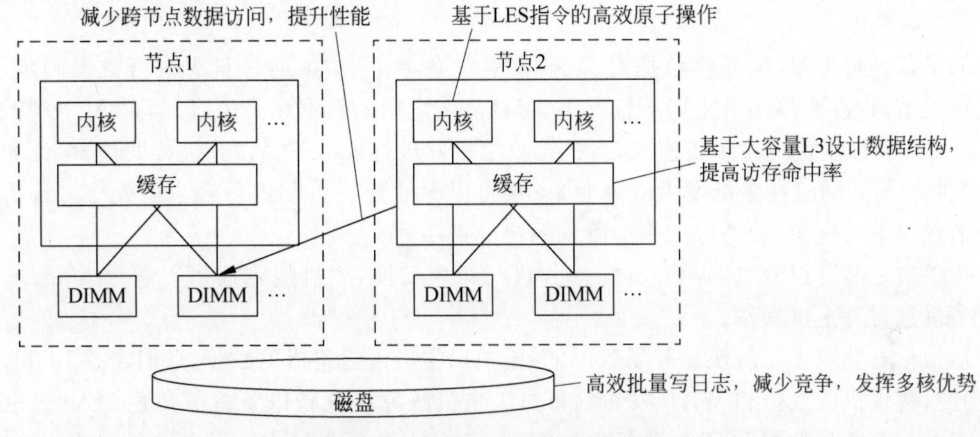

图 1-9　鲲鹏 NUMA 架构优化图

openGauss 架构优化要点如下：

(1) openGauss 根据鲲鹏处理器的多核 NUMA 架构特点，进行一系列针对性的 NUMA 架构优化。一方面，尽量减少跨核内存访问的时延问题，另一方面，充分发挥鲲鹏多核算力优势。所提供的关键技术包括重做日志批量插入、热点数据 NUMA 分布、CLog(Commit Log，事务提交信息日志)分区等，大幅提升 OLTP 系统的处理性能。

(2) openGauss 基于鲲鹏芯片所使用的 ARMv8.1 架构，利用大规模系统扩展指令集(Large System Extension，LSE)实现高效的原子操作，有效提升 CPU 利用率，从而提升多线程间同步性能、XLOG 写入性能等。

(3) openGauss 基于鲲鹏芯片提供的更宽的 L3 缓存，针对热点数据访问进行优化，有效提高缓存访问命中率，降低缓存一致性维护开销，大幅提升系统整体的数据访问性能。

1.5.2　高扩展

在 OLTP 领域中，数据库需要处理大量的客户端连接。因此，高并发场景的处理能力是数据库的重要能力之一。

对于外部连接最简单的处理模式是 per-thread-per-connection 模式，即来一个用户连接产生一个线程。这种模式的好处是架构上处理简单，但是高并发下，由于线程太多，线程切换和数据库轻量级锁区域的冲突过大会导致性能急剧下降，使系统性能(吞吐量)严重下降，无法满足用户性能的 SLA(Service-Level Agreement，服务等级协议)。

因此，需要通过线程池(线程资源池化复用)技术来解决该问题。线程池技术的整体设计思想是线程资源池化，并且在不同连接之间复用。系统在启动之后会根据当前核数或者用户配置启动一批固定数量的工作线程，一个工作线程会服务一到多个连接会话，把会话和线程进行解耦。因为工作线程数是固定的，因此在高并发下不会导致线程的频繁切换，而由数据库层进行会话的调度管理。

1.5.3 高可用

1. 主、备机

为了保证可恢复，需要将数据写多份，设置主备多个副本，通过日志进行数据同步，从而实现在节点故障、停止后重启等情况下，保证故障之前的数据无丢失，以满足 ACID 特性。openGauss 可以支持一主多备模式，备机接收主机发送过来的 WAL 并进行回访，保证和主机的数据一致；同时在主机发生故障时，备机可以参照升主机制进行升主机操作。备机过多会消耗过量的资源，而备机太少会降低系统的可用性。

主备机之间可以通过 switchover 操作进行角色切换，主机故障后可以通过 failover 操作对备机进行升主机操作。

初始化安装或者备份恢复等场景中，需要根据主机重建备机的数据，此时需要 Build(构建)功能，将主机的数据和 WAL 发送到备机。主机故障后重新以备机的角色加入时，也需要 Build 功能将其数据和日志与新主机拉齐。Build 包含全量 Build 和增量 Build；全量 Build 要全部依赖主机数据进行重建，复制的数据量比较大，耗时比较长；而增量 Build 只复制差异文件，复制的数据量比较小，耗时比较短。一般情况下，优先选择增量 Build 进行故障恢复；如果增量 Build 失败，再继续执行全量 Build，直至故障恢复。

openGauss 除流复制主备双机外，还支持逻辑复制。在逻辑复制中把主库称为源端数据库，备库称为目标端数据库。源端数据库根据预先指定好的逻辑解析规则对 WAL 文件进行解析，把 DML 操作解析成一定格式的逻辑日志(如可以解析成标准 SQL 语句)。源端数据库把逻辑日志发给目标端数据库，目标端数据库收到后进行回放，从而实现数据同步。逻辑复制只有 DML 操作。逻辑复制可以实现跨版本复制、异构数据库复制、双写数据库复制和表级别复制等。

2. 逻辑备份

openGauss 具有逻辑备份功能，可以将用户表的数据以通用的文本文件或者用户自定义格式备份到本地磁盘文件，并在同构/异构数据库中恢复该用户表的数据。

3. 物理备份

openGauss 具有物理备份功能，可以将整个实例的数据以数据库内部格式备份到本地磁盘文件中，并在同构数据库中恢复整个实例的数据。

物理备份主要分为全量备份和增量备份，它们的区别如下：全量备份包含备份时刻点上数据库的全量数据，耗时长(和数据库数据总量成正比)，自身即可恢复出完整的数据库；增量备份只包含从指定时刻点之后的增量修改数据，耗时短(和增量数据成正比，和数据总量无关)，但是必须要和全量备份数据一起才能恢复出完整的数据库。当前 openGauss 同时支持全量备份和增量备份。

4. 恢复到指定时间点

时间点恢复(Point In Time Recovery，PITR)的基本原理是通过“基础热备＋WAL 预写日志＋WAL 归档日志”进行备份恢复。重放 WAL 记录时可以在任意点停止重放，这样就有一个与任意时间的数据库一致的快照，即可把数据库恢复到自开始备份以来的任意时刻的状态。openGauss 在恢复时可以指定恢复的停止点位置为 LSN(Log Sequence Number，日志序列号)、时间、XID(Transaction ID，事务 ID)及用户创建的还原点。

1.5.4　可维护性

1. 支持 WDR 诊断报告

WDR(Workload Diagnosis Report，工作量诊断报告)基于两次不同时间点系统的性能快照数据，生成这两个时间点之间的性能表，用于诊断数据库内核的性能故障。

WDR 主要依赖两个组件：

(1) SNAPSHOT(快照)：快照可以配置成按一定时间间隔从内核采集一定量的性能数据，在用户表空间持久化。任何一个 SNAPSHOT 都可以作为一个性能基线，根据其他 SNAPSHOT 与之比较的结果，分析出性能表现。

(2) WDR Reporter：报表生成工具基于两个 SNAPSHOT，分析系统总体性能表现，并能计算出更多项具体的性能指标在这两个时间段之间的变化量，生成 SUMMARY 和 DETAIL 两个不同级别的性能数据。

WDR Reporter 是长期性能问题最主要的诊断手段。基于 SNAPSHOT 的性能基线，从多维度做性能分析，能帮助 DBA 掌握系统负载繁忙程度、各个组件的性能表现、性能瓶颈。SNAPSHOT 也是后续性能问题自诊断和自优化建议的重要数据来源。

2. 慢 SQL 诊断

慢 SQL 能根据用户提供的执行时间阈值记录所有超过阈值的执行完毕的作业信息。

历史慢 SQL 提供表和函数两种维度的查询接口，方便用户统计慢 SQL 指标，对接第三方平台。用户从接口中能查询到作业的执行计划、开始执行时间、结束执行时间、执行查询的语句、行活动、内核时间、CPU 时间、解析时间、编译时间、查询重写时间、计划生成时间、网络时间、I/O 时间、网络开销、锁开销等。所有信息都是脱敏的。

慢 SQL 提供给用户对于慢 SQL 诊断所需的详细信息，用户无须通过复现就能离线诊断特定慢 SQL 的性能问题。

3. 支持一键式收集诊断信息

提供多种套件用于捕获、收集、分析诊断数据，使问题可以诊断，加速诊断过程。能根据开发和定位人员的需要，从生产环境中将必要的数据库日志、数据库管理日志、堆栈信息等提取出来，定位人员根据获得信息进行问题的定位定界。

一键式收集工具可以根据生产环境中问题的不同，从生产环境中获取不同的信息，从而提高问题定位定界的效率。用户可以通过改写配置文件，收集需要的信息。

(1) 通过操作系统命令收集操作系统相关的信息。

(2) 通过查询系统表或者视图获得数据库系统相关的信息。

(3) 数据库系统运行日志和数据库管理相关的日志。

(4) 数据库系统的配置信息。

(5) 数据库相关进程产生的 core(内核)文件。

(6) 数据库相关进程的堆栈信息。

(7) 数据库进程产生的 trace(跟踪)信息。

(8) 数据库产生的 redo(重做)日志文件。

(9) 计划复现信息。

1.5.5 数据库安全

1. 访问控制

管理用户对数据库的访问控制权限涵盖数据库系统权限和对象权限。

openGauss 支持基于角色的访问控制机制(Role-Based Access Control,RBAC),将角色和权限关联起来,通过将权限赋予对应的角色,再将角色授予给用户,可实现用户访问控制权限管理。其中,登录访问控制通过用户标识和认证技术来共同实现,而对象访问控制则基于用户在对象上的权限,通过对象权限检查实现对象访问控制。管理员为执行操作的用户分配所需要的最小权限,从而将数据库使用风险降到最低。

openGauss 支持三种权限分立的权限访问控制模型,数据库角色可分为系统管理员、安全管理员和审计管理员。其中,安全管理员负责创建和管理用户,系统管理员负责授予和撤销用户权限,审计管理员负责审计所有用户的行为。

默认情况下,使用基于角色的访问控制模型。客户可通过设置参数来选择是否开启三种权限分立的控制模型。

2. 控制权和访问权分离

针对系统管理员用户,实现表对象的控制权和访问权分离,提高普通用户数据安全性,限制管理员对象访问权限。

该特性适用于如下场景:对于有多个业务部门的企业,各部门间使用不同的数据库进行业务操作,同时存在同级别的数据库维护部门使用数据库管理员进行运维操作,业务部门希望在未经授权的情况下,管理员用户只能对各部门的数据进行控制操作(DROP、ALTER、TRUNCATE),但是不能进行访问操作(INSERT、DELETE、UPDATE、SELECT、COPY),即针对管理员用户,表对象的控制权和访问权分离,提高用户数据的安全性。

系统管理员可以在创建用户时指定 INDEPENDENT 属性,表示该用户为私有用户。针对该用户的对象,数据库管理员(包含初始用户和其他管理员用户)在未经其授权前,只能进行控制操作(DROP、ALTER、TRUNCATE),无权进行 INSERT、DELETE、SELECT、UPDATE、COPY、GRANT、REVOKE、ALTER OWNER 操作。

3. 数据库加密认证

采用基于RFC5802机制的口令加密认证方法。

加密认证过程中采用单向哈希不可逆加密算法PBKDF2,可有效防止彩虹攻击。

创建用户所设置的口令被加密存储在系统表中。整个认证过程中口令加密存储和传输,通过计算相应的哈希值并与服务端存储的值比较来进行正确性校验。

统一加密认证过程中的消息处理流程,可有效防止攻击者通过抓取报文猜解用户名或者口令。

4. 数据库审计

审计日志记录用户对数据库的启停、连接、DDL(Data Definition Language,数据定义语言)、DML、DCL(Data Control Language,数据控制语言)等操作。审计日志机制主要增强数据库系统对非法操作的追溯及举证能力。

用户可以通过参数配置决定对哪些语句或操作记录审计日志。

审计日志记录事件的时间、类型、执行结果、用户名、数据库、连接信息、数据库对象、数据库实例名称和端口号及详细信息。支持按起止时间段查询审计日志,并根据记录的字段进行筛选。

数据库安全管理员可以利用这些日志信息,重现导致数据库现状的一系列事件,找出非法操作的用户、时间和内容等。

5. 全密态数据库等值查询

密态数据库与流数据库、图数据库一样,是专门处理密文数据的数据库系统。数据以加密形态存储在数据库服务器中,数据库支持对密文数据的检索与计算,而与查询任务相关的词法解析、语法解析、执行计划生成、事务一致性保证、存储都继承原有数据库能力。

密态数据库在客户端进行加密,需要在客户端进行大量的操作,包括管理数据密钥、加密敏感数据、解析并修改实际执行的SQL语句,并且识别返回到客户端加密的数据信息。openGauss将这一系列的复杂操作,自动化地封装在前端解析中,对SQL查询中与敏感信息的加密替换,使得发送至数据库服务器侧的查询任务也不会泄露用户查询意图,减少客户端的复杂安全管理及操作难度,实现用户应用开发无感知。

密态数据库通过技术手段实现数据库密文查询和计算,解决数据库云上隐私泄露问题及第三方信任问题。实现云上数据的全生命周期保护,实现数据拥有者与数据管理者读取能力分离。

6. 网络通信安全特性

支持通过SSL(Secure Sockets Layer,安全套接层)加密客户端和服务器之间的通信数据,保证客户的客户端与服务器通信安全。采用TLS(Transport Layer Security,传输层安全)1.2协议标准,并使用安全强度较高的加密算法套件。

7. 行级访问控制

行级访问控制特性将数据库访问粒度控制到数据表行级别,使数据库达到行级访问控制的能力。不同用户执行相同的SQL查询操作，按照行访问控制策略，读取到的结果可能是不同的。

用户可以在数据表创建行访问控制策略，该策略是指针对特定数据库用户、特定SQL操作生效的表达式。当数据库用户对数据表访问时，若SQL满足数据表特定的行级访问控制策略，在查询优化阶段将满足条件的表达式，按照属性(PERMISSIVE | RESTRICTIVE)类型，通过AND或OR方式拼接，应用到执行计划上。

行级访问控制的目的是控制表中行级数据可见性，通过在数据表上预定义过滤条件，在查询优化阶段将满足条件的表达式应用到执行计划上，影响最终的执行结果。当前行级访问控制支持SELECT、UPDATE、DELETE等SQL语句。

8. 资源标签

资源标签(resource label)通过将数据库资源按照用户自定义的方式划分，实现资源分类管理的目的。管理员可以通过配置资源标签统一地为一组数据库资源进行安全策略的配置，如审计或数据脱敏。

资源标签能够将数据库资源按照"特征""作用场景"等分组归类，使用资源标签管理数据库资源，能够大大降低策略配置的复杂度和信息冗余度，提高管理效率。

当前资源标签所支持的数据库资源类型包括schema(模式)、table(表)、column(列)、view(视图)、function(函数)。

9. 动态数据脱敏

为了在一定程度上限制非授权用户对隐私数据的窥探，可以利用动态数据脱敏(dynamic data masking)特性保护用户隐私数据。在非授权用户访问配置了动态数据脱敏策略的数据时，数据库将返回脱敏后的数据而达到对隐私数据保护的目的。

管理员可以在数据列上创建动态数据脱敏策略，该策略指出针对特定用户场景应采取何种数据脱敏方式。在开启动态数据脱敏功能后，当用户访问敏感列数据时，系统将用户身份信息，如访问IP、客户端工具、用户名来匹配相应的脱敏策略，在匹配成功后将根据脱敏策略对访问列的查询结果实施数据脱敏。

动态数据脱敏的目的是在不改变源数据的前提下，通过在脱敏策略上配置有针对性的用户场景(FILTER)、指定的敏感列标签(LABEL)和对应的脱敏方式(MASKING FUNCTION)来灵活地进行隐私数据保护。

10. 统一审计

统一审计(unified auditing)利用策略和条件在数据库内部有选择地进行审计，管理员可以对数据库资源或资源标签统一配置审计策略，从而达到简化管理，针对性地生成审计日志，减少审计日志冗余，提高管理效率的目的。

管理员可以定制化地为操作行为或数据库资源配置审计策略，该策略针对特定的用户场景、用户行为或数据库资源进行审计。在开启了统一审计功能后，当用户访问数据库时，系统将根据用户身份信息如访问IP、客户端工具、用户名来匹配相应的统一审计策略，之后根据策

略信息对用户行为按照访问资源(LABEL)和用户操作类型(DML | DDL)进行统一审计。

统一审计的目的是将现有的传统审计行为转变为针对性的跟踪审计行为,将目标之外的行为排除在审计之外,从而简化管理,提高数据库生成审计数据的安全性。

11. 用户口令强度校验机制

为了提高客户账户和数据的安全性,禁止设置过低强度的口令,当初始化数据库、创建用户、修改用户时需要指定密码。密码必须满足强度校验,否则会提示用户重新输入密码。

账户密码复杂度对用户密码字母大小写、数字、特殊字符的最少个数,以及最大最小长度进行了限制,并且要求不能和用户名、倒写用户名相同,不能是弱口令,从而增强了用户账户的安全性。

弱口令指的是强度较低、容易被破解的密码,对于不同的用户或群体,弱口令的定义可能会有所区别,用户需要自己添加定制化的弱口令。

用户口令强度校验机制是否开启由参数 password_policy 控制,当该参数设置为1时表示采用密码复杂度校验,默认值为1。

12. 数据加密存储

提供对插入数据的加密存储。为用户提供数据加解密接口,针对用户识别的敏感信息列使用加密函数,使得数据加密后再存储在表内。

当用户需要对整张表进行加密存储处理时,需要为每列单独书写加密函数,不同的属性列可使用不用的入参。

当具有对应权限的用户需要查看具体的数据时,可通过解密函数接口对相应的属性列进行解密处理。

1.5.6 AI能力

1. AI4DB

AI4DB(Artificial Intelligence for Database,人工智能赋能数据库,即用人工智能技术优化数据库的性能)包括参数智能调优与诊断、慢 SQL 发现、索引推荐、时序预测、异常检测等能力,能够为用户提供更便捷的运维操作并提升性能,实现自调优、自监控、自诊断等功能。

2. DB4AI

DB4AI(Database for Artificial Intelligence,数据库服务于人工智能,即使用数据库技术优化人工智能应用的端到端流程)兼容 MADlib 生态,支持70+算法,性能相比 MADlib on PostgreSQL 具有数倍提升。新增 XGBoost、prophet、GBDT(Gradient Boosting Decision Tree,梯度下降树)等高级且常用的算法套件,补充 MADlib 生态的不足。统一SQL 到机器学习的技术栈,实现从数据管理到模型训练的 SQL 语句“一键驱动”。

1.6 本章小结

本章主要从openGauss功能、应用场景、系统架构、代码结构和价值特性等方面介绍了openGauss数据库系统的设计，可以加深读者对openGauss的设计理念与代码逻辑的认识与理解。

第2章

openGauss 开发快速入门

作为openGauss数据库开发者，在基于开源社区的openGauss版本进行二次开发的过程中，需要完成软件包获取、源码了解、代码修改、编译发布等过程，同时还需要安装数据库以了解数据库的基本特点、验证开发的功能实现情况，本章将简要介绍上述内容。

2.1 安装部署

作为openGauss数据库开发者，除了需要了解openGauss的特点和使用方法，往往还需要基于openGauss开源产品进行二次开发，同时验证所开发的功能的实现情况。本节向读者简要介绍openGauss的安装部署方法，详细的内容请参见openGauss官方社区(https://opengauss.org)。

2.1.1 了解安装流程

openGauss的安装流程如图2-1所示。

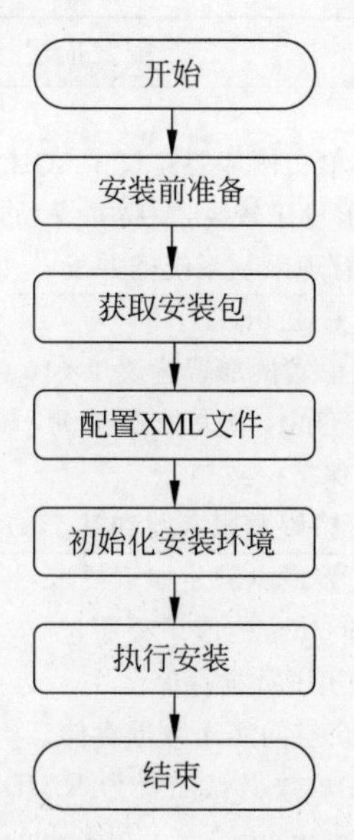

图2-1 openGauss的安装流程

openGauss的安装流程图说明如表2-1所示。

表 2-1　openGauss 的安装流程图说明

流　　程	说　　明
安装前准备	openGauss 安装前需要准备相应的软硬件环境及相关操作系统配置。本书 2.1.2 节提供了 openGauss 安装所需的最低要求，在实际安装中，请用户根据实际情况进行规划
获取安装包	安装包需要在 openGauss 开源社区下载并且对安装包内容进行检查
配置 XML 文件	安装 openGauss 前需要创建 XML 文件。XML 文件包含部署 openGauss 的服务器信息、安装路径、IP 地址及端口号等，用于告知 openGauss 如何部署。用户需根据不同场景配置对应的 XML 文件
初始化安装环境	安装环境的初始化包含上传安装包和 XML 文件、解压安装包、使用 gs_preinstall 准备好安装环境
执行安装	使用 gs_install 安装 openGauss

2.1.2　准备软硬件安装环境

本节介绍 openGauss 的软硬件安装环境要求。建议部署 openGauss 的各服务器具有等价的软硬件配置。

1. 硬件环境要求

表 2-2 列出了 openGauss 服务器应具备的最低硬件环境要求。在实际产品中，硬件配置的规划需要考虑数据规模及所期望的数据库响应速度，用户可根据实际情况进行规划。

表 2-2　openGauss 服务器应具备的最低硬件环境要求

项　　目	配置描述
内存	① 功能调试建议 32GB 以上 ② 性能测试和商业部署时，单实例部署建议 128GB 以上 ③ 复杂的查询对内存的需求量比较高，在高并发场景下，可能出现内存不足，此时建议使用大内存的机器，或使用负载管理限制系统的并发
CPU	① 功能调试最小需要 1×8 核 2.0GHz ② 性能测试和商业部署时，单实例部署建议 1×16 核 2.0GHz ③ CPU(Central Processing Unit，中央处理单元)超线程和非超线程两种模式都支持，但 openGauss 各节点的设置需保持一致 注意：目前，openGauss 仅支持鲲鹏服务器和基于 x86_64 通用 PC 服务器的 CPU
硬盘	用于安装 openGauss 的硬盘需最少满足如下要求： ① 至少 1GB 用于安装 openGauss 的应用程序包 ② 每个主机需大约 300MB 用于数据存储 ③ 预留 70%以上的磁盘剩余空间用于数据存储 ④ 建议系统盘配置为 RAID1，数据盘配置为 RAID5，且规划 4 组 RAID5 数据盘用于安装 openGauss。有关 RAID(Redundant Array of Independent Disks，独立磁盘冗余数组，一种把多块独立的硬盘按不同方式组合起来形成一个硬盘组，从而提供比单个硬盘更高的存储性能和提供数据冗余的技术。组成磁盘阵列的不同方式称为 RAID 级别。经过不断的发展，

续表

项　目	配置描述
硬盘	现在已拥有了从 RAID 0～6 七种基本的 RAID 级别)的配置方法请参考硬件厂家的手册或互联网上的方法,其中 Disk Cache Policy 项需要设置为 Disabled,否则机器异常掉电后有数据丢失的风险 ⑤ openGauss 支持使用 SSD 盘作为数据库的主存储设备,支持 SAS(Serial Attached SCSI,串行连接的 SCSI,一种 SCSI 接口标准)接口和 NVMe(Non-Volatile Memory Express,非易失性高速传输总线,一种主机控制器接口协议)协议的 SSD 盘,以 RAID 的方式部署使用
网络	① 300 兆以上以太网 ② 建议网卡设置为双网卡冗余 bond。有关网卡冗余 bond 的配置方法请参考硬件厂商的手册或互联网上的方法 ③ openGauss 网络如果配置 bond,请保证 bond 模式一致,不一致的 bond 配置可能导致 openGauss 工作异常

2. 软件环境要求

软件环境要求如表 2-3 所示。

表 2-3　软件环境要求

软件类型	配置描述
Linux 操作系统	① ARM: openEuler 20.3LTS(推荐采用此操作系统) 麒麟 V10 ② x86: openEuler 20.3LTS CentOS 7.6 注意:建议使用英文操作系统,当前安装包只能在英文操作系统上安装使用
Linux 文件系统	剩余索引节点(inode)个数大于 15 亿(推荐)
工具	bzip2
Python	① openEuler:支持 Python 3.7.X ② CentOS:支持 Python 3.6.X ③ 麒麟:支持 Python 3.7.X 注意:Python 需要通过--enable-shared 方式编译

3. 软件依赖要求

openGauss 的软件依赖要求如表 2-4 所示。

依赖软件建议使用表 2-3 中操作系统安装光盘中的默认安装包。如果不存在默认安装包,请参见表 2-4 查看软件对应的建议版本。

表 2-4 软件依赖要求

所需软件	建议版本
libaio-devel	建议版本：0.3.109-13
flex	要求版本：2.5.31 以上
bison	建议版本：2.7-4
ncurses-devel	建议版本：5.9-13.20130511
glibc-devel	建议版本：2.17-111
patch	建议版本：2.7.1-10
lsb_release	建议版本：4.1
readline-devel	建议版本：7.0-13
libnsl(openeuler＋x86 环境中)	建议版本：2.28-36

2.1.3 修改操作系统配置

1. 关闭操作系统防火墙

openGauss 目前仅支持在防火墙关闭的状态下进行安装。下面以 openEuler 操作系统为例执行关闭操作系统防火墙操作。

(1) 修改/etc/selinux/config 文件中的 SELINUX 值为 disabled。

① 使用 vim 命令打开 config 文件。

```
vim /etc/selinux/config
```

② 修改 SELINUX 字段的值为 disabled。

```
SELINUX = disabled
```

(2) 重新启动操作系统。

```
reboot
```

(3) 检查防火墙是否关闭。

```
systemctl status firewalld
```

若防火墙未关闭，请执行步骤(4)；若防火墙已关闭，则无须再关闭防火墙。

(4) 关闭防火墙。

```
systemctl disable firewalld.service
systemctl stop firewalld.service
```

(5) 在其他主机上重复步骤(1)～(4)。

2. 设置字符集参数

将各数据库节点的字符集设置为相同的字符集，可以在/etc/profile 文件中添加

"export LANG＝XXX"(XXX 为 Unicode 编码)。

```
vim /etc/profile
```

3. 设置时区和时间

在各数据库节点上,确保时区和时间一致。

(1) 执行以下命令检查各数据库节点时间和时区是否一致。如果各数据库节点时间和时区不一致区,请执行步骤(2)和步骤(3)。

```
ll /etc/localtime         ##查看时区
date                      ##查看时间
```

(2) 使用以下命令将各数据库节点"/usr/share/zoneinfo/"目录下的时区文件复制为"/etc/localtime"文件。

```
cp /usr/share/zoneinfo/$地区/$时区/etc/localtime
```

"$地区/$时区"为需要设置时区的信息,如 Asia/Shanghai。

(3) 使用"date -s"命令将各数据库节点的时间设置为统一时间,举例如下。

```
date -s Mon May 11 16:42:11 CST 2020
```

4. (可选)关闭 swap 交换内存

在各数据库节点上,使用"swapoff -a"命令将交换内存关闭。

```
swapoff -a
```

5. 关闭 RemoveIPC

在各数据库节点上,关闭 RemoveIPC。CentOS 操作系统无该参数,可以跳过该步骤。

(1) 修改"/etc/systemd/logind.conf"文件中的 RemoveIPC 字段的值为 no。

① 使用 vim 打开 logind.conf 文件。

```
vim  /etc/systemd/logind.conf
```

② 修改 RemoveIPC 字段的值为 no。

```
RemoveIPC = no
```

(2) 修改"/usr/lib/systemd/system/systemd-logind.service"文件中的 RemoveIPC 字段的值为 no。

① 使用 vim 命令打开 systemd-logind.service 文件。

```
vim /usr/lib/systemd/system/systemd-logind.service
```

② 修改 RemoveIPC 字段的值为 no。

```
RemoveIPC = no
```

(3) 重新加载配置参数。

```
systemctl daemon-reload
systemctl restart systemd-logind
```

(4) 检查修改是否生效。

```
loginctl show-session | grep RemoveIPC
systemctl show systemd-logind | grep RemoveIPC
```

(5) 在其他主机上重复步骤(1)～(4)。

6. 设置网卡MTU值

将各数据库节点的网卡MTU(Maximum Transmission Unit,最大传输单元,在网络中能够传输的最大数据报文)值设置为相同大小。

(1) 执行以下命令查询服务器的网卡编号。

```
ifconfig
```

如图2-2所示,如果服务器IP为10.244.53.173,则该服务器的网卡编号为eth0。

```
[root@pekpopgsci00181 ~]# ifconfig
eth0: flags=4163<UP,BROADCAST,RUNNING,MULTICAST>  mtu 1500
        inet 10.244.53.173  netmask 255.255.254.0  broadcast 10.244.53.255
        inet6 fe80::f816:3eff:fef4:e0c3  prefixlen 64  scopeid 0x20<link>
        ether fa:16:3e:f4:e0:c3  txqueuelen 1000  (Ethernet)
        RX packets 99430  bytes 86571697 (82.5 MiB)
        RX errors 0  dropped 0  overruns 0  frame 0
        TX packets 72881  bytes 6419720 (6.1 MiB)
        TX errors 0  dropped 0 overruns 0  carrier 0  collisions 0

eth1: flags=4163<UP,BROADCAST,RUNNING,MULTICAST>  mtu 1500
        inet 172.31.8.93  netmask 255.255.240.0  broadcast 172.31.15.255
        inet6 fe80::f816:3eff:fe1c:7244  prefixlen 64  scopeid 0x20<link>
        ether fa:16:3e:1c:72:44  txqueuelen 1000  (Ethernet)
        RX packets 9408  bytes 2123616 (2.0 MiB)
        RX errors 0  dropped 0  overruns 0  frame 0
        TX packets 38  bytes 5793 (5.6 KiB)
        TX errors 0  dropped 0 overruns 0  carrier 0  collisions 0
```

图2-2 查询网卡编号

(2) 使用以下命令将数据库各节点的网卡MTU值设置为相同大小。对于x86,MTU值推荐1500;对于ARM,MTU值推荐8192。

```
ifconfig 网卡名 mtu mtu 值
```

2.1.4 设置root用户远程登录

在安装openGauss时需要root用户远程登录访问权限,本节介绍如何设置root用户远程登录。

(1) 修改PermitRootLogin配置,允许用户远程登录。

① 打开sshd_config文件。

```
vim /etc/ssh/sshd_config
```

② 修改权限配置，可以使用以下两种方式实现：
注释掉“PermitRootLogin no”行

```
#PermitRootLogin no
```

或者将 PermitRootLogin 字段的值改为 yes

```
PermitRootLogin yes
```

③ 执行以下命令保存并退出编辑页面。

```
:wq
```

(2) 修改 Banner(提示语)配置，去掉连接到系统时系统提示的欢迎信息。欢迎信息会干扰安装时远程操作的返回结果，影响安装正常执行。

① 编辑 sshd_config 文件。

```
vim /etc/ssh/sshd_config
```

② 修改 Banner 配置，注释掉 Banner 所在的行。

```
#Banner XXXX
```

③ 执行以下命令保存并退出编辑页面。

```
:wq
```

(3) 重启 SSHd(Secure Shell daemon，安全外壳协议守护进程，作为服务端提供 SHH 协议。SHH 为 Secure Shell 的缩写，是一套标准的网络协议，允许在本地计算机和远程计算机之间建立安全通道)使设置生效。

```
systemctl restart sshd.service
```

(4) 以 root 用户身份重新登录。

```
ssh xxx.xxx.xxx.xxx
```

xxx. xxx. xxx. xxx 为安装 openGauss 环境的 IP。

2.1.5　获取安装包

openGauss 开源社区上提供了安装包的获取方式。

(1) 从 openGauss 开源社区(https://opengauss.org/zh/download.html)下载对应平台的安装包，如图 2-3 所示。

(2) 选择所需安装包单击“下载”。

(3) 解压下载后的压缩包。

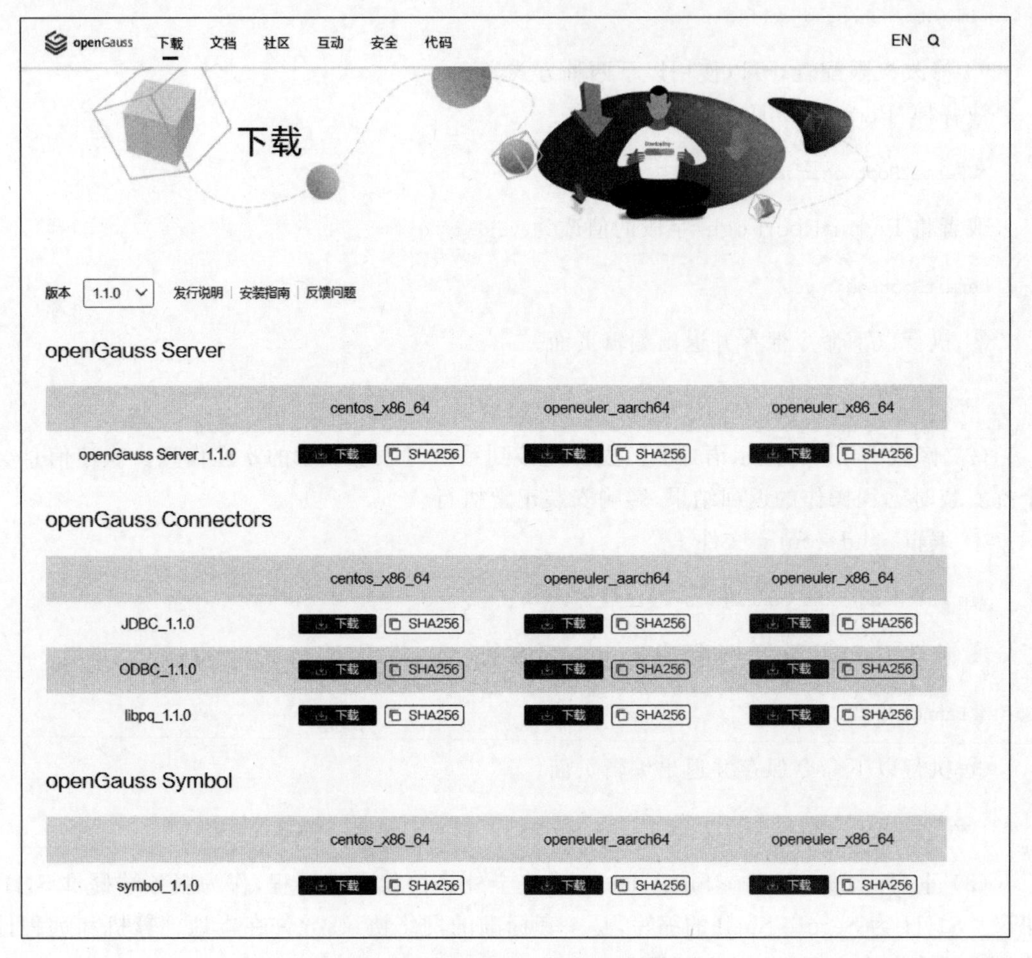

图 2-3 openGauss 开源社区页面

```
tar -zxvf openGauss-x.x.x-openEuler-64bit.tar-all.gz
```

(4) 检查安装包,检查安装目录及文件是否齐全。在安装包所在目录执行以下命令：

```
ls -l
```

ls 命令显示类似如下信息。

```
total 50M

-rw------- 1 root root      65 Dec 25 15:34 openGauss-x.x.x-openEuler-64bit-om.sha256
-rw------- 1 root root 12910775 Dec 25 15:34 openGauss-x.x.x-openEuler-64bit-om.tar.
gz
-rw------- 1 root root      65 Dec 25 15:34 openGauss-x.x.x-openEuler-64bit.sha256
-rw------- 1 root root 73334256 Dec 25 15:34 openGauss-x.x.x-openEuler-64bit.tar.bz2
-rw------- 1 root root      65 Dec 25 15:34 upgrade_sql.sha256 -rw------- 1 root root
134747 Dec 25 15:34 upgrade_sql.tar.gz
```

2.1.6 创建XML配置文件

安装openGauss前需要创建cluster_config.xml文件。cluster_config.xml文件包含部署openGauss的服务器信息、安装路径、IP地址及端口号等,用于告知openGauss如何部署。用户需根据不同场配置对应的XML(extensible markup language,可扩展标记语言)文件。

下面以一主一备的方案为例,说明如何创建XML配置文件。

1. 配置数据库名称及各项目录

在"script/gspylib/etc/conf/cluster_config_template.xml"获取模板。数据库名称和各项目录的配置项如下,加粗字体内容为示例,可自行替换。每行信息均有注释进行说明。

```
<?xml version = "1.0" encoding = "UTF-8"?>
<ROOT>
  <!-- 整体信息 -->
  <CLUSTER>
  <!-- 数据库名称 -->
    <PARAM name = "clusterName" value = "Cluster_template" />

  <!-- 数据库节点名称(hostname) -->
    <PARAM name = "nodeNames" value = "node1_hostname,node2_hostname" />
  <!-- 数据库安装目录 -->
    <PARAM name = "gaussdbAppPath" value = "/opt/huawei/install/app" />
  <!-- 日志目录 -->
    <PARAM name = "gaussdbLogPath" value = "/var/log/omm" />
  <!-- 临时文件目录 -->
    <PARAM name = "tmpMppdbPath" value = "/opt/huawei/tmp" />
  <!-- 数据库工具目录 -->
    <PARAM name = "gaussdbToolPath" value = "/opt/huawei/install/om" />
  <!-- 数据库core文件目录 -->
    <PARAM name = "corePath" value = "/opt/huawei/corefile"/>
  <!-- 节点IP,与nodeNames一一对应 -->
    <PARAM name = "backIp1s" value = "192.168.0.1,192.168.0.2"/>

  </CLUSTER>
```

配置文件中参数说明请见表2-5。

表2-5 配置文件中参数说明(实例类型:整体信息)

参数	说明
clusterName	openGauss名称
nodeNames	openGauss中主机名称 通过hostname命令可以获取数据库节点的主机名称
backIp1s	主机在后端存储网络中的IP地址(内网IP)。所有openGauss主机使用后端存储网络通信

续表

参　数	说　明
gaussdbAppPath	openGauss 程序安装目录。此目录应满足如下要求： ① 磁盘空间大于 1GB ② 与数据库所需其他路径相互独立，没有包含关系
gaussdbLogPath	openGauss 运行日志和操作日志存储目录。此目录应满足如下要求： ① 磁盘空间建议根据主机上的数据库节点数规划。数据库节点在预留 1GB 空间的基础上，可再适当预留冗余空间 ② 与 openGauss 所需其他路径相互独立，没有包含关系 ③ 此路径可选。不指定的情况下，openGauss 安装时会默认指定“$GAUSSLOG/安装用户名”作为日志目录
tmpMppdbPath	数据库临时文件存放目录 若不配置 tmpMppdbPath，默认存放在/opt/huawei/wisequery/安装用户名_mppdb 目录下，其中"opt/huawei/wisequery"是默认指定的数据库系统工具目录
gaussdbToolPath	openGauss 系统工具目录，主要用于存放互信工具等。此目录应满足如下要求： ① 磁盘空间大于 100MB ② 固定目录，与数据库所需其他目录相互独立，没有包含关系 ③ 此目录可选。不指定的情况下，openGauss 安装时会默认指定“/opt/huawei/wisequery”作为数据库系统工具目录
corePath	openGauss core 文件的指定目录

配置数据库名称及各项目录时请注意以下事项。

(1)“/opt/huawei/install/om”目录存放互信等工具，具有特殊权限。为了避免权限冲突问题，不要将实例数据目录放在此目录下。

(2) 安装目录和数据目录需为空或者不存在，否则可能导致安装失败。

数据库节点的实例目录之间不相互耦合，即各个配置目录不关联，删除其中任意一个目录，不会级联删除其他目录。如 gaussdbAppPath 为"/opt/huawei/install/app"，gaussdbLogPath 为"/opt/huawei/install/app/omm"。当 gaussdbAppPath 目录被删除时，会级联删除 gaussdbLogPath 目录，从而引起其他问题。

(3) 如果需要安装脚本自动创建安装用户时，配置的目录不能与系统创建的默认用户目录耦合关联。

(4) 配置 openGauss 路径和实例路径时，路径中不能包含引号中的这些特殊字符：“|;&$<>\\'\"{}()[]~*?”。

2. 配置 Host 基本信息

每台 Host 服务器都必须有以下基本信息，加粗字体内容为示例，可自行替换。每行信息均有注释进行说明。

```
<!-- 每台服务器上的节点部署信息 -->
<DEVICELIST>
<!-- node1 上的节点部署信息 -->
```

```
<DEVICE sn="node1_hostname">
<!-- node1 的 hostname -->
<PARAM name="name" value="node1_hostname"/>
<!-- node1 所在的 AZ(availability zone,可用区)及 AZ 优先级 -->
<PARAM name="azName" value="AZ1"/>
<PARAM name="azPriority" value="1"/>
<!-- node1 的 IP,如果服务器只有一个网卡可用,将 backIP1 和 sshIP1 配置成同一个 IP -->
<PARAM name="backIp1" value="192.168.0.1"/>
<PARAM name="sshIp1" value="192.168.0.1"/>
```

配置文件中的参数说明请参见表2-6。

表2-6 配置文件中的参数说明(实例类型:整体信息)

参 数	说 明
name	主机名称
azName	指定 azName(available zone Name)、字符串(不能含有特殊字符),如 AZ1、AZ2、AZ3
azPriority	指定 azPriority 的优先级,优先级与 azName 无关
backIp1	主机在后端存储网络中的 IP 地址(内网 IP)。所有 openGauss 主机使用后端存储网络通信
sshIp1	设置 SSH 可信通道 IP 地址(外网 IP)。若无外网,则可以不设置该选项或者与 backIp1 设置相同 IP

配置文件中所有 IP 参数(包含 backIp、sshIp、listenIp 等)均只支持配置一个 IP。如果配置第二个 IP 参数,则不会读取第二个参数的配置值。例如,XML 配置文件中同时配置 backIp1 和 backIp2 参数,在解析配置文件时仅读取 backIp1 参数的配置值,不会读取 backIp2 参数的配置值。

```
<PARAM name="backIp1" value="192.168.0.1"/>
<PARAM name="backIp2" value="192.168.0.2"/>
```

3. 配置数据库主节点信息

数据库主节点需要配置以下信息,加粗字体内容为示例,可自行替换。每行信息均有注释进行说明。

```
<!-- DBnode -->
<PARAM name="dataNum" value="1"/>
<!-- DBnode 端口号 -->
<PARAM name="dataPortBase" value="15400"/>
<!-- DBnode 主节点上数据目录及备机数据目录 -->
<PARAM name="dataNode1" value="/opt/huawei/install/data/dn,node2_hostname,/opt/huawei/
install/data/dn"/>
<!-- DBnode 节点上设定同步模式的节点数 -->
<PARAM name="dataNode1_syncNum" value="0"/>
```

代码中的参数说明请参见表2-7。

表 2-7 代码中的参数说明(实例类型：DBnode)

参数	说明
dataNum	当前主机上需要部署的数据库节点个数
dataPortBase	数据库节点的基础端口号,默认值 40000
dataNode1	用于指定当前主机上的数据库节点的数据存储目录。此目录为数据库的数据存储目录,应规划到数据盘上
dataNode1_syncNum	可选参数,用于指定当前集群中同步模式的节点数目。取值范围为 0～数据库备机节点数

4. 一主一备配置文件示例

完整的一主一备 XML 配置文件请参见如下示例,可以直接复制使用,加粗字体内容为示例,可自行替换。

```
<?xml version = "1.0" encoding = "UTF - 8"?>
< ROOT >
    <!-- openGauss 整体信息 -->
    < CLUSTER >
        < PARAM name = "clusterName" value = "Cluster_template" />
        < PARAM name = "nodeNames" value = "node1_hostname,node2_hostname" />

        < PARAM name = "gaussdbAppPath" value = "/opt/huawei/install/app" />
        < PARAM name = "gaussdbLogPath" value = "/var/log/omm" />
        < PARAM name = "tmpMppdbPath" value = "/opt/huawei/tmp"/>
        < PARAM name = "gaussdbToolPath" value = "/opt/huawei/install/om" />
        < PARAM name = "corePath" value = "/opt/huawei/corefile"/>
        < PARAM name = "backIp1s" value = "192.168.0.1,192.168.0.2"/>

    </CLUSTER >
    <!-- 每台服务器上的节点部署信息 -->
    < DEVICELIST >
        <!-- node1 上的节点部署信息 -->
        < DEVICE sn = "node1_hostname">

            < PARAM name = "name" value = "node1_hostname"/>
            < PARAM name = "azName" value = "AZ1"/>
            < PARAM name = "azPriority" value = "1"/>
            <!-- 如果服务器只有一个网卡可用,将 backIP1 和 sshIP1 配置成同一个 IP -->
            < PARAM name = "backIp1" value = "192.168.0.1"/>
            < PARAM name = "sshIp1" value = "192.168.0.1"/>

    <!-- dn -->
            < PARAM name = "dataNum" value = "1"/>
    < PARAM name = "dataPortBase" value = "15400"/>
  < PARAM name = "dataNode1" value = "/opt/huawei/install/data/dn, node2 _ hostname,/opt/huawei/
install/data/dn"/>
            < PARAM name = "dataNode1_syncNum" value = "0"/>
        </DEVICE >
```

```
        <!-- node2 上的节点部署信息,其中"name"的值配置为主机名称 -->
        <DEVICE sn = "node2_hostname">
            <PARAM name = "name" value = "node2_hostname"/>
            <PARAM name = "azName" value = "AZ1"/>
            <PARAM name = "azPriority" value = "1"/>
            <!-- 如果服务器只有一个网卡可用,将 backIP1 和 sshIP1 配置成同一个 IP -->
            <PARAM name = "backIp1" value = "192.168.0.2"/>
            <PARAM name = "sshIp1" value = "192.168.0.2"/>
</DEVICE>
    </DEVICELIST>
</ROOT>
```

2.1.7 初始化安装环境

在执行 openGauss 安装前,为了后续能以最小权限进行 openGauss 的安装及管理操作,保证系统安全性,需要执行安装前置脚本 gs_preinstall 准备安装用户及环境。

安装前置脚本 gs_preinstall 可以协助用户自动完成以下的安装环境准备工作。

(1) 自动设置 Linux 内核参数以达到提高服务器负载能力的目的,这些参数直接影响数据库系统的运行状态。

(2) 自动将 openGauss 配置文件、安装包复制到 openGauss 主机的相同目录下。

(3) openGauss 安装用户、用户组不存在时,自动创建安装用户及用户组。

(4) 读取 openGauss 配置文件中的目录信息并创建,将目录权限授予安装用户。

执行 openGauss 安装前有以下几点注意事项。

(1) 用户需要检查上层目录权限,保证安装用户对安装包和配置文件目录读写执行的权限。

(2) XML 文件中各主机的名称与 IP 映射配置正确。

(3) 只能使用 root 用户执行 gs_preinstall 命令。

初始化安装环境主要包括以下操作步骤。

(1) 以 root 用户登录待安装 openGauss 的主机。创建存放安装包的目录,并设置该目录的读写权限。

```
mkdir -p /opt/software/openGauss
chmod 755 -R /opt/software
```

不建议将安装包的存放目录规划至 openGauss 用户的家目录或其子目录下,否则可能导致权限问题。

(2) 将安装包 openGauss-x. x. x-openEuler-64bit-all. tar. gz 和配置文件 cluster_config. xml 上传至步骤(1)所创建的目录中。

(3) 在安装包所在的目录下,解压安装包。安装包解压后,会有 OM 安装包和 Server 安装包。继续解压 OM 安装包,会在/opt/software/openGauss 路径下自动生成 script 子目录,并且在 script 目录下生成 gs_preinstall 等各种 OM 工具脚本。

```
cd /opt/software/openGauss
tar -zxvf openGauss-x.x.x-openEuler-64bit.tar-all.gz
```

(4) 进入工具脚本存放目录下。

```
cd /opt/software/openGauss/script
```

(5)(可选)如果是openEuler的操作系统,执行以下命令打开performance.sh文件。

```
vi /etc/profile.d/performance.sh
```

用#注释以下命令,按Esc键进入指令模式,执行":wq"命令保存并退出修改。

```
sysctl -w vm.min_free_kbytes=112640 &>/dev/null
```

(6) 为确保成功安装,执行以下命令检查hostname文件内容与/etc/hostname文件中的主机名是否一致。

```
hostname
cat /etc/hostname
```

如果hostname与/etc/hostname中的主机名不一致,请执行以下命令打开/etc/hostname文件,将主机名改为一致。

```
vi /etc/hostname
```

然后按Esc键进入指令模式,执行":wq"保存并退出修改。

(7) 执行gs_preinstall命令准备安装环境。

执行过程中会自动创建root用户互信和openGauss用户互信。

```
./gs_preinstall -U omm -G dbgrp -X /opt/software/openGauss/cluster_config.xml
```

其中,omm为数据库管理员(也是运行openGauss的操作系统用户),dbgrp为运行openGauss的操作系统用户的群组名称,"/opt/software/openGauss/cluster_config.xml"为openGauss配置文件路径。在执行过程中,用户根据提示选择是否创建互信,并输入root用户或openGauss用户的密码。

在openGauss安装过程中,需要在openGauss中的主机间完成执行命令、传送文件等操作。因此,在普通用户安装前需要确保互信是连通的。前置脚本中会先建立root用户间的互信,然后创建普通用户,并建立普通用户间的互信。

2.1.8 执行安装

准备好openGauss安装环境之后,执行安装部署openGauss。

1) 前提条件

(1) 已成功执行前置脚本gs_preinstall。

(2) 所有服务器操作系统和网络均正常运行。

(3) 用户需确保各个主机上的locale保持一致。

2) 操作步骤

(1) 登录openGauss的主机,并切换至omm用户。

```
su - omm
```

此处,omm为前置脚本gs_preinstall中"-U"参数指定的用户。执行安装时,必须以omm用户执行,否则执行脚本会报错。

(2) 使用gs_install安装openGauss。

```
gs_install - X /opt/software/openGauss/cluster_config.xml
```

其中"/opt/software/openGauss/cluster_config.xml"为openGauss配置文件的路径。在执行过程中用户需要根据提示输入数据库的密码,密码具有一定的复杂度。为保证用户正常使用该数据库,请记住输入的数据库密码。

数据库的密码需要符合这些要求:最少包含8个字符;不能与用户名和当前密码(ALTER)相同,或与当前密码反序;至少包含大写字母、小写字母、数字、非字母数字字符(限定为~!@#$%^&*()-_=+\|[{}];:,<.>/?)四类字符中的三类字符。

安装过程中会生成ssl证书,证书存放路径为"{gaussdbAppPath}/share/sslcert/om",其中"{gaussdbAppPath}"为集群openGauss配置文件中指定的程序安装目录。

日志文件路径(安装openGauss时在XML文件中指定)下会生成两个日志文件:"gs_install-YYYY-MM-DD_HHMMSS.log"和"gs_local-YYYY-MM-DD_HHMMSS.log"。

openGauss支持字符集的多种写法:gbk/GBK、UTF-8/UTF8/uft8/utf-8和Latine1/latine1。安装时如果不指定字符集,默认字符集为SQL_ASCII,为简化和统一区域,locale默认设置为C。如果想指定其他字符集和区域,请在安装时使用参数--gsinit-parameter="--locale=LOCALE"来指定,LOCALE为新数据库设置默认的区域。例如,用户要将数据库编码格式初始化为UTF-8,可以采用以下步骤。

(1) 用locale -a |grep utf8命令查看系统支持UTF-8编码的区域。

```
omm@linux:~> locale - a|grep utf8
```

显示类似如下信息,其中en_US.utf8表示区域en_US支持UTF-8编码。

```
...
en_SG.utf8
en_US.utf8
...
```

(2) 根据需要选择区域,如en_US.utf8,在初始化数据库时加入"--locale=en_US.utf8"选项进行安装。示例如下:

```
gs_install - X /opt/software/openGauss/cluster_config.xml -- gsinit - parameter = " -- locale
= en_US.utf8"
```

2.1.9 安装验证

通过 openGauss 提供的 gs_om 工具可以完成数据库状态检查。

1）前提条件

openGauss 数据库已安装。

2）操作步骤

（1）以 omm 用户身份登录服务器。

（2）执行以下命令检查数据库状态是否正常，cluster_state 显示 Normal 表示数据库可正常使用。

```
gs_om -t status
```

数据库安装完成后，默认生成名称为 postgres 的数据库。第一次连接数据库时可以连接到此数据库。

其中<默认数据库名称>为需要连接的数据库名称，<端口号>为数据库主节点的端口号，即 XML 配置文件中的 dataPortBase 的值。请根据实际情况替换。

```
gsql -d <默认数据库名称> -p <端口号>
```

连接成功后，系统显示类似如下信息表示数据库连接成功。

```
gsql ((openGauss x.x.x build 290d125f) compiled at 2021-03-08 02:59:43 commit 2143 last mr 131
Non-SSL connection (SSL connection is recommended when requiring high-security)
Type "help" for help.
```

2.2 基本使用

openGauss 安装完成后会自动启动，用户可以使用 openGauss 自带的 gsql（openGauss 交互终端）客户端连接数据库进行相关 SQL 操作。

2.2.1 连接数据库

本节介绍如何使用 gsql 客户端连接数据库。gsql 是 openGauss 自带的客户端工具。使用 gsql 连接数据库，可以交互式地输入、编辑、执行 SQL 语句。

1. 确认连接信息

gsql 客户端工具通过数据库主节点连接数据库。因此，连接前需获取数据库主节点所在服务器的 IP 地址及数据库主节点的端口号信息。

（1）以操作系统用户 omm 登录数据库主节点。

（2）使用“gs_om -t status --detail”命令查询 openGauss 各实例情况。

```
gs_om -t status --detail
```

查询结果如下：

```
[ DBnode State ]
node      node_ip        instance                    state
--------------------------------------------------------------------------------
1  plat1 192.168.0.11 5001 /srv/BigData/gaussdb/data1/dbnode Normal
```

如上所示，部署了数据库主节点实例的服务器IP地址为192.168.10.11。数据库主节点数据路径为"/srv/BigData/gaussdb/data1/dbnode"。

(3) 确认数据库主节点的端口号。

在(2)中查到的数据库主节点数据路径下的conf文件中查看端口号信息，示例如下：

```
cat /srv/BigData/gaussdb/data1/dbnode/postgresql.conf | grep port
```

查询结果如下，8000为数据库主节点的端口号：

```
port = 8000            # (change requires restart)
#comm_sctp_port = 1024        # Assigned by installation (change requires restart)
#comm_control_port = 10001    # Assigned by installation (change requires restart)
      # supported by the operating system:
      # e.g. 'localhost = 10.145.130.2 localport = 12211 remotehost = 10.145.130.3
remoteport = 12212, localhost = 10.145.133.2 localport = 12213 remotehost = 10.145.133.3
remoteport = 12214'
      # e.g. 'localhost = 10.145.130.2 localport = 12311 remotehost = 10.145.130.4
remoteport = 12312, localhost = 10.145.133.2 localport = 12313 remotehost = 10.145.133.4
remoteport = 12314'
      # %r = remote host and port
alarm_report_interval = 10
support_extended_features = true
```

2. 使用gsql本地连接

gsql是openGauss提供的在命令行下运行的数据库连接工具。此工具除了具备操作数据库的基本功能，还提供了若干高级特性，便于用户使用。本节只介绍如何使用gsql本地连接数据库。

1) 注意事项

默认情况下，客户端连接数据库后处于空闲状态时会根据参数session_timeout的默认值自动断开连接。如果要关闭超时设置，设置参数session_timeout为0即可。

2) 前提条件

已确认连接信息，获取数据库主节点端口号信息。

3) 操作步骤

(1) 以操作系统用户omm登录数据库主节点。

(2) 连接数据库。第一次连接数据库时可以连接到安装后默认生成的数据库。执行如下命令连接数据库。

```
gsql -d <默认数据库名称> -p <端口号>
```

连接成功后，系统显示类似如下信息。

```
gsql ((openGauss 1.0.0 build 290d125f) compiled at 2020-05-08 02:59:43 commit 2143 last
mr 131
Non-SSL connection (SSL connection is recommended when requiring high-security)
Type "help" for help.
openGauss=#
```

omm用户是管理员用户，因此系统显示“openGauss=#”。若使用普通用户身份登录和连接数据库，系统显示“openGauss=>”。

“Non-SSL connection”表示未使用SSL方式连接数据库。如果需要高安全性时，请使用SSL连接。

（3）首次登录需要修改密码。原始密码为安装openGauss数据库时手动输入的密码，此处需将原始密码修改为自定义的密码，如Mypwd123，命令如下：

```
openGauss=# ALTER ROLE omm IDENTIFIED BY 'Mypwd123' REPLACE 'XuanYuan@2012';
```

（4）退出数据库。

```
openGauss=# \q
```

2.2.2 使用数据库

本节描述使用数据库的基本操作。通过此节用户可以完成创建数据库、创建表及向表中插入数据和查询表中数据等数据管理和基础权限管理操作。

1. 从这里开始

本节完整地介绍一个使用数据库的示例，帮助用户更好地了解数据库，更多关于SQL语句的使用请参见后续章节。

（1）以操作系统用户omm登录数据库主节点。

（2）执行以下命令连接数据库。

```
gsql -d <数据库名称> -p <端口号>
```

当结果显示为以下信息，则表示连接成功。

```
gsql ((openGauss 1.0.0 build 290d125f) compiled at 2020-05-08 02:59:43 commit 2143 last mr
131)
Non-SSL connection (SSL connection is recommended when requiring high-security)
Type "help" for help.
openGauss=#
```

(3) 创建数据库用户。

默认只有openGauss安装时创建的管理员用户可以访问初始数据库,还可以创建其他数据库用户账号访问数据库。

```
openGauss=# CREATE USER joe WITH PASSWORD "Bigdata@123";
```

当结果显示为以下信息,则表示创建成功。

```
CREATE ROLE
```

以上创建了一个用户名为joe,密码为Bigdata@123的用户。

(4) 创建数据库。

```
openGauss=#   CREATE DATABASE db_tpcc OWNER joe;
```

当结果显示为以下信息,则表示创建成功。

```
CREATE DATABASE
```

db_tpcc数据库创建完成后,就可以按以下方法退出数据库,使用新用户joe连接db_tpcc数据库执行创建表等操作。也可以选择继续在默认数据库中进行后续的体验。

```
openGauss=# \q
gsql -d db_tpcc -p 8000 -U joe -W Bigdata@123
gsql ((openGauss 1.0.0 build 290d125f) compiled at 2020-05-08 02:59:43 commit 2143 last mr
131)
Non-SSL connection (SSL connection is recommended when requiring high-security)
Type "help" for help.
db_tpcc=>
```

(5) 创建schema。

```
db_tpcc=> CREATE SCHEMA joe AUTHORIZATION joe;
```

当结果显示为以下信息,则表示创建schema成功。

```
CREATE SCHEMA
```

(6) 创建表。

① 创建一个名称为mytable,只有一列的表。字段名为firstcol,字段类型为integer。

```
db_tpcc=> CREATE TABLE mytable (firstcol int);
```

当结果显示为以下信息,则表示表创建成功。

```
CREATE TABLE
```

② 向表中插入数据。

```
db_tpcc=> INSERT INTO mytable values (100);
```

当结果显示为以下信息，则表示插入数据成功。

```
INSERT 0 1
```

③ 查看表中数据。

```
db_tpcc => SELECT * FROM mytable;
 firstcol
-----------
      100
(1 row)
```

2. 简单数据管理

在 openGuass 中拥有多种对象进行数据管理，如表、数据库。用户可以通过创建表存储数据，查询表检索数据，也可以通过创建数据库进行数据隔离。本节介绍在 openGauss 中如何创建数据库、表及查看数据库中的对象。

1）创建数据库

创建一个新的数据库。默认情况下新数据库将通过复制标准系统数据库 template0 来创建，且仅支持使用 template0 来创建。

(1) 注意事项。

① 只有拥有 CREATEDB 权限的用户才可以创建新数据库，系统管理员默认拥有此权限。

② 不能在事务块中执行创建数据库语句。

③ 在创建数据库过程中，若出现类似"could not initialize database directory"的错误提示，可能是由于文件系统上数据目录的权限不足或磁盘满等原因引起的。

(2) 语法格式。

```
CREATE DATABASE database_name
    [ [ WITH ] { [ OWNER [ = ] user_name ] |
                 [ TEMPLATE [ = ] template ] |
                 [ ENCODING [ = ] encoding ] |
                 [ LC_COLLATE [ = ] lc_collate ] |
                 [ LC_CTYPE [ = ] lc_ctype ] |
                 [ DBCOMPATIBILITY [ = ] compatibilty_type ] |
                 [ TABLESPACE [ = ] tablespace_name ] |
                 [ CONNECTION LIMIT [ = ] connlimit ]}[...] ];
```

(3) 示例。

```
--创建 jim 和 tom 用户
openGauss = # CREATE USER jim PASSWORD 'Bigdata@123';
openGauss = # CREATE USER tom PASSWORD 'Bigdata@123';
--创建一个 GBK 编码的数据库 music(本地环境的编码格式必须也为 GBK)
openGauss = # CREATE DATABASE music ENCODING 'GBK' template = template0;
--创建数据库 music2,并指定所有者为 jim
openGauss = # CREATE DATABASE music2 OWNER jim;
```

```
--用模板 template0 创建数据库 music3,并指定所有者为 jim
openGauss = # CREATE DATABASE music3 OWNER jim TEMPLATE template0;
--设置 music 数据库的连接数为 10
openGauss = # ALTER DATABASE music CONNECTION LIMIT = 10;
--将 music 名称改为 music4
openGauss = # ALTER DATABASE music RENAME TO music4;
--将数据库 music2 的所属者改为 tom
openGauss = # ALTER DATABASE music2 OWNER TO tom;
--设置 music3 的表空间为 PG_DEFAULT
openGauss = # ALTER DATABASE music3 SET TABLESPACE PG_DEFAULT;
--关闭在数据库 music3 上默认的索引扫描
openGauss = # ALTER DATABASE music3 SET enable_indexscan TO off;
--重置 enable_indexscan 参数
openGauss = # ALTER DATABASE music3 RESET enable_indexscan;
--删除数据库
openGauss = # DROP DATABASE music2;
openGauss = # DROP DATABASE music3;
openGauss = # DROP DATABASE music4;
--删除 jim 和 tom 用户
openGauss = # DROP USER jim;
openGauss = # DROP USER tom;
--创建兼容 TD 格式的数据库
openGauss = # CREATE DATABASE td_compatible_db DBCOMPATIBILITY 'C';
--创建兼容 ORA 格式的数据库
openGauss = # CREATE DATABASE ora_compatible_db DBCOMPATIBILITY 'A';
--删除兼容 TD、ORA 格式的数据库
openGauss = # DROP DATABASE td_compatible_db;
openGauss = # DROP DATABASE ora_compatible_db;
```

2）创建表

在当前数据库中创建一个新的空白表,该表为命令执行者所有。

创建表时,如未指定表的存储方式,默认创建的是行存储表；如未指定分布列,取表的主键列(若有)或首个可以作为分布列的列。

(1) 语法格式。

```
CREATE [ [ GLOBAL | LOCAL ] { TEMPORARY | TEMP } | UNLOGGED ] TABLE [ IF NOT EXISTS ] table_name
    ({ column_name data_type [ compress_mode ] [ COLLATE collation ] [ column_constraint [ ... ] ]
        | table_constraint
        | LIKE source_table [ like_option [...] ] }
        [,... ])
    [ WITH ( {storage_parameter = value} [,... ] ) ]
    [ ON COMMIT { PRESERVE ROWS | DELETE ROWS | DROP } ]
    [ COMPRESS | NOCOMPRESS ]
    [ TABLESPACE tablespace_name ];
```

其中列约束 column_constraint 为

```
[ CONSTRAINT constraint_name ]
```

```
{ NOT NULL |
  NULL |
  CHECK ( expression ) |
  DEFAULT default_expr |
  UNIQUE index_parameters |
  PRIMARY KEY index_parameters }
[ DEFERRABLE | NOT DEFERRABLE | INITIALLY DEFERRED | INITIALLY IMMEDIATE ]
```

其中列的压缩可选项 compress_mode 为

```
{ DELTA | PREFIX | DICTIONARY | NUMSTR | NOCOMPRESS }
```

其中表约束 table_constraint 为

```
[ CONSTRAINT constraint_name ]
{ CHECK ( expression ) |
  UNIQUE ( column_name [,... ] ) index_parameters |
  PRIMARY KEY ( column_name [,... ] ) index_parameters |
  PARTIAL CLUSTER KEY ( column_name [,... ] ) }
[ DEFERRABLE | NOT DEFERRABLE | INITIALLY DEFERRED | INITIALLY IMMEDIATE ]
```

其中 like 选项 like_option 为

```
{ INCLUDING | EXCLUDING } { DEFAULTS | CONSTRAINTS | INDEXES | STORAGE | COMMENTS | PARTITION |
RELOPTIONS | ALL }
```

其中索引参数 index_parameters 为

```
[ WITH ( {storage_parameter = value} [,... ] ) ]
[ USING INDEX TABLESPACE tablespace_name ]
```

(2) 示例。

```
--创建简单的表
openGauss=# CREATE TABLE tpcds.warehouse_t1
(
    W_WAREHOUSE_SK            INTEGER             NOT NULL,
    W_WAREHOUSE_ID            CHAR(16)            NOT NULL,
    W_WAREHOUSE_NAME          VARCHAR(20)                 ,
    W_WAREHOUSE_SQ_FT         INTEGER                     ,
    W_STREET_NUMBER           CHAR(10)                    ,
    W_STREET_NAME             VARCHAR(60)                 ,
    W_STREET_TYPE             CHAR(15)                    ,
    W_SUITE_NUMBER            CHAR(10)                    ,
    W_CITY                    VARCHAR(60)                 ,
    W_COUNTY                  VARCHAR(30)                 ,
    W_STATE                   CHAR(2)                     ,
    W_ZIP                     CHAR(10)                    ,
    W_COUNTRY                 VARCHAR(20)                 ,
    W_GMT_OFFSET              DECIMAL(5,2)
);
openGauss=# CREATE TABLE tpcds.warehouse_t2
```

```
(
    W_WAREHOUSE_SK          INTEGER             NOT NULL,
    W_WAREHOUSE_ID          CHAR(16)            NOT NULL,
    W_WAREHOUSE_NAME        VARCHAR(20)         ,
    W_WAREHOUSE_SQ_FT       INTEGER             ,
    W_STREET_NUMBER         CHAR(10)            ,
    W_STREET_NAME           VARCHAR(60)         DICTIONARY,
    W_STREET_TYPE           CHAR(15)            ,
    W_SUITE_NUMBER          CHAR(10)            ,
    W_CITY                  VARCHAR(60)         ,
    W_COUNTY                VARCHAR(30)         ,
    W_STATE                 CHAR(2)             ,
    W_ZIP                   CHAR(10)            ,
    W_COUNTRY               VARCHAR(20)         ,
    W_GMT_OFFSET            DECIMAL(5,2)
);
-- 创建表,并指定 W_STATE 字段的默认值为 GA
openGauss=# CREATE TABLE tpcds.warehouse_t3
(
    W_WAREHOUSE_SK          INTEGER             NOT NULL,
    W_WAREHOUSE_ID          CHAR(16)            NOT NULL,
    W_WAREHOUSE_NAME        VARCHAR(20)         ,
    W_WAREHOUSE_SQ_FT       INTEGER             ,
    W_STREET_NUMBER         CHAR(10)            ,
    W_STREET_NAME           VARCHAR(60)         ,
    W_STREET_TYPE           CHAR(15)            ,
    W_SUITE_NUMBER          CHAR(10)            ,
    W_CITY                  VARCHAR(60)         ,
    W_COUNTY                VARCHAR(30)         ,
    W_STATE                 CHAR(2)             DEFAULT 'GA',
    W_ZIP                   CHAR(10)            ,
    W_COUNTRY               VARCHAR(20)         ,
    W_GMT_OFFSET            DECIMAL(5,2)
);
-- 创建表,并在事务结束时检查 W_WAREHOUSE_NAME 字段是否有重复
openGauss=# CREATE TABLE tpcds.warehouse_t4
(
    W_WAREHOUSE_SK          INTEGER             NOT NULL,
    W_WAREHOUSE_ID          CHAR(16)            NOT NULL,
    W_WAREHOUSE_NAME        VARCHAR(20)         UNIQUE DEFERRABLE,
    W_WAREHOUSE_SQ_FT       INTEGER             ,
    W_STREET_NUMBER         CHAR(10)            ,
    W_STREET_NAME           VARCHAR(60)         ,
    W_STREET_TYPE           CHAR(15)            ,
    W_SUITE_NUMBER          CHAR(10)            ,
    W_CITY                  VARCHAR(60)         ,
    W_COUNTY                VARCHAR(30)         ,
    W_STATE                 CHAR(2)             ,
    W_ZIP                   CHAR(10)            ,
    W_COUNTRY               VARCHAR(20)         ,
```

```
    W_GMT_OFFSET          DECIMAL(5,2)
);
--创建一个带有70%填充因子的表
openGauss=# CREATE TABLE tpcds.warehouse_t5
(
    W_WAREHOUSE_SK             INTEGER               NOT NULL,
    W_WAREHOUSE_ID             CHAR(16)              NOT NULL,
    W_WAREHOUSE_NAME           VARCHAR(20)                   ,
    W_WAREHOUSE_SQ_FT          INTEGER                       ,
    W_STREET_NUMBER            CHAR(10)                      ,
    W_STREET_NAME              VARCHAR(60)                   ,
    W_STREET_TYPE              CHAR(15)                      ,
    W_SUITE_NUMBER             CHAR(10)                      ,
    W_CITY                     VARCHAR(60)                   ,
    W_COUNTY                   VARCHAR(30)                   ,
    W_STATE                    CHAR(2)                       ,
    W_ZIP                      CHAR(10)                      ,
    W_COUNTRY                  VARCHAR(20)                   ,
    W_GMT_OFFSET               DECIMAL(5,2),
    UNIQUE(W_WAREHOUSE_NAME) WITH(fillfactor=70)
);
--或者用下面的语法
openGauss=# CREATE TABLE tpcds.warehouse_t6
(
    W_WAREHOUSE_SK             INTEGER               NOT NULL,
    W_WAREHOUSE_ID             CHAR(16)              NOT NULL,
    W_WAREHOUSE_NAME           VARCHAR(20)           UNIQUE,
    W_WAREHOUSE_SQ_FT          INTEGER                       ,
    W_STREET_NUMBER            CHAR(10)                      ,
    W_STREET_NAME              VARCHAR(60)                   ,
    W_STREET_TYPE              CHAR(15)                      ,
    W_SUITE_NUMBER             CHAR(10)                      ,
    W_CITY                     VARCHAR(60)                   ,
    W_COUNTY                   VARCHAR(30)                   ,
    W_STATE                    CHAR(2)                       ,
    W_ZIP                      CHAR(10)                      ,
    W_COUNTRY                  VARCHAR(20)                   ,
    W_GMT_OFFSET               DECIMAL(5,2)
) WITH(fillfactor=70);
--创建表,并指定该表数据不写入预写日志
openGauss=# CREATE UNLOGGED TABLE tpcds.warehouse_t7
(
    W_WAREHOUSE_SK             INTEGER               NOT NULL,
    W_WAREHOUSE_ID             CHAR(16)              NOT NULL,
    W_WAREHOUSE_NAME           VARCHAR(20)                   ,
    W_WAREHOUSE_SQ_FT          INTEGER                       ,
    W_STREET_NUMBER            CHAR(10)                      ,
    W_STREET_NAME              VARCHAR(60)                   ,
    W_STREET_TYPE              CHAR(15)                      ,
```

```
    W_SUITE_NUMBER              CHAR(10)                    ,
    W_CITY                      VARCHAR(60)                 ,
    W_COUNTY                    VARCHAR(30)                 ,
    W_STATE                     CHAR(2)                     ,
    W_ZIP                       CHAR(10)                    ,
    W_COUNTRY                   VARCHAR(20)                 ,
    W_GMT_OFFSET                DECIMAL(5,2)
);
--创建临时表
openGauss=# CREATE TEMPORARY TABLE warehouse_t24
(
    W_WAREHOUSE_SK              INTEGER              NOT NULL,
    W_WAREHOUSE_ID              CHAR(16)             NOT NULL,
    W_WAREHOUSE_NAME            VARCHAR(20)                 ,
    W_WAREHOUSE_SQ_FT           INTEGER                     ,
    W_STREET_NUMBER             CHAR(10)                    ,
    W_STREET_NAME               VARCHAR(60)                 ,
    W_STREET_TYPE               CHAR(15)                    ,
    W_SUITE_NUMBER              CHAR(10)                    ,
    W_CITY                      VARCHAR(60)                 ,
    W_COUNTY                    VARCHAR(30)                 ,
    W_STATE                     CHAR(2)                     ,
    W_ZIP                       CHAR(10)                    ,
    W_COUNTRY                   VARCHAR(20)                 ,
    W_GMT_OFFSET                DECIMAL(5,2)
);
--创建本地临时表,并指定提交事务时删除该临时表数据
openGauss=# CREATE TEMPORARY TABLE warehouse_t25
(
    W_WAREHOUSE_SK              INTEGER              NOT NULL,
    W_WAREHOUSE_ID              CHAR(16)             NOT NULL,
    W_WAREHOUSE_NAME            VARCHAR(20)                 ,
    W_WAREHOUSE_SQ_FT           INTEGER                     ,
    W_STREET_NUMBER             CHAR(10)                    ,
    W_STREET_NAME               VARCHAR(60)                 ,
    W_STREET_TYPE               CHAR(15)                    ,
    W_SUITE_NUMBER              CHAR(10)                    ,
    W_CITY                      VARCHAR(60)                 ,
    W_COUNTY                    VARCHAR(30)                 ,
    W_STATE                     CHAR(2)                     ,
    W_ZIP                       CHAR(10)                    ,
    W_COUNTRY                   VARCHAR(20)                 ,
    W_GMT_OFFSET                DECIMAL(5,2)
) ON COMMIT DELETE ROWS;

--创建全局临时表,并指定会话结束时删除该临时表数据
openGauss=# CREATE GLOBAL TEMPORARY TABLE gtt1
(
    ID                    INTEGER              NOT NULL,
    NAME                  CHAR(16)             NOT NULL,
```

```
    ADDRESS              VARCHAR(50)                ,
    POSTCODE             CHAR(6)
) ON COMMIT PRESERVE ROWS;
--创建表时,不希望因为表已存在而报错
openGauss = # CREATE TABLE IF NOT EXISTS tpcds.warehouse_t8
(
    W_WAREHOUSE_SK       INTEGER            NOT NULL,
    W_WAREHOUSE_ID       CHAR(16)           NOT NULL,
    W_WAREHOUSE_NAME     VARCHAR(20)                ,
    W_WAREHOUSE_SQ_FT    INTEGER                    ,
    W_STREET_NUMBER      CHAR(10)                   ,
    W_STREET_NAME        VARCHAR(60)                ,
    W_STREET_TYPE        CHAR(15)                   ,
    W_SUITE_NUMBER       CHAR(10)                   ,
    W_CITY               VARCHAR(60)                ,
    W_COUNTY             VARCHAR(30)                ,
    W_STATE              CHAR(2)                    ,
    W_ZIP                CHAR(10)                   ,
    W_COUNTRY            VARCHAR(20)                ,
    W_GMT_OFFSET         DECIMAL(5,2)
);
--创建普通表空间
openGauss = # CREATE TABLESPACE DS_TABLESPACE1 RELATIVE LOCATION 'tablespace/tablespace_1';
--创建表时,指定表空间
openGauss = # CREATE TABLE tpcds.warehouse_t9
(
    W_WAREHOUSE_SK       INTEGER            NOT NULL,
    W_WAREHOUSE_ID       CHAR(16)           NOT NULL,
    W_WAREHOUSE_NAME     VARCHAR(20)                ,
    W_WAREHOUSE_SQ_FT    INTEGER                    ,
    W_STREET_NUMBER      CHAR(10)                   ,
    W_STREET_NAME        VARCHAR(60)                ,
    W_STREET_TYPE        CHAR(15)                   ,
    W_SUITE_NUMBER       CHAR(10)                   ,
    W_CITY               VARCHAR(60)                ,
    W_COUNTY             VARCHAR(30)                ,
    W_STATE              CHAR(2)                    ,
    W_ZIP                CHAR(10)                   ,
    W_COUNTRY            VARCHAR(20)                ,
    W_GMT_OFFSET         DECIMAL(5,2)
) TABLESPACE DS_TABLESPACE1;
--创建表时,单独指定W_WAREHOUSE_NAME的索引表空间
openGauss = # CREATE TABLE tpcds.warehouse_t10
(
    W_WAREHOUSE_SK       INTEGER            NOT NULL,
    W_WAREHOUSE_ID       CHAR(16)           NOT NULL,
    W_WAREHOUSE_NAME     VARCHAR(20)    UNIQUE USING INDEX TABLESPACE DS_TABLESPACE1,
    W_WAREHOUSE_SQ_FT    INTEGER                    ,
    W_STREET_NUMBER      CHAR(10)                   ,
    W_STREET_NAME        VARCHAR(60)                ,
```

```
    W_STREET_TYPE       CHAR(15)                      ,
    W_SUITE_NUMBER      CHAR(10)                      ,
    W_CITY              VARCHAR(60)                   ,
    W_COUNTY            VARCHAR(30)                   ,
    W_STATE             CHAR(2)                       ,
    W_ZIP               CHAR(10)                      ,
    W_COUNTRY           VARCHAR(20)                   ,
    W_GMT_OFFSET        DECIMAL(5,2)
);
--创建一个有主键约束的表
openGauss = # CREATE TABLE tpcds.warehouse_t11
(
    W_WAREHOUSE_SK      INTEGER             PRIMARY KEY,
    W_WAREHOUSE_ID      CHAR(16)            NOT NULL,
    W_WAREHOUSE_NAME    VARCHAR(20)                   ,
    W_WAREHOUSE_SQ_FT   INTEGER                       ,
    W_STREET_NUMBER     CHAR(10)                      ,
    W_STREET_NAME       VARCHAR(60)                   ,
    W_STREET_TYPE       CHAR(15)                      ,
    W_SUITE_NUMBER      CHAR(10)                      ,
    W_CITY              VARCHAR(60)                   ,
    W_COUNTY            VARCHAR(30)                   ,
    W_STATE             CHAR(2)                       ,
    W_ZIP               CHAR(10)                      ,
    W_COUNTRY           VARCHAR(20)                   ,
    W_GMT_OFFSET        DECIMAL(5,2)
);
---或用下面的语法,效果完全一样
openGauss = # CREATE TABLE tpcds.warehouse_t12
(
    W_WAREHOUSE_SK      INTEGER             NOT NULL,
    W_WAREHOUSE_ID      CHAR(16)            NOT NULL,
    W_WAREHOUSE_NAME    VARCHAR(20)                   ,
    W_WAREHOUSE_SQ_FT   INTEGER                       ,
    W_STREET_NUMBER     CHAR(10)                      ,
    W_STREET_NAME       VARCHAR(60)                   ,
    W_STREET_TYPE       CHAR(15)                      ,
    W_SUITE_NUMBER      CHAR(10)                      ,
    W_CITY              VARCHAR(60)                   ,
    W_COUNTY            VARCHAR(30)                   ,
    W_STATE             CHAR(2)                       ,
    W_ZIP               CHAR(10)                      ,
    W_COUNTRY           VARCHAR(20)                   ,
    W_GMT_OFFSET        DECIMAL(5,2),
    PRIMARY KEY(W_WAREHOUSE_SK)
);
--或用下面的语法,指定约束的名称
openGauss = # CREATE TABLE tpcds.warehouse_t13
(
    W_WAREHOUSE_SK      INTEGER             NOT NULL,
```

```
    W_WAREHOUSE_ID       CHAR(16)             NOT NULL,
    W_WAREHOUSE_NAME     VARCHAR(20)                  ,
    W_WAREHOUSE_SQ_FT    INTEGER                      ,
    W_STREET_NUMBER      CHAR(10)                     ,
    W_STREET_NAME        VARCHAR(60)                  ,
    W_STREET_TYPE        CHAR(15)                     ,
    W_SUITE_NUMBER       CHAR(10)                     ,
    W_CITY               VARCHAR(60)                  ,
    W_COUNTY             VARCHAR(30)                  ,
    W_STATE              CHAR(2)                      ,
    W_ZIP                CHAR(10)                     ,
    W_COUNTRY            VARCHAR(20)                  ,
    W_GMT_OFFSET         DECIMAL(5,2),
    CONSTRAINT W_CSTR_KEY1 PRIMARY KEY(W_WAREHOUSE_SK)
);
--创建一个有复合主键约束的表
openGauss = # CREATE TABLE tpcds.warehouse_t14
(
    W_WAREHOUSE_SK       INTEGER              NOT NULL,
    W_WAREHOUSE_ID       CHAR(16)             NOT NULL,
    W_WAREHOUSE_NAME     VARCHAR(20)                  ,
    W_WAREHOUSE_SQ_FT    INTEGER                      ,
    W_STREET_NUMBER      CHAR(10)                     ,
    W_STREET_NAME        VARCHAR(60)                  ,
    W_STREET_TYPE        CHAR(15)                     ,
    W_SUITE_NUMBER       CHAR(10)                     ,
    W_CITY               VARCHAR(60)                  ,
    W_COUNTY             VARCHAR(30)                  ,
    W_STATE              CHAR(2)                      ,
    W_ZIP                CHAR(10)                     ,
    W_COUNTRY            VARCHAR(20)                  ,
    W_GMT_OFFSET         DECIMAL(5,2),
    CONSTRAINT W_CSTR_KEY2 PRIMARY KEY(W_WAREHOUSE_SK,W_WAREHOUSE_ID)
);
--创建列存储表
openGauss = # CREATE TABLE tpcds.warehouse_t15
(
    W_WAREHOUSE_SK       INTEGER              NOT NULL,
    W_WAREHOUSE_ID       CHAR(16)             NOT NULL,
    W_WAREHOUSE_NAME     VARCHAR(20)                  ,
    W_WAREHOUSE_SQ_FT    INTEGER                      ,
    W_STREET_NUMBER      CHAR(10)                     ,
    W_STREET_NAME        VARCHAR(60)                  ,
    W_STREET_TYPE        CHAR(15)                     ,
    W_SUITE_NUMBER       CHAR(10)                     ,
    W_CITY               VARCHAR(60)                  ,
    W_COUNTY             VARCHAR(30)                  ,
    W_STATE              CHAR(2)                      ,
    W_ZIP                CHAR(10)                     ,
    W_COUNTRY            VARCHAR(20)                  ,
```

```
    W_GMT_OFFSET        DECIMAL(5,2)
) WITH (ORIENTATION = COLUMN);
--创建局部聚簇存储的列存储表
openGauss=# CREATE TABLE tpcds.warehouse_t16
(
    W_WAREHOUSE_SK      INTEGER             NOT NULL,
    W_WAREHOUSE_ID      CHAR(16)            NOT NULL,
    W_WAREHOUSE_NAME    VARCHAR(20)                  ,
    W_WAREHOUSE_SQ_FT   INTEGER                      ,
    W_STREET_NUMBER     CHAR(10)                     ,
    W_STREET_NAME       VARCHAR(60)                  ,
    W_STREET_TYPE       CHAR(15)                     ,
    W_SUITE_NUMBER      CHAR(10)                     ,
    W_CITY              VARCHAR(60)                  ,
    W_COUNTY            VARCHAR(30)                  ,
    W_STATE             CHAR(2)                      ,
    W_ZIP               CHAR(10)                     ,
    W_COUNTRY           VARCHAR(20)                  ,
    W_GMT_OFFSET        DECIMAL(5,2),
    PARTIAL CLUSTER KEY(W_WAREHOUSE_SK,W_WAREHOUSE_ID)
) WITH (ORIENTATION = COLUMN);
--定义一个带压缩的列存储表
openGauss=# CREATE TABLE tpcds.warehouse_t17
(
    W_WAREHOUSE_SK      INTEGER             NOT NULL,
    W_WAREHOUSE_ID      CHAR(16)            NOT NULL,
    W_WAREHOUSE_NAME    VARCHAR(20)                  ,
    W_WAREHOUSE_SQ_FT   INTEGER                      ,
    W_STREET_NUMBER     CHAR(10)                     ,
    W_STREET_NAME       VARCHAR(60)                  ,
    W_STREET_TYPE       CHAR(15)                     ,
    W_SUITE_NUMBER      CHAR(10)                     ,
    W_CITY              VARCHAR(60)                  ,
    W_COUNTY            VARCHAR(30)                  ,
    W_STATE             CHAR(2)                      ,
    W_ZIP               CHAR(10)                     ,
    W_COUNTRY           VARCHAR(20)                  ,
    W_GMT_OFFSET        DECIMAL(5,2)
) WITH (ORIENTATION = COLUMN,COMPRESSION=HIGH);
--定义一个检查列约束
openGauss=# CREATE TABLE tpcds.warehouse_t19
(
    W_WAREHOUSE_SK      INTEGER             PRIMARY KEY CHECK (W_WAREHOUSE_SK > 0),
    W_WAREHOUSE_ID      CHAR(16)            NOT NULL,
    W_WAREHOUSE_NAME    VARCHAR(20)         CHECK (W_WAREHOUSE_NAME IS NOT NULL),
    W_WAREHOUSE_SQ_FT   INTEGER                      ,
    W_STREET_NUMBER     CHAR(10)                     ,
    W_STREET_NAME       VARCHAR(60)                  ,
    W_STREET_TYPE       CHAR(15)                     ,
    W_SUITE_NUMBER      CHAR(10)                     ,
```

```
    W_CITY              VARCHAR(60)                 ,
    W_COUNTY            VARCHAR(30)                 ,
    W_STATE             CHAR(2)                     ,
    W_ZIP               CHAR(10)                    ,
    W_COUNTRY           VARCHAR(20)                 ,
    W_GMT_OFFSET        DECIMAL(5,2)
);
openGauss = # CREATE TABLE tpcds.warehouse_t20
(
    W_WAREHOUSE_SK      INTEGER                 PRIMARY KEY,
    W_WAREHOUSE_ID      CHAR(16)                NOT NULL,
    W_WAREHOUSE_NAME    VARCHAR(20)             CHECK (W_WAREHOUSE_NAME IS NOT NULL),
    W_WAREHOUSE_SQ_FT   INTEGER                     ,
    W_STREET_NUMBER     CHAR(10)                    ,
    W_STREET_NAME       VARCHAR(60)                 ,
    W_STREET_TYPE       CHAR(15)                    ,
    W_SUITE_NUMBER      CHAR(10)                    ,
    W_CITY              VARCHAR(60)                 ,
    W_COUNTY            VARCHAR(30)                 ,
    W_STATE             CHAR(2)                     ,
    W_ZIP               CHAR(10)                    ,
    W_COUNTRY           VARCHAR(20)                 ,
    W_GMT_OFFSET        DECIMAL(5,2),
    CONSTRAINT W_CONSTR_KEY2 CHECK(W_WAREHOUSE_SK > 0 AND W_WAREHOUSE_NAME IS NOT NULL)
);
-- 向 tpcds.warehouse_t19 表中增加一个 varchar 列
openGauss = # ALTER TABLE tpcds.warehouse_t19 ADD W_GOODS_CATEGORY varchar(30);
-- 给 tpcds.warehouse_t19 表增加一个检查约束
openGauss = # ALTER TABLE tpcds.warehouse_t19 ADD CONSTRAINT W_CONSTR_KEY4 CHECK (W_STATE IS
NOT NULL);
-- 在一个操作中改变两个现存字段的类型
openGauss = # ALTER TABLE tpcds.warehouse_t19
    ALTER COLUMN W_GOODS_CATEGORY TYPE varchar(80),
    ALTER COLUMN W_STREET_NAME TYPE varchar(100);
-- 此语句与上面语句等效
openGauss = # ALTER TABLE tpcds.warehouse_t19 MODIFY (W_GOODS_CATEGORY varchar(30),W_STREET_
NAME varchar(60));
-- 给一个已存在字段添加非空约束
openGauss = # ALTER TABLE tpcds.warehouse_t19 ALTER COLUMN W_GOODS_CATEGORY SET NOT NULL;
-- 移除已存在字段的非空约束
openGauss = # ALTER TABLE tpcds.warehouse_t19 ALTER COLUMN W_GOODS_CATEGORY DROP NOT NULL;
-- 如果列存储表中还未指定局部聚簇,向一个列存储表中添加局部聚簇列
openGauss = # ALTER TABLE tpcds.warehouse_t17 ADD PARTIAL CLUSTER KEY(W_WAREHOUSE_SK);
-- 查看约束的名称,并删除一个列存储表中的局部聚簇列
openGauss = # \d+ tpcds.warehouse_t17
                              Table "tpcds.warehouse_t17"
    Column       |       Type          | Modifiers | Storage  | Stats target | Description
-----------------+---------------------+-----------+----------+--------------+------------
w_warehouse_sk   | integer             | not null  | plain    |              |
w_warehouse_id   | character(16)       | not null  | extended |              |
```

```
w_warehouse_name  | character varying(20) |  | extended |  |
w_warehouse_sq_ft | integer               |  | plain    |  |
w_street_number   | character(10)         |  | extended |  |
w_street_name     | character varying(60) |  | extended |  |
w_street_type     | character(15)         |  | extended |  |
w_suite_number    | character(10)         |  | extended |  |
w_city            | character varying(60) |  | extended |  |
w_county          | character varying(30) |  | extended |  |
w_state           | character(2)          |  | extended |  |
w_zip             | character(10)         |  | extended |  |
w_country         | character varying(20) |  | extended |  |
w_gmt_offset      | numeric(5,2)          |  | main     |  |
Partial Cluster :
    "warehouse_t17_cluster" PARTIAL CLUSTER KEY (w_warehouse_sk)
Has OIDs: no
Location Nodes: ALL DATANODES
Options: compression = no,version = 0.12
openGauss = # ALTER TABLE tpcds.warehouse_t17 DROP CONSTRAINT warehouse_t17_cluster;
--将表移动到另一个表空间
openGauss = # ALTER TABLE tpcds.warehouse_t19 SET TABLESPACE PG_DEFAULT;
--创建模式 joe
openGauss = # CREATE SCHEMA joe;
--将表移动到另一个模式中
openGauss = # ALTER TABLE tpcds.warehouse_t19 SET SCHEMA joe;
--重命名已存在的表
openGauss = # ALTER TABLE joe.warehouse_t19 RENAME TO warehouse_t23;
--从 warehouse_t23 表中删除一个字段
openGauss = # ALTER TABLE joe.warehouse_t23 DROP COLUMN W_STREET_NAME;
--删除表空间、模式 joe 和模式表 warehouse
openGauss = # DROP TABLE tpcds.warehouse_t1;
openGauss = # DROP TABLE tpcds.warehouse_t2;
openGauss = # DROP TABLE tpcds.warehouse_t3;
openGauss = # DROP TABLE tpcds.warehouse_t4;
openGauss = # DROP TABLE tpcds.warehouse_t5;
openGauss = # DROP TABLE tpcds.warehouse_t6;
openGauss = # DROP TABLE tpcds.warehouse_t7;
openGauss = # DROP TABLE tpcds.warehouse_t8;
openGauss = # DROP TABLE tpcds.warehouse_t9;
openGauss = # DROP TABLE tpcds.warehouse_t10;
openGauss = # DROP TABLE tpcds.warehouse_t11;
openGauss = # DROP TABLE tpcds.warehouse_t12;
openGauss = # DROP TABLE tpcds.warehouse_t13;
openGauss = # DROP TABLE tpcds.warehouse_t14;
openGauss = # DROP TABLE tpcds.warehouse_t15;
openGauss = # DROP TABLE tpcds.warehouse_t16;
openGauss = # DROP TABLE tpcds.warehouse_t17;
openGauss = # DROP TABLE tpcds.warehouse_t18;
openGauss = # DROP TABLE tpcds.warehouse_t20;
openGauss = # DROP TABLE tpcds.warehouse_t21;
openGauss = # DROP TABLE tpcds.warehouse_t22;
```

```
openGauss=# DROP TABLE joe.warehouse_t23;
openGauss=# DROP TABLE tpcds.warehouse_t24;
openGauss=# DROP TABLE tpcds.warehouse_t25;
openGauss=# DROP TABLESPACE DS_TABLESPACE1;
openGauss=# DROP SCHEMA IF EXISTS joe CASCADE;
```

3）查询数据

SELECT 用于从表或视图中取出数据。

SELECT 语句就像叠加在数据库表上的过滤器，利用 SQL 关键字从数据表中过滤出用户需要的数据。

(1) 注意事项。

① 必须对每个在 SELECT 命令中使用的字段有 SELECT 权限。

② 使用 FOR UPDATE 或 FOR SHARE 还要求 UPDATE 权限。

(2) 语法格式。

查询数据。

```
[ WITH [ RECURSIVE ] with_query [,...] ]
SELECT [/*+ plan_hint */] [ ALL | DISTINCT [ ON ( expression [,...] ) ] ]
{ * | {expression [ [ AS ] output_name ]} [,...] }
[ FROM from_item [,...] ]
[ WHERE condition ]
[ GROUP BY grouping_element [,...] ]
[ HAVING condition [,...] ]
[ WINDOW {window_name AS ( window_definition )} [,...] ]
[ { UNION | INTERSECT | EXCEPT | MINUS } [ ALL | DISTINCT ] SELECT ]
[ ORDER BY {expression [ [ ASC | DESC | USING operator ] | nlssort_expression_clause ] [ NULLS{
FIRST | LAST } ]} [,...] ]
[ LIMIT { [offset,] count | ALL } ]
[ OFFSET start [ ROW | ROWS ] ]
[ FETCH { FIRST | NEXT } [ count ] { ROW | ROWS } ONLY ]
[ {FOR { UPDATE | SHARE } [ OF table_name [,...] ] [ NOWAIT ]} [...] ];
```

其中子查询 with_query 为

```
with_query_name [ ( column_name [,...] ) ]
    AS ( {SELECT | values | INSERT | update | delete} )
```

其中指定查询源 from_item 为

```
{[ ONLY ] table_name [ * ] [ partition_clause ] [ [ AS ] alias [ ( column_alias [,...] ) ] ]
[ TABLESAMPLE sampling_method ( argument [,...] ) [ REPEATABLE ( seed ) ] ]
|( SELECT ) [ AS ] alias [ ( column_alias [,...] ) ]
|with_query_name [ [ AS ] alias [ ( column_alias [,...] ) ] ]
|function_name ( [ argument [,...] ] ) [ AS ] alias [ ( column_alias [,...] | column_definition
[,...] ) ]
|function_name ( [ argument [,...] ] ) AS ( column_definition [,...] )
|from_item [ NATURAL ] join_type from_item [ ON join_condition | USING ( join_column [,...] ) ]}
```

其中 group 子句为

```
( )
| expression
| ( expression [,...] )
| ROLLUP ( { expression | ( expression [,...] ) } [,...] )
| CUBE ( { expression | ( expression [,...] ) } [,...] )
| GROUPING SETS ( grouping_element [,...] )
```

其中指定分区 partition_clause 为

```
PARTITION { ( partition_name ) |
        FOR ( partition_value [,...] ) }
```

指定分区只适合普通表。

其中设置排序方式 nlssort_expression_clause 为

```
NLSSORT ( column_name,'NLS_SORT = { SCHINESE_PINYIN_M | generic_m_ci } ')
```

简化版查询语法,功能相当于 SELECT * FROM table_name。

```
TABLE { ONLY {(table_name)| table_name} | table_name [ * ]};
```

(3) 示例。

```
-- 先通过子查询得到一张临时表 temp_t,然后查询表 temp_t 中的所有数据
openGauss=# WITH temp_t(name,isdba) AS (SELECT usename,usesuper FROM pg_user) SELECT * FROM
temp_t;
-- 查询 tpcds.reason 表的所有 r_reason_sk 记录,且去除重复
openGauss=# SELECT DISTINCT(r_reason_sk) FROM tpcds.reason;
-- LIMIT 子句示例:获取表中一条记录
openGauss=# SELECT * FROM tpcds.reason LIMIT 1;
-- 查询所有记录,且按字母升序排列
openGauss=# SELECT r_reason_desc FROM tpcds.reason ORDER BY r_reason_desc;
-- 通过表别名,从 pg_user 和 pg_user_status 这两张表中获取数据
openGauss=# SELECT a.usename,b.locktime FROM pg_user a,pg_user_status b WHERE a.usesysid=
b.roloid;
-- FULL JOIN 子句示例:将 pg_user 和 pg_user_status 这两张表的数据进行全连接显示,即数据的合集
openGauss=# SELECT a.usename,b.locktime,a.usesuper FROM pg_user a FULL JOIN pg_user_status
b on a.usesysid=b.roloid;
-- GROUP BY 子句示例:根据查询条件过滤,并对结果进行分组
openGauss=# SELECT r_reason_id, AVG(r_reason_sk) FROM tpcds.reason GROUP BY r_reason_id
HAVING AVG(r_reason_sk) > 25;
-- GROUP BY CUBE 子句示例:根据查询条件过滤,并对结果进行分组汇总
openGauss=# SELECT r_reason_id,AVG(r_reason_sk) FROM tpcds.reason GROUP BY CUBE(r_reason_
id,r_reason_sk);
-- GROUP BY GROUPING SETS 子句示例:根据查询条件过滤,并对结果进行分组汇总
openGauss=# SELECT r_reason_id,AVG(r_reason_sk) FROM tpcds.reason GROUP BY GROUPING SETS((r
_reason_id,r_reason_sk),r_reason_sk);
-- UNION 子句示例:将表 tpcds.reason 里 r_reason_desc 字段中以 W 开头和以 N 开头的内容进行
合并
```

```
openGauss = # SELECT r_reason_sk,tpcds.reason.r_reason_desc
    FROM tpcds.reason
    WHERE tpcds.reason.r_reason_desc LIKE 'W%'
UNION
SELECT r_reason_sk,tpcds.reason.r_reason_desc
    FROM tpcds.reason
    WHERE tpcds.reason.r_reason_desc LIKE 'N%';
--NLS_SORT子句示例:中文拼音排序
openGauss = # SELECT * FROM tpcds.reason ORDER BY NLSSORT( r_reason_desc, 'NLS_SORT =
SCHINESE_PINYIN_M');
--不区分大小写排序
openGauss = # SELECT * FROM tpcds.reason ORDER BY NLSSORT( r_reason_desc,'NLS_SORT = generic
_m_ci');
--创建分区表tpcds.reason_p
openGauss = # CREATE TABLE tpcds.reason_p
(
  r_reason_sk integer,
  r_reason_id character(16),
  r_reason_desc character(100)
)
PARTITION BY RANGE (r_reason_sk)
(
  partition P_05_BEFORE values less than (05),
  partition P_15 values less than (15),
  partition P_25 values less than (25),
  partition P_35 values less than (35),
  partition P_45_AFTER values less than (MAXVALUE)
)
;
--插入数据
openGauss = # INSERT INTO tpcds.reason_p values(3, 'AAAAAAAABAAAAAAA', 'reason 1'),(10,
'AAAAAAAABAAAAAAA','reason 2'),(4,'AAAAAAAABAAAAAAA','reason 3'),(10,'AAAAAAAABAAAAAAA','reason 4
'),(10,'AAAAAAAABAAAAAAA','reason 5'),(20,'AAAAAAAACAAAAAAA','reason 6'),(30,'AAAAAAAACAAAAAAA
','reason 7');
--PARTITION子句示例:从tpcds.reason_p的表分区P_05_BEFORE中获取数据
openGauss = # SELECT * FROM tpcds.reason_p PARTITION (P_05_BEFORE);
r_reason_sk | r_reason_id      | r_reason_desc
-----------+------------------+------------------------------
          4 | AAAAAAAABAAAAAAA | reason 3
          3 | AAAAAAAABAAAAAAA | reason 1
(2 rows)
--GROUP BY子句示例:按r_reason_id分组统计tpcds.reason_p表中的记录数
openGauss = # SELECT COUNT(*),r_reason_id FROM tpcds.reason_p GROUP BY r_reason_id;
count | r_reason_id
-----+------------------
    2 | AAAAAAAACAAAAAAA
    5 | AAAAAAAABAAAAAAA
(2 rows)
--GROUP BY CUBE子句示例:根据查询条件过滤,并对查询结果分组汇总
openGauss = # SELECT * FROM tpcds.reason GROUP BY CUBE (r_reason_id,r_reason_sk,r_reason_
```

```
desc);
--GROUP BY GROUPING SETS 子句示例:根据查询条件过滤,并对查询结果分组汇总
openGauss=# SELECT * FROM tpcds.reason GROUP BY GROUPING SETS ((r_reason_id,r_reason_sk),r
_reason_desc);
--HAVING 子句示例:按 r_reason_id 分组统计 tpcds.reason_p 表中的记录,并只显示 r_reason_id
个数大于 2 的信息
openGauss=# SELECT COUNT(*) c,r_reason_id FROM tpcds.reason_p GROUP BY r_reason_id HAVING c
>2;
c | r_reason_id
-+------------------
5 | AAAAAAAABAAAAAAA
(1 row)
--IN 子句示例:按 r_reason_id 分组统计 tpcds.reason_p 表中的 r_reason_id 个数,并只显示 r_
reason_id 值为 AAAAAAAABAAAAAAA 或 AAAAAAAADAAAAAAA 的个数
openGauss=# SELECT COUNT(*),r_reason_id FROM tpcds.reason_p GROUP BY r_reason_id HAVING r_
reason_id IN('AAAAAAAABAAAAAAA','AAAAAAAADAAAAAAA');
count | r_reason_id
----+------------------
   5 | AAAAAAAABAAAAAAA
(1 row)
--INTERSECT 子句示例:查询 r_reason_id 等于 AAAAAAAABAAAAAAA,并且 r_reason_sk 小于 5 的信息
openGauss=# SELECT * FROM tpcds.reason_p WHERE r_reason_id='AAAAAAAABAAAAAAA' INTERSECT
SELECT * FROM tpcds.reason_p WHERE r_reason_sk<5;
r_reason_sk | r_reason_id      | r_reason_desc
----------+--------------+-----------------------------
          4 | AAAAAAAABAAAAAAA | reason 3
          3 | AAAAAAAABAAAAAAA | reason 1
(2 rows)
--EXCEPT 子句示例:查询 r_reason_id 等于 AAAAAAAABAAAAAAA,并且去除 r_reason_sk 小于 4 的信息
openGauss=# SELECT * FROM tpcds.reason_p WHERE r_reason_id='AAAAAAAABAAAAAAA' EXCEPT
SELECT * FROM tpcds.reason_p WHERE r_reason_sk<4;
r_reason_sk | r_reason_id      | r_reason_desc
----------+--------------+-----------------------------
         10 | AAAAAAAABAAAAAAA | reason 2
         10 | AAAAAAAABAAAAAAA | reason 5
         10 | AAAAAAAABAAAAAAA | reason 4
          4 | AAAAAAAABAAAAAAA | reason 3
(4 rows)
--通过在 WHERE 子句中指定"(+)"来实现左连接
openGauss=# SELECT t1.sr_item_sk ,t2.c_customer_id FROM store_returns t1,customer t2 WHERE
t1.sr_customer_sk = t2.c_customer_sk(+)
order by 1 desc limit 1;
sr_item_sk | c_customer_id
--------+---------------
   18000 |
(1 row)
--通过在 WHERE 子句中指定"(+)"来实现右连接
openGauss=# SELECT t1.sr_item_sk ,t2.c_customer_id FROM store_returns t1,customer t2 WHERE
t1.sr_customer_sk(+) = t2.c_customer_sk
order by 1 desc limit 1;
```

```
sr_item_sk | c_customer_id
-----------+-------------------
           | AAAAAAAAJNGEBAAA
(1 row)
--通过在 WHERE 子句中指定"(+)"来实现左连接,并且增加连接条件
openGauss=# SELECT t1.sr_item_sk ,t2.c_customer_id FROM store_returns t1,customer t2 WHERE
t1.sr_customer_sk = t2.c_customer_sk(+) and t2.c_customer_sk(+) < 1 order by 1 limit 1;
sr_item_sk | c_customer_id
-----------+----------------
         1 |
(1 row)
--不支持在 WHERE 子句中指定"(+)"的同时使用内层嵌套 AND/OR 的表达式
openGauss=# SELECT t1.sr_item_sk ,t2.c_customer_id FROM store_returns t1,customer t2 WHERE
not(t1.sr_customer_sk = t2.c_customer_sk(+) and t2.c_customer_sk(+) < 1);
ERROR: Operator "(+)" can not be used in nesting expression.
LINE 1: ...tomer_id FROM store_returns t1,customer t2 WHERE not(t1.sr_...
                                                                ^
--WHERE 子句在不支持表达式宏指定"(+)"时会报错
openGauss=# SELECT t1.sr_item_sk ,t2.c_customer_id FROM store_returns t1,customer t2 WHERE
(t1.sr_customer_sk = t2.c_customer_sk(+))::bool;
ERROR: Operator "(+)" can only be used in common expression.
--WHERE 子句在表达式的两边都指定"(+)"时会报错
openGauss=# SELECT t1.sr_item_sk ,t2.c_customer_id FROM store_returns t1,customer t2 WHERE
t1.sr_customer_sk(+) = t2.c_customer_sk(+);
ERROR: Operator "(+)" can't be specified on more than one relation in one join condition
HINT: "t1","t2"...are specified Operator "(+)" in one condition.
--删除表
openGauss=# DROP TABLE tpcds.reason_p;
```

2.3 开发和编译

openGauss 开发者在基于 openGauss 开源产品进行二次开发后，往往需要编译 openGauss 对所开发功能的实现情况进行验证。本节简要介绍 openGauss 的编译方法，详细的内容请参见 openGauss 官网（https://opengauss.org/zh/docs/1.1.0/docs/Compilationguide/Compilation.html）。

2.3.1 搭建开发环境

搭建开发环境之前需要在码云（https://gitee.com/）上完成注册 Gitee 账号、签署 CLA（Contributor License Agreement，贡献者许可协议），详情请参见 2.4.2 节。

1. 在社区拉取个人分支

(1) 进入文档或者 openGauss-server（代码）仓库。此处以 docs 仓库举例，如图 2-4 所示。

(2) 单击右上角 Forked 按钮，Fork（复刻）个人分支，如图 2-5 所示。

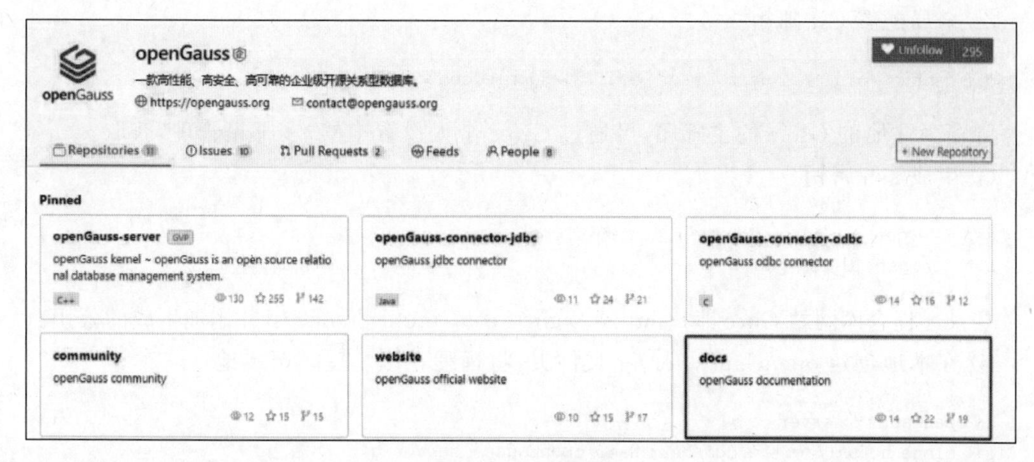

图 2-4　docs 仓库

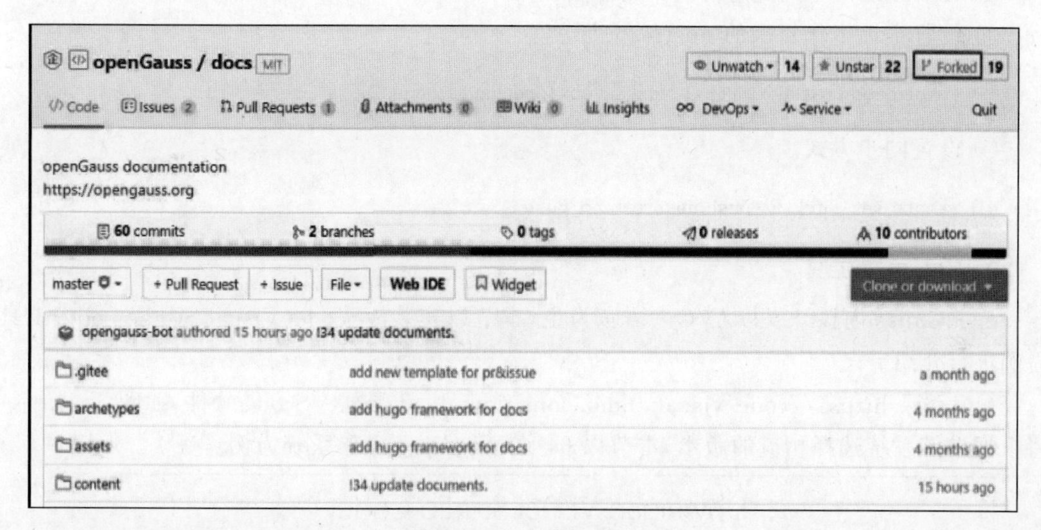

图 2-5　Fork 个人分支

2. 安装并配置 Git 环境

(1) 安装 Git 环境。

下载 Git 客户端并按默认设置安装，Git 下载地址为 https://git-scm.com/download/win，根据操作系统位数(32 位/64 位)，下载安装相应的 Git(命令行工具)，也可以下载 TortoiseGit(可视化工具)。

(2) 配置 Git 环境。

① 全局配置 Git 用户名。

```
git config --global user.name "Your Name"
```

Your Name 为 Gitee 账号名称，可以在 Gitee 个人主页获取。

② 全局配置 Git 邮箱。

```
git config --global user.email "email@example.com"
```

邮箱为注册的 Gitee 的主邮箱,可通过 Gitee 个人设置中的“多邮箱管理”获取。

③ 生成 ssh 密钥。

```
ssh-keygen -t rsa -C "email@example.com"
cat ~/.ssh/id_rsa.pub
```

登录远程仓库网站 Gitee 账户 https://gitee.com/profile/sshkeys,并添加生成的公钥。

④ 在本地创建 openGauss-server 文件夹,将远程仓库“克隆”至本地。

```
cd openGauss-server
git clone https://gitee.com/Your Name/openGauss-server.git
```

Your Name 为全局配置的 Git 用户名。

⑤ 设置本地工作目录的 upstream 源。

```
git remote add upstream https://gitee.com/opengauss/ openGauss-server.git
```

⑥ 设置同步方式。

```
git remote set-url --push upstream no_push
```

3. 安装开发工具

openGauss 内核开发以 C/C++语言为主,本节以安装 VScode(Visual Studio code)工具为例进行介绍。

(1) 登录 https://code.visualstudio..com/download 下载 VScode 软件,如图 2-6 所示。请根据操作系统选择相应的版本,本节以 64 位 Windows 操作系统为例。

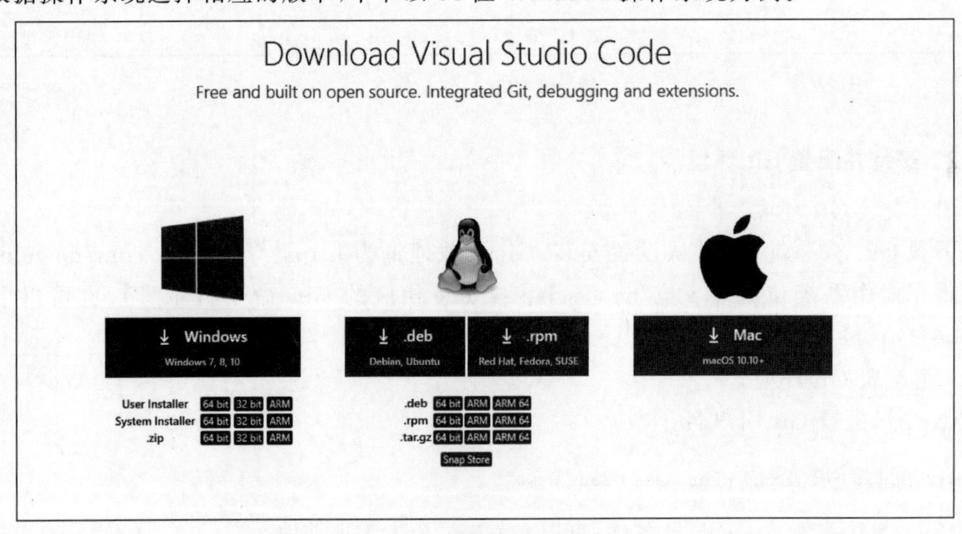

图 2-6 VScode 下载页面

(2) 单击完成下载的软件执行安装，选择“我同意此协议”后单击“下一步”按钮，如图 2-7 所示。

图 2-7　安装初始页面

(3) 确认安装位置后单击“下一步”按钮，如图 2-8 所示。

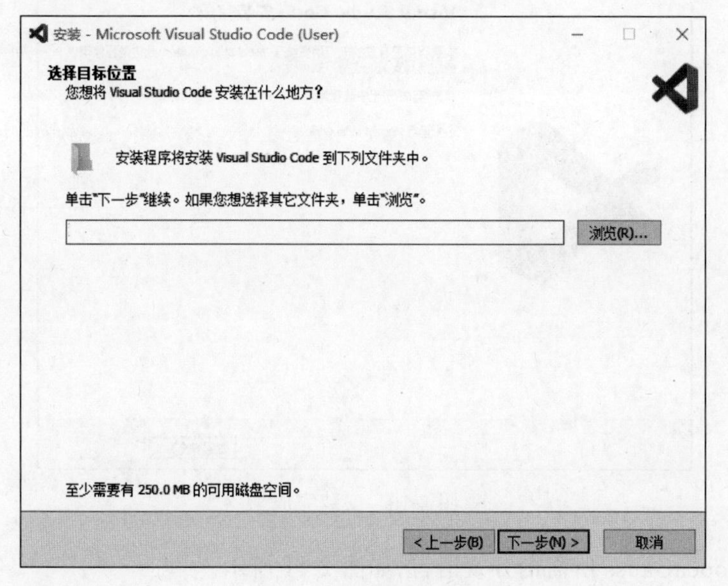

图 2-8　确认安装位置

(4) 配置环境变量。

选中“添加到 PATH(重启后生效)”复选框，勾选此选项后可不再配置环境变量而直接使用，如图 2-9 所示。

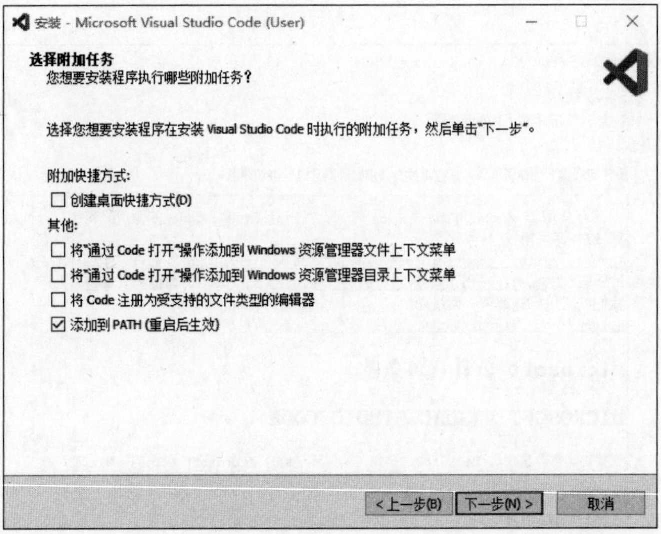

安装 - Microsoft Visual Studio Code (User)

选择附加任务
您想要安装程序执行哪些附加任务？

选择您想要安装程序在安装 Visual Studio Code 时执行的附加任务，然后单击"下一步"。

附加快捷方式:
☐ 创建桌面快捷方式(D)
其他:
☐ 将"通过 Code 打开"操作添加到 Windows 资源管理器文件上下文菜单
☐ 将"通过 Code 打开"操作添加到 Windows 资源管理器目录上下文菜单
☐ 将 Code 注册为受支持的文件类型的编辑器
☑ 添加到 PATH (重启后生效)

< 上一步(B)　下一步(N) >　取消

图 2-9　配置环境变量

（5）单击"完成"按钮，结束安装，如图 2-10 所示。

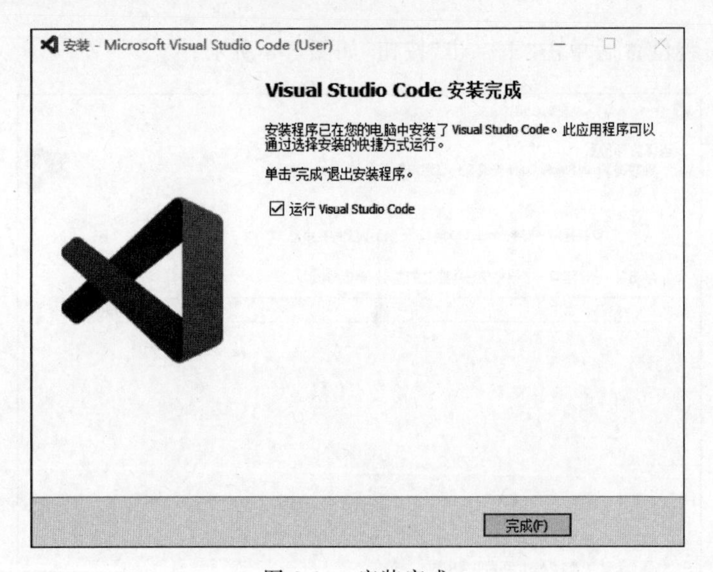

图 2-10　安装完成

（6）安装 openGauss 所需的开发语言，如图 2-11 所示。

4. 提交代码

修改完 openGauss 代码后需要将修改后的代码提交至开源社区，本节介绍如何提交代码。

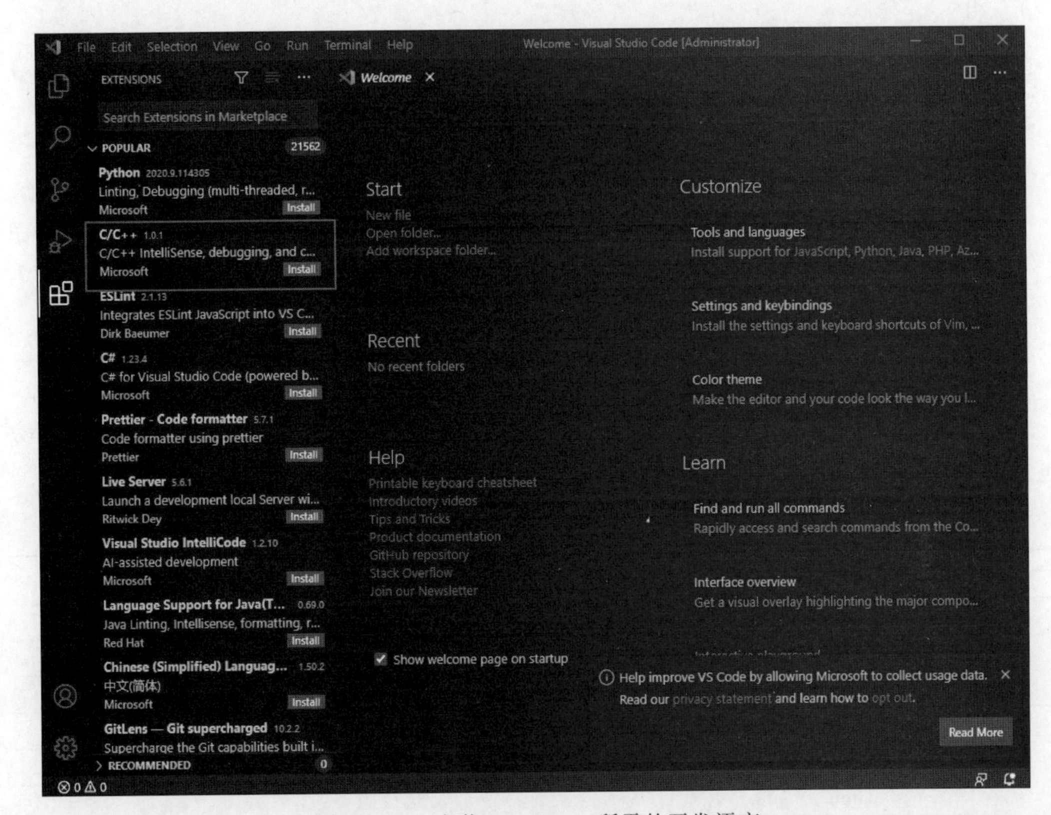

图 2-11　安装 openGauss 所需的开发语言

(1) 将所有修改的文件添加到 Git 的缓存区。

```
git add.
```

(2) 提交缓存区到自己的远端仓库。

```
git commit -m "message"
```

(3) 提交修改至自己的远端仓库。

```
git push origin master
```

5. 提交合并需求

通过新建 Pull Request 提交合并需求至 openGauss 社区。社区上详细操作请参见 2.4.4 节相关内容。

2.3.2 搭建编译环境

本节介绍 openGauss 的编译环境要求。

1. 操作系统环境要求

x86 架构：

(1) CentOS 7.6。

(2) openEuler 20.3LTS。

ARM 架构：

(1) openEuler 20.3LTS。

(2) 麒麟 V10。

2. 软件依赖要求

openGauss 的软件依赖要求如表 2-8 所示。

依赖软件建议使用“1. 操作系统环境要求”中操作系统安装光盘或者源中的默认安装包。如果不存在默认安装包,请参见表 2-8 查看软件对应的建议版本。

表 2-8 openGauss 的软件依赖要求

所需软件	建议版本
libaio-devel	建议版本：0.3.109-13
flex	要求版本：2.5.31 以上
bison	建议版本：2.7-4
ncurses-devel	建议版本：5.9-13.20130511
glibc-devel	建议版本：2.17-111
patch	建议版本：2.7.1-10
lsb_release	建议版本：4.1
readline-devel	建议版本：7.0-13

2.3.3 版本编译

openGauss 的编译过程和生成安装包的过程已经写成了一键式脚本 build.sh,用户可以方便地通过 build.sh 脚本进行编译操作,也可以自行配置环境变量,通过命令进行编译。本节介绍 openGauss 编译需要满足的前提条件、编译的操作步骤等。编译流程如图 2-12 所示。

1. 编译前准备

1) 代码下载

本文以 CentOS 7.6 环境为例进行介绍。代码下载需要在本地安装并配置 git。

(1) 执行以下命令下载代码和开源第三方软件仓库等。

```
[user@linux sda] $ git clone [git ssh address] openGauss - server
[user@linux sda] $ git clone [git ssh address] openGauss - third_party
[user@linux sda] $ # mkdir binarylibs
```

在上述命令中：

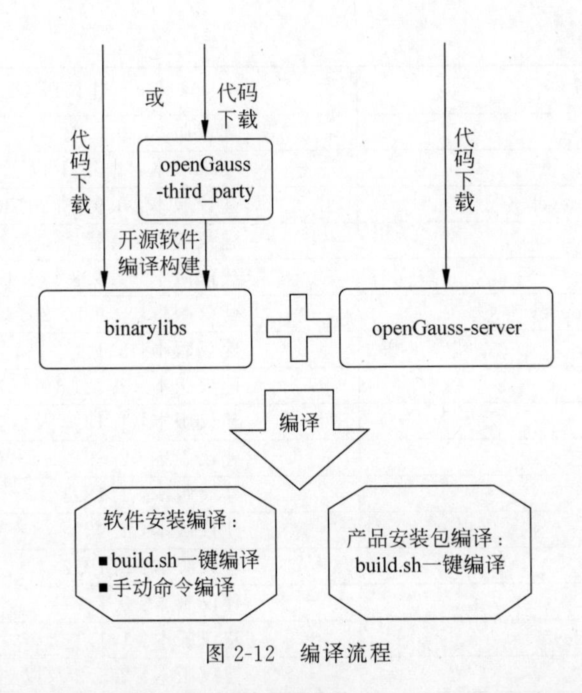

图 2-12　编译流程

① [git ssh address]表示实际代码下载地址，可在openGauss社区获取这些地址。

② openGauss-server：openGauss的代码仓库。

③ openGauss-third_party：openGauss依赖的开源第三方软件仓库。

④ binarylibs：存放编译构建好的开源第三方软件的文件夹，用户可通过开源软件编译构建获取。开源软件编译构建耗时长，建议使用已完成编译构建、可直接下载的binarylibs（二进制库），下载地址是"https://opengauss.obs.cn-south-1.myhuaweicloud.com/2.0.0/openGauss-third_party_binarylibs.tar.gz"，下载完毕后请解压，重命名文件夹为"binarylibs"。

（2）下载项进度均显示为100%时表示下载成功。

2）（可选）开源软件编译构建

openGauss的编译需要提前把所依赖的开源第三方软件进行编译和构建。这些开源第三方软件存放在openGauss-third_party代码仓中，用户下载完毕之后应使用git lfs pull命令获取代码仓中的大文件，并且用户通常只需要构建一次。若存在开源软件版本更新，则需要重新构建。

openGauss开源三方软件编译前置软件要求如表2-9所示。

表 2-9　openGauss开源三方软件编译前置软件要求

所需软件	建议版本
python3	建议版本：3.6
python3-dev	建议版本：3
setuptools	建议版本：36.6.1

续表

所需软件	建议版本
libaio-devel	建议版本：0.3.109-13
flex	要求版本：2.5.31 以上
ncurses-devel	建议版本：5.9-13.20130511
lsb_release	建议版本：4.1
pam-devl	建议版本：1.1.8-1.3.1
ncurses-devel	建议版本：5.9-13.20130511
libffi-dev	建议版本：3.1
patch	建议版本：2.7.1-10
golang	建议版本：1.13.3 及以上
autoconf	建议版本：2.69
automake	建议版本：1.13.4
byacc	建议版本：1.9
cmake	建议版本：3.19.2
diffutils	建议版本：3.7
openssl-devel	建议版本：1.1.1
libtool	建议版本：2.4.2 及以上
libtool-devel	建议版本：2.4.2 及以上

在开始编译第三方库之前，请自行准备好 gcc7.3。建议用已发布的编译好的第三方库中 GCC(GNU Compiler Collection，GNU 编译器集)，并配置好环境变量。

在安装完表 2-9 开源软件编译前置要求中的软件后，请将 Python 默认版本指向 Python3.x 并执行以下操作。

(1) 执行以下命令进入内核依赖的开源第三方软件目录，进行开源第三方软件的编译和构建，产生相应的二进制程序或库文件。"/sda/openGauss-third_party"为开源第三方软件下载目录。

```
[user@linux sda]$ cd /sda/openGauss-third_party/build
[user@linux build]$ sh build_all.sh
```

(2) 用户执行以上命令之后，可以自动生成数据库编译所需的开源第三方软件，如果想单独生成某个开源第三方软件，可以进入对应的目录，执行 build.sh 脚本，以下脚本即可编译生成 openssl。

```
[user@linux sda]$ cd /sda/openGauss-third_party/dependency/openssl
[user@linux openssl]$ sh build.sh
```

(3) 执行上述脚本，最终编译构建出的结果会存放在 openGauss-third_party 同级的 binarylibs 目录。这些文件会在后面编译 openGauss-server 时使用到。

3）编译脚本 build.sh 介绍

"openGauss-server/build.sh"是编译过程中的重要脚本工具，其集成了软件安装编译、产品安装包编译两种功能，可快速进行代码编译和打包。

build. sh 详细参数选项如表 2-10 所示。

表 2-10　build. sh 详细参数选项

功能选项	默认值	参　数	说　明
-h	不使用此选项	—	帮助菜单
-m	release	[debug | release | memcheck]	选择编译目标版本。有三个目标版本可以选择： ① release：生成 release 版本的二进制程序。此版本编译时，通过配置高级优化选项，去除内核调试代码。此选项通常在生产环境或性能测试环境中使用。 ② debug：表示生成 debug 版本的二进制程序。此版本编译时，增加了内核代码调试功能，一般用于开发自测环境。 ③ memcheck：表示生成 memcheck 版本的二进制程序。此版本编译时，在 debug 版本的基础上增加了 ASAN 功能，用于定位内存问题
-3rd	${代码路径}/binarylibs	[binarylibs path]	指定 binarylibs 的路径，需绝对路径
-pkg	不使用此功能	—	将代码编译结果压缩封装成安装包
-nopt	不使用此功能	—	如果使用此功能，则对鲲鹏平台的相关 CPU 不进行优化

该脚本中的每个选项都有一个默认值，选项数量少，依赖简单，因此该脚本易于使用。如果实际需要的参数值与默认值不同，请根据实际情况配置。

2. 软件安装编译

软件安装编译即将代码编译生成软件，并将软件安装到机器上。openGauss 提供一键式编译脚本 build. sh 进行操作，用户也可以自己配置环境变量手动操作。两种方式将在本章节的一键式脚本操作步骤、手动编译操作步骤中进行讲解。

1）前提条件

（1）已按照搭建编译环境的要求准备好相关软硬件，并且已经下载了代码。

（2）已完成开源软件编译构建，并将 gcc7. 3 按已发布的编译好的第三方库目录结构放置在 output 目录中。

（3）了解 build. sh 脚本的参数选项和功能。

（4）代码环境干净，没有以前编译生成的文件。

2）产品安装包编译

安装包编译即将代码编译生成软件安装包，安装包的编译打包过程集成在 build. sh 中。

(1) 执行以下命令进入软件代码编译脚本目录。

```
[user@linux sda]$ cd /sda/openGauss-server
```

(2) 执行以下命令,编译安装 openGauss。

```
[user@linux openGauss-server]$ sh build.sh -m [debug | release | memcheck] -3rd
[binarylibs path] -pkg
```

例如:

```
sh build.sh -pkg        # 编译安装 release 版本的 openGauss 安装包.需代码目录下有 binarylibs
或者其软链接,否则将会失败
sh build.sh -m debug -3rd /sdc/binarylibs -pkg    # 编译安装 debug 版本的 openGauss 安装包
```

(3) 显示以下内容,表示安装包编译成功。

```
success!
```

生成的安装包存放在"./output"目录下,编译日志为"./build/script/makemppdb_pkg.log",安装包打包日志为"./build/script/make_package.log"。

3) 手动编译

(1) 执行以下命令进入软件代码编译脚本目录。

```
[user@linux sda]$ cd /sda/openGauss-server
```

(2) 执行脚本获取当前操作系统版本。

```
[user@linux openGauss-server]$ sh src/get_PlatForm_str.sh
```

如果结果显示为 Failed 或者其他版本,表示 openGauss 不支持当前操作系统。

(3) 配置环境变量,根据自己的代码下载位置补充两处"________",将步骤(2)获取到的结果替换下面的 ***。

```
export CODE_BASE=________          # openGauss-server 的路径
export BINARYLIBS=________         # binarylibs 的路径
export GAUSSHOME=$CODE_BASE/dest/
export GCC_PATH=$BINARYLIBS/buildtools/***/gcc7.3/
export CC=$GCC_PATH/gcc/bin/gcc
export CXX=$GCC_PATH/gcc/bin/g++
export LD_LIBRARY_PATH=$GAUSSHOME/lib:$GCC_PATH/gcc/lib64:$GCC_PATH/isl/lib:$GCC_
PATH/mpc/lib/:$GCC_PATH/mpfr/lib/:$GCC_PATH/gmp/lib/:$LD_LIBRARY_PATH
export PATH=$GAUSSHOME/bin:$GCC_PATH/gcc/bin:$PATH
```

(4) 选择版本进行配置。

① debug 版本:代表生成 debug 版本的二进制程序,该版本编译时,增加内核代码调试功能,通常用于开发自测环境。

```
./configure --gcc-version=7.3.0 CC=g++CFLAGS='-O0' --prefix=$GAUSSHOME --3rd=
$BINARYLIBS --enable-debug --enable-cassert --enable-thread-safety --without-
```

```
readline --without-zlib
```

② release版本：代表生成release版本的二进制程序，该版本编译时，配置GCC高级别优化选项，去除内核调试代码，通常用于生产环境或性能测试环境。

```
./configure --gcc-version=7.3.0 CC=g++CFLAGS="-O2 -g3" --prefix=$GAUSSHOME --3rd=$BINARYLIBS --enable-thread-safety --without-readline --without-zlib
```

③ memcheck版本：代表生成memcheck版本的二进制程序，该版本编译时，在debug版本基础上新增ASAN(addresssanitizer,地址消毒剂，一个开源编程工具，它可以检测内存损坏错误)功能，通常用于定位内存问题。

```
./configure --gcc-version=7.3.0 CC=g++CFLAGS='-O0' --prefix=$GAUSSHOME --3rd=$BINARYLIBS --enable-debug --enable-cassert --enable-thread-safety --without-readline --without-zlib --enable-memory-check
```

在ARM平台上，"CFLAGS"参数需要添加"-D__USE_NUMA"参数。在ARMv8.1或者更高版本的平台上(如鲲鹏920)，"CFLAGS"参数需要添加"-D__ARM_LSE"参数。

若将binarylibs移动到openGauss-server下，或在openGauss-server下创建了指向binarylibs的软链接，可不指定"--3rd"参数。但这样做需要注意其容易被git clean等操作删除。

(5) 执行以下命令编译安装。

```
[user@linux openGauss-server]$ make -sj[user@linux openGauss-server]$ make install -sj
```

(6) 显示以下内容，表示编译安装成功。

```
openGauss installation complete.
```

编译后软件安装路径为$GAUSSHOME，编译后的二进制放置路径为$GAUSSHOME/bin。

2.4 参与openGauss社区开源项目

openGauss已经开放数据库源代码，社区官网为http://opengauss.org。openGauss鼓励用户进行社区贡献、合作，希望共同构建一个能够融合多元化技术架构的企业级开源数据库社区。本节介绍如何参与openGauss社区开源项目。

2.4.1 开源社区概述

openGauss社区按照不同的SIG(Special Interest Group)组织，以便于更好地管理和改善工作流程。SIG是开放的，欢迎任何人加入并参与贡献。每个SIG在码云(gitee)上拥有一个或多个代码仓库。用户可以在SIG对应的代码仓库上提交Issue(问题)，参与Issue讨论，提交 Pull Request（PR，拉取请求），参与代码检视等。用户可以从表 2-11 中找到感兴趣的 SIG。

表 2-11 SIG 说明

SIG 名称	职责范围
SQLEngine	负责 openGauss 社区 SQL 引擎的开发和维护
StorageEngine	负责 openGauss 社区存储引擎的开发和维护
Connectors	负责 openGauss 社区 Connectors 的开发和维护
Tools	负责 openGauss 社区工具的开发和维护
Docs	负责 openGauss 社区文档的开发和维护
Infra	负责 openGauss 社区基础设施的开发和维护
Security	负责 openGauss 社区安全的开发和维护

2.4.2 社区环境准备

用户需要完成码云账号注册、绑定主邮箱及签署 CLA（Contribution License Agreement，贡献许可协议）之后，才能参与社区贡献。

1. 注册码云账号

（1）登录码云官网（https://gitee.com/），单击页面右上角的“注册”按钮注册账号。

（2）在注册页面填写相关信息并勾选阅读和同意相关条款，完成码云注册，如图 2-13 所示。

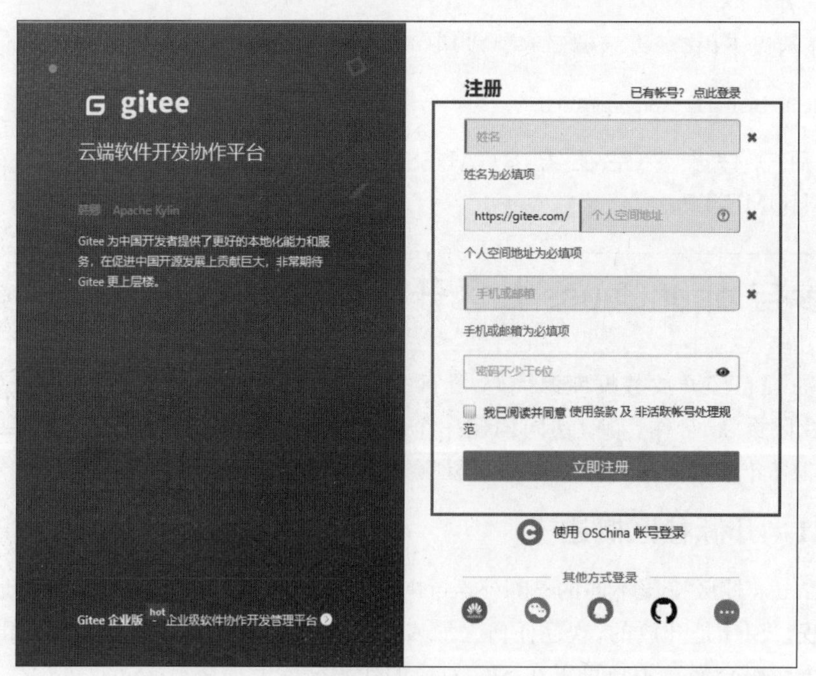

图 2-13 注册信息

必填信息如下：

(1) 姓名：码云账号名称。

(2) 个人空间地址：注册账号主页地址，可用作推拉代码或者登录码云的用户名。

(3) 手机或邮箱：验证需要。建议使用邮箱注册，默认为主邮箱，无须执行绑定主邮箱操作。

(4) 密码：密码不少于 6 位。建议为字母、符号和数字的组合，以提升安全性。

2. 绑定主邮箱

(1) 在“个人主页”页面，单击“设置”按钮进入“个人信息”设置页面，如图 2-14 所示。

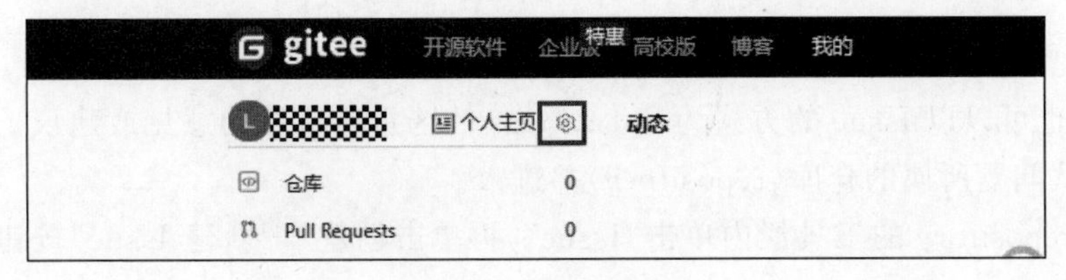

图 2-14　“设置”按钮

(2) 在左侧导航栏单击“多邮箱管理”，修改或者绑定主邮箱，如图 2-15 所示。主邮箱默认为注册时使用的邮箱。

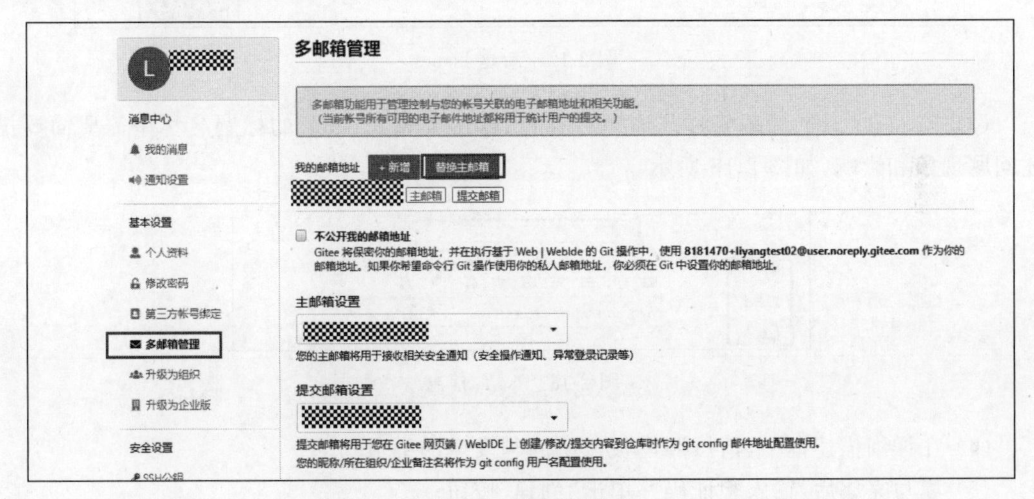

图 2-15　多邮箱管理

3. 签署 CLA 贡献者协议

进入 CLA 签署页面(https://opengauss.org/en/cla.html)，填写相关信息，完成 CLA 签署，如图 2-16 所示。

2.4.3　提交 Issue

如果准备向社区上报 Bug 或者提交需求，请在 openGauss 社区对应的仓库上提交

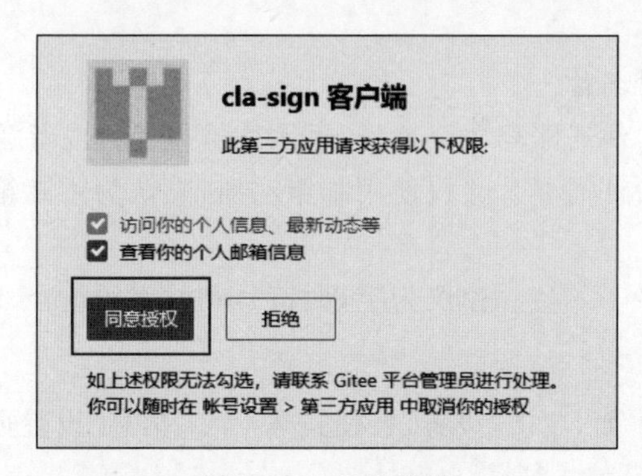

图 2-16 CLA 签署

Issue。用户也可以以 Issue 的方式为 openGauss 社区贡献自己的意见或建议。

(1) 确认问题所属的仓库(repository)并进入。

(2) 在 repository 的工具栏内单击“Issue”,再单击创建“+新建 Issue”按钮新建 Issue,如图 2-17 所示。

图 2-17 新建 Issue

(3) 输入 Issue 的标题名称并选择对应的 Issue 类型。Issue 的标题名称中需要简要描述问题现象和影响,如图 2-18 所示。

图 2-18 Issue 信息

(4) 在详细描述框中,请按照模板说明问题发生的细节。

(5) 填写完成后,输入验证码并单击“创建”按钮。

Issue 创建后将会有社区参与者进行解答。用户也可以执行如下命令将 Issue 分配给指定的人。

```
/assign 账号
```

2.4.4 贡献代码和文档

用户可以自行修改代码和文档,并通过提交 PR 将修改合入主干版本。

1. 拉取个人分支

（1）进入 docs（文档仓库）或者 openGauss-server（代码仓库）。此处以 docs 举例，如图 2-19 所示。

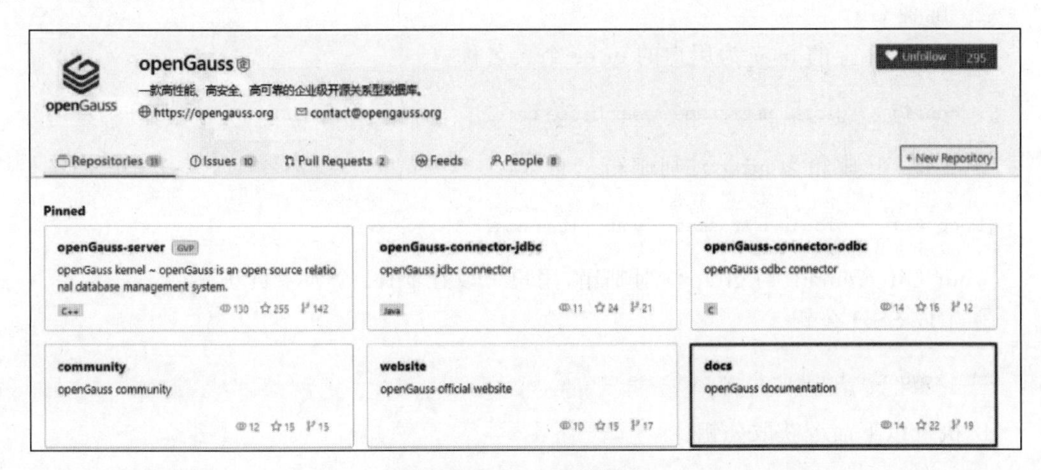

图 2-19　docs（文档仓库）

（2）单击右上角"Forked"按钮，复刻个人分支，如图 2-20 所示。

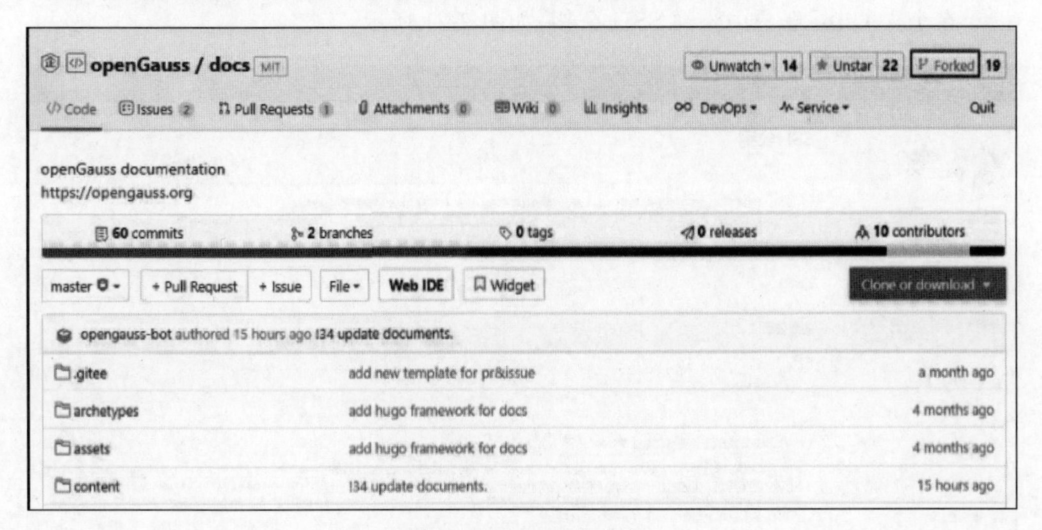

图 2-20　复刻个人分支

2. 修改代码和文档

目前有两种修改代码和文档的方式：Git（分布式版本管理软件）方式修改及 Web（World Wide Web，即万维网，这里指的是在网页上操作）方式修改。

1）Git 方式修改

Git 方式修改，即在本地通过 Git 工具将修改一次性提交至远端个人仓库。此方法适用于大量及批量修改,如特性更新等场景。

(1) 安装 Git。下载 Git 并按默认设置安装。Git 下载地址为 https://git-scm.com/downloads。

(2) 配置 Git。

① 配置 Git 上的 user 为用户的 gitee 个人名称。

```
git config --global user.name "your gitee name"
```

② 配置 Git 邮箱为 gitee 注册邮箱。

```
git config --global user.email "your Gitee email"
```

"your Gitee email"为 gitee 注册邮箱,用户可以在 gitee 个人主页获取。

③ 生成 SSH 公钥。

```
ssh-keygen -t rsa -C "your Gitee email"
```

④ 执行以下命令获取公钥。

```
cat ~/.ssh/id_rsa.pub
```

".ssh/id_rsa.pub"为公钥文件保存地址,"id_rsa.pub"为自定义的 pub 文件名称。

⑤ 在个人 Gitee 账户中添加 SSH 公钥,如图 2-21 所示。

图 2-21 SSH 公钥三方件编译

(3) 复制远程个人仓库至本地。

① 在个人电脑本地创建文件夹 openGauss,存放远程仓库文件。

② 在 Git 工具中执行以下命令复制远程仓库至本地。

```
# 进入存放个人远程仓库的本地目录 openGauss
cd D:\openGauss
# 把远程仓库复制到本地
git clone https://gitee.com/"your Gitee Name"/repository_name #个人远程仓库地址
# 设置本地工作目录的 upstream(上行)源
git remote add upstream https://gitee.com/opengauss/docs.git #openGauss 远程地址
# 设置同步方式
git remote set-url --push upstream no_push
```

(4) 修改内容并将本地修改提交至远程个人仓库。

①（可选）如果非首次修改本地文件，建议执行以下操作，使远程仓库与本地仓库保持一致。

在个人仓库页面，单击如图 2-22 所示中的图标将主仓库的内容更新至个人远程仓库。

图 2-22　更新个人仓库

在本地 Git 工具执行以下命令，将个人远程仓库内容更新至本地仓库。

```
git fetch upstream
git merge upstream/master
```

② 进入本地文件夹，修改本地文件。

③ 在文件所在目录下打开 Git 工具，在 Git 工具中执行以下命令，提交本地修改至个人远程仓库。

如果修改了多个文件夹下的文件，建议依次进入每个子文件夹下面，执行提交操作。

```
git add .
git commit -m "提交原因"
git push origin master
```

2) Web 方式修改

Web 方式修改，即直接在 Web 网页上修改 markdown 文件，适用于内容较少的修改，如维护版本的日常问题处理。

(1) 进入个人 Fork 路径，单击"Web IDE"(Integrated Development Environment，集成开发环境)，如图 2-23 所示。

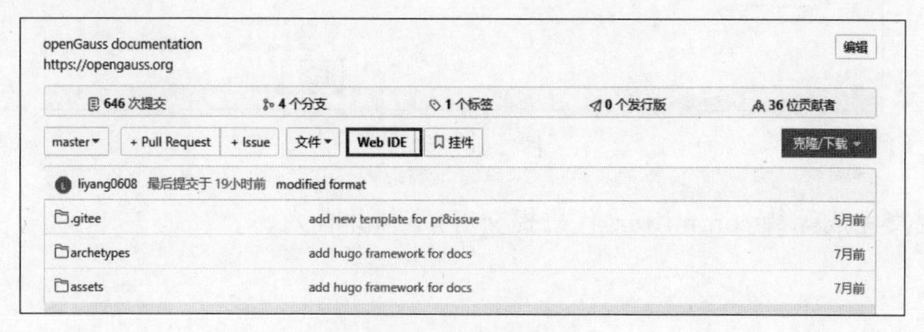

图 2-23　Web IDE

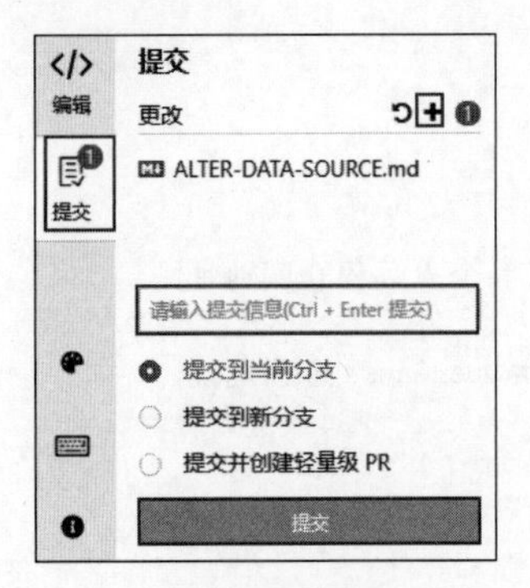

图 2-24 提交

(2) 在左侧导航栏找到对应文件进行编辑。

(3) 修改完成后,单击顶部“Markdown 预览”检查修改内容。

(4) 提交。先单击 ✚ 保存修改,填写修改原因后提交到当前分支,如图 2-24 所示。

3. 提交 PR

提交 PR 可以将远程个人仓库的修改合并至主干中。

(1) 进入个人复刻路径,检查修改的内容是否已合入,如图 2-25 所示。

(2) 在 Pull Requests 页面单击“+新建 Pull Request”。

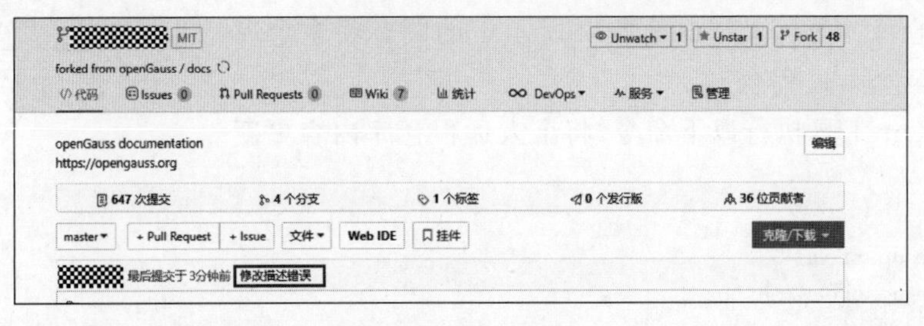

图 2-25 合入信息

(3) 输入修改的详细信息,并单击“创建”按钮,如图 2-26 所示。

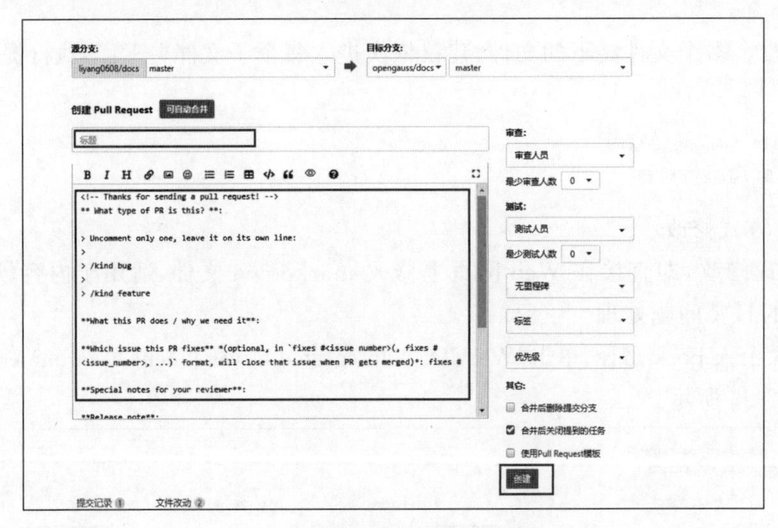

图 2-26 创建

(4) 提交完成等待 committer(代码提交者)审核并合入。

2.4.5 Git使用

Git是一个开源的分布式版本控制系统，可以有效、高速地处理从很小到非常大的项目版本管理。

1. 下载

Git下载地址为https://git-scm.com/downloads。

2. 常见命令

(1) 仓库。

在当前目录新建一个Git代码库。

```
git init
```

(2) 配置。

设置提交代码时的用户信息。

```
git config [--global] user.name "[name]"
git config [--global] user.email "[email address]"
```

(3) 增加、删除文件。

添加指定文件到暂存区。

```
git add [file1] [file2] ...
```

(4) 代码提交。

提交暂存区到仓库区。

```
git commit -m [message]
```

提交暂存区的指定文件到仓库区。

```
git commit [file1] [file2] ... -m [message]
```

(5) 分支。

列出所有本地分支。

```
git branch
```

列出所有本地分支和远程分支。

```
git branch -a
```

(6) 查看信息。

显示有变更的文件。

```
git status
```

显示当前分支的版本历史。

```
git log
```

(7) 远程同步。

下载远程仓库的所有变动。

```
git fetch [remote]
```

取回远程仓库的变化,并与本地分支合并。

```
git pull [remote] [branch]
```

上传本地指定分支到远程仓库。

```
git push [remote] [branch]
```

2.5 本章小结

本章首先介绍了数据库的安装部署,以便开发者能熟悉 openGauss 的功能特点;然后介绍了如何进行数据库基本操作,包括创建数据库、创建表及向表中插入数据和查询表中数据等数据管理和基础权限管理操作等;接着介绍了如何搭建开发、编译环境及版本编译;最后介绍了如何参与开源社区的开发。

第3章

公共组件源码解析

在数据库组件中，一些组件是专用的，如词法解析只用于SQL引擎，而另外一些组件是公共的，用于整个数据库系统。openGauss的公共组件包括系统表、数据库初始化、多线程架构、线程池、内存管理、多维监控和模拟信号机制等，每个组件实现一个独立的功能。本章对公共组件的源代码实现进行介绍。

3.1 系统表

系统表又称为数据字典或者元数据，存储管理数据库对象的定义信息，如表、索引、触发器等。用户可通过系统表查询用户定义的具体对象信息，如表的每个字段类型。因为openGauss支持一个实例管理多个数据库，所以系统表分为实例级别的系统表和数据库级别的系统表。实例级别的系统表在一个实例管理的多个数据库之间共享，整个实例只有一份，这些系统表为pg_authid、pg_auth_members、pg_database、pg_db_role_setting、pg_tablespace、pg_shdepend、pg_shdescription、pg_shseclabel。数据库级别的系统表如pg_class、pg_depend、pg_index、pg_attribute等，每个数据库各有一份。

3.1.1 系统表的定义

openGauss系统表定义全部在src/include/catalog目录下，每个头文件就是一个系统表的定义，如pg_database.h就是对pg_database的定义。在pg_database.h中，主要包括pg_database的表OID(Object Identifier，对象标识符)、类型OID、结构体定义、字段个数和每个字段ID(Identifier，标识符)枚举值、数据库初始化默认值。下面是代码及其具体解释：

```
/* pg_database 本身也是一张表,DatabaseRelationId 表示 pg_database 在系统表 pg_class 中的 OID
为 1262(pg_class 系统表中保存的是表的定义信息) */
#define DatabaseRelationId 1262
/* pg_database 本身也是一个结构类型,DatabaseRelation_Rowtype_Id 表示 pg_database 在系统表
pg_type 中的 OID 为 1248 */
#define DatabaseRelation_Rowtype_Id 1248
/* BKI_SHARED_RELATION 表示 pg_database 是实例级别的系统表 */
CATALOG(pg_database,1262) BKI_SHARED_RELATION BKI_ROWTYPE_OID(1248) BKI_SCHEMA_MACRO
{
    NameData    datname;            /* 数据库名称 */
    Oid         datdba;             /* 数据库拥有者 */
    int4        encoding;           /* 字符集编码 */
    NameData    datcollate;         /* LC_COLLATE 设置值 */
```

```
    NameData    datctype;             /* LC_CTYPE 设置值 */
    bool        datistemplate;        /* 是否允许作为模板数据库 */
    bool        datallowconn;         /* 是否允许连接 */
    int4        datconnlimit;         /* 最大连接数 */
    Oid         datlastsysoid;        /* 系统 OID 最大值 */
    ShortTransactionId datfrozenxid;    /* 冻结事务 ID,所有小于这个值的事务 ID 已经冷冻.
为了兼容原来的版本,使用 32 位事务 ID */
    Oid         dattablespace;        /* 数据库的默认表空间 */
    NameData    datcompatibility;   /* 数据库兼容模式,比如除 0 是报错还是当作正常处理 */
#ifdef CATALOG_VARLEN                 /* 下面字段是变长字段 */
    aclitem     datacl[1];            /* 访问权限 */
#endif
    TransactionId datfrozenxid64;     /* 冷冻事务 ID,64-bit(比特)事务 ID */
} FormData_pg_database;
```

CATALOG 的宏定义代码为

```
#define CATALOG(name,oid)   typedef struct CppConcat(FormData_,name)
```

因此,CATALOG(pg_database,1262)就是对结构体 FormData_pg_database 的定义。之所以采用 CATALOG,是因为这个格式是和 BKI(Backend Interface,后端接口)脚本约定的格式,BKI 脚本根据这个格式生成数据库的建表脚本。

接下来是数据库对象字段总数和每个字段 ID 的值的定义代码,定义这些值的目的主要是代码访问数据库对象时清晰,方便维护,避免魔鬼数字(魔鬼数字指在代码中没有具体含义的数字、字符串。魔鬼数字会影响代码可读性,使读者无法理解看到的数字对应的含义,从而难以理解程序的意图)。

```
#define Natts_pg_database                   14
#define Anum_pg_database_datname            1
#define Anum_pg_database_datdba             2
#define Anum_pg_database_encoding           3
#define Anum_pg_database_datcollate         4
#define Anum_pg_database_datctype           5
#define Anum_pg_database_datistemplate      6
#define Anum_pg_database_datallowconn       7
#define Anum_pg_database_datconnlimit       8
#define Anum_pg_database_datlastsysoid      9
#define Anum_pg_database_datfrozenxid       10
#define Anum_pg_database_dattablespace      11
#define Anum_pg_database_compatibility      12
#define Anum_pg_database_datacl             13
#define Anum_pg_database_datfrozenxid64     14
```

最后是创建数据库时的默认数值。代码中的值表示默认创建 template1 数据库,DATA 的字段值和数据库结构体的值一一对应,对应代码如下:

```
DATA(insert OID = 1 ( template1 PGUID ENCODING "LC_COLLATE" "LC_CTYPE" t t -1 0 0 1663 "DB_
COMPATIBILITY" _null_ 3));
SHDESCR("default template for new databases");
```

```
#define TemplateDbOid         1
#define DEFAULT_DATABASE "postgres"
```

系统表头文件的内容和格式基本类似。

3.1.2　系统表的访问

定义系统表后，接下来介绍数据库在运行过程中对系统表的访问。openGauss 对系统表的访问主要通过 syscache 机制。syscache 机制是一个通用的机制，主要对系统表的数据进行缓存，提升系统表数据的访问速度，详细细节参照具体章节描述。这里主要介绍与 pg_database 相关的部分。pg_database 在枚举类型 enum SysCacheIdentifier 中定义的枚举值有一个：DATABASEOID，表示根据数据库 OID 访问 pg_database 系统表，同时需要把 pg_database 系统表访问模式添加到“struct cachedesc cacheinfo”中。与 pg_database 相关的代码如下：

```
{DatabaseRelationId,            /* DATABASEOID */
    DatabaseOidIndexId,
    1,
    {ObjectIdAttributeNumber,0,0,0},
    4},
```

这几个值与 cachedesc 结构体的字段对应，表示 pg_database 表的 OID 值、索引的 OID 值、搜索时有 1 个 key 字段、搜索 key 字段 ID 为 ObjectIdAttributeNumber、初始化为 4 个哈希桶。相关的代码如下：

```
struct cachedesc {
    Oid reloid;                 /* 缓存的表的 OID */
    Oid indoid;                 /* 缓存数据的索引 OID */
    int nkeys;                  /* 缓存搜索的 key 的个数 */
    int key[4];                 /* key 属性的编号 */
    int nbuckets;               /* 缓存哈希桶的个数 */
};
```

系统表的定义和访问主要逻辑如上所述。与 pg_database 相关的 SQL 命令是 ALTER DATABASE、CREATE DATABASE、DROP DATABASE，这些命令执行的结果是把数据库相关的信息存储到 pg_database 系统表中。

其他系统表的逻辑与 pg_database 相似，不再重复。

3.2　数据库初始化

数据库正常启动时需要指定数据目录，数据目录中包含了系统表的初始化数据。数据库初始化的过程会生成这些初始系统表数据文件，该过程由 initdb 和 openGauss 进程配合生成。initdb 控制执行过程，创建目录和基本的配置文件；openGauss 进程负责系统表的初始化。initdb 通过 PG_CMD_OPEN 宏启动 openGauss 进程,同时打开一个管道流,然后通过解析系统表文件中的 SQL 命令,并把命令通过 PG_CMD_PUTS 宏的管道流发给 openGauss 进程,最后通过 PG_CMD_CLOSE 宏关闭管道流。PG_CMD_OPEN 宏是系统函数 popen 的封装宏,PG_CMD_PUTS 宏是系统函数 fputs 的封装宏,PG_CMD_CLOSE 宏是系统函数 pclose 的封装宏。初始化交互过程如图 3-1 所示。

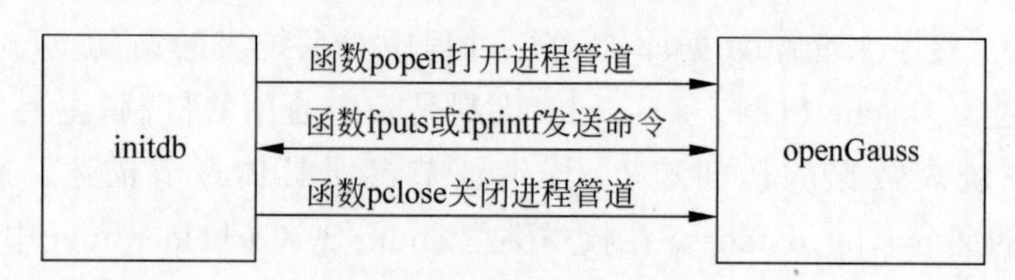

图 3-1 初始化交互过程

initdb 在创建 template1 模板数据库时,命令参数指定了"snprintf_s(cmd, sizeof(cmd), sizeof(cmd)-1, "\"%s\" --boot -x1 %s %s", backend_exec, boot_options, talkargs);",其中"--boot"表示 openGauss 进程以一个特殊的 bootstrap 模式运行。在其他初始化系统表时,initdb 命令参数指定了"snprintf_s(cmd, sizeof(cmd), sizeof(cmd) -1, "\"%s\" %s template1 >%s", backend_exec, backend_options, DEVNULL); ","static const char * backend_options = "--single ""表示 openGauss 进程以单用户模式运行。

下面以 setup_schema 函数为例详细介绍这个过程,相关代码如下:

```
static void setup_schema(void)
{
    PG_CMD_DECL;
    char ** line;
    char ** lines;
    int nRet = 0;
    char * buf_features = NULL;
    fputs(_("creating information schema ... "), stdout);
    (void)fflush(stdout);
    lines = readfile(info_schema_file);
    /*
     * 使用 -j 避免在 information_schema.sql 反斜杠处理
     */
    nRet = snprintf_s(
        cmd, sizeof(cmd), sizeof(cmd) - 1, "\"%s\" %s -j template1 >%s", backend_exec,
backend_options, DEVNULL);
    securec_check_ss_c(nRet, "\0", "\0");
    PG_CMD_OPEN;
    for (line = lines; *line != NULL; line++) {
        PG_CMD_PUTS(*line);
        FREE_AND_RESET(*line);
    }
    FREE_AND_RESET(lines);
    PG_CMD_CLOSE;
    nRet = snprintf_s(
```

```
        cmd,sizeof(cmd),sizeof(cmd) - 1,"\" %s\" %s template1 > %s",backend_exec,backend
_options,DEVNULL);
    securec_check_ss_c(nRet,"\0","\0");
    PG_CMD_OPEN;
    PG_CMD_PRINTF1("UPDATE information_schema.sql_implementation_info "
                  " SET character_value = '%s'"
                  " WHERE implementation_info_name = 'DBMS VERSION';\n",
        infoversion);

    buf_features = escape_quotes(features_file);
    PG_CMD_PRINTF1("COPY information_schema.sql_features "
                  " (feature_id,feature_name,sub_feature_id,"
                  " sub_feature_name,is_supported,comments) "
                  " FROM E'%s';\n",
        buf_features);
    FREE_AND_RESET(buf_features);
    PG_CMD_CLOSE;
    check_ok();
}
```

在这个函数中，PG_CMD_DECL 是一个变量定义宏，通过语句“char cmd[MAXPGPATH]”和“FILE * cmdfd = NULL”定义了两个变量。这样的作用是代码格式统一，阅读方便。

语句“readfile(info_schema_file)”表示读取 info_schema_file 文件，这个文件中存放了系统表初始化的 SQL 命令。

语句“snprintf_s(cmd,sizeof(cmd),sizeof(cmd)-1,"\"%s\" %s -j template1 >%s",backend_exec,backend_options,DEVNULL)”是格式化 openGauss 后台进程的命令。语句“PG_CMD_OPEN”是以 popen 的方式运行 cmd 命令，启动 openGauss 进程。

语句“for (line = lines; * line != NULL; line++)”表示遍历 info_schema_file 文件中的每条 SQL 命令，宏 PG_CMD_PUTS 把每个 SQL 命令发送给 openGauss 进程执行。

整个文件执行完毕，调用宏 PG_CMD_CLOSE 停止进程，关闭管道。setup_schema 函数的后面代码处理是类似的，只是 SQL 命令是函数内生成的，使用宏 PG_CMD_PRINTF1 写入管道，发给 openGauss 进程。

setup_sysviews、setup_dictionary、setup_privileges 等其他系统对象初始化函数过程都是类似的，不再重复描述。

initdb 的整个初始化过程如下。

(1) 对命令行参数进行解析。

(2) 查找 openGauss 程序，设置 $PGDATA、$PGPATH 等环境变量。设置数据库初始化原始文件，这些文件在 shell 命令 make install 执行安装后，默认都在“openGauss-server/dest/share/postgresql”目录下。

(3) 数据库本地初始化，locale 默认初始化为 en_US.UTF-8，数据库编码默认初始化为 UTF8，文本搜索默认初始化为 English。

（4）检查数据库数据目录pg_data是否为空，是否需要创建，权限是否正确。

（5）创建subdirs变量指定的子目录。

（6）初始化conf配置文件。

（7）创建template1数据库bootstrap_template1。这一步需要启动后台openGauss进程执行数据库的SQL语句，创建系统表。bootstrap_template1这个函数主要是读取bki文件中的SQL语句，发送到openGauss进程去执行，主要功能是创建系统表。语句create pg_type表示创建pg_type系统表，语句INSERT OID表示插入这个系统表的默认数据。这里的语法是专门为initdb定制的bootstrap解析语法，不是正式的SQL语法，语法文件也是单独的，可参照“openGauss-server\src\gausskernel\bootstrap”目录下的bootscanner.l和bootparse.y文件。pg_type系统对象在initdb初始化中的bootstrap语法相关代码如下，在初始化时就是解析下面语法格式完成pg_type系统对象的创建。

```
create pg_type 1247 bootstrap rowtype_oid 71
 (
 typname = name ,
 typnamespace = oid ,
 typowner = oid ,
 typlen = int2 ,
 typbyval = bool ,
 typtype = char ,
 typcategory = char ,
 typispreferred = bool ,
 typisdefined = bool ,
 typdelim = char ,
 typrelid = oid ,
 typelem = oid ,
 typarray = oid ,
 typinput = regproc ,
 typoutput = regproc ,
 typreceive = regproc ,
 typsend = regproc ,
 typmodin = regproc ,
 typmodout = regproc ,
 typanalyze = regproc ,
 typalign = char ,
 typstorage = char ,
 typnotnull = bool ,
 typbasetype = oid ,
 typtypmod = int4 ,
 typndims = int4 ,
 typcollation = oid ,
 typdefaultbin = pg_node_tree ,
 typdefault = text ,
 typacl = aclitem[]
 )
INSERT OID = 16 ( bool 11 10 1 t b B t t \054 0 0 1000 boolin boolout boolrecv boolsend --- c p
f 0 -1 0 0 _null_ _null_ _null_ )
```

```
INSERT OID = 17 ( bytea 11 10 -1 f b U f t \054 0 0 1001 byteain byteaout bytearecv byteasend -
-- i x f 0 -1 0 0 _null_ _null_ _null_ )
…
close pg_type
```

(8) 使用 setup_auth 函数初始化 pg_authid 权限。该函数执行的 SQL 语句是在函数内静态定义"static const char * pg_authid_setup[]"。

(9) 使用 setup_depend 函数创建系统表依赖关系。该函数执行的 SQL 语句是在函数内静态定义"static const char * pg_depend_setup[]"。

(10) 使用 load_plpgsql 函数加载 plpgsql 扩展组件。该函数只执行一条 SQL 语句"CREATE EXTENSION plpgsql;"。

(11) 使用 setup_sysviews 函数创建系统视图。该函数会读取 system_views. sql 文件中的 SQL 语句,发送到 openGauss 去执行,主要功能是创建系统视图。

(12) 使用 setup_perfviews 函数创建性能视图。该函数会读取 performance_views. sql 文件中的 SQL 语句,发送到 openGauss 去执行,主要功能是创建性能视图。

(13) 使用 setup_conversion 函数创建编码转换。该函数会读取 conversion_create. sql 文件中的 SQL 语句,发送到 openGauss 去执行,主要功能是创建编码转换函数。

(14) 使用 setup_dictionary 函数创建词干数据字典。该函数会读取 snowball_create. sql 文件中的 SQL 语句,发送到 openGauss 去执行,主要功能是创建文本搜索函数。

(15) 使用 setup_privileges 函数设置权限。setup_privileges 函数通过 xstrdu 复制 SQL 常量字符串到一个动态数组内,然后遍历执行指定的 SQL 语句。

(16) 使用 load_supported_extension 函数加载外表。该函数执行相应扩展组件的 CREATE EXTENSION 语句。

(17) 使用 setup_update 函数更新系统表。该函数执行语句 COPY pg_cast_oid. txt 到数据库中,主要功能是创建类型强制转换处理函数。

(18) 对 template1 进行垃圾数据清理,即执行三个 SQL 语句"ANALYZE;""VACUUM FULL;""VACUUM FREEZE;"。

(19) 创建 template0 数据库,即复制 template1 到 template0。

(20) 创建默认数据库,即复制 template1 到默认数据库。

(21) 对 template0、template1、默认数据库进行垃圾数据清理和事务 ID 冻结。

3.3 多线程架构

openGauss 内核源自 PostgreSQL,但在架构上进行了大量改造,其中一个调整就是将多进程架构修改为多线程架构。openGauss 在启动后只有一个进程,后台任务都是以一个进程中的线程来运行的。对于客户端的新连接,在非线程池模式下也是以启动一个业务线程来处理的。在多线程架构下更容易实现多个线程资源的共享,如并行查询、线程池等。

3.3.1 openGauss 主要线程

openGauss 的后台线程是不对等的，其中 Postmaster 是主线程，其他线程都是它创建出来的。openGauss 后台线程的功能介绍如表 3-1 所示。

表 3-1 openGauss 后台线程的功能

后台线程	功能介绍
Postmaster	openGauss 数据库主线程。主要有两个功能：一是对连接进行监听，接收新的连接；二是监控所有子线程的状态，并根据子线程退出状态进行处理，如果线程是 FATAL 退出，则重新拉起子线程，如果线程是 PANIC 退出，则进行整个数据库重新初始化，保证数据库的正常运行
Startup	数据库启动线程。数据库启动时 Postmaster 主线程拉起的第一个子线程，主要完成数据库的日志 REDO（重做）操作，进行数据库的恢复。日志 REDO 操作结束，数据库完成恢复后，如果不是备机，Startup 线程就退出了。如果是备机，那么 Startup 线程一直在运行，REDO 备机接收到新的日志
Bgwriter	后台数据写线程。周期性地把数据库数据缓冲区的内容同步到磁盘上
Checkpointer	检查点线程。进行检查点操作，完成数据库的周期性检查点和执行检查点命令
Walwriter	后台 WAL 写线程。主要功能是周期性地把日志缓冲区的内容同步到磁盘上
Stat	数据库运行信息统计收集线程。主要功能是收集各个线程操作数据库的统计信息，进行汇总后写入数据库的统计文件中，供查询优化分析和垃圾清理使用
Sysloger	运行日志写线程。主要功能是把各个线程的运行日志信息写到运行日志文件中
Vacuum Launch	垃圾清理启动线程。主要有两个功能：一是通知 Postmaster 启动一个垃圾清理线程；二是平衡各个垃圾清理线程的负载
Vacuum worker	垃圾清理线程。主要功能是对 openGauss 的垃圾数据进行清理
Arch	日志归档线程。主要功能是完成归档操作，把在线日志复制到归档目录
Postgres	服务线程。在非线程池模式下，每个客户端连接对应一个服务线程，主要功能是接收客户端的操作请求，代表客户端在服务器完成数据库操作

3.3.2 线程间通信

openGauss 后台线程之间紧密配合，共同完成数据库的数据处理任务。这些后台线程之间需要交换信息来协调彼此的行为。openGauss 多线程通信使用了原来的 PostgreSQL 的多线程通信方式，具体如表 3-2 所示。

表 3-2 多线程通信方式

通信方式	说　明
共享内存	在数据库初始化时，Postmaster 线程通过 OS（操作系统）申请一块大的共享内存，并完成初始化工作。openGauss 使用到的所有共享内存都是这块内存的一部分。线程之间的一些信息交换就是通过共享内存完成的，共享内存的访问需要加锁保护

续表

通信方式	说　明
信号	对于一些紧急任务的处理，openGauss使用信号通知作为线程间通信的手段，因为信号可以中断处理线程当前的任务，立即响应信号对应的任务
TCP	客户端连接数据库服务器时，一般使用TCP进行通信
UNIX域套接字协议	如果是本地客户端，即客户端和服务器在同一台机器上，并且是UNIX操作系统，可以使用UNIX域套接字协议建立客户端和服务器进程的通信
UDP	UDP(User Datagram Protocol，用户数据报协议)是不可靠协议，主要用于后台线程向统计线程发送统计信息时使用
管道	管道可以是双向的，也可以是单向的。在openGauss中，主要使用了单向管道，用在后台线程向运行日志守护线程发送运行日志信息时使用
文件	主要用于一些不太重要的场合，并且通信量比较大。在openGauss中，主要用在统计线程汇总统计信息，写到统计文件，供垃圾清理线程和后台服务器线程成本优化使用
全局变量	一种线程间共享信息的机制。openGauss对原来的PostgreSQL中进程内的全局变量添加THR_LOCAL定义为线程的局部变量，避免线程之间误用

3.3.3 线程初始化流程

下面介绍线程的初始化流程。首先介绍openGauss进程的启动。openGauss进程的主函数入口在“\openGauss-server\src\gausskernel\process\main\main.cpp”文件中。在main.cpp文件中，主要完成实例Context(上下文)的初始化、本地化设置，根据main.cpp文件的入口参数调用BootStrapProcessMain函数、GucInfoMain函数、PostgresMain函数和PostmasterMain函数。BootStrapProcessMain函数和PostgresMain函数是在initdb场景下初始化数据库使用的。GucInfoMain函数的作用是显示GUC(Grand Unified Configuration，配置参数，在数据库中指的是运行参数)参数信息。正常的数据库启动会进入PostmasterMain函数。下面对这几个函数进行更详细的介绍。

(1) 进行Postmaster的Context初始化，初始化GUC参数，解析命令行参数。

(2) 调用StreamServerPort函数启动服务器监听和双机监听(如果配置了双机)，调用reset_shared函数初始化共享内存和LWLock锁，调用gs_signal_monitor_startup函数注册信号处理线程，调用InitPostmasterDeathWatchHandle函数注册Postmaster死亡监控管道，把openGauss进程信息写入pid_file文件中，调用gspqsignal函数注册Postmaster的信号处理函数。

(3) 根据配置初始化黑匣子，调用pgstat_init函数初始化统计信息传递使用的UDP套接字通信，调用InitializeWorkloadManager函数初始化负载管理器，调用InitUniqueSQL函数初始化UniqueSQL，调用SysLogger_Start函数初始化运行日志的通信管道和SYSLOGGER线程，调用load_hba函数加载hba鉴权文件。

(4) 调用initialize_util_thread函数启动STARTUP线程，调用ServerLoop函数进入一个周期循环。在ServerLoop函数的周期循环中，进行客户端请求监听，如果有客户端连接请求，在非线程池模式下，则调用 BackendStartup 函数创建一个后台线程 worker 处理客户请求。在线程池模式下，把新的链接加入一个线程池组中。在 ServerLoop 函数的周期循环中，检查其他线程的运行状态。如果数据库是第一次启动，则调用 initialize_util_thread 函数启动其他后台线程。如果有后台线程 FATAL 级别错误退出，则调用 initialize_util_thread 函数重新启动该线程，如果是 PANIC 级别错误退出，则整个实例进行重新初始化。

PostmasterMain 完成了线程之间的通信初始化和线程的启动，无论是后台线程的启动函数 initialize_util_thread 还是工作线程的启动函数 initialize_worker_thread，最后都是调用 initialize_thread 函数完成的线程启动。下面对 initialize_thread 函数进行介绍。

initialize_thread 函数调用 gs_thread_create 函数创建线程，调用 InternalThreadFunc 函数处理线程，它的相关代码如下所示：

```
ThreadId initialize_thread(ThreadArg * thr_argv)
{
    gs_thread_t thread;
    if (0 != gs_thread_create(&thread,InternalThreadFunc,1,(void * )thr_argv)) {
        gs_thread_release_args_slot(thr_argv);
        return InvalidTid;
    }
    return gs_thread_id(thread);
}
```

InternalThreadFunc 函数的代码如下。该函数根据角色调用 GetThreadEntry 函数，GetThreadEntry 函数直接以角色为下标，返回对应 GaussdbThreadEntryGate 数组对应的元素。数组的元素是处理具体任务的回调函数指针，指针指向的函数为 GaussDbThreadMain。相关代码如下：

```
static void * InternalThreadFunc(void * args)
{
    knl_thread_arg * thr_argv = (knl_thread_arg * )args;
    gs_thread_exit((GetThreadEntry(thr_argv->role))(thr_argv));
    return (void * )NULL;
}
GaussdbThreadEntry GetThreadEntry(knl_thread_role role)
{
    Assert(role > MASTER && role < THREAD_ENTRY_BOUND);
    return GaussdbThreadEntryGate[role];
}
static GaussdbThreadEntry GaussdbThreadEntryGate[] = {GaussDbThreadMain<MASTER>,
    GaussDbThreadMain<WORKER>,
    GaussDbThreadMain<THREADPOOL_WORKER>,
    GaussDbThreadMain<THREADPOOL_LISTENER>,
   …};
```

在 GaussDbThreadMain 函数中，首先初始化线程基本信息、Context 和信号处理函数，然后根据 thread_role 角色的不同调用不同角色的处理函数，进入各个线程的 MAIN 函数，如 GaussDbAuxiliaryThreadMain 函数、AutoVacLauncherMain 函数、WLMProcessThreadMain 函数等。其中，GaussDbAuxiliaryThreadMain 函数是后台辅助线程处理函数。该函数的处理也类似 GaussDbThreadMain 函数，根据 thread_role 角色的不同调用不同角色的处理函数，进入各个线程的 MAIN 函数，如 StartupProcessMain 函数、CheckpointerMain 函数、WalWriterMain 函数、walrcvWriterMain 函数等。

总结上面整个过程，openGauss 多线程架构主要包括 3 个方面：

(1) 多线程之间的通信，由主线程在初始化阶段完成；

(2) 多线程的启动，由主线程创建各个角色线程，调用不同角色的处理函数完成；

(3) 主线程负责监控各个线程的运行、异常退出和重新拉起。

3.4 线程池技术

openGauss 在多线程架构的基础上实现了线程池。线程池机制实现了会话和处理线程分离，在大并发连接的情况下仍然能够保证系统有很好的 SLA 响应。另外，不同的线程组可绑到不同的 NUMA(Non-Uniform Memory Access，非一致性内存访问)核上，天然匹配 NUMA 化的 CPU 架构，从而提升 openGauss 的整体性能。

3.4.1 线程池原理

openGauss 线程池原理如图 3-2 所示，图 3-2 中的主要对象如表 3-3 所示。

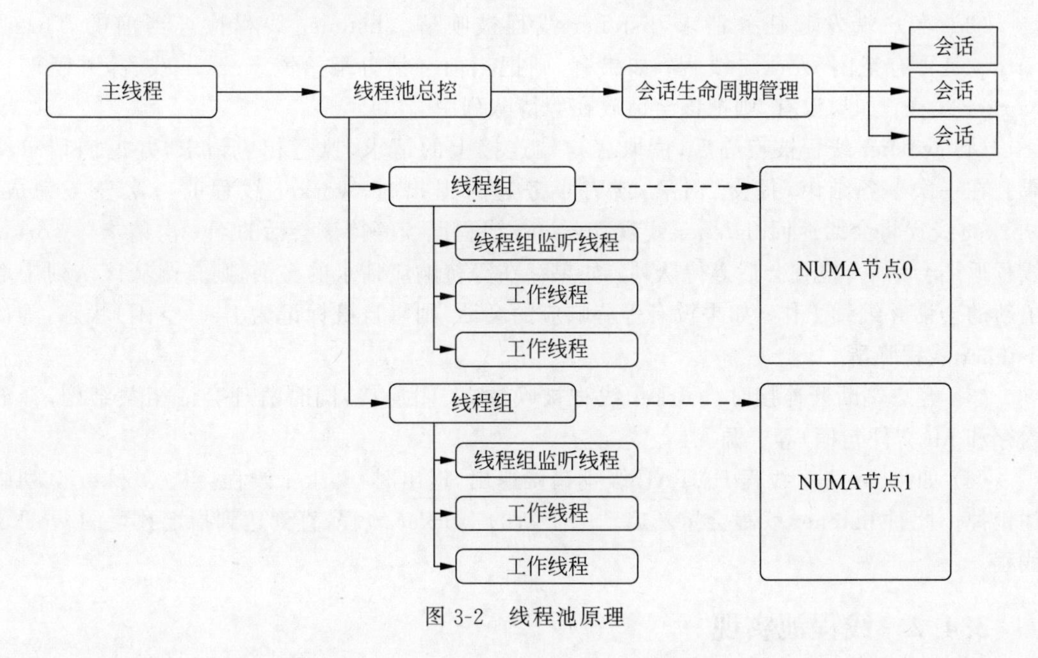

图 3-2 线程池原理

表 3-3 线程池对象

对　象	说　明
Postmaster	主线程。负责监听客户端发出的请求
ThreadPoolControler	线程池总控。负责线程池的初始化和资源管理
ThreadSessionControler	会话生命周期管理
ThreadPoolGroup	线程组。可以定义灵活的线程数量和绑核策略
ThreadPoolListener	线程组监听线程。负责事件的分发和管理
ThreadPoolWorker	工作线程
session	客户端连接的一个会话
NUMA NODE	NUMA 节点。表示一个线程组在 NUMA 结构下可以映射到一个 NUMA 节点上

这些对象相互配合实现了线程池机制，它们的主要交互过程如下。

(1) 客户端向数据库发起连接请求，Postmaster 线程接收到连接请求并被唤醒。Postmaster线程创建该连接对应的 socket(套接字，用于描述 IP 地址和端口，是一个通信链的句柄)，调用 ThreadPoolControler 函数创建会话(session)数据结构。ThreadPoolControler 函数遍历当前所有的 Thread Group(线程组)，找到当前活跃会话数量最少的 Thread Group，并把最新的会话分发给该 Thread Group，加入该 Thread Group 的 epoll(Linux 内核为处理大批量句柄而改进的 poll(轮询)，能显著提高程序在大量并发连接中只有少量活跃的情况下的系统 CPU 利用率)列表中。

(2) Thread Group 的 listener 线程负责监听 epoll 列表中所有的客户连接。

(3) 客户端发起任务请求，listener 线程被唤醒。listener 线程检查当前的 Thread Group 是否有空闲 worker 线程；如果有，则把当前会话分配给该 worker 线程，并唤醒该 worker 线程；如果没有，则把该会话放在等待队列中。

(4) worker 线程被唤醒后，读取客户端连接上的请求，执行相应请求，并返回请求结果。在一次事务结束(提交、回滚)或者事务超时退出时，worker 线程的一次任务完成。worker 线程将会话返回 listener 线程，listener 线程继续等待该会话的下一次请求。worker 线程返还会话后，检查会话等待队列；如果存在等待响应请求的会话，则直接从该队列中取出新的会话并继续工作；如果没有等待响应的会话，则将自身标记为 free(空闲)状态，等待 listener 线程唤醒。

(5) 客户端断开连接时，worker 线程被唤醒，关闭连接，同时清理会话相关结构，释放内存和 fd(文件句柄)等资源。

(6) 如果 worker 线程 FATAL 级别错误退出，退出时 worker 线程会从 worker 队列中注销掉。此时 listener 线程会重新启动一个新的 worker 线程，直到达到指定数量的 worker 线程。

3.4.2 线程池实现

线程池功能由 GUC 参数 enable_thread_pool 控制，该变量设置为 true 时才能使用线程池功能。代码主要在“openGauss-server/src/gausskernel/process/threadpool”目录中，下面介绍主要代码实现流程。

Postmaster线程在ServerLoop中判断如果启用了线程池功能，则会调用“ThreadPoolControler::Init”函数进行线程池的初始化。在线程池初始化时，会判断NUMA节点的个数进行NUMA结构处理，相关代码如下：

```
if (threadPoolActivated) {
    bool enableNumaDistribute = (g_instance.shmem_cxt.numaNodeNum > 1);
    g_threadPoolControler->Init(enableNumaDistribute);
}
```

“ThreadPoolControler::Init”函数的主要作用是创建m_sessCtrl成员和m_groups成员对象，根据绑核策略分配线程个数，调用“ThreadPoolGroup::init”函数进行线程组的初始化，调用“ThreadPoolGroup::WaitReady”函数等待各个线程组初始化结束。创建m_scheduler成员对象，并且调用“ThreadPoolScheduler::StartUp”函数启动线程池调度线程。在“ThreadPoolGroup::init”函数中，创建m_listener对象，启动listener线程。为ThreadWorkerSentry函数分配内存，初始化每个worker的互斥量和条件变量。调用“ThreadPoolGroup::AddWorker”函数创建worker对象，启动worker线程。

Postmaster线程在ServerLoop中如果监听到有客户端链接请求，判断启用了线程池功能，则会调用“ThreadPoolControler::DispatchSession”函数进行会话分发，相关代码如下：

```
if (threadPoolActivated &&!(i < MAXLISTEN && t_thrd.postmaster_cxt.listen_sock_type[i] == HA
_LISTEN_SOCKET))
result = g_threadPoolControler->DispatchSession(port);
/* ThreadPoolControler::DispatchSession的代码实现如下,找到一个会话数最少的线程组,创建会
话,把会话添加到线程组的监听线程中 */
int ThreadPoolControler::DispatchSession(Port* port)
{
    ThreadPoolGroup* grp = NULL;
    knl_session_context* sc = NULL;
    grp = FindThreadGroupWithLeastSession();
    if (grp == NULL) {
        Assert(false);
        return STATUS_ERROR;
    }
    sc = m_sessCtrl->CreateSession(port);
    if (sc == NULL)
        return STATUS_ERROR;
    grp->GetListener()->AddNewSession(sc);
    return STATUS_OK;
}
```

listener线程的主函数为“TpoolListenerMain(ThreadPoolListener* listener)”。在该函数中设置线程的名字和信号处理函数，创建epoll等待事件，通知Postmaster线程已经准备好，调用t_pool_listener_loop函数(其实是调用“ThreadPoolListener::WaitTask”函数进

入等待事件状态)。如果有事件到来,调用"ThreadPoolListener::HandleConnEvent"函数找到事件对应的会话。调用"ThreadPoolListener::DispatchSession"函数,如果有空闲的worker线程,通知worker线程进行处理;如果没有空闲的worker线程,则把会话挂到等待队列中。

worker线程的主函数就是正常的SQL处理函数PostgresMain,与非线程模式相比,主要多了3处处理:

(1) worker线程准备就绪的通知;

(2) 等待会话通知;

(3) 连接退出处理;

worker线程的相关代码如下:

```
if (IS_THREAD_POOL_WORKER) {
        u_sess->proc_cxt.MyProcPort->sock = PGINVALID_SOCKET;
        t_thrd.threadpool_cxt.worker->NotifyReady();
      }
      if (IS_THREAD_POOL_WORKER) {
          t_thrd.threadpool_cxt.worker->WaitMission();
          Assert(u_sess->status != KNL_SESS_FAKE);
      }
  case 'X':
  case EOF:
              RemoveTempNamespace();
              InitThreadLocalWhenSessionExit();
              if (IS_THREAD_POOL_WORKER) {
                  t_thrd.threadpool_cxt.worker->CleanUpSession(false);
                  break;
              }
```

"ThreadPoolWorker::WaitMission"函数的主要作用是阻塞所有系统信号,避免系统信号如SIGHUP等中断当前的处理。清除线程上的会话信息,保证没有上一个会话的内容,等待会话上新的请求,把会话给线程进行处理,允许系统信号中断。

"ThreadPoolWorker::CleanUpSession"函数的主要作用是清除会话,从Listener中去除会话,释放会话资源。

上面介绍了线程池的主要机制,综上所述,线程池主要是解决大并发的用户连接,在一定程度上可以起到流量控制的作用,即使用户的连接数很多,后端也不需要分配太多的线程。线程是OS的一种资源,如果线程太多,OS资源占用很多,并且大量线程的调度和切换会带来昂贵的开销。如果没有线程池,随着连接数的增多,系统的吞吐量会逐渐降低。另外一方面,把线程池划分为线程组,可以很好地匹配NUMA CPU架构的节点,提升多核情况下的访问性能。每个线程组一个监听者,避免了线程池的"惊群效应"。

3.5 内存管理

数据库在运行过程中涉及许多对象，这些对象具有不同的生命周期，有些处理需要频繁分配内存。如一个 SQL 语句，在解析时需要对词法单元和语法单元分配内存，在执行过程中需要对执行状态分配内存。在事务结束时，如果不是 PREPARE 语句，那么 SQL 语句的执行计划内存和执行过程的状态内存都需要释放。如果是 PREPARE 语句，那么执行计划需要保存到缓冲池中，执行过程的状态内存释放即可。为了保证内存分配的高效和避免内存泄漏，openGauss 设计开发了自己的内存管理，代码实现在"openGauss-server\src\common\backend\utils\mmgr"目录。

openGauss 在内存管理上采用了上下文的概念，即具有同样生命周期或者属于同一个上下文语义的内存放到一个 MemoryContext 管理，MemoryContext 的结构代码如下(结构成员参照注释)：

```
typedef struct MemoryContextData * MemoryContext;
typedef struct MemoryContextData {
    NodeTag type;                       /* 上下文类别 */
    MemoryContextMethods * methods; /* 虚函数表 */
    MemoryContext parent;           /* 父上下文.顶级上下文为 NULL */
    MemoryContext firstchild;       /* 子上下文的链表头 */
    MemoryContext prevchild;        /* 前向子上下文 */
    MemoryContext nextchild;        /* 后向子上下文 */
    char * name;                    /* 上下文名称,方便调试 */
    pthread_rwlock_t lock;          /* 上下文共享时的并发控制锁 */
    bool is_shared;             /* 上下文是否在多个线程共享 */
    bool isReset;               /* isReset 为 true 时,表示复位后没有内存空间用于分配 */
    int level;                  /* 上下文层次级别 */
    uint64 session_id;          /* 上下文属于的会话 ID */
    ThreadId thread_id;         /* 上下文属于的线程 ID */
} MemoryContextData;
```

虚函数表就是具体的内存管理操作函数指针，具体定义代码如下(函数功能参照注释)：

```
typedef struct MemoryContextMethods {
/* 在上下文中分配内存 */
    void * (* alloc)(MemoryContext context,Size align,Size size,const char * file,int line);
    /* 释放 pointer 内存到上下文中 */
void (* free_p)(MemoryContext context,void * pointer);
/* 在上下文中重新分配内存 */
void * (* realloc)(MemoryContext context, void * pointer, Size align, Size size, const char *
file,int line);
    void (* init)(MemoryContext context);                   /* 上下文初始化 */
    void (* reset)(MemoryContext context);                  /* 上下文复位 */
    void (* delete_context)(MemoryContext context);         /* 删除上下文 */
```

```
    Size (*get_chunk_space)(MemoryContext context,void* pointer);   /*获取上下文块大小*/
    bool (*is_empty)(MemoryContext context);             /*上下文是否为空*/
    void (*stats)(MemoryContext context,int level);      /*上下文信息统计*/
#ifdef MEMORY_CONTEXT_CHECKING
    void (*check)(MemoryContext context);                /*上下文异常检查*/
#endif
} MemoryContextMethods;
```

这些回调函数指针初始化是在 AllocSetContextSetMethods 函数中调用 AllocSetMethodDefinition 函数完成的。AllocSetMethodDefinition 函数的实现代码如下：

```
template<bool enable_memoryprotect,bool is_shared,bool is_tracked>
void AlignMemoryAllocator::AllocSetMethodDefinition(MemoryContextMethods* method)
{
    method->alloc = &AlignMemoryAllocator::AllocSetAlloc<enable_memoryprotect, is_shared,is_tracked>;
    method->free_p = &AlignMemoryAllocator::AllocSetFree<enable_memoryprotect, is_shared,is_tracked>;
    method->realloc = &AlignMemoryAllocator::AllocSetRealloc<enable_memoryprotect, is_shared,is_tracked>;
    method->init = &AlignMemoryAllocator::AllocSetInit;
    method->reset = &AlignMemoryAllocator::AllocSetReset<enable_memoryprotect, is_shared,is_tracked>;
    method->delete_context = &AlignMemoryAllocator::AllocSetDelete<enable_memoryprotect,is_shared,is_tracked>;
    method->get_chunk_space = &AlignMemoryAllocator::AllocSetGetChunkSpace;
    method->is_empty = &AlignMemoryAllocator::AllocSetIsEmpty;
    method->stats = &AlignMemoryAllocator::AllocSetStats;
#ifdef MEMORY_CONTEXT_CHECKING
    method->check = &AlignMemoryAllocator::AllocSetCheck;
#endif
}
```

可以看到，这些实际操作内存管理的函数为 AlignMemoryAllocator 类中的 AllocSetAlloc 函数、AllocSetFree 函数、AllocSetRealloc 函数、AllocSetInit 函数、AllocSetReset 函数、AllocSetDelete 函数、AllocSetGetChunkSpace 函数、AllocSetIsEmpty 函数、AllocSetStats 函数和 AllocSetCheck 函数。在这些处理函数中，涉及的结构体代码如下：

```
typedef AllocSetContext* AllocSet;
typedef struct AllocSetContext {
    MemoryContextData header;   /*内存上下文,存储空间是在这个内存上下文中分配的*/
    AllocBlock blocks;          /*AllocSetContext 所管理内存块的块链表头*/
    AllocChunk freelist[ALLOCSET_NUM_FREELISTS];      /*空闲块链表*/
    /*这个上下文的分配参数*/
    Size initBlockSize;         /*初始块大小*/
    Size maxBlockSize;          /*最大块大小*/
    Size nextBlockSize;         /*下一个分配的块大小*/
    Size allocChunkLimit;       /*块大小上限*/
```

```
    AllocBlock keeper;          /* 在复位时保存的块 */
    Size totalSpace;            /* 这个上下文分配的总空间 */
    Size freeSpace;             /* 这个上下文总的空闲空间 */
    Size maxSpaceSize;          /* 最大内存空间 */
    MemoryTrack track;          /* 跟踪内存分配信息 */
} AllocSetContext;
/* AllocBlock 定义如下: */
typedef struct AllocBlockData* AllocBlock;
typedef struct AllocBlockData {
    AllocSet aset;    /* 哪个 AllocSetContext 拥有此块,AllocBlockData 归属 AllocSetContext 管
理 */
    AllocBlock prev;        /* 在块链表中的前向指针 */
    AllocBlock next;        /* 在块链表中的后向指针 */
    char* freeptr;          /* 这个块空闲空间的起始地址 */
    char* endptr;           /* 这个块空间的结束地址 */
    Size allocSize;         /* 分配的大小 */
#ifdef MEMORY_CONTEXT_CHECKING
    uint64 magicNum;                    /* 魔鬼数字值,用于内存校验.当前代码固定填写为 DADA */
#endif
} AllocBlockData;
typedef struct AllocChunkData* AllocChunk; /* AllocChunk 内存前面部分是一个 AllocBlock 结构
*/
typedef struct AllocChunkData {
        void* aset;   /* 拥有这个 chunk 的 AllocSetContext,如果空闲,则为空闲列表链接 */
        Size size;          /* chunk 中的使用空间 */
#ifdef MEMORY_CONTEXT_CHECKING
        Size requested_size;   /* 实际请求大小,在空闲块中时为 0 */
        const char* file;      /* palloc/palloc0 调用时的文件名称 */
        int line;              /* palloc/palloc0 调用时的行号 */
        uint32 prenum;         /* 前向魔鬼数字 */
#endif
} AllocChunkData;
```

从前面的数据结构可以看出,核心数据结构为 AllocSetContext,这个数据结构有 3 个成员"MemoryContextData header;""AllocBlock blocks;"和"AllocChunk freelist[ALLOCSET_NUM_FREELISTS];"。这 3 个成员把内存管理分为 3 个层次。

(1) MemoryContext 管理上下文之间的父子关系,设置 MemoryContext 的内存管理函数。

(2) AllocBlock blocks 把所有内存块通过双链表链接起来。

(3) 内存单元 chunk 是从内存块 AllocBlock 内部分配的,内存块和内存单元 chunk 的转换关系为:"AllocChunk chunk = (AllocChunk)(((char *) block) + ALLOC_BLOCKHDRSZ);"和"AllocBlock block = (AllocBlock)(((char *) chunk) − ALLOC_BLOCKHDRSZ);"。

内存单元 chunk 经过转换得到最终的用户指针,内存单元 chunk 和用户指针 AllocPointer 的转换关系为:((AllocPointer)(((char *)(chk)) + ALLOC_CHUNKHDRSZ))和((AllocChunk)(((char *)(ptr)) − ALLOC_CHUNKHDRSZ))。数据结构的基本关系如图 3-3 所示。

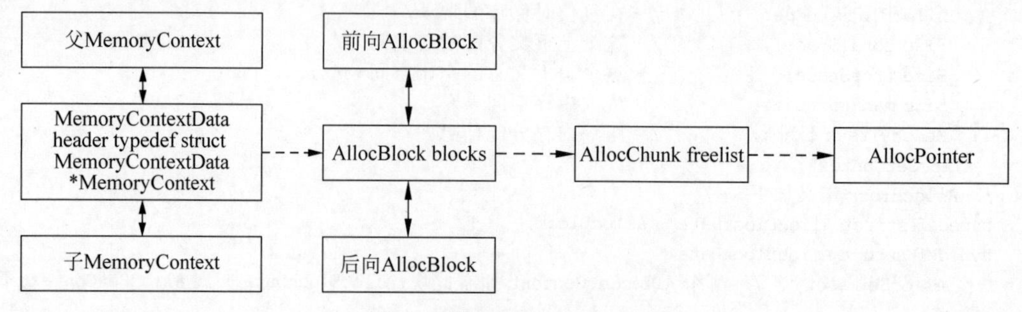

图 3-3　数据结构的基本关系

下面先看第 1 层 MemoryContext(内存上下文)的实现，主要实现在 mcxt. cpp 文件中，如表 3-4 所示。

表 3-4　MemoryContext 的实现函数

函　数	功能介绍
ChooseRootContext	在线程池机制下，上下文有 3 个类别，即实例级别、会话级别、线程级别。这个函数根据 tag(标签)类型和 parent(上一级)返回相应类别的根上下文(最顶层的上下文)
MemoryContextCreate	首先根据 root 是否为空确定是从父 MemoryContext 分配内存还是从操作系统调用 malloc 分配内存，然后对分配的 MemoryContext 进行初始化，如果存在父 MemoryContext，则挂到父 MemoryContext 上
MemoryContextDelete	先删除这个 MemoryContext 的子节点，把这个 MemoryContext 的父节点置为空，回调 AllocSetDelete 方法释放分配的对象，最后释放上下文本身
MemoryContextIsEmpty	先看当前上下文是否有子节点，然后回调 is_empty 检查当前上下文是否为空
MemoryContextReset	先看当前上下文是否有子节点，如果有子节点，则遍历子节点，递归调用 MemoryContextReset 进行复位，最后回调 reset 复位当前上下文
MemoryContextSetParent	如果上下文有父节点，则从父上下文解除当前上下文，然后把上下文挂到新的父上下文
GetMemoryChunkSpace	当前指针 pointer 偏移 STANDARDCHUNKHEADERSIZE 找到标准 StandardChunkHeader 位置，然后根据块属于上下文的回调 AllocSetGetChunkSpace 获取块空间大小
MemoryContextStats	先回调 AllocSetStats 统计当前上下文信息，然后遍历子节点，递归调用 MemoryContextStatsInternal 统计上下文信息
MemoryContextAllocDebug	检查分配内存大小是否小于 MaxAllocSize，回调 AllocSetAlloc 分配内存
pfree	根据当前指针 pointer 偏移 STANDARDCHUNKHEADERSIZE 找到标准头，根据头部 StandardChunkHeader 找到归属的上下文，回调 AllocSetFree 释放内存

再看第 2 层 AllocSet 的实现，主要实现在 aset. cpp 文件中，如表 3-5 所示。

表 3-5　AllocSet 的实现函数

函　　数	功能介绍
AllocSetFreeIndex	根据请求的 size(内存大小)计算应该在哪个空闲块链表 freechunk 中分配内存
set_sentinel	设置哨兵 0x7E,用于内存越界写操作(修改了不应该修改的内存地址)检查
sentinel_ok	内存检查是否正常
MemoryContextControlSet	根据白名单设置上下文的 maxSpaceSize 限制大小
AllocSetContextCreate	根据 contextType 类型,调用不同的 AllocSetContextCreate 分配器分配 MemoryContext
AllocSetMethodDefinition	设置 MemoryContext 回调处理方法
AllocSetContextSetMethods	设置不同上下文类型的分配器
AllocSetContextCreate	创建一个具体的 MemoryContext。根据类型,确定内存保护函数。调用 MemoryContextCreate 函数创建一个 AllocSetContext,设置 maxSpaceSize 大小,设置回调方法,设置初始块大小、下一个块大小、最大块大小。根据分配的最大块大小设置 allocChunkLimit。如果上下文最值超过了"ALLOC_BLOCKHDRSZ + ALLOC_CHUNKHDRSZ",则分配一个 AllocBlock;设置 AllocBlock 的上下文,空闲起始地址(freeptr)为跳过头部管理占用空间后剩余的空间,末尾地址(endptr)为块结束地址,分配大小(allocSize)为分配的块大小,魔鬼数字(magicNum)为 0xDADADADADADADADA,context 的总空间(totalSpace)加上这次分配的块大小,上下文的空闲空间(freeSpace)加上这个块的空闲空间,块的前向和后向指针为空,AllocSetContext 的第一个块(blocks)指向这个块,保留块(keeper)指向这个块。返回 AllocSetContext
AllocSetInit	特定 AllocSetContext 初始化函数,当前为空,没有使用
AllocSetReset	根据上下文类型选择保护函数,把空闲链表(freelist)置空,遍历内存块,如果是保留块,则对这块内存重新初始化,如果不是,则释放掉。根据是否有保留块重新初始化上下文
AllocSetDelete	如果上下文没有内存块,则直接返回。根据上下文类型选择保护函数,获取内存块首地址,把保留块和内存块头置空。遍历所有内存块,释放掉。把上下文的空闲空间(freeSpace)和总空间(totalSpace)置为 0
AllocSetAlloc	根据上下文类型选择保护函数,如果申请内存大小超过了内存块大小上限,则直接调用 OS(操作系统)接口分配一个内存块,初始化这个内存块。把内存块转换为一个内存单元(chunk),对这个内存单元进行初始化。把这个内存块挂到上下文上,返回内存单元 chunk 指针。 如果申请内存大小没有超过内存块大小上限,根据内存大小映射的空闲链表(freelist),看相应空闲链表中是否有相应大小的内存单元,如果有空闲的内存单元,则分配一个内存单元返回。 如果空闲链表(freelist)没有空闲的内存单元,看当前的块(blocks)是否有足够的内存,如果没有足够的内存,则根据块剩余的内存大小放到相应的空闲链表中。分配一个新的块,对这个新的块进行初始化,把块挂到上下文上,从这个块上分配一个内存单元返回。 如果当前的块有足够的内存,则从当前块上分配一个内存单元返回

续表

函 数	功能介绍
AllocSetFree	根据类型,确定内存保护函数。如果释放内存单元大小超过了内存块大小上限,把这个内存单元转换为 AllocBlock,把内存块从上下文中解除,把内存块变量置空,释放内存块。 如果内存单元大小小于内存块上限,则根据内存单元大小映射的空闲链表,把释放的内存单元挂到上下文的空闲链表上
AllocSetRealloc	根据类型,确定内存保护函数。如果原来的内存单元大小能够满足请求的大小,则重新赋值新的内存检查信息后直接返回当前的内存单元。 如果旧的内存单元大小超过了内存块的上限,则调用 OS 重分配内存接口重新分配一个内存块,对新的内存块初始化,把新的内存块转换为内存单元 AllocChunk 返回。 如果旧的内存单元大小没有超过内存块的上限,则根据新的大小调用 AllocSetAlloc 分配一个新的内存单元,把旧的内存单元值复制到新的内存单元,调用 AllocSetFree 释放原来的内存单元
AllocSetGetChunkSpace	返回内存单元的大小,包括头部占用的空间
AllocSetIsEmpty	检查是否复位(isReset),如果是,则返回 true;否则返回 false
AllocSetStats	显示上下文的内存消耗信息,打印到标准 stderr(标准错误)输出上

3.6 多维监控

数据库是企业的关键组件,数据库的性能直接决定了很多业务的吞吐量。为了简化数据库维护人员的调优,openGauss 对数据库运行进行了多维度的监控,并且开发了一些维护特性,如 WDR(Wordload Diagnostic Report,工作负荷诊断报告)性能诊断报告、慢 SQL 诊断、会话性能诊断、系统 KPI(Key Performance Indicator,关键性能指标)辅助诊断等,帮助维护人员对数据库的性能进行诊断。这些监控项都以视图的方式对外呈现,集中在 DBE_PERF 模式下。WDR Snapshot 除了自身快照的元数据,其他数据表来源也是 DBE_PERF schema 下的视图。WDR Snapshot 数据表命名原则:snap_{源数据表},根据这个关系可以找到 snap 表所对应的原表。对这些视图的解释参照 openGauss 的官网(https://opengauss.org)中《开发者指南》手册的“DBE_PERF schema”章节。

性能视图的源代码在“openGauss-server\src\common\backend\catalog\performance_views.sql”文件中(网址为 https://gitee.com/opengauss/openGauss-server/blob/master/src/common/backend/catalog/performance_views.sql,安装后会复制到安装路径的“performance_views.sql”下)。在数据库初始化阶段由 initdb 读取这个文件在数据库系统中创建相应的视图。这些视图遵循了 openGauss 通用视图的实现逻辑,即视图来自函数的封装,这些函数可能是内置函数,也可能是存储函数。OS 运行的性能视图“dbe_perf.get_global_os_runtime”的相关代码如下:

```
CREATE OR REPLACE FUNCTION dbe_perf.get_global_os_runtime
  (OUT node_name name, OUT id integer, OUT name text, OUT value numeric, OUT comments text, OUT
cumulative boolean)
RETURNS setof record
AS $ $
DECLARE
  row_data dbe_perf.os_runtime % rowtype;
query_str := 'SELECT * FROM dbe_perf.os_runtime';
      FOR row_data IN EXECUTE(query_str) LOOP
    …
     END LOOP;
     return;
  END; $$
LANGUAGE 'plpgsql' NOT FENCED;
CREATE VIEW dbe_perf.global_os_runtime AS
  SELECT DISTINCT * FROM dbe_perf.get_global_os_runtime();
```

global_os_runtime 视图来自存储函数 get_global_os_runtime 的封装，在存储函数内访问 dbe_perf. os_runtime 视图、os_runtime 视图的 SQL 语句为“CREATE VIEW dbe_perf. os_runtime AS SELECT * FROM pv_os_run_info();”。pv_os_run_info 是内置函数，而内置函数负责读取数据库系统的监控指标，pv_os_run_info 函数的相关代码如下：

```
Datum pv_os_run_info(PG_FUNCTION_ARGS)
{
    FuncCallContext* func_ctx = NULL;
    /* 判断是不是第一次调用 */
    if (SRF_IS_FIRSTCALL()) {
        MemoryContext old_context;
        TupleDesc tup_desc;
        /* 创建函数上下文 */
        func_ctx = SRF_FIRSTCALL_INIT();
        /*
         * 切换内存上下文到多次调用上下文
         */
        old_context = MemoryContextSwitchTo(func_ctx->multi_call_memory_ctx);
        /* 创建一个包含 5 列的元组描述模板 */
        tup_desc = CreateTemplateTupleDesc(5, false);
        TupleDescInitEntry(tup_desc, (AttrNumber)1, "id", INT4OID, -1, 0);
        TupleDescInitEntry(tup_desc, (AttrNumber)2, "name", TEXTOID, -1, 0);
        TupleDescInitEntry(tup_desc, (AttrNumber)3, "value", NUMERICOID, -1, 0);
        TupleDescInitEntry(tup_desc, (AttrNumber)4, "comments", TEXTOID, -1, 0);
        TupleDescInitEntry(tup_desc, (AttrNumber)5, "cumulative", BOOLOID, -1, 0);

        /* 填充元组描述模板 */
        func_ctx->tuple_desc = BlessTupleDesc(tup_desc);
        /* 收集系统信息 */
        getCpuNums();
        getCpuTimes();
        getVmStat();
```

```
        getTotalMem();
        getOSRunLoad();
        (void)MemoryContextSwitchTo(old_context);
    }

    /* 设置函数的上下文,每次函数调用都需要 */
    func_ctx = SRF_PERCALL_SETUP();
    while (func_ctx->call_cntr < TOTAL_OS_RUN_INFO_TYPES) {
        /* 填充所有元组每个字段的值 */
        Datum values[5];
        bool nulls[5] = {false};
        HeapTuple tuple = NULL;
        errno_t rc = 0;
        rc = memset_s(values,sizeof(values),0,sizeof(values));
        securec_check(rc,"\0","\0");
        rc = memset_s(nulls,sizeof(nulls),0,sizeof(nulls));
        securec_check(rc,"\0","\0");
        if (!u_sess->stat_cxt.osStatDescArray[func_ctx->call_cntr].got) {
            ereport(DEBUG3,
                (errmsg("the %s stat has not got on this plate.",
                    u_sess->stat_cxt.osStatDescArray[func_ctx->call_cntr].name)));
            func_ctx->call_cntr++;
            continue;
        }
        values[0] = Int32GetDatum(func_ctx->call_cntr);
        values[1] = CStringGetTextDatum(u_sess->stat_cxt.osStatDescArray[func_ctx->
call_cntr].name);
      values[2] = u_sess->stat_cxt.osStatDescArray[func_ctx->call_cntr].getDatum(
            u_sess->stat_cxt.osStatDataArray[func_ctx->call_cntr]);
    values[3] = CStringGetTextDatum(u_sess->stat_cxt.osStatDescArray[func_ctx->call_
cntr].comments);
        values[4] = BoolGetDatum(u_sess->stat_cxt.osStatDescArray[func_ctx->call_
cntr].cumulative);

        tuple = heap_form_tuple(func_ctx->tuple_desc,values,nulls);
        SRF_RETURN_NEXT(func_ctx,HeapTupleGetDatum(tuple));
    }
    /* 填充结束,返回结果 */
    SRF_RETURN_DONE(func_ctx);
}
```

pv_os_run_info 函数可以分为三段：

(1) 调用 CreateTemplateTupleDesc 函数和 TupleDescInitEntry 函数定义元组描述信息。

(2) 调用 getCpuNums 函数、getCpuTimes 函数、getVmStat 函数、getTotalMem 函数、getOSRunLoad 函数收集系统信息。

(3) 把收集的 u_sess 信息填充到元组数据中,最后返回给调用者。openGauss 提供了实现返回结果的通用 SQL 函数的实现步骤和方法,它们是 SRF_IS_FIRSTCALL、SRF_PERCALL_SETUP、SRF_RETURN_NEXT 和 SRF_RETURN_DONE。从代码可以看出，pv_os_run_info 的实现流程也遵循 openGauss 通用的 SQL 函数实现方法。

系统指标的收集来自读取系统信息，对数据库系统中一些模块进行打点（打点就是按照规格采集指定数据，用以记录系统运行的一些关键点）。很多打点集中在两个方面：事务执行次数和执行时间，从而推断最大时间、最小时间、平均时间。这些比较分散，代码逻辑相对简单，这里不再进行介绍，只需要根据内置函数读取的变量查看这些变量赋值的地方就可以追踪具体的实现位置。

openGauss 主要维护特性的实现代码在"openGauss-server\src\gausskernel\cbb\instruments"目录中，如 WDR、SQL 百分位计算，这里不再进行介绍。

性能统计对 openGauss 的正常运行也会带来一定的性能损耗，所以这些特性都有开关控制，具体说明如下。

(1) 等待事件信息实时收集功能的开关为 enable_instr_track_wait。

(2) Unique SQL 信息实时收集功能的开关为 enable_instr_unique_sql、enable_instr_rt_percentile。

(3) 数据库监控快照功能的开关为 enable_wdr_snapshot。

其他功能也都有相应的 GUC 参数进行调节，根据平常使用的需要，可以打开具体维护项查看系统的运行情况。

3.7 模拟信号机制

信号是 Linux 进程/线程之间的一种通信机制，向一个进程发送信号的系统函数是 kill，向一个线程发送信号的系统函数是 pthread_kill。在 openGauss 中既有 gs_ctl 向 openGauss 进程发送的进程间信号，也有 openGauss 进程中线程间的信号。

信号是一种有限的资源，OS 提供的信号有 SIGINT、SIGQUIT、SIGTERM、SIGALRM、SIGPIPE、SIGFPE、SIGUSR1、SIGUSR2、SIGCHLD、SIGTTIN、SIGTTOU、SIGXFSZ 等。这些信号一般都是系统专用的，每个信号都有专门的用途，比如 SIGALRM 是系统定时器的通知信号。留给应用的信号主要是 SIGUSR1、SIGUSR2。

在系统信号有限的情况下，为了在 openGauss 中表达不同的丰富的通信语义，openGauss 额外增加了新的变量表示具体的语义。openGauss 是多线程架构，在同一个进程内如果不同的线程注册了不同的处理函数，则后者会覆盖前者的信号处理。为了不同线程能够注册不同的处理函数，需要自己管理信号对应的注册函数。为了解决这些问题，openGauss 实现了信号的模拟机制。信号模拟的基本原理是每个线程注册管理自己的信号处理函数，信号枚举值仍然使用系统的信号值，线程使用自己的变量记录信号和回调函数对应关系。线程之间发送信号时，先设置变量为具体的信号值，然后使用系统调用 pthread_kill 发送信号，线程收到通知后再根据额外的变量表示的具体信号值，回调对应的信号处理函数。

信号处理涉及的数据结构代码如下。每个线程有一个 GsSignalSlot 结构，保存了线程 ID、线程名称和 GsSignal 结构，而 GsSignal 结构保存了每个信号对应的处理函数数组和每个线程相关的信号池。信号池 struct SignalPool 包含了使用的信号列表和空闲的信号列表，当一个模拟信号到达时，找一个空闲信号 GsNode，然后放到使用的列表中。GsNode 中存放了信号值结构 GsSndSignal sig_data。GsSndSignal 结构中保存了发送的信号具体值和发送的线程 ID。当需要设置一些额外检查信息时，设置 GsSignalCheck 内容。相关代码如下：

```
typedef struct GsSignalSlot {
    ThreadId thread_id;
    char * thread_name;
    GsSignal * gssignal;
} GsSignalSlot;
typedef struct GsSignal {
    gs_sigfunc handlerList[GS_SIGNAL_COUNT];
    sigset_t masksignal;
    SignalPool sig_pool;
    volatile unsigned int bitmapSigProtectFun;
} GsSignal;
typedef struct SignalPool {
    GsNode * free_head;          /* 空闲信号列表头部 */
    GsNode * free_tail;          /* 空闲信号列表尾部 */
    GsNode * used_head;          /* 使用信号列表头部 */
    GsNode * used_tail;          /* 使用信号列表尾部 */
    int pool_size;               /* 数组列表大小      */
    pthread_mutex_t sigpool_lock;
} SignalPool;
typedef struct GsNode {
    GsSndSignal sig_data;
    struct GsNode * next;
} GsNode;
typedef struct GsSndSignal {
    unsigned int signo;          /* 需要处理的信号 */
    gs_thread_t thread;          /* 发送信号的线程 ID */
    GsSignalCheck check;         /* 信号发送线程需要检查的信息 */
} GsSndSignal;
typedef struct GsSignalCheck {
    GsSignalCheckType check_type;
    uint64 debug_query_id;
    uint64 session_id;
} GsSignalCheck;
```

信号处理的几个主要流程为初始化模拟信号机制、注册信号处理函数、发送信号和处理信号。具体的处理逻辑如下。

(1) 初始化模拟信号机制函数 gs_signal_slots_init。在 gs_signal_slots_init 处理函数中完成以下功能。

① 根据传入的槽位个数，分配内存。遍历每个槽位，进行初始化，初始化时调用 gs_signal_init 函数对每个槽位的 GsSignal(GsSignal 是 openGauss 封装的模拟信号结构体，里面包含了信号掩码和信号处理函数等成员)进行初始化。

② 在 gs_signal_init 函数中，对 GsSignal 分配内存和初始化，初始化时调用 gs_signal_ sigpool_init 函数对信号池初始化。

③ 在 gs_signal_sigpool_init 函数中,对信号池进行分配内存和初始化。

(2) 注册信号处理函数 gspqsignal。在 gspqsignal 处理函数中完成以下功能。

① 调用“gs_signal_register_handler(t_thrd.signal_slot-> gssignal,signo,func);”函数把信号对应的处理函数注册到 GsSignal 中。在注册之前,需要为线程分配一个 signal_slot,这个是在 gs_signal_startup_siginfo 函数中完成的。

② 在 gs_signal_startup_siginfo 函数中,调用 gs_signal_alloc_slot_for_new_thread 函数为线程分配一个 signal_slot。该函数的功能是遍历“g_instance.signal_base-> slots”,找到一个未使用的 slot(thread_id 为 0 表示未使用),然后设置本线程 ID 和线程名称。

(3) 发送信号函数 gs_signal_send。在 gs_signal_send 处理函数中完成以下功能。

① 调用函数 gs_signal_find_slot 找到要发送线程所在的 GsSignalSlot。

② 调用函数 gs_signal_set_signal_by_threadid 设置模拟信号。该函数首先检查信号在使用列表中是否已经存在,如果已经存在,则直接返回;如果不存在,则在空闲列表中找到一个空闲 GsNode,设置信号值,发送线程 ID、check_type 到 sig_data 中,最后把空闲 GsNode 移到使用列表中。

③ 调用函数 gs_signal_thread_kill 发送信号通知。该函数遍历 GsSignalSlot,找到匹配的线程 ID,然后调用“gs_signal_thread_kill(thread_id,RES_SIGNAL);”函数给具体线程发送信号通知。语句“# define RES_SIGNAL SIGUSR2”表示内部统一都使用 SIGUSR2 发送通知。

(4) 处理信号函数 gs_signal_handle。在函数 gs_signal_handle 中完成以下功能。

① 遍历信号池使用列表,找到一个需要处理的信号。

② 找到这个信号对应的信号处理函数,把 GsNode 移到空闲列表中。

③ 调用 gs_signal_handle_check 函数检查当前的条件是否仍然满足,如果仍然有效,回调处理函数。

3.8　本章小结

本章主要介绍了 openGauss 的一些公共组件机制,每个内容都比较独立。系统表是 openGauss 的元数据,本章主要介绍了系统表的定义和 syscache 访问机制;数据库初始化是数据库安装后的第一步,它负责创建数据库的模板数据库和数据目录;多线程架构是 openGauss 启动后的运行机制,本章介绍了主线程的初始化流程、后台线程的启动、各个线程的功能和线程之间的通信机制;线程池技术是解决大并发链接的有效方法,本章介绍了线程池机制的原理,各个类之间的关系和设计原因;内存管理是 openGauss 的内存资源管理组件,本章介绍了 openGauss 的三级内存管理机制;多维监控是 openGauss 性能调优手段的基础,本章介绍了性能视图的基本实现原理;模拟信号机制是 openGauss 多线程处理紧急事件的机制,本章介绍了这个机制的实现原理。

第4章

存储引擎源码解析

OLTP、OLAP业务分别对数据库的存储引擎提出了不同的要求，而openGauss能够支持多个存储引擎来满足来自不同场景的业务诉求。本章将逐一介绍各种存储引擎和对应的源码。

4.1 存储引擎整体架构与代码

从整个数据库服务的组成构架来看，存储引擎向上对接SQL引擎，为SQL引擎提供标准化的数据格式(元组或向量数组)，向下对接存储介质，按照特定的数据组织方式，以页面、列存储单元(Compression Unit，CU)或其他形式为单位，通过存储介质提供的特定接口，对存储介质中的数据完成读、写操作。在此基础之上，存储引擎通过日志系统保证数据的持久化和可靠性，通过并发控制(事务)系统保证同时执行的、多个读写操作之间的原子性、一致性和隔离性，通过索引系统提供对特定数据的加速寻址和查询能力，通过主备复制系统提供整个数据库服务的高可用能力。

图4-1是openGauss存储引擎整体构架的示意图。总体上，根据存储介质和并发控制机制，存储引擎分为磁盘引擎和内存引擎两大类。磁盘引擎主要面向通用的、大容量的业务场景，内存引擎主要面向容量可控的、追求极致性能的业务场景。在磁盘引擎中，为了满足不同业务场景对于数据的访问和使用，openGauss进一步提供了astore(append-store，追加写优化格式)、cstore(column store，列存储格式)及可拓展的数据元组和数据页面组织格式。在内存引擎中，openGauss当前提供基于Masstree结构组织的mstore(memory-store，内存优化格式)数据组织格式。

openGauss存储引擎如表4-1所示。

openGauss存储引擎具有以下几个特点。

(1) 统一的日志系统。

在openGauss的存储引擎中，磁盘引擎和内存引擎共用同一套日志系统，以保证在数据库故障恢复场景下，各引擎内和引擎间的数据持久性和一致性。基于上述统一的日志系统，openGauss支持主、备机(主、备数据库服务进程)之间的流式日志复制，并通过Quorum复制协议，在保证复制一致性的前提下，尽可能降低日志同步对主机业务的影响。

(2) 多种并发控制和事务系统。

在openGauss的存储引擎中，有两种并发控制和事务系统：适合高并发、高冲突、追求确定性结果的悲观并发控制机制；适合低冲突、短平快、低时延的乐观并发控制机制。

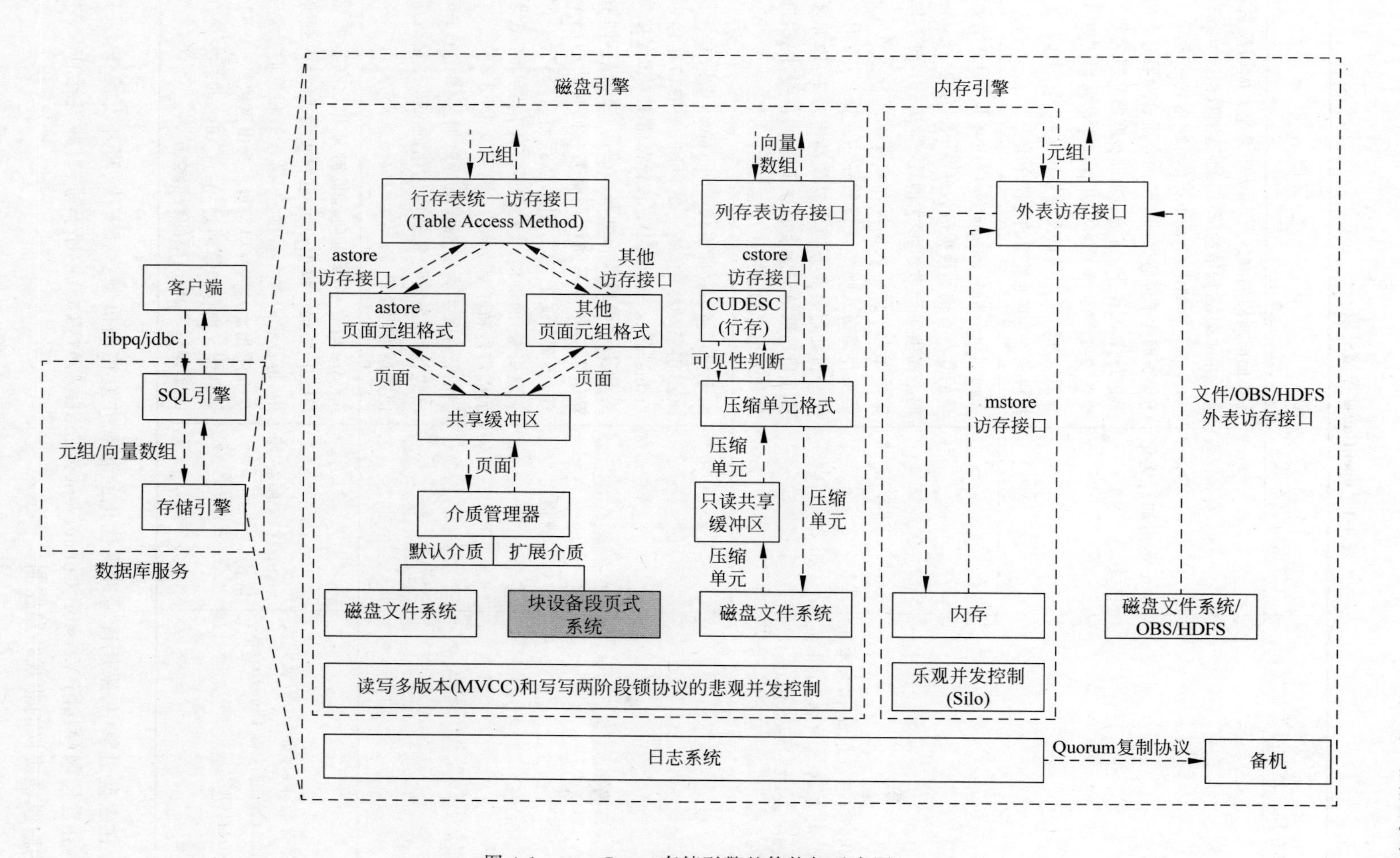

图 4-1　openGauss 存储引擎整体构架示意图

表 4-1　openGauss 存储引擎

父类 （存储介质和并发控制）	子类 （数据组织形式）	说　明
磁盘引擎（磁盘介质，多版本和悲观并发控制（Pessimistic Concurrency Control，PCC））	astore（追加写优化格式）	主要面向通用的在线交易处理类业务应用场景，适合高并发、小数据量的单点或小范围数据读、写操作。astore 为行存储格式，向上提供元组形式的读、写；向下以页面为单位通过可扩展的介质管理器对存储介质进行读、写操作；并通过页面粒度的共享缓冲区来优化读、写操作的效率。当前行存存储格式默认的介质管理器采用磁盘文件系统接口，后续可扩展支持块设备等其他类型的存储介质
	cstore（列存储格式）	面向联机分析处理类业务应用场景，适合大数据量的复杂查询和数据导入。cstore 为列存储格式，向上提供向量数组形式的读、写接口；向下以压缩单元为单位将数据保存在磁盘文件系统中（当前列存储格式唯一支持的存储介质）。考虑到联机分析处理类业务通常以读操作为主，因此还提供了以压缩单元为粒度的只读共享缓冲区，以加速压缩单元的读操作性能
	扩展存储格式	对于行存储类存储格式，openGauss 提供了与上层 SQL 引擎对接的、统一的、可扩展的访存接口层（table access method）。该行存储统一访存接口层为 SQL 引擎提供元组形式的读、写接口，同时屏蔽了下层各种不同行存储类存储格式的内部实现，从而实现了 SQL 引擎与存储引擎（行存储类磁盘引擎）的解耦，大幅提升了不同存储格式之间的隔离性和开发效率。 当前行存储类存储格式支持追加写优化的 astore 格式，后续会支持更新写优化的 ustore 格式等其他数据组织格式
内存引擎（内存介质，乐观并发控制（Optimistic Concurrency Control，OCC））	mstore（内存存储格式）	mstore 内存引擎面向超低时延和超高吞吐量的 OLTP 场景。数据以元组粒度存储于内存介质中，得益于内存介质读、写操作的超低时延（与磁盘介质相比），内存引擎可以提供极致的 OLTP 业务性能。内存引擎通过 openGauss 的外表访存接口实现与 SQL 引擎的数据交互

在磁盘引擎中，采用读写冲突优化的悲观并发控制机制：对于读、写并发操作，采用多版本并发控制（Multi-Version Concurrency Control，MVCC）；对于写、写并发操作，采用基于两阶段锁协议的悲观并发控制。

在内存引擎中，采用乐观并发控制来尽可能降低并发控制系统对业务的阻塞，以获得极致的事务处理性能和时延。

(3) 表级存储格式、存储引擎和跨格式事务。

openGauss 的存储引擎支持在建表语句中指定目标表的存储格式和存储引擎，即行存储 astore、列存储 cstore、内存 mstore 和后续扩展的其他存储格式或存储引擎。因此，在同一个数据库中，为了适配不同的业务场景，用户可以创建不同存储格式或不同存储引擎的表。当 openGauss 在同一个事务内时，其支持对同一引擎不同存储格式表的读写查询，这将极大地简化不同存储格式表中数据一致性、同步性和实时性的运维难度。后续 openGauss 版本计划支持跨引擎事务，这将使得 openGauss 在面对多样化的业务场景时显得更为游刃有余。

(4) 统一的行存储访存接口。

在 openGauss 的磁盘引擎中，行存储类存储格式是最传统也是使用场景最广泛的存储格式。针对不同的业务场景，行存储格式需要进行不同的优化和设计。为了便于后续新型行存储格式的扩展，openGauss 提供了统一的行存储访存接口层，为上层 SQL 引擎屏蔽了底层不同的行存储数据组织形式。

对于不同的行存储数据格式，它们向上对接统一的行存储访存接口，向下共享缓冲区管理、事务并发控制、日志系统、持久化和故障恢复、主备系统、索引机制。同时，不同的行存储数据格式内部又实现了不同的元组和页面格式，以及在此之上的访存接口、元组多版本、页面多版本、空闲空间管理回收等不同功能。

openGauss 存储引擎的代码主要位于“src/gausskernel/storage/”目录下，具体目录结构如下：

```
-- src
    -- gausskernel
        -- storage
            -- access
            -- buffer
            -- bulkload
            -- cmgr
            -- cstore
            -- dfs
            -- file
            -- freespace
            -- ipc
            -- large_object
            -- lmgr
            -- mot
            -- page
            -- remote
            -- replication
            -- smgr
```

每个子目录都是一个相对独立的模块，和本章内容相关的如表 4-2 所示。

表 4-2 存储引擎子目录

模块名	子目录	说　明
访存模块	access 子目录	主要包含：各种行存储格式、元组格式，元组与页面之间的转换和访存管理，元组扫描、插入、删除和更新功能的接口实现，B-Tree、hash、GIN（Generalized Inverted Index，通用倒排索引）、GiST（Generalized Search Tree，通用搜索树）、psort（列存储局部排序索引）的访存管理和接口实现，各类数据库操作对应的日志实现和恢复机制，事务模块实现
行存储共享缓冲区模块	buffer 子目录	主要包含：行存储共享缓冲区的结构，物理页面和缓冲区页面的映射管理，缓存页面的加载和淘汰算法等
列存储只读共享缓冲区模块	cmgr 子目录	主要包含：cstore 列存储格式只读共享缓冲区的结构，压缩单元和缓冲区的映射管理，缓冲压缩单元的加载和淘汰算法等
列存储访存模块	cstore 子目录	主要包含：cstore 列存储格式中向量数组与压缩单元之间的转换和访存管理，以及在此基础上向量数组的扫描、插入、删除和更新功能的接口实现
文件操作和虚拟文件描述符模块	file 子目录	主要包含：磁盘文件系统存储介质的文件和目录操作，虚拟文件描述符的实现和管理
行存储空闲空间管理模块	freespace 子目录	主要包含：各种行存储格式中页面空闲空间的管理
内存引擎模块	mot 子目录	主要包含：内存引擎的实现
页面模块	page 子目录	主要包含：各种行存储格式中页面格式、页面校验、页面加密和页面压缩
备机页面修复模块	remote 子目录	主要包含：从备机获取完整页面或压缩单元，用于修复主机损坏的页面或压缩单元
主备日志复制模块	replication 子目录	主要包含：主备日志发送和接收线程的实现，流式日志同步功能的实现，Quorum 复制协议的实现，逻辑日志的实现及主备重建，主备心跳检测功能的实现
存储介质管理模块	smgr 子目录	主要包含：存储介质管理层的实现，磁盘文件系统（当前默认的存储介质）的基本功能接口实现

除以上的这些模块外，storage 目录下剩余的子目录分别属于：外表批量导入模块（bulkload 子目录）、外表服务器连接模块（dfs 子目录）、进程间通信模块（ipc 子目录）、大对象模块（large_object 子目录）、锁管理模块（lmgr 子目录）。

openGauss 存储引擎相关的后台线程（见表 4-3）实现代码包含在“src/gausskernel/process/postmaster”目录下。在后续介绍具体相关模块消息序列时会详细介绍这些线程的工作原理和执行流程。

表 4-3　openGauss 存储引擎相关的后台线程

线程名	文件名	说　明
ADIO 线程	aiocompleter. cpp	该线程主要负责异步-同步读写操作（Asynchronous-Direct Input-Output，ADIO）的后台预取和回写
autovacuum 线程	autovacuum. cpp	该线程主要负责磁盘引擎的后台空闲空间回收
bgwriter 线程	bgwriter. cpp	该线程主要负责行存储表的后台脏页写入磁盘（当内存数据页跟磁盘数据页内容不一致时，称这个内存页为“脏页”。内存数据写入磁盘后，内存和磁盘上的数据页的内容就一致了，称为“干净页”）
cbmwriter 线程	cbmwriter. cpp	该线程主要负责增量页面修改信息的后台异步提取和修改页面位图（Changed Block Map，CBM）日志的记录
checkpointer 线程	checkpointer. cpp	该线程主要负责在后台定期推进数据库的故障恢复点
lwlockmonitor 线程	lwlockmonitor. cpp	该线程主要负责业务线程轻量级锁的死锁检测
pagewriter 线程	pagewriter. cpp	该线程主要负责行存储共享缓冲区的脏页写入磁盘
pgarch 线程	pgarch. cpp	该线程主要负责在后台定期执行日志归档命令
remoteservice 线程	remoteservice. cpp	该线程主要负责接收主机页面修复远程函数调用（Remote Procedure Call，RPC）请求
startup 线程	startup. cpp	该线程为数据库故障恢复和回放日志的主线程
walwriter 线程	walwriter. cpp	该线程主要负责在后台异步写入磁盘日志

4.2　磁盘引擎

磁盘引擎是数据库系统中最常用的存储引擎，openGauss 提供不同存储格式的磁盘引擎来支持大容量（数据量大于内存空间）场景下的 OLTP、OLAP 和 HTAP（Hybrid Transactions and Analytics Processing，混合交易和分析处理）业务。本节主要介绍 openGauss 内核中磁盘引擎的实现方式。

4.2.1　磁盘引擎整体框架与代码

磁盘引擎的整体框架如图 4-1 中所示。根据与上层 SQL 引擎之间交互的数据结构类型，磁盘引擎的数据格式可以分为行存储格式和列存储格式。这两种数据格式共用相同的事务并发控制、日志系统、持久化和故障恢复、主备系统。

行存储格式内部设计为可以支持多种不同子格式的可扩展架构。不同行存储子格式之间共用相同的行存储统一访存接口、共享缓冲区、索引机制等。当前仅支持追加写优化的 astore 子格式，后续计划支持写优化的 ustore 子格式及面向其他场景优化的其他子格式。在 openGauss 行存储格式中，对同一行数据的写-写查询冲突通过两阶段锁协议来实现并发控制（参见第 5 章中关于行级锁的介绍），对同一行数据的读-写查询冲突通过行级多版本技术来实现互不阻塞的、高效的并发控制。对于不同的行存储子格式，可能采用不同的行级多版本实现方式，从而也会引入不同的、清理历史版本的空闲空间管理和回收机制。

磁盘引擎的主要功能模块和代码分布如表 4-4 所示。

表 4-4 磁盘引擎的主要功能模块和代码分布

功能模块名	说　明
行存储统一访存管理	向上对接 SQL 引擎，提供对行存储表各类访存操作的抽象接口，包括行级查询、插入、删除、修改等操作接口；向下根据行存储表实际的行存储子格式，调用与子格式对应的具体访存操作实现。 代码主要在“src/gausskernel/storage/access/table”目录下
astore 访存管理	提供 astore 行存储格式表的具体访存操作实现，包括对 astore 堆表的行级查询、插入、删除、修改等操作接口，astore 堆表行级多版本机制和元组可见性判断，根据 astore 堆表页间、页内结构及 astore 堆表元组结构完成对 astore 堆表文件的遍历和增、删、改、查操作。 代码主要在“src/gausskernel/storage/access/heap”目录（单表文件管理）和“src/gausskernel/storage/access/hbstore”目录（段页式文件管理）下
astore 堆表/索引表页面结构	包括 astore 堆表/索引表元组在页面内的具体组织形式，在页面内插入元组操作、页面整理操作、页面初始化、页面加解密、页面 CRC（Cyclic Redundancy Check，循环冗余码校验）等。 代码主要在“src/gausskernel/storage/access/redo/bufpage.cpp”文件、“redo_bufpage.cpp”文件和对应头文件中
astore 堆表元组结构	包括 astore 堆表元组的结构、填充、解构、修改、字段查询、变形、压缩、解压等操作。 代码主要在“src/gausskernel/storage/access/common/heaptuple.cpp”文件和对应头文件中
行存储索引访存管理	向上对接 SQL 引擎，提供对索引表的行级查询、插入、删除等操作接口；向下根据索引表页间、页内结构，以及索引表元组结构，完成对指定索引键的查找和增、删操作。 索引访存层抽象框架代码在“src/gausskernel/storage/access/index”目录下，每种索引结构具体对应的实现代码在同级的 gin 目录、gist 目录、hash 目录、nbtree 目录、spgist 目录下
行存储索引表元组结构	包括行存储索引表元组的结构、填充、解构、复制等操作。 代码主要在“src/gausskernel/storage/access/common/indextuple.cpp”文件和对应头文件中
行存储共享缓冲区管理	包括共享缓冲区的结构、页面查找方式、页面淘汰方式等。 代码主要在“src/gausskernel/storage/buffer”目录下
行存储介质管理器管理和堆表/索引表文件管理	包括几种主要介质操作的抽象接口及几种主要的、基于磁盘文件系统的堆表/索引表文件操作接口。 代码在“src/gausskernel/storage/smgr”目录下

续表

功能模块名	说　明
cstore访存管理	向上对接SQL引擎，提供对cstore列存储表的向量数组(vector batch)粒度的查询、插入、删除、修改等操作接口；向下根据cstore列存储表CU间、CU内结构，完成对cstore列存储表文件的遍历和增、删、改、查操作；cstore列存储表CU内和CU间的多版本并发控制和可见性判断。 代码主要在“src/gausskernel/storage/cstore”目录下的cstore_系列文件中
cstore索引访存管理	向上对接SQL引擎，提供对cstore索引表的向量数组粒度的查询、插入等操作接口；向下根据cstore索引表组织结构，完成对指定索引键的查询和插入等操作。 代码主要在“src/gausskernel/storage/access/cbtree”目录(cstore列储存B-Tree索引)下和“src/gausskernel/storage/access/psort”目录(cstore列存储psort索引)下
cstore列存储表CU结构	和行存不同，cstore列存储表与外存的I/O单元为CU。该部分主要包括CU的内部结构、CU的填充和压缩等操作。 代码在“src/gausskernel/storage/cstore/cu.cpp”文件中
cstore列存储表CU只读共享缓冲区管理	包括以CU为单位的只读共享缓冲区的解构、查找、淘汰等。 代码主要在“src/gausskernel/storage/cmgr”目录下
cstore列存储表CU持久化介质模块	包括以CU为粒度的、基于磁盘介质的cstore列存储表文件外存I/O操作。 代码在“src/gausskernel/storage/cstore/custorage.cpp”文件中
预写日志共享缓冲区和文件管理	包括日志记录格式、日志页面格式、日志文件格式、日志插入、日志写入磁盘、日志缓冲区管理、日志归档、日志恢复等操作。 代码在“src/gausskernel/storage/access/transam/xlog”系列文件中
检查点和故障恢复管理	包括页面淘汰算法和检查点推进算法、双写刷盘(写入磁盘)、页面故障恢复等。 代码主要分布在“src/gausskernel/process/postmaster/pagewriter.cpp”“src/gausskernel/process/postmaster/bgwriter.cpp”“src/gausskernel/storage/access/transam/double_write.cpp”“src/gausskernel/storage/access/transam/xlog.cpp”对应头文件和“src/gausskernel/storage/access/redo”目录下
事务管理和并发控制	包括锁管理、事务提交流程、快照维护、提交时间戳维护、可见性判断等。 代码主要在“src/gausskernel/storage/access/transam”目录下。 该部分内容较为复杂，在第5章单独介绍
事务提交日志SLRU(Simple Least Recently Used，简单最近最少使用)共享缓冲区和文件管理	包括事务提交日志的页面格式、读写操作、SLRU缓存算法、清理操作等，与事务管理模块一起介绍
事务提交时间戳日志SLRU共享缓冲区和文件管理	包括事务提交日志(CSNLOG)的页面格式、读写操作、SLRU缓存算法、清理操作等，与事务管理模块一起介绍
关键控制文件管理	主要包括控制文件、根系统表文件等关键文件的读、写操作。 代码分布较广

在上述模块基础上，openGauss 磁盘引擎还包括 CU 压缩、外表、批量导入等功能，代码分布在“src/gausskernel/storage/cstore/compression”“src/gausskernel/storage/access/dfs”“src/gausskernel/storage/bulkload”等目录下。

openGauss 磁盘引擎的关键技术整体包括：

(1) 基于事务提交逻辑时间戳的快照隔离机制及多版本并发控制技术；

(2) 基于事务号的行级多版本管理技术；

(3) 基于大内存设计的共享缓冲区管理和淘汰算法；

(4) 平滑无性能波动的增量检查点(checkpoint)技术；

(5) 基于并行回放的快速故障实例恢复技术；

(6) 支持事务语义的 DML 操作和 DDL 操作；

(7) 面向 OLAP 场景的 cstore 列存储格式，当表中列数比较多但访问的列数比较少时可以大大减少不必要的列的 I/O 开销；

(8) 面向 OLAP 场景的 cstore 列存储批量访存接口，向上支持以向量数组为粒度的批量数据访存接口，结合向量化执行引擎提升 CPU 缓存命中率和系统吞吐率；

(9) 面向 OLAP 场景的 cstore 列存储高效压缩算法，基于同一列比较相似的数据特征，在大数据量下获得很高的压缩效果，减少系统的 I/O 开销。

4.2.2 行存储统一访存接口

如上所述，openGauss 提供行存储统一访存接口层，来屏蔽不同行存储子格式内部实现机制对 SQL 引擎的影响。该行存储统一访存接口层被称为 Table Access Method 层。根据 SQL 引擎对行存储表的访存方式，将访存接口分为 5 类，如表 4-5 所示。每类接口的具体操作如表 4-6～表 4-10 所示。

表 4-5 Table Access Method 定义的访存接口

接口类别	接口含义
Tuple AM Slot AM	元组(tuple)和元组槽(slot)操作抽象层，包括元组数据结构的抽象、元组操作的抽象，执行引擎无须关注元组属于哪种行存储子格式，只需要调用元组数据结构基类的抽象操作接口，就可操作不同行存储子格式的元组，从而屏蔽不同行存储子格式物理元组结构、访问方法的差异
TableScan AM	表扫描(table scan)抽象层，包括 TableScan 数据结构的抽象、TableScan 管理操作的抽象，执行引擎无须关注行存储子格式内部 TableScan 结构的差异，通过调用 TableScan 数据结构基类的抽象管理接口，就可完成不同行存储子格式的 TableScan 管理，屏蔽不同行存储子格式内部实现的差异
DQL AM	元组查询(Data Query Language，DQL)操作抽象层，包括获取元组、元组可见性判断等查询操作的抽象
DML AM	元组写操作抽象层，包括元组插入、删除、更新、锁定等接口的抽象

续表

接口类别	接口含义
DDL AM	表物理操作抽象层,这里统称为DDL抽象层,涉及表物理文件操作相关接口的抽象,例如CTAS、TRUNCATE、LOAD/COPY、VACUUM、VACUUM FULL、ANALYZE、REBUILD INDEX、ALTER TABLE RESTRUCT等DDL语法。该层也可以支持存储管理的抽象功能,如屏蔽不同行存储子格式的文件/目录管理模块、SMGR访问等差异

表4-6 Tuple AM、Slot AM类访存接口

接口名称	接口含义
tableam_tslot_clear	清理slot tuple,主要是被ExecClearTuple调用
tableam_tslot_materialize	该方法在ExecMaterializeSlot被调用,将slot中的tuple进行local copy(本地复制)
tableam_tslot_get_minimal_tuple	获取slot中的minimal tuple(最小化元组),slot负责管理/释放minimal tuple的内存
tableam_tslot_copy_minimal_tuple	返回slot中minimal tuple的副本,该副本在当前内存上下文中被分配,需要调用者进行释放操作
tableam_tslot_store_minimal_tuple	此函数在指定的TupleTableSlot结构体中存储minimal tuple
tableam_tslot_get_heap_tuple	该函数获取slot中的tuple
tableam_tslot_copy_heap_tuple	该函数返回slot中tuple的副本,该副本在当前内存上下文中被分配,需要调用者进行释放操作
tableam_tslot_store_tuple	该方法将对应的物理元组存储到slot中
tableam_tslot_getsomeattrs	强制更新slot中tuple某个属性的values和isnull数组信息
tableam_tslot_getattr	获取当前slot中tuple的某个属性信息
tableam_tslot_getallattrs	强制更新slot中tuple的values和isnull数组
tableam_tslot_attisnull	检查slot中tuple的属性是否为null
tableam_tslot_get_tuple_from_slot	从slot中获取一个tuple,并根据relation结构体中行存储子格式信息转换为对应子格式的tuple
tableam_tops_getsysattr	获取tuple的系统属性
tableam_tops_form_minimal_tuple	根据values和isnull数组内容,新建一个tuple
tableam_tops_form_tuple	根据values和isnull数组内容,新建一个minimal tuple
tableam_tops_form_cmprs_tuple	根据values和isnull数组内容,新建一个被压缩的tuple
tableam_tops_deform_tuple	抽取指定tuple中的data数据到values和isnull数组
tableam_tops_deform_cmprs_tuple	抽取被压缩的tuple中的data数据到values和isnull数组
tableam_tops_computedatasize_tuple	计算需要构造的tuple的data区域的大小
tableam_tops_fill_tuple	根据values和isnull数组中的数据填充tuple的data区域
tableam_tops_modify_tuple	根据一个旧tuple新建一个tuple并更新其values
tableam_tops_free_tuple	释放一个tuple的内存
tableam_tops_tuple_getattr	获取tuple的某个属性信息
tableam_tops_tuple_attisnull	检查tuple的属性是否为null
tableam_tops_copy_tuple	复制并返回一个tuple

续表

接口名称	接口含义
tableam_tops_copy_minimal_tuple	复制并返回一个 minimal tuple
tableam_tops_free_minimal_tuple	释放 minimal tuple 的内存
tableam_tops_new_tuple	新建一个 tuple
tableam_tops_destroy_tuple	销毁一个 tuple
tableam_tops_get_t_self	获取 tuple 中的 self 指针,指向自己在表中的位置
tableam_tops_exec_delete_index_tuples	删除索引的 tuple
tableam_tops_exec_update_index_tuples	更新索引的 tuple
tableam_tops_get_tuple_type	获取 tuple 所属的存储引擎
tableam_tops_copy_from_insert_batch	对 copy from 场景进行批量 INSERT(插入)
tableam_tops_update_tuple_with_oid	根据 table OID(表的唯一标识号)更新 tuple

表 4-7 TableScan AM 类访存接口

接口名称	接口含义
tableam_scan_begin	初始化 scan 结构体,准备执行 table scan(全表扫描)算子
tableam_scan_begin_bm	准备执行 bitmap scan(位图扫描)算子
tableam_scan_begin_sampling	初始化堆表(顺序)扫描操作
tableam_scan_getnexttuple	返回 scan 中的下一个 tuple
tableam_scan_getpage	获取 scan 中的下一页
tableam_scan_end	结束 scan,并释放内存
tableam_scan_rescan	重置 scan
tableam_scan_restrpos	重置扫描位置
tableam_scan_markpos	记录当前扫描位置
tableam_scan_init_parallel_seqscan	初始化并行 sequence scan(顺序扫描)

表 4-8 DQL AM 类访存接口

接口名称	接口含义
tableam_tuple_fetch	根据 tid(元组物理位置)获取 tuple
tableam_tuple_satisfies_snapshot	指定元组对于快照是否可见
tableam_tuple_get_latest_tid	获取 tid 指向的当前 snapshot(快照)可见的最新物理元组

表 4-9　DML AM 类访存接口

接口名称	接口含义
tableam_tuple_insert	插入一条元组到表中
tableam_tuple_multi_insert	插入多条元组到表中
tableam_tuple_delete	删除一条元组，返回并发冲突状态，由调用者根据并发冲突状态决定下一步操作
tableam_tuple_update	更新一条记录，返回并发冲突状态，由调用者根据并发冲突状态决定下步操作
tableam_tuple_lock	锁定一条元组
tableam_tuple_lock_updated	解锁一条元组
tableam_tuple_check_visible	检查元组的可见性
tableam_tuple_abort_speculative	终止 upsert 操作的尝试插入操作，转为更新操作

表 4-10　DDL AM 类访存接口

接口名称	接口含义
tableam_index_build_scan	该方法用于创建索引的首次全表扫描
tableam_index_validate_scan	该方法用于并发创建索引的第二次全表扫描
tableam_relation_copy_for_cluster	将源表数据根据指定的聚簇方式复制到新表中

每个行存储子格式，都需要提供上述这五类访存接口的各自实现方式，并注册到 g_tableam_routines 全局行存储访存接口数组中。SQL 引擎在调用某个访存接口时，会根据 Relation 结构体中表的子格式类型（rd_tam_type 成员），来调用对应的子格式访存接口。

4.2.3　astore

1. astore 整体框架

astore 整体框架如图 4-2 所示。如上所述，作为行存储子格式之一，astore 需要实现自己的堆表存取（访存）管理接口、堆表页面结构、堆表元组结构、元组多版本机制，以及空闲空间管理和回收机制。

2. astore 堆表页面和元组结构

所谓堆表，是指元组无序存储，数据按照"先来后到"的方式存储在页面中的空闲位置。作为对比，在索引表中，元组根据索引键键值的排序，在页面内部有序存储，且各个页面之间在逻辑上也是有序存储的。堆表存储数据主体，索引表仅存储索引键键值及对应的完整元组的物理位置（即完整元组在堆表中的页面号和页内偏移）。

1）astore 堆表元组结构

astore 堆表元组结构的定义部分代码如下：

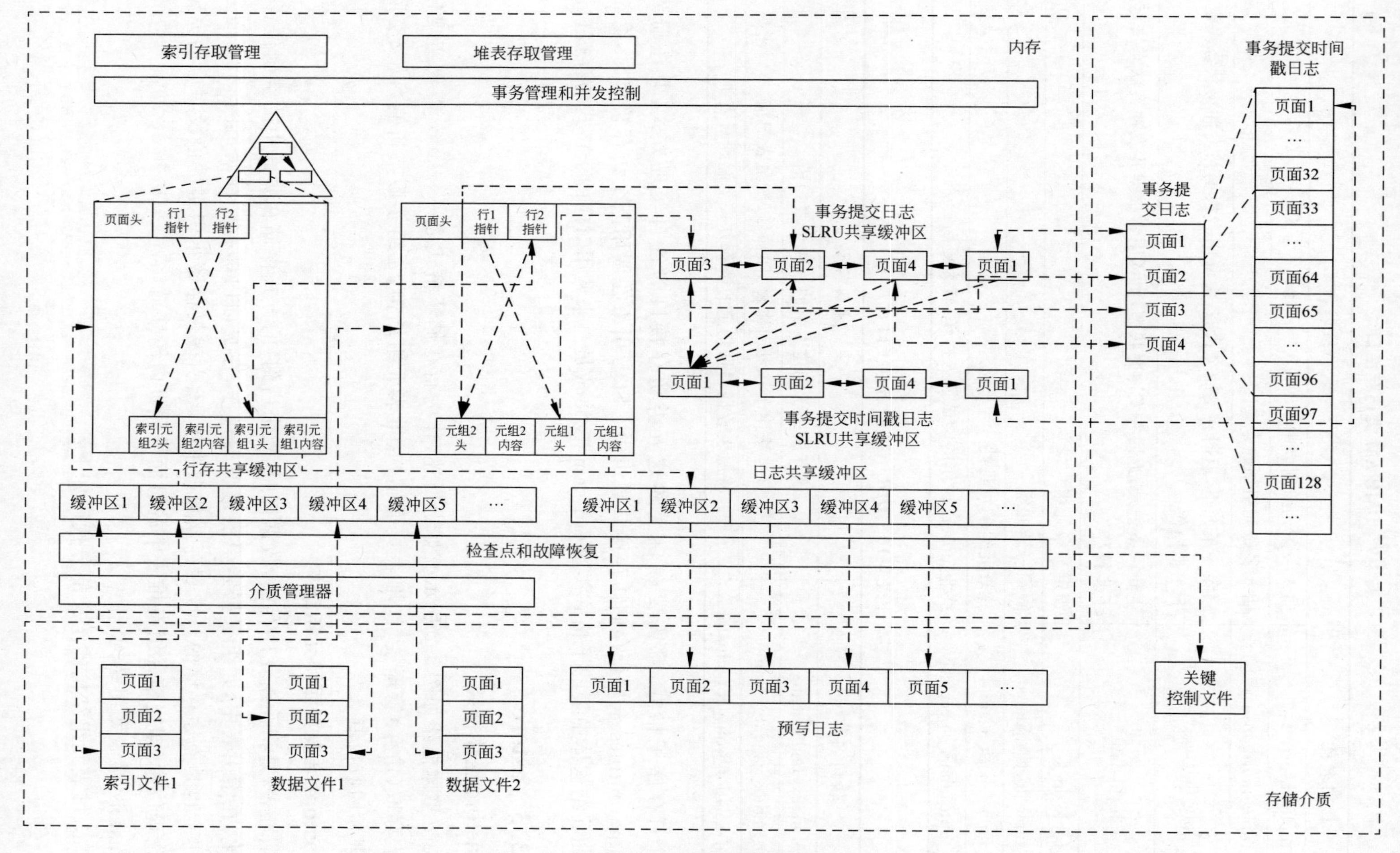

图 4-2　astore 整体框架

```
typedef struct HeapTupleFields {
    ShortTransactionId t_xmin;          /* 插入元组事务的事务号 */
    ShortTransactionId t_xmax;          /* 删除元组事务的事务号 */
    union {
        CommandId t_cid;                /* 插入或删除命令在事务中的命令号 */
        ShortTransactionId t_xvac;
    } t_field3;
} HeapTupleFields;

typedef struct HeapTupleHeaderData {
    union {
        HeapTupleFields t_heap;
        DatumTupleFields t_datum;
    } t_choice;
    ItemPointerData t_ctid;             /* 当前元组或更新后元组的行号 */
    uint16 t_infomask2;                 /* 字段个数和标记位 */
    uint16 t_infomask;                  /* 标记位 */
    uint8 t_hoff;                       /* 包括 NULL 字段位图、对齐填充在内的元组头部大
小 */
    bits8 t_bits[FLEXIBLE_ARRAY_MEMBER];      /* NULL 字段位图 */
    /* 实际元组数据在该元组头部结构体之后,距离元组头部处偏移 t_hoff 字节 */
} HeapTupleHeaderData;
```

该结构体只是元组头部的定义,元组内容跟在该结构体后面,距离元组头部起始处的偏移由"t_hoff"成员保存。上面元组头部结构体部分成员信息,同时也构成了该元组的系统字段(字段序号小于0的那些字段)。各结构体成员的含义说明如下:

(1) t_xmin:插入元组的事务号(32位),对应系统字段序号是MinTransactionIdAttributeNumber(-3)。

(2) t_xmax:删除元组的事务号(32位),如果元组还没有被删除,那么为零,对应系统字段序号MaxTransactionIdAttributeNumber(-5)。

(3) t_cid:插入或删除元组的命令号,对应系统字段序号MinCommandIdAttributeNumber(-4)和MaxCommandIdAttributeNumber(-6)。

(4) t_ctid:当前元组的页面和页面内元组指针下标,如果该元组被更新,为更新后元组的页面号和页面内元组指针下标。

(5) t_infomask2:元组属性掩码,包含元组中字段个数、HOT(Heap Only Tuple,堆内元组)更新标记、HOT元组标记等。

(6) t_infomask:元组另一个属性掩码,包含是否有空字段标记,是否有变长字段标记,是否有外部TOAST(The Oversized-Attribute Storage Technique,过长字段存储技术)标记,是否有OID字段标记,是否有压缩标记,插入事务是否提交/回滚标记,删除事务是否提交/回滚标记,是否被更新标记等。如果OID标记存在,那么元组OID从"t_hoff"偏移位置的前4字节获得,对应系统字段序号ObjectIdAttributeNumber(-2)。

(7) t_hoff:元组数据距离元组头部结构体起始位置的偏移。

(8) t_bits:所有字段的NULL值bitmap。每个字段对应t_bits中的一个bit位,因此

是变长数组。

上述元组结构体在内存中使用时嵌入在一个更大的元组数据结构体中，该结构体的定义代码如下。除保存元组内容的 t_data 成员之外，其他的成员保存了该元组的一些其他系统信息，这些信息构成了该元组剩余的一些系统字段内容。

```
typedef struct HeapTupleData {
    uint32 t_len;                    /* 包括元组头部和数据在内的元组总大小 */
    ItemPointerData t_self;          /* 元组行号 */
    Oid t_tableOid;                  /* 元组所属表的 OID */
    TransactionId t_xid_base;
    TransactionId t_multi_base;
    HeapTupleHeader t_data;          /* 指向元组头部 */
} HeapTupleData;
```

该结构体主要成员的含义如下：

(1) t_len：元组长度。

(2) t_self：元组所在页面号和页面内元组指针下标，对应系统字段序号 SelfItemPointerAttributeNumber(-1)。

(3) t_tableOid：该元组所属主表的 OID，对应系统字段序号 TableOidAttributeNumber(-7)。

前文介绍了 astore 堆表元组结构，下面介绍常用的 astore 堆表元组操作接口，如表 4-11 所示。

表 4-11 常用的 astore 堆表元组操作接口

操作接口名	操作含义	对应的行存储统一访存接口
heap_form_tuple	使用传入的、各元组字段的 values 数组和 nulls 数组，生成一条完整的元组。一般用于插入操作	tableam_tops_form_tuple
heap_deform_tuple	使用传入的完整元组及各字段的类型定义，解构各字段的值，生成 values 数组和 nulls 数组。一般用于更新前的准备工作	tableam_tops_deform_tuple
heap_modify_tuple	先调用 heap_deform_tuple 解构传入的原始元组，然后将解构得到的 values 和 nulls 数组中需要更新的字段替换为新的值，最后再调用 heap_form_tuple 生成修改后的完整元组。一般用于更新操作	tableam_tops_modify_tuple
heap_freetuple	释放一条元组对应的内存空间	tableam_tops_free_tuple
heap_copytuple	复制一条完整的元组，包括元组头和元组内容	tableam_tops_copy_tuple
heap_form_cmprs_tuple	类似 heap_form_tuple，生成一条压缩后的元组	tableam_tops_form_cmprs_tuple

续表

操作接口名	操作含义	对应的行存储统一访存接口
heap_deform_cmprs_tuple	类似 heap_deform_tuple,解构一条压缩后的元组	tableam_tops_deform_cmprs_tuple
heap_getattr	获取一条元组中指定的用户或系统字段值	tableam_tslot_getattr
heap_getsysattr	获取一条元组中指定的系统字段值	tableam_tops_getsysattr

在上述操作接口中,heap_getattr 操作接口是最常用的操作接口之一,执行流程如图 4-3 所示。

heap_getattr 操作接口在代码上进行了多处优化:

(1) 判断待访问的字段序号是否大于元组头部保存的元组实际字段个数;如果大于,则通过访问 pg_attribute 系统表得到。该优化来自快速追加表字段特性。该特性允许用户在不需要重写一张表所有行的情况下,在一张表的最后增加一个或多个带默认值约束的字段。

(2) 如果该元组的字段全部非空并且待查询字段之前所有的字段都是定长的,那么在上一个 heap_getattr 查询该字段的操作过程中,会缓存该字段在元组中的字节偏移;之后再次查询时,当满足元组字段全部非空的情况下会使用上述缓存的偏移位置直接读取字段内容。

(3) 读取元组头部的 NULL 值 bitmap,如果该字段对应的 bitmap 中的比特位非 0,则直接返回 NULL 值。

2) astore 堆表页面结构

由于整体行存储格式默认的介质管理器是磁盘文件系统,因此 astore 堆表页面采用了和文件系统类似的段页式设计,最小 I/O 单元为一个页面,这样可以在大多数场景下获得比较好的 I/O 性能和较低的 I/O 开销。一个 astore 堆表页面默认大小为 8KB,其结构如图 4-4 所示。

在一个 astore 堆表页面中,页面头部分对应 HeapPageHeaderData 结构体。其中,pd_multi_base 及之前的部分对应定长成员,存储整个页面的重要元信息;pd_multi_base 之后的部分对应元组指针变长数组,其每个数组成员存储页面中从后往前的、每个元组的起始偏移和元组长度。如图 4-4 所示,真正的元组内容从页面尾部开始插入,向页面头部扩展;相应地,记录每条元组的元组指针从页面头定长成员之后插入,往页面尾部扩展;整个页面中间形成一个空洞,供后续插入的元组和元组指针使用。

对于一个 astore 堆表的一条具体元组,有一个全局唯一的逻辑地址,即元组头部的 t_ctid,其由元组所在的页面号和页面内元组指针数组下标组成;该逻辑地址对应的物理地址,则由 ctid 和对应的元组指针成员共同给出。通过页面、对应元组指针数组成员、页面内偏移和元组长度的访问顺序,就可以完整获取到一条元组的完整内容。t_ctid 结构体和元组指针结构体的定义代码如下:

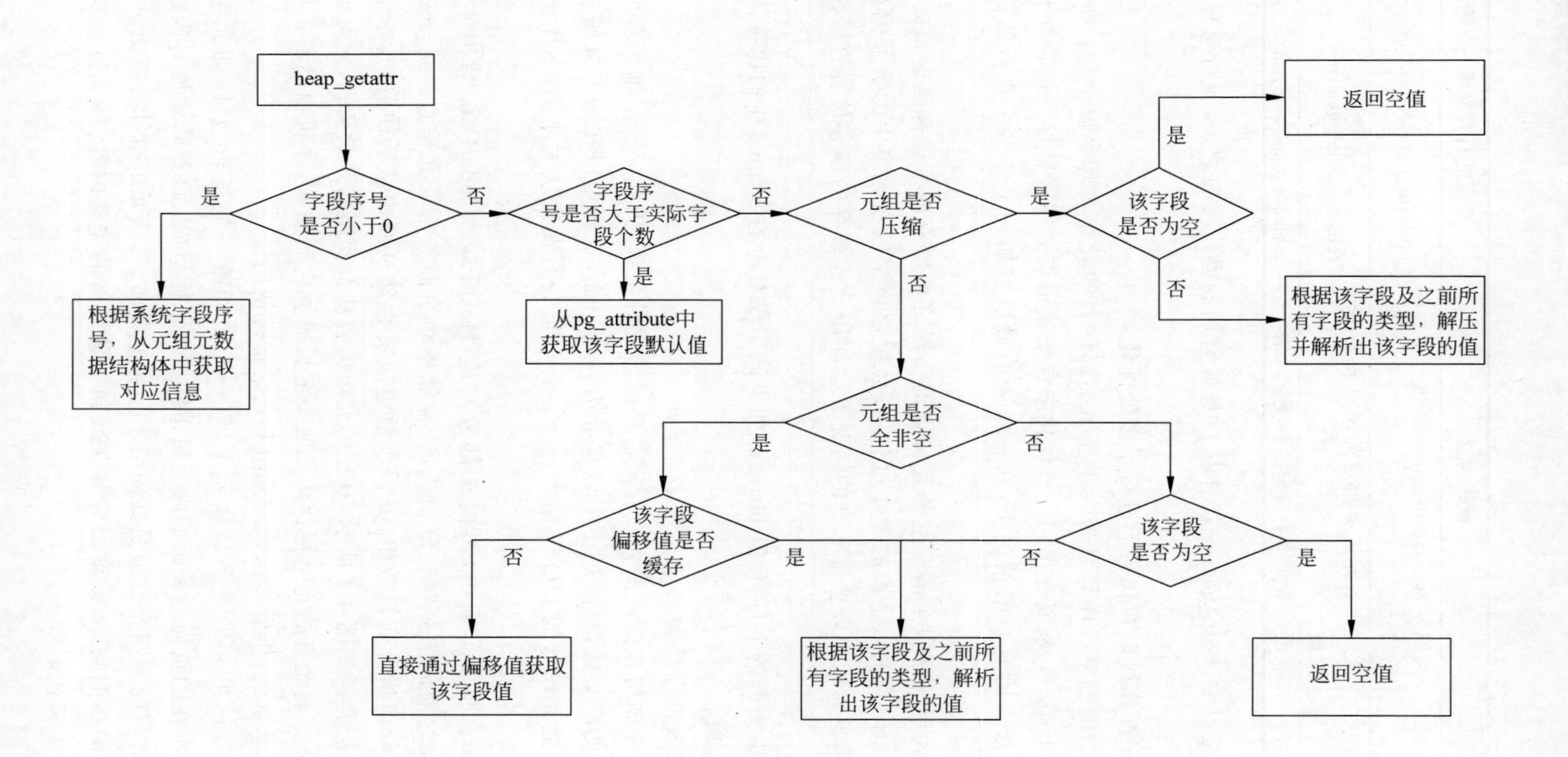

图 4-3　heap_getattr 操作接口执行流程

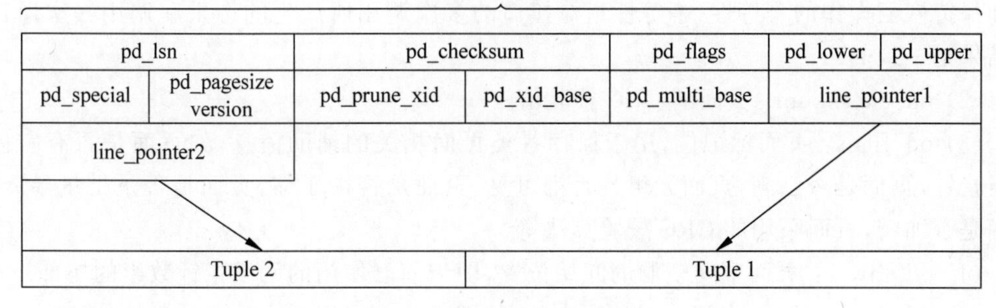

图 4-4 astore 堆表页面结构

```
/ * t_ctid 结构体 * /
typedef struct ItemPointerData {
    BlockIdData ip_blkid;           / * 页号 * /
    OffsetNumber ip_posid;          / * 页面偏移,即对应的页内元组指针下标 * /
} ItemPointerData;
/ * 页面内元组指针结构体 * /
typedef struct ItemIdData {
    unsigned lp_off : 15,           / * 元组起始位置(距离页头) * /
        lp_flags : 2,               / * 元组指针状态 * /
        lp_len : 15;                / * 元组长度 * /
} ItemIdData;
```

以上的元组访问设计,主要有两个优点。

(1) 在索引结构中(参见 4.2.4 节),只需要保存元组的 t_ctid 值即可,无须精确到具体字节偏移,从而降低了索引元组的大小(节约两字节),提升了索引查找效率。

(2) 将页面内元组的地址查找关系自封闭在页面内部的元组指针数组中,和外部索引解耦,从而在某些场景下可以让页面级空闲空间整理对外部索引数据没有影响,降低空闲空间回收的开销和设计复杂度,具体实现机制在"5. astore 空间管理和回收"中介绍。

astore 堆表页面头具体结构体定义代码如下:

```
typedef struct {
    PageXLogRecPtr pd_lsn;          / * 页面最新一次修改的日志 LSN * /
    uint16 pd_checksum;             / * 页面 CRC * /
    uint16 pd_flags;                / * 标志位 * /
    LocationIndex pd_lower;         / * 空闲位置开始处(距离页头) * /
    LocationIndex pd_upper;         / * 空闲位置结尾处(距离页头) * /
    LocationIndex pd_special;       / * 特殊位置起始处(距离页头) * /
    uint16 pd_pagesize_version;
    ShortTransactionId pd_prune_xid;
    TransactionId pd_xid_base;
    TransactionId pd_multi_base;
    ItemIdData pd_linp[FLEXIBLE_ARRAY_MEMBER];
} HeapPageHeaderData;
```

各成员的含义如下:

(1) pd_lsn：该页面最后一次修改操作的预写日志结束位置的下一字节，用于检查点推进和保持恢复操作的幂等性(幂等性指对接口的多次调用所产生的结果和调用一次所产生的结果是一致的)。

(2) pd_checksum：页面的CRC校验值。

(3) pd_flags：页面标记位，用于保存各类页面相关的辅助信息，如页面是否有空闲的元组指针，页面是否已满，页面元组是否都可见，页面是否被压缩，页面是否是批量导入的，页面是否加密，页面采用的CRC校验算法等。

(4) pd_lower：页面中间空洞的起始位置，即当前已使用的元组指针数组的尾部。

(5) pd_upper：页面中间空洞的结束位置，即下一个可以插入元组的起始位置。

(6) pd_special：页面尾部特殊区域的起始位置。该特殊位置位于第一条元组记录和页面结尾之间，用于存储一些变长的页面级元信息，如采用的压缩算法信息、索引的辅助信息等。

(7) pd_pagesize_version：页面的大小和版本号。

(8) pd_prune_xid：页面清理辅助事务号(32位)，通常为该页面内现存最老的删除或更新操作的事务号，用于判断是否要触发页面级空闲空间整理。实际使用的64位prune事务号由"pd_prune_xid"字段和"pd_xid_base"字段相加得到。

(9) pd_xid_base：该页面内所有元组的基准事务号(64位)。该页面所有元组实际生效的64位xmin/xmax事务号由"pd_xid_base"(64位)和元组头部的"t_xmin/t_xmax"字段(32位)相加得到。

(10) pd_multi_base：类似"pd_xid_base"字段，当对元组加锁时，会将持锁的事务号写入元组中，该64位事务号由"pd_multi_base"字段(64位)和元组头部的"t_xmax"字段(32位)相加得到。

(11) pd_linp：元组指针变长数组。

astore堆表页面的主要管理接口函数如表4-12所示。鉴于astore采用的元组多版本设计实现方式(参见"3. astore元组多版本机制")，删除操作并不会直接从页面中删除指定的元组，页面管理也没有提供这样的接口。被删除的、过于陈旧的元组，通过页面空闲空间整理流程(参见"5. astore空间管理和回收")完成。

表4-12 astore堆表页面的主要管理接口函数

函数名	操作含义
PageAddItem	在页面中插入一条新的元组
PageRepairFragmentation	页面空闲空间整理

在astore堆表页面中，采用64位页面"pd_xid_base"字段和32位元组"t_xmin/t_xmax"字段组合设计方式的原因如下。

早期openGauss版本采用32位事务号，所以对于OLTP类系统事务号消耗速度很快。当消耗的事务号超过最大事务号一半左右时，整个系统会强制对所有元组进行防止事务号回卷的整理工作。这个过程将阻塞所有写查询，系统不可用。

为了解决这个问题，openGauss将事务号升级到64位。为了平滑兼容之前32位事务号的元组头部结构，openGauss没有改变元组的结构和长度，而是在32位事务号页面头部结构体的基础上，增加了标识整个页面所有元组事务号范围的64位基准事务号"pd_xid_base"和"pd_multi_base"两个字段。同一个页面中所有元组实际的64位"xmin/xmax"字段，一定在"pd_xid_base"字段和"pd_xid_base+2^{32}"之间。

可以通过astore堆表页面头部"pd_pagesize_version"字段中页面版本号来区分32位事务号页面和64位事务号页面。

(1) 版本号等于4，为32位事务号页面。

(2) 版本号等于5，为64位非堆表页面(如索引页面)。这类页面的页头无须保存64位事务号信息，因此和32位事务号页面采用相同的结构。这类页面中可能涉及的64位事务号信息，保存在页面尾部的"pd_special"字段区域中。

(3) 版本号等于6，即为64位astore堆表页面。

对于从32位事务号系统升级上来的astore堆表页面，在部分页面访问场景中(如RelationGetBufferForTuple/heap_delete/heap_update/heap_lock_tuple)，首先会判断访问的页面是否是4号版本。若是4号版本，则调用heap_page_upgrade尝试进行页面版本升级。当页面空闲空间足够放下扩展的两个成员(共16字节)时，调用PageLocalUpgrade函数将页面格式升级到64位，且升级后的pd_xid_base字段和pd_multi_base字段一定为0；如果剩余空间不够，系统会给出报错或告警，并提示用户执行VACUUM FULL命令来手动升级页面。

对于需要修改元组事务号的操作(如heap_insert/heap_multi_insert/heap_delete/heap_update/heap_lock_tuple)，需要判断新写入的64位事务号是否满足在页面的"pd_xid_base"和"pd_xid_base+2^{32}"之间。如果满足，则通过检查；否则，需要调整页面的"pd_xid_base"字段或"pd_multi_base"字段的值以满足上述条件。如果新写入的事务号和页面上现有任意一个元组的"xmin/xmax"事务号差距已经超过2^{32}，系统还会尝试对现有元组进行"freeze"(冻结)操作。如果"freeze"操作之后，上述事务号差距还是超过2^{32}，该查询会报错退出。

32位事务号astore堆表页面头结构代码如下所示，各成员含义可参考64位事务号页面头结构。

```
typedef struct {
    PageXLogRecPtr pd_lsn;
    uint16 pd_checksum;
    uint16 pd_flags;
    LocationIndex pd_lower;
    LocationIndex pd_upper;
    LocationIndex pd_special;
    uint16 pd_pagesize_version;
    ShortTransactionId pd_prune_xid;
```

```
    ItemIdData pd_linp[FLEXIBLE_ARRAY_MEMBER];
} PageHeaderData;
```

3. astore元组多版本机制

openGauss行存储表支持多版本元组机制，即为同一条记录保留多个历史版本的物理元组以解决对同一条记录的读、写并发冲突（读事务和写事务工作在不同版本的物理元组上）。

astore存储格式为追加写优化设计，其多版本元组产生和存储方式如图4-5所示。当一个更新操作将v0版本元组更新为v1版本元组之后，如果v0版本元组所在页面仍然有空闲空间，则直接在该页面内插入更新后的v1版本元组，并将v0版本的元组指针指向v1版本的元组指针。在这个过程中，新版本元组以追加写的方式和被更新的老版本元组混合存放，这样可以减少更新操作的I/O开销。然而，需要指出的是，由于新、老版本元组是混合存放的，因此在清理老版本元组时需要的清理开销会比较大。astore存储格式比较适合频繁插入、少量更新的业务场景。

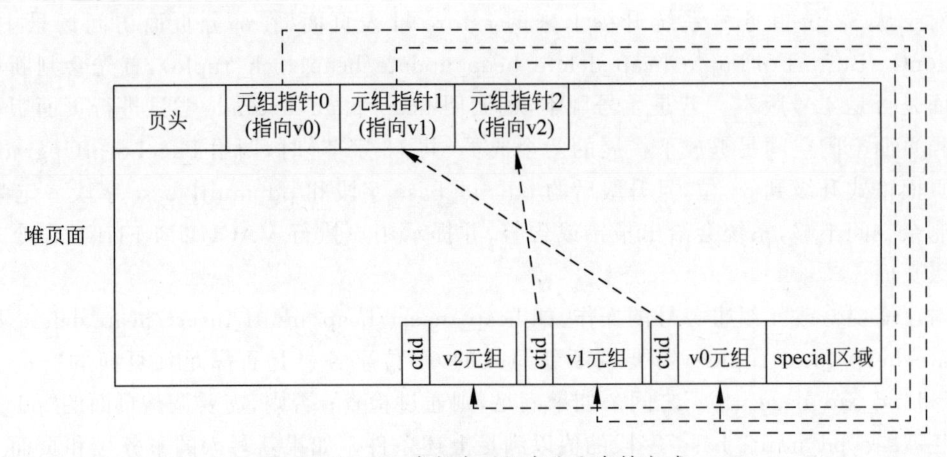

图4-5 astore多版本元组产生和存储方式

下面结合图4-6，介绍openGauss中行存储格式多版本元组的运行机制。

(1) 首先，事务号为10的事务插入一条值为value1的新记录。对应的页面修改为：在0号物理页面的第一个元组指针指向位置，插入一条"xmin"字段为10、"xmax"字段为0、"ctid"字段为(0,1)、"data"字段为value1的物理元组。该事务提交，将CSN从3推进到4，并且在CSN日志中对应事务号10的槽位处记下该CSN的值。

(2) 其次，事务号为12的事务将上面这条记录的值从value1修改为value2。对应的页面修改为：在0号物理页面的第二个元组指针指向位置，插入另一条"xmin"字段为12、"xmax"字段为0、"ctid"字段为(0,2)、"data"为value2的物理元组，同时保留上面第一条插入的物理元组，但是将其"xmax"字段从0修改为12，将其"ctid"字段修改为(0,2)，即新版本元组的物理位置。该事务提交，将CSN从7推进到8，并且在CSN日志中对应事务号12的槽位处记下该CSN的值。

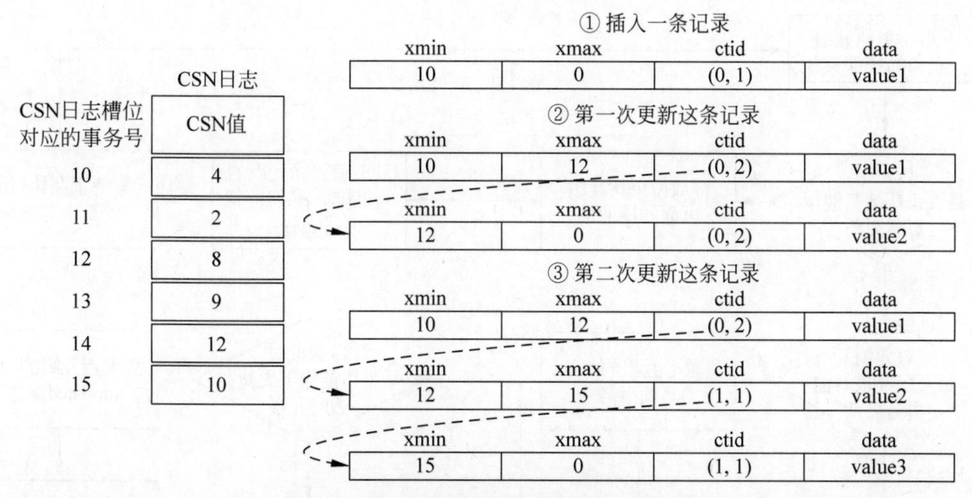

图 4-6　行存储格式多版本元组运行机制

(3) 最后,事务号为 15 的事务将上面这条记录的值从 value2 又修改为 value3,对应的页面修改为:(假设 0 号页面已满)在 1 号物理页面的第一个元组指针指向位置,插入一条"xmin"字段为 15、"xmax"字段为 0、"ctid"字段为(1,1)、"data"字段为 value3 的物理元组;同时,保留上面第 1、第 2 条插入的物理元组,但是将第 2 条物理元组的"xmax"字段从 0 修改为 15,将其"ctid"字段修改为(1,1),即最新版本元组的物理位置。该事务提交,将 CSN 从 9 推进到 10,并且在 CSN 日志中对应事务号 15 的槽位处记下该 CSN 的值。

对于并发的读事务,其在查询执行开始时,会获取当前的全局 CSN 值作为查询的快照 CSN。对于上面同一条记录的 3 个版本的物理元组来说,该读查询操作只能看到同时满足以下两个条件的物理元组版本。

(1) 元组"xmin"字段对应的 CSN 值小于或等于读查询的快照 CSN。

(2) 元组"xmax"字段为 0,或者元组"xmax"字段对应的 CSN 值大于读查询的快照 CSN。

比如,若并发读查询的快照 CSN 为 8,那么这条查询将看到 value2 这条物理元组;若并发读查询的快照 CSN 为 11,那么这条查询将看到 value3 这条物理元组。

对于不同的行存储子格式,上述多版本元组的格式和存储方式可能有所不同,但是可见性判断和并发控制方式都是如图 4-6 中所示的。通过上面介绍的元组可见性判断流程,可以发现,并发的读事务会根据自己的查询快照在同一个记录的多个历史版本元组中选择合适的那个来返回,并且即使是在可重复读的事务隔离级别下,只要使用相同的快照总可以筛选出相同的那个历史版本元组。在整个过程中,读事务不阻塞任何对该记录的并发写操作(更新和删除)。

更详细的元组可见性判断流程将在第 5 章中详细介绍。

对于 astore 行存储格式,更新一条记录的详细执行流程如图 4-7 所示,该图可以帮助读者更形象地理解多版本元组的产生流程,以及写、写并发下的处理逻辑。

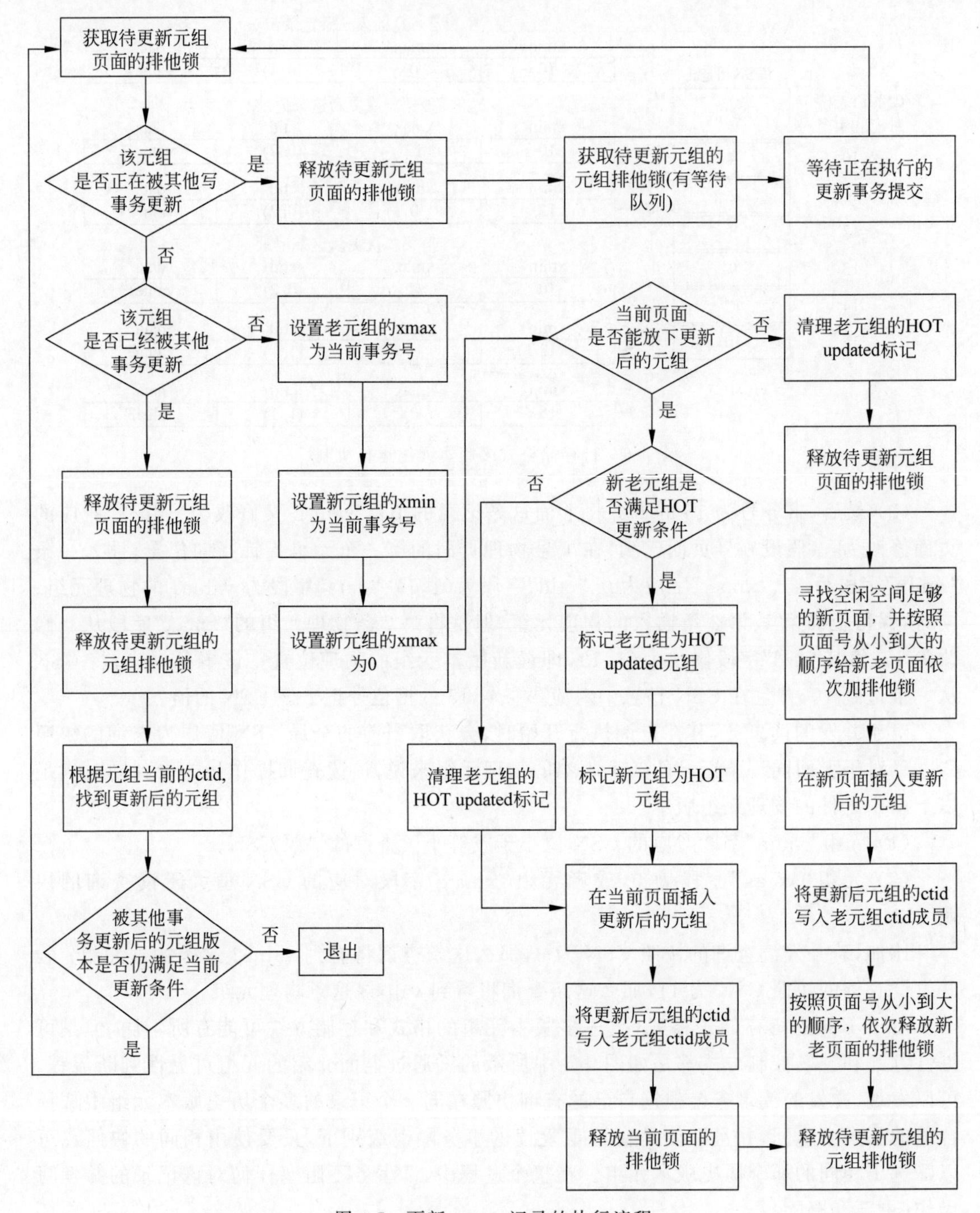

图 4-7　更新 astore 记录的执行流程

4. astore 访存管理

openGauss 中的 astore 堆表访存接口如表 4-13 所示。

表 4-13 astore 堆表访存接口

接口名称	接口含义	对应的行存储统一访存接口
heap_open	打开一个表,得到表的相关元信息	无
heap_close	关闭一个表,释放该表的加锁或引用	无
heap_beginscan	初始化堆表(顺序)扫描操作	tableam_scan_begin
heap_endscan	结束并释放堆表(顺序)扫描操作	tableam_scan_end
heap_rescan	重新开始堆表(顺序)扫描操作	tableam_scan_rescan
heap_getnext	(顺序)获取下一条元组	tableam_scan_getnexttuple
heap_markpos	记录当前扫描位置	tableam_scan_markpos
heap_restrpos	重置扫描位置	tableam_scan_restrpos
heapgettup_pagemode	heap_getnext 内部实现,单页校验模式	无
heapgettup	heap_getnext 内部实现,单条校验模式	无
heapgetpage	(顺序)获取并扫描下一个堆表页面	tableam_scan_getpage
heap_init_parallel_seqscan	初始化并行堆表(顺序)扫描操作	tableam_scan_init_parallel_seqscan
heap_insert	在堆表中插入一条元组	tableam_tuple_insert
heap_multi_insert	在堆表中批量插入多条元组	tableam_tuple_multi_insert
heap_delete	在堆表中删除一条元组	tableam_tuple_delete
heap_update	在堆表中更新一条元组	tableam_tuple_update
heap_lock_tuple	在堆表中对一条元组加锁	tableam_tuple_lock
heap_inplace_update	在堆表中(就地)更新一条元组	无

以 astore 堆表顺序扫描为例,执行流程如下:

(1) 调用 heap_open 接口打开待扫描的堆表,获取堆表的相关元信息,如堆表的行存储子格式为 astore 格式等。该步通常要获取 AccessShare 一级表锁,防止并发的 DDL 操作。

(2) 调用 tableam_scan_begin 接口,从 g_tableam_routines 数组中找到 astore 的初始化扫描接口,即 heap_beginscan 接口,完成初始化顺序扫描操作。

(3) 循环调用 tableam_scan_getnexttuple 接口,从 g_tableam_routines 数组中找到 astore 的扫描元组接口,即 heap_getnext 接口,顺序获取一条 astore 元组,直到完成全部扫描。顺序扫描时,每次先获取下一个页面,然后依次返回该页面上的每条元组。这里提供了两种元组可见性的判断时机。

① heapgettup_pagemode。在第一次加载下一个页面时,加上页面共享锁,完成对页面上所有元组的可见性判断,然后将可见的元组位置保存起来,释放页面共享锁。后面每次直接从保存的可见性元组列表中返回下一条可见的元组,无须再对页面加共享,使用快照的查询,默认都使用该批量模式,因为元组的可见性在同一个快照中不会再发生变化。

② heapgetpage。除第一次加载下一个页面时需要批量校验元组可见性外,在后面每

次返回该页面下一条元组时，都要重新对页面加共享锁，判断下一条元组的可见性。该模式的查询性能较批量模式要稍低，适用于对系统表的顺序扫描(系统表的可见性不参照查询快照，而是以实时的事务提交状态为准的)。

(4) 调用 tableam_scan_end 接口，从 g_tableam_routines 数组中找到 astore 的扫描结束接口，即 heap_endscan 接口，结束顺序扫描操作，释放对应的扫描结构体。

(5) 调用 heap_close 接口，释放对表加的锁或引用计数。

5. astore 空间管理和回收

openGauss 采用最大堆二叉树结构来记录和管理 astore 堆表页面的空闲空间，该最大堆二叉树结构按照页面粒度进行与存储介质的读写操作，并单独储存于专门的空闲空间位图文件中(Free Space Map，FSM)。astore FSM 文件的结构如图 4-8 所示。

所有页面分为叶子节点页面和内部节点页面两种。两种页面的页面内部结构完全相同，区别在于：对于叶子节点页面，其页面中记录的二叉树的叶子节点对应堆/索引表页面的空闲空间程度；对于内部节点页面，其页面中记录的二叉树的叶子节点对应下层 FSM 页面的最大空闲空间程度。

使用 FSM 页面中的 1 字节(即 256 档)来记录一个堆/索引页面的空闲空间程度。在 FSM 页面中不会记录任何堆/索引页面的页号信息，也不会记录任何根、子 FSM 节点页面的页号信息，这些信息主要通过以下规则计算得到。

(1) 在一个 FSM 页面内部，二叉树节点按照从上到下、从左到右逐层排布，即第一字节为根节点的空闲程度，第二字节为第一层内部节点最左边节点的空闲程度，以此类推。

(2) 所有 FSM 页面在物理存储上采用深度优先顺序，即某个 FSM 页面之前所有的物理页面包括该 FSM 页面所在子树的所有上层节点，加上该 FSM 页面所有左侧子树。

(3) 所有 FSM 叶子节点页面中的二叉树的叶子节点，对应堆/索引表页面的空闲空间程度，且根据从左到右的顺序，分别对应第 1 个，第 2 个，…，第 n 个堆/索引表物理页面。

(4) 除(3)中这些 FSM 节点外，其他 FSM 父节点保存子节点(子树)中空闲空间的最大值。

根据上述算法，可以高效地查询出具有足够空闲空间的堆/索引页面的页面号，并将待插入的数据插入其中。

FSM 模块主要的对外接口如表 4-14 所示。

表 4-14　FSM 模块主要的对外接口

接口名称	接口含义
GetPageWithFreeSpace	获取空闲程度大于入参的堆/索引页面号
RecordAndGetPageWithFreeSpace	更新当前(不满足条件的)堆/索引页面的空闲空间程度，寻找新的空闲程度大于入参的堆/索引页面号
RecordPageWithFreeSpace	更新单个堆/索引页面的空闲空间程度
UpdateFreeSpaceMap	更新多个(批量插入的)堆/索引页面的空闲空间程度
FreeSpaceMapTruncateRel	删除所有储存大于某个堆/索引页面号空闲信息的 FSM 页面
FreeSpaceMapVacuum	修正所有 FSM 内部节点的空闲空间信息

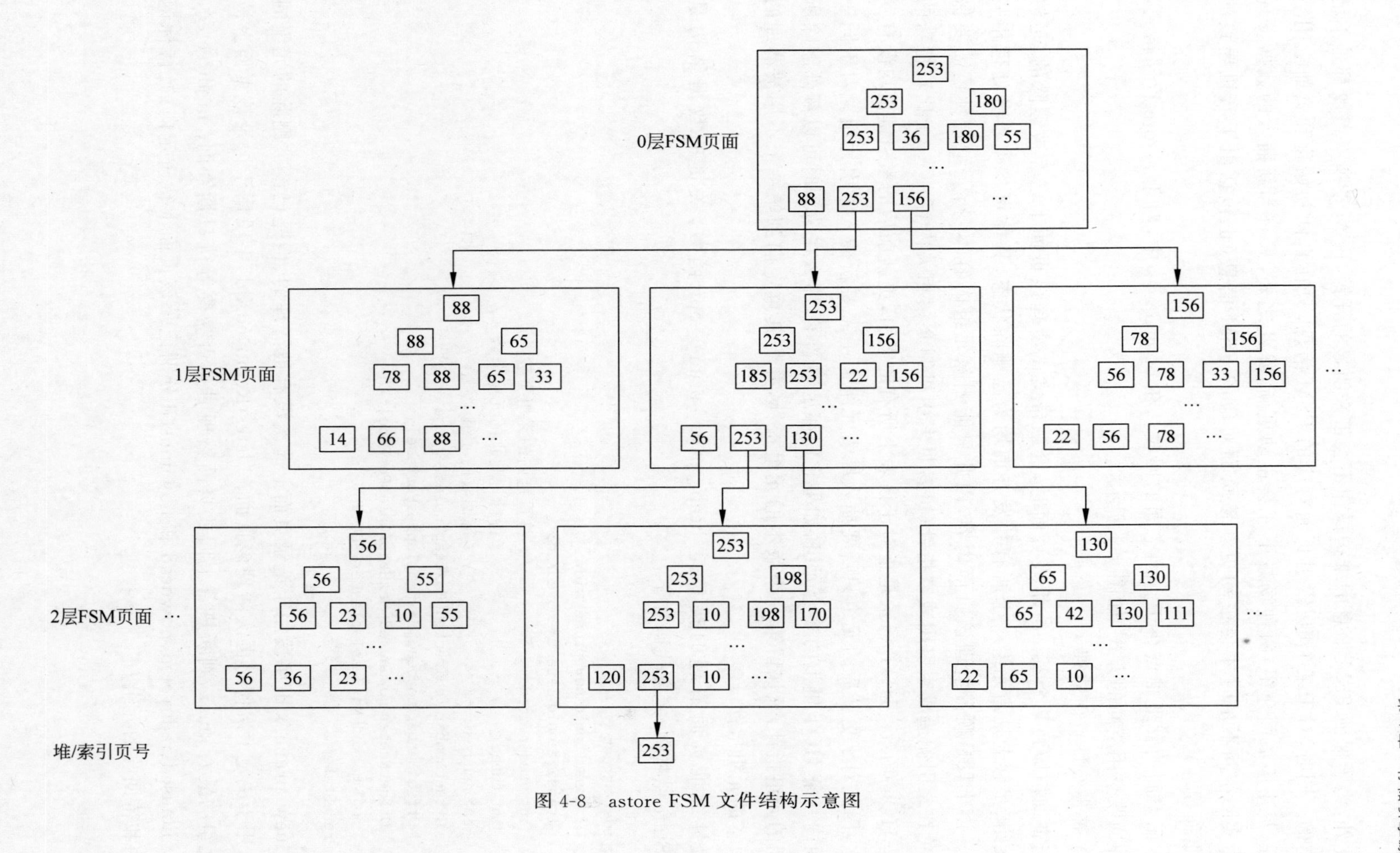

图 4-8　astore FSM 文件结构示意图

此外，为了保证FSM信息的维护操作不会带来明显的开销，FSM的所有修改都是不记录日志的。同时，对于某个堆/索引页面对应的FSM信息，只在页面初始化和页面空闲空间整理（见本节后面介绍）两种场景下才会主动更新，除此之外，只有当新插入的数据发现该页面实际空间不足时才会被动更新该页面对应的FSM信息（也包括由于宕机导致的FSM页面损坏）。

空闲空间的管理难点在于空闲空间的回收。在openGauss中，对于astore存储格式，有3种回收空闲空间的方式，如图4-9所示。

1）轻量级堆页面清理

当查询扫描到某个astore堆表页面时，会顺带尝试清理该页面上已经被删除的、足够老的元组（足够老是指元组对于所有并发查询均为已删除状态，具体可参见事务处理相关内容）。由于只是顺带清理该页面内容，因此只能删除元组内容本身，元组指针还需要保留，以免在索引侧造成空引用或空指针（可参见索引机制介绍相关内容）。一个比较特殊的情况是HOT场景。HOT场景是指对于该表上所有的索引，更新前后的索引键值均没有发生变化，因此对于更新后的元组只需要插入堆表元组而不需要新插入索引元组。对于同一个页面内一条HOT链上的多个元组，如果它们都足够老了，那么在清理时可以额外删除所有中间的元组指针，只保留第一个版本的元组指针，并将其重定向到第一个不用被清理的元组版本的元组指针。

轻量级堆页面清理的接口是heap_page_prune_opt函数，关键的数据结构是PruneState结构体，定义代码如下：

```
typedef struct {
    TransactionId new_prune_xid;
    TransactionId latestRemovedXid;
    int nredirected;            /* 待重定向的元组个数 */
    int ndead;                  /* 待标记死亡的元组个数 */
    int nunused;                /* 待回收的元组个数 */
    OffsetNumber redirected[MaxHeapTuplesPerPage * 2];
    OffsetNumber nowdead[MaxHeapTuplesPerPage];
    OffsetNumber nowunused[MaxHeapTuplesPerPage];
    bool marked[MaxHeapTuplesPerPage + 1];
} PruneState;
```

其中，“new_prune_xid”字段用于记录页面上此次没有被清理的、但是已经被删除的元组的xmax，用于决定下次何时再次清理该页面；“latestRemovedXid”字段用于记录该页面上被清理元组的最大xmax，判断热备上回放页面整理时是否需要等待只读查询；nredirected、ndead、nunused、redirected、nowdead和nowunused分别记录该页面上待重定向的、待标记死亡的和待回收的元组。

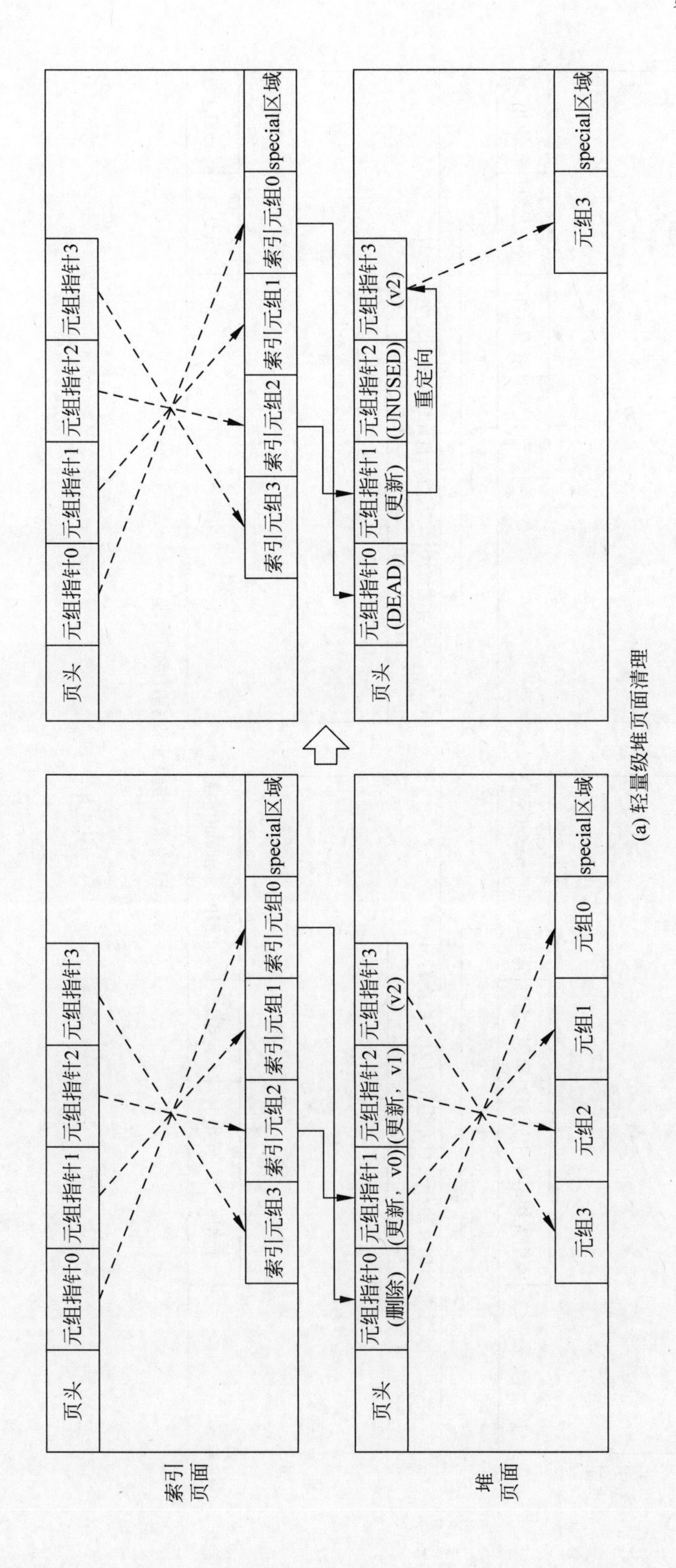

(a) 轻量级堆页面清理

图 4-9　astore 存储格式的空闲空间回收方式

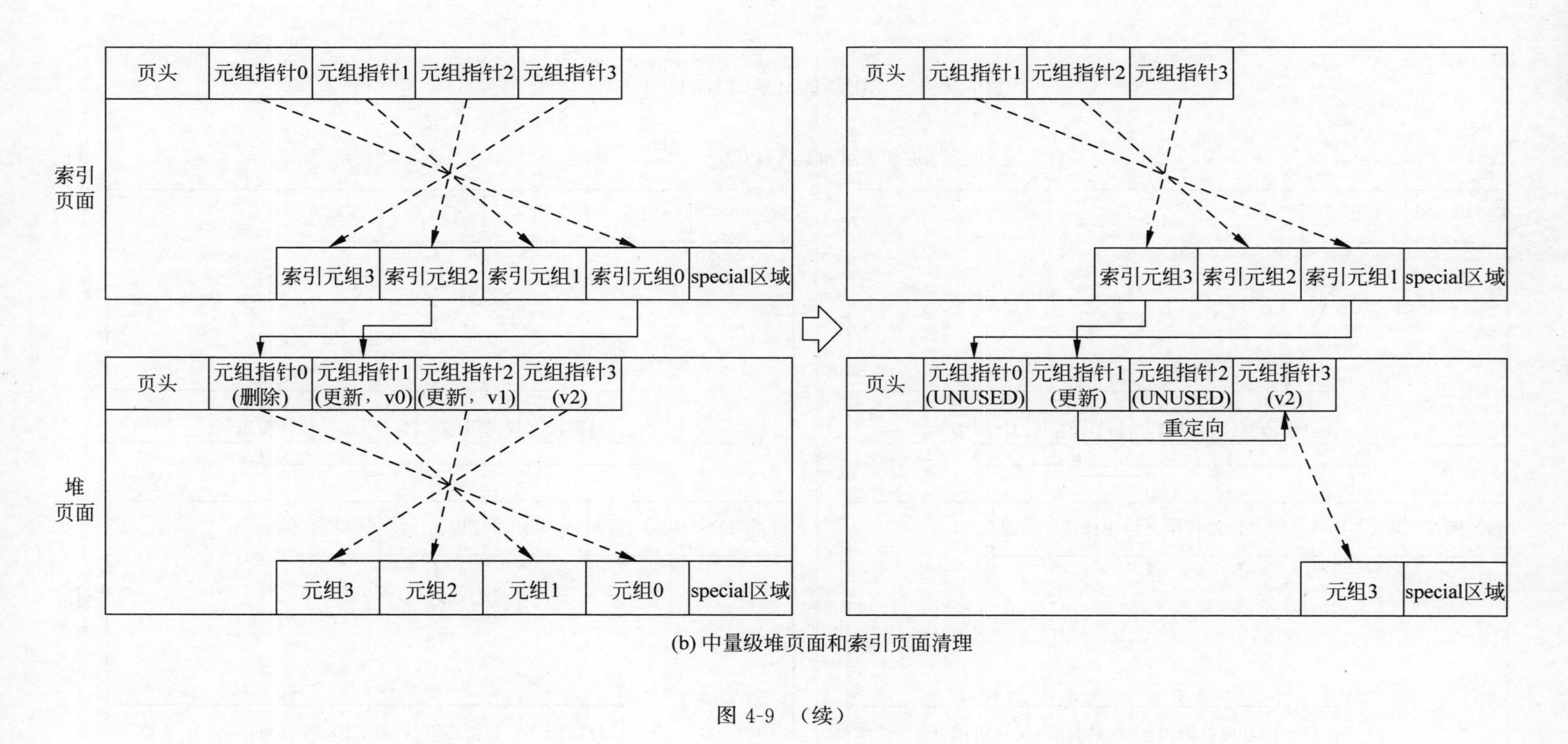

(b) 中量级堆页面和索引页面清理

图 4-9 （续）

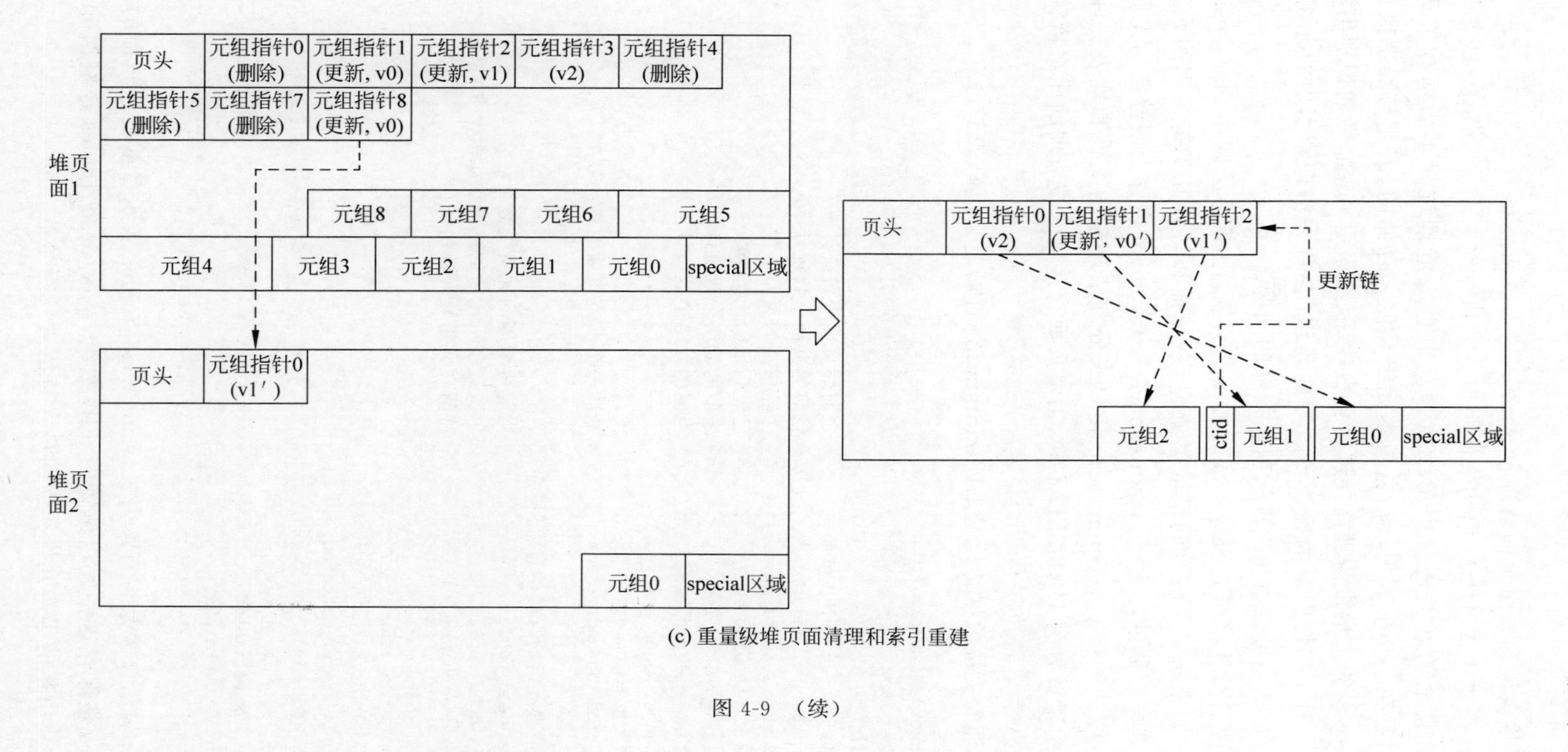

(c) 重量级堆页面清理和索引重建

图 4-9 （续）

2）中量级堆页面和索引页面清理

openGauss提供VACUUM语句来让用户主动执行对某个astore表（或某个库中所有的astore表）及其上的索引进行中量级清理。中量级清理过程不阻塞相关表的查询和DML操作。由于在astore表中，新、老版本元组是混合存储的，因此与顺带执行的轻量级清理相比，astore表的中量级清理需要进行全表顺序（或索引）扫描，才能识别出所有待清理的老版本元组。对于扫描出来的确认要清理的元组，会首先清理索引中的元组，然后再清理堆表中的元组，从而可以避免出现索引空指针的问题。

中量级清理的对外接口是lazy_vacuum_rel函数，内部逐层调用lazy_scan_rel、lazy_scan_heap和heap_page_prune（同轻量级清理）来扫描和暂存几类待清理的元组。当待清理的元组积攒到一定数量之后（受maintenance_work_mem内存上限控制），先后调用lazy_vacuum_index接口和lazy_vacuum_heap接口来分别清理索引文件和堆表文件。其中，与堆表页面将元组指针置为UNUSED不同，索引页面直接删除被清理的元组指针，并进行页面重整。

中量级清理的关键数据结构是LVRelStats结构体，定义代码如下：

```
typedef struct LVRelStats {
    bool hasindex;                    /* 表上是否有索引 */
    /* 统计信息 */
    BlockNumber old_rel_pages;        /* 之前的页面个数统计 */
    BlockNumber rel_pages;            /* 当前的页面个数统计 */
    BlockNumber scanned_pages;        /* 已经扫描的页面个数 */
    double scanned_tuples;            /* 已经扫描的元组个数 */
    double old_rel_tuples;            /* 之前的元组个数统计 */
    double new_rel_tuples;            /* 当前的元组个数统计 */
    BlockNumber pages_removed;
    double tuples_deleted;
    BlockNumber nonempty_pages;       /* 最后一个非空页面的页面号加1 */

    /* 待清理元组的行号信息(已排序) */
    int num_dead_tuples;              /* 当前待清理的元组个数 */
    int max_dead_tuples;              /* 单次最多可记录的待清理元组个数 */
ItemPointer dead_tuples;              /* 待清理元组行号数组 */

    int num_index_scans;
    TransactionId latestRemovedXid;
    bool lock_waiter_detected;
    BlockNumber* new_idx_pages;
    double* new_idx_tuples;
    bool* idx_estimated;
    Oid currVacuumPartOid;
} LVRelStats;
```

其中，hasindex表示该表是否有索引表，num_dead_tuples表示目前已经积攒的要清理的元组，dead_tuples是保存这些元组位置的TID数组，max_dead_tuples是根据maintenance_work_mem计算出来的单次允许积攒的最大待清理元组个数。

需要指出的是，如果在元组更新时就把老版本元组集中存储，那么清理时就无须全表扫描，只需要清理集中存储的老版本元组页面即可，这样可以有效降低清理过程带来的I/O开销，使得整体存储引擎的I/O开销和性能更平稳，这也是后续openGauss版本将支持的ustore行存储格式的设计出发点。

3）重量级堆页面和索引页面清理

无论是轻量级清理，还是中量级清理，都只能局部清理astore页面中的死亡元组，无法真正实现对这些空闲空间的释放（被清理出的空间，仍然只能被该表使用）。因此，openGauss还提供了VACUUM FULL语句来让用户主动执行对某个astore表（或某个库中所有astore表）及其上的索引进行重量级清理。重量级清理将一个表中所有仍未死亡（但是可能已经被删除）的元组重新紧密插入新的堆表文件中并在此基础上重新创建所有索引，从而实现对空闲空间的彻底回收。重量级清理的主体流程只允许用户执行只读查询操作，在重量级清理的提交流程中只读查询操作也会被阻塞。

为了尽可能提高重新创建的索引性能，如果用户堆表上有索引，那么上述全表扫描会采用索引扫描。

重量级清理的对外接口是cluster_rel函数，内部逐层调用rebuild_relation、copy_heap_data、tableam_relation_copy_for_cluster、heapam_relation_copy_for_cluster、copy_heap_data_internal、reform_and_rewrite_tuple、rewrite_heap_tuple。其中，rewrite_heap_tuple接口将每条扫描的未死亡元组进行重构（去除被删除的字段）之后，插入新的紧密排列的堆表中。在这个过程中，对原来多个元组之间的更新链关系采用两个哈希表来进行暂存。当一对更新元组的双方都扫描到之后，就进行新表的填充，并将更新后元组的新TID（Transaction ID，事务ID）保存到更新前的元组中。上述机制保证重量级清理过程中并发更新事务的执行机制不会受到破坏。

重量级清理的关键数据结构是RewriteStateData结构体，其定义代码如下：

```
typedef struct RewriteStateData {
    Relation rs_old_rel;                 /* 源表 */
    Relation rs_new_rel;                 /* 整理后的目标表 */
    Page rs_buffer;                      /* 当前整理的源表页面 */
    BlockNumber rs_blockno;              /* 当前写入的目标表页面号 */
    bool rs_buffer_valid;                /* 当前缓冲区是否有效 */
    bool rs_use_wal;                     /* 整理操作是否产生日志 */
    TransactionId rs_oldest_xmin;        /* 用于可见性判断的最老活跃事务号 */
    TransactionId rs_freeze_xid;         /* 用于元组冻结判断的事务号 */

    MemoryContext rs_cxt;                /* 哈希表内存上下文 */
    HTAB *rs_unresolved_tups;            /* 未匹配的更新前元组版本 */
    HTAB *rs_old_new_tid_map;            /* 未匹配的更新后元组版本 */
    /* 元组压缩相关信息 */
    PageCompress *rs_compressor;
    Page rs_cmprBuffer;
    HeapTuple *rs_tupBuf;
    Size rs_size;
```

```
    int rs_nTups;
    bool rs_doCmprFlag;
    /* 异步 - 同步读写相关 */
    char *rs_buffers_queue;                  /* adio write queue */
    char *rs_buffers_queue_ptr;              /* adio write queue ptr */
    BufferDesc *rs_buffers_handler;          /* adio write buffer handler */
    BufferDesc *rs_buffers_handler_ptr;      /* adio write buffer handler ptr */
    int rs_block_start;                      /* adio write start block id */
    int rs_block_count;                      /* adio write block count */
} RewriteStateData;
```

其中，rs_old_rel 是被清理的表，rs_new_rel 是清理之后的表，rs_oldest_xmin 是判断元组是否死亡的 xid 阈值，rs_freeze_xid 是判断是否进行 freeze 操作的 xid 阈值。rs_unresolved_tups 是保存一对更新元组中老元组的哈希表，rs_old_new_tid_map 是保存一对更新元组中新元组的哈希表，这两个成员共同保证更新链信息不被丢失（在原表中更新后的元组物理位置可能比更新前的元组物理位置还要小）。

重量级操作实际上是一种数据重聚簇操作，对于其他行存储子格式和 cstore 列存储格式同样适用，只是具体实现机制略有不同。

4.2.4 ustore

ustore 属于 In-place Update 存储模式，中文意思为原地更新，是 openGauss 内核新增的一种存储模式。openGauss 内核当前使用的行引擎采用的是 Append Update（追加更新）模式，该模式在 INSERT、DELETE、HOT UPDATE（页面内更新）的场景下有较好的表现。但对于非 HOT UPDATE 场景，垃圾回收不够高效。

In-place Update 存储模式提供"原地更新"能力，主要思路是将最新版本的"有效数据"和历史版本的"垃圾数据"分离存储。将最新版本的"有效数据"存储在数据页面上，而单独开辟一段 undo（回滚）空间，用于统一管理历史版本的"垃圾数据"，因此数据空间不会由于频繁更新而膨胀，垃圾回收效率更高。NUMA-aware 的 undo 子系统设计，使得 undo 子系统在多核平台上高效扩展；对元组和数据页面结构的重新设计，减少了存储空间的占用；采用多版本索引技术，解决了索引膨胀问题；彻底去除 autovacuum（垃圾清理线程）机制，提升了存储空间的回收复用效率。

1. 整体框架与代码

数据库中数据处理的本质是在保证 ACID 的基础上支持尽量高的并发查询。在这种状况下，并发控制、页面多版本控制及页面存储结构相互耦合在一起，数据库存储引擎需要进行整体设计从而在高并发的状况下保证各个事务处理看到类似串行执行的效果。

在整个技术体系中，多版本控制用来提升读写并发能力，按照多版本排列方式多版本控制可以分为两类。

(1) Oldest to New，即版本按照从最老到最新的方式进行链接，当一个事务访问该元组时，先看到这个元组最老的版本，同时使用对应的可见性判断机制，看是否为自己可见的版本,如果不是则沿着版本链条继续往后看较新的版本是否为自己需要的。

(2) Newest to Old,即版本按照从最新到最老的方式进行链接,当一个事务访问该元组时,先看到这个元组最新的版本,同时使用对应的可见性判断机制,看是否为自己可见的版本,如果不是则沿着版本链条继续往后看较老的版本是否为自己需要的。

在上面的描述中又引出一个设计点——如何组织新老数据,组织新老数据有以下两种方式。

(1) 将新数据和老数据放在同样的页面内,即每个数据页内放置各元组的新老数据,在需要进行不可见数据版本回收时需要遍历所有的页面。

(2) 将最新数据和老数据分离存储,在实际的数据页面内放置最新数据,所有的老数据都集中存储,新数据通过一个指针指向老数据所在的数据区域,当进行不可见老数据回收时只要扫描老数据集中存放的位置即可。

当新老数据分别存储的时候又引出第三个设计点,即在对同一个页面或者元组反复读取时,是否要还原对应的页面在数据缓冲区中,这个设计点有以下两种方式。

(1) 访问旧元组所在的页面时,还原该页面,并将该页面的旧版本放入数据缓冲区中,节省一定时间内其他线程多次访问该版本页面带来的合成开销。弊端是占用更大的内存空间,同时缓冲区淘汰管理在原始 LRU(Least Recently Used,最近最少使用算法)基础上同时要考虑页面版本。这种方式对应 PCR(Page Consistency Read,页面一致性读),其本质的设计理念是空间换时间。

(2) 访问元组时,沿着版本链还原该元组,直到找到自己对应的版本。这种方式对于短时间访问冲突不高的场景能够降低内存使用,但如果短时间内高频访问一个页面内的元组,则每次遍历版本链会造成访问效率低下。这种方式对应 RCR(Row Consistency Read,行一致性读)。

按照上面的描述,整个多版本控制设计分为三个维度,如图 4-10 和表 4-15 所示。

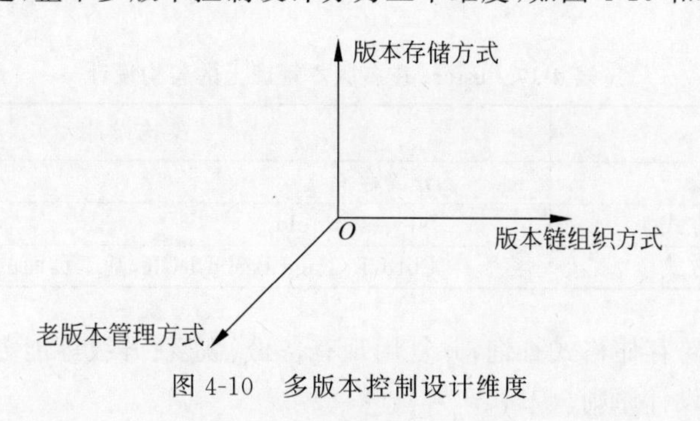

图 4-10 多版本控制设计维度

表 4-15 多版本控制设计维度

维 度	备 选
版本存储方式	集中存储 分离存储

续表

维　度	备　选
版本链组织方式	Oldest to New Newest to Old
老版本管理方式	RCR PCR

当前 openGauss 在版本存储方式、版本链组织方式上的设计选择的是集中存储 + Oldest to New，在清理数据旧版本时需要遍历所有的页面找到不可见的元组版本然后清除。商用及开源的常见数据库的多版本控制设计三维度选择如表 4-16 所示。

表 4-16　常见数据库多版本控制设计三维度选择

数据库	架构设计选择		
	版本存储方式	版本链组织方式	老版本管理方式
常见数据库 A	分离存储	Newest to Old	PCR
常见数据库 B	集中存储	Oldest to New	RCR
常见数据库 C	分离存储	Oldest to New	RCR

不同的多版本控制设计都不能做到尽善尽美，都有些不足之处，相关的缺点如下：

(1) 多核系统上扩展性较差，不支持多核处理器的 NUMA 感知；

(2) 依赖于 Vacuum 进行老版本回收，后台线程需要定期清理；

(3) 缺乏对索引多版本、全局索引、闪回等功能的支持；

(4) PCR 管理方式，内存管理开销较大。

openGauss 的 ustore 存储模式最大程度结合各种设计的优势，在多版本管理上的架构设计如表 4-17 所示。

表 4-17　ustore 在多版本管理上的架构设计

维　度	架构设计
版本存储方式	分离存储
版本链组织方式	Newest to old
老版本管理方式	PbRCR(Page Based RCR，基于页面的行一致性读)

为了事务能够跨存储格式查询，并复用现有备份、恢复、升级等能力，openGauss 定义了以下融合引擎架构设计原则。

(1) 一套并发控制系统。

(2) 一套系统表管理系统。

(3) 一套日志管理系统。

(4) 一套锁管理系统。

(5) 一套恢复系统。

ustore 架构如图 4-11 所示。

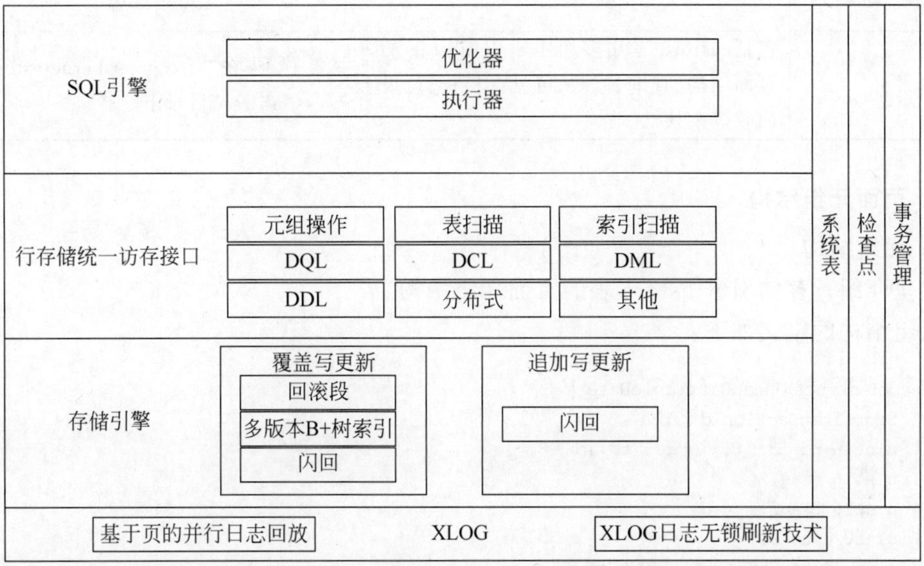

SQL引擎
优化器
执行器
行存储统一访存接口
元组操作 表扫描 索引扫描
DQL DCL DML
DDL 分布式 其他
存储引擎
覆盖写更新
回滚段
多版本B+树索引
闪回
追加写更新
闪回
基于页的并行日志回放 XLOG XLOG日志无锁刷新技术
系统表
检查点
事务管理

图 4-11 ustore 架构

ustore 和 astore 共用事务管理、并发控制、缓冲区管理、检查点、故障恢复管理与介质管理器。ustore 主要功能模块如表 4-18 所示。

表 4-18 ustore 主要功能模块

模 块	说 明	代码位置
ustore 表存取管理	向上对接 SQL 引擎，提供对 ustore 表的行级查询、插入、删除、修改等操作接口，向下根据 ustore 表页间、页内结构，以及 ustore 表元组结构，完成对 ustore 表文件的遍历和增、删、改、查操作	主要在“src/gausskernel/storage/access/ustore”目录（单表文件管理）下
ustore 索引存取管理	向上对接 SQL 引擎，提供对索引表的行级查询、插入、删除等操作接口，向下根据索引表页间、页内结构，以及索引表元组结构，完成对指定索引键的查找和增、删操作	抽象框架代码在“src/gausskernel/storage/access/ubtree”目录下
ustore 表页面结构	包括 ustore 表元组在页面内的具体组织形式，在页面内插入元组操作、页面整理操作、页面初始化操作等	主要代码在“src/gausskernel/storage/access/ustore/knl_upage”目录下
ustore 表元组结构	包括 ustore 表元组的填充、解构、修改、字段查询、变形等操作	主要代码在“src/gausskernel/storage/access/ustore/knl_utuple. cpp”文件中
undo 记录结构	包括 undo 记录的结构、填充、编码、解码等操作	主要代码在“src/gausskernel/storage/access/ustore/undo”目录下

续表

模　块	说　明	代码位置
多版本索引	包括 ustore 专用多版本索引 ubtree 的页面结构、查询、修改、可见性检查、垃圾回收等模块	主要代码在“src/gausskernel/storage/access/ubtree”目录下

2. 页面元组结构

1）元组结构

这里介绍行存储引擎 ustore 表的页面元组结构。

元组结构的定义如下：

```
typedef struct UHeapDiskTupleData {
    ShortTransactionId xid;
    uint16 td_id : 8, locker_td_id : 8;
    uint16 flag;
    uint16 flag2;
    uint8 t_hoff;
    uint8 data[FLEXIBLE_ARRAY_MEMBER];
} UHeapDiskTupleData;
```

该结构体只是元组头部的定义，真正的元组内容跟在该结构体之后，距离元组头部起始处的偏移由 t_hoff 成员保存。上面元组头部结构体部分成员信息同时也构成了该元组的系统字段（字段序号小于 0 的那些字段）。各个结构体成员的含义说明如下：

（1）flag：元组属性掩码，包含是否有空字段标记，是否有外部 TOAST 标记，是否有变长字段标记，指定的事务槽位是否已被重复使用标记，以及更新、删除、锁等标记。

（2）flag2：元组另一个属性掩码，包含元组中字段个数。

（3）t_hoff：元组数据距离元组头部结构体起始位置的偏移。

（4）data：字段的 NULL 值 bitmap，每个字段对应一个 bit 位，因此是变长数组。

ustore 元组头部比 astore 元组头部小一半，因此在相同大小的页面上，ustore 可以放置更多的元组。

在内存中，上述元组结构体使用时被嵌入在一个更大的元组数据结构体中，除保存元组内容的 disk_tuple 成员外，其他的成员保存了该元组的一些其他系统信息，并构成了该元组剩余的一些系统字段内容，定义如下：

```
typedef struct UHeapTupleData {
    uint32              disk_tuple_size;
    uint1               tupTableType = UHEAP_TUPLE;
    uint1               tupInfo;
    int2                t_bucketId;
    ItemPointerData     ctid;
    Oid                 table_oid;
    TransactionId       t_xid_base;
    TransactionId       t_multi_base;
```

```
    UHeapDiskTupleData * disk_tuple;
} UHeapTupleData;
```

该结构体几个主要成员的含义如下：

(1) disk_tuple_size：元组长度。

(2) ctid：元组所在页面号和页面内元组指针下标。

(3) table_oid：该元组属主表的OID。

常用的元组操作接口如表4-19所示。

表4-19 常用的元组操作接口

函数名	操作含义
UHeapFormTuple	利用传入的各元组字段的值数组,生成一条完整的元组,一般用于插入操作
UHeapDeformTuple	利用传入的完整元组及各字段的类型定义,解构各字段的值,生成值数组,一般用于更新前的准备工作
UHeapFreetuple	释放一条元组对应的内存空间
UHeapCopyTuple	复制一条完整的元组,包括元组头和元组内容
UHeapSlotGetAttr	获取一条元组中指定的用户或系统字段值
UHeapGetSysAttr	获取一条元组中指定的系统字段值
UHeapCopyHeapTuple	从ustore槽位构造一条astore元组
UHeapToHeap	将一条ustore元组转换为一条astore元组
HeapToUHeap	将一条astore元组转换为一条ustore元组

2) 页面结构

ustore与astore相同,在openGauss中也使用默认的8KB页面,其页面结构如图4-12所示。

在一个页面中,页面头部分对应的UHeapPageHeaderData结构体存储了整个页面的重要元信息。UHeapPageHeaderData之后有一个共享的页内事务目录(Transaction Directory,TD),对应元组指针变长数组。元组指针变长数组的每个数组成员存储了页面中从后往前的每个元组的起始偏移和元组长度。如图4-12所示,真正的元组内容从页面尾部开始插入,向页面头部扩展;相应地,TD插槽目录与记录每条元组的元组指针从页面头定长成员之后插入,往页面尾部扩展。这样整个页面中间就会形成一个空洞,以供后续插入的元组和元组指针使用。每个ustore表里的一条具体元组都有一个全局唯一的逻辑地址(和astore表里的元组相同),它由元组所在的页面号和页面内元组指针数组下标组成。

页面头具体结构体定义如下：

```
typedef struct UHeapPageHeaderData {
    PageXLogRecPtr pd_lsn;
    uint16 pd_checksum;
    uint16 pd_flags;
    uint16 pd_lower;
    uint16 pd_upper;
    uint16 pd_special;
```

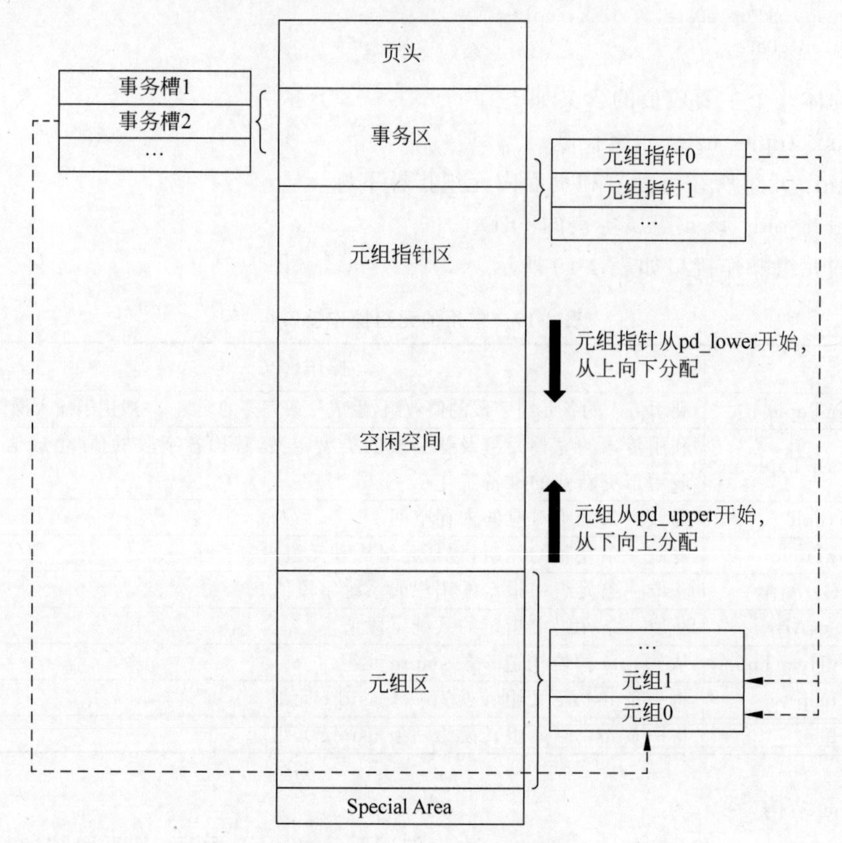

图 4-12　ustore 页面结构

```
    uint16 pd_pagesize_version;
    uint16 potential_freespace;
    uint16 td_count;
    TransactionId pd_prune_xid;
    TransactionId pd_xid_base;
    TransactionId pd_multi_base;
    uint32 reserved;
} UHeapPageHeaderData;
```

其中各个成员的含义如下：

(1) pd_lsn：该页面最后一次修改操作对应的预写日志位置的下一位,用于检查点推进和保持恢复操作的幂等性。

(2) pd_checksum：页面的 CRC 校验值。

(3) pd_flags：页面标记位,用于保存各类页面相关的辅助信息,如页面是否有空闲的元组指针、页面是否已满等。

(4) pd_lower：页面中间空洞的起始位置,即当前已使用的元组指针数组的尾部。

(5) pd_upper：页面中间空洞的结束位置,即下一个可以插入元组的起始位置。

(6) pd_special：页面尾部特殊区域的起始位置。该特殊位置位于第一条元组记录和页面结尾之间，用于存储一些变长的页面级元信息，如索引的辅助信息等。

(7) pd_pagesize_version：页面的大小和版本号。

(8) potential_freespace：页面中已被删除和更新的元组的潜在空间。

(9) td_count：共享的页内事务信息描述插槽的数量。

(10) pd_prune_xid：页面清理辅助事务号(64位)，通常为该页面内现存最老的删除或更新操作的事务号，用于判断是否要触发页面级空闲空间整理。

(11) pd_xid_base：该页面内所有元组的基准事务号(64位)。该页面所有元组实际生效的64位XID事务号由pd_xid_base(64位)和元组头部的XID成员(32位)相加得到。

(12) pd_multi_base：类似pd_xid_base。当对元组加锁时，会将持锁的事务号写入元组中，该64位事务号由pd_multi_base(64位)和元组头部的XID(32位)相加得到。

页面的主要管理接口函数如表4-20所示。

表4-20　页面的主要管理接口函数

函数名	操作含义
UPageInit	初始化一个新的ustore页面
UPageAddItem	在页面中插入一条新的元组
UHeapPagePruneOptPage	页面空闲空间整理

为了节省每个元组存储空间，元组头部UHeapDiskTupleData采用32位元组XID的组合设计方式。64位的pd_xid_base和pd_multi_base储存在页面上，元组上储存32位的XID。页面上pd_xid_base和pd_multi_base也需要通过额外的逻辑进行维护：同一个页面中所有元组实际的64位XID，一定要在pd_xid_base和pd_xid_base$+2^{32}$之间，所以如果新写入的事务号和页面上现有任意一个元组的XID事务号差距已经超过2^{32}，那么需要尝试对现有元组进行基线移位操作，更新pd_xid_base和pd_multi_base。

3) 事务目录

事务目录是一种常用的共享资源。它可以为数据页上的元组(tuple)链接相应的事务表(Transaction Table)及undo子系统中的undo页面。数据库中的每个表可以自定义事务目录的数量，并可以复用那些已完成事务占据的事务目录。

每个数据页默认会有4个事务目录。根据并发需求的不同，事务目录的数量可设置为2～128的任意值。在使用CREATE TABLE命令创建表时添加了一个新的选项INIT_TD以声明所需的事务目录数量：

```
CREATE TABLE t1
(
c1 integer;
c2 boolean;
) WITH (INIT_TD = 16);
```

当需要为新事务目录留位置时，系统会先查找当前页面中是否有空事务目录。若无空事务目录，系统将遍历事务目录列表来寻找可以复用的条目。条目是否可以复用取决于与该条目关联的事务状态。

通常可以复用那些与已冻结或已中止的事务关联的事务目录。

(1) 对于已经冻结的 XID，复用该事务目录。对于 astore 而言，冻结的 XID 代表事务在所有的会话中都已经不再活跃。而在 ustore 中，仅当一个事务创建的所有回滚记录都被丢弃后，或者说没有其他的 Snapshot 需要再观察该事务创建的元组历史版本（tuple version）时，才将该 XID 视为冻结。ustore 中的 undo 回收进程会维护一个 oldestXidInUndo 变量，系统将通过比较 XID 与该变量来确定 XID 是否含有回滚记录。如果 XID < oldestXidInUndo，代表所有该 XID 产生的回滚记录都已经被丢弃。

(2) 对于已中止的事务，在该事务被回滚后，系统才会复用相应的事务目录条目。

(3) 对于已提交的事务，系统将不会无效化回滚记录地址，这样可以保证 undo 链的完整性。

当没有事务目录可以复用时，事务目录将会自动扩容以容纳更多的条目。需注意的是，事务目录的后面跟随着元组指针区，在扩展时，首先需要将 row pointer array 向右挪动来腾出空间。扩展后，新的事务目录条目将会在先前的事务目录条目之后依序添加。设计上，允许事务目录的容量最多扩至页面大小的约 25%，即约 100 个事务目录（在 8KB 大小的页面中，约 20Bytes/事务目录）。目前，系统将以每次增加两个事务目录的方式逐步扩容，最多扩至 128 个事务目录。ustore 暂不支持收缩事务目录空间。

在扩容时，可以增加的总条目数也取决于当前页面中的可用空间。有时页面中的总剩余空间并不能支持事务目录的扩容，此时若当前操作为 INSERT 或 MULTI-INSERT，事务将会索取一个新的页面来进行操作，若操作为 UPDATE 或 DELETE，事务将等待 10ms 后重试获取事务目录。Lock timeout 设置可以控制获取事务目录的最大等待时间。在多由短事务组成的工作负载中，等待是可以接受的。

PG stats 会报告事务目录等待等信息，以方便监测系统及描述工作负载。

事务目录申请（UHeapPageReserveTransactionSlot 函数）处理流程如图 4-13 所示。

如果当前事务需要申请一个新的事务目录，且系统中不存在空的事务目录，系统会遍历所有事务目录并寻找可复用的事务目录。

(1) 系统遍历事务目录，寻找 XID < oldestXidInUndo 的事务目录。这些条目将被视为已冻结。

(2) 系统遍历目标页面上的元组。

① 系统把已删除的元组标记为死亡，其余的标记为闲置。

② 如果系统发现元组还在活跃状态，且相应的 TD 条目存在于步骤(1)给出的冻结列表中，系统会把该事务目录设置为 UHEAPTUP_SLOT_FROZEN（冻结）。

③ 设置为冻结之后，事务目录中的 XID 及 Undo 指针会被无效化。

(3) 如果上述的冻结操作并未产生可用的槽位，系统会遍历事务目录并寻找与已提交或已中止事务关联的条目。这些条目在满足一定条件的状况下可被复用。

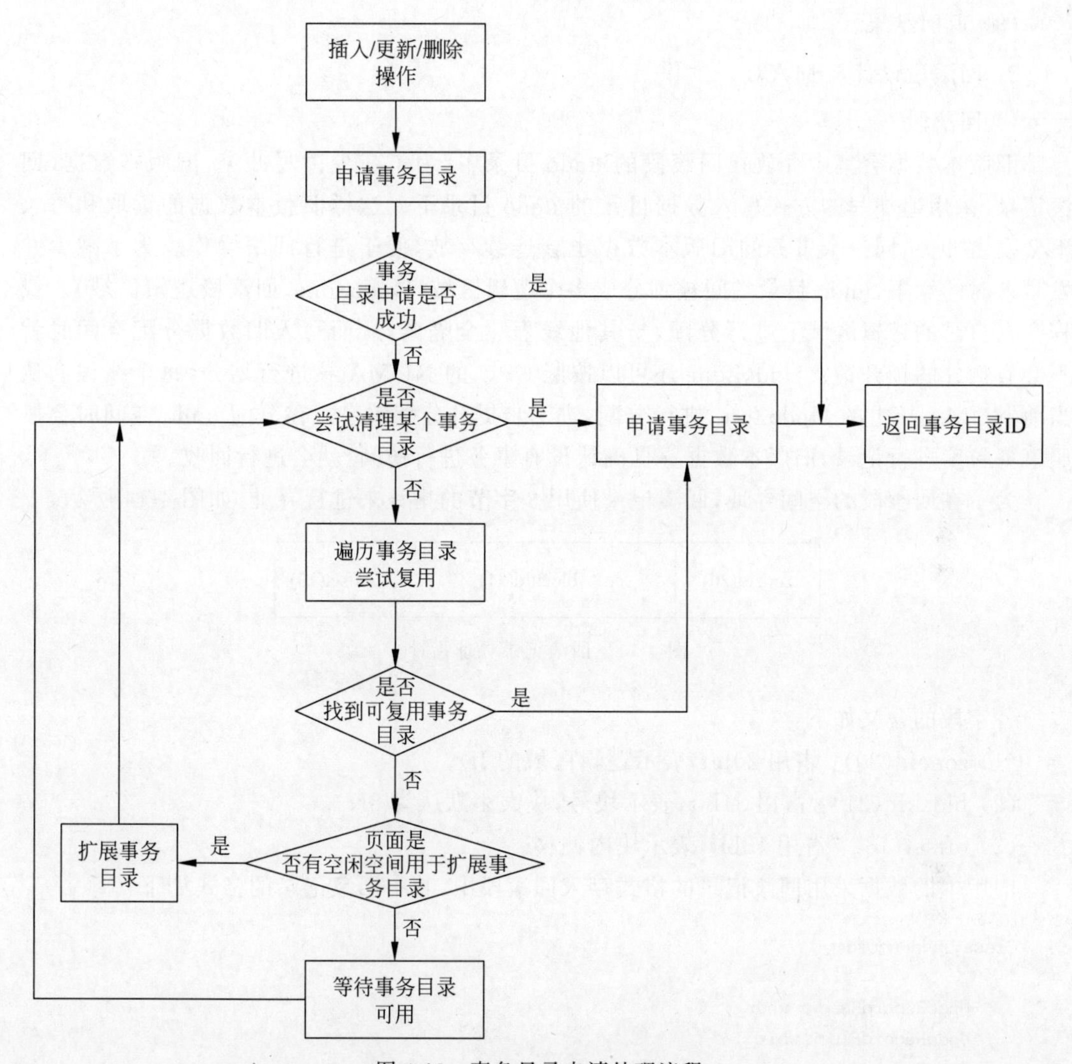

图4-13　事务目录申请处理流程

(4) 遍历目标页面上的元组。

① 如果系统发现元组关联的事务目录存在于步骤(3)给出的已提交列表中，系统就把该TD条目的flag设为UHEAP_INVALID_XACT_SLOT(无效)。

② 此外，这些事务目录的XID被重设为无效XID，但为了维护undo链的完整，undo指针将被保留。

(5) 如果并未找到与已提交事务关联的事务目录，最后将寻找与已中止事务关联的事务目录。

(6) 遍历与已中止事务关联的事务目录：对于每个事务目录，沿着undo链执行相关的undo操作。

(7) 如果并未找到事务目录，扩展事务目录。

(8) 返回结果。

3. 回滚段设计与 MVCC

1) 回滚段

旧版本数据会集中存放在回滚段的 undo 目录中，为了减少读写冲突，旧版本数据(回滚记录)采用追加写的方式写入数据目录的 undo 目录下。这样旧版本数据的读取和写入不会发生冲突，同一个事务的旧版本数据也会连续存放，便于进行回滚操作。为了减少并发写入时的竞争，undo 目录空间被划分成多个逻辑区域(UndoZone，回滚段逻辑区域)。线程会在自己的逻辑区域上进行分配，与其他线程完全隔离，从而写入旧数据分配空间时就不会有额外的锁开销。UndoZone 还可以按照 CPU 的 NUMA 核进行划分，每个线程会从当前 NUMA 核上的 UndoZone 进行分配，进一步提升分配效率。在分配 undo 空间时会按照事务粒度进行记录，旧版本数据一旦确认没有事务进行访问，就会进行回收。

为了在回滚段的空间寻址，回滚记录使用 8 字节的指针来进行寻址，如图 4-14 所示。

图 4-14 回滚记录寻址指针

各字段的含义如下：

(1) zoneId(20)：占用 20bit，表示逻辑区域的 ID。

(2) blockId(31)：占用 31bit，表示块号，块大小默认为 8K。

(3) offset(13)：占用 13bit，表示块内偏移。

旧版本的数据采用回滚记录的格式存入回滚段中，其中回滚记录的格式如下：

```
Class UndoRecord {
...
    UndoRecordHeader whdr_;
    UndoRecordBlock wblk_;
    UndoRecordTransaction wtxn_;
    UndoRecordPayload wpay_;
    UndoRecordOldTd wtd_;
    UndoRecordPartition wpart_;
    UndoRecordTablespace wtspc_;
    StringInfoData rawdata_;
}
```

其中，除了 rawdata_代表了旧版本数据，其他成员均为结构体，下面对每个结构体分别进行说明。

whdr_成员由下面的结构组成。

```
typedef struct {
    TransactionId xid;
    CommandId cid;
```

```
    Oid reloid;
    Oid relfilenode;
    uint8 utype;
    uint8 uinfo;
} UndoRecordHeader;
```

(1) XID：生成此回滚记录的事务 ID,用于检查事务的可见性。“2)MVCC”部分有介绍。

(2) CID(Command ID,命令 ID)：生成此回滚记录的命令 ID,用于判断可见性。

(3) reloid：relation 对象的 ID,回滚时需要。

(4) relfilenode：relfilenode 对象的 ID,回滚时需要。

(5) utype：操作类型,如 UNDO_INSERT、UNDO_DELETE、UNDO_UPDATE 等。

(6) uinfo：控制字段,用来判断后续的结构是否存在,用来减少回滚记录的占用空间。

wblk_成员由下面的结构组成。

```
typedef struct {
    UndoRecPtr blkprev;
    BlockNumber blkno;
    OffsetNumber offset;
} UndoRecordBlock;
```

(1) blkprev：指向同一个 block 前一条回滚记录,用于回滚和事务可见性。“2)MVCC”部分有介绍。

(2) blkno：block number(块号)。

(3) offset：修改的 tuple 在 row pointer 中的偏移。

wtxn_成员由下面的结构组成。

```
typedef struct {
    UndoRecPtr prevurp;
} UndoRecordTransaction;
```

prevurp：当一个事务的回滚记录跨越两个 UndoZone 时,后续的回滚记录使用此指针指向前一条回滚记录。

wpay_成员由下面的结构组成。

```
typedef struct {
    UndoRecordSize payloadlen;
}
```

payloadlen：rawdata_的长度。

wtd_成员由下面的结构组成。

```
typedef struct {
    TransactionId oldxactid;
} UndoRecordOldTd;
```

oldxactid：旧版本数据里事务目录的事务 ID。

wpart_成员由下面的结构组成。

```
typedef struct {
    Oid partitionoid;
} UndoRecordPartition;
```

partitionoid：分区表的分区对象 OID。

wtspc_成员由下面的结构组成。

```
typedef struct {
    Oid tablespace;
} UndoRecordTablespace;
```

tablespace：表空间的 OID。

回滚段使用事务槽来记录每个事务分配的 undo 空间，便于事务回滚和回收。事务发生回滚时，会读取事务槽中记录的 undo 空间的起始位置，再读取 undo 空间中的回滚记录进行回滚操作，其中回滚记录中的字段如下：

```
class TransactionSlot {
    TransactionId xactId_;
    UndoRecPtr startUndoPtr_;          /* 事务分配的 undo 空间开始 */
    UndoRecPtr endUndoPtr_;            /* 事务分配的 undo 空间结束 */
    uint8 info_;                       /* 标记，如事务回滚状态 */
    Oid dbId_;                         /* 数据库对象 ID */
}
```

(1) xactId：事务 ID。

(2) startUndoPtr：事务分配的 undo 空间开始位置。

(3) endUndoPtr：事务分配的 undo 空间结束位置。

(4) info_：标记值，如事务回滚状态。

(5) dbId：数据库对象 ID。

回滚段提供分配 undo 空间和更新事务目录的接口，主要接口如表 4-21 所示。

表 4-21　回滚段主要接口

接口名	含义
AllocateUndoSpace	为回滚记录分配 undo 空间
UpdateTransactionSlot	更新事务目录

以 ustore 的删除操作为例，undo 空间分配流程如下。

(1) UheapDelete 作为 ustore 的删除接口，会调用 UHeapPrepareUndoDelete 函数准备回滚记录（undo record）。UHeapPrepareUndoDelete 函数会填充回滚记录的各个字段（其中旧数据会设置到回滚记录的 raw data 字段上），再调用 PrepareUndoRecord 函数分配 undo 空间。PrepareUndoRecord 函数调用“undo::AllocateUndoSpace”函数分配 undo 空

间，再读取对应的回滚记录到缓冲池中。AllocateUndoSpace 函数不仅会为回滚记录分配空间(使用"UndoZone::AllocateSpace"函数)，如果是事务的第一条回滚记录，还会调用"UndoZone::AllocateSlotSpace"函数为事务槽分配空间。AllocateSpace 函数会进行判断，如果回滚记录超过当前 undo file 的大小，就扩展当前的 undo file，AllocateSlotSpace 函数的逻辑类似。

(2) UheapDelete 函数调用 InsertPreparedUndo 函数，将准备好的回滚记录追加写到缓冲池中的回滚段页面。

(3) UheapDelete 函数调用 UpdateTransactionSlot 函数，记录下该事务分配的 undo 空间起始、事务 ID、数据库 ID。如果是事务的第一次更新，会从事务槽空间分配新的事务槽再进行更新。

undo 空间需要回收回滚记录来保证 undo 空间不会无限膨胀，一旦事务 ID 小于当前快照中最小的 Xmin(oldestXmin)，回滚记录中的旧版本数据就不会被访问，此时就可以对回滚记录进行回收。

如前述描述 undo 空间中的回滚记录按照事务 ID 递增的顺序存放在 UndoZone 中，回收的条件如下：

(1) 事务已经提交并且小于 oldestXmin 的 undo 空间可以回收。

(2) 事务发生回滚但已经完成回滚的 undo 空间可以回收。

undo 回收过程如图 4-15 所示。

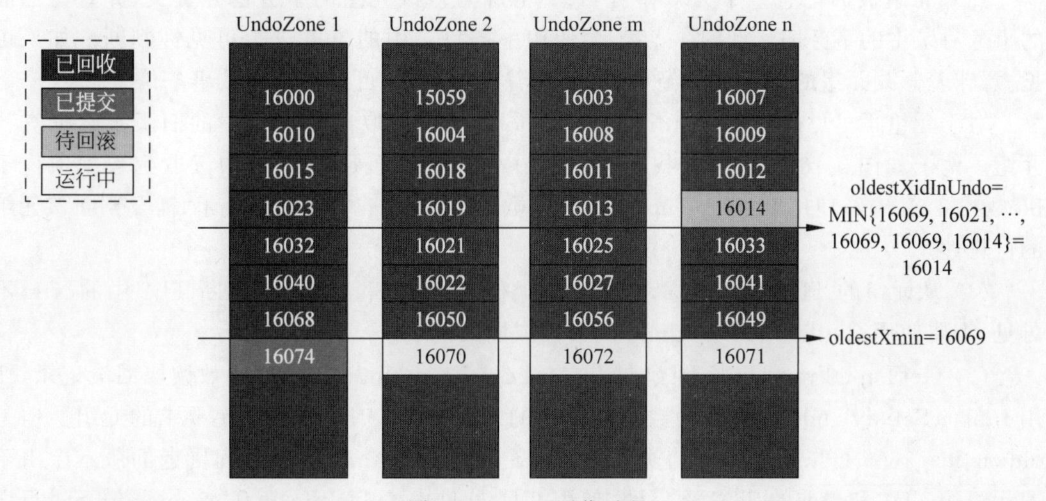

图 4-15　undo 回收过程

如图 4-15 所示，UndoZone1 中回收到小于 oldestXmin 的已提交事务 16068，UndoZone2 中回收到 16050，UndoZone m 回收到 16056，UndoZone n 回收到事务 16012，而事务 16014 待回滚但未发生回滚，因此 UndoZone n 回收事务 ID 上限只到 16014。其他 zone 的上限是 oldestXmin，oldestXidInUndo 会取所有 undozone 上的上限最小值，因此 oldestXidInUndo 等于 16014。undo 回收主要函数如表 4-22 所示。

表 4-22　undo 回收主要函数

函数名	操作含义
UndoRecycleMain	回收线程的入口函数，会在每个 zone 上调用 RecycleUndoSpace 函数
RecycleUndoSpace	按照前述条件回收 undo 空间，记录日志

2）MVCC

ustore 的可见性检查和 astore 类似，将快照 CSN 和元组删除及插入事务的 CSN 进行比较，判断元组是否可见。ustore 和 astore 使用同一套事务管理机制和快照管理机制。

ustore 和 astore 最大的区别在于，astore 会在页面上保留旧版本数据，而 ustore 将旧版本数据放到回滚段统一存放。在需要获取旧版本数据时，astore 可以直接从 tuple 的头部读取到元组插入和删除的事务号，判断元组的可见性。但是 ustore 需要从回滚段里读取旧版本的事务信息，判断旧版本是否可见。由于从回滚段中读取旧版本数据存在相对昂贵的开销，ustore 通过一系列的优化手段来避免从回滚段中读取旧版本数据。

ustore 在获取元组时，会先检查对应的事务目录。事务目录分有效和无效两种。若事务目录是有效的，ustore 就会直接得到元组上最新的事务。

如果事务目录被冻结(FROZEN)，意味着元组已经在所有的事务中都可见。如果事务目录中的事务 ID 小于 oldestXidInUndo，意味着元组已经足够旧，在所有事务中都可见，同时事务目录会被置成冻结，加速后续的查询。

如果元组被标记有一个无效事务目录，意味着修改元组的事务已经提交，并且比当前的事务目录中的事务旧。此时 ustore 会使用事务目录中的事务进行可见性判断。如果可见，意味着修改元组的事务更已经可见，就不需要从 undo 目录中再读取事务信息。

对于元组不可见的场景，ustore 会从 undo 目录中读取回滚记录中的旧版本数据查找元组。例子如图 4-16 所示。查找 tbl 表中 c1＝1 的数据项，从索引中读取到数据项位于 block1 和 offset2，使用 UHeapTupleFetch 函数再从 block1 中查询到元组，需要判断该元组的可见性。

(1) 从元组的 TD 读到 ITL2，和 astore 类似，根据 CSN 的大小，判断 TD2 中的 XID 不可见，需要使用 GetTupleFromUndo 函数读取回滚记录。

(2) GetTupleFromUndo 函数调用 GetTupleFromUndoRecord 函数读取回滚记录，使用 InplaceSatisfyUndoRecord 函数判断其中的 block1 和 offset2 是满足要求的元组。但是 oldxactid＝1600 可以判断出当前页面的 tuple 不可见，ustore 继续查询更老的版本。由于旧元组的 TD1 和当前的 TD2 不一致，使用 UHeapUpdateTDInfo 从 TD2 undo 链条进行切换，根据旧元组的 TD1 找到当前的 undo 指针与前一次的修改。

(3) 再次读取到回滚记录，其中的 block1 和 offset1 并非要找的元组，ustore 继续查询更老的版本，根据 blkprev 指针读取前一次修改。

(4) 读取到回滚记录，其中的 block1 和 offset3 并非要找的元组，ustore 继续查询更老的版本，根据 blkprev 指针读取前一次修改。

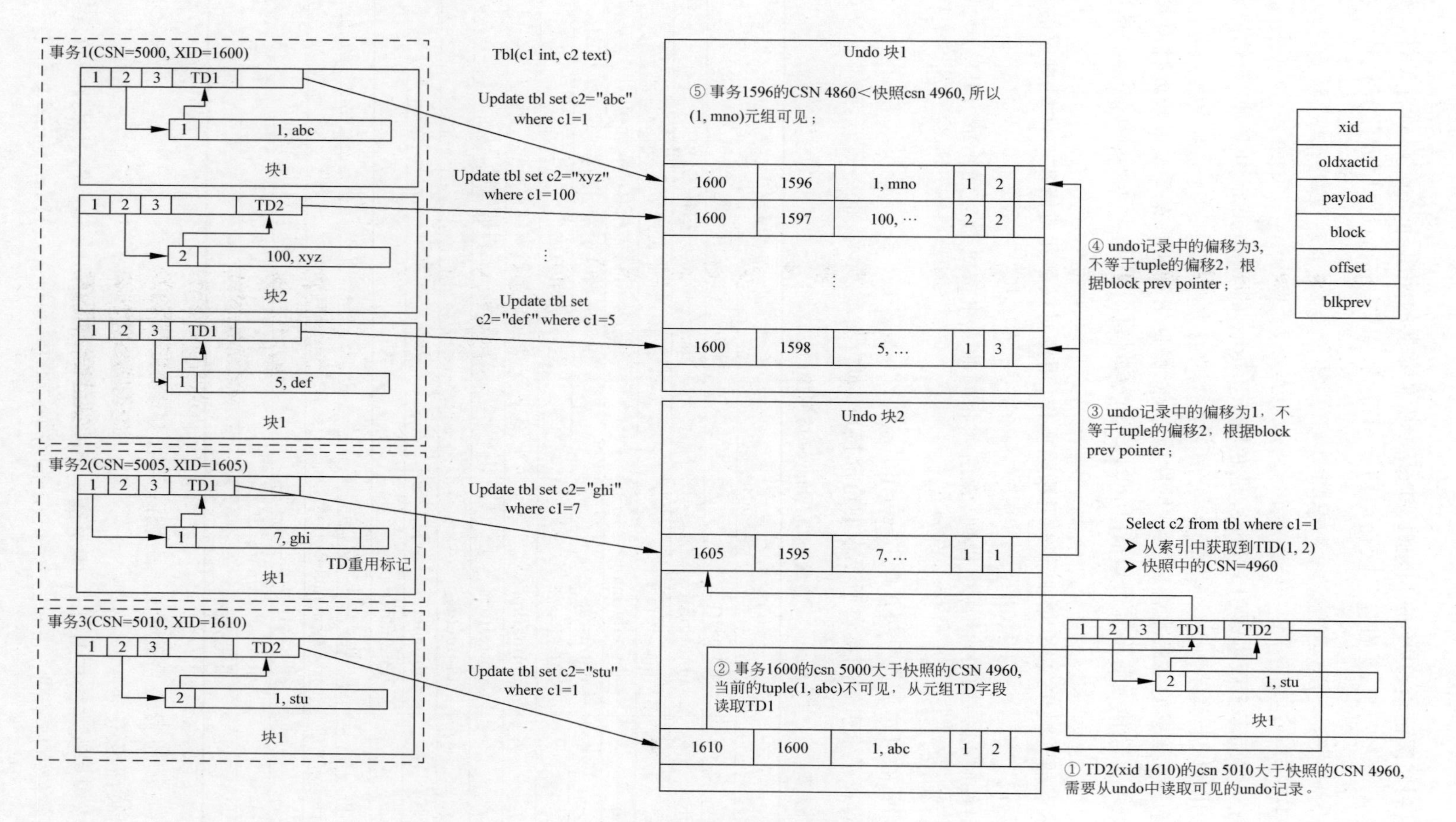
事务1(CSN=5000, XID=1600)
1 2 3 TD1
1 1, abc
块1
1 2 3 TD2
2 100, xyz
块2
1 2 3 TD1
1 5, def
块1
事务2(CSN=5005, XID=1605)
1 2 3 TD1
1 7, ghi
TD重用标记
块1
事务3(CSN=5010, XID=1610)
1 2 3 TD2
2 1, stu
块1
Tbl(c1 int, c2 text)
Update tbl set c2="abc" where c1=1
Update tbl set c2="xyz" where c1=100
Update tbl set c2="def" where c1=5
Update tbl set c2="ghi" where c1=7
Update tbl set c2="stu" where c1=1
Undo 块1
⑤ 事务1596的CSN 4860＜快照csn 4960, 所以(1, mno)元组可见；
1600 1596 1, mno 1 2
1600 1597 100, … 2 2
1600 1598 5, … 1 3
Undo 块2
1605 1595 7, … 1 1
② 事务1600的csn 5000大于快照的CSN 4960, 当前的tuple(1, abc)不可见，从元组TD字段读取TD1
1610 1600 1, abc 1 2
④ undo记录中的偏移为3, 不等于tuple的偏移2，根据block prev pointer；
③ undo记录中的偏移为1，不等于tuple的偏移2，根据block prev pointer；
Select c2 from tbl where c1=1
➤ 从索引中获取到TID(1, 2)
➤ 快照中的CSN=4960
1 2 3 TD1 TD2
2 1, stu
块1
① TD2(xid 1610)的csn 5010大于快照的CSN 4960, 需要从undo中读取可见的undo记录。
xid
oldxactid
payload
block
offset
blkprev

图 4-16　元组查询过程

(5) 读取到回滚记录，其中的 block1 和 offset2 是要求的元组，ustore 判断可见性。根据 CSN 的大小，事务可见，因此这一次命中的元组可见，即(1，mno)可见，因此查找到元组的 c2 等于 mno。

4. 多版本索引

openGauss 实现了多版本索引 ubtree，是专用于 ustore 的 B-Tree 索引变种，相比原有的 B-Tree 索引有以下差异。

(1) 支持索引数据的多版本管理及可见性检查，能够自主鉴别旧版本元组并进行回收，同时索引层的可见性检查使得索引扫描(Index Scan)及仅索引扫描(Index Only Scan)性能有所提升。

(2) 在索引插入操作之外，增加了索引删除操作，用于对被删除或修改的元组对应的索引元组进行标记。

(3) 索引按照 key+TID 的顺序排列，索引列相同的元组按照对应元组的 TID 作为第二关键字进行排序。

(4) 添加新的可选页面分裂策略"insertpt"。

ubtree 实现了索引访问接口所要求的全部接口，如表 4-23 所示。

表 4-23 ubtree 访问接口

接口名称	对应函数	接口含义
aminsert	ubtinsert	插入一个索引元组
ambeginscan	ubtbeginscan	开始一次索引扫描
amgettuple	ubtgettuple	获取一个索引元组
amgetbitmap	ubtgetbitmap	通过索引扫描获取所有元组
amrescan	ubtrescan	重新开始一次索引扫描
amendscan	ubtendscan	结束索引扫描
ammarkpos	ubtmarkpos	标记一个扫描位置
amrestpos	ubtrestpos	恢复到一个扫描位置
ammerge	ubtmerge	合并多个索引
ambuild	ubtbuild	建立一个索引
ambuildempty	ubtbuildempty	建立一个空索引
ambulkdelete	ubtbulkdelete	批量删除索引元组
amvacuumcleanup	ubtvacuumcleanup	索引后置清理
amcanreturn	ubtcanreturn	是否支持 Index Only Scan
amcostestimate	ubtcostestimate	索引扫描代价估计
amoptions	ubtoptions	索引选项

此外，ubtree 还实现了新增的索引删除函数 UBTreeDelete。

1) 索引页面组织

多版本索引层次结构与 B-Tree 索引基本相同，非叶子节点与 B-Tree 索引保持一致，仅页尾的 Special 字段有所不同。ubtree 中的 Special 字段 UBTPageOpaqueDataInternal 如下：

```
typedef struct UBTPageOpaqueDataInternal {
    ...
/* 以上部分与 BTPageOpaqueDataInternal 一致 */

    TransactionId last_delete_xid;        /* 记录页面上最后一次删除事务的 XID */
    TransactionId xid_base;               /* 页面上的 xid-base */
    int16 activeTupleCount;               /* 页面上活跃元组计数 */
} UBTPageOpaqueDataInternal;

typedef UBTPageOpaqueDataInternal * UBTPageOpaqueInternal;
```

其中，last_delete_xid 与 activeTupleCount 用于索引的自治式回收，会在 ustore 中的"6.空间管理与回收"部分详细讲解。

通过 xid_base 字段，页面上的 XID 可以仅储存基于该 xid_base 的一个 32 位偏移，节省 XID 存储的空间开销。实际的 XID 为页面上的 xid_base 加上存储的 XID 得到。

ubtree 叶子页面结构如图 4-17 所示。

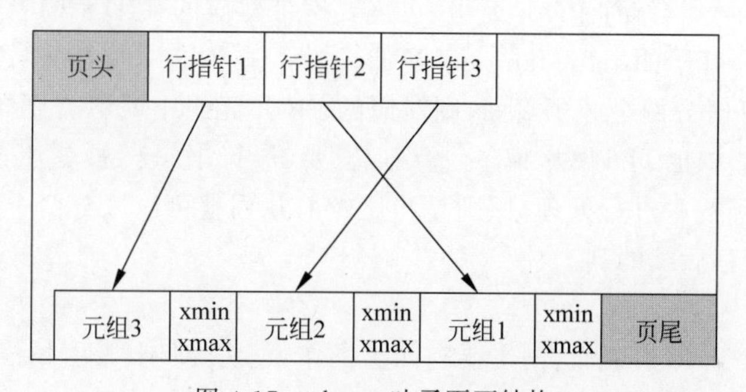

图 4-17　ubtree 叶子页面结构

与 astore 堆页面中维护版本信息的方法类似，ubtree 的叶子节点中每个索引元组尾部都附加了对应的 xmin 和 xmax。索引只是用于加速搜索的结构，本身不与历史版本概念强相关，仅通过 xmin 和 xmax 来标识这个索引元组是从什么时候开始有效的，又是什么时候被删除的，而不像 astore 中堆元组一样会有指向旧版本元组的指针。

新插入的索引元组尾部用于存放 xmin 和 xmax 空间，在 ubtinsert 函数执行的过程中预留出来。预留的空间及 xmin 在索引元组插入时通过 UBTreePageAddTuple 函数写入页面，而 xmax 在索引元组删除时通过 UBTreeDeleteOnPage 函数写入页面。

在 UBTreePagePruneOpt 函数中，索引元组通过其 xmin 和 xmax 信息来判断该元组是否已经无效(Dead)，进而进行独立的页面清理。该函数会尝试清除所有无效的元组，并进行相应的碎片整理。

索引扫描时会调用 UBTreeFirst 函数定位到第一个满足扫描条件的索引元组，然后调用 UBTreeReadPage 函数获取当前页面中符合索引扫描条件且能够通过可见性检查的元组。可见性检查通过 UBTreeVisibilityCheckXid 函数及 UBTreeVisibilityCheckCid 函数处理，其基本逻辑与 astore 类似，通过 xmin 与 xmax 及当前的快照进行可见性判断。

在 ubtree 中,索引元组除按照索引列有序排列外,对于索引列相同的元组,还将其对应堆元组的 TID 作为第二关键字进行排序,其具体实现大致集中在 ubtbuild 函数及 ubtinsert 函数调用的过程中,这中间对索引列相同的元组会按照 TID 进行额外的比较。实现还借助了 BTScanInsert 结构体,该结构体定义如下:

```
typedef struct BTScanInsertData {
    bool heapkeyspace;          /* 标志索引是否额外按 TID 排序 */
    bool anynullkeys;           /* 标志待查找的索引元组是否有为 NULL 的列 */
    bool nextkey;               /* 标志是否希望寻找第一个大于扫描条件的元组 */
    bool pivotsearch;           /* 标志是否希望查找 Pivot 元组 */
    ItemPointer scantid;        /* 用于作为排序依据的 TID */
    int keysz;                  /* scankeys 数组的大小 */
    ScanKeyData scankeys[INDEX_MAX_KEYS];
} BTScanInsertData;
```

在索引元组将 TID 作为第二关键字排序之后,用于划分搜索空间的非叶子节点元组及叶子节点的 Hikey 元组(统称 Pivot 元组)也需要携带对应的 TID 信息。这会使得 Pivot 元组占用空间增加,非叶子的扇出(fan out)降低。为了避免这一特性导致的扇出降低,若不需要比较 TID 即可区分两个叶子页面,则对应的 Pivot 元组中就不需要储存 TID 信息。类似地,Pivot 元组中也可以去掉一些不需要进行比较的索引列,这一逻辑在 UBTreeTruncate 函数中进行处理,原则是当比较前几列就可以区分两个叶子页面时,Pivot 元组中就不需要储存后续的列。

2) 索引操作

对于原有的 B-Tree 索引而言,主要有四类操作:索引创建、索引扫描、索引插入及索引删除。

(1) 索引创建。

索引创建操作由索引上的 ubtbuild 函数及 ustore 上的 IndexBuildUHeapScan 函数配合完成。IndexBuildUHeapScan 函数负责扫描对应的 ustore 表,并取出每个元组的最新版本(遵循 SnapshotNow 的语义)及其对应的 xmin 和 xmax。若某个元组存在被就地更新的旧版本,则该索引会被标记为 HotChainBroken。被标记为 HotChainBroken 的索引,会复用 astore 原有的逻辑,禁止隔离级别为可重复读(read repeatable)的老事务访问。ubtbuild 函数会接收 IndexBuildUHeapScan 传过来的元组,将其按照索引列及 TID 排序后依次插入索引页面中,并构建相应的元页面及上层页面。整个创建流程需要将所有页面都记录到 XLOG 中,并强制将存储管理中的内容刷到永久存储介质后才算成功结束。

(2) 索引扫描。

索引扫描与 B-Tree 索引基本一致,但是需要对索引元组进行可见性检查。没有通过可见性检查的索引元组不会被返回,通过可见性检查的元组仍需要在 ustore 堆表上进行可见性检查,并找到正确的可见版本。在 IndexOnlyScan 场景中,通过可见性检查的元组即可直接返回,不需要再访问堆表。

索引进行可见性检查时,由于索引元组只存放了 xmin 和 xmax 而没有 CID(对应 4.2.3 节堆表元组中的 t_cid 字段)信息,如果发现了当前事务修改过的索引元组,则不能正确地通过 CID 来判断其可见性。此时会将该元组视为可见,但会标记 xs_recheck_itup,告知 ustore 的数据页面需要在取到对应的数据元组后,再次构建对应的索引元组并与返回的索引元组进行比较,确认该索引元组是不是真正可见。相关逻辑在 UBTreeVisibilityCheckXid、UBTreeVisibilityCheckCid 及 RecheckIndexTuple 函数中进行处理。

(3) 索引插入。

索引元组需要存储对应的 xmin 和 xmax 版本信息,但其所占用的空间并不表现在 IndexTupleSize 中,而是对外部透明。索引插入的接口函数为 ubtinsert,为了正确插入带有版本信息的元组,需要在执行插入前增加 IndexTupleSize,以预留用于储存版本信息的空间。真正将元组插入页面时,会将版本信息所占用的空间大小从 IndexTupleSize 中去除。

在索引插入的过程中若页面空间不足,会首先调用 UBTreePagePruneOpt 函数尝试对已经无效的元组进行清理。若清理失败或清理成功后空间仍然不足,会进行索引页面分裂。索引页面分裂会在 UBTreeInsertOnPage 函数中进行。ubtree 中存在两种分裂策略:default 及 insertpt。其中,default 策略会将原页面上的内容均匀地分配到两个页面上,而 insertpt 会根据新插入元组的插入规律、插入位置及 TID 等信息选择合适的分裂点。

在 ubtree 需要申请新的页面时,并不会像原有的 B-Tree 索引一样调用_bt_getbuf 通过 FSM 来查找可用页面。ubtree 带有自治式的空间管理机制,通过 UBtreeGetNewPage 函数获取新页面。该自治式空间管理机制将在空间管理和回收部分介绍。

(4) 索引删除。

索引删除操作用于在堆元组被删除的同时,将对应的索引元组也标上对应的 xmax。索引删除的流程与插入类似,通过二分查找定位到待删除元组的位置,并将 xmax 写入对应的位置。需要注意的是,要删除的元组是索引列及 TID 都匹配,且还未被写入 xmax 的那个元组,这部分逻辑在 UBTreeFindDeleteLoc 函数中处理。在最后会调用 UBTreeDeleteOnPage 函数为对应的索引元组写上 xmax,更新页面上的 last_delete_xid 及 activeTupleCount,并在检测到 activeTupleCount 为 0 时将该页面放入潜在空页队列(Potential Empty Page Queue)中。关于潜在空页队列会在空间管理和回收部分介绍。

5. 存取管理

openGauss 中的 ustore 表访存接口如表 4-24 所示。由于 openGauss 中 ustore 表只有一种页面和元组结构,因此在上述接口中,直接实现了底层的页面和元组操作流程。

表 4-24 ustore 表访存接口

函数名称	接口含义
heap_open	打开一个 ustore 表,得到表的相关元信息
heap_close	关闭一个 ustore 表,释放该表的加锁或引用
UHeapRescan	重新开始 ustore 表(顺序)扫描操作
UHeapGetNext	(顺序)获取下一条元组
UHeapGetTupleFromPage	UHeapGetNext 内部实现,单页校验模式

续表

函数名称	接口含义
UHeapScanGetTuple	UHeapGetNext 内部实现，单条校验模式
UHeapGetPage	（顺序）获取并扫描下一个 ustore 表页面
UHeapInsert	在 ustore 表中插入一条元组
UHeapMultiInsert	在 ustore 表中批量插入多条元组
UHeapDelete	在 ustore 表中删除一条元组
UHeapUpdate	在 ustore 表中更新一条元组
UHeapLockTuple	在 ustore 表中对一条元组加锁

6. 空间管理与回收

不同于 astore 的空间管理和回收机制，ustore 实现了自治式的空间管理机制。ustore 里堆及索引的空间分配和回收都在业务运行的过程中平稳地进行，不依赖中量级的 VACUUM 及 AUTOVACUUM 清理机制。

1）自治式堆页面空间管理

ustore 中堆页面的自治式空间管理，建立在与 astore 类似的轻量级堆页面清理机制的基础上。在执行 DML 及 DQL 操作的过程中，ustore 都会进行堆数据页面清理，以取代 VACUUM 清理机制。UHeapPagePruneOptPage 函数是页面清理的入口函数，会清理已经提交的被删除元组。

对于 astore 而言，复用数据元组的行指针前必须保证对应的索引元组已经被清理。这是为了防止通过索引元组访问已经被复用的行指针，导致取到错误的数据。在 astore 中需要通过 VACUUM 操作将这样的无效索引元组统一清除掉后才能复用行指针，这使得堆页面和索引页面的清理逻辑耦合在一起，也会导致间断性的大量 I/O。在 ustore 中能高效地单独进行数据和索引页面的清理，因为带有版本信息的 ubtree 能够独立检测并过滤掉无效的索引元组，不会通过无效索引元组访问对应的数据表。

堆页面的空间管理机制复用 openGauss 中的 FSM 来管理 UHeap 中的可用空间。在 UHeapPagePruneOptPage 函数成功对页面进行清理后，会将其空闲空间刷新到对应的 FSM 页面中。为了避免每次页面清理都需要更新整个树状结构的 FSM，从而带来额外的开销，引入一个更新整个 FSM 的概率计算。考虑当前清理后的可用空间占预留可用空间（Reserved Free Space）阈值的百分比，计算得出清理一个页面后调用 FreeSpaceMapVacuum 函数的概率。也就是说，页面清理获得的可用空间越大，更新整个 FSM 的概率也就越大。

当数据元组被删除时，页面上会记录对应的潜在空闲空间（Potential Free Space），该值用于估计页面上的空闲空间。在运行过程中，有多个场景会调用 UHeapPagePruneOpt 对页面尝试进行清理。在 DML 语句执行过程中，INSERT、UPDATE 及 DELETE 操作都会拿到页面的写锁。如果发现空间不足,或者检测到潜在空闲空间到达某个阈值,会尝试对页面进行清理。在DQL查询语句执行的过程中若检测到页面上潜在空闲空间到达阈值,也同样会尝试申请页面的写锁;如果拿到了页面的写锁,会尝试对页面进行清理。

存在可清理的元组,但一直不被访问的页面不能通过这一机制正确地清理。为了解决这一问题,引入基于概率的清理方案。在RelationGetBufferForUTuple函数寻找新的可用空间时,若通过FSM发现没有足够的可用空间,在对物理文件进行扩展前,会"随机"选取一些页面进行清理。该机制并非完全随机选取,在多次尝试后选取的页面会覆盖到整个关系的全部页面。为了性能考虑,该过程中默认最多选取10个页面进行清理,该数量可以通过GUC参数max_search_length_for_prune进行设置。具体的页面选取数量通过DeadTupleRatio及PruneSuccessRatio计算得出。其中,DeadTupleRatio表示该表中无效元组的大致比例,该变量以统计信息的方式进行收集,在进行DML的过程中会更新;PruneSuccessRatio大致表示近几次尝试清理的成功率。

2) 自治式索引页面空间管理

索引页面的空间管理不依靠FSM数据结构,而是依靠特有的URQ(UBtree Recycle Queue,回收队列)结构。索引回收队列单独储存在ubtree索引对应的".urq"文件中,没有原有B-Tree索引的".fsm"文件。索引回收队列相关代码在"ubtrecycle.cpp"文件中。涉及的主要函数接口见表4-25。

表4-25 索引回收队列主要函数接口

函数名称	接口含义
UBTreeTryRecycleEmptyPage	尝试从潜在空页队列回收一个页面
UBTreeGetAvailablePage	获取有效页面(潜在空页或空闲页面)
UBTreeRecordUsedPage	记录被成功使用的页面
UBTreeRecordEmptyPage	记录潜在的空页
UBTreeGetNewPage	获取新的可用页面

索引中的回收队列分为两部分,一部分是潜在空页队列(Potential Empty Page Queue),另一部分是可用页面队列(Available Page Queue)。两个队列都是跨页面的循环队列,其中每个元素都会储存blkno及XID。blkno表示该元素对应索引页面的block number;XID表示该页面在哪个时刻能够被回收或复用。这些元素在循环队列单个页内按照XID的顺序进行排序,以便快速找到XID小(最可能被回收或复用)的页面。ubtree回收队列结构如图4-18所示。

潜在空页队列中存放页内元组已经被全部删除但还没有全部无效的页面。其中的XID标志页面中最后一个元组无效的可能时机。在系统整体的oldestXmin超过该XID后,该页面就有可能被从索引上删除,但也可能因为新插入元组或删除元组的事务中止而导致页面不能被删除。潜在空页队列中的页面在成功被删除后会被放入可用页面队列,并记录删除时最新事务的XID。

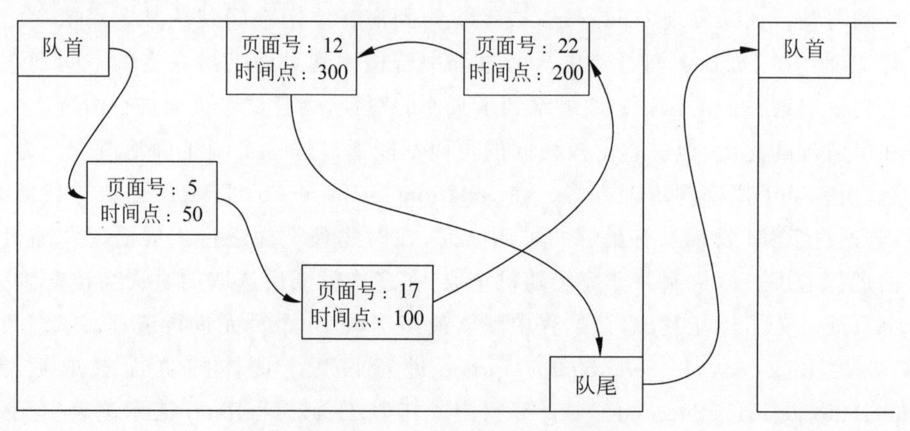

图 4-18　ubtree 回收队列结构

可用页面队列中存放已经被删除，可以或即将可以被复用的页面。其中的 XID 表示该页面可以被复用的时机。这样的页面复用时延是来自 B-Tree 索引页面删除时可能的并发访问导致的，可以参考 nbtree 文件夹下 README 关于页面删除的部分。

ubtree 在进行索引删除时，会更新页面上的 last_delete_xid 字段及 activeTupleCount 字段。若更新后 activeTupleCount 变为 0，会将该页面放入潜在空页队列，并将此时的 last_delete_xid 作为对应的可回收时间点。

在业务运行的过程中，索引会通过 UBTreeTryRecycleEmptyPage 函数不断尝试对潜在空页队列中的页面进行回收。在索引申请新的页面时，会通过 UBTreeGetNewPage 函数与可用页面队列交互，查找当前可用的空闲页面。当可用页面队列中没有可用页面时，一般会通过扩展索引物理文件的方式来获得新的页面。但也存在物理文件批量扩展，或扩展后还未来得及使用就出错退出的情况。此时在回收队列的元信息页面中保存了已正确追踪的页面数量，若该数量少于整个索引表的页面数量，会尝试使用这一部分未追踪的页面，并更新已追踪的页面数量。

3）中量级和重量级手动页面清理

与 astore 相同，ustore 也提供 VACUUM 语句来让用户主动执行对某个 ustore 表及其上的索引进行中量级清理。其对外表现与 astore 一致，可参考 astore 的空间管理和回收内容。

在 ustore 中，中量级清理同样通过 lazy_vacuum_rel 函数进入，但不会调用 lazy_scan_heap 函数，而是调用 LazyScanUHeap 函数来进行数据页面的清理。在进行索引清理时，会调用 lazy_vacuum_index 接口及 LazyVacuumHeap 函数来清理索引文件和堆表文件，索引清理时会调用 ubtbulkdelete 函数。

重量级的 VACUUM FULL 也与 astore 一致，会清理无效数据并对数据空间和索引空间重新进行组织。重量级清理的对外接口是 cluster_rel 函数，本质上是重新对数据进行聚簇，清理过程中会阻塞对该表的所有操作。

4.2.5　行存储索引机制

本节以B-Tree索引为例,介绍openGauss中行存储格式表的索引机制。索引本质上是对数据的一种物理有序聚簇。有序聚簇参考的排序字段被称为索引键。为了节省存储空间,一般索引表中只存储有序聚簇的索引键键值及对应元组在主表中的物理位置。在查询指定的索引键键值元组时,得益于有序聚簇排序,可以快速找到目标元组在主表中的物理位置,然后通过访问主表对应页面和偏移得到目标元组。B-Tree索引的组织结构如图4-19所示。

在当前openGauss版本中,每个B-Tree的页面采用和行存储astore堆表页面基本相同的页面结构(见4.2.3节)。页面间按照树形结构组织,分为根节点页面、内部节点页面和叶子节点页面。其中,根节点页面和内部节点页面中的索引元组不直接指向堆表元组,而是指向下一层的内部节点页面或叶子节点页面;叶子节点页面位于B-Tree的底层,叶子节点页面中的索引元组指向索引键值对应的堆表元组,即存储了该元组在堆表中的物理位置(堆表页面号和页内偏移)。

B-Tree索引元组结构由索引元组头、NULL值字典和索引键值字段三部分组成。

索引元组头为IndexTupleData结构体,定义代码如下所示。其中,t_tid为堆表元组的位置或下一层索引页面的位置;t_info为标志位,记录键值中是否有NULL值、是否有变长键值、索引访存方式信息及元组长度。

```
typedef struct IndexTupleData {
    ItemPointerData t_tid;                    /* 堆表元组的物理行号 */

    /* ----------------
     * t_info标志位内容
     *
     * 第15位:是否有NULL字段
     * 第14位:是否有变长字段
     * 第13位: 自定义访存方式
     * 第0-12位: 元组长度
     * ----------------
     */
    unsigned short t_info;
} IndexTupleData;                             /* 实际索引元组数据紧跟该结构体 */
```

与astore堆表元组不同,索引表的NULL值字典是定长的,一个bit位对应一个索引字段。当前最多支持32个索引字段,因此该字典的长度为4字节(如果要支持变长,那么长度加变长字典的实际空间并不会比定长的4字节少多少)。如果索引元组头部t_info标志位中存在NULL值的bit位为0,那么该索引元组没有NULL值字典,可以节约4字节的空间。

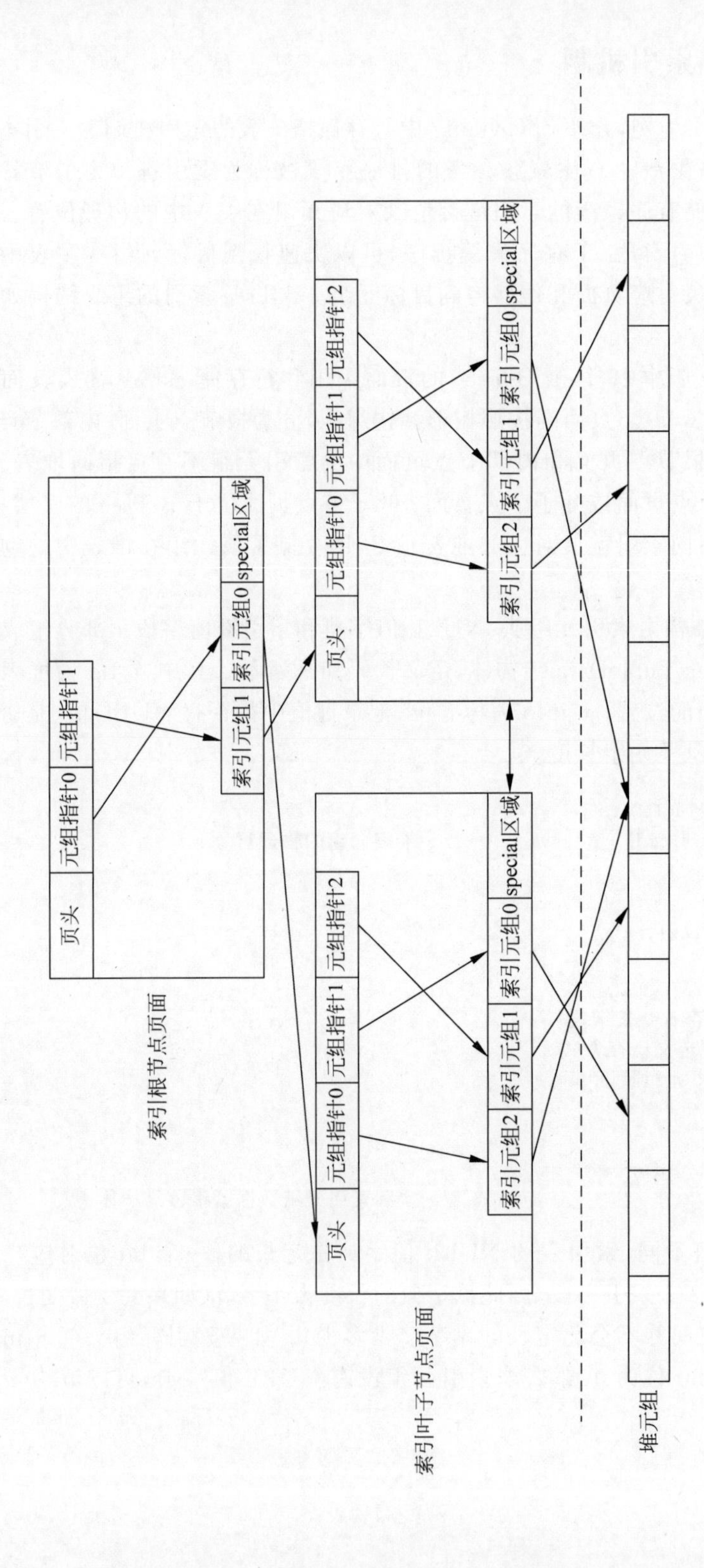

图 4-19 B-Tree 索引的组织结构

索引键值字段和astore堆表元组的字段结构是完全相同的，唯一区别是索引键值只保存创建索引的那些字段上的值。

为了在一个索引页面中能够保存尽可能多的元组个数，降低整个B-Tree结构的层数，索引元组与astore堆表元组的结构相比要紧凑很多，去掉了一些和astore堆表元组冗余的结构体成员。在实际执行索引查询时，一般需要加载(索引层数+1个)物理页面才能找到目标元组。一般索引层数在2～4层，因此每减少一个层级就可以近似节省20%以上的元组访存开销。

在当前openGauss版本中，索引元组头部不保存t_xmin和t_xmax这两个事务信息，因此元组可见性的判断不会在遍历索引时确定，而是要等到获得叶子索引最终指向的堆表元组以后，通过结合查询快照和堆表元组的t_xmin、t_xmax信息，才能判断对应堆表元组对查询是否可见。这将导致以下两个现象：

(1) 对于被删除的astore堆表元组，其空间(至少其元组指针)不能立刻被释放，否则会留下悬空的索引指针，导致后续查询出现问题。

(2) 对于被更新的astore堆表元组，如果更新前后索引字段的值发生变化，那么需要插入一条新的索引元组来指向更新后的堆表元组。然而即使更新前后所有索引字段的值没有发生变化，考虑到可能还有并发的查询需要访问老元组，因此老索引元组还要保留。可以插入一条新索引元组来指向更新后的堆表元组，或者也可以将更新后元组的位置信息保存在老元组中，这样通过原来的一条索引元组，就可以一并查到更新前后的两条新、老元组了。但是这种场景下老堆表元组的清理又变得复杂起来，还会存在悬挂索引指针的问题。

为了解决上述这些问题，openGauss当前提供了三种空间管理和回收的机制(参见4.2.3节)。在对astore堆表进行轻量级清理时，无法清理索引中的垃圾数据。只有对astore进行中量级VACUUM清理，或者重量级VACUUM FULL清理时，才能够清理对应索引中的垃圾数据。

上述索引可见性判断机制有一种例外场景：如果查询不涉及非索引字段，如显示查询索引字段内容或"SELECT COUNT(*)"类查询，且索引字段t_tid指向的astore堆表页面对应的VM(Visibility Map，可见性位图)比特位为1，那么该索引元组被认为是可见的，这种扫描方式称为"Index Only Scan"。该扫描方式不仅提高了可见性判断的效率，更重要的是避免了对堆表页面的访问，从而可以节省大量I/O开销。在页面空闲空间回收过程中，如果被清理的堆表页面上的所有元组对于当前所有正在执行的事务都可见，那么其对应的VM比特位会被置为1；后续该堆表页面上有新的插入、删除或更新操作之后，都会将其对应的VM比特位置为0。

openGauss中的行存储索引表访存接口如表4-26所示。

表4-26　行存储索引表访存接口

接口名称	接口含义
index_open	打开一个索引表，得到索引表的相关元信息
index_close	关闭一个索引表，释放该表的加锁或引用

续表

接口名称	接口含义
index_beginscan	初始化索引扫描操作
index_beginscan_bitmap	初始化 bitmap 索引扫描操作
index_endscan	结束并释放索引扫描操作
index_rescan	重新开始索引扫描操作
index_markpos	记录当前索引扫描位置
index_restrpos	重置索引扫描位置
index_getnext	获取下一条符合索引条件的元组
index_getnext_tid	获取下一条符合索引条件的元组指针
index_fetch_heap	根据上面的指针，获取具体的堆表元组
index_getbitmap	获取符合索引条件的所有堆表元组指针组成的 bitmap
index_bulk_delete	清理索引页面上的无效元组
index_vacuum_cleanup	更新索引页面清理之后的统计信息和空闲空间信息
index_build	扫描堆表数据，构造索引表数据

和堆表存储接口不同，由于 openGauss 支持多种索引结构(B-Tree，hash，GIN 等)，每种索引结构内部的页面间组织方式及扫描方式都不太相同，因此在上述接口中，没有直接定义底层的页面和元组操作，而是进一步调用了各个索引自己的访存方式。不同索引的底层访存接口，可以在 pg_am 系统表中查询得到。

4.2.6 行存储缓存机制

行存储缓存加载和淘汰机制如图 4-20 所示。

行存储堆表和索引表页面的缓存和淘汰机制主要包含以下几部分。

1. 共享缓冲区内存页面数组下标哈希表

共享缓冲区内存页面数组下标哈希表用于将远大于内存容量的物理页面与内存中有限个数的内存页面建立映射关系，该映射关系通过一个分段、分区的全局共享哈希表结构实现。哈希表的键值为 buftag(页面标签)结构体。该结构体由"rnode""forkNum""blockNum"三个成员组成。其中"rnode"对应行存储表物理文件名的主体命名；"forkNum"对应主体命名之后的后缀命名，通过主体命名和后缀命名，可以找到唯一的物理文件；而"blockNum"对应该物理文件中的页面号。因此，该三元组可以唯一确定任意一个行存储表物理文件中的物理页面位置。哈希表的内容值为与该物理页面对应的内存页面的"buffer id"(共享内存页面数组的下标)。

因为该哈希表是所有数据页面查询的入口，所以当存在并发查询时在该哈希表上的查询和修改操作会非常频繁。为了降低读写冲突，把该哈希表进行分区，分区个数等于 NUM_BUFFER_PARTITIONS 宏的定义值。在对该哈希表进行查询或修改操作之前首先需要获取相应分区的共享锁或排他锁。考虑到当对该哈希表进行插入操作时待插入的三元组

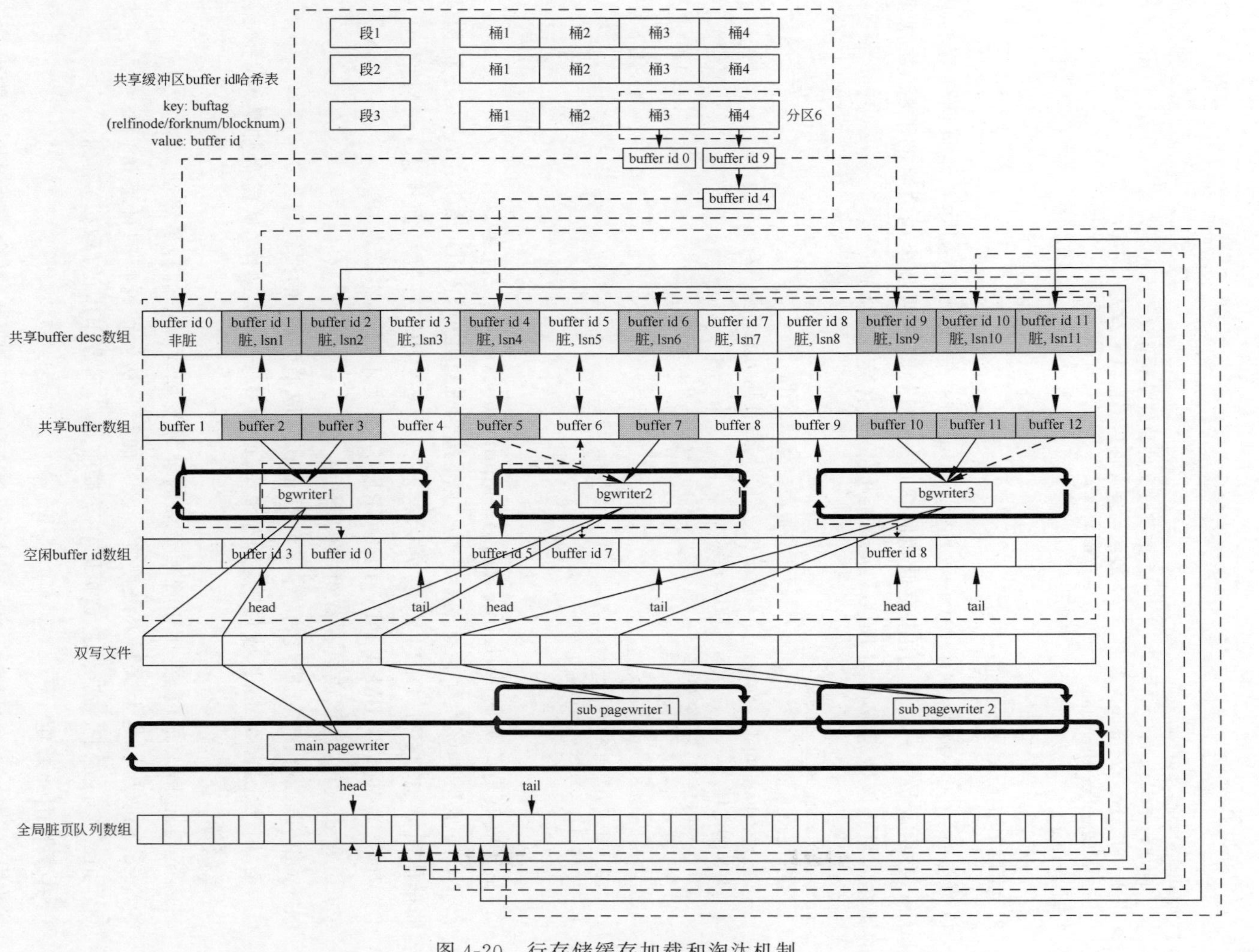

图 4-20　行存储缓存加载和淘汰机制

键值对应的物理页面大概率不在当前的共享缓冲区中，因此该哈希表的容量等于"g_instance. attr. attr_storage. NBuffers ＋ NUM_BUFFER_PARTITIONS"。该表具体的定义代码如下：

```
typedef struct buftag {
    RelFileNode rnode;          /* 表的物理文件位置结构体 */
    ForkNumber forkNum;         /* 表的物理文件后缀信息 */
    BlockNumber blockNum;       /* 页面号 */
} BufferTag;
```

2. 共享 buffer desc 数组

该数组有"g_instance. attr. attr_storage. NBuffers"个成员，与实际存储页面内容的共享 buffer 数组成员一一对应，用来存储相同"buffer id"（即这两个全局数组的下标）数据页面的属性信息。该数组成员为 BufferDesc 结构体，具体定义代码如下：

```
typedef struct BufferDesc {
    BufferTag tag;              /* 缓冲区页面标签 */
    pg_atomic_uint32 state;     /* 状态位、引用计数、使用历史计数 */
    int buf_id;            /* 缓冲区下标 */
    ThreadId wait_backend_pid;
    LWLock * io_in_progress_lock;
    LWLock * content_lock;
    pg_atomic_uint64 rec_lsn;
    volatile uint64 dirty_queue_loc;
} BufferDesc;
```

（1）tag 成员是该页面的（relfilenode，forknum，blocknum）三元组。

（2）state 成员是该内存状态的标志位，主要包含 BM_LOCKED（该 buffer desc 结构体内容的排他锁标志）、BM_DIRTY（脏页标志）、BM_VALID（有效页面标志）、BM_TAG_VALID（有效 tag 标志）、BM_IO_IN_PROGRESS（页面 I/O 状态标志）等。

（3）buf_id 成员，是该成员在数组中的下标。

（4）wait_backend_pid 成员，是等待页面 unpin（取消引用）的线程号。

（5）io_in_progress_lock 成员，是用于管理页面并发 I/O 操作（从磁盘加载和写入磁盘）的轻量级锁。

（6）content_lock 成员，是用于管理页面内容并发读写操作的轻量级锁。

（7）rec_lsn 成员，是上次写入磁盘之后该页面第一次修改操作的日志 lsn 值。

（8）dirty_queue_loc 成员，是该页面在全局脏页队列数组中的（取模）下标。

3. 共享 buffer 数组

该数组有"g_instance. attr. attr_storage. NBuffers"个成员，每个数组成员即为保存在内存中的行存储表页面内容。需要注意的是，每个 buffer 在代码中以一个整型变量来标识，该值从 1 开始递增，数值上等于"buffer id ＋ 1"，即"数组下标加 1"。

4. bgwriter 线程组

该数组有“g_instance. attr. attr_storage. bgwriter_thread_num”个线程。每个“bgwriter”线程负责一定范围内(目前为均分)的共享内存页面的写入磁盘操作，如图 4-20 中所示。如果全局共享 buffer 数组的长度为 12，一共有 3 个“bgwriter”线程，那么第 1 个“bgwriter”线程负责“buffer id 0～buffer id 3”的内存页面的维护和写入磁盘；第 2 个“bgwriter”线程负责“buffer id 4～buffer id 7”的内存页面的维护和写入磁盘；第 3 个“bgwriter”线程负责 buffer id 8～buffer id 11 的内存页面的维护和写入磁盘。每个“bgwriter”进程在后台循环扫描自己负责的那些共享内存页面和它们的 buffer desc 状态，将被业务修改过的脏页收集起来，批量写入双写文件，然后写入表文件系统。对于刷完的内存页，将其状态变为非脏，并追加到空闲 buffer id 队列的尾部，用于后续业务加载其他当前不在共享缓冲区的物理页面。每个“bgwriter”线程的信息记录在 BgWriterProc 结构体中，该结构体的定义代码如下：

```
typedef struct BgWriterProc {
    PGPROC * proc;
    CkptSortItem * dirty_buf_list;
    uint32 dirty_list_size;
    int * cand_buf_list;
    volatile int cand_list_size;
    volatile int buf_id_start;
    pg_atomic_uint64 head;
    pg_atomic_uint64 tail;
    bool need_flush;
    volatile bool is_hibernating;
    ThrdDwCxt thrd_dw_cxt;
    volatile uint32 thread_last_flush;
    int32 next_scan_loc;
} BgWriterProc;
```

其中，比较关键的几个成员含义如下：

(1) dirty_buf_list 为存储每批收集到的脏页面 buffer id 的数组。dirty_list_size 为该数组的长度。

(2) cand_buf_list 为存储写入磁盘之后非脏页面 buffer id 的队列数组(空闲 buffer id 数组)。cand_list_size 为该数组的长度。

(3) buf_id_start 为该 bgwriter 负责的共享内存区域的起始 buffer id，该区域长度通过“g_instance. attr. attr_storage. NBuffers / g_instance. attr. attr_storage. bgwriter_thread_num”得到。

(4) head 为当前空闲 buffer id 队列的队头数组下标，tail 为当前空闲 buffer id 队列的队尾数组下标。

(5) next_scan_loc 为上次 bgwriter 循环扫描时停止处的 buffer id，下次收集脏页从该位置开始。

5. pagewriter 线程组

pagewriter 线程组由多个 pagewriter 线程组成，线程数量等于 GUC 参数(g_instance.ckpt_cxt_ctl→page_writer_procs.num)的值。pagewriter 线程组分为主 pagewriter 线程和子 pagewriter 线程组。主 pagewriter 线程只有一个，负责从全局脏页队列数组中批量获取脏页面，将这些脏页批量写入双写文件，推进整个数据库的检查点(故障恢复点)，分发脏页给各个 pagewriter 线程，以及将分发给自己的那些脏页写入文件系统。子 pagewriter 线程组包括多个子 pagewriter 线程，负责将主 pagewriter 线程分发给自己的那些脏页写入文件系统。

每个 pagewriter 线程的信息保存在 PageWriterProc 结构体中，该结构体的定义代码如下：

```
typedef struct PageWriterProc {
    PGPROC * proc;
    volatile uint32 start_loc;
    volatile uint32 end_loc;
    volatile bool need_flush;
    volatile uint32 actual_flush_num;
} PageWriterProc;
```

(1) proc 成员为 pagewriter 线程属性信息。

(2) start_loc 为分配给本线程待写入磁盘的脏页在全量脏页队列中的起始位置。

(3) end_loc 为分配给本线程待写入磁盘的脏页在全量脏页队列中的结尾位置。

(4) need_flush 为是否有脏页被分配给本 pagewriter 的标志。

(5) actual_flush_num 为本批实际写入磁盘的脏页个数(有些脏页在分配给本 pagewriter 线程之后，可能被 bgwriter 线程写入磁盘)。

pagewriter 线程与 bgwriter 线程的差别：bgwriter 线程主要负责将脏页写入磁盘，以便留出非脏的缓冲区页面用于加载新的物理数据页；pagewriter 线程的主要任务是推进全局脏页队列数组的进度，从而推进整个数据库的检查点和故障恢复点。数据库的检查点是数据库(故障)重启时需要回放的日志起始位置 lsn。在检查点之前的那些日志涉及的数据页面修改，需要保证在检查点推进时刻已经写入磁盘。通过推进检查点的 lsn，可以减少数据库宕机重启之后需要回放的日志量，从而降低整个系统的恢复时间目标(Recovery Time Objective，RTO)。关于 pagewriter 的具体工作原理，将在 4.2.8 节进行更详细的描述。

6. 双写文件

一般磁盘的最小 I/O 单位为 1 个扇区(512 字节)，大部分文件系统的 I/O 单位为 8 个扇区。数据库最小的 I/O 单位为一个页面(16 个扇区)，因此如果在写入磁盘过程中发生宕机，可能出现一个页面只有部分数据写入磁盘的情况，影响当前日志恢复的一致性。为了解决上述问题，openGauss 引入了双写文件。所有页面在写入文件系统之前，首先要写入双写文件，并且双写文件以“O_SYNC | O_DIRECT”模式打开，保证同步写入磁盘。因为双写文件是顺序追加的，所以即使采用同步写入磁盘，也不会带来太明显的性能损耗。在数据库恢复时，首先从双写文件中将可能存在的部分写入磁盘的页面进行修复，然后再回放日志进行日志恢复。

此外也可以采用FPW(Full Page Write,全页写)技术解决部分数据写入磁盘问题：在每次检查点之后,对某个页面首次修改的日志记录完整的页面数据。但是为了保证I/O性能的稳定性,目前openGauss默认使用增量检查点机制(关于增量检查点机制,参见4.2.9节),而该机制与FPW技术无法兼容,所以在openGauss中目前采用双写技术来解决部分数据写入的磁盘问题。

结合图4-20,缓冲区页面查找的流程如下。

(1) 计算buffer tag对应的哈希值和分区值。

(2) 对buffer id哈希表加分区共享锁,并查找buffer tag键值是否存在。

(3) 如果buffer tag键值存在,确认对应的磁盘页面是否已经加载。如果是,则直接返回对应的"buffer id+1";如果不是,则尝试加载到该buffer id对应的缓冲区内存中,然后返回"buffer id+1"。

(4) 如果buffer tag键值不存在,则寻找一个buffer id来进行替换。首先尝试从各个bgwriter线程的空闲buffer id队列中获取可以用来替换的buffer id;如果所有bgwriter线程的空闲buffer id队列都为空队列,那么采用clock-sweep算法,对整个缓冲区进行遍历,并且每次遍历过程中将各个缓冲区的使用计数减一,直到找到一个使用计数为0的非脏页面,就将其作为用来替换的缓冲区。

(5) 找到替换的buffer id之后,按照分区号从小到大的顺序,对两个buffer tag对应的分区同时加上排他锁,插入新buffer tag对应的元素,删除原来buffer tag对应的元素。然后再按照分区号从小到大的顺序释放上述两个分区排他锁。

(6) 最后确认对应的磁盘页面是否已经加载上来。如果是,则直接返回上述被替换的"buffer id+1";如果不是,则尝试加载到该buffer id对应的buffer内存中,然后返回"buffer id+1"。

行存储共享缓冲区访问的主要接口和含义如表4-27所示。

表4-27 行存储共享缓冲区访问的主要接口和含义

函数名	操作含义
ReadBufferExtended	读、写业务线程从共享缓冲区获取页面用于读、写查询
ReadBufferWithoutRelcache	恢复线程从共享缓冲区获取页面用于回放日志
ReadBufferForRemote	备机页面修复线程从共享缓冲区获取页面用于修复主机损坏页面

4.2.7 cstore

列存储格式是OLAP类数据库系统最常用的数据格式,适合复杂查询、范围统计类查询的在线分析型处理系统。本节主要介绍openGauss数据库内核中cstore列存储格式的实现方式。

1. cstore整体框架

cstore列存储格式整体框架如图4-21所示。其主要模块代码分布参见4.2.1节。与

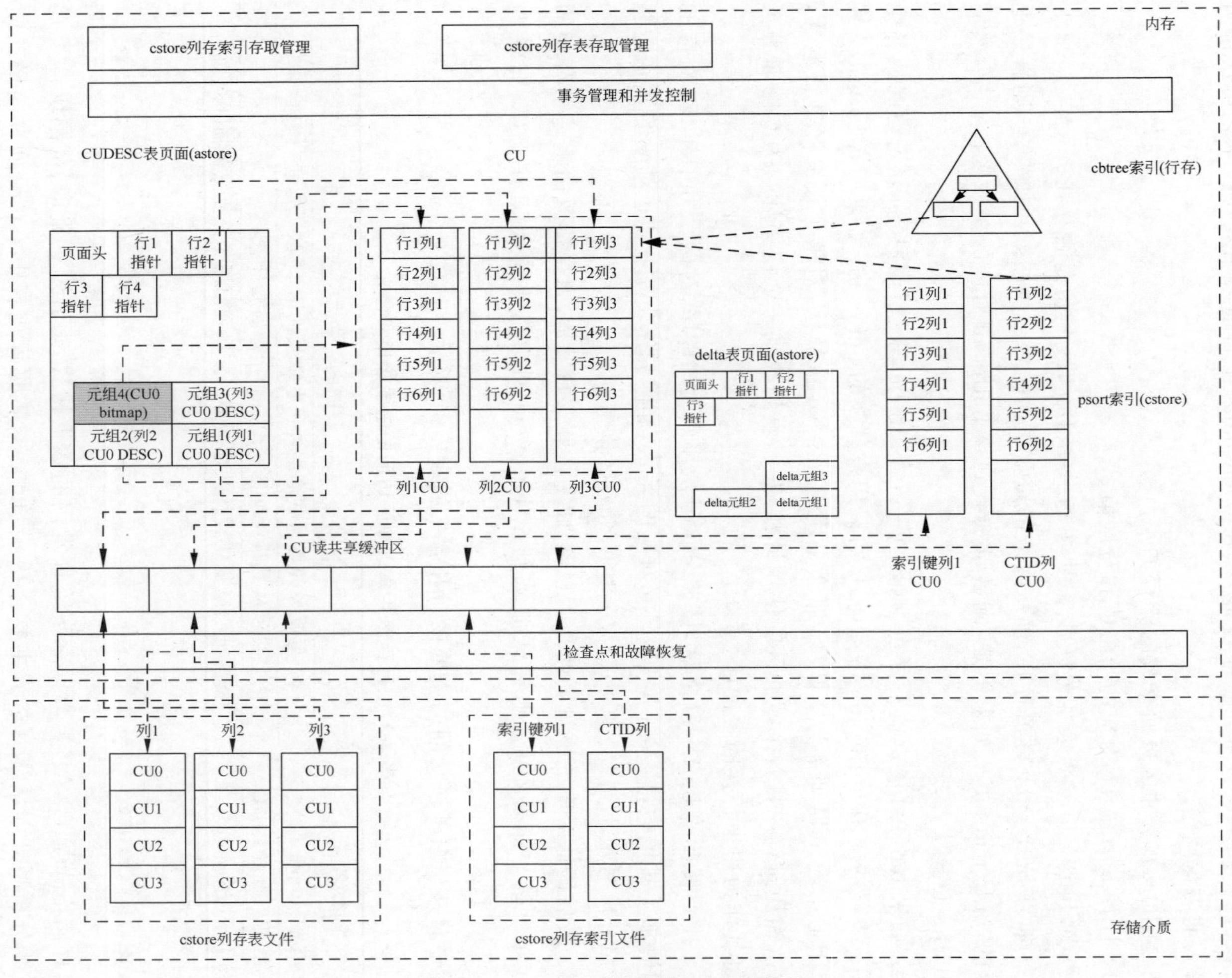

图 4-21 cstore 列存储格式整体框架

行存储格式不同，cstore 列存储的主体数据文件以 CU 为 I/O 单元，只支持追加写操作，因此 cstore 只有读共享缓冲区。CU 间和 CU 内的可见性由对应的 CUDESE 表（astore 表）决定，因此其可见性和并发控制原理与行存储 astore 基本相同。

2. cstore 存储单元结构

如图 4-22 所述，cstore 的存储单元是 CU，分别包括以下内容。

（1）CU 的 CRC 值，为 CU 结构中除 CRC 成员外，其他所有字节计算出的 32 位 CRC 值。

（2）CU 的 magic 值，为插入 CU 的事务号。

（3）CU 的属性值，为 16 位标志值，包括 CU 是否包含 NULL 行、CU 使用的压缩算法等 CU 粒度属性信息。

（4）压缩后 NULL 值位图长度，如果属性值中标识该 CU 包含 NULL 行，则本 CU 在实际数据内容开始处包含 NULL 值位图，此处存储该位图的字节长度，如果该 CU 不包含 NULL 行，则无该成员。

（5）压缩前数据长度，即 CU 数据内容在压缩前的字节长度，用于读取 CU 时进行内存申请和校验。

（6）压缩后数据长度，即 CU 数据内容在压缩后的字节长度，用于插入 CU 时进行内存申请和校验。

（7）压缩后 NULL 值位图内容，如果属性值中标识该 CU 包含 NULL 行，则该成员即为每行的 NULL 值位图，否则无该成员。

（8）压缩后数据内容，即实际写入磁盘的 CU 主体数据内容。

每个 CU 最多保存对应字段的 MAX_BATCH_ROWS 行（默认 60000 行）数据。相邻 CU 之间按 8KB 对齐。

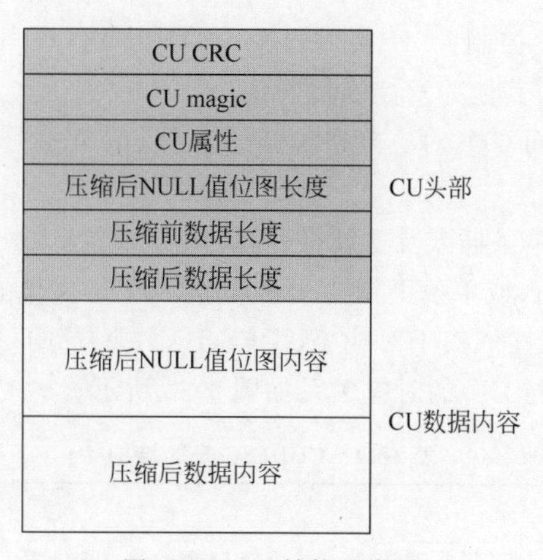

图 4-22　CU 结构示意图

CU 模块提供的主要 CU 操作接口如表 4-28 所示。

表 4-28　CU 操作接口

函数名称	接口含义
AppendCuData	向组装的 CU 中增加一行(仅对应字段)
Compress	压缩(若需)和组装 CU
FillCompressBufHeader	填充 CU 头部
CompressNullBitmapIfNeed	压缩 NULL 值位图
CompressData	压缩 CU 数据
CUDataEncrypt	加密 CU 数据
ToVector	将 CU 数据解构为向量数组结构
UnCompress	解压(若需)和解析 CU
UnCompressHeader	解析 CU 头部内容
UnCompressNullBitmapIfNeed	解压 NULL 值位图
UnCompressData	解压 CU 数据
CUDataDecrypt	解密 CU 数据

3. cstore 多版本机制

cstore 支持完整事务语义的 DML 查询,原理如下。

(1) CU 间的可见性：每个 CU 对应 CUDESC 表(astore 行存储表)中的一行记录(一对一),该 CU 的可见性完全取决于该行记录的可见性。

(2) 同一个 CU 内不同行的可见性：每个 CU 的内部可见性对应 CUDESC 表中的一行(多对一),该行的 bitmap 字段为最长 MAX_BATCH_ROWS 个 bit 的删除位图(bit 1 表示删除,bit 0 表示未删除),通过该位图记录的可见性和多版本来支持 CU 内不同行的可见性。同时由于 DML 操作都是行粒度操作的,因此行号范围相同的、不同字段的多个 CU 均对应同一行位图记录。

(3) CU 文件读写并发控制：CU 文件自身为 APPEND-ONLY,只在追加时对文件大小扩展进行加锁互斥,无须其他并发控制机制。

(4) 同一个字段的不同 CU,对应严格单调递增的 cu_id 编号,存储在对应的 CUDESC 表记录中。

(5) 对于 cstore 表的单条插入及更新操作,提供与每个 cstore 表对应的 delta 表(astore 行存储表),接收这些新插入或单条更新的元组,以降低 CU 文件的碎片化。

可见,cstore 表的可见性依赖于对应 CUDESC 表中记录的可见性。一个 CUDESC 表的结构如表 4-29 所示,其与 CU 的对应关系如图 4-23 所示。

表 4-29　CUDESC 表的结构

字段名	类　型	含　义
col_id	integer	字段序号,即该 cstore 列存储表的第几个字段；特殊地,对于 CU 位图记录,该字段恒为－10
cu_id	oid	CU 序号,即该列的第几个 CU

续表

字段名	类　型	含　义
min	text	该 CU 中该字段的最小值
max	text	该 CU 中该字段的最大值
row_count	integer	该 CU 中的行数
cu_mode	integer	CU 模式
size	bigint	该 CU 大小
cu_pointer	text	该 CU 偏移(8K 对齐)；特殊地，对于 CU 位图记录，该字段为删除位图的二进制内容
magic	integer	该 CU magic 号，与 CU 头部的 magic 相同，校验用
extra	text	预留字段

xmin	xmax	col_id	cu_id	min	max	row_count	cu_mode	size	cu_pointer	magic	extra
100	0	1	1001	\r	\x03		1				
100	0	2	1001	\r	\x03		1				
100	0	-10	1001						删除位图		
101	0	1	1002	\r	\x03		1				
101	0	2	1002	\r	\x03		1				
101	102	-10	1002						删除位图		
102	0	-10	1002						删除位图		

图 4-23　CUDESC 表和 CU 对应关系示意图

如图 4-24 和图 4-25 所示，下面结合并发插入和并发插入查询两种具体场景，介绍 openGauss 中 cstore 多版本的具体实现方法。

(1) 并发插入操作。

对于并发的插入操作，会话 1 和会话 2 首先分别在各自的局部内存中完成待插入 CU 的拼接。然后假设会话 1 先获取到 cstore 表的扩展锁，那么会话 2 会阻塞在该锁上。在持锁阶段，会话 1 申请到该字段下一个 cuid 1001，预占了该 CU 文件 0～6K 的内容(即 cuid 1001 的内容大小)，将 cuid 的大小、偏移及 cuid 1001 头部部分信息填充到 CUDESC 记录中，并完成 CUDESC 记录的插入。接着，会话 1 放锁，并将 cuid 1001 的内容写入 CU 对应偏移处，记录日志，再将删除位图记录插入 CUDESC 表中。当会话 1 释放 cstore 表的扩展锁之后，会话 2 就可以获取到该锁，然后类似会话 1 的后续操作，完成 cuid 1002 的插入操作。

(2) 并发插入和查询操作。

假设在上述会话 2 的插入事务(事务号 101)执行过程中，有并发的查询操作执行。对于查询操作，首先基于 col_id 和 cuid 这两个索引键对 CUDESC 表做索引扫描。由于事务号 101 在查询的快照中，因此 cuid 1002 的所有记录对于查询事务不可见，查询事务只能看到 cuid 1001(事务号 100)的那些记录。然后，查询事务根据 CUDESC 记录中对应的 CU 文

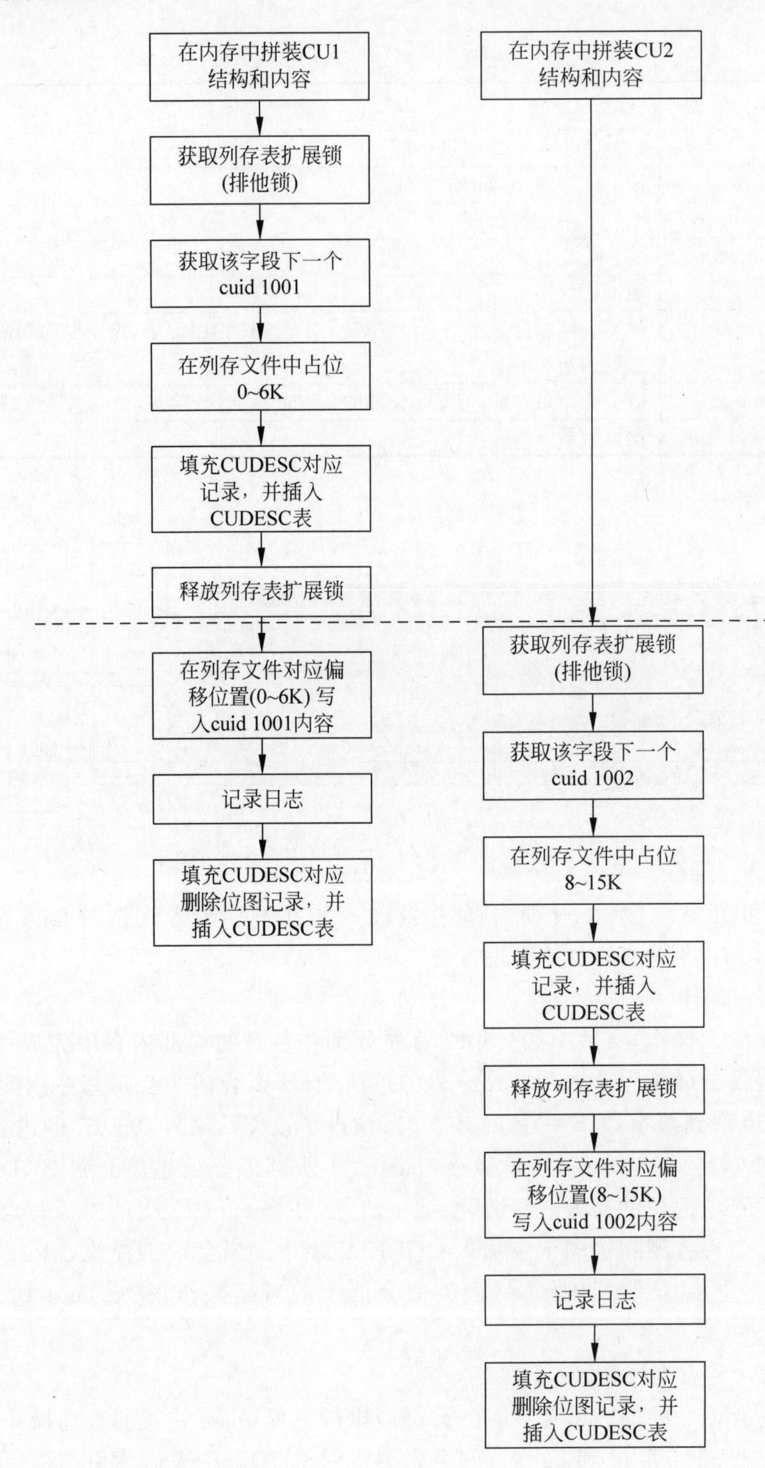

图 4-24　cstore 表并发插入示意图

件偏移和 CU 大小，将 cuid 1001 的数据从磁盘文件或缓存中加载到局部内存中，并拼接成向量数组的形式返回。

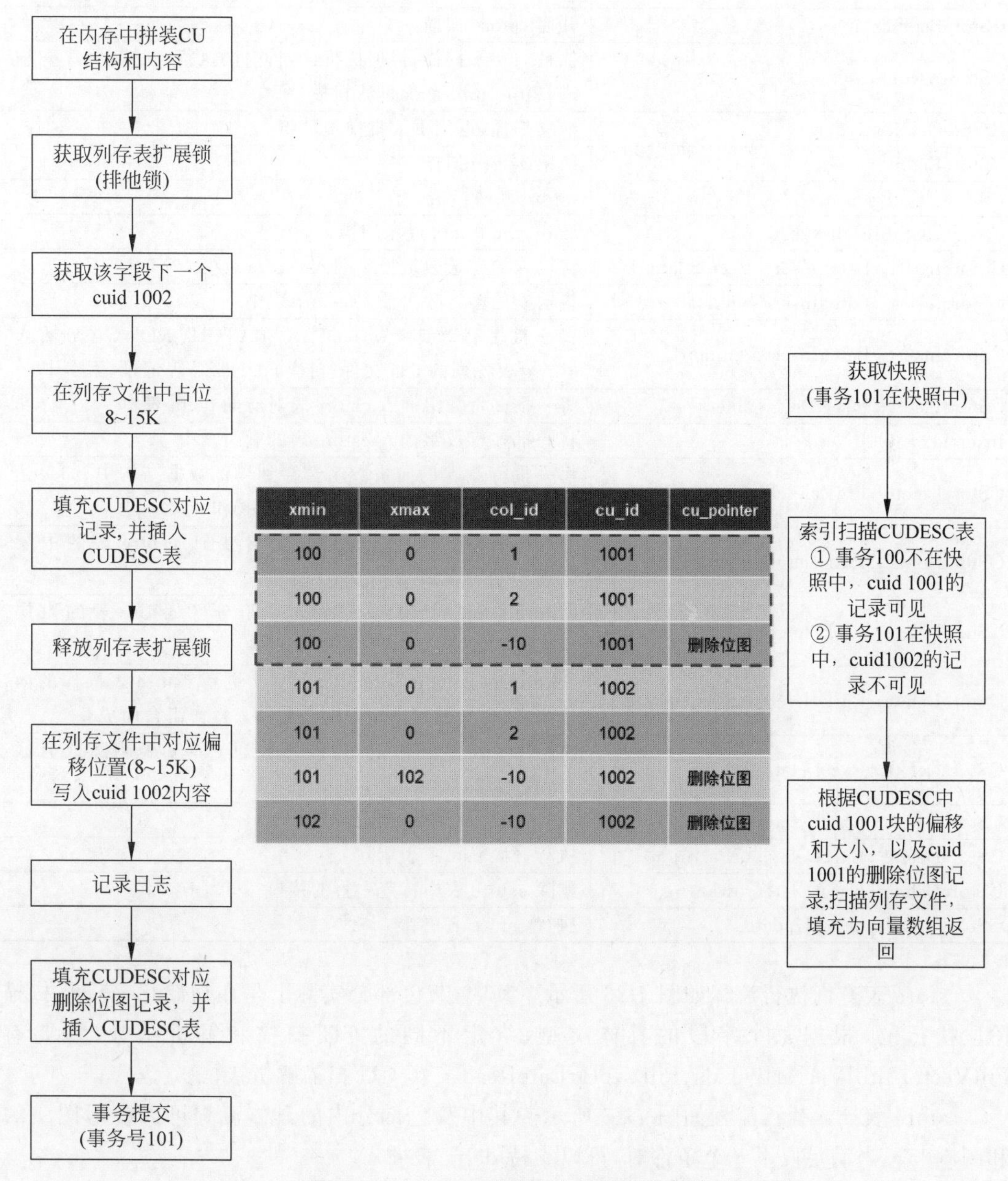

图 4-25　cstore 表并发插入和查询示意图

4. cstore 访存接口和索引机制

cstore 访存接口如表 4-30 所示，主要包括扫描、插入、删除和查询操作。

表 4-30 cstore 访存接口

接口名称	接口含义
CStoreBeginScan	开启 cstore 扫描
CStore::RunScan	执行 cstore 扫描,根据执行计划,内层执行 cstore 顺序扫描或 cstore min-max 过滤扫描
CStoreGetNextBatch	继续扫描,返回下一批向量数组
CStoreEndScan	结束 cstore 扫描
CStore::CStoreScan	cstore 顺序扫描
CStore::CStoreMinMaxScan	cstore min-max 过滤扫描
CStoreInsert::BatchInsert(VectorBatch)	将输入的向量数组批量插入 cstore 表中
CStoreInsert::BatchInsert(bulkload_rows)	将输入的多行数组插入 cstore 表中
CStoreInsert::BatchInsertCommon	将一批多行数组(最多 MAX_BATCH_ROWS 行)插入 cstore 表各列的 CU 文件、对应 CUDESC 表记录、索引中
CStoreInsert::InsertDeltaTable	将一批多行数组插入 cstore 表对应的 delta 表中
InsertIdxTableIfNeed	将一批多行数组插入 cstore 表的索引表中
CStoreDelete::PutDeleteBatch	将一批待删除的向量数组暂存到局部数据结构中,如果达到局部内存上限,则触发一下删除操作
CStoreDelete::PutDeleteBatchForTable	CStoreDelete::PutDeleteBatch 对于普通 cstore 表的内层实现
CStoreDelete::PutDeleteBatchForPartition	CStoreDelete::PutDeleteBatch 对于分区 cstore 表的内层实现
CStoreDelete::PutDeleteBatchForUpdate	CStoreDelete::PutDeleteBatch 对于更新 cstore 表操作的内层实现(更新操作由删除操作和插入操作组合而成)
CStoreDelete::ExecDelete	执行 cstore 表删除,内层调用普通 cstore 表删除或分区 cstore 表删除
CStoreDelete::ExecDeleteForTable	执行普通 cstore 表删除
CStoreDelete::ExecDeleteForPartition	执行分区 cstore 表删除
CStoreDelete::ExecDelete(rowid)	删除 cstore 表中特定一行的接口
CStoreUpdate::ExecUpdate	执行 cstore 表更新

cstore 表查询执行流程如图 4-26 所示。其中,灰色部分实际上是在初始化 cstore 扫描阶段执行的,根据每个字段的具体类型,绑定不同的 CU 扫描和解析函数,主要有 FillVector、FillVectorByTids、FillVectorLateRead 三类 CU 扫描解析接口。

cstore 表插入执行流程如图 4-27 所示。其中灰色部分内的具体流程可以参考图 4-24 和图 4-25。当满足以下 3 个条件时,可以支持 delta 表插入。

(1) 打开 enable_delta_store GUC 参数。

(2) 该批向量数组为本次导入的最后一批向量数组。

(3) 该批向量数组的行数小于 delta 表插入的阈值。

cstore 表的删除流程主要分为两步。

(1) 如果存在 delta 表,那么先从 delta 表中删除满足谓词条件的记录。

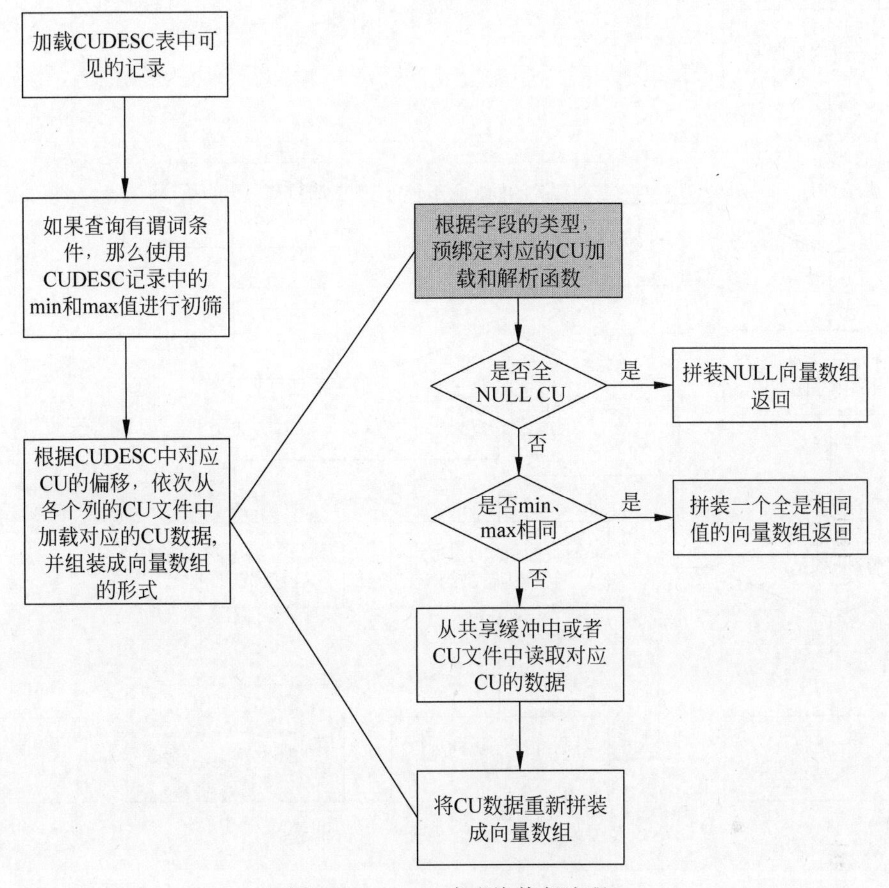

图 4-26　cstore 表查询执行流程

(2) 在 CUDESC 表中更新待删除行所在 CU 的删除位图记录。

cstore 表的更新操作由删除操作和插入操作组合而成，流程不再赘述。

openGauss 的 cstore 表支持 psort 和 cbtree 两种索引。

psort 索引是一种局部排序聚簇索引。psort 索引表的组织形式也是 cstore 表，该 cstore 表的字段包括索引键中的各个字段，再加上对应的行号(TID)字段。如图 4-28 所示，将一定数量的记录按索引键排序聚簇之后，与 TID 字段共同拼装成向量数组，插入 psort 索引 cstore 表中，插入流程和上面 cstore 表插入流程相同。

查询时如果使用 psort 索引扫描，会首先扫描 psort 索引 cstore 表(扫描方式和上面 cstore 表扫描方式相同)。在一个 psort 索引 CU 的内部，由于做了局部聚簇索引，因此可以使用基于索引键的二分查找方式，快速找到符合索引条件的记录在该 psort 索引中的行号，该行的 TID 字段值即为该条记录在 cstore 主表中的行号。上述流程如图 4-29 所示。值得一提的是，由于做了局部聚簇索引，因此在索引 cstore 表扫描过程中，在真正加载索引表 CU 文件之前，可以通过 CUDESC 中的 min max 做到非常高效的初筛过滤。

cstore 表的 cbtree 索引和行存储表的 B-Tree 索引在结构和使用方式上几乎完全一致，

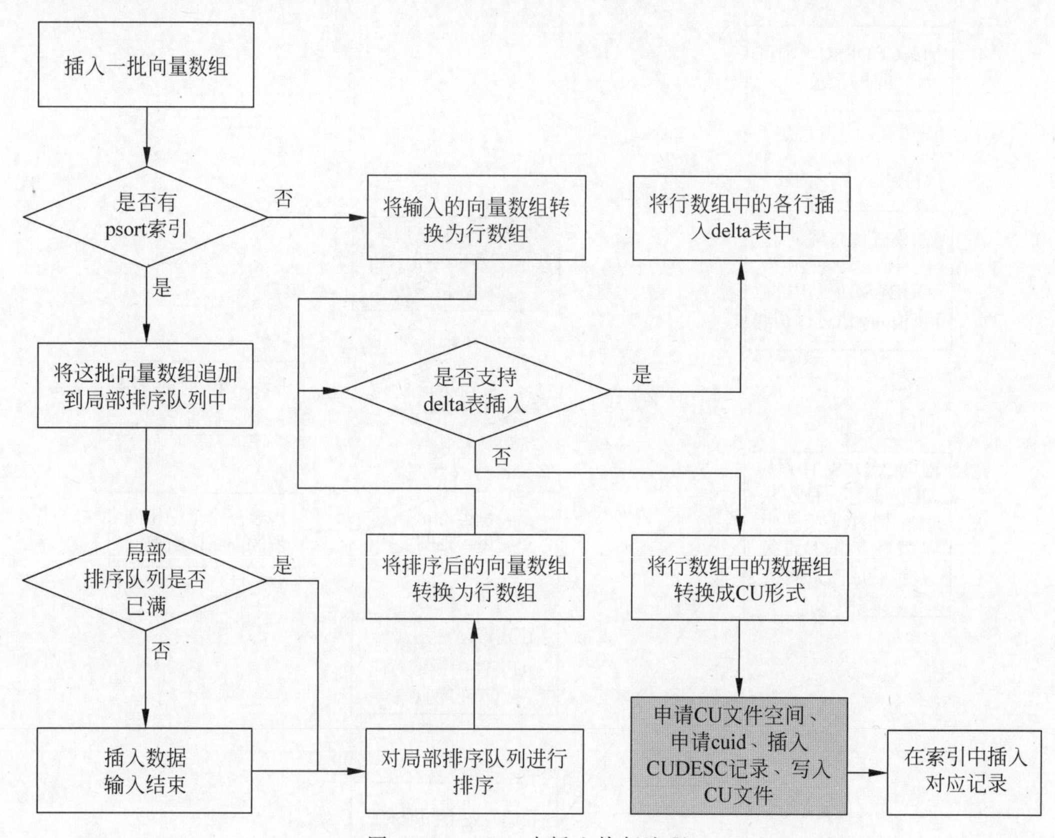

图 4-27　cstore 表插入执行流程

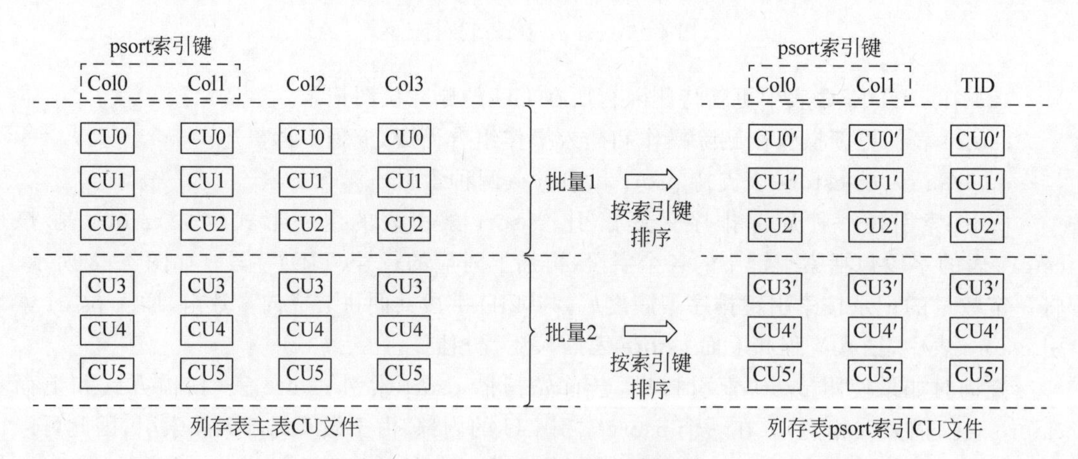

图 4-28　psort 索引插入原理图

相关原理可以参考行存储索引章节(4.2.5 节)，此处不再赘述。

openGauss cstore 表索引对外提供的主要接口如表 4-31 所示。

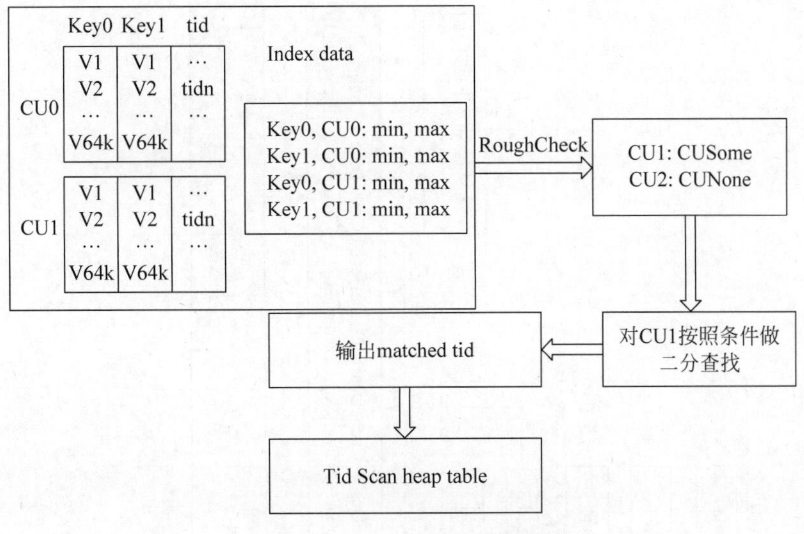

图 4-29 psort 索引查询原理图

表 4-31 cstore 表索引对外接口

接口名称	接口含义
psortgettuple	通过 psort 索引，返回下一条满足索引条件的元组。伪接口，实际 psort 索引扫描通过 CStore::RunScan 实现
psortgetbitmap	通过 psort 索引，返回满足索引条件元组的 tid bitmap。伪接口，实际 psort 索引扫描通过 CStore::RunScan 实现
psortbuild	构建 psort 索引表数据。主要流程包括，从 cstore 主表中扫描数据、局部聚簇排序、插入 psort 索引 cstore 表中
cbtreegettuple	通过 cbtree 索引，返回下一条满足索引条件的元组。内部和 btgettuple 都是通过调用 _bt_gettuple_internal 函数实现的
cbtreegetbitmap	通过 cbtree 索引，返回满足索引条件元组的 tid bitmap。内部和 btgetbitmap 都是通过调用_bt_next 函数实现的
cbtreebuild	构建 cbtree 索引表数据。内部实现与 btbuild 类似，先后调用 _bt_spoolinit、CStoreGetNextBatch、_bt_spool、_bt_leafbuild 和 _bt_spooldestroy 等几个主要函数实现。与 btbuild 区别在于，在 B-Tree 的构建过程中，扫描堆表是通过 heapam 接口实现的，而 cbtree 扫描的是 cstore 表，因此使用的是 CStoreGetNextBatch

5. cstore 缓存机制

考虑到 cstore 列存储格式主要面向只读查询居多的 OLAP 类业务，因此 openGauss 提供只读的共享 CU 缓冲区机制。

openGauss 中 CU 只读共享缓冲区的结构如图 4-30 所示。和行存储页面粒度的共享缓冲区类似，最上层为共享哈希表，哈希表键值为 CU 的 slot 类型、relfilenode、colid、cuid、cupointer 构成的五元组，哈希表的记录值为该 CU 对应的缓冲区槽位 slot id(对应行存储

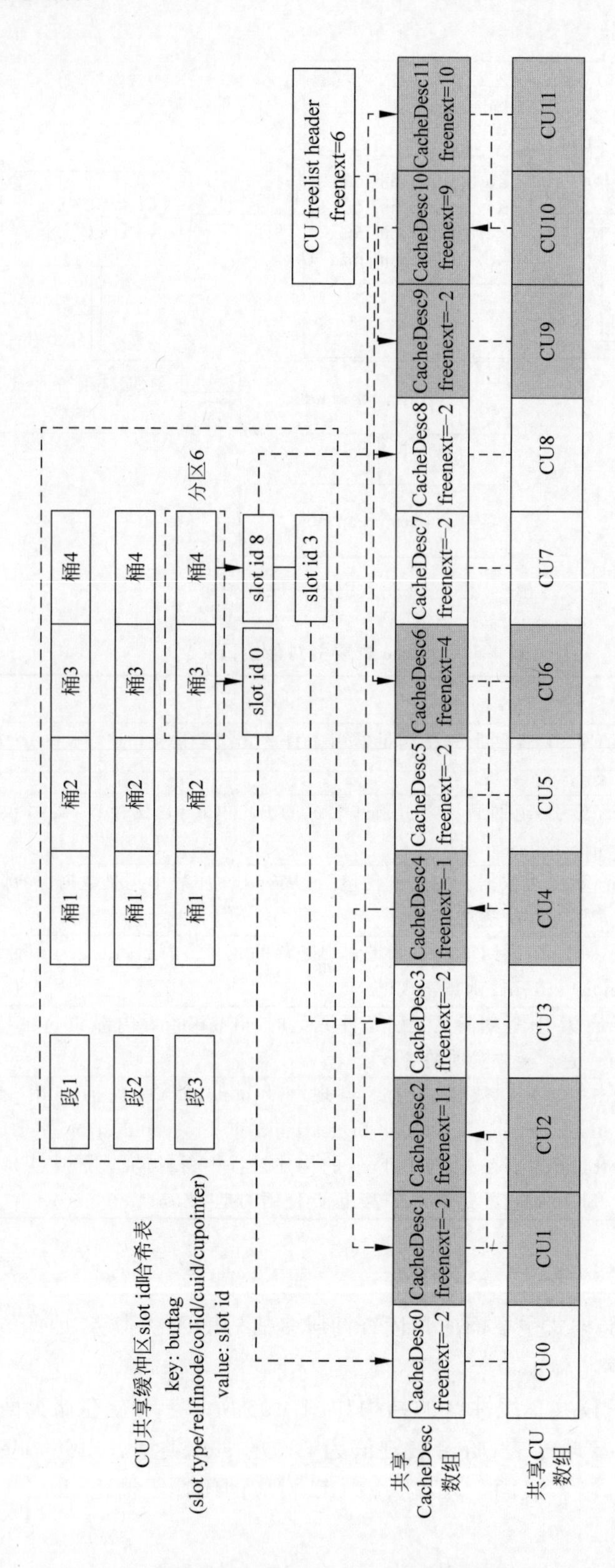

图 4-30　CU只读共享缓存结构

共享缓冲区的 buffer id)。在全局 CacheDesc 数组中,用 CacheDesc 结构体记录与 slot id 对应的缓存槽位的状态信息(对应行存储缓冲区的 BufferDesc 结构体)。在共享 CU 数组中,用 CU 结构体记录与 slot id 对应的缓存 CU 的结构体信息。

与行存储固定的页面大小不同,不同 CU 的大小可能是不同的(行存储页面大小都是 8K),因此上述 CU 槽位只记录指向实际内存中 CU 数据的指针。为了保证共享内存大小可控,通过另外的全局变量来记录已经申请的有效槽位中所有 CU 的大小总和。

CU 只读共享缓冲区的工作机制如图 4-31 所示。

(1) 当从磁盘读取一个 CU 放入 Cache Mgr 时,需要从 FreeSlotList 里拿到一个 free slot(空闲槽位)存放 CU,然后插入哈希表中。

(2) 当 FreeSlotList 为 NULL 时,需要根据 LRU 算法淘汰掉一个 slot(槽位),释放 CU data 占的内存,减小 CU 总大小计数,并从哈希表中删除,然后存放新的 CU,再插入哈希表中。

(3) 缓存大小可以配置。如果内存超过设置的大小,需要淘汰掉适量的 slot,并释放 CU data 占用的内存。

(4) 支持缓存压缩态的 CU 或解压态的 CU 两种模式,可以通过配置文件修改,同时只能存在一种模式。

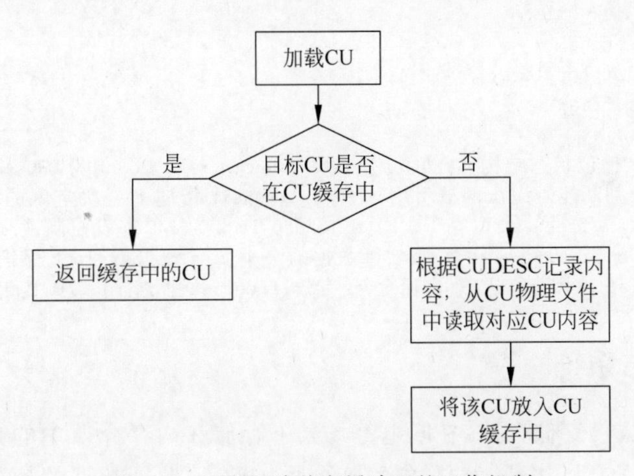

图 4-31　CU 只读共享缓冲区的工作机制

与 CU 只读共享缓冲区相关的关键数据结构代码如下:

```
typedef struct CUSlotTag {
    RelFileNodeOld m_rnode;
    int m_colId;
    int32 m_CUId;
    uint32 m_padding;
    CUPointer m_cuPtr;
} CUSlotTag;
/* slot id 哈希表键值主要部分,各个成员的含义从命名中可以清晰看出 */
```

```
typedef struct DataSlotTag {
    DataSlotTagKey slotTag;
    CacheType slotType;
} DataSlotTag;
/* slot id哈希表键值结构体,成员包括 CUSlotTag 与 slot 类型(CU、OBS 外表等) */

typedef struct CacheLookupEnt {
    CacheTag cache_tag;
    CacheSlotId_t slot_id;
} CacheLookupEnt;
/* slot id哈希表记录结构体,成员包括哈希表键值和对应的 slot id */

typedef struct CacheDesc {
    uint16 m_usage_count;
    uint16 m_ring_count;
    uint32 m_refcount;
    CacheTag m_cache_tag;
    CacheSlotId_t m_slot_id;
    CacheSlotId_t m_freeNext;
    LWLock *m_iobusy_lock;
    LWLock *m_compress_lock;
    /* The data size in the one slot. */
    int m_datablock_size;
    bool m_refreshing;
    slock_t m_slot_hdr_lock;
    CacheFlags m_flag;
} CacheDesc;
/* CU共享缓冲区槽位状态结构体,其中 m_usage_count、m_ring_count 为 LRU 淘汰算法需要的使用计数,m_refcount 为判断能否淘汰的被引用计数,m_freeNext 指向下一次空闲的 slot 槽位(本槽位在 free list 中,否则 m_freeNext 恒等于 -2),m_iobusy_lock 为 I/O 并发控制锁,m_compress_lock 为压缩并发控制锁,m_datablock_size 为 CU 实际数据的大小,m_slot_hdr_lock 保护整个 CacheDesc 的并发读写操作,m_flag 表示槽位状态(包括全新、有效、freelist 中、空闲、I/O 中、错误等状态) */
```

4.2.8 日志系统

内存是一种易失性存储介质,在断电等场景下存储在内存介质中的数据会丢失。为了保障数据的可靠性需要将共享缓冲区中的脏页写入磁盘,此即数据的持久化过程。对于最常用的持久化存储介质磁盘,每次读写操作都有一个"启动"代价,导致磁盘的读写操作频率有一个上限。即使是超高性能的 SSD 磁盘,其读写频率也只能达到 10000 次/秒左右。如果多个磁盘读写请求的数据在磁盘上是相邻的,就可以被合并为一次读写操作。因为合并后可以等效降低读写频率,所以磁盘顺序读写的性能通常要远优于随机读写。由于如上原因,数据库通常都采用顺序追加的预写日志(Write Ahead Log,WAL)来记录用户事务对数据库页面的修改。对于物理表文件所对应的共享内存中的脏页会等待合适的时机再异步、批量地写入磁盘。

日志可以按照用户对数据库不同的操作类型分为以下几类,每种类型日志分别对应一种资源管理器,负责封装该日志的子类、具体结构及回放逻辑等,如表 4-32 所示。

表 4-32 日志类型

日志类型名称	资源管理器类型	对应操作
XLOG	RM_XLOG_ID	pg_control 控制文件修改相关的日志，包括检查点推进、事务号分发、参数修改、备份结束等
Transaction	RM_XACT_ID	事务控制类日志，包括事务提交、回滚、准备、提交准备、回滚准备等
Storage	RM_SMGR_ID	底层物理文件操作类日志，包括文件的创建和截断
CLOG	RM_CLOG_ID	事务日志修改类日志，包括 CLOG 拓展、CLOG 标记等
Database	RM_DBASE_ID	数据库 DDL 类日志，包括创建、删除、更改数据库等
Tablespace	RM_TBLSPC_ID	表空间 DDL 类日志，包括创建、删除、更新表空间等
MultiXact	RM_MULTIXACT_ID	MultiXact 类日志，包括 MultiXact 槽位的创建、成员页面的清空、偏移页面的清空等
RelMap	RM_RELMAP_ID	表文件名字典文件修改日志
Standby	RM_STANDBY_ID	备机支持只读相关日志
Heap	RM_HEAP_ID	行存储文件修改类日志，包括插入、删除、更新、修改 pd_base_xid、加锁等操作
Heap2	RM_HEAP2_ID	行存储文件修改类日志，包括空闲空间清理、元组冻结、元组可见性修改、批量插入等
Heap3	RM_HEAP3_ID	行存储文件修改类日志，目前该类日志不再使用，后续可以拓展
Btree	RM_BTREE_ID	B-Tree 索引修改相关日志，包括节点分裂、插入叶子节点、空闲空间清理等
hash	RM_HASH_ID	hash 索引修改相关日志
Gin	RM_GIN_ID	GIN(Generalized Inverted Index，通用倒排索引)修改相关日志
Gist	RM_GIST_ID	Gist 索引修改相关日志
SPGist	RM_SPGIST_ID	SPGist 索引相关日志
Sequence	RM_SEQ_ID	序列修改相关日志，包括序列推进、属性更新等
Slot	RM_SLOT_ID	流复制槽修改相关日志，包括流复制槽的创建、删除、推进等
MOT	RM_MOT_ID	内存引擎相关日志

openGauss 日志文件、页面和日志记录的格式如图 4-32 所示。

日志文件在逻辑意义上是一个最大长度为 64 位的无符号整数的连续文件。在物理分布上，该逻辑文件按 XLOG_SEG_SIZE 大小(默认为 16MB)切断，每段日志文件的命名规则为“时间线＋日志 ID 号＋该 ID 内段号”。“时间线”用于表示该日志文件属于数据库的哪个“生命历程”，在时间点恢复功能中使用。“日志 ID 号”从 0 开始，按每 4G 大小递增加 1。“ID 内段号”表示该 16MB 大小的段文件在该 4G“日志 ID 号”内是第几段，范围为 0～255。上面 3 个值在日志段文件名中都以 16 进制方式显示。

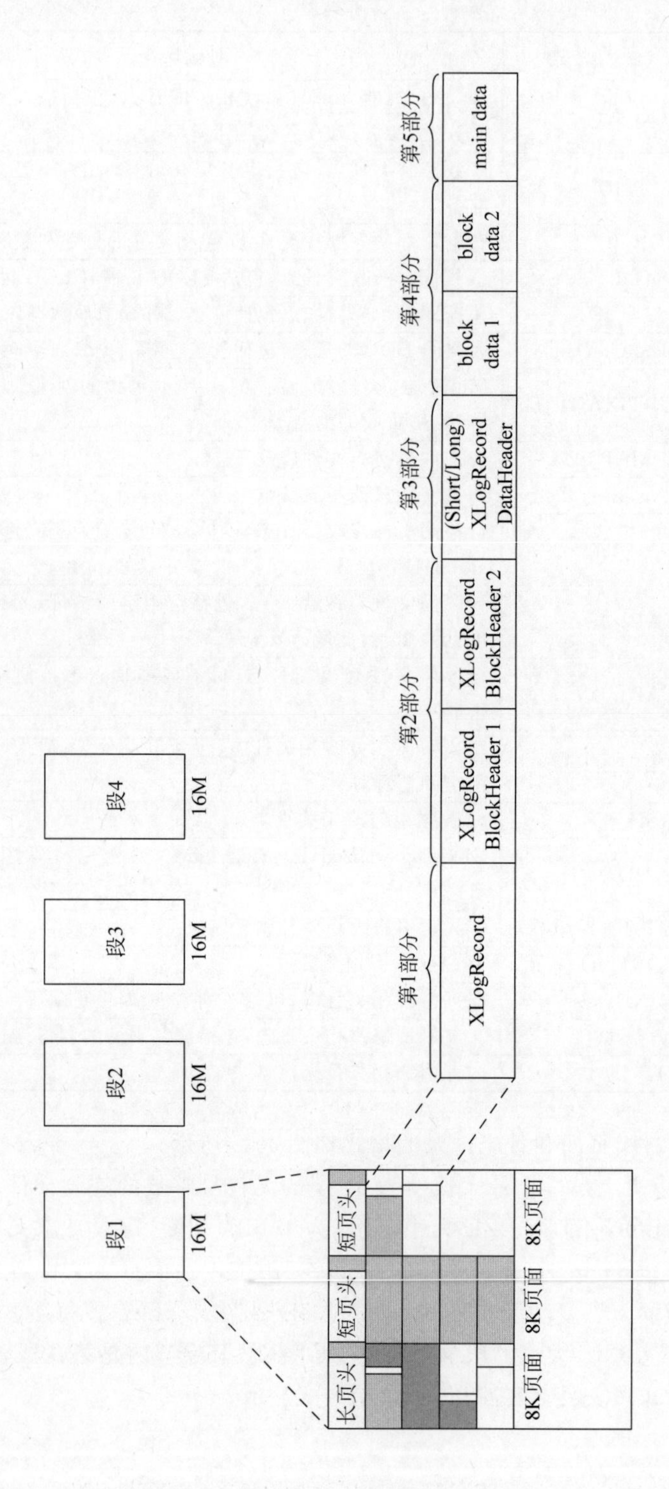

图 4-32 日志文件、页面和记录的格式

每个日志段文件都可以用XLOG_BLCKSZ(默认8KB)为单位,划分为多个页面。每个8KB页面中,起始位置为页面头,如果该页是整个段文件的第一个页面,那么页面头为一个长页头(XLogLongPageHeader),否则为一个正常页头(短页头)(XLogPageHeader)。在页头之后跟着一条或多条日志记录。每个日志记录对应一个数据库的某种操作。为了降低日志记录的大小(日志写入磁盘时延是影响事务时延的主要因素之一),每条日志内部都是紧密排列的。各条日志之间按8字节(64位系统)对齐。一条日志记录可以跨两个及以上的日志页面,其最大长度限制为1G。对于跨页的日志记录,其后续日志页面页头的标志位XLP_FIRST_IS_CONTRECORD会被置为1。

长、短页头结构体的定义如下,其中存储了用于校验的magic信息、页面标志位信息、时间线信息、在整个逻辑日志文件中的页面偏移信息、有效长度信息、系统识别号信息、段尺寸信息、页尺寸信息等。

短页头结构体的代码如下:

```
typedef struct XLogPageHeaderData {
    uint16 xlp_magic;          /* 日志 magic 校验信息 */
    uint16 xlp_info;           /* 标志位 */
    TimeLineID xlp_tli;        /* 该页面第一条日志的时间线 */
    XLogRecPtr xlp_pageaddr;   /* 该页面起始位置的 lsn */
    uint32 xlp_rem_len;        /* 如果是跨页记录,本字段描述该跨页记录在该页面内的剩余长
度 */
} XLogPageHeaderData;
```

长页头结构体的代码如下:

```
typedef struct XLogLongPageHeaderData {
    XLogPageHeaderData std;         /* 短页头 */
    uint64 xlp_sysid;               /* 系统标识符,和 pg_control 文件中相同 */
    uint32 xlp_seg_size;            /* 单个日志文件的大小 */
    uint32 xlp_xlog_blcksz;         /* 单个日志页面的大小 */
} XLogLongPageHeaderData;
```

单条日志记录的结构如图4-32所示,其由5部分组成。

(1) 日志记录头,对应XLogRecord结构体,存储了记录长度、主备任期号、事务号、上一条日志记录起始偏移、标志位、所属的资源管理器、CRC校验值等信息。

(2) 1~33个相关页面的元信息,对应XLogRecordBlockHeader结构体,存储了页面下标(0~32)、页面对应的物理文件后缀、标志位、页面数据长度等信息,如果该日志没有对应的页面信息,则无该部分。

(3) 日志数据主体的元信息,对应(长/短)XLogRecordDataHeader结构体,记录了特殊的页面下标(用于和第二部分区分),以及主体数据的长度。

(4) 1~33个相关页面的数据,如果该日志没有对应的页面信息,则无该部分。

(5) 日志数据主体。

这5部分对应的结构体代码如下。如上所述,在记录日志内容时,每部分之间是紧密挨

着的,无补空字符。如果一个日志记录没有对应的相关页面信息,那么第 2 部分和第 4 部分将被跳过。

```
typedef struct XLogRecord {
    uint32 xl_tot_len;              /* 记录总长度 */
    uint32 xl_term;
    TransactionId xl_xid;           /* 事务号 */
    XLogRecPtr xl_prev;             /* 前一条记录的起始位置 lsn */
    uint8 xl_info;                  /* 标志位 */
    RmgrId xl_rmid;                 /* 资源管理器编号 */
    int2 xl_bucket_id;
    pg_crc32c xl_crc;               /* 该记录的 CRC 校验值 */

    /* 后面紧接 XLogRecordBlockHeaders 或 XLogRecordDataHeader 结构体 */
} XLogRecord;

typedef struct XLogRecordBlockHeader {
    uint8 id;                       /* 页面下标(即该记录中包含的第几个页面信息) */
    uint8 fork_flags;               /* 页面属于哪个后缀文件,以及标志位 */
    uint16 data_length;             /* 实际页面相关的数据长度(紧接该头部结构体) */
    /* 如果 BKPBLOCK_HAS_IMAGE 标志位为 1,后面紧跟 XLogRecordBlockImageHeader 结构体及页面
内连续数据 */
    /* 如果 BKPBLOCK_SAME_REL 标志位没有设置,后面紧跟 RelFileNode 结构体 */
    /* 后面紧跟页面号 */
} XLogRecordBlockHeader;

typedef struct XLogRecordDataHeaderShort {
    uint8 id;                 /* 特殊的 XLR_BLOCK_ID_DATA_SHORT 页面下标 */
    uint8 data_length;        /* 短记录数据长度 */
} XLogRecordDataHeaderShort;

typedef struct XLogRecordDataHeaderLong {
    uint8 id;                 /* 特殊的 XLR_BLOCK_ID_DATA_LONG 页面下标 */
                              /* 后面紧跟长记录长度,无对齐 */
} XLogRecordDataHeaderLong;
```

单条日志记录的操作接口主要分为插入(写)和读接口。其中,一个完整的日志插入操作一般包含以下几步接口,如表 4-33 所示。

表 4-33　日志插入操作

步骤序号	接口名称	对应操作
1	XLogBeginInsert	初始化日志插入相关的全局变量
2	XLogRegisterData	注册该日志记录的主体数据
3	XLogRegisterBuffer/ XLogRegisterBlock	注册该日志记录相关页面的元信息
4	XLogRegisterBufData	注册该日志记录相关页面的数据
5	XLogInsert	执行真正的日志插入,包含步骤 5.1 和步骤 5.2

续表

步骤序号	接口名称	对应操作
5.1	XLogRecordAssemble	将上述注册的所有日志信息，按照图4-32中所示的紧密排列的5部分，重新组合成完整的二进制串
5.2	XLogInsertRecord	在整个逻辑日志中，预估偏移和长度，计算CRC，将完整的日志记录复制到日志共享缓冲区中

日志的读接口为XLogReadRecord接口。该接口从指定的日志偏移处(或上次读到的那条记录结尾位置处)开始读取和解析下一条完整的日志记录。如果当前缓存的日志段文件页面无法读完，那么会调用ReadPageInternal接口加载下一个日志段文件页面到内存中继续读取，直到读完所有等于日志头部xl_tot_len长度的日志数据，然后调用DecodeXLogRecord接口，将日志记录按图4-32中所示的5个组成部分进行解析。

日志文件读写的最小I/O粒度为一个页面。在事务执行过程中，只会进行(顺序追加)写日志操作。为了提高写日志的性能，在共享内存中，单独开辟一片特定大小的区域，作为写日志页面的共享缓冲区。对该共享缓冲区的并发操作(复制日志记录到单个页面中，淘汰lsn过老的页面，读取单个页面并写入磁盘)是事务执行流程中的关键瓶颈之一，对整个数据库系统的并发能力至关重要。

如图4-33所示，在openGauss中对该共享缓冲区的操作采用Numa-aware的同步机制，具体步骤如下。

(1) 业务线程在本地内存中将日志记录组装成图4-32中所示的5部分组成的字节流。

(2) 找到本线程所绑定的NUMA Node对应的日志插入锁组，并在该锁组中随机找一个槽位对应的锁。

(3) 检查该锁的组头线程号。如果没有说明本线程是第一个请求该锁的，那么这个锁上所有的写日志请求将由本线程来执行，将锁的组头线程号设置为本线程号；否则说明已经存在这批写日志请求的组头线程，记录下当前组头线程的线程号，并将自己插入这批组队列中，等待组头线程完成日志插入。

(4) 对于组头线程，获取该日志插入锁的排他锁。

(5) 为该组所有的插入线程在逻辑日志文件中占位，即对当前该文件的插入偏移进行原子CAS(Compare And Swap，比较后交换)操作。

(6) 将该组所有后台线程本地内存中的日志依次复制到日志共享缓冲区的对应页面中。每当需要复制到下一个共享内存页面时，需要判断下一个页面对应的逻辑页面号是否和插入者的预期页面号一致(因为共享内存有限，因此同一个共享内存页面对应取模相同的逻辑页面)。首先，将自己预期的逻辑页面号，写入当前持有的日志插入锁槽位中，然后进行上述判断。如果不一致，即共享内存页面当前的逻辑页面号比插入者预期的逻辑页面号要小，那么需要将该页面数据从共享内存中写入磁盘，然后才能复用为新的逻辑页面号。为了防止可能还有并发业务线程在向该共享内存页面复制属于当前逻辑页面号的日志数据，需要阻塞遍历每个日志插入者持有的插入锁，直到日志插入锁被释放，或者被持有插入

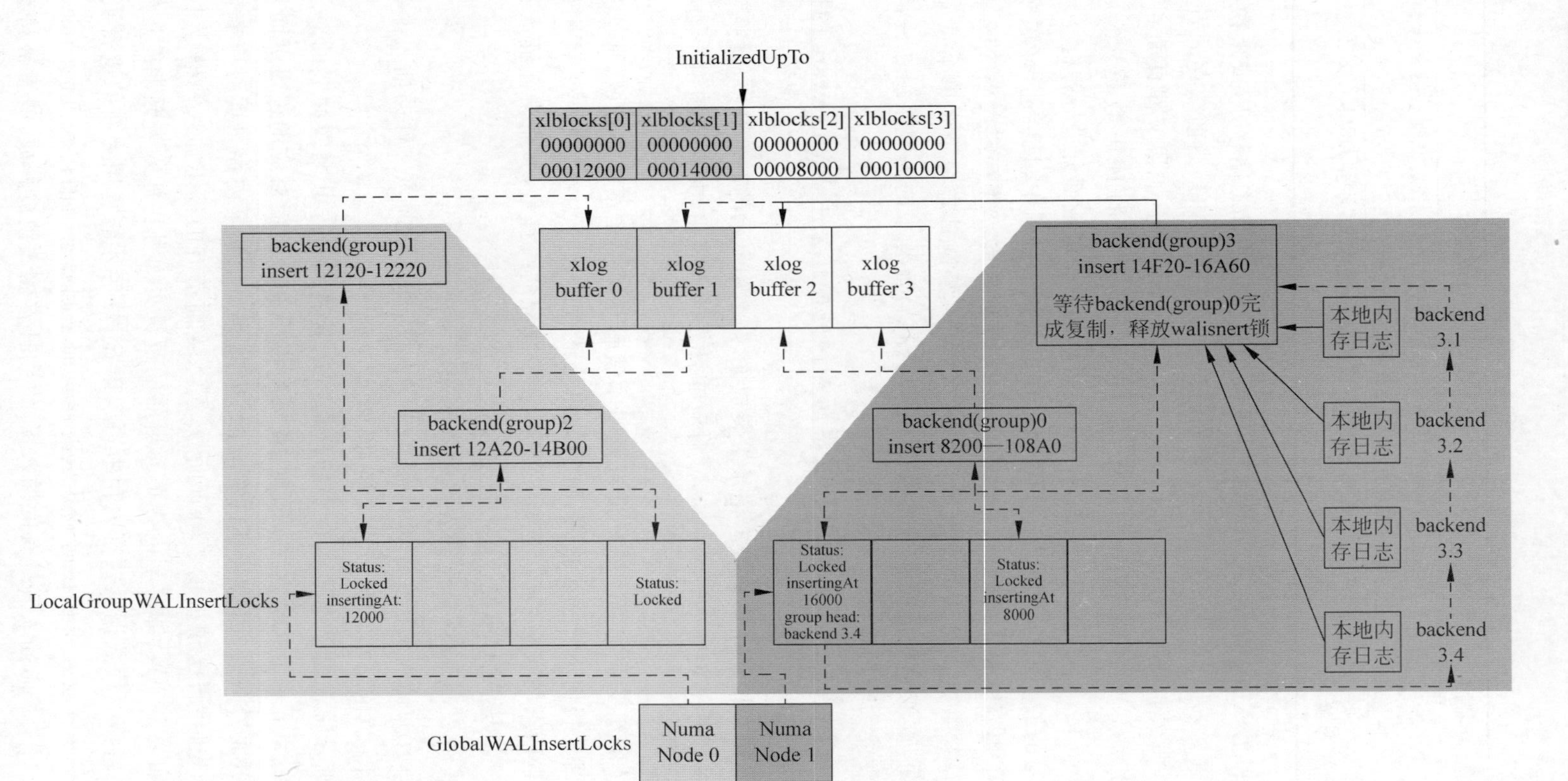

图 4-33 并发日志写入流程

锁的逻辑页面号大于目标共享内存页面中现有的逻辑页面号。经过上述检查之后，就可以保证没有并发的业务线程还在对该共享内存页面写入对应当前逻辑页面号的日志数据，因此可以将其内容写入磁盘，并更新其对应的逻辑页面号为目标逻辑页面号。

(7) 重复上一步操作，直到把该组所有后台线程待插入的日志记录复制完。

(8) 释放日志插入锁。

(9) 唤醒本组所有后台线程。

4.2.9　持久化及故障恢复机制

1. 行存储持久化和检查点机制

如4.2.8节中所述，通过采用WAL日志的方式可以在对性能影响较小的情况下保障用户事务对数据库修改的持久化。然而如果只是依赖日志来保障持久化的话，那么数据库服务(故障)重启之后将需要回放大量的日志数据量，这会导致很大的RTO，对业务的可用性影响极大。因此共享缓冲区中的脏页也需要异步地写入磁盘中，来减少宕机重启后所需要回放的日志数据量，降低系统的RTO时间。

如果数据库系统在事务提交之后、异步写入磁盘的脏页写入磁盘之前发生宕机，那么需要在数据库再次启动之后，首先把那些宕机之前还没有来得及写入磁盘的脏页上的修改所对应的日志进行回放，使得这些脏页可以恢复到宕机之前的内容。

基于如上原理，可以得出数据库持久化的一个关键是：在宕机重启时，通过某种机制确定从WAL的哪个lsn开始进行恢复，可以保证在该lsn之前的那些日志涉及的数据页面修改已经在宕机之前完成写入磁盘。这个恢复起始的lsn，即数据库的检查点。

在4.2.6节介绍行存储缓存加载和淘汰机制中，已经说明参与脏页写入磁盘的主要有两类线程：bgwriter和pagewriter。前者负责脏页持久化的主体工作，后者负责数据库检查点lsn的推进。openGauss采用一个无锁的全局脏页队列数组来依次记录曾经被用户写操作置脏的那些数据页面。该队列数组成员为DirtyPageQueueSlot结构体，定义代码如下。其中，buffer为队列成员对应的buffer(该值为buffer id＋1)，slot_state为该队列成员的状态。

```
typedef struct DirtyPageQueueSlot {
    volatile int buffer;
    pg_atomic_uint32 slot_state;
} DirtyPageQueueSlot;
```

全局脏页队列的运作机制和检查点的推进机制如图4-34所示，它的实现方式是一个多生产者、单消费者的循环数组。单个/多个业务线程是脏页队列的生产者，在其要修改数据页面之前，首先判断该页面buffer desc的首次脏页lsn是否非0：若该脏页buffer desc中的首次脏页lsn已经非0，说明该脏页在之前置脏的时候就已经被加入脏页队列中，那么本次就跳过加入脏页队列的步骤；否则，对当前脏页队列的tail位置进行CAS加1操作，完成队列占位，同时在上述CAS操作中，获取脏页队列的lsn位置lsn1；然后将占据的槽位位置(即 CAS 之前的 tail 值)和 lsn1 记录到脏页的 buffer desc 中；接着，将脏页的 buffer id 记录到占位的槽位中，再将槽位状态置为 valid；最后，记录页面修改的日志，并尝试将该日志的位置 lsn2 更新到脏页队列的 lsn 中(如果此时脏页队列的 lsn 值已经被其他写业务更新为更大的值，则本线程就不更新了)。

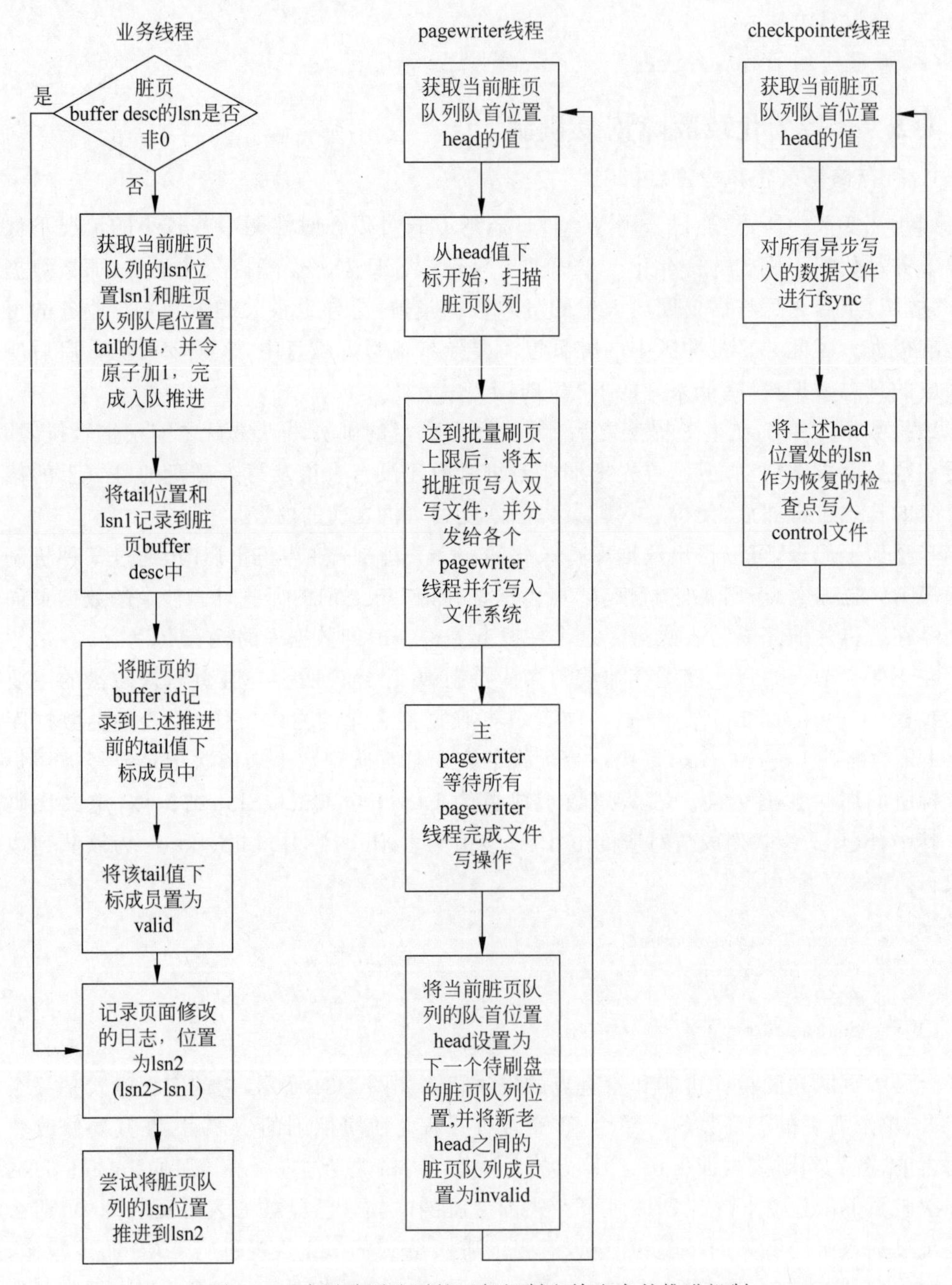

图 4-34　全局脏页队列的运行机制和检查点的推进机制

基于上面这种机制，当将脏页队列中某个成员对应的脏页写入磁盘之后，检查点即可更新到该脏页 buffer desc 中记录的 lsn 位置。小于该 lsn 位置的日志，它们对应修改的页面，已经在记录这些日志之前就被加入脏页队列中，亦即这些脏页在全局脏页队列中的位置一定比当前脏页更靠前，因此一定已经保证写入磁盘了。在图 4-34 中，pagewriter 线程作为全局脏页队列唯一的消费者，负责从脏页队列中批量获取待写入磁盘的脏页，在完成写入磁盘操作之后，pagewriter 自身不负责检查点的推进，而只是推进整个脏页队列的队头到下一个待写入磁盘的槽位位置。

实际检查点的推进由 Checkpointer 线程来负责。这是因为 pagewriter 线程的写入磁盘操作，只是将共享缓冲区中的脏页写入文件系统的缓存中，由于文件系统的 I/O 合并优化，此时可能并没有真正写入磁盘。因此，在 Checkpointer 线程中，其先获取当前全局脏页队列的队头位置，以及对应槽位中脏页的首次脏页 lsn 值，然后对截至目前所有被写入文件系统的文件进行 fsync(刷盘)操作，保证文件系统将它们写入物理磁盘中。然后就可以将上述 lsn 值作为检查点位置更新到 control 文件中，用于数据库重启之后回放日志的起始位置。

上述这套持久化和检查点推进机制的主要控制信息，保存在 knl_g_ckpt_context 结构体中，该结构体定义代码如下：

```
typedef struct knl_g_ckpt_context {
    uint64 dirty_page_queue_reclsn;
    uint64 dirty_page_queue_tail;
    CkptSortItem * CkptBufferIds;

    /* 脏页队列相关成员 */
    DirtyPageQueueSlot * dirty_page_queue;
    uint64 dirty_page_queue_size;
    pg_atomic_uint64 dirty_page_queue_head;
    pg_atomic_uint32 actual_dirty_page_num;

    /* pagewriter 线程相关成员 */
    PageWriterProcs page_writer_procs;
    uint64 page_writer_actual_flush;
    volatile uint64 page_writer_last_flush;

    /* 全量检查点相关信息成员 */
    volatile bool flush_all_dirty_page;
    volatile uint64 full_ckpt_expected_flush_loc;
    volatile uint64 full_ckpt_redo_ptr;
    volatile uint32 current_page_writer_count;
    volatile XLogRecPtr page_writer_xlog_flush_loc;
    volatile LWLock *backend_wait_lock;

    volatile bool page_writer_can_exit;
    volatile bool ckpt_need_fast_flush;

    /* 检查点刷页相关统计信息(除数据页面外) */
    int64 ckpt_clog_flush_num;
```

```
    int64 ckpt_csnlog_flush_num;
    int64 ckpt_multixact_flush_num;
    int64 ckpt_predicate_flush_num;
    int64 ckpt_twophase_flush_num;
    volatile XLogRecPtr ckpt_current_redo_point;

    uint64 pad[TWO_UINT64_SLOT];
} knl_g_ckpt_context;
```

其中和当前上述检查点机制相关的成员有：

(1) dirty_page_queue_reclsn 是脏页队列的 lsn 位置，dirty_page_queue_tail 是脏页队列的队尾，这两个成员构成一个 16 字节的整体，通过 128 位的 CAS 操作进行整体原子读、写操作，保证脏页队列中每个成员记录的 lsn 一定随着入队顺序单调递增。

(2) CkptBufferIds 是每批 pagewriter 待刷脏页数组。

(3) dirty_page_queue 是全局脏页队列数组。

(4) dirty_page_queue_size 是脏页数组长度，等于"g_instance.attr.attr_storage.NBuffers * PAGE_QUEUE_SLOT_MULTI_NBUFFERS"，当前 PAGE_QUEUE_SLOT_MULTI_NBUFFERS 取值 5，以防止脏页队列因 DDL(Data Definition Language，数据定义语言)等操作引入的空洞过多，导致脏页队列撑满阻塞业务的场景。

(5) dirty_page_queue_head 是脏页队列头部。

(6) actual_dirty_page_num 是脏页队列中实际的脏页数量。

2. 故障恢复机制

当数据库发生宕机重启之后需要从检查点位置开始回放之后所有的日志。不同类型日志的回放逻辑由对应的资源管理器来实现。

当用户业务压力较大时会同时有很多业务线程并发执行事务和日志记录的插入，单位时间内产生的日志量是非常大的。对此，openGauss 采用多种回放线程组来进行日志的并行回放，各个回放线程组之间采用高效的流水线工作方式，各个回放线程组内采用多线程并行的工作方式，以便保证日志的回放速率不会明显低于日志产生的速率。

openGauss 并行回放流程如图 4-35 所示，其中每个线程(组)的运行机制如下。

(1) Walreceiver 线程收到日志成功写入磁盘后，XLogReadWorker 线程从 Walreceiver 线程的缓冲区中读取字节流，XLogReadManager 线程将字节流 decode(解码)成 redoitem(单个回放对象)。Startupxlog 线程按照表文件名粒度(refilenode)将 redoitem 发放给各个 ParseRedoRecord 线程，其他的日志发送给 TrxnManager 线程。

(2) ParseRedoRecord 线程负责表文件(relation)相关的日志处理，从队列中获取批量日志进行解析，将日志按照页面粒度进行拆分，然后发给 PageRedoManager 线程。拆分原理如下。

① 针对行存储表、索引等数据页面操作的日志，按照涉及的页面个数拆成多条日志。例如 heap_update 日志，如果删除的老元组和插入的新元组在不同的页面上，那么会被拆成两条，分别插入哈希表中。

② xact、truncate、drop database 等日志是针对表的，不能进行拆分。针对这些日志，先

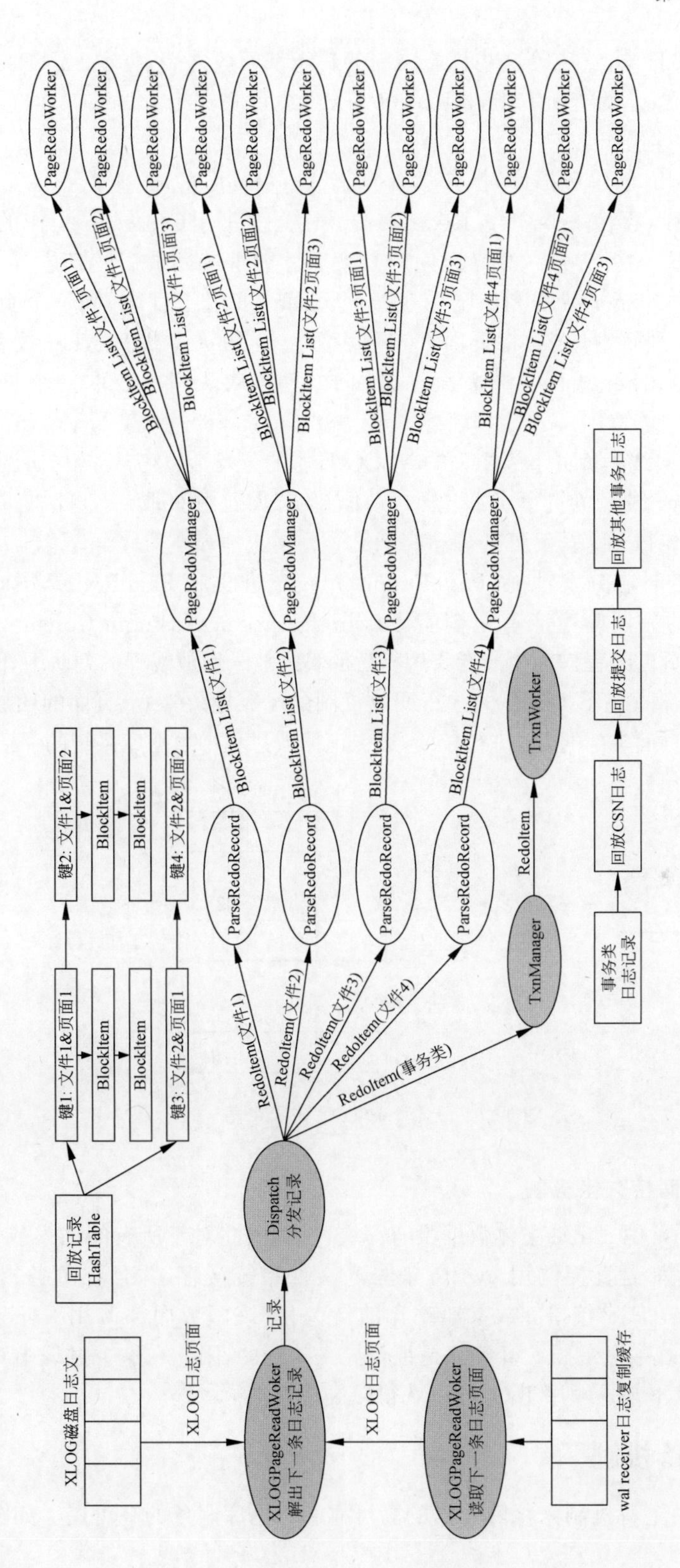

图 4-35　openGauss 并行回放流程

清理掉哈希表中相关日志，然后等这些日志之前的日志都回放之后，再在 PageRedoManager 中进行回放，并将该日志分发给所有 PageRedoWorker 线程来进行 invalid page(无效页面)的清理、数据写入磁盘等操作。

③ 针对 Createdb(创建数据库)操作要等所有 PageRedoWorker 线程将 Createdb 日志之前的日志都回放后，再由一个 PageRedoManager 线程进行 Createdb 操作的回放。这个过程中其余线程需要等待 Createdb 操作回放结束后才能继续回放后续日志。

(3) PageRedoManager 线程利用哈希表按照页面粒度组织日志，同一个页面的日志按照 lsn 顺序放入一个列表中，之后将页面日志列表分发给 PageRedoWorker 线程。

(4) PageRedoWorker 线程负责页面日志回放功能，从队列中获取一个日志列表进行批量处理。

(5) TrxnManager 线程负责事务相关的 XLOG 日志的分发，以及需要全局协调的事务处理。

(6) TrxnWorker 线程负责事务日志回放功能，从队列中获取一个日志进行处理。当前只有一个 TrxnWorker 线程负责处理事务日志。

为了保证高效的日志分发性能，PageRedoManager 进程和 PageRedoWorker 进程之间采用了带阻塞功能的无锁单生产者单消费者(Single Producer Single Consumer，SPSC)队列。如图 4-36 所示，分配线程作为生产者将解析后的日志放入回放线程的列队中，回放线程从队列中消费日志进行回放。为了提升整体并行回放机制的可靠性，在一个页面的回放动作中对日志记录头部的 lsn 和页面头部的 lsn 进行校验，以保证回放过程中数据库系统的一致性。

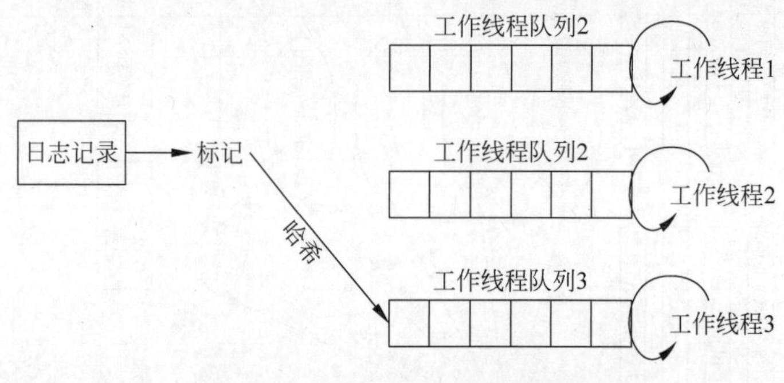

图 4-36　无锁 SPSC 队列示意图

3. cstore 列存储持久化机制

由于在 openGauss 中 cstore 主体数据没有写缓冲区，因此对于所有的插入或更新事务，在拼装完新的 CU 之后都是直接调用 pwrite 来写入文件系统缓存，并且在事务提交之前调用"CUStorage::FlushDataFile"接口完成本地磁盘的持久化(该函数内部调用 fsync 执行写入磁盘)。由于 OLAP 系统中通常插入事务都是批量导入执行的，因此在这个过程中对于 cstore 表物理文件的写操作基本都是顺序 I/O，可以获得较高的性能。

4.2.10　主备机制

openGauss 提供主备机制来保障数据的高可靠和数据库服务的高可用。如图 4-37 所示，

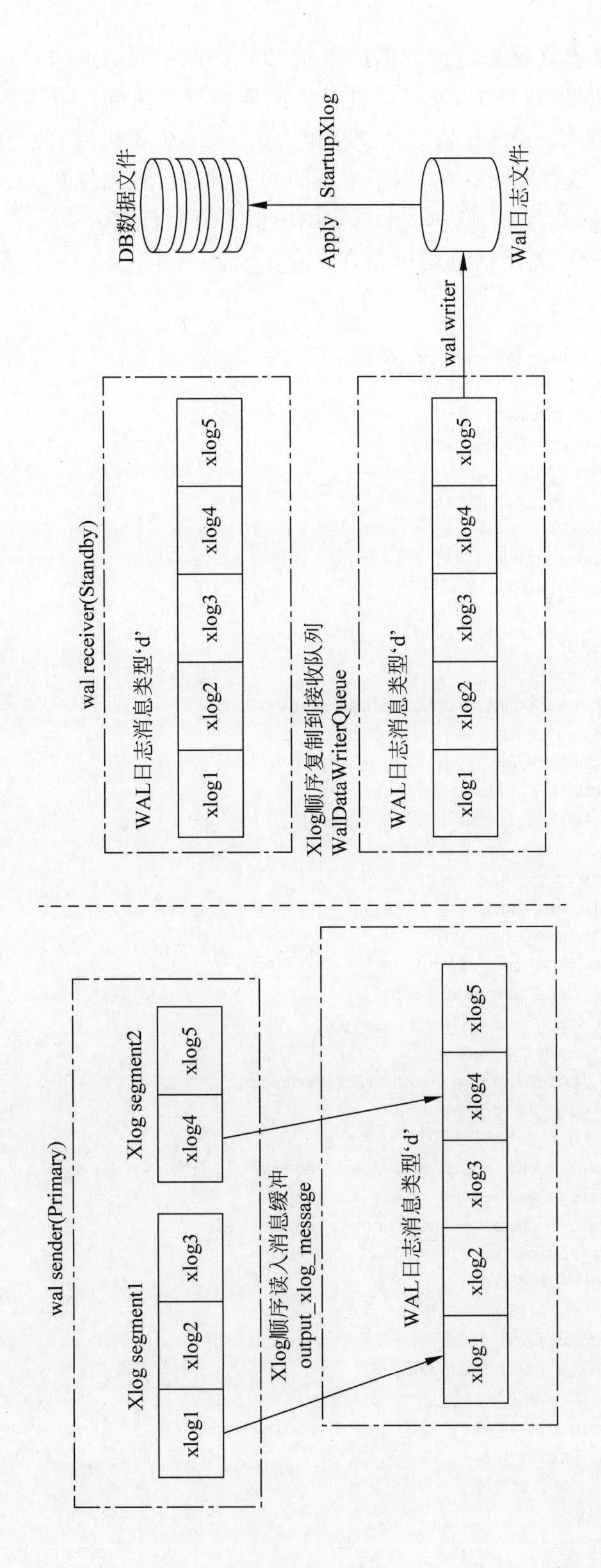

图 4-37　主备机日志同步示意图

在主、备实例之间通过日志复制来进行数据库数据和状态的一致性同步。日志同步是指将主机对数据的修改日志同步到备机，备机通过日志回放将日志重新还原为数据修改。

参与日志同步的主要有 wal sender(主机端)和 wal receiver(备机端)两个线程。一个主机上可以有多个 wal sender 线程同时存在，用于给不同的备机进行日志复制；一个备机上同一时刻只会有一个 wal receiver 线程，从唯一一个指定的主机上复制日志。

wal sender 线程的所有关键信息均保存在 knl_t_walsender_context 结构体中，其定义代码如下：

```
typedef struct knl_t_walsender_context {
    char * load_cu_buffer;
    int load_cu_buffer_size;
    struct WalSndCtlData * WalSndCtl;
    struct WalSnd * MyWalSnd;
    int logical_xlog_advanced_timeout;
    DemoteMode Demotion;
    bool wake_wal_senders;
    bool wal_send_completed;
    int sendFile;
    XLogSegNo sendSegNo;
    uint32 sendOff;
    struct WSXLogJustSendRegion * wsXLogJustSendRegion;
    XLogRecPtr sentPtr;
    XLogRecPtr catchup_threshold;
    struct StringInfoData * reply_message;
    struct StringInfoData * tmpbuf;
    char * output_xlog_message;
    Size output_xlog_msg_prefix_len;
    char * output_data_message;
    uint32 output_data_msg_cur_len;
    XLogRecPtr output_data_msg_start_xlog;
    XLogRecPtr output_data_msg_end_xlog;
    struct XLogReaderState * ws_xlog_reader;
    TimestampTz last_reply_timestamp;
    TimestampTz last_logical_xlog_advanced_timestamp;
    bool waiting_for_ping_response;
    volatile sig_atomic_t got_SIGHUP;
    volatile sig_atomic_t walsender_shutdown_requested;
    volatile sig_atomic_t walsender_ready_to_stop;
    volatile sig_atomic_t response_switchover_requested;
    ServerMode server_run_mode;
    char gucconf_file[MAXPGPATH];
    char gucconf_lock_file[MAXPGPATH];
    FILE * ws_dummy_data_read_file_fd;
    uint32 ws_dummy_data_read_file_num;
    struct cbmarray * CheckCUArray;
    struct LogicalDecodingContext * logical_decoding_ctx;
    XLogRecPtr logical_startptr;
    int remotePort;
    bool walSndCaughtUp;
} knl_t_walsender_context;
```

(1) WalSndCtl 指向保存全局所有 wal sender 线程控制状态的共享结构体，是一致性复制协议的关键所在。

(2) MyWalSnd 指向上述全局共享结构体中当前 wal sender 线程的槽位。

(3) Demotion 为当前主机降备模式，分为未降备（NoDemote）、优雅降备（SmartDemote）和快速降备（FastDemote）。

(4) sendFile、sendSegNo、sendOff 用于保存当前复制的日志文件的文件操作状态。

(5) reply_message 用于保存备机回复的消息。

(6) output_xlog_message 为待发送的日志内容主体。

(7) server_run_mode 为 wal sender 线程启动时的 HA（High Availability，高可靠性）状态，即主机（primary）、备机（standby）或未决（pending）。

(8) walSndCaughtUp 指示备机是否已经追赶上主机。

(9) remotePort 为 wal receiver 线程的端口，用于身份验证。

(10) load_cu_buffer 、load_cu_buffer_size 、output_data_message、output_data_msg_cur_len、output_data_msg_start_xlog、output_data_msg_end_xlog、ws_xlog_reader、CheckCUArray 为后续支持混合类型（日志＋增量页面）复制的预留接口。

wal receiver 线程的所有关键信息均保存在 knl_t_walreceiver_context 结构体中，其定义代码如下：

```
typedef struct knl_t_walreceiver_context {
    volatile sig_atomic_t got_SIGHUP;
    volatile sig_atomic_t got_SIGTERM;
    volatile sig_atomic_t start_switchover;
    char gucconf_file[MAXPGPATH];
    char temp_guc_conf_file[MAXPGPATH];
    char gucconf_lock_file[MAXPGPATH];
    char ** reserve_item;
    time_t standby_config_modify_time;
    time_t Primary_config_modify_time;
    TimestampTz last_sendfilereply_timestamp;
    int check_file_timeout;
    struct WalRcvCtlBlock * walRcvCtlBlock;
    struct StandbyReplyMessage * reply_message;
    struct StandbyHSFeedbackMessage * feedback_message;
    struct StandbySwitchRequestMessage * request_message;
    struct ConfigModifyTimeMessage * reply_modify_message;
    volatile bool WalRcvImmediateInterruptOK;
    bool AmWalReceiverForFailover;
    bool AmWalReceiverForStandby;
    int control_file_writed;
} knl_t_walreceiver_context;
```

(1) walRcvCtlBlock 指向 wal receiver 线程主控数据，保存当前日志复制进度，备机日志写盘、写入磁盘进度，以及接收日志缓冲区。

(2) reply_message 保存用于回复主机的消息。

(3) feedback_message 用于保存热备的相关信息，供主机空闲空间清理时参考。

(4) request_message 用于保存主机降备请求的相关信息。

(5) reply_modify_message 用于保存请求配置文件复制的相关信息。

(6) AmWalReceiverForFailover 表示当前 wal receiver 线程处于 failover 场景下，连接从备机进行日志追赶。

(7) AmWalReceiverForStandby 表示当前 wal receiver 线程为连接备机进行日志复制的级联备机。

主备机日志同步，主要包括以下 6 个场景。

1. 备机发起复制请求，进入流式复制

如图 4-38 所示，日志复制请求是由 wal receiver 线程发起的。在 libpqrcv_connect 函数中，备机通过 libpq 协议连上主机，通过特殊的连接串信息，触发主机侧启动"wal sender"线程来处理该连接请求(相比之下，对于普通客户端查询请求，主机启动 backend 线程或线程池线程来处理连接请求)。在 WalSndHandshake 函数中，wal sender 线程与 wal receiver 线程完成身份、日志一致性等校验之后，进入 WalSndLoop 开始日志复制循环。主要的主备机握手和校验报文如表 4-34 所示，在主机收到 T_StartReplicationCmd 报文之后，开始进入日志复制阶段。

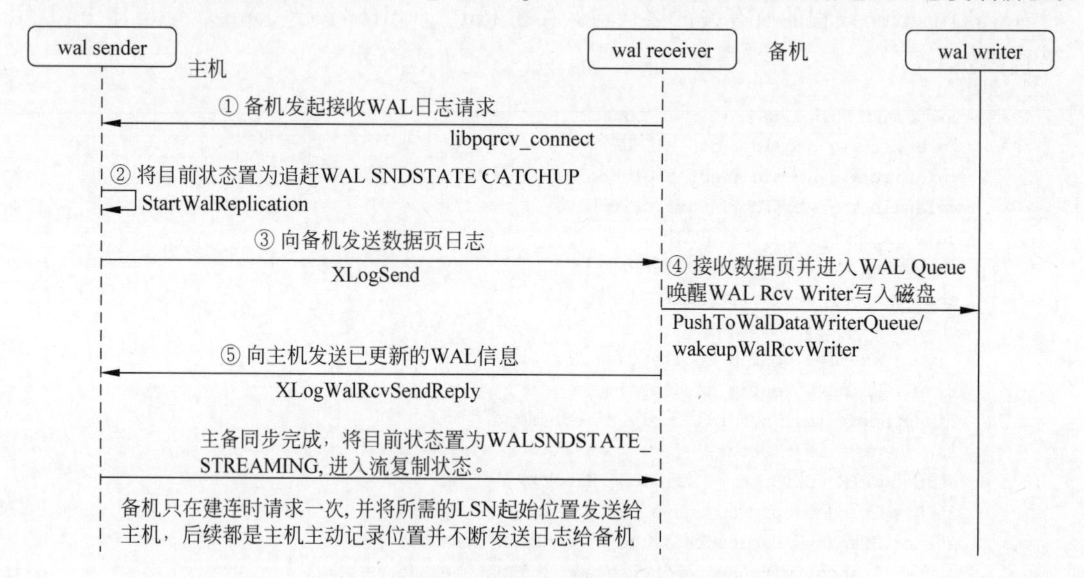

图 4-38 主备机建连和流式复制流程图

表 4-34 主、备机握手和校验报文

报文类型	报文作用
T_IdentifySystemCmd	请求主机发送主机侧 system_identifier，校验是否和备机一致
T_IdentifyVersionCmd	请求主机发送主机侧版本号，校验是否和备机一致
T_IdentifyModeCmd	请求主机发送主机侧 HA 状态，校验是否为主机状态
T_IdentifyMaxLsnCmd	请求主机发送当前最大的 lsn 位置(即日志偏移)，用于备机重建

续表

报文类型	报文作用
T_IdentifyConsistenceCmd	请求主机发送指定 lsn 位置日志记录的 CRC 值,校验是否和备机一致
T_IdentifyChannelCmd	请求主机校验备机的端口是否在 repliconn_info 参数中,返回校验结果
T_IdentifyAZCmd	请求主机发送主机侧 AZ 名称
T_BaseBackupCmd	请求主机开始发起全量重建
T_CreateReplicationSlotCmd	请求主机创建流复制槽
T_DropReplicationSlotCmd	请求主机删除流复制槽
T_StartReplicationCmd	请求主机开始日志复制

2. Quorum 一致性复制协议

为了保证数据库数据的可靠和高可用,当主机上执行的事务修改产生日志之后,在事务提交之前需要将本事务产生的日志同步到多个备机上。openGauss 采用 Quorum 一致性复制协议,即当多数备机完成上述事务的日志同步之后主机事务方可提交。这个过程中作为事务提交参考的是同步备,其他备机是异步备,作为冗余备份。同步备和异步备的具体选择可以通过配置 synchronous_standby_names 参数实现。

主机上事务提交和一致性复制协议的工作运行机制如图 4-39 所示。主要涉及的数据结构是 WalSndCtlData 数据结构体,其定义代码如下:

```
typedef struct WalSndCtlData {
    SHM_QUEUE SyncRepQueue[NUM_SYNC_REP_WAIT_MODE];
    XLogRecPtr lsn[NUM_SYNC_REP_WAIT_MODE];
    bool sync_standbys_defined;
    bool most_available_sync;
    bool sync_master_standalone;
    DemoteMode demotion;
    slock_t mutex;
    WalSnd walsnds[FLEXIBLE_ARRAY_MEMBER];
} WalSndCtlData;
```

其中,SyncRepQueue 是等待不同同步方式(备机日志写入磁盘、备机日志接收、备机日志回放等同步方式)的业务线程等待队列,用于当某一种同步方式满足条件之后,唤醒该类型的业务线程完成事务提交。lsn 是上述几种队列队头后台线程等待的日志同步位置。sync_standbys_defined 表示是否配置了同步备机。most_available_sync 表示是否配置了最大可用模式;如果已配置,则在没有同步备机连接的情况下,后台业务线程可以直接提交,不用阻塞等待。sync_master_standalone 表示当前是否有同步备机连接。demotion 表示主机的降备方式。mutex 表示保护 walsnds 结构体并发访问的互斥锁。walsnds 表示保存 wal sender 的具体同步状态和进度信息。

3. 计划外切换(failover)

如图 4-40 所示,failover 时主机是异常状态,所以只有备机参与 failover。failover 的核心是让备机在满足一定条件以后退出日志复制和日志恢复流程。当数据库主线程 postmaster

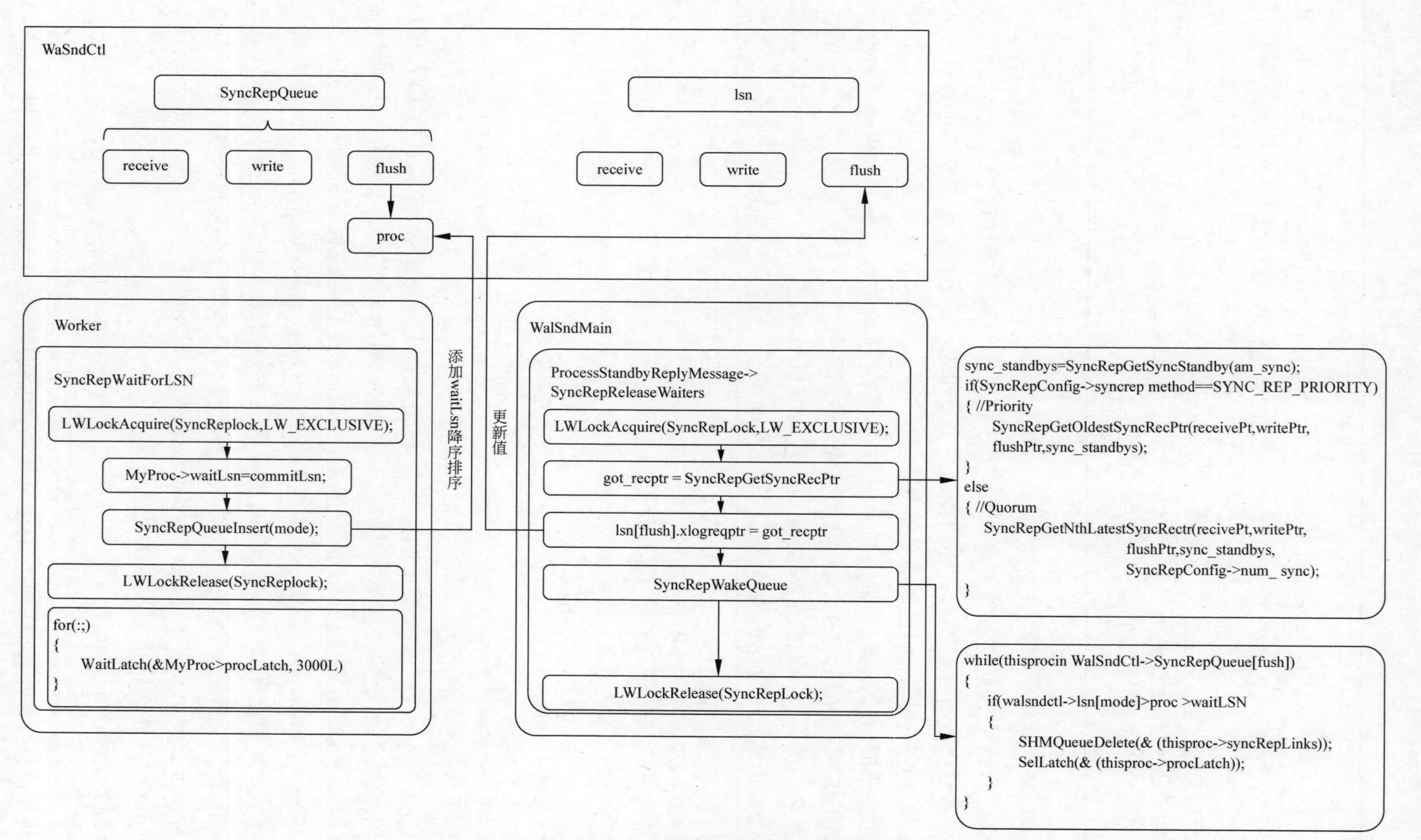

图 4-39　事务提交和一致性复制协议的工作运行机制

线程(简称 PM 线程)在 reaper 中收到 startup 线程(即恢复线程)的停止信号后,将实例状态设置为 PM_RUN,并将实例 HA 状态设置为 PRIMARY_MODE。

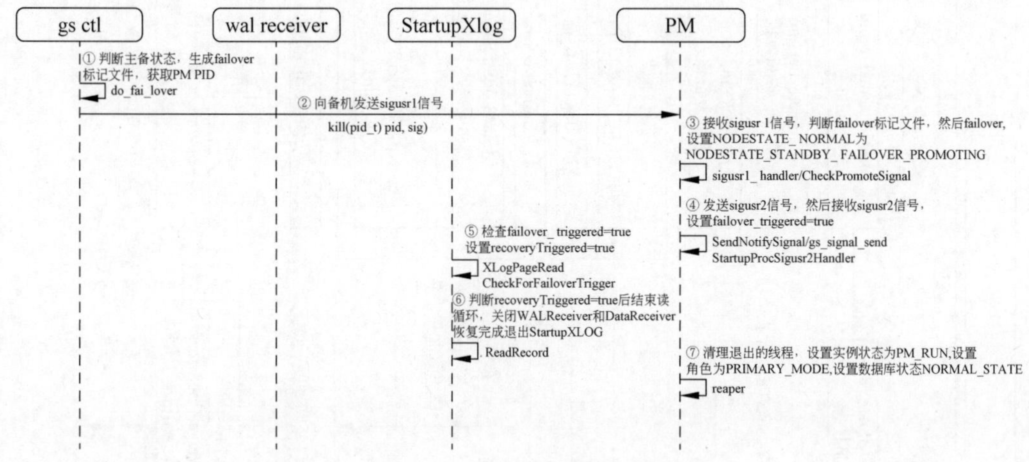

图 4-40　failover 流程示意图

4. 计划内切换(switchover)

如图 4-41 所示,switchover 的流程比 failover 多了主机降备的处理,备机的流程和 failover 流程一致,因此没有在图中标出,参考 failover 流程即可。

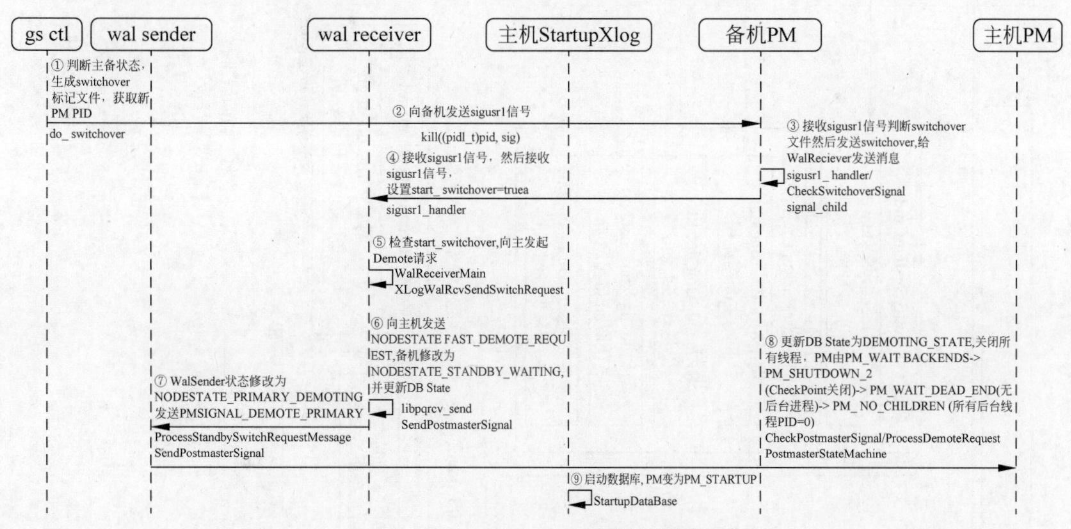

图 4-41　switchover 流程示意图

5. 备机重建

如图 4-42 所示,备机重建的过程相当于对主机进行了一次全量备份和恢复的操作,主要步骤包括:清理残留数据、全量复制数据文件、复制增量日志、启动备实例。这个过程中比较关键的两点是:文件和日志的复制顺序,以及备机第一次启动时选择的日志恢复起始位置。

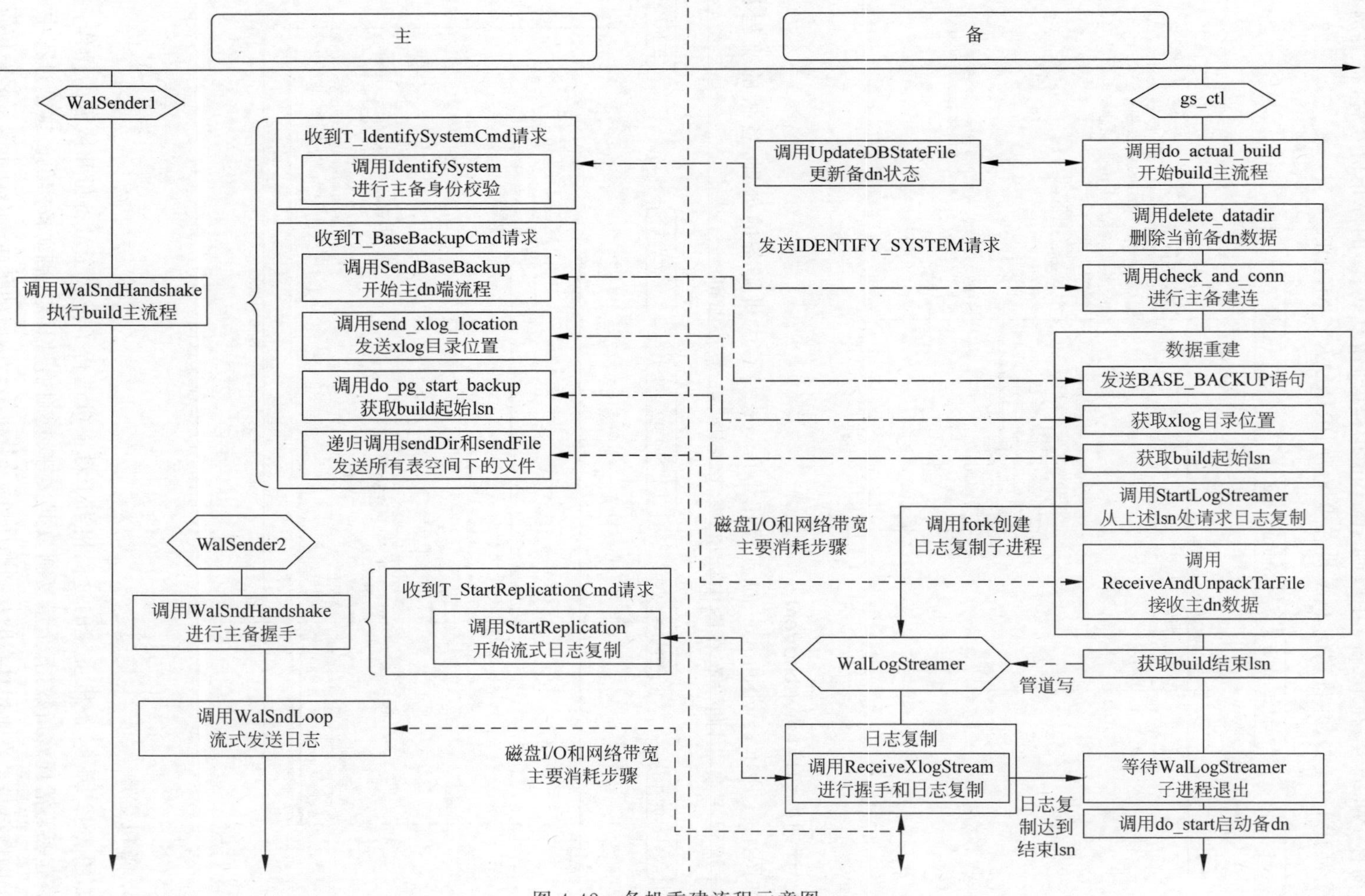

图 4-42　备机重建流程示意图

6. cstore数据复制

openGauss对于cstore表的数据复制与上述介绍略有不同。在一主多备部署场景下，每个CU填充写盘后都会将CU整体数据记录到日志文件中，从而通过主备的日志复制和备机的日志回放，就可以实现cstore表增量数据的主备同步。在主备从部署场景下，每个CU填充写盘后会直接将该CU数据复制到主机与备机之间的数据发送线程的局部内存中，并在事务提交之前阻塞等待数据发送线程传输完增量的CU数据才能完成事务提交，因此也实现了cstore表增量数据的主备同步。

4.3 内存表

MOT(Memory-Optimized Tables，内存表)是事务性、基于行存储的存储引擎，针对众核和大内存服务器进行了优化。MOT是openGauss数据库的一个先进特性，可提供非常高的事务性工作负载性能。MOT完全符合ACID要求，并支持严格的持久性和高可用性。企业用户可以将MOT用于关键任务、性能敏感的在线事务处理应用程序，以实现高性能、高吞吐量、低且可预测的延迟，并提升众核服务器的利用率。

4.3.1 总体架构与代码

MOT引擎架构如图4-43所示。

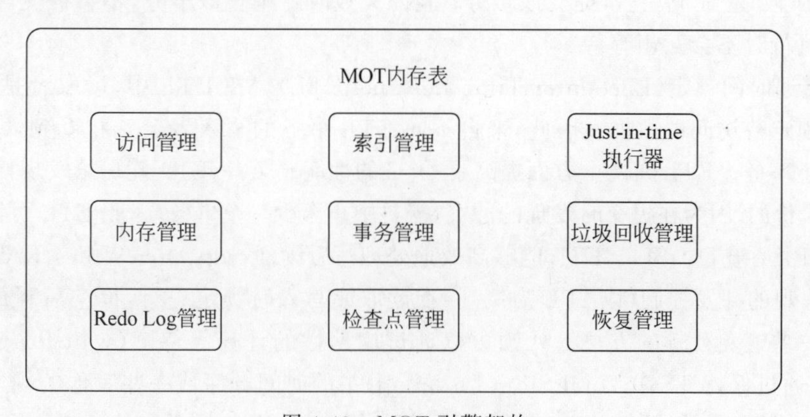

图4-43 MOT引擎架构

MOT的关键技术包括下面几个内容。

(1) 面向内存优化的数据结构。

(2) 乐观并发控制。

(3) 无锁索引。

(4) NUMA感知技术，事务性本地内存。

(5) 即时编译(Just-In-Time，JIT)。

总体而言，MOT的目标是建立一个在众核CPU架构中表现出色的OLTP系统，特别是性能可以随核数增加而线性扩展。根据实践经验，Masstree无锁实现和针对Silo（请参阅4.3.6节）的改进是最佳组合。

索引选择Masstree，因为它在点查询、迭代等方面表现出最佳的整体性能。Masstree是Trie和B+Tree的组合，实现了对缓存、预取和细粒度锁的高效利用。它针对锁冲突严重的情况进行了优化，并在其他先进索引的基础上增加了各种优化。Masstree索引的缺点是内存消耗较大，虽然每行数据消耗的内存大小相同，但是每个索引（主索引或次索引）的内存平均高出16字节：在磁盘表使用的基于锁的B树中为29字节，而MOT的Masstree为45字节。

在并发控制算法方面，为了从内存架构中获得优势，设计上最大限度地提高OLTP事务处理速度。虽然有一些内存多版本并发控制方面的改进，但为了避免迅速的垃圾收集，MOT只维护实际数据。MOT的另一个设计选择是不像HStore那样对数据进行分区，因为在实际的工作负载中事务跨区时性能会急剧下降。尽管已出现一些新的方法通过静态和动态分析来调整并行性，但此类方法会增加时延，并引入额外限制。

内存存储引擎常用的单版本、shared-everything类型的并发控制算法主要分为三类。

(1) 乐观并发控制(Optimistic Concurrency Control，OCC)。

① 读取阶段，从共享内存中读取事务记录，并将所有记录写入本地的私有副本。

② 验证阶段，执行一系列事务检查以确保一致性。

③ 写阶段，验证成功后，提交该事务；验证失败时将中止该事务，不会提交。两个OCC事务同时执行时不会互相等待。

(2) 遭遇时间锁定(Encounter Time Locking，ETL)。在ETL中，读取者是乐观的，但写入者会锁定待访问的数据。因此，来自不同ETL事务的写入者会互相看到，并可据此决定是否中止事务。ETL在两个方面提高了OCC的性能。第一，ETL能尽早发现冲突，而事务处理是有代价的，因为在提交时发现的冲突，需要中止至少一个事务，因此ETL可以在冲突情况下提高事务吞吐量。第二，ETL能够高效地处理写后读(Reads-After-Writes，RAW)。

(3) 悲观的并发控制(以2PL为例)。在读取或写入时锁定一行，提交后释放锁。这些算法需要一些避免死锁的方法。死锁可以通过周期性的计算等待图(wait-for graph)来检测，也可以通过保持TSO(Total Store Ordering)中的时间顺序或一些其他的规避方案来避免。在2PL算法中，如果一个事务正在写一行数据，其他事务就不能访问或写入该行数据，如果正在读一行数据，则不允许任何事务写该行数据，但可以读取这行数据。

对于大多数工作负载而言，OCC是最快的选择。原因之一是，当CPU执行多个交互线程时，一个锁很可能被一个切换出去的线程持有；另外一个原因是，悲观的算法涉及死锁检测，这会增大开销，同时读写锁比标准的自旋锁效率低。Silo来自Stephen Tu等人在计算机顶级会议SOSP13上发表的*Speedy Transactions in Multicore In-Memory Databases*，可以在现代众核服务器上实现卓越的性能和可扩展性。MOT最终选择了Silo，因为它比其他现有的方案(如TicToc)更简单，同时在大多数工作负载下可保持很高的性能。ETL

虽然有时比OCC快，但可能会触发不必要的中止退出。相比之下，OCC只在提交实际发生冲突时中止退出。

目前，与业界其他领先的内存数据库系统类似，MOT表的数据容量被限制在最大可用内存范围内。通过操作系统的内存页面交换技术可以扩展内存范围，但在这种情况下性能可能会下降。近年来业界出现了几种技术来缓解这个问题，包括数据重组、反缓存和分层等，这也是MOT未来的工作方向之一。

与磁盘引擎（包括共享内存等磁盘数据库的内存优化技术）相比，设计内存引擎的挑战主要是避免磁盘引擎那样基于页面的间接访问方式。

MOT存储引擎代码位于src/gausskernel/storage/mot目录下。目录结构如下：

```
src/gausskernel/storage/mot/
├── core
├── fdw_adapter
└── jit_exec
```

MOT文件夹下有三个顶层子目录。

(1) core：包含MOT引擎的核心模块，如并发控制、事务管理、内存管理、存储、检查点、重做、恢复、事务、基础设施组件、统计、实用程序等。

(2) fdw_adapter：包含FDW适配器接口和实现。

(3) jit_exec：包含MOT JIT(Just-In-Time)组件。它有两种实现，一种使用本地LLVM(Low Level Virtual Machine)，另一种使用TVM(Tiny Virtual Machine)，可以在不提供本地LLVM支持的计算机上使用。

4.3.2 FDW

openGauss使用FDW API与内存引擎进行对接，实现上分为两个层次。

(1) 消费者层——FDW API的实现，它由提供数据管理和操作的静态函数组成。这些函数通过fdwapi.h中的FdwRoutine结构以回调的形式暴露给上层。

(2) 通信层——连接openGauss其他部分和MOT内部API。这包括数据、数据定义转换及对MOT内部表示的调整。

1. 消费者层

MOT消费者层FDW API简介如表4-35所示。

表4-35　MOT消费者层FDW API简介

函数名	使用阶段（数字为调用顺序）	描　述
GetForeignRelSize	计划1	查询过程中表的每个实例均调用，以评估大小
GetForeignPaths	计划2	有索引情况下调用，确定哪些索引可用于从当前查询中的表中获取数据

续表

函数名	使用阶段（数字为调用顺序）	描　述
GetForeignPlan	计划 3	创建用于从表中取数据的执行计划
PlanForeignModify	计划 4	在数据修改查询时调用，设置数据修改的附加信息
AddForeignUpdateTargets	计划 5	向查询输出添加其他结果列
BeginForeignScan	执行 1	在数据提取开始时，对查询中的每个表实例调用
BeginForeignModify	执行 1.1	修改查询
IterateForeignScan	执行 2	调用以获取相应的记录
ReScanForeignScan	执行 3	重新启动迭代时调用
EndForeignScan	执行 4	调用以完成取数据
EndForeignModify	执行 4.1	在通过修改查询启动数据扫描时调用
ExecForeignInsert	执行过程	满足其他条件时调用以完成记录插入
ExecForeignUpdate	执行过程	满足其他条件时调用以完成记录修改
ExecForeignDelete	执行过程	满足其他条件时调用以完成记录删除
ExplainForeignScan	输出计划	执行 EXPLAIN 时调用以打印详细计划信息
AnalyzeForeignTable	分析 1	对表做分析操作
AcquireSampleRows	分析 2	收集采样信息用来做分析操作
TruncateForeignTable	截断	调用以清空表数据
VacuumForeignTable	垃圾回收	清理表
NotifyForeignConfigChange	配置	在数据库配置更改事件中调用
ValidateTableDef	DDL	查询数据定义时调用
IsForeignRelUpdatable	信息	调用以确定 FDW 支持的操作（SELECT/INSERT/UPDATE/DELETE）
GetFdwType	信息	提供 FDW 类型
GetForeignMemSize	统计信息	以字节为单位提供 MOT 引擎的内存使用情况
GetForeignRelationMemSize	统计信息	以字节为单位提供存储表/索引数据的内存使用情况

2. 主要流程时序图

为了便于读者更好地理解正常流程和异常流程的关系，本节中的时序图均将正常流程和异常流程放在同一张图中，其中 P1，P2，…，Pn 为异常流程。同时，为简化时序图帮助理解流程，异常流程仅在异常发生的位置进行标识，未完整绘制异常流程的时序。

1）CREATE 表

用户创建一个新的内存表时，openGauss 通过 FDW 适配器将请求转发给 MOT 存储引擎。创建表的正常流程和主要异常流程如图 4-44 所示。

正常事件流：FDW 创建一个新的表对象，然后对每个列执行以下操作。

（1）FDW 验证列定义。

（2）MOT 引擎进一步验证列定义。

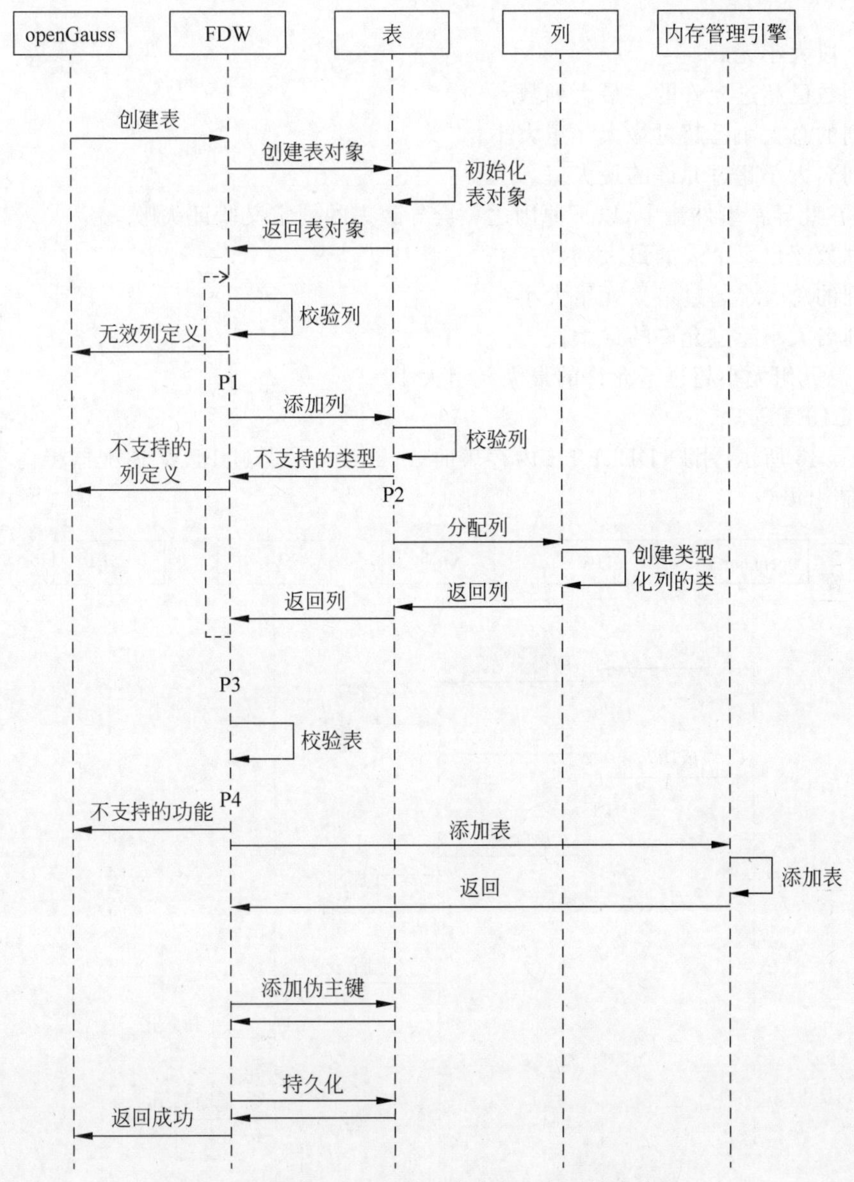

图 4-44 CREATE 表的正常流程和主要异常流程

(3) 创建给定类型的列对象并将其添加到表中。

(4) 对所有列定义重复上述过程。

添加完所有列后表定义本身就被验证,表对象已添加到 MOT 引擎,并通过锁保护。最后,由于表还没有索引,所以会向表中添加一个伪主索引/键。DDL 命令会持久化到重做日志中。

P1:在此异常事件流中,列定义失败时 FDW 通过 ereport 函数向 openGauss 报告无效列定义(invalid column definition)错误。

P2:在此异常事件流中,以下原因之一会导致表的列定义验证失败。

① 不支持的列类型;

② 字段大小无效；

③ 列数已超过允许的表最大列数；

④ 列的总大小已超过最大元组大小；

⑤ 列名大小超过允许的最大值。

P3：在此异常事件流中，以下原因之一会导致表的列定义验证失败。

① 列数超出每个表的最大列数；

② 列的总大小超过最大元组大小；

③ 列名大小超过允许的最大值。

P4：总元组大小超过了允许的最大元组大小。

2）DELETE 表

如图 4-45 所示，用户 DELETE 内存表时，openGauss 通过 FDW 适配器将请求转发给 MOT 存储引擎。

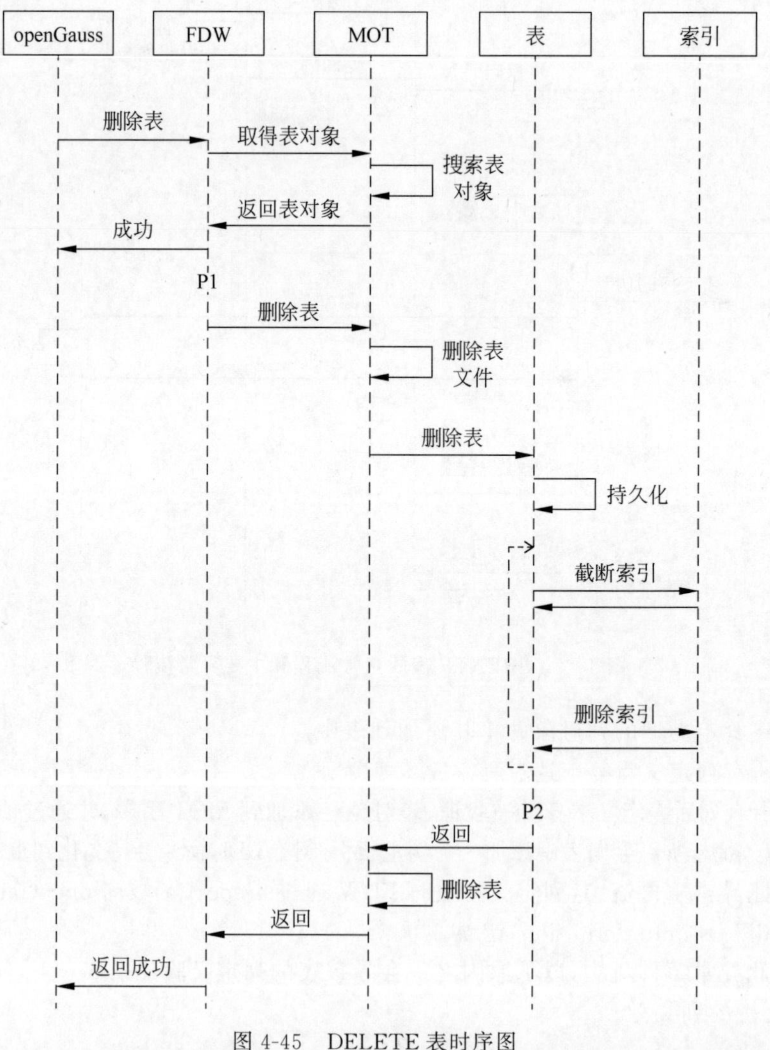

图 4-45 DELETE 表时序图

正常事件流：FDW从MOT引擎中检索表对象，并将DELETE表的请求转发给MOT引擎。DDL命令在重做日志中持久化，然后对于表中的每个索引，索引数据将被截断并DELETE索引对象。随后对表中的每个索引重复此过程。在DELETE所有索引对象之后，MOT将DELETE表对象并返回给FDW。

P1：在此异常事件流中，没有找到索引所属的表。此错误条件被静默忽略，FDW不会向openGauss报告错误。

P2：在此异常事件流中，在表对象中找不到请求的二级索引。此错误条件被静默忽略，FDW不会向openGauss报告错误。

3）CREATE索引

如图4-46所示，用户希望在现有的内存表中创建新索引时，openGauss通过FDW适配

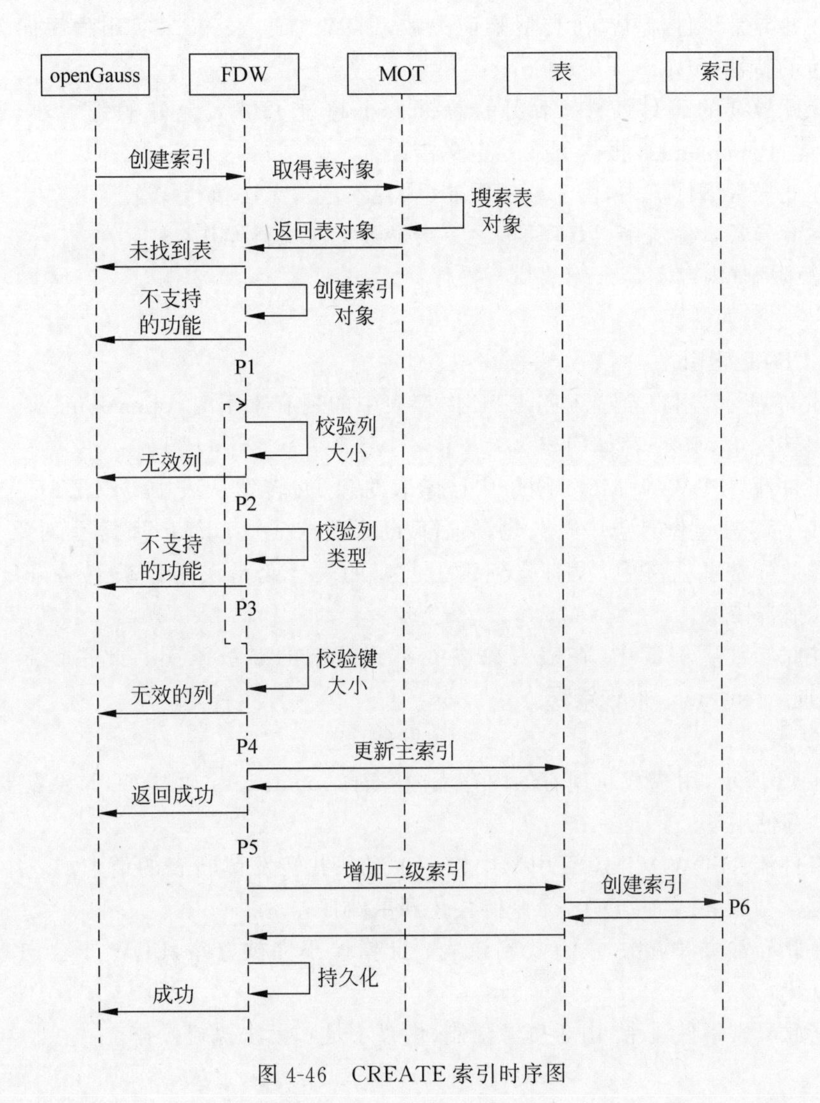

图4-46　CREATE索引时序图

器将请求转发给 MOT 存储引擎。

正常事件流：FDW 从 MOT 引擎中检索表对象并创建一个索引对象，然后对每个列执行以下操作。①FDW 验证列大小；②FDW 验证列类型。对所有列定义重复此过程。验证所有列之后，生成的键大小也会被验证。在创建主索引时，原创建表阶段时添加的伪主索引将被新的主索引替换，应当在表仍然为空时完成。否则，将向表添加二级索引。索引数据本身是由主索引数据创建的。最后，整个 DDL 命令将持久化到重做日志。

P1：在此异常事件流中，不支持索引类型，FDW 通过 ereport 工具向 openGauss 报告未支持的特性(feature unsupported)错误，目前只支持 BTREE 索引类型。

P2：在此异常事件流中，列大小验证失败，FDW 通过 ereport 实用程序向 openGauss 报告无效列定义错误。

P3：在此异常事件流中，列类型验证失败，FDW 通过 ereport 实用程序向 openGauss 报告未支持的特性(feature unsupported)错误。

P4：在此异常的事件流中，索引的总键大小超过了最大允许的键大小，FDW 通过 ereport 工具向 openGauss 报告无效列定义错误。

P5：在此异常事件流中，由于资源限制(内存不足)，无法执行操作。

P6：在此异常事件流中，以下原因之一会导致无法执行操作：

① 资源限制(内存不足)，无法执行操作；

② 唯一主键冲突。

4) DELETE 索引

如图 4-47 所示，用户希望 DELETE 内存表中的现有索引时，openGauss 通过 FDW 适配器将请求转发给 MOT 存储引擎。

正常事件流：FDW 从 MOT 引擎中检索表对象，并转发从表中 DELETE 二级索引的请求。DDL 命令在重做日志中持久化，然后截断索引数据并 DELETE 索引对象。

P1：在此异常事件流中，没有找到索引所属的表。此错误条件被忽略，FDW 不会向 openGauss 报告错误。

P2：在此异常事件流中，在表对象中找不到请求的二级索引。此错误条件被忽略，FDW 不会向 openGauss 报告错误。

5) 截断表

如图 4-48 所示，用户截断现有的内存表内容时，openGauss 通过 FDW 适配器将请求转发给 MOT 存储引擎。

正常事件流：FDW 从 MOT 引擎中检索表对象并转发截断表的请求。表中每个索引的索引数据被截断，并且将 DDL 命令持久化到重做日志。

P1：在此异常事件流中，没有找到该表。此错误条件被忽略，FDW 不会向 openGauss 报告错误。

P2：在此异常事件流中，由于资源限制(内存不足)，无法执行操作。

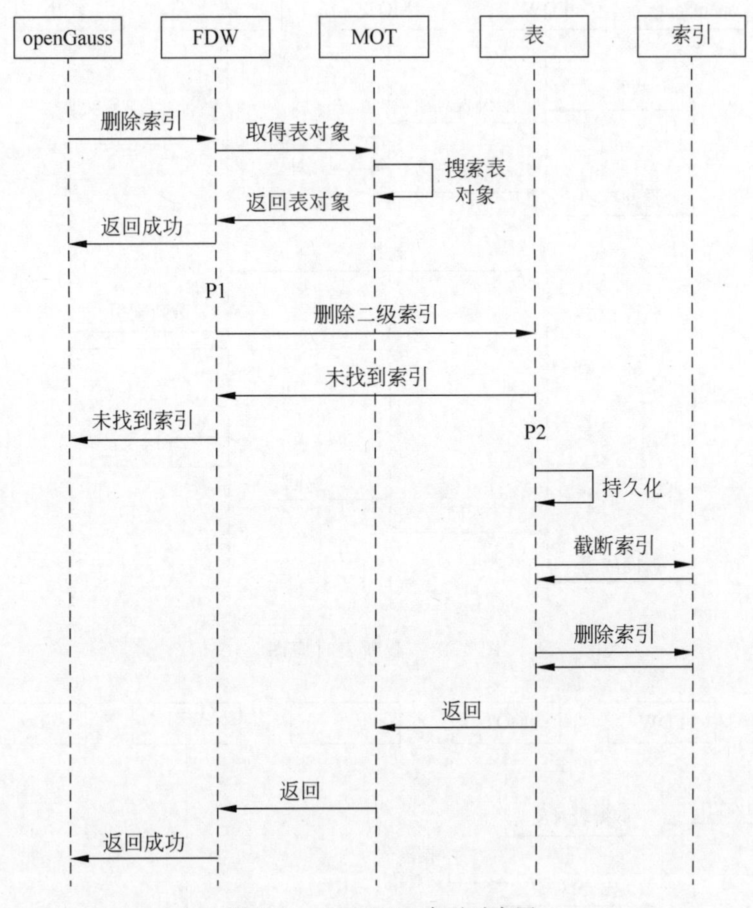

图 4-47 DELETE 索引时序图

6) INSERT 行

如图 4-49 所示，openGauss 通过 FDW 适配器将请求转发给 MOT 存储引擎。可以通过自动提交(auto-commit)INSERT 行，也可以在事务中 INSERT 行。

正常事件流：FDW 从 MOT 引擎中检索表对象并创建新的行对象。由于内存引擎不同于磁盘引擎，不使用基于页面的间接访问形式，因此需要将行格式从 openGauss 行格式转换为 MOT 行格式(MOT 将这种行格式转换称为 Pack，反向转换称为 unpack)后才能 INSERT 表中。随后为该表的每个索引创建一个键。INSERT 行的整个请求被传递到当前 Txn，随后将该请求转发到并发控制模块，并持久化到重做日志。

P1：在此异常事件流中，由于资源限制(内存不足)，无法执行操作。

P2：在此异常事件流中，行 INSERT 失败，原因为①内存分配失败；②在主节点上违反了唯一约束。在这两种情况下，父事务都将使用正确的错误代码中止。

7) SELECT/UPDATE/DELETE(计划阶段)

用户可以在内存表中 SELECT/UPDATE/DELETE 行。每个操作分为两个阶段：计

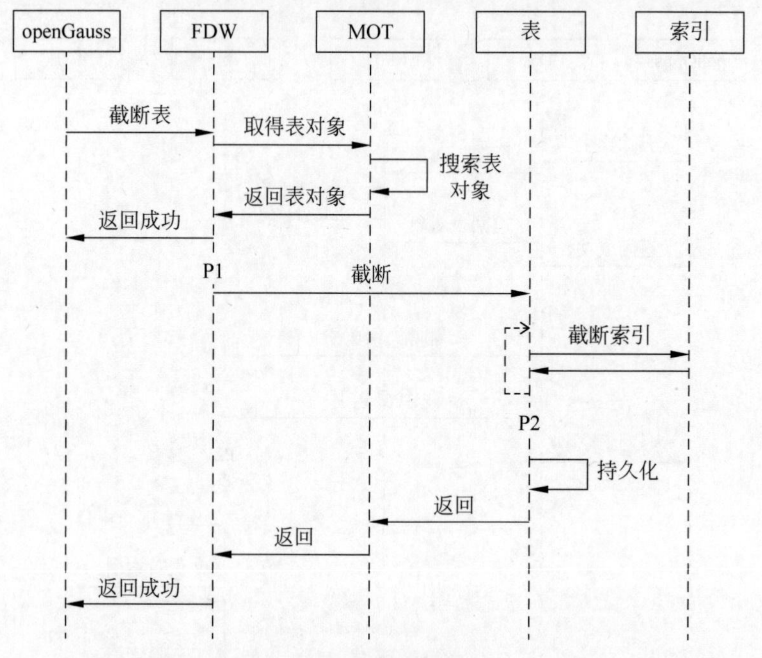

图 4-48 截断表时序图

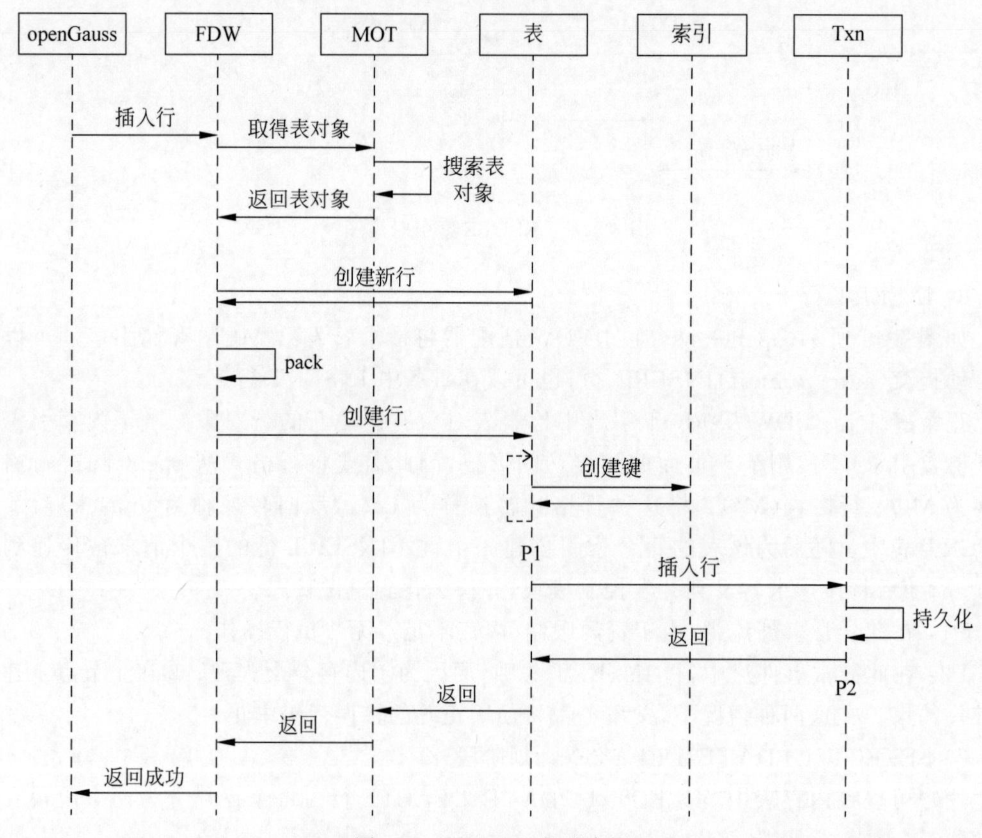

图 4-49 INSERT 行时序图

划阶段和执行阶段。图 4-50 主要关注计划阶段。

每个 SELECT/UPDATE/DELETE 的规划阶段包括选择最佳执行计划。为此，openGauss 准备了几个可能的执行路径，并要求 FDW 估计每个此类路径的开销，以便 openGauss 可以选择最佳的执行路径。

正常事件流：openGauss 调用 GetForeignRelSize 接口，FDW 从 MOT 中检索相关表对象，并用启动成本和总成本估计初始化此查询的 FDW 状态。openGauss 调用 GetForeignPaths 触发所有涉及索引对象的开销计算。最后，openGauss 调用 GetForeignPlan 触发结束整个过程，包括查询子句对本地和远程排序，以及根据所选执行路径对 FDW 状态进行序列化。PREPARE 语句的执行在此结束，其他语句待执行的部分将在执行阶段中描述。

P1：在此异常事件流中，由于资源限制(内存不足)，无法执行操作。

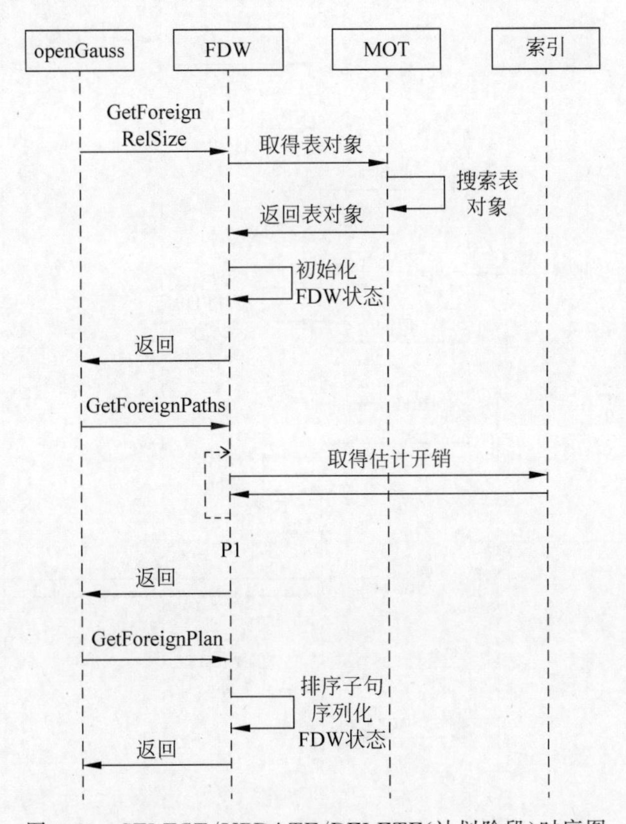

图 4-50　SELECT/UPDATE/DELETE(计划阶段)时序图

8) SELECT/UPDATE/DELETE(执行阶段)

如图 4-51 所示，计划阶段完成后，执行阶段开始。

正常事件流：openGauss 调用 BeginForeignScan，FDW 检索相关表并初始化查询的 FDW 状态。在进行 UPDATE/DELETE 操作时，openGauss 通过调用 BeginForeignModify 接口触发

一个额外的初始化阶段,然后返回 NULL。openGauss 通过调用 IterateForeignScan 接口进行以下操作。①仅在需要时一次性初始化游标;②在当前事务对象中查找下一行;③将行数据从 MOT 格式转换为 openGauss 格式;④游标前进;⑤返回包含 unpack 行的槽位。重复上述过程,直到游标中不再有行,并且返回 NULL 到 openGauss。然后 openGauss 应用本地条件/查询子句等本地过滤器来决定是否继续处理该行。在进行 SELECT 操作时,该行将被添加到结果集中,并返回结果集给用户。进行 UPDATE 和 DELETE 操作需执行的其余部分将在后面介绍。

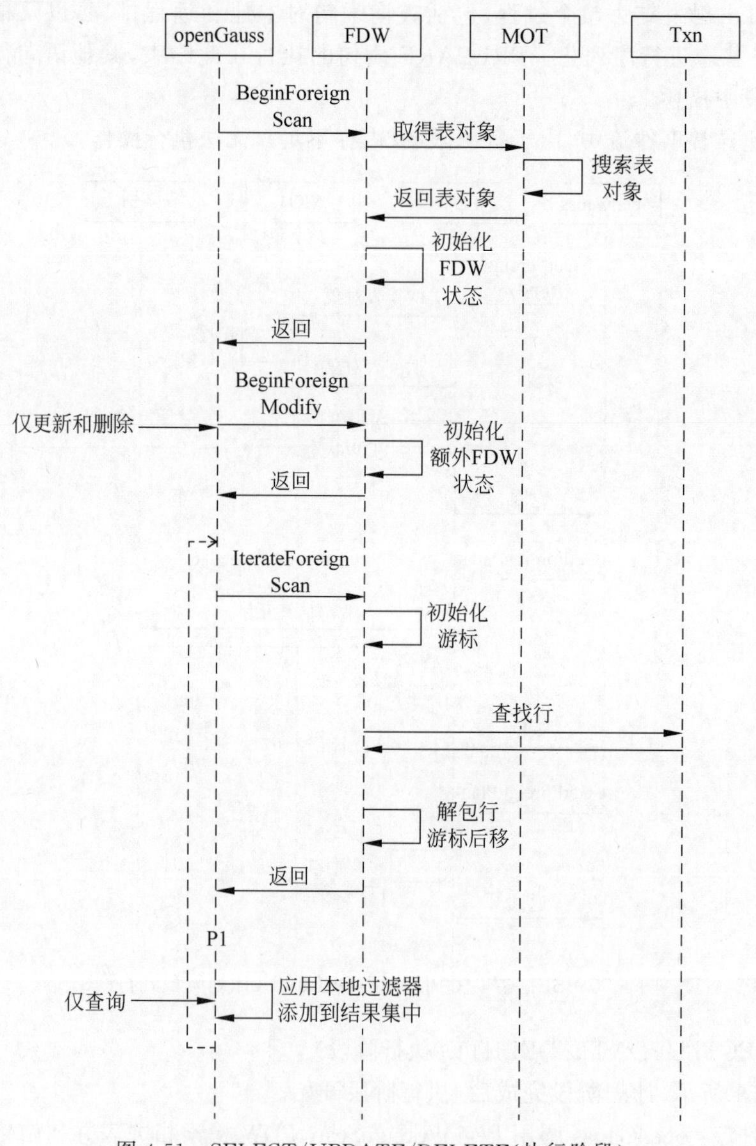

图 4-51　SELECT/UPDATE/DELETE(执行阶段)

9) UPDATE(结束执行阶段)

执行 SELECT、UPDATE 和 DELETE 语句的公共部分后，每个语句的剩余部分有所不同。图 4-52 为 UPDATE(结束执行阶段)时序图。

正常事件流：openGauss 为特定的更新元组调用 ExecForeignUpdate 接口。FDW 更新当前事务对象中最后一行的状态以进行并发控制，然后 FDW 将行数据从 openGauss 格式转换为 MOT 格式，并通过覆盖该行的方式完成变更字段的更新。该操作在重做日志中持久化，并返回 openGauss。

P1：在此异常事件流中，由于并发控制事务对象的行状态更新失败，在这种情况下，父事务将以适当的错误代码中止。

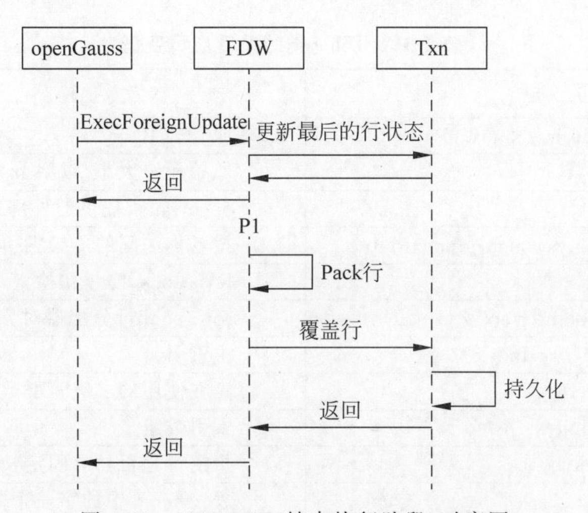

图 4-52　UPDATE(结束执行阶段)时序图

10) DELETE(结束执行阶段)

图 4-53 为 DELETE(结束执行阶段)时序图。

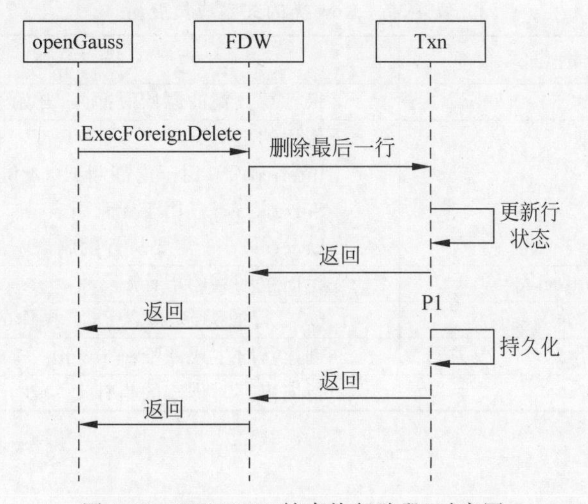

图 4-53　DELETE(结束执行阶段)时序图

正常事件流：openGauss 为特定更新的元组调用 ExecForeignDelete 接口。FDW 更新当前事务对象中最后一行的状态以进行并发控制，然后将操作持久化到重做日志中，并返回 openGauss。

P1：在此异常事件流中，由于并发控制事务对象的行状态更新失败，在这种情况下，父事务将以适当的错误代码中止。

4.3.3 内存表的存储

Table 类包含管理数据库中内存表所需的所有项。表由以下组件组成：列、主索引和可选的二级索引。Table 类的关键成员变量说明如表 4-36 所示。

表 4-36　Table 类的关键成员变量

成员变量	描　述
tableCounter:std::atomic<uint32_t>	原子表 ID
m_tupleSize:uint32_t	原始元组大小(以字节为单位)
m_tableExId:uint64_t	openGauss 提供的外部表 ID
m_secondaryIndexes:SecondaryIndexMap	按名称访问的二级索引映射
m_rwLock:pthread_rwlock_t	RW Lock，防止在检查点/真空期间删除
m_rowPool:ObjAllocInterface *	row_pool 行分配器对象池
m_primaryIndex:MOT::Index *	主索引
m_numIndexes:uint16_t	正在使用的二级索引数
m_indexes:MOT::Index **	索引数组
m_fixedLengthRows:bool	指定行是否具有固定长度
m_fieldCnt:uint32_t	表 schema 中的字段个数
m_columns:Column **	列数组

Row 类包含管理表中的内存行所需的所有项，关键成员变量如表 4-37 所示。

表 4-37　Row 类的关键成员变量

成员变量	描　述
m_data:uint8_t	保存行数据的原始缓冲区，开始于类的结束位置
m_keyType:KeyType	使用的键类型 Internal——用于内部测试(64 位) Surrogate——用于无索引表 External——需要从行生成
m_pSentinel:Sentinel *	指向主哨兵的指针
m_rowHeader:RowHeader	OCC 行的头部，包含 OCC 操作的所有相关信息
m_rowId:uint64_t	创建行时生成的唯一 rowId
m_table:Table *	指向内存管理表的指针

4.3.4　索引

MOT使用索引来高效地访问数据。MOT索引支持范围查询等所有基本操作。由于数据存储在Row类中，每个MOT索引都按顺序使用哨兵来访问数据。

IndexFactory类提供了创建新索引对象的能力。

作为Table类的一部分，Index抽象类提供了创建和访问数据索引的能力。索引是否满足唯一性决定了该索引是否允许插入重复键。如图4-54描述了一个有三行和两个索引的MOT表T的结构，其中一个索引是非唯一索引，另一个索引是唯一索引。对于非唯一索引而言，MOT内部通过在插入时用唯一标识符填充每个键的方式将键视为唯一。在图4-54中，MOT将哨兵插入带有键的唯一索引和带有键＋后缀的非唯一索引中。使用哨兵方便了维护操作，因为在进行维护操作时，可以在不接触索引数据结构的情况下替换行。

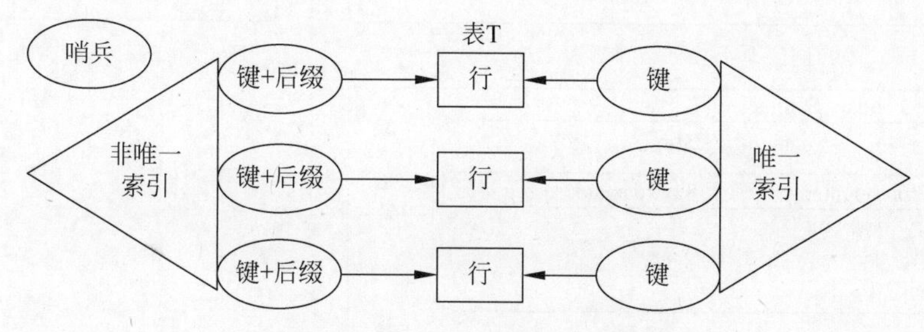

图4-54　唯一、非唯一索引和哨兵

Sentinel类包含指向唯一索引情况下的行数据或非唯一索引情况下主哨兵的指针，还包含一些标志位和引用计数等支持跨事务并发的信息。每次向索引插入新键时都会创建哨兵。例如，对于具有3个索引的表，插入新键时将创建3个哨兵，每个索引对应一个哨兵。哨兵和行之间的关系如图4-55所示。

MasstreePrimaryIndex类基于Masstree K/V存储实现了索引接口，同时封装了MOT内存分配池，根据对象分配任意大小内存。

IndexIterator抽象类提供了创建迭代器并根据提供的迭代器访问数据的能力。

4.3.5　事务

事务部分覆盖了从openGauss映射到MOT的所有支持的DDL/DML操作。

事务与并发控制机制紧密耦合，每个操作都必须通过并发控制管理，并完成相应的行为。

MOT基于乐观并发机制，几乎不使用锁，因此每个客户端都有自己的事务视图，并且不会阻塞DML，与磁盘表对每个非SELECT操作都加锁的使用方式有显著区别。

每个本地行都有一个初始状态，状态由txn_state_machine管理。txn_state_machine扩展了Silo，支持新操作写后读和读后写，类似于MESI缓存一致性协议。如图4-56所示，MOT将新操作(RD/WR)视为本地缓存中的缓存不命中，并将状态从无效提升为新状态。

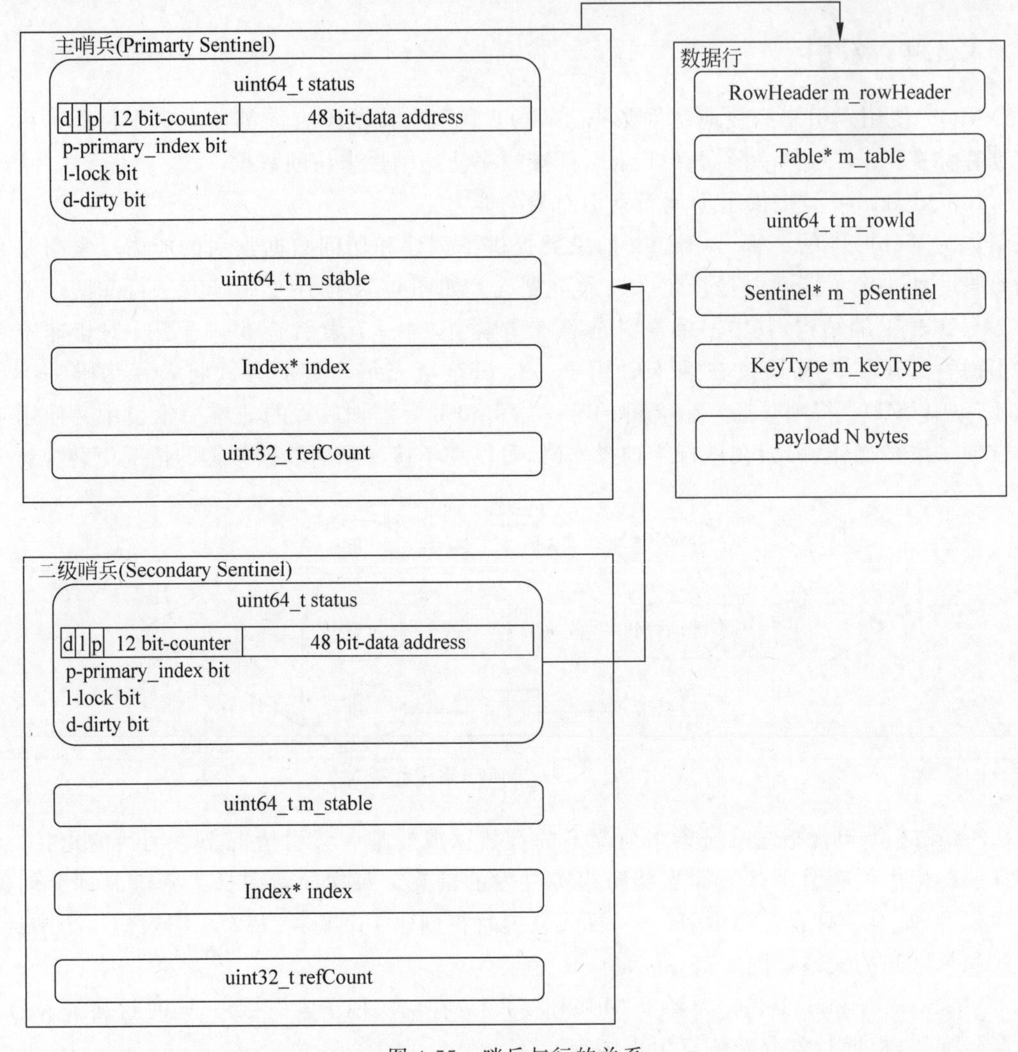

图 4-55　哨兵与行的关系

SELECT 时序图如图 4-57 所示。

(1) 当 SELECT 操作被发送到 FDW,FDW 就会打开一个游标并将正确的哨兵发送到事务管理器。

(2) 事务管理器检查哨兵,如果哨兵有效则在缓存中搜索,否则返回未找到该行。

(3) TxnAccess 在内部查找哨兵,如果在高速缓存中找到该行则返回该行,并认为是高速缓存命中。

(4) TxnManager 评估隔离级别和来自缓存的结果:如果 TxnAccess 返回了一行,直接将其返回给 openGauss;否则按以下两种情况处理。

① 隔离级别为 READ_COMMITED 时生成行的副本并返回给 FDW。

② 隔离级别为 REPEATABLE _READ 时映射缓存中的行,并将缓存的行返回给 FDW。

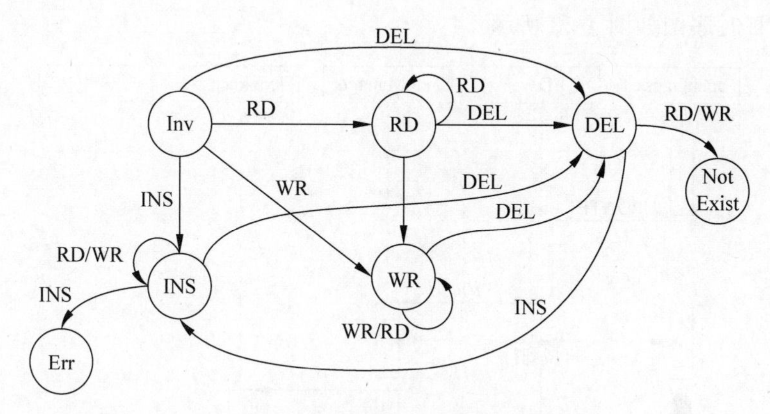

图 4-56　DML 事务状态机

状态说明：

INV—错误状态(INVALID STATE)；RD—查询状态(SELECT STATE)；WR—更新状态(UPDATE STATE)；DEL—删除状态(DELETE STATE)；INS—插入状态(INSERT STATE)。

操作说明：

INV—无效操作(INVALID)；RD—读操作(READ)；WR—写操作(WRITE)；DEL—删除操作(DEL)；INS—插入操作(INSERT)。

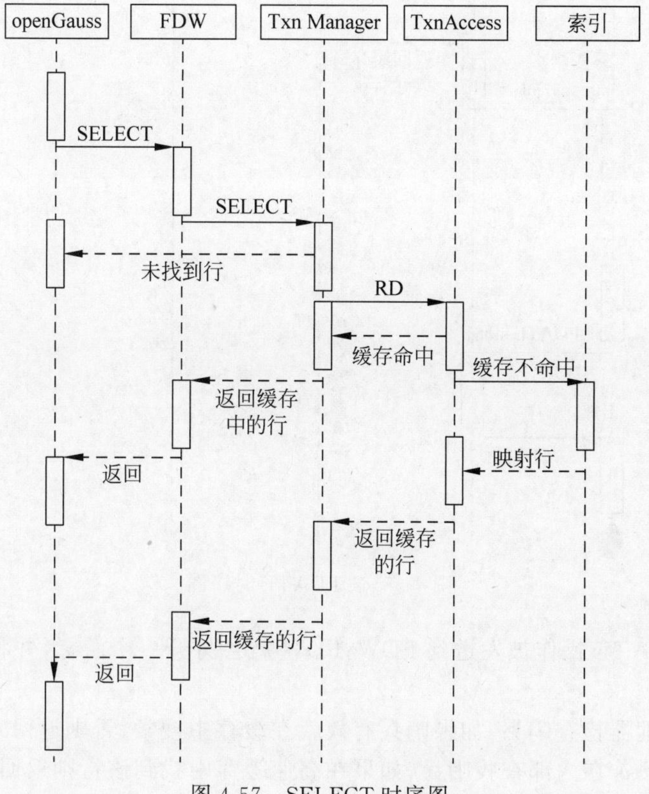

图 4-57　SELECT 时序图

UPDATE 时序图如图 4-58 所示。

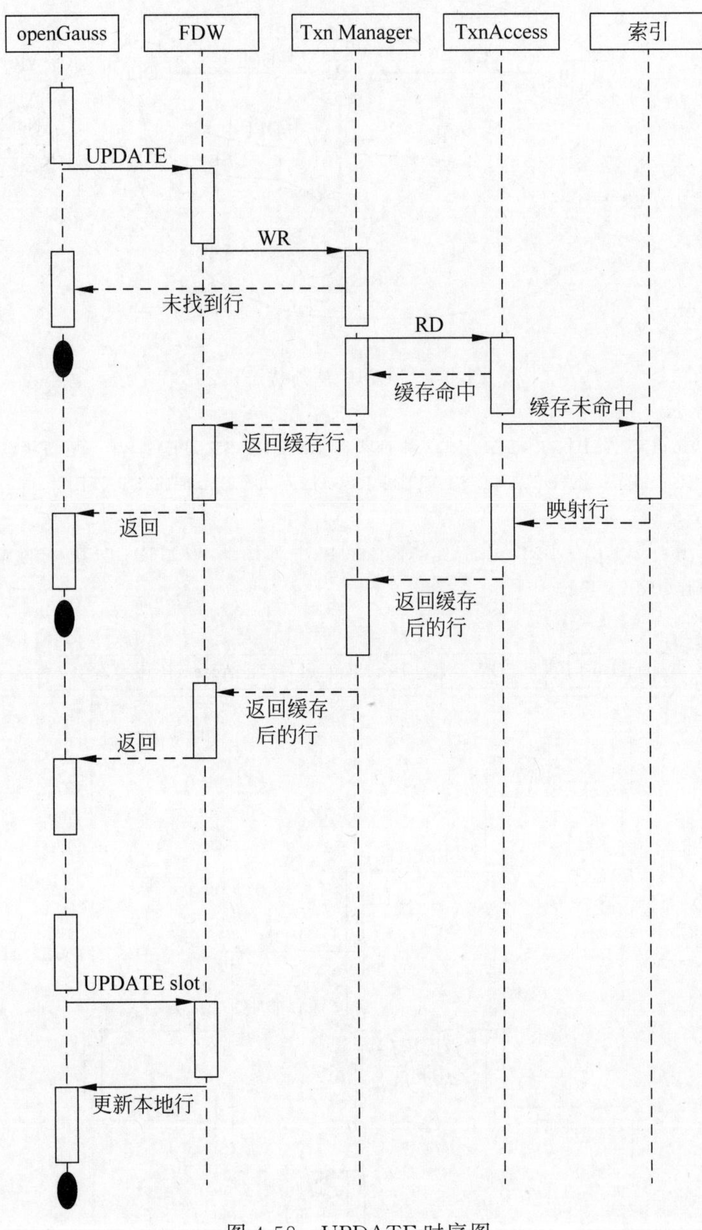

图 4-58　UPDATE 时序图

(1) 当 UPDATE 操作被发送到 FDW，FDW 就会打开一个游标，并将正确的哨兵发送到事务管理器。

(2) 事务管理器检查哨兵，如果哨兵有效就在缓存中搜索，否则返回未找到该行。

(3) TxnAccess 在内部查找哨兵，如果在高速缓存中找到该行则返回该行，并认为是高速缓存命中。

(4) TxnManager 评估来自缓存的结果。

① 如果 TxnAccess 返回了一行,直接将其返回 openGauss。

② 如果没有找到该行,则映射哨兵并返回缓存的行。

(5) openGauss 计算返回的行,如果该行与筛选器匹配则 openGauss 向 FDW 发送带有更新数据的更新操作。

(6) TxnManager 将行的状态提升为 WR,并用从 openGauss 接收的新数据更新本地行。

DELETE 时序图如图 4-59 所示。

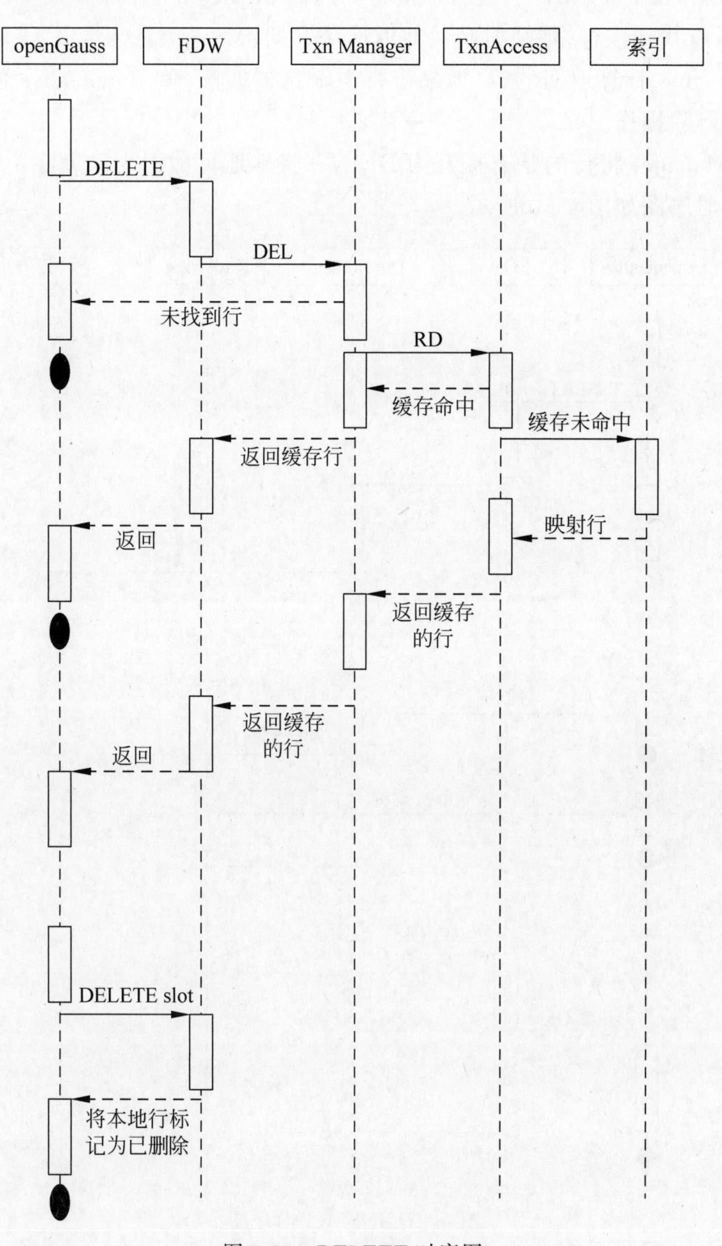

图 4-59 DELETE 时序图

(1) 当 DELETE 操作被发送到 FDW，FDW 就会打开一个游标并将正确的哨兵发送到事务管理器。

(2) 事务管理器检查哨兵，如果哨兵有效就在缓存中搜索，否则返回未找到该行。

(3) TxnAccess 在内部查找哨兵，如果在高速缓存中找到该行则返回该行，并认为是高速缓存命中。

(4) TxnManager 评估来自缓存的结果。

① 如果 TxnAccess 返回了一行，直接将其返回 openGauss。

② 如果没有找到该行，则映射哨兵并返回缓存的行。

(5) openGauss 计算返回的行，如果该行与筛选器匹配，则 openGauss 向 FDW 发送带有更新数据的删除操作。

(6) TxnManager 将行的状态提升为 DEL，并将本地行标记为已删除。

INSERT 时序图如图 4-60 所示。

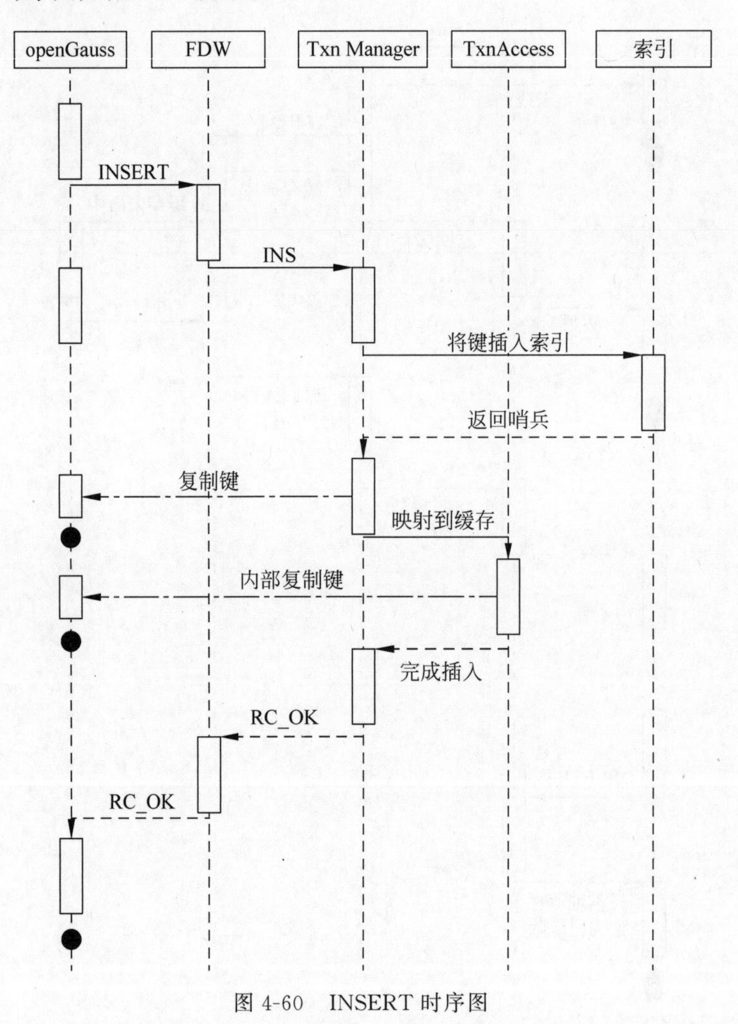

图 4-60　INSERT 时序图

(1) 操作发送到 FDW 后,FDW 使用表 API 准备插入的行,并将该行发送到事务管理器。

(2) 对于表中的每个索引执行以下操作。

① 将哨兵插入索引。

② 如果已提交行则中止事务。

③ 如果成功插入行则映射并完成插入。

④ 行不存在:如果已映射则自己插入并中止,否则将它映射到本地缓存。

(3) TxnManager 对于重复的 key 返回 RC_OK 或 RC_ABORT。

TxnManager 是管理事务整个生命周期的主类,也是 openGauss 在 MOT 上进行操作的接口类。TxnDDLAccess 用于缓存和访问事务性 DDL 更改。事务中执行的所有 DDL 都存储在 TxnDDLAccess 中,并在事务提交/回滚时进行提交/回滚。openGauss 负责处理 DDL 并发,并确保并发的 DDL 更改不会并行执行。TxnAccess 类用于缓存和访问事务性 DML 更改。在事务中执行的所有 DML 都存储在 TxnAccess 中,并在事务提交/回滚中进行提交/回滚。Access 类用于保存单行访问的数据。AccessParams 用于保存当前访问的参数,为并发控制管理提供额外的信息。InsItem 用于保存行插入请求的数据。

4.3.6 并发控制

MOT 采用源自 SILO 的单版本并发控制(Concurrency Control,CC)算法。并发控制模块满足内存引擎的所有事务性需求,其主要设计目标是为 MOT 内存引擎提供各种隔离级别的支持,当前支持以下隔离级别。

(1) 读已提交(READ-COMMITED)。

(2) 可重复读(REPEATABLE-READ)。

图 4-61 显示了 MOT 运行事务时的关键技术,包括以下内容。

(1) 私有事务内存用于无锁读写,仅在最终提交时使用锁,低争用。

(2) 低时延,NUMA 感知的本地内存。

(3) 乐观并发控制:数据锁最小化,低争用。

(4) 无锁自动清理(Auto-Vacuum),无开销。

(5) 极致优化的 Masstree 实现。

1. SILO 并发控制背景与算法

Silo 来自 Stephen Tu 等人在计算机顶级会议 SOSP13 上发表的 *Speedy Transactions in Multicore In-Memory Databases*,在现代众核服务器上实现了卓越的性能和可扩展性。Silo 的设计完全是为了高效地使用系统内存和高速缓存。例如,它避免了所有集中的争用点,包括集中事务 ID 分配。Silo 的关键贡献是一种基于乐观并发控制的提交协议,它支持序列化,同时避免对仅读取的记录进行共享内存写入。Silo 可提供与其他可序列化数据库一样的保证,而不会出现不必要的可扩展性瓶颈或额外的延迟。

MOT 的设计原则是通过减少对共享内存的写入来消除不必要的争用。Silo 按照固定时间间隔的 epoch 进行时间分段，因此 Silo 这种 OCC 的变体可以支持序列化，即在 epoch 边界形成自然序列化点。在恢复之后也能通过 CSN 或周期性更新的 epoch 实现序列化。epoch 还有助于提高垃圾回收效率并使能快照事务。其他一些设计，如事务 ID 的设计、记录覆盖和支持范围查询等，进一步加快了事务执行，同时非中心化的持久化子系统也避免了争用。

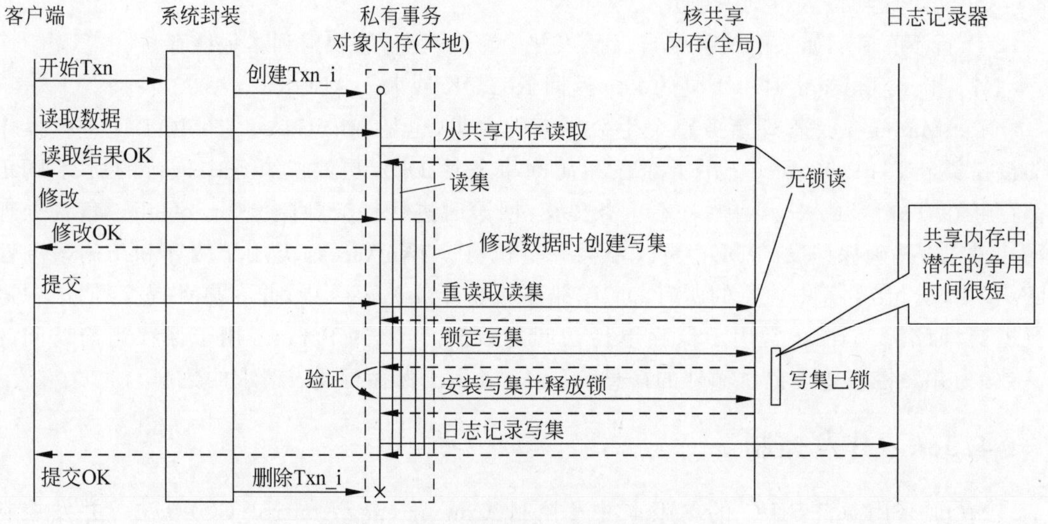

图 4-61　MOT 执行事务时的关键技术

2. 事务 ID

Silo 的并发控制以事务 ID(Transaction ID，TID)为中心，它标识事务并记录版本，也用作锁和检测数据冲突。每个记录都包含最近修改它的 TID。TID 为 64 位整数。每个 TID 的高位包含一个 CSN，CSN 等于对应事务提交时间的全局序列号；低三位分别为 Bit 63(锁定标志位)，Bit 62(最新版本标志位)，Bit 61(不存在状态标志位)。由于 CSN 有效长度为 61bit，因此 MOT 忽略了事务 ID 回卷。另外，与许多系统不同，Silo 以分散而非集中的方式分配 TID。

3. 数据布局

Silo 中的一条记录包含以下信息。

(1) 一个 64 位的 TID(MOT 使用 CSN)。

(2) 记录数据。提交的事务通常就地修改记录数据，主要通过减少记录对象的内存分配开销来提升短写的性能。然而，读者必须使用版本验证协议以确保已读取每个记录数据的一致性版本。

4. 乐观并发控制的数据库操作

1) 读/写流程

(1) 事务流程。

① 在索引中搜索行引用。

② 将数据免锁复制到基于类型的本地集,包括读写集(Read/Write Set,R/W set)。

③ 基于本地副本进行处理。

(2) 校验流程。

① 按主键顺序对写集(Write Set)进行排序。

② 锁定写集中的所有行。

③ 验证读写集的行。

④ 验证本地行 CSN 是否更改。

⑤ 验证该行是否为该键的最新版本(由于存在本地数据,可能并非最新)。

⑥ 验证该行未被其他事务锁定。

⑦ 如果以上任一项验证失败,则中止事务。否则将更新 CSN 后的所有写集中的行复制回去,然后释放这些行上的锁。

2) 插入流程

(1) 事务流程。

① 构造一个 CSN=0 且状态为不存在的新行 r。

- 添加 r 到写集并视为常规更新。
- 生成唯一的键 k。

② 在状态为不存在的情况下,向树/索引添加从 k→r 的映射。

如果 k 已经映射到一个状态为存在的记录,则插入失败,否则在读阶段增大版本号。

(2) 校验流程。

① 锁定写集。

② 验证插入集(insert set)。

③ 若事务中止,则垃圾回收器记录状态为不存在的行。

3) 删除流程

(1) 事务流程。

① 在索引中搜索行引用。

② 将行映射到本地缓存。

③ 将本地副本标记为已删除。

(2) 校验流程。

① 验证行保持不变;已删除的行将被视为更新。

② 从索引中删除行,即将已删除的哨兵/行放入垃圾回收器中。

MOT 提交协议伪代码如图 4-62 所示。

5. 关键类和数据结构

并发控制的关键类和数据结构如表 4-38 所示。

```
1.  Data: read set R, write set W, sentinel set S = access set N,

2.  Locking:
3.  for record,access in N do
4.      if ( record.type == WR || record.type == INS || record.type == DEL)
5.          insert record into W
6.      else if ( record.type == SENTINEL)
7.          insert record into S
8.      else // for isolation level > RC
9.          insert record into R
10. for record in sorted(W), sorted(S) do
11.     lock(record);

12. Validation:
13. for record, read-tid, in RUWUS do
14.     if validate(record) == FAIL
15.         then abort();
16. commit-tid = generate-tid();

17. Commit:
18. for record, new-value in WUS do
19.     write(record, new-value, commit-tid);
20. for record in sorted(W), sorted(S) do
21.     unlock(record);
```

图 4-62 MOT 提交协议伪代码

表 4-38 并发控制的关键类和数据结构

关键类和数据结构	描 述
OccTransactionManager 类	管理整个事务验证机制,与事务类紧耦合
RowHeader 类	每行的 OCC 元数据,头部为 64 位,包含状态位和 CSN

4.3.7 重做日志

MOT 重做日志(Redo Log)使用预写式日志(Write-Ahead Logging,WAL)技术来确保数据完整性。WAL 的核心概念是,内存中的数据和索引的更改只有在记录下这些更改之后才会发生,因此写入重做日志是 MOT 提交协议的一部分。

如图 4-63 所示,MOT 存储引擎的重做日志模块同样使用 openGauss 磁盘引擎的日志接口进行持久化和恢复。这意味着 MOT 重做数据被写入相同的 XLOG 文件,并使用相同的 XLOG 逻辑。使用与 openGauss 磁盘引擎相同的日志记录接口可确保跨引擎事务的一致性,并减少复制、日志恢复等模块的冗余实现。

1. 事务日志记录

与 openGauss 其他存储引擎不同,MOT 内存引擎仅在事务实际提交时才会写入重做日志。因此,在事务期间或事务中止时,数据不会写入重做日志。这样可以减少写入的数据量,从而减少不必要的磁盘 IO 调用,因为这种磁盘 IO 调用很慢。例如,如果在事务期间多次更新同一行,则只将表示已提交行的最终状态写入日志。

由于设计 MOT 内存引擎时考虑了对接不同数据库的可能性,因此如图 4-64 所示,MOT 通过抽象的 ILogger 接口对接重做日志。

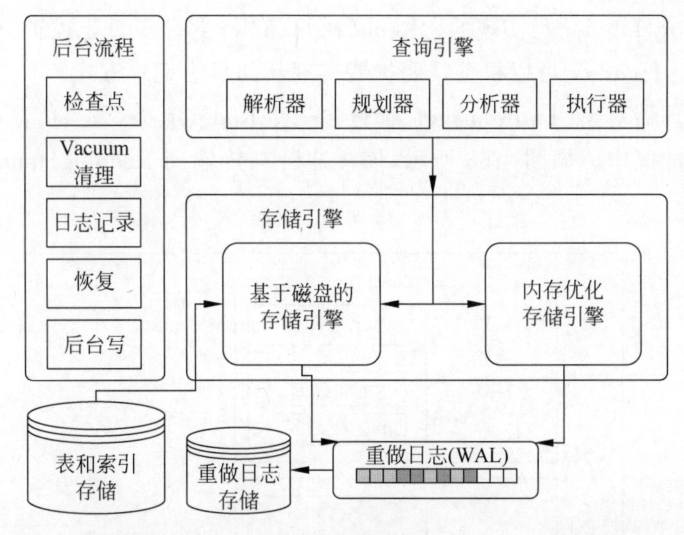

图 4-63　使用相同 XLOG（WAL）基础架构的 openGauss 磁盘库和 MOT

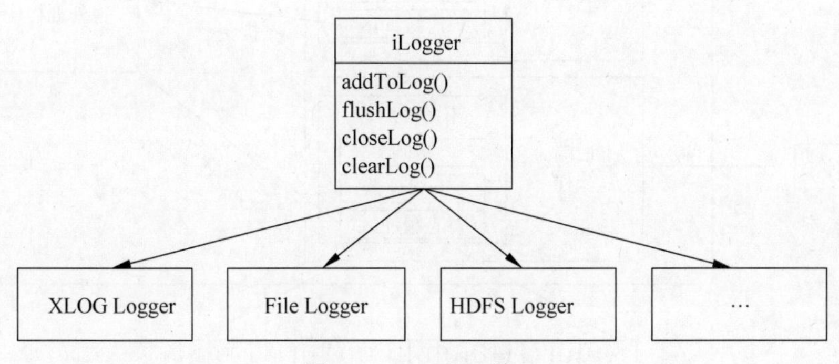

图 4-64　ILogger 接口

2. 日志类型

设计 MOT 内存引擎时同样考虑了支持不同的日志记录方式。如图 4-65 所示，MOT 当前已实现同步日志（synchronous redo Log）和同步组日志（group synchronous redo log）。

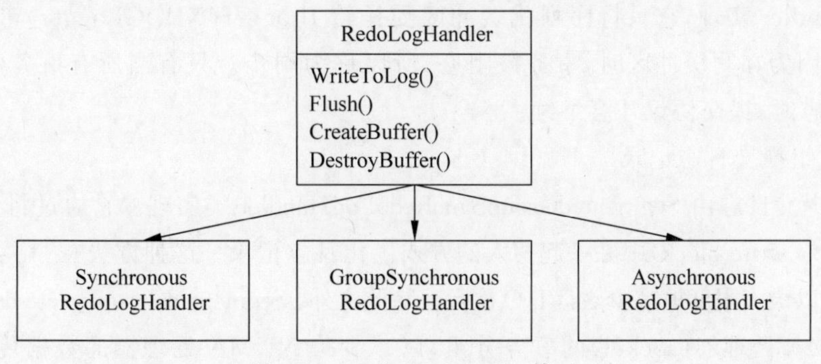

图 4-65　RedoLogHandler 接口

这是通过 RedoLogHandler 类实现的。RedoLogHandler 封装了日志逻辑，在数据库启动时初始化。RedoLogHandler 可以根据需要扩展实现新的日志记录方式。

每个事务管理器对象(TxnManager)都包含一个 Redolog 类，该类负责在提交时将事务数据序列化到缓冲区中。如图 4-66 所示，该缓冲区被传输到 RedologHandler 以进行日志记录。

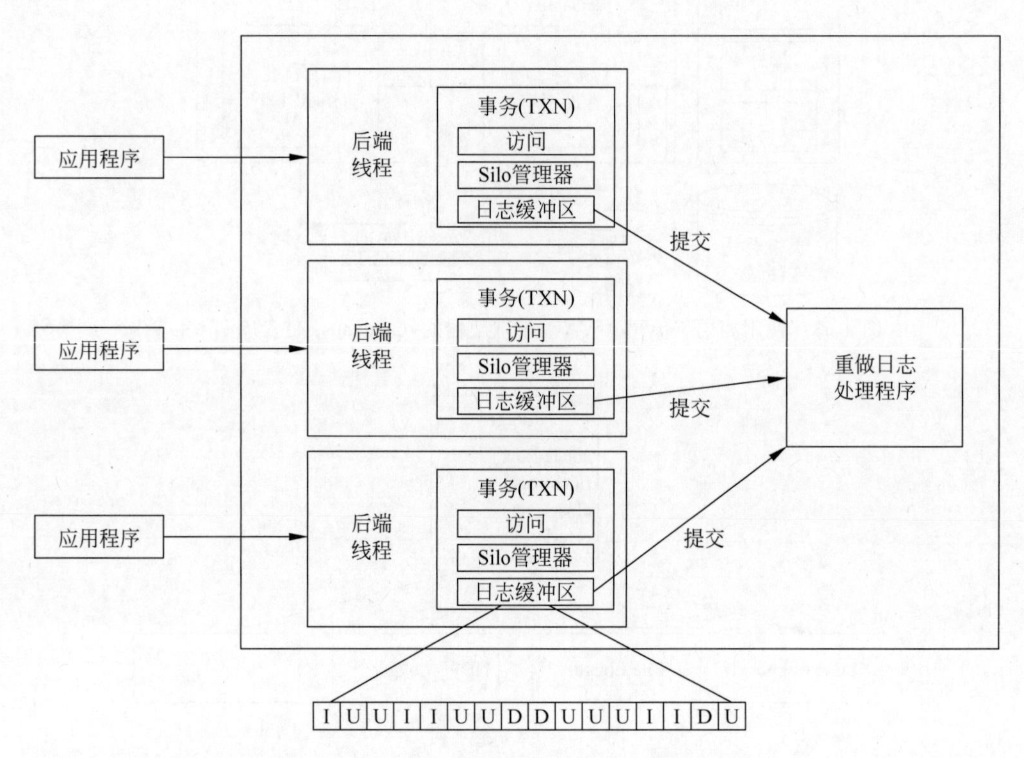

图 4-66 使用 RedoLogHandler 的事务日志记录

1) 同步日志记录

同步日志使用 SynchronousRedoLogHandler。如图 4-67 所示，这是一个简单的 RedoLogHandler 实现，它只将序列化缓冲区委托给 ILogger(XLOGLogger)，以便将其写入 XLOG。因为在写缓冲区时，事务被阻塞，所以称为同步。只有当所有事务数据被序列化并写入日志时，提交协议才会继续。

2) 同步组提交日志记录

同步组提交日志由 SegmentedGroupSyncRedoLogHandler 类实现。它通过将几个事务分组到一个写块(write block)中并一起写入的方式优化日志记录。这种方法在一次调用中收集更多数据，可以最大限度地减少磁盘 I/O 次数。除此之外，SegmentedGroupSyncRedoLogHandler 将每个 NUMA 处理器(socket)的事务分组，以减少跨 NUMA 处理器的数据传输，因为跨 NUMA 处理器的数据访问比同一 NUMA 处理器本地内存访问慢。

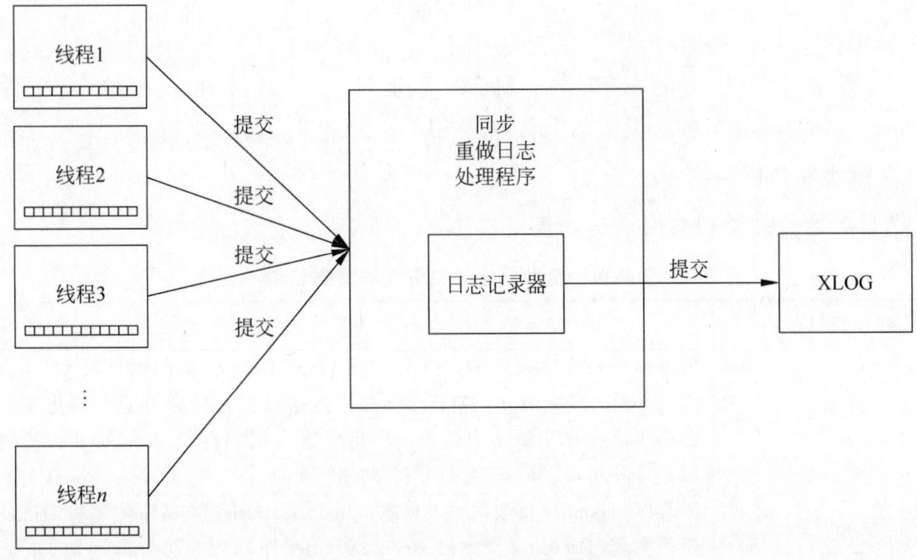

图 4-67　SynchronousRedoLogHandler

当事务提交时，它将数据序列化到缓冲区中，这个缓冲区被传输到 SegmentedGroupSyncRedoLogHandler，并放入一个提交组（commit group）中。提交组是一组序列化事务缓冲区的集合，这些事务缓冲区将被提交并写入磁盘。根据不同的配置参数，当一个组被填满或超过预先配置的时间时，MOT 将关闭该组，并将该组内所有缓冲区一起写入日志。

图 4-68 描述了将多个事务分组一起写入的组提交逻辑。

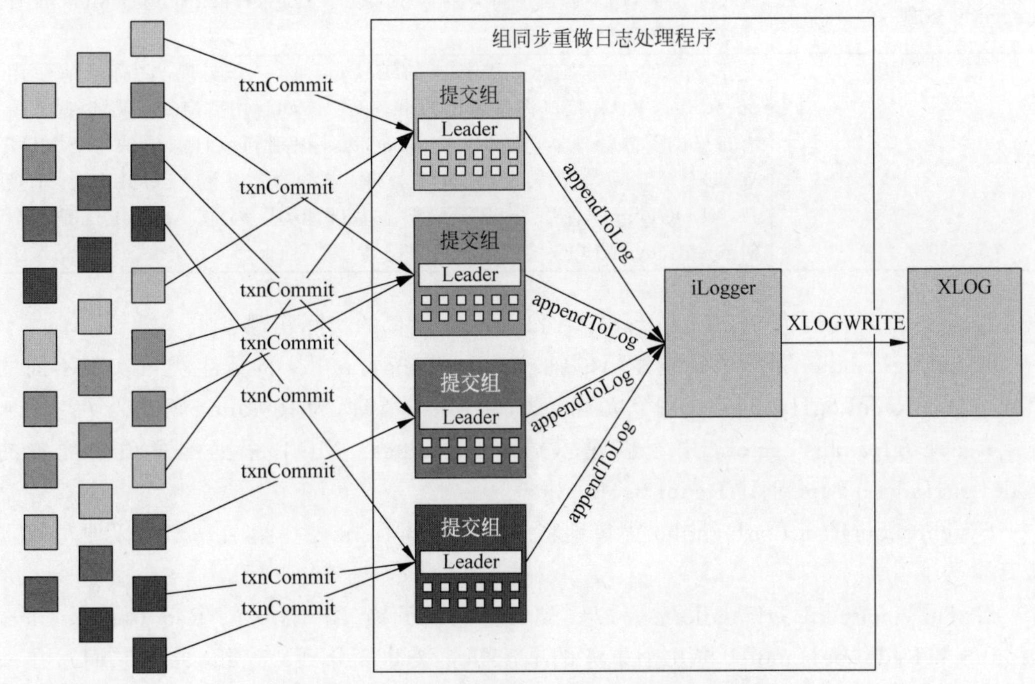

图 4-68　将多个事务分组一起写入的组提交逻辑

3）异步日志

MOT 暂未开发专用的异步日志机制，异步日志是通过在 conf 配置文件中将 synchronization_commit 参数设置为"off"来实现的。

3. 关键类和数据结构

重做日志的关键类和数据结构如表 4-39 所示。

表 4-39　重做日志的关键类和数据结构

关键类和数据结构	描　述
RedoLog 类	负责事务数据序列化的主要类，它是 TxnManager 类的成员对象。RedoLog 的 commit 方法由 TxnManager 在事务通过验证阶段并且所有更新的行均已锁定后在提交协议中调用。在将变更应用到存储之前，RedoLog 将在加锁后序列化事务数据，持久化到日志，释放锁。RedoLog 使用 RedoLogHandler 将数据写入日志。RedoLogBuffer 类是序列化缓冲区的一个简单实现，RedoLog 类通过 RedoLogBuffer 序列化事务操作。RedoLogBuffer 的前 4 字节预留给缓冲区大小，在序列化时写入。OperationCode 枚举是支持的事务操作列表。RecoveryManager 根据 OperationCode 确定如何解析数据并应用事务操作
RedoLogWriter	用于将操作序列化到缓冲区中。RedoLogWriter 是一个简单的 helper 类，获取数据和缓冲区，并将数据序列化到缓冲区中
EndSegmentBlock	控制块，写在每个 flushed 缓冲区的末尾。包括事务、CSN、是否提交等信息
EndSegmentBlockSerializer	一个简单的 helper 类，用于序列化和反序列化 EndSegmentBlock
ILogger 接口	写日志接口的抽象。MOT 通过 ILogger 可以写入不同类型的日志
LoggerFactory	一个工厂类，用于创建不同类型的 ILogger。LoggerFactory 通过 MOT 配置项确定要创建哪种 logger
XLOGLogger	基于 openGauss XLOG（WAL）的 ILogger 的一个实现，它简单地使用 openGauss WAL 接口将序列化的事务写入 WAL 中。MOT WAL 日志项有自己的资源管理器，这可以使 openGauss 识别到该日志项是一个 MOT WAL 日志项，并将其转发到 MOT 处理。AddToLog 为 XLOGLogger 子接口，XLOGLogger 使用 openGauss 日志基础能力。因此，AddToLog 是一个对 openGauss XLOG 接口的简单委托

图 4-69 所示代码为"XLOGLogger::AddToLog"接口的实际实现。

RedoLogHandler 是重做日志逻辑的抽象。RedoLogHandler 的派生类可实现不同的日志方法。RedoLogHandler 是一个单例模式，由 MOT 管理，为 RedoLog 所用。

RedoLogHandlerFactory 用于创建 RedoLogHandler。MOT 根据配置项中配置的 RedoLogHandlerType 创建 RedoLogHandler。

SynchronousRedoLogHandler 简单地将 RedoLogBuffers 委托给 ILogger，以便写入重做日志。

GroupSyncRedoLogHandler 是最先进的无锁组提交 RedoLogHandler。GroupSyncRedoLogHandler 将几个事务的 redo log 缓冲区分到一个组，并把它们写在一

```
uint64_t XLOGLogger::AddToLog(uint8_t* data, uint32_t size)
{
    START_CRIT_SECTION();
    XLogBeginInsert();
    XLogRegisterData((char*)data, size);
    XLogInsert(RM_MOT_ID, MOT_REDO_DATA);
    END_CRIT_SECTION();
    return size;
}
```

图 4-69　“XLOGLogger::AddToLog”接口的实际实现

起，以便优化和最小化磁盘 I/O。CommitGroup 表示将一组 RedoLogBuffer 一起记录。一个提交组有一个主线程，由该主线程创建该提交组，它负责将组内的所有 RedoLogBuffer 写入日志。主线程写日志时，所有其他线程都在等待。主线程完成写入后将发送信号来唤醒组内其他所有线程，一旦唤醒，事务就可以继续。SegmentedGroupSyncRedoLogHandler 是配置了 GroupCommit 日志方法的 RedoLogHandler，它是 RedoLogHandler 的一个实现，每个 socket 都有 GroupSyncRedoLogHandler。SegmentedGroupSyncRedoLogHandler 的优点在于可以通过维护多个组提交处理程序，实现更高的并发。SegmentedGroupSyncRedoLogHandler 维护一个 GroupSyncRedoLogHandler 数组，并将线程绑定到 Socket 以将线程委托给正确的处理程序。

4.3.8　检查点

与 openGauss 磁盘存储引擎不同，MOT 存储引擎不基于页面存储数据，因此 MOT 的检查点机制与磁盘引擎的检查点机制完全不同。MOT 检查点机制基于 CALC(Checkpointing Asynchronously using Logical Consistency，使用逻辑一致性异步检查点)算法，该算法来自耶鲁大学 Kun Ren 等人在数据库顶级会议 SIGMOD 2016 发表的 *Low-Overhead Asynchronous Checkpointing in Main-Memory Database Systems*。

1. CALC 算法

CALC 算法的优点如下：

(1) 内存占用少：任意时刻每行最多 2 个副本。只有当检查点为活动状态时，更具体地说，仅在检查点的一个特定阶段，才会创建第二个副本，从而减少内存占用。

(2) 开销小：CALC 比其他异步检查点算法开销小。

(3) 使用虚拟一致性点：CALC 不需要停止数据库就能实现物理一致性。虚拟一致性点是数据库的视图，它反映了在指定时间之前提交的所有修改，而不包含指定时间之后提交的修改，而且在不停止数据库系统的情况下就可以获得。实际上，可以通过部分多版本创建虚拟一致性点。

检查点结构如图 4-70 所示。精确部分多版本算法的总体思想如下：

(1) 每行都与两个版本相关联，一个是活动版本，一个是稳定版本。通常，稳定版本为空，表明稳定版本与活动版本一致，检查点线程可以安全地记录实时版本。稳定版本仅在检查点的一个特定阶段创建，此时检查点线程将记录该稳定版本。

(2) 每行维护一个稳定状态位，指示稳定行的状态。

MOT检查点算法在五个状态之间循环，如图4-71所示。

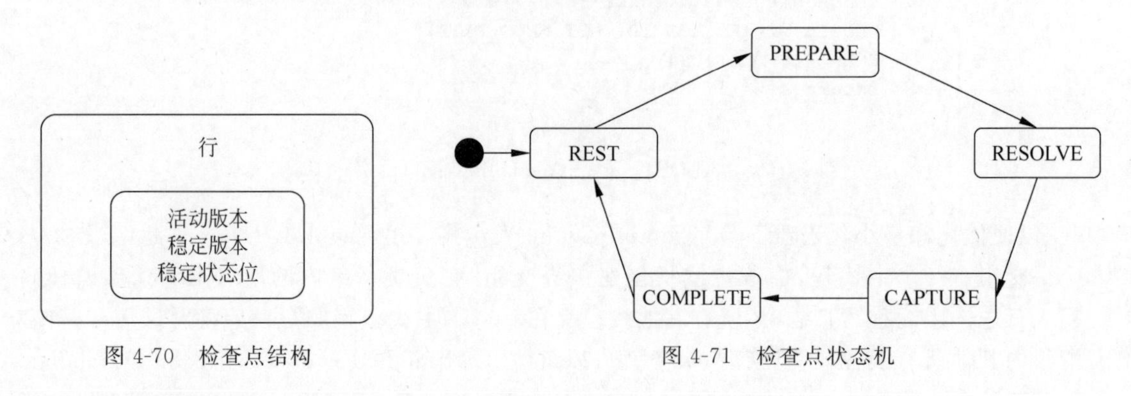

图4-70　检查点结构　　　　图4-71　检查点状态机

通常，在进入下一阶段之前，系统要等待所有上一阶段开始提交的事务完成。

(1) REST阶段：初始阶段，不进行checkpoint。

① 在REST阶段，每行只存储一个活动版本，所有稳定版本都为空，稳定状态位始终为不可用。

② 在此阶段开始提交的任何事务将直接对行的活动版本进行操作，并且不会创建稳定版本。

(2) PREPARE阶段：这是虚拟一致性点之前的阶段。当openGauss要求MOT创建快照时，系统从REST阶段移动到PREPARE阶段。

① 与Rest阶段类似，每行只存储一个活动版本，所有稳定版本都为空，稳定状态位始终为不可用。

② 在此阶段开始提交的任何事务将直接对行的活动版本进行操作，不会创建稳定版本。

(3) RESOLVE阶段：该阶段标识出虚拟一致性点。在此时间点之前提交的所有事务都将包含在此检查点中，而随后提交的事务将不包含在检查点中。一旦在REST阶段开始提交的事务完成，系统将自动从REST阶段变为RESOLVE阶段。

① 在此阶段不允许任何事务启动提交，以避免这些事务在openGauss占用检查点的重做点前写入重做日志。

② 一旦在REST阶段开始提交的事务完成，MOT将在此阶段获取要包含在此检查点中的任务列表。

(4) CAPTURE阶段：在此阶段中，后台工作线程将数据刷入磁盘。RESOLVE阶段一直持续，直到在准备阶段已开始的所有事务完成并释放其所有锁为止。系统准备任务列表，然后进入CAPTURE阶段。

① 在CAPTURE阶段开始的事务已经在一致性点之后开始，因此它们肯定会在一致性点之后完成。因此，除非记录已经具有显式稳定版本，否则总是在更新前将活动版本复制为对应的稳定版本。

② 收到BEGIN_CHECKPOINT事件后，系统生成检查点工作线程，扫描所有记录，并将没有显式稳定版本的行，或活动版本对应的稳定版本刷盘。在此过程中，显式稳定版本一旦刷盘就会被释放。

（5）COMPLATE阶段：这是紧跟捕获阶段完成的阶段。检查点捕获完成后，系统进入COMPLATE阶段。事务写入行为恢复为与REST阶段相同的状态。

与REST阶段类似，每行只存储一个活动版本。所有稳定版本都为空，稳定状态位始终为不可用。

一旦在捕获阶段开始的所有事务都完成，系统将转换回REST阶段，并等待下一个触发检查点的信号。但是，在返回到REST阶段之前，调用函数SwapAvailableAndNotAvailable翻转稳定状态位。这允许MOT避免只能通过完全扫描来重置稳定状态位，因为在CAPTURE阶段之后，所有稳定状态位都可用，但在REST阶段开始时，希望所有稳定状态位都不可用。

2．详细流程

（1）一旦触发了检查点，Checkpointer后台会触发MOT的CREATE_SNAPSHOT事件。

（2）当检查点处于REST阶段时，CheckpointManager将等待在COMPLETE阶段启动的事务完成。

（3）CheckpointManager修改checkpoint阶段为PREPARE。如果没有在REST阶段启动提交的事务处于活动状态，则立即进入RESOLVE阶段，否则等待REST阶段启动提交的最后一个事务完成后进入RESOLVE阶段。

（4）RESOLVE阶段标记了虚拟一致性点。在此阶段不允许任何事务开始提交，以避免在openGauss采取检查点的重做点之前这些事务写入重做日志。CheckpointManager等待在PREPARE阶段启动的事务完成。

（5）CheckpointManager准备要刷新的列表（任务列表）并读取这些表的锁状态。

（6）获取写锁，锁定redolog handler，并将检查点阶段更改为CAPTURE，这标志着CREATE_SNAPSHOT事件结束。

（7）openGaussCheckpointer获取WalInsertLock锁并计算此检查点的重做点，然后该重做点触发MOT的SNAPSHOT_READY事件。

（8）CheckpointManager存储重做点，释放redolog handler锁，这标志着SNAPSHOT_READY事件结束。

（9）openGaussCheckpointer释放WalInsertLock并将所有磁盘引擎脏页刷盘。

(10) 触发 MOT 的 BEGIN_CHECKPOINT 事件。

(11) CheckpointManager 在这个阶段生成检查点工作线程来完成 MOT 检查点任务列表。

(12) 检查点工作线程之间共享任务列表,并将所有符合条件的行刷入磁盘(行的稳定版本或没有显式稳定版本到磁盘的活动版本)。在此过程中任何显式稳定版本一旦刷新到磁盘,就会释放。

(13) 一旦所有检查点工作线程完成任务,CheckpointManager 将解锁表并清除任务列表。CheckpointManager 还可将检查点阶段提前到 COMPLATE。

(14) 通过创建 map 文件、结束文件等来完成检查点,然后更新 mot.ctrl 文件。

(15) 等待 CAPTURE 阶段开始的事务完成。

(16) 交换可用位和不可用位,以便将它们映射到稳定状态位中的 1 和 0 值。

(17) 修改 checkpoint 阶段为 REST。这标志着 BEGIN_CHECKPOINT 事件和 MOT 检查点的结束。

(18) openGauss 将检查点记录插入 XLOG 中,刷新到硬盘,最后更新控制文件,openGauss 中的检查点就此结束。

3. 关键类和数据结构

检查点的关键类和数据结构如表 4-40 所示。

表 4-40 检查点的关键类和数据结构

关键类和数据结构	描 述
CheckpointManager 类	整个检查点机制的主类,是 MOT 中所有检查点相关任务的接口类。CheckpointWorkerPool 类用于生成检查点工作线程并刷盘。该类不提供真正的接口。实例化对象时会生成检查点工作线程,并使用回调通知任务完成。在 CAPTURE 阶段 CheckpointManager 实例化一个 CheckpointWorkerPool 对象,并等待所有任务完成。CheckpointControlFile 用于实现 checkpoint 控制文件逻辑。MOT 控制文件保存着最后一个有效检查点 ID、lsn(openGauss 中的重做点)和最后一个重放 lsn。控制文件 mot.ctrl 在每个检查点结束时更新
CheckpointWorkerPool 类	用于生成检查点工作线程并刷盘

4.3.9 恢复

恢复部分有两个目的,一是在崩溃或关机后达到最新的一致状态,也称为冷启动(cold start),二是在 HA 复制场景中,在备机侧通过重放 redo log 完成复制。

冷启动时,当所有 WAL 记录都重放完成后恢复结束;但在 HA 复制场景中,复制将持续进行,直到备机改变状态。

在恢复过程中,可能存在跨越多个重做日志段的长事务,MOT 将其保存在

InProcessTransactions 映射对象中，直到提交。包含在映射中的数据作为检查点处理过程的一部分进行序列化，并在检查点恢复期间进行反序列化。

此外，在最后恢复阶段，完成所有检查点/WAL 记录之后将设置最后的 CSN，并将代理键生成器恢复到崩溃或关闭前的最新状态。

为了恢复代理状态，每个恢复线程（检查点和重做日志）都在更新每个线程 ID 的代理最大键数组。最后这些数组被合并成单个数组，用于恢复最后状态。

1. 详细流程

恢复时序图如图 4-72 所示。

恢复过程如下：

(1) 通过 openGauss 的 StartupXLOG 函数调用 MOT 恢复过程。

(2) 如果存在检查点则从检查点执行第一次恢复。

(3) 读取控制文件，并获取重放 lsn。当重启点（备机检查点）存在时，将使用 lastReplayLsn 作为重放点，而非 lsn。

(4) 处理检查点映射文件并生成任务列表。由于 MOT 检查点仅由行组成，不需要以特定顺序重放，因此这些行的恢复可以并行执行。这就是检查点进程将表拆分成段的原因。

(5) 从元数据文件中恢复所有表的元数据。

(6) 创建检查点恢复线程，每个线程尝试从列表中获取任务，读取与此任务关联的文件并恢复行数据。此恢复是非事务性的。

(7) 如果有进程内事务，也会从检查点恢复。

(8) 检查点恢复完成，返回 StartupXLOG，开始重放 redo 记录。

(9) 当遇到 MOT 资源管理器（resource manager，rmgr）记录时，将调用 MOT 引擎的 MOTRedo 函数，该函数调用恢复管理器 ApplyRedoRecord 方法。

(10) 在 ApplyRedoRecord 中，只有当数据的 lsn 大于恢复的检查点 lsn，并且调用 ApplyLogSegmentFromData 时，才会处理数据。

(11) ApplyLogSegmentFromData 从数据中提取 LogSegment，分配并插入 InProcessTransactions Map。

(12) 当遇到提交记录时，该记录可以是仅 MOT 事务的 LogSegment 的一部分，也可以来自 MOT 注册到 openGauss 的 DDL 或跨引擎事务的提交后回调。事务的相关日志段将进行事务性重放和提交。

(13) 上述过程将继续循环，直到 StartupXLOG 完成。

(14) 调用 RecoverDbEnd 完成恢复，设置 CSN 并应用代理状态。

2. 关键类和数据结构

恢复的关键类和数据结构如表 4-41 所示。

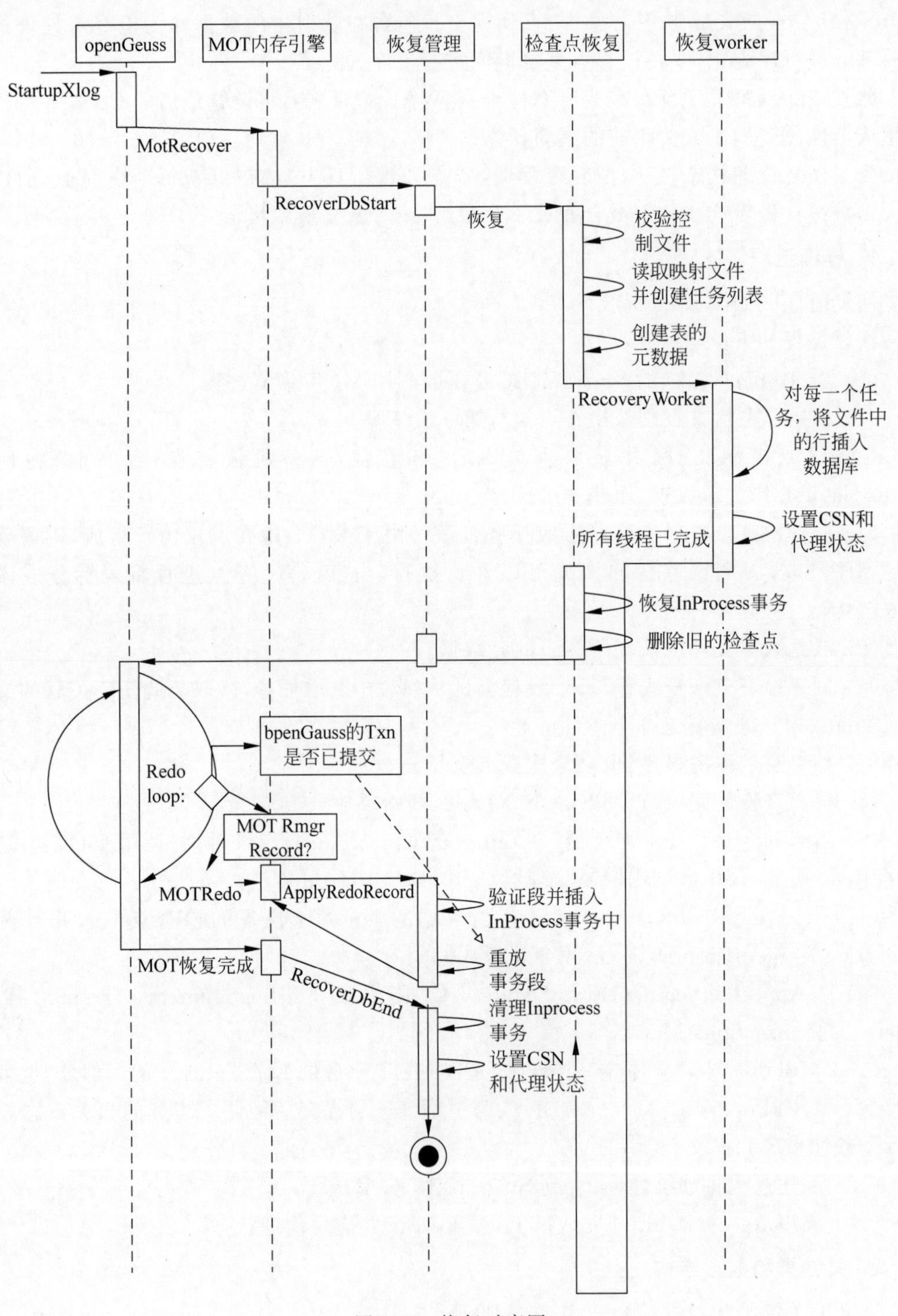

openGeuss
MOT内存引擎
恢复管理
检查点恢复
恢复worker
StartupXlog
MotRecover
RecoverDbStart
恢复
校验控
制文件
读取映射文件
并创建任务列表
创建表的
元数据
RecoveryWorker
对每一个任
务，将文件中
的行插入
数据库
设置CSN和
代理状态
所有线程已完成
恢复InProcess事务
删除旧的检查点
Redo
loop:
bpenGauss的Txn
是否已提交
MOT Rmgr
Record?
MOTRedo
ApplyRedoRecord
验证段并插入
InProcess事务中
重放
事务段
MOT恢复完成
RecoverDbEnd
清理Inprocess
事务
设置CSN
和代理状态

图 4-72　恢复时序图

表 4-41 恢复的关键类和数据结构

关键类和数据结构	描述
RecoveryManager	实现了 IRecoveryManager 的 API,它是恢复中使用的主类
IRecoveryManager	一个抽象类,定义了每个 RecoveryManager 应该实现的接口
SurrogateState	保存了内部数组中每个连接 ID 的代理键值
LogStats	用于统计,统计信息在 LogStats::Entry 中按表收集,需在 mot.conf 中启用
CheckpointRecovery	负责从有效的检查点恢复所有行。它封装了恢复所需的所有操作,包括表的元数据和并行行插入
LogSegment	实际上是重做日志保存的数据段,除缓冲区外还包括描述操作及其事务 ID 的元数据
RedoLogTransactionSegment	多个日志段的容器,可以形成一个完整的事务
RedoLogTransactionIterator	一个从 XLOG 数据中提取 LogSegments 的 helper 类
InProcessTransactions	单例模式的 Map 对象,保留正在运行的事务 LogSegments,并一直收集直到这些事务提交为止
RecoveryOps	从 LogSegment 执行 DML 和 DDL 操作的实际恢复

4.4 本章小结

本章主要介绍了 openGauss 的存储引擎,包括磁盘引擎和内存表。在磁盘引擎中,openGauss 提供不同存储格式的磁盘引擎来满足不同业务场景对数据不同的访问和使用模式。内存表针对众核和大内存服务器进行了优化,可提供非常高的事务性工作负载性能。

第5章

事务机制源码解析

事务是数据库操作的执行单位，需要满足最基本的ACID（原子性、一致性、隔离性、持久性）属性。

（1）原子性：一个事务提交之后要么全部执行，要么全部不执行。

（2）一致性：事务的执行不能破坏数据库的完整性和一致性。

（3）隔离性：事务的隔离性是指在并发中，一个事务的执行不能被其他事务干扰。

（4）持久性：一旦事务完成提交，那么它对数据库的状态变更就会永久保存在数据库中。

本章主要介绍openGauss事务模块如何实现数据库事务的基本属性，使用户数据不丢不错、修改不乱、查询无错误。

5.1 事务整体架构与代码

事务模块总体结构如图5-1所示。

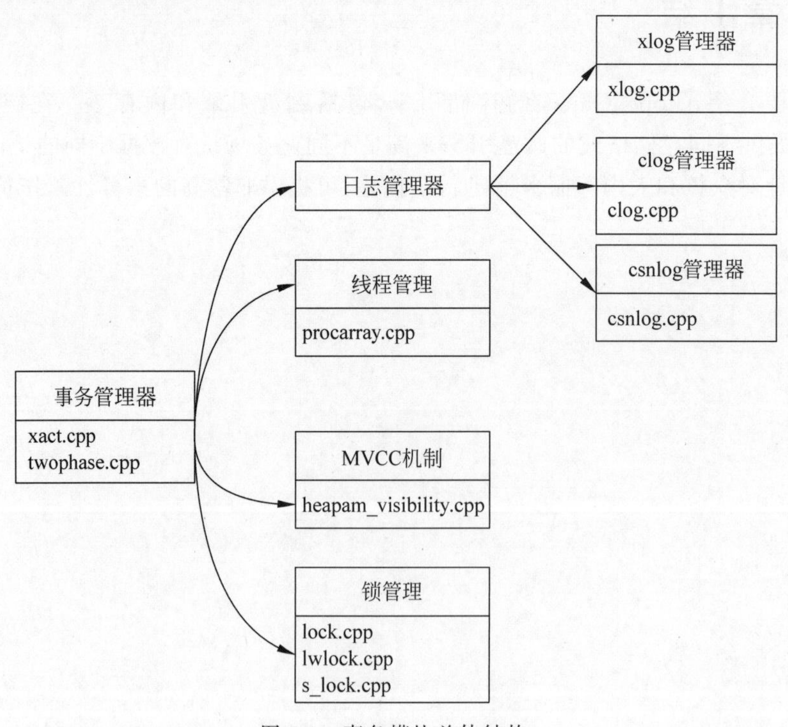

图5-1 事务模块总体结构

在openGauss中，事务的实现与存储引擎的实现有很强关联，代码主要集中在src/gausskernel/storage/access/transam及src/gausskernel/storage/lmgr下，关键文件如图5-1所示。

(1) 事务管理器：事务系统的中枢，它的实现是一个有限循环状态机，通过接收外部系统的命令并根据当前事务所处的状态决定事务的下一步执行过程。

(2) 日志管理器：用来记录事务执行的状态及数据变化的过程，包括事务提交日志(CLOG)、事务提交序列日志(CSNLOG)及事务日志(XLOG)。其中，CLOG只用来记录事务执行的结果状态；CSNLOG记录日志提交的顺序，用于可见性判断；XLOG是数据的redo日志，用于恢复及持久化数据。

(3) 线程管理：通过一片内存区域记录所有线程的事务信息，任何一个线程可以通过访问该区域获取其他事务的状态信息。

(4) MVCC机制：openGauss系统中，事务执行读流程结合各事务提交的CSN序列号，采用了多版本并发控制机制，实现了元组的读和写互不阻塞。详细可见性判断方法见本书5.2节相关内容。

(5) 锁管理：实现系统的读写并发控制，通过锁机制来保证事务读写流程的隔离性。

5.2　事务并发控制

事务并发控制机制用来保证并发执行事务的情况下openGauss的ACID特性。下面将逐一介绍事务并发控制的各组成部分。

5.2.1　事务状态机

openGauss将事务系统分为上层(事务块TBlockState)和底层(TransState)两个层次。

通过分层的设计，在处理上层业务时可以屏蔽具体细节，灵活支持客户端各类事务执行语句(BEGIN/START TRANSACTION/COMMIT/ROLLBACK/END)。

(1) TBlockState：客户端query的状态，用于提高用户操作数据的灵活性，用事务块的形式支持在一个事务中执行多条query语句。

(2) TransState：内核端视角，记录了整个事务当前所处的具体状态。

1. 事务上层状态机

事务上层状态机结构体代码如下：

```
typeset enum TBlockState
{
/* 不在事务块中的状态:单条 SQL 语句 */
TBLOCK_DEFAULT,            /* 事务块默认状态 */
TBLOCK_STARTED,            /* 执行单条 query 语句 */

/* 处于事务块中的状态:一个事务包含多条语句 */
TBLOCK_BEGIN,              /* 遇到事务开始命令 BEGIN/START TRANSACTION */
TBLOCK_INPROGRESS,         /* 表明正在事务块处理过程中 */
TBLOCK_END,                /* 遇到事务结束命令 END/COMMIT */
TBLOCK_ABORT,              /* 事务块内执行报错,等待客户端执行 ROLLBACK */
```

```
    TBLOCK_ABORT_END,           /* 在事务块内执行报错后,接收客户端执行 ROLLBACK */
    TBLOCK_ABORT_PENDING,       /* 事务块内执行成功,接收客户端执行 ROLLBACK(期望事务回滚) */
    TBLOCK_PREPARE,             /* 两阶段提交事务,收到 PREPARE TRANSACTION 命令 */

    /* 子事务块状态,与上述事务块状态类似 */
    TBLOCK_SUBBEGIN,            /* 遇到子事务开始命令 SAVEPOINT */
    TBLOCK_SUBINPROGRESS,       /* 表明正在子事务块处理过程中 */
    TBLOCK_SUBRELEASE,          /* 遇到子事务结束命令 RELEASE SAVEPOINT */
    TBLOCK_SUBCOMMIT,           /* 遇到事务结束命令 END/COMMIT 从底层的子事务递归提交到顶层事
务 */
    TBLOCK_SUBABORT,            /* 子事务块内执行报错,等待客户端 ROLLBACK TO/ROLLBACK */
    TBLOCK_SUBABORT_END,        /* 在子事务块内执行报错后,接收到客户端 ROLLBACK TO 上层子事务/
ROLLBACK */
    TBLOCK_SUBABORT_PENDING,/* 子事务块内执行成功,接收客户端执行的 ROLLBACK TO 上层子事务/
ROLLBACK */
    TBLOCK_SUBRESTART,          /* 子事务块内执行成功,收到 ROLLBACK TO 当前子事务 */
    TBLOCK_SUBABORT_RESTART               /* 子事务块内执行报错后,接收到 ROLLBACK TO 当前子事务 */
} TBlockState;
```

为了便于理解,可以先不关注子事务块的状态。当理解了主事务的状态机行为后,子事务块的状态机转换同父事务类似。父子事务的关系类似于一个栈的实现,子事务相较于父事务后开始先结束。

显式事务块的状态机及相应的转换函数如图 5-2 所示。

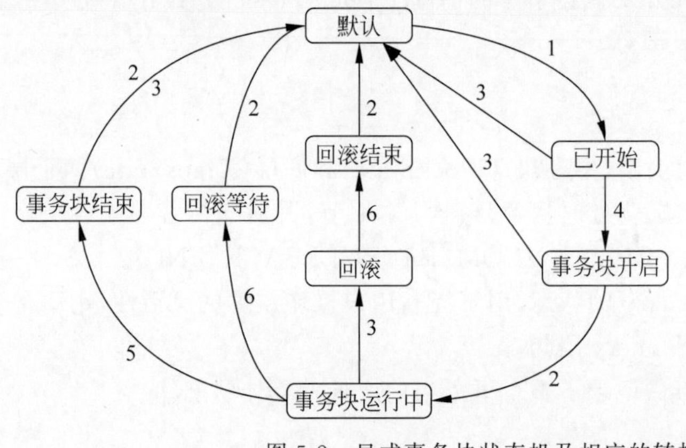

图 5-2 显式事务块状态机及相应的转换函数

图 5-2 中的事务状态相对应的事务状态机结构体中的值如表 5-1 所示。

表 5-1 事务块状态相对应的事务状态机结构体中的值

事务状态	事务状态机结构体
默认	TBLOCK_DEFAULT
已开始	TBLOCK_STARTED
事务块开启	TBLOCK_BEGIN
事务块运行中	TBLOCK_INPROGRESS
事务块结束	TBLOCK_END
回滚	TBLOCK_ABORT

续表

事务状态	事务状态机结构体
回滚结束	TBLOCK_ABORT_END
回滚等待	TBLOCK_ABORT_PENDING

在无异常情形下,一个事务块的状态机如图5-2所示按照默认(TBLOCK_DEFAULT)→已开始(TBLOCK_STARTED)→事务块开启(TBLOCK_BEGIN)→事务块运行中(TBLOCK_INPROGRESS)→事务块结束(TBLOCK_END)→默认(TBLOCK_DEFAULT)循环。剩余的状态机是在上述正常场景下的各个状态点的异常处理分支。

(1) 在进入事务块运行(TBLOCK_INPROGRESS)前出错,因为事务还没有开启,直接报错并回滚,清理资源回到默认(TBLOCK_DEFAULT)状态。

(2) 在事务块运行中(TBLOCK_INPROGRESS)出错分为两种情形。事务执行失败:事务块运行中(TBLOCK_INPROGRESS)→回滚(TBLOCK_ABORT)→回滚结束(TBLOCK_ABORT_END)→默认(TBLOCK_DEFAULT);用户手动回滚执行成功的事务:事务块运行中(TBLOCK_INPROGRESS)→回滚等待(TBLOCK_ABORT_PENDING)→默认(TBLOCK_DEFAULT)。

(3) 在用户执行COMMIT语句时出错:事务块结束(TBLOCK_END)→默认(TBLOCK_DEFAULT)。由图5-2可以看出,事务开始后离开默认(TBLOCK_DEFAULT)状态,事务完全结束后回到默认(TBLOCK_DEFAULT)状态。

(4) openGauss同时还支持隐式事务块,当客户端执行单条SQL语句时可以自动提交,其状态机相对比较简单:按照默认(TBLOCK_DEFAULT)→已开始(TBLOCK_STARTED)→默认(TBLOCK_DEFAULT)循环。

2. 事务底层状态机

TransState结构体代码如下:

```
typedef enum TransState
{
TRANS_DEFAULT,          /* 当前为空闲默认状态,无事务开启 */
TRANS_START,            /* 事务正在开启 */
TRANS_INPROGRESS,       /* 事务开启完毕,进入事务运行中 */
TRANS_COMMIT,           /* 事务正在提交 */
TRANS_ABORT,            /* 事务正在回滚 */
TRANS_PREPARE           /* 两阶段提交事务进入 PREPARE TRANSACTION 阶段 */
} TransState;
```

内核内部事务底层状态如图5-3所示,底层状态机的描述见结构体TransState。

(1) 在事务开启前事务状态为TRANS_DEFAULT。

(2) 事务开启过程中事务状态为TRANS_START。

(3) 事务成功开启后一直处于TRANS_INPROGRESS。

(4) 事务结束/回滚的过程中状态为TARNS_COMMIT/ TRANS_ABORT。

(5) 事务结束后事务状态回到TRANS_DEFAULT。

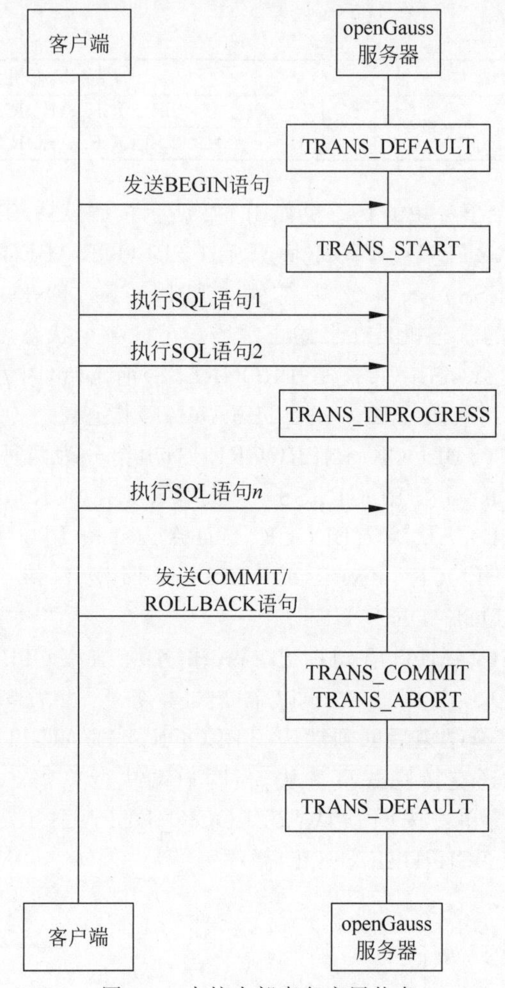

图 5-3 内核内部事务底层状态

3. 事务状态机系统实例

这里给出一条 SQL 的状态机运转实例，有助于更好地理解内部事务如何运作。在客户端执行 SQL 语句：

```
BEGIN;
    SELECT * FROM TABLE1;
END;
```

1) 整体流程

整体执行过程如图 5-4 所示，任何语句的执行总是先进入事务处理接口事务块中，然后调用事务底层函数处理具体命令，最后返回事务块中。

2) BEGIN 执行流程

BEGIN 执行流程如图 5-5 所示。

(1) 入口函数 exec_simple_query 处理 begin 语句。

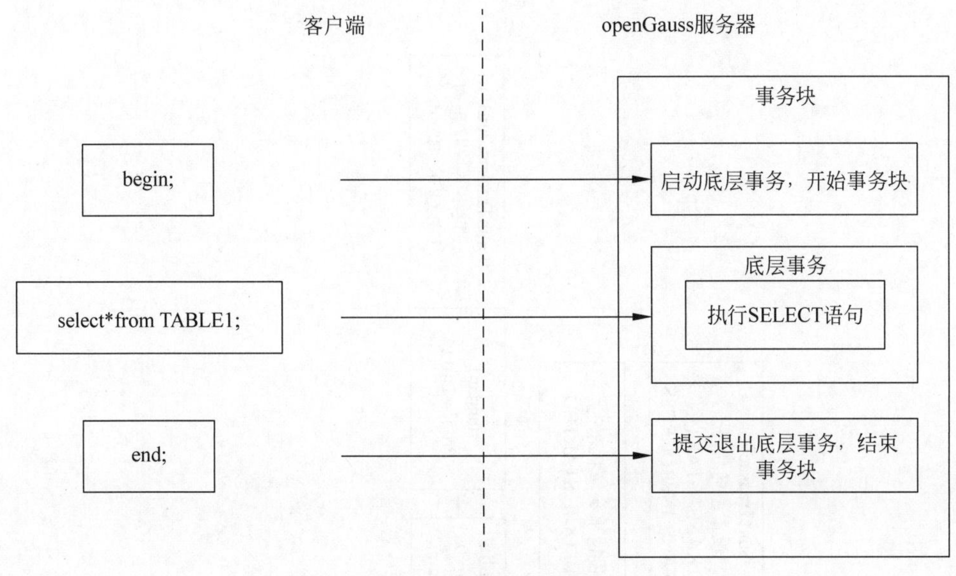

图 5-4　整体执行过程

（2）start_xact_command 函数开始一个 query 命令，调用 StartTransactionCommand 函数，此时事务块上层状态为 TBLOCK_DEFAULT，继续调用 StartTransaction 函数，设置事务底层状态 TRANS_START，完成内存、缓存区、锁资源的初始化后将事务底层状态设为 TRANS_INPROGRESS，最后在 StartTransactionCommand 函数中设置事务块上层状态为 TBLOCK_STARTED。

（3） PortalRun 函数处理 begin 语句，依次向下调用函数，最后调用 BeginTransactionBlock 函数转换事务块上层状态为 TBLOCK_BEGIN。

（4）finish_xact_command 函数结束一个 query 命令，调用 CommitTransactionCommand 函数设置事务块上层状态从 TBLOCK_BEGIN 变为 TBLOCK_INPROGRESS，并等待读取下一条命令。

3）SELECT 执行流程

SELECT 执行流程如图 5-6 所示。

（1）入口函数 exec_simple_query 处理“SELECT * FROM TABLE1;”命令。

（2）start_xact_command 函数开始一个 query 命令，调用 StartTransactionCommand 函数，由于当前上层事务块状态为 TBLOCK_INPROGRESS，说明已经在事务块内部，则直接返回，不改变事务上层及底层的状态。

（3）PortalRun 执行 SELECT 语句，依次向下调用函数 ExecutorRun，根据执行计划执行最优路径查询。

（4）finish_xact_command 函数结束一条 query 命令，调用 CommitTransactionCommand 函数，当前事务块上层状态仍为 TBLOCK_INPROGESS，不改变当前事务上层及底层的状态。

4）END 执行流程

END 执行流程如图 5-7 所示。

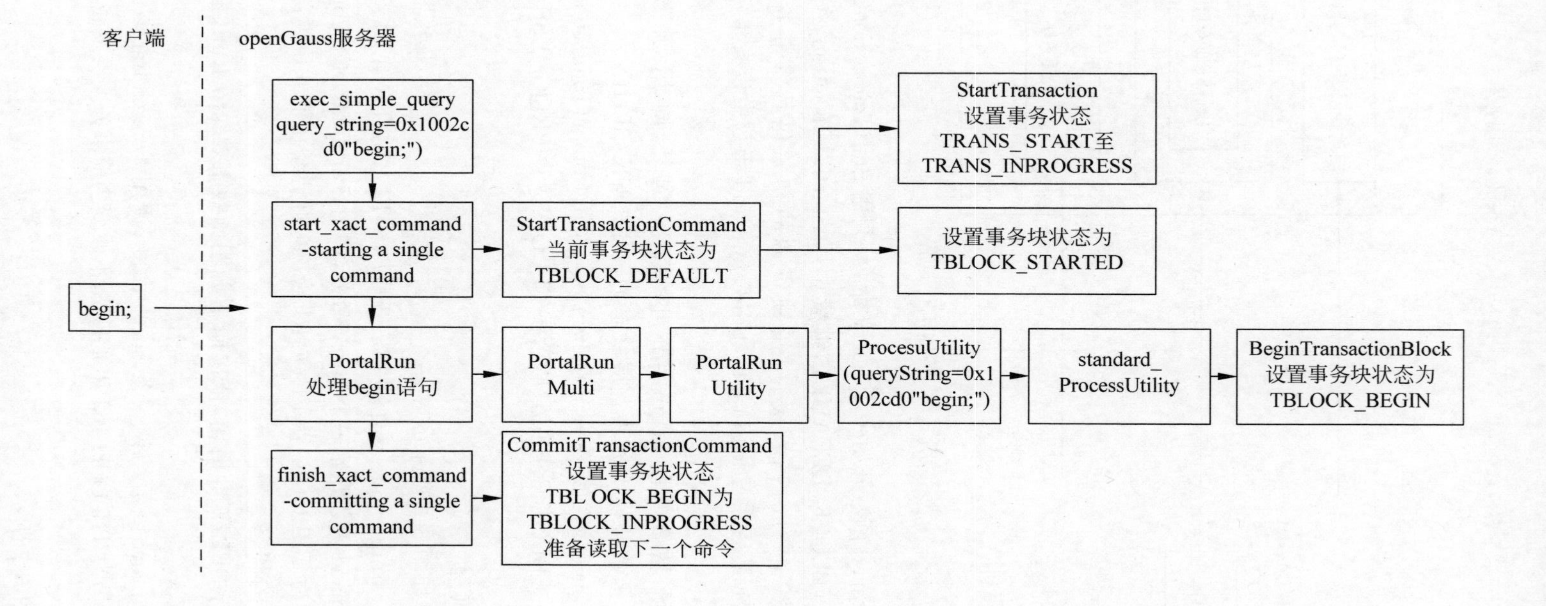

图 5-5　BEGIN 执行流程

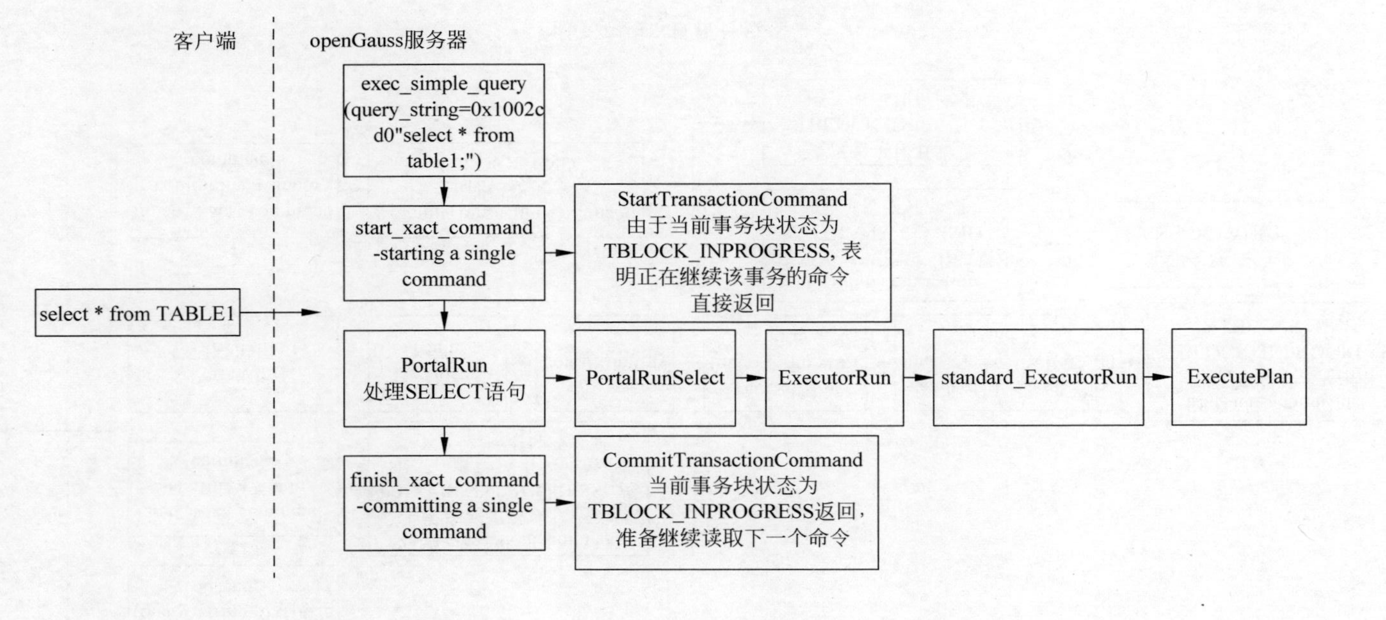

图 5-6　SELECT 执行流程

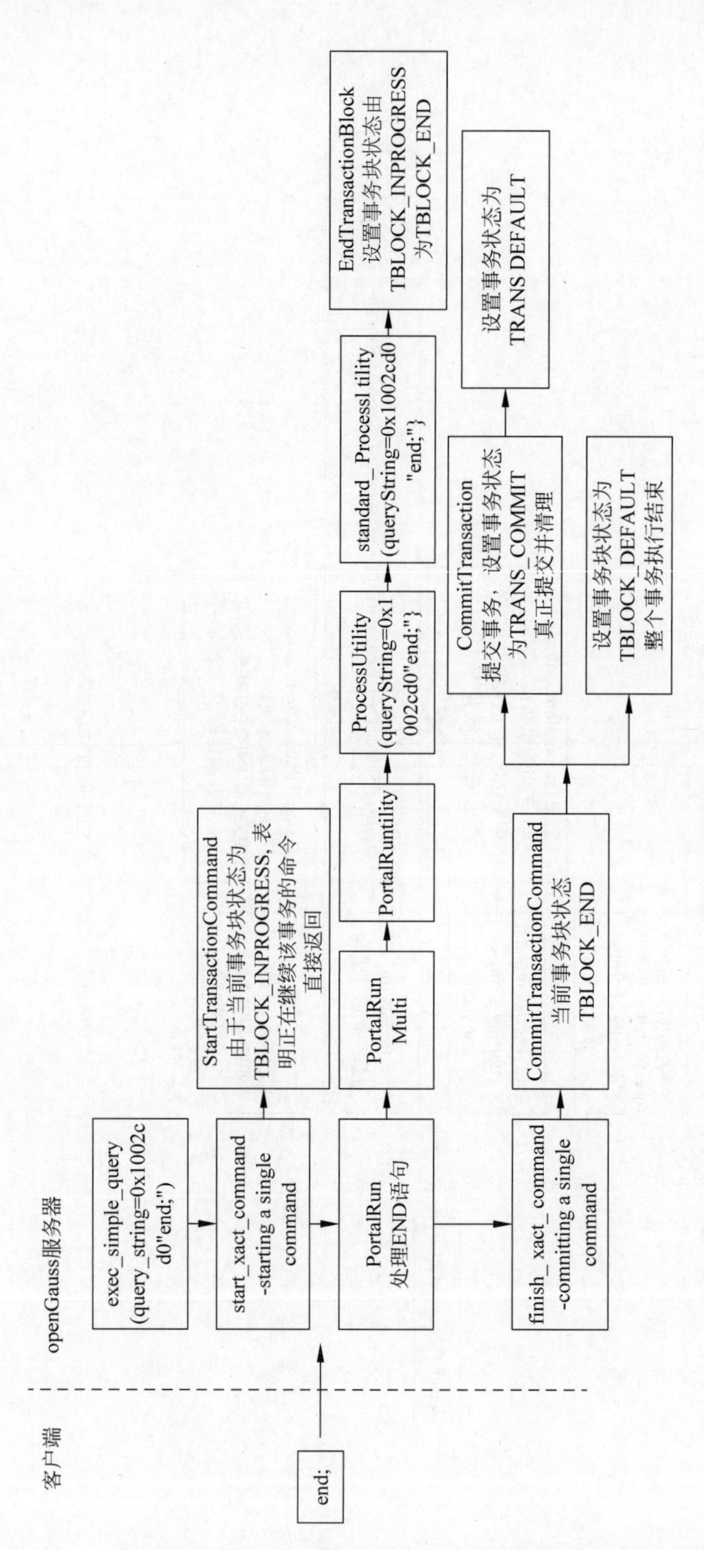
客户端
openGauss服务器
end;
exec_simple_query
(query_string=0x1002c
d0"end;")
start_xact_command
-starting a single
command
StartTransactionCommand
由于当前事务块状态为
TBLOCK_INPROGRESS, 表
明正在继续该事务的命令
直接返回
PortalRun
处理END语句
PortalRun
Multi
PortalRuntility
ProcessUtility
(queryString=0x1
002cd0"end;"}
standard_ Processl tility
(queryString=0x1002cd0
"end;"}
EndTransactionBlock
设置事务块状态由
TBLOCK_INPROGRESS
为TBLOCK_END
finish_ xact_ command
-commiting a single
command
CommitTransactionCommand
当前事务块状态
TBLOCK_END
CommitTransaction
提交事务，设置事务状态
为TRANS_COMMIT
真正提交并清理
设置事务状态为
TRANS DEFAULT
设置事务块状态为
TBLOCK_DEFAULT
整个事务执行结束

图 5-7 END 执行流程

(1) 入口函数 exec_simple_query 处理 end 命令。

(2) start_xact_command 函数开始一个 query 命令，调用 StartTransactionCommand 函数，当前上层事务块状态为 TBLOCK_INPROGESS，表明事务仍然在进行，此时也不改变任何上层及底层事务状态。

(3) PortalRun 函数处理 END 语句，依次调用 processUtility 函数，最后调用 EndTransactionBlock 函数对当前上层事务块状态机进行转换，设置事务块上层状态为 TBLOCK_END。

(4) finish_xact_command 函数结束 query 命令，调用 CommitTransactionCommand 函数，当前事务块状态为 TBLOCK_END；继续调用 CommitTransaction 函数提交事务，设置事务底层状态为 TRANS_COMMIT，进行事务提交流程并且清理事务资源；清理后设置底层事务状态为 TRANS_DEFAULT，返回 CommitTansactionCommand 函数；设置事务块上层状态为 TBLOCK_DEFAULT，整个事务块结束。

4. 事务状态转换相关函数简述

(1) 事务处理子函数：根据当前事务上层状态机，对事务的资源进行相应的申请、回收及清理。具体介绍如表 5-2 所示。

表 5-2 事务处理子函数

子 函 数	说 明
StartTransaction	开启事务，对内存及变量进行初始化操作，完成后将底层事务状态置为 TRANS_INPROGRESS
CommitTransaction	当前的底层状态机为 TRANS_INPROGRESS，然后设置为 TRANS_COMMIT，本地持久化 CLOG 及 XLOG 日志，并清空相应的事务槽位信息，最后将底层状态机置为 TRANS_DEFAULT
PrepareTransaction	当前底层状态机为 TRANS_INPROGRESS，同前面描述的 CommitTransaction 函数类似处理，设置底层状态机为 TRANS_PREPARE，构造两阶段 GXACT 结构并创建两阶段文件，加入 dummy 的槽位信息，将线程的锁信息转移到 dummy 槽位中，释放资源，最后将底层状态机置为 TRANS_DEFAULT
AbortTransaction	释放 LWLock、UnlockBuffers、LockErrorCleanup，当前底层状态为 TRANS_INPROGRESS，设置为 TRANS_ABORT，记录相应的 CLOG 日志，清空事务槽位信息，释放各类资源
CleanupTransaction	当前底层状态机应为 TRANS_ABORT，继续清理一些资源，一般紧接着 AbortTransaction 调用
FinishPreparedTransaction	结束两阶段提交事务
StartSubTransaction	开启子事务
CommitSubTransaction	提交子事务
AbortSubTransaction	回滚子事务
CleanupSubTransaction	清理子事务的一些资源信息，类似于 CleanupTransaction
PushTransaction/PopTransaction	子事务类似于一个栈式的信息，开启和结束子事务时使用 Push/Pop 函数

（2）事务执行函数：根据相应的状态机调用子函数。具体介绍如表 5-3 所示。

表 5-3 事务执行函数

函　　数	说　　明
StartTransactionCommand	事务开始时根据上层状态机调用相应的事务执行函数
CommitTransactionCommand	事务结束时根据上层状态机调用相应的事务执行函数
AbortCurrentTransaction	事务内部出错，长跳转 longjump 调用，提前清理掉相应的资源，并将事务上层状态机置为 TBLOCK_ABORT

（3）上层事务状态机控制函数。具体介绍如表 5-4 所示。

表 5-4 上层事务状态机控制函数

函　　数	说　　明
BeginTransactionBlock	显式开启一个事务时，将上层事务状态机变为 TBLOCK_BEGIN
EndTransactionBlock	显式提交一个事务时，将上层事务状态机变为 TBLOCK_END
UserAbortTransactionBlock	显式回滚一个事务时，将上层事务状态机变为 TBLOCK_ABORT_PENDING/ TBLOCK_ABORT_END
PrepareTransactionBlock	显式执行 PREPARE 语句，将上层事务状态机变为 TBLOCK_PREPARE
DefineSavepoint	执行 SAVEPOINT 语句，通过调用 PushTransaction 将子事务上层事务状态机变为 TBLOCK_SUBBEGIN
ReleaseSavepoint	执行 RELEASE SAVEPOING 语句，将子事务上层状态机转变为 TBLOCK_SUBRELEASE
RollbackToSavepoint	执行 ROLLBACK TO 语句，将所有子事务上层状态机转变为 TBLOCK_SUBABORT_PENDING/ TBLOCK_SUBABORT_END，顶层事务的上层状态机转变为 TBLOCK_SUBABORT_RESTART

5.2.2 事务 ID 分配及 CLOG/CSNLOG

为了在数据库内部区别不同的事务，openGauss 会为它们分配唯一的标识符，即事务 ID(XID)，XID 是 uint64 单调递增的序列。当事务结束后，使用 CLOG 记录是否提交，使用 CSNLOG(Commit Sequence Number Log)记录该事务提交的序列，用于可见性判断。

1. 64 位 XID 及其分配

openGauss 对每个写事务均会分配一个唯一标识。当事务插入时，会将事务信息写到元组头部的 xmin，代表插入该元组的 XID；当事务进行更新和删除时，会将当前事务信息写到元组头部的 xmax，代表删除该元组的 XID。当前事务 ID 的分配采用的是 uint64 单调递增序列，为了节省空间并兼容老的版本，当前设计是将元组头部的 xmin/xmax 分成两部分存储，元组头部的 xmin/xmax 均为 uint32 的数字，页面的头部存储 64 位的 xid_base，为当前页面的 xid_base。

元组结构如图 5-8 所示，页面头结构如图 5-9 所示，那么对于每条元组真正的 xmin、xmax 计算公式即为：元组头中 xmin/xmax ＋ 页面 xid_base。

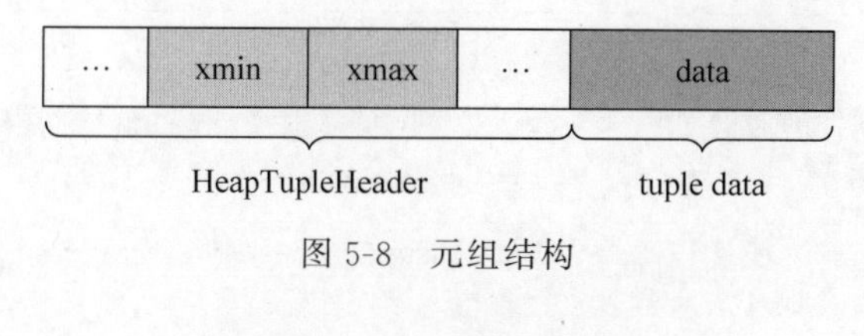

图 5-8　元组结构

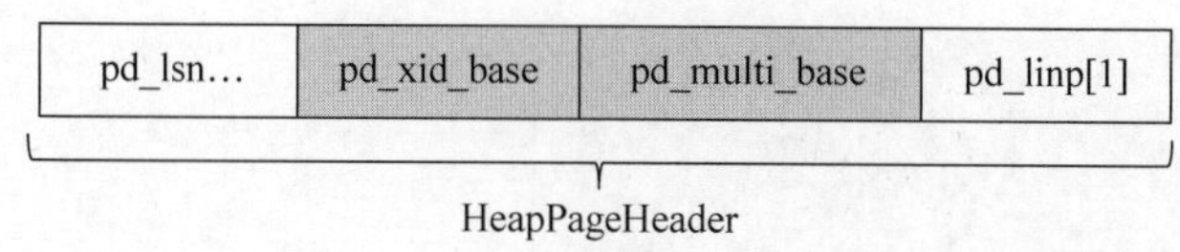

图 5-9　页面头结构

当页面不断有更大的 XID 插入时，可能超过"xid_base + 2^{32}"，此时需要通过调节 xid_base 来满足所有元组的 xmin/xmax 都可以通过该值及元组头部的值计算出来，详细逻辑见"3. 关键函数"。

为了使 XID 不消耗过快，openGauss 当前只对写事务进行 XID 的分配，只读事务不会额外分配 XID，也就是说并不是任何事务一开始都会分配 XID，只有真正使用 XID 时才会去分配。在分配子事务 XID 时，如果父事务还未分配 XID，则会先给父事务分配 XID，再给子事务分配 XID，确保子事务的 XID 比父事务大。理论上 64 位 XID 已经足够使用：假设数据库的 tps 为 1000 万，即 1 秒处理 1000 万个事务，64XID 可以使用 58 万年。

2. CLOG、CSNLOG

CLOG 和 CSNLOG 分别维护事务 ID→CommitLog 及事务 ID→CommitSeqNoLog 的映射关系。由于内存的资源有限，并且系统中可能会有长事务存在，内存中可能无法存放所有的映射关系，此时需要将这些映射写盘成物理文件，所以产生了 CLOG(XID→CommitLog Map)、CSNLOG(XID→CommitSeqNoLog Map)文件。CSNLOG 和 CLOG 均采用了 SLRU(Simple Least Recently Used，简单最近最少使用)机制来实现文件的读取及刷盘操作。

1) CLOG

CLOG 用于记录事务 ID 的提交状态。openGauss 中对于每个事务 ID 使用 2 个 bit 位 4 种状态来标识它的状态。CLOG 定义代码如下：

```
#define CLOG_XID_STATUS_IN_PROGRESS 0x00 表示事务未开始或还在运行中(故障场景可能是crash)
#define CLOG_XID_STATUS_COMMITTED 0x01 表示该事务已经提交
#define CLOG_XID_STATUS_ABORTED 0x02 表示该事务已经回滚
#define CLOG_XID_STATUS_SUB_COMMITTED 0x03 表示子事务已经提交而父事务状态未知
```

CLOG 页面的物理组织形式如图 5-10 所示。

图 5-10 表示事务 1、4、5 还在运行中，事务 2 已经提交，事务 3 已经回滚。

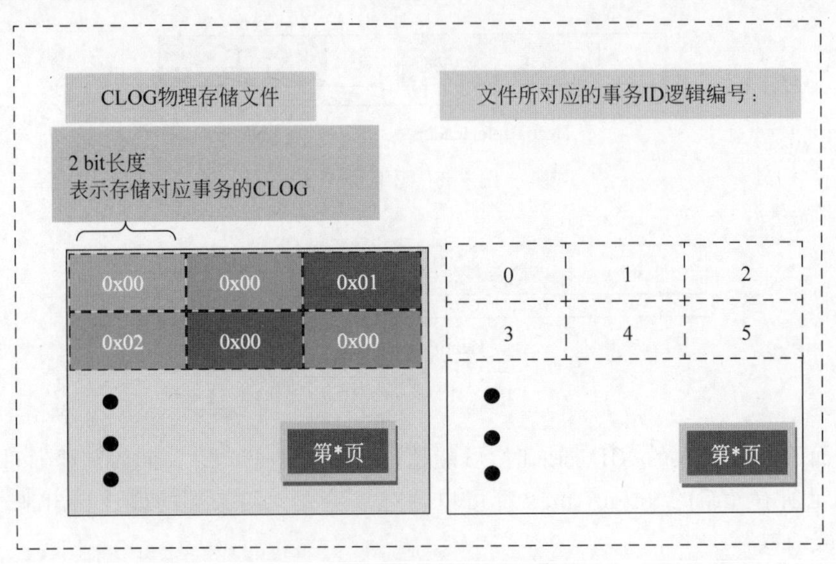

图 5-10 CLOG 页面的物理组织形式

2）CSNLOG

CSNLOG 用于记录事务提交的序列号。openGauss 为每个事务 ID 分配 8 字节 uint64 的 CSN 号，所以一个 8K 页面能保存 1K 个事务的 CSN 号。CSNLOG 达到一定大小后会分块，每个 CSNLOG 文件块的大小为 256KB。同 XID 号类似，CSN 号预留了几个特殊的号。CSNLOG 定义代码如下：

```
#define COMMITSEQNO_INPROGRESS UINT64CONST(0x0) 表示该事务还未提交或回滚
#define COMMITSEQNO_ABORTED UINT64CONST(0x1) 表示该事务已经回滚
#define COMMITSEQNO_FROZEN UINT64CONST(0x2) 表示该事务已提交，且对任何快照可见
#define COMMITSEQNO_FIRST_NORMAL UINT64CONST(0x3) 事务正常的 CSN 号起始值
#define COMMITSEQNO_COMMIT_INPROGRESS (UINT64CONST(1) << 62) 事务正在提交中
```

同 CLOG 相似，CSNLOG 的物理结构体如图 5-11 所示。

事务 ID 2048、2049、2050、2051、2052、2053 的对应的 CSN 号依次是 5、4、7、10、6、8，也就是说事务提交的次序依次是 2049→2048→2052→2050→2053→2051。

3. 关键函数

64 位 XID 页面 xid_base 的计算函数：

(1) heap_page_prepare_for_xid 函数：在对页面有写入操作时调用，用来调节 xid_base。

① 新来 XID 在“xid_base + FirstNormalxid”与“xid_base + MaxShortxid (0xFFFFFFFF)”之间时，当前的 xid_base 不需要调整。

② 新来 XID 在“xid_base + FirstNormalxid”左侧(XID 小于该值)时，需要减小 xid_base。

③ 新来 XID 在“xid_base + MaxShortxid”右侧(XID 大于该值)时，需要增加 xid_base。

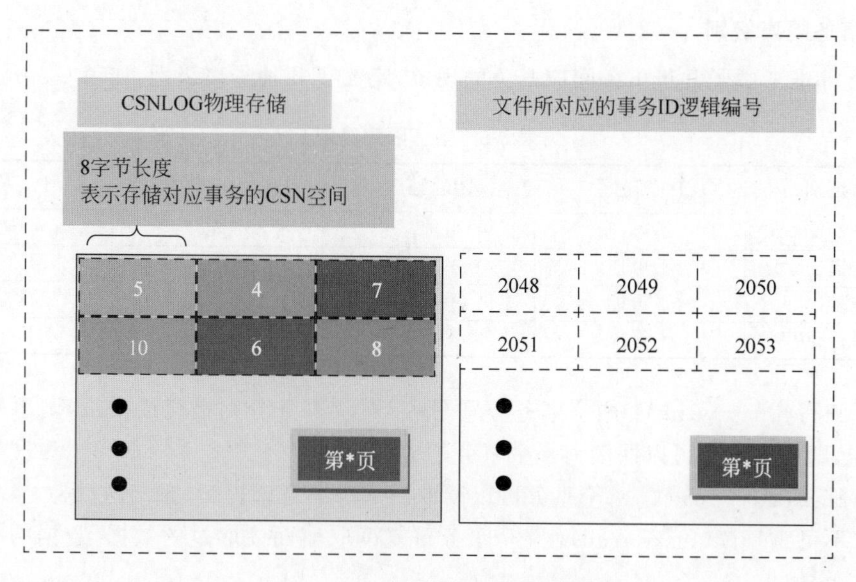

图 5-11　CSNLOG 的物理结构体

④ 特殊情况下，页面的 XID 跨度大于 32 位能表示的范围时，就需要冻结本页面上较小的 XID，即将提交的 XID 设为 FrozenTransactionId(2)，该值对所有事务均可见；将回滚的 XID 设为 InvalidTransactionId(0)，该值对所有的事务均不可见。

(2) freeze_single_heap_page 函数：对该页面上较小的 XID 进行冻结操作。

① 计算 oldestxid，比该值小的事务已经无任何事务访问更老的版本，此时可以将提交的 XID 直接标记为 FrozenTransactionId，即对所有事务可见；将回滚的 XID 标记为 InvalidTransactionId，即对所有事务不可见。

② 页面整理，清理 hot update 链，重定向 itemid，整理页面空间。

③ 根据 oldestxid 处理各个元组。

(3) heappage_shift_base 函数：更新 xid_base，调整页面中各个元组头中的 xmin/xmax。

(4) GetNewTransactionId 函数：获取最新的事务 ID。

5.2.3　MVCC 可见性判断机制

openGauss 利用多版本并发控制来维护数据的一致性。当扫描数据时，每个事务看到的只是拿快照那一刻的数据，而不是数据当前的最新状态。这样就可以避免一个事务看到其他并发事务的更新而导致不一致的场景。使用多版本并发控制的主要优点是，读取数据的锁请求与写数据的锁请求不冲突，以此来实现读不阻塞写，写也不阻塞读。下面介绍事务隔离级别及 CSN 机制。

1. 事务隔离级别

SQL标准考虑了并行事务间应避免的现象，定义了几种隔离级别，如表5-5所示。

表5-5 事务隔离级别

隔离级别	P0：脏写	P1：脏读	P2：不可重复读	P3：幻读
读未提交	不可能	可能	可能	可能
读已提交	不可能	不可能	可能	可能
可重复读	不可能	不可能	不可能	可能
可串行化	不可能	不可能	不可能	不可能

(1) 脏写(dirty write)：两个事务分别写入，两个事务分别提交或回滚，则事务的结果无法确定，即一个事务可以回滚另一个事务的提交。

(2) 脏读(dirty read)：一个事务可以读取另一个事务未提交的修改数据。

(3) 不可重复读(fuzzy read)：一个事务重复读取前面读取过的数据，数据的结果被另外的事务修改。

(4) 幻读(phantom)：一个事务重复执行范围查询，返回一组符合条件的数据，每次查询的结果集因为其他事务的修改发生改变(条数)。

在各类数据库实现的过程中，并发事务产生了一些新的现象，在原来的隔离级别的基础上，有了一些扩展，如表5-6所示。

表5-6 事务隔离级别扩展

隔离级别	P0：脏写	P1：脏读	P4：更新丢失	P2：不可重复读	P3：幻读	A5A：读偏斜	A5B：写偏斜
读未提交	不可能	可能	可能	可能	可能	可能	可能
读已提交	不可能	不可能	可能	可能	可能	可能	可能
可重复读	不可能	不可能	不可能	不可能	可能	不可能	不可能
快照一致性读	不可能	不可能	不可能	不可能	偶尔	不可能	可能
可串行化	不可能	不可能	不可能	不可能	不可能	不可能	不可能

(5) 更新丢失(lost update)：一个事务在读取元组并更新该元组的过程中，有另一个事务修改了该元组的值，导致最终这次修改丢失。

(6) 读偏斜(read skew)：假设数据 x、y 有隐式的约束 $x+y=100$；事务一读取 $x=50$；事务二写 $x=25$ 并更新 $y=75$ 保证约束成立，事务二提交，事务一再读取 $y=75$，导致事务一中读取 $x+y=125$，不满足约束。

(7) 写偏斜(write skew)：假设数据 x、y 有隐式的约束 $x+y\leqslant 100$；事务一读取 $x=50$，并写入 $y=50$；事务二读取 $y=30$ 并写入 $x=70$，并提交；事务一再提交；最终导致 $x=70$，$y=50$ 不满足 $x+y\leqslant 100$ 的约束。

openGauss提供读已提交隔离级别和可重复读隔离级别：在实现上可重复读隔离级别

无幻读问题，有 A5B 写偏斜问题。

2. CSN 机制

1）CSN 原理

CSN 原理如图 5-12 所示。

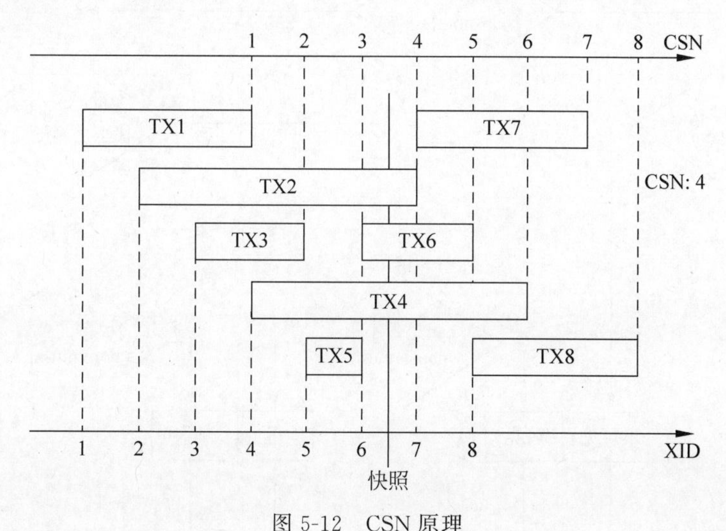

图 5-12　CSN 原理

每个非只读事务在运行过程中会取得一个 XID 号，在事务提交时会推进 CSN，同时会将当前 CSN 与事务的 XID 映射关系保存起来（CSNLOG）。在图 5-12 中，实心竖线表示取 snapshot（快照）时刻，会获取最新提交 CSN（3）的下一个值 4。TX1、TX3、TX5 已经提交，对应的 CSN 号分别是 1、2、3。TX2、TX4、TX6 正在运行，TX7、TX8 是还未开启的事务。对于当前快照而言，严格小于 CSN 号 4 的事务提交结果均可见；其余事务提交结果在获取快照时刻还未提交，不可见。

2）MVCC 快照可见性判断的流程

获取快照时记录当前活跃的最小的 XID，记为 snapshot. xmin；当前最新提交的"事务 ID（latestCompleteXid）＋1"记为 snapshot. xmax；当前最新提交的"CSN 号＋1"（NextCommitSeqNo）记为 snapshot. csn。MVCC 快照可见性判断的简易流程如图 5-13 所示。

（1）XID 大于或等于 snapshot. xmax 时，该事务 ID 不可见。

（2）XID 比 snapshot. xmin 小时，说明该事务 ID 在本次事务启动前已经结束，需要查询事务的提交状态，并在元组头上设置相应的标记位。

（3）XID 处于 snapshot. xmin 和 snapshot. xmax 之间时，需要从 CSN-XID 映射中读取事务结束的 CSN；如果 CSN 有值且比 snapshot. csn 小，表示该事务可见，否则不可见。

3）提交流程

事务提交流程如图 5-14 所示。

（1）设置 CSN-XID 映射 commit-in-progress 标记。

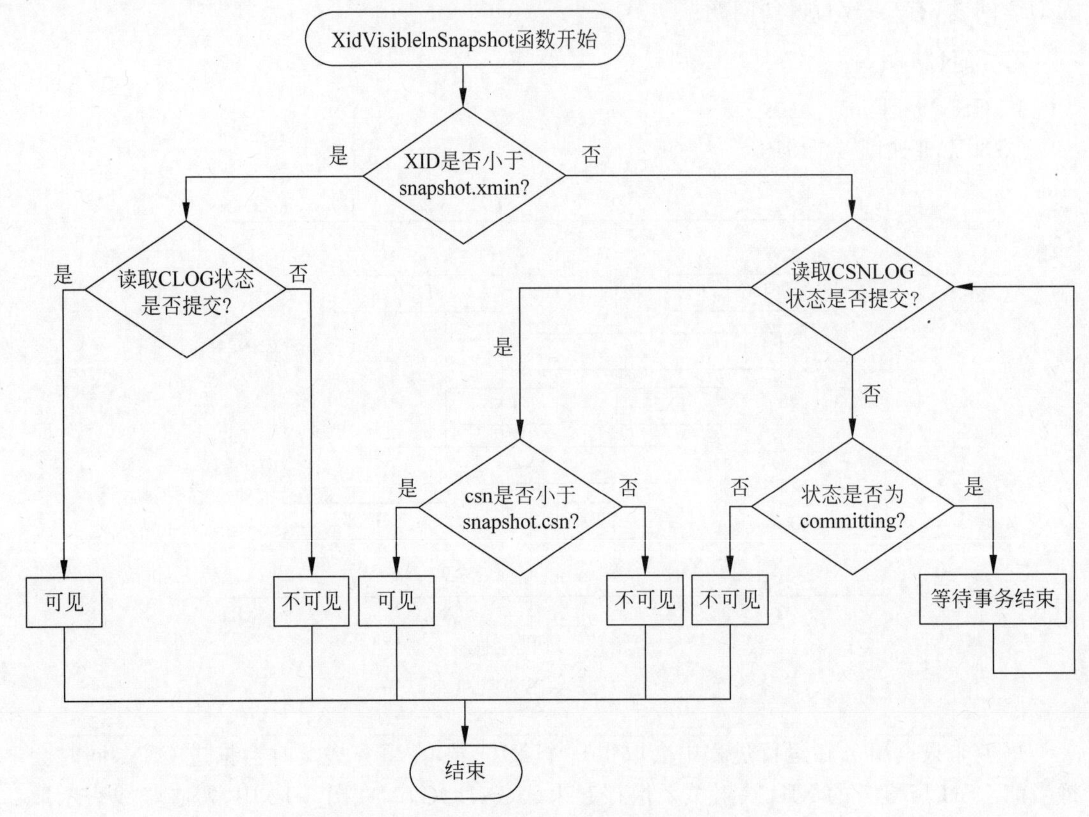

图 5-13 MVCC 快照可见性判断的简易流程

(2) 原子更新 NextCommitSeqNo 值。

(3) 生成 redo 日志,写 CLOG,写 CSNLOG。

(4) 更新 PGPROC,将对应的事务信息从 PGPROC 中移除,XID 设置为 InvalidTransactionId,xmin 设置为 InvalidTransactionId。

4) 热备支持

在事务的提交流程步骤(1)与(2)之间,增加 commit-in-progress 的 XLOG 日志。备机在读快照时,首先获取轻量锁 ProcArrayLock,并计算当前快照。如果使用当前快照中的 CSN,碰到 XID 对应的 CSN 号有 COMMITSEQNO_COMMIT_INPROGRESS 标记,则必须等待相应的事务提交 XLOG 回放结束后再读取相应的 CSN 判断是否可见。为了实现上述等待操作,备机在对 commit-in-progress 的 XLOG 日志做 redo 操作时,会调用 XactLockTableInsert 函数获取相应 XID 的事务排他锁;其他的读事务如果访问到该 XID,会等待在此 XID 的事务锁上,直到相应的事务提交 XLOG 回放结束后再继续运行。

3. 关键数据结构及函数

1) 快照

快照相关代码如下:

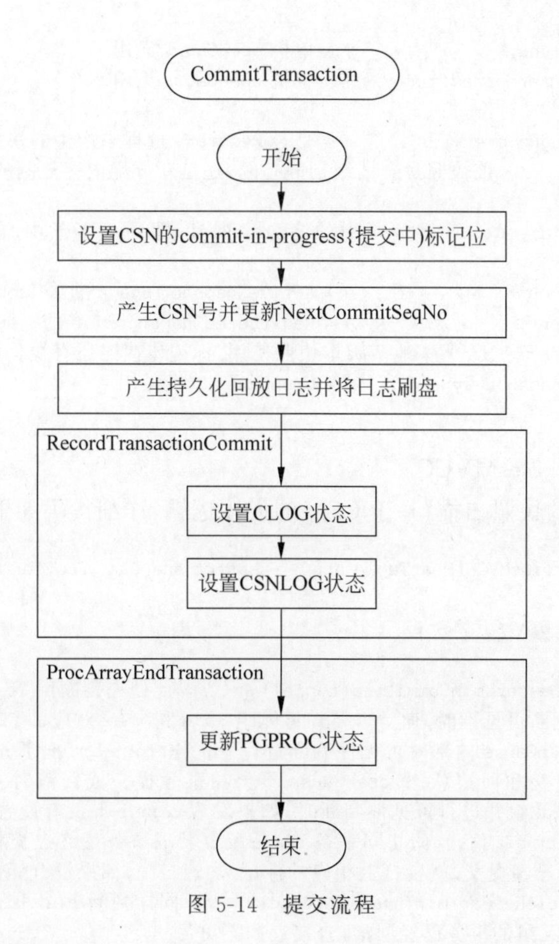

图 5-14 提交流程

```
typedef struct SnapshotData {
    SnapshotSatisfiesFunc satisfies;        /* 判断可见性的函数; 通常使用 MVCC, 即 HeapTupleSatisfiesMVCC */
    TransactionId xmin;      /* 当前活跃事务最小值,小于该值的事务说明已结束 */
    TransactionId xmax;      /* 最新提交事务 ID(latestCompeleteXid) + 1,大于或等于该值说明事务还未开始,该事务 ID 不可见 */
    TransactionId * xip;     /* 记录当前活跃事务链表,在 CSN 版本中该值无用 */
    TransactionId * subxip; /* 记录缓存子事务活跃链表,在 CSN 版本中该值无用 */
    uint32 xcnt;             /* 记录活跃事务的个数(xip 中元组数),在 CSN 版本中该值无用 */
    GTM_Timeline timeline;  /* openGauss 单机中无用 */
    uint32 max_xcnt;         /* xip 的最大个数,CSN 版本中该值无用 */
    int32 subxcnt;         /* 缓存子事务活跃链表的个数,在 CSN 版本中该值无用 */
    int32 maxsubxcnt;      /* 缓存子事务活跃链表最大个数,在 CSN 版本中该值无用 */
    bool suboverflowed;   /* 子事务活跃链表是否已超过共享内存中预分配的上限,在 CSN 版本中无用 */

    CommitSeqNo snapshotcsn;        /* 快照的 CSN 号,一般为最新提交事务的 CSN 号 + 1 (NextCommitSeqNo),CSN 号严格小于该值的事务可见 */

    int prepared_array_capacity;       /* 单机 openGauss 无用 */
```

```
    int prepared_count;              /* 单机 openGauss 无用 */
    TransactionId * prepared_array;  /* 单机 openGauss 无用 */

    bool takenDuringRecovery;        /* 是否 Recovery 过程中产生的快照 */
    bool copied;      /* 该快照是会话级别静态的,还是新分配内存复制的 */

    CommandId curcid;      /* 事务块中的命令序列号,即同一事务中,前面插入的数据后面可
见 */
    uint32 active_count;             /* ActiveSnapshot stack 的 refcount */
    uint32 regd_count;               /* RegisteredSnapshotList 的 refcount */
    void * user_data;      /* 本地多版本快照使用,标记该快照还有线程使用,不能直接释放 */
    SnapshotType snapshot_type;      /* openGauss 单机无用 */
} SnapshotData;
```

2）HeapTupleSatisfiesMVCC

用于一般读事务的快照扫描,基于 CSN 的大体逻辑,详细代码如下：

```
bool HeapTupleSatisfiesMVCC(HeapTuple htup, Snapshot snapshot, Buffer buffer)
{
    ... /* 初始化变量 */

    if (!HeapTupleHeaderXminCommitted(tuple)) {    /* 此处先判断用 1bit 记录的 hint bit(提示
比特位.openGauss 判断可见性时,通常需要知道元组 xmin 和 xmax 对应的 CLOG 的提交状态; 为了避
免重复访问 CLOG,openGauss 内部对可见性判断进行了优化.hint bit 把事务状态直接记录在元组头
中,用 1bit 来表示提交和回滚状态.openGauss 不会在事务提交或回滚时主动更新元组上的 hint
bit,而是等到访问该元组并进行可见性判断时,如果发现 hint bit 没有设置,则在 CLOG 中读取并设
置,否则直接读取 hint bit 值.),防止同一条 tuple 反复获取事务最终提交状态.如果一次扫描发现
该元组的 xmin/xmax 已经提交,就会打上相应的标记,加速扫描;如果没有标记则继续判断 */
        if (HeapTupleHeaderXminInvalid(tuple))    /* 同样判断 hint bit.如果 xmin 已经标记为
invalid 说明插入该元组的事务已经回滚,直接返回不可见 */
            return false;

        if (TransactionIdIsCurrentTransactionId(HeapTupleHeaderGetXmin(page, tuple))) {
/* 如果是一个事务内部,需要去判断该元组的 CID,即同一个事务内,后面可以查到当前事务之前插
入的扫描结果 */
            ....
        } else {      /* 如果扫描其他事务,需要根据快照判断事务是否可见 */
            visible = XidVisibleInSnapshot(HeapTupleHeaderGetXmin(page, tuple), snapshot,
&hintstatus); /* 通过 CSNLOG 判断事务是否可见,并且返回该事务的最终提交状态 */
            if (hintstatus == XID_COMMITTED)      /* 如果该事务提交,则打上提交的 hint bit
用于加速判断 */
                SetHintBits(tuple, buffer, HEAP_XMIN_COMMITTED, HeapTupleHeaderGetXmin
(page, tuple));

            if (hintstatus == XID_ABORTED) {
                ... /* 如果事务回滚,则打上回滚标记 */
                SetHintBits(tuple, buffer, HEAP_XMIN_INVALID, InvalidTransactionId);
            }
            if (!visible) { /* 如果 xmin 不可见,则该元组不可见,否则表示插入该元组的事务对
于该次快照已经提交,继续判断删除该元组的事务是否对该次快照提交 */
```

```
                return false;
            }
        }
    }
} else { /* 如果该条元组的 xmin 已经被打上提交的 hint bit，则通过函数接口
CommittedXidVisibleInSnapshot 判断是否对本次快照可见 */
    /* xmin is committed, but maybe not according to our snapshot */
    if (!HeapTupleHeaderXminFrozen(tuple) &&
            ! CommittedXidVisibleInSnapshot ( HeapTupleHeaderGetXmin ( page,  tuple ),
snapshot)) {
        return false;
    }
}
... /* 后续 xmax 的判断与 xmin 类似，如果 xmax 对于本次快照可见，则说明删除该条元组的事务
已经提交 */
if (!(tuple->t_infomask & HEAP_XMAX_COMMITTED)) {
    if (TransactionIdIsCurrentTransactionId(HeapTupleHeaderGetXmax(page, tuple))) {
        if (HeapTupleHeaderGetCmax(tuple, page) >= snapshot->curcid)
            return true;      /* 在扫描前该删除事务已经提交 */
        else
            return false;      /* 扫描开始后删除操作的事务才提交 */
    }

    visible = XidVisibleInSnapshot(HeapTupleHeaderGetXmax(page, tuple), snapshot,
&hintstatus);
    if (hintstatus == XID_COMMITTED) {
        /* 设置 xmax 的 hint bit */
        SetHintBits(tuple, buffer, HEAP_XMAX_COMMITTED, HeapTupleHeaderGetXmax(page,
tuple));
    }
    if (hintstatus == XID_ABORTED) {
        /* 回滚或者故障 */
        SetHintBits(tuple, buffer, HEAP_XMAX_INVALID, InvalidTransactionId);
    }
    if (!visible) {
        return true; /* 快照中 xmax 对应的事务不可见，则认为该元组仍然活跃 */
    }
} else {
    /* xmax 对应的事务已经提交，但是快照中该事务不可见，认为删除该元组的操作未完成，
仍然认为该元组可见 */
        if (! CommittedXidVisibleInSnapshot ( HeapTupleHeaderGetXmax ( page,  tuple ),
snapshot)) {
        return true; /* 认为元组可见 */
    }
}
return false;
}
```

3) HeapTupleSatisfiesNow

该函数的逻辑与 MVCC 类似，只是此时并没有统一快照，而仅仅是判断当前 xmin/xmax

的状态，而不再继续调用 XidVisibleInSnapshot 函数、CommittedXidVisibleInSnapshot 函数来判断是否对快照可见。

4）HeapTupleSatisfiesVacuum

根据传入的 OldestXmin 值返回相应的状态。死亡元组(openGauss 多版本机制中不可见的旧版本元组)且没有任何其他未结束的事务可能访问该元组(xmax<oldestXmin)，可以被 VACUUM 清理。本函数具体代码如下：

```
HTSV_Result HeapTupleSatisfiesVacuum(HeapTuple htup, TransactionId OldestXmin, Buffer
buffer)
{
    .../*初始化变量*/
    if (!HeapTupleHeaderXminCommitted(tuple)) {       /* hint bit 标记加速,与 MVCC 的逻辑相
同*/
        if (HeapTupleHeaderXminInvalid(tuple))      /*如果 xmin 未提交,则返回该元组死亡,
可以清理*/
            return HEAPTUPLE_DEAD;
        xidstatus = TransactionIdGetStatus(HeapTupleGetRawXmin(htup), false); /*通过
CSNLOG 来获取当前的事务状态*/
        if (xidstatus == XID_INPROGRESS) {
            if (tuple->t_infomask & HEAP_XMAX_INVALID) /*如果 xmax 还没有,说明没有人删
除,此时判断该元组正在插入过程中,否则在删除过程中*/
                return HEAPTUPLE_INSERT_IN_PROGRESS;
            return HEAPTUPLE_DELETE_IN_PROGRESS; /*返回正在删除的过程中*/
        } else if (xidstatus == XID_COMMITTED) { /*如果 xmin 提交了,打上 hint bit,后面继
续看 xmax 是否提交*/
            SetHintBits(tuple, buffer, HEAP_XMIN_COMMITTED, HeapTupleGetRawXmin(htup));
        } else {
    ..../*事务结束了且未提交,可能是回滚(abort)或者是宕机(crash)的事务,一般返回死亡,可
删除;单机情形 t_thrd.xact_cxt.useLocalSnapshot 没有作用,恒为 false*/
            SetHintBits(tuple, buffer, HEAP_XMIN_INVALID, InvalidTransactionId);
            return ((!t_thrd.xact_cxt.useLocalSnapshot || IsInitdb) ? HEAPTUPLE_DEAD :
HEAPTUPLE_LIVE);
        }
    }
  /*接着判断 xmax.如果还没有设置 xmax 说明没有人删除该元组,返回元组存活,不可删除*/
    if (tuple->t_infomask & HEAP_XMAX_INVALID)
        return HEAPTUPLE_LIVE;
...
    if (!(tuple->t_infomask & HEAP_XMAX_COMMITTED)) {      /*如果 xmax 提交,则看 xmax 是否
比 oldesxmin 小.小的话说明没有未结束的事务会访问该元组,可以删除*/
        xidstatus = TransactionIdGetStatus(HeapTupleGetRawXmax(htup), false);
        if (xidstatus == XID_INPROGRESS)
            return HEAPTUPLE_DELETE_IN_PROGRESS;
        else if (xidstatus == XID_COMMITTED)
            SetHintBits(tuple, buffer, HEAP_XMAX_COMMITTED, HeapTupleGetRawXmax(htup));
        else {
... /*xmax 对应的事务回滚或者宕机*/
            SetHintBits(tuple, buffer, HEAP_XMAX_INVALID, InvalidTransactionId);
```

```
            return HEAPTUPLE_LIVE;
        }
    }

    /* 判断该元组是否可以删除,xmax < OldestXmin 可以删除 */
    if (!TransactionIdPrecedes(HeapTupleGetRawXmax(htup), OldestXmin))
        return ((!t_thrd.xact_cxt.useLocalSnapshot || IsInitdb) ? HEAPTUPLE_RECENTLY_DEAD
: HEAPTUPLE_LIVE);

    /* 该元组可以认为已经死亡,不被任何活跃事务访问,可以删除 */
    return ((!t_thrd.xact_cxt.useLocalSnapshot || IsInitdb) ? HEAPTUPLE_DEAD : HEAPTUPLE_
LIVE);
}
```

5) SetXact2CommitInProgress

设置 XID 对应 CSNLOG 的标记位 COMMITSEQNO_COMMIT_INPROGRESS(详见 5.2.2 节),表示此 XID 对应的事务正在提交过程中。该操作是为了保证可见性判断时的原子性,即防止并发读事务在 CSN 号设置的过程中读到不一致的数据。

6) CSNLogSetCommitSeqNo

给对应的 XID 设置相应的 CSNLOG。

7) RecordTransactionCommit

记录事务提交,主要是写 CLOG、CSNLOG 及它们的 XLOG 日志。

5.2.4 进程内多线程管理机制

本节简述进程内多线程管理机制相关数据结构及多版本快照计算机制。

1. 事务信息管理

数据库启动时维护了一段共享内存,每个线程初始化时都会从这个共享内存中获取一个槽位并将其线程信息记录到槽位中。获取快照时,需要在共享内存数组中更新槽位信息,事务结束时,需要从槽位中将事务信息清除。计算快照时,通过遍历该全局数组,获取当前所有并发线程的事务信息,并计算出快照信息(xmin、xmax、snapshotcsn 等)。事务信息管理的关键数据结构代码如下:

```
typedef struct PGXACT {
    GTM_TransactionHandle handle;          /* 单机模式无用参数 */
    TransactionId xid;                     /* 该线程持有的 XID 号,如果没有则为 0 */
    TransactionId prepare_xid;             /* 准备阶段的 XID 号 */

TransactionId xmin; /* 当前事务开启时最小的活跃 XID,vaccum 操作不会删除那些 XID 大于或等于
                       xmin 的元组 */
    CommitSeqNo csn_min;                   /* 当前事务开启时最小的活跃 CSN 号 */
    TransactionId next_xid;                /* 单机模式无用参数 */
    int nxids;                             /* 子事务个数 */
    uint8 vacuumFlags;                     /* vacuum 操作相关的 flag */
```

```
    bool needToSyncXid;                  /* 单机模式无用参数 */
    bool delayChkpt;                /* 如果该线程需要 checkpoint 线程延迟等待,此值为 true */
#ifdef __aarch64__
        char padding[PG_CACHE_LINE_SIZE - PGXACT_PAD_OFFSET]; /* 为了性能考虑的结构体对齐 */
#endif
} PGXACT;

struct PGPROC {
    SHM_QUEUE links;                       /* 链表中的指针 */

    PGSemaphoreData sem;                   /* 休眠等待的信号量 */
    int waitStatus;                        /* 等待状态 */

    Latch procLatch;                       /* 线程的通用闩锁 */

    LocalTransactionId lxid;               /* 当前线程本地顶层事务 ID */
    ThreadId pid;                          /* 线程的 PID */

    ThreadId sessMemorySessionid;
    uint64 sessionid;                      /* 线程池模式下当前的会话 ID */
    int logictid;                          /* 逻辑线程 ID */
    TransactionId gtt_session_frozenxid;   /* 会话级全局临时表的冻结 XID */

    int pgprocno;
    int nodeno;

    /* 线程启动时下面这些数据结构为 0 */
    BackendId backendId;                   /* 线程的后台 ID */
    Oid databaseId;                        /* 当前访问数据库的 OID */
    Oid roleId;                            /* 当前用户的 OID */

    /* 版本号,用于升级过程中新老版本的判断 */
    uint32 workingVersionNum;

    /* 热备模式下,标记当前事务是否收到冲突信号.设置该值时需要持有 ProcArray 锁 */
    bool recoveryConflictPending;

    /* 线程等待的轻量级锁信息. */
    bool lwWaiting;                   /* 当等待轻量级锁时,为真 */
    uint8 lwWaitMode;                 /* 预获取锁的模式 */
    bool lwIsVictim;                  /* 强制放弃轻量级锁 */
    dlist_node lwWaitLink;            /* 等待在相同轻量级锁对象的下一个等待者 */

    /* 线程等待的常规锁信息 */
    LOCK* waitLock;                   /* 等待的常规锁对象 */
    PROCLOCK* waitProcLock;           /* 等待常规锁对象的持有者 */
    LOCKMODE waitLockMode;            /* 预获取常规锁对象的模式 */
    LOCKMASK heldLocks;               /* 本线程获取锁对象模式的位掩码 */

    /* 等待主备机回放日志同步的信息 */
```

```
    XLogRecPtr waitLSN;                /* 等待的 lsn */
    int syncRepState;                  /* 等待主备同步的状态 */
    bool syncRepInCompleteQueue;       /* 是否等待在完成队列中 */
    SHM_QUEUE syncRepLinks;            /* 指向同步队列的指针 */

    DataQueuePtr waitDataSyncPoint;    /* 数据页复制的数据同步点 */
    int dataSyncRepState;              /* 数据页复制的同步状态 */
    SHM_QUEUE dataSyncRepLinks;        /* 指向数据页同步队列的指针 */

    MemoryContext topmcxt;             /* 本线程的顶层内存上下文 */
    char myProgName[64];
    pg_time_t myStartTime;
    syscalllock deleMemContextMutex;

    SHM_QUEUE myProcLocks[NUM_LOCK_PARTITIONS];

    /* 以下结构为了实现 XID 批量提交 */
    /* 是否为 XID 批量提交中的成员 */
    bool procArrayGroupMember;
    /* XID 批量提交中的下一个成员 */
    pg_atomic_uint32 procArrayGroupNext;
    /* 父事务 XID 和子事物 XID 中的最大者 */
    TransactionId procArrayGroupMemberXid;

    /* 提交序列号 */
    CommitSeqNo commitCSN;
    /* 以下结构为了实现 CLOG 批量提交 */
    bool clogGroupMember;                       /* 是否为 CLOG 批量提交中的成员 */
    pg_atomic_uint32 clogGroupNext;             /* CLOG 批量提交中的下一个成员 */
    TransactionId clogGroupMemberXid;           /* CLOG 批量提交的事务 ID */
    CLogXidStatus clogGroupMemberXidStatus;     /* CLOG 批量提交的事务状态 */
    int64 clogGroupMemberPage;                  /* CLOG 批量提交对应的 CLOG 页面 */
    XLogRecPtr clogGroupMemberLsn;   /* CLOG 批量提交成员的提交回放日志位置 */
#ifdef __aarch64__
    /* 以下结构体是为了实现 ARM 架构下回放日志批量插入 */
    bool xlogGroupMember;
    pg_atomic_uint32 xlogGroupNext;
    XLogRecData* xlogGrouprdata;
    XLogRecPtr xlogGroupfpw_lsn;
    XLogRecPtr* xlogGroupProcLastRecPtr;
    XLogRecPtr* xlogGroupXactLastRecEnd;
    void* xlogGroupCurrentTransactionState;
    XLogRecPtr* xlogGroupRedoRecPtr;
    void* xlogGroupLogwrtResult;
    XLogRecPtr xlogGroupReturntRecPtr;
    TimeLineID xlogGroupTimeLineID;
    bool* xlogGroupDoPageWrites;
    bool xlogGroupIsFPW;
    uint64 snap_refcnt_bitmap;
#endif
```

```
    LWLock * subxidsLock;
    struct XidCache subxids;        /* 子事务 XID */

    LWLock * backendLock;           /* 每个线程的轻量级锁,用于保护以下数据结构的并发访问 */

    /* Lock manager data, recording fast - path locks taken by this backend. */
    uint64 fpLockBits;                          /* 快速路径锁的持有模式 */
    FastPathTag fpRelId[FP_LOCK_SLOTS_PER_BACKEND];       /* 表对象的槽位 */
    bool fpVXIDLock;                            /* 是否获得本地 XID 的快速路径锁 */
    LocalTransactionId fpLocalTransactionId;    /* 本地的 XID */
};
```

如图 5-15 所示,proc_base_all_procs 和 proc_base_all_xacts 为全局的共享区域,每个线程启动时都会在这个共享区域中注册一个槽位,并且将线程级指针变量 t_thrd.proc 和 t_thrd.pgxact 指向该区域。当该线程有事务开始时,会将对应事务的 xmin、XID 等信息填写到 pgxact 结构体中。关键函数及接口如下:

(1) GetOldestXmin:返回当前多版本快照缓存的 oldestXmin(多版本快照机制见后续章节)。

(2) ProcArrayAdd:线程启动时在共享区域中注册一个槽位。

(3) ProcArrayRemove:将当前线程从 ProcArray 数组中移除。

(4) TransactionIdIsInProgress:判断 XID 是否还在运行中。

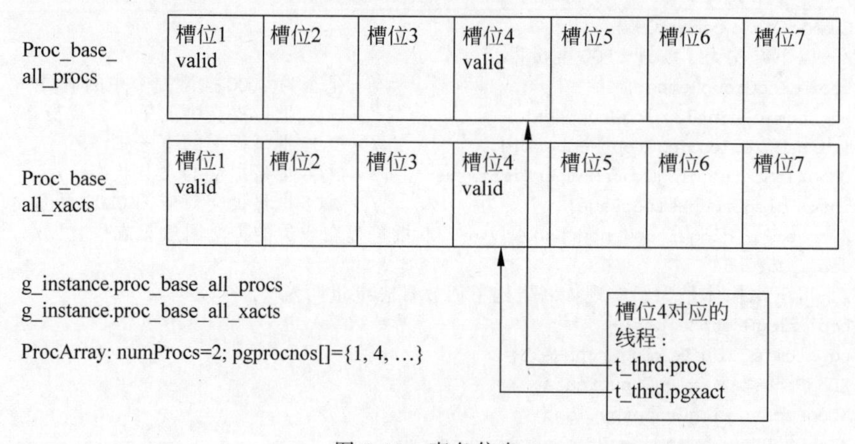

图 5-15　事务信息

2. 多版本快照机制

因为 openGauss 使用一段共享内存来实现快照的获取及各线程事务信息的管理,计算快照持有共享锁及事务结束持有排他锁有严重的锁争抢问题。为了解决该冲突,openGauss 引入了多版本快照机制解决锁冲突。每当事务结束时,持有排他锁、计算快照的一个版本,记录到一个环形缓冲区队列内存里;当其他线程获取快照时,并不持有共享锁去重新计算,而是通过原子操作到该环形队列顶端获取最新快照并将其引用计数加 1;待复制完快照信息后，将引用计数减1；当槽位引用计数为0时，表示可以被新的快照复用。

1）多版本快照数据结构

多版本快照数据结构代码如下：

```
typedef struct _snapxid {
    TransactionId xmin;
    TransactionId xmax;
    CommitSeqNo snapshotcsn;
    TransactionId localxmin;
    bool takenDuringRecovery;
    ref_cnt_t ref_cnt[NREFCNT];      /* 该快照的引用计数，如果为0则可复用 */
} snapxid_t; /* 多版本快照内容，在openGauss CSN方案下，仅需要记录xmin、xmax、snapshotcsn等
关键信息即可 */

static snapxid_t * g_snap_buffer = NULL;      /* 缓冲区队列内存区指针 */
static snapxid_t * g_snap_buffer_copy = NULL; 缓冲区队列内存的浅复制 */
static size_t g_bufsz = 0;
static bool g_snap_assigned = false;/* 多版本快照缓冲区队列是否已初始化 */

#define SNAP_SZ sizeof(snapxid_t)   /* 每个多版本快照的大小 */
#define MaxNumSnapVersion 64        /* 多版本快照队列的大小，64个版本 */
static volatile snapxid_t * g_snap_current = NULL;        /* 当前的快照指针 */
static volatile snapxid_t * g_snap_next = NULL;           /* 下一个可用槽位的快照指针 */
```

2）缓冲区队列创建流程

在创建共享内存时，根据MaxNumSnapVersion函数的大小生成“MaxNumSnapVersion * SNAP_SZ”大小的共享内存区，并将g_snap_current设置为0号偏移，g_snap_next设置为“1 * SNAP_SZ”偏移。

3）多版本快照的计算

(1) 获取当前g_snap_next。

(2) 保证当前已持有Proc数组的排他锁，进行xmin、xmax、CSN等关键结构的计算，并存放到g_snap_next中。

(3) 寻找下一个refcount为0可复用的槽位，将g_snap_current赋值为g_snap_next，g_snap_next赋值为可复用的槽位偏移。

4）多版本快照的获取

(1) 获取g_snap_current指针并将当前快照槽位的引用计数加1，防止并发更新快照时被复用。

(2) 将当前快照中的信息复制到当前连接的静态快照内存中。

(3) 释放当前多版本快照，并将当前快照槽位的引用计数减1。

5）关键函数

(1) CreateSharedRingBuffer：创建多版本快照共享内存信息。

(2) GetNextSnapXid：获取下一个多版本快照位置。函数代码如下：

```
static inline snapxid_t * GetNextSnapXid()
{
    return g_snap_buffer ? (snapxid_t *)g_snap_next : NULL;
}
```

(3) SetNextSnapXid：获取下一个可用的槽位，并且将当前多版本快照更新到最新。函数代码如下：

```
static void SetNextSnapXid()
{
    if (g_snap_buffer != NULL) {
        g_snap_current = g_snap_next;       /* 将多版本快照更新到最新 */
        pg_write_barrier();            /* 此处是防止 buffer ring 初始化时的 ARM 乱序问题 */
        g_snap_assigned = true;
        snapxid_t * ret = (snapxid_t *)g_snap_current;
        size_t idx = SNAPXID_INDEX(ret);
    loop:      /* 主循环，整体思路是不停遍历多版本槽位信息，一直找到一个 refcout 为 0 的可重
用槽位 */
        do {
            ++idx;
            /* 如果发生回卷，则从头再找 */
            if (idx == g_bufsz)
                idx = 0;
            ret = SNAPXID_AT(idx);
            if (IsZeroRefCount(ret)) {
                g_snap_next = ret;
                return;
            }
        } while (ret != g_snap_next);
        ereport(WARNING, (errmsg("snapshot ring buffer overflow.")));
/* 当前多版本快照个数为 64 个，理论上可能是会出现槽位被占满，如果没有空闲槽位，重新遍历即
可 */
        goto loop;
    }
}
```

(4) CalculateLocalLatestSnapshot：计算多版本快照信息。函数代码如下：

```
void CalculateLocalLatestSnapshot(bool forceCalc)
{
    …/* 初始化变量 */

    snapxid_t * snapxid = GetNextSnapXid();      /* 设置下一个空闲多版本快照槽位信息 */

    /* 初始化 xmax 为 latestCompletedXid + 1 */
    xmax = t_thrd.xact_cxt.ShmemVariableCache->latestCompletedXid;
    TransactionIdAdvance(xmax);

    /* 并不是每个事务提交都会重新计算 xmin 和 oldestxmin，只有每 1000 个事务或者每隔 1s 才
会计算，此时 xmin 及 oldestxmin 一般偏小，但是不影响可见性判断 */
    currentTimeStamp = GetCurrentTimestamp();
    if (forceCalc || ((++snapshotPendingCnt == MAX_PENDING_SNAPSHOT_CNT) ||
```

```
                (TimestampDifferenceExceeds(snapshotTimeStamp, currentTimeStamp,
CALC_SNAPSHOT_TIMEOUT)))) {
        snapshotPendingCnt = 0;
        snapshotTimeStamp = currentTimeStamp;

        /* 初始化 xmin */
        globalxmin = xmin = xmax;

        int* pgprocnos = arrayP->pgprocnos;
        int numProcs;

        /*
         循环遍历 proc 并计算快照相应值
         */
        numProcs = arrayP->numProcs;
        /* 主要流程,遍历 proc_base_all_xacts,将其中 pgxact->xid 的最小值记为 xmin,
pgxact->xmin 的最小值记为 oldestxmin */
        for (index = 0; index < numProcs; index++) {
            int pgprocno = pgprocnos[index];
            volatile PGXACT* pgxact = &g_instance.proc_base_all_xacts[pgprocno];
            TransactionId xid;

            if (pgxact->vacuumFlags & PROC_IN_LOGICAL_DECODING)
                continue;

            /* 对于 autovacuum 的 xmin,跳过,避免长 VACUUM 阻塞脏元组回收 */
            if (pgxact->vacuumFlags & PROC_IN_VACUUM)
                continue;

            /* 用最小的 xmin 来更新 globalxmin */
            xid = pgxact->xmin;

            if (TransactionIdIsNormal(xid) && TransactionIdPrecedes(xid, globalxmin))
                globalxmin = xid;

            xid = pgxact->xid;

            if (!TransactionIdIsNormal(xid))
                xid = pgxact->next_xid;

            if (!TransactionIdIsNormal(xid) || !TransactionIdPrecedes(xid, xmax))
                continue;

            if (TransactionIdPrecedes(xid, xmin))
                xmin = xid;
        }

        if (TransactionIdPrecedes(xmin, globalxmin))
            globalxmin = xmin;

        t_thrd.xact_cxt.ShmemVariableCache->xmin = xmin;
```

```
        t_thrd.xact_cxt.ShmemVariableCache->recentLocalXmin = globalxmin;
    }
    /*此处给多版本快照信息赋值,xmin、oldestxmin因为不是及时计算故可能偏小,xmax、CSN号
都是当前的准确值,注意计算快照时必须持有排他锁*/
    snapxid->xmin = t_thrd.xact_cxt.ShmemVariableCache->xmin;
    snapxid->xmax = xmax;
    snapxid->localxmin = t_thrd.xact_cxt.ShmemVariableCache->recentLocalXmin;
    snapxid->snapshotcsn = t_thrd.xact_cxt.ShmemVariableCache->nextCommitSeqNo;
    snapxid->takenDuringRecovery = RecoveryInProgress();
    SetNextSnapXid();    /*设置当前多版本快照*/
}
```

(5) GetLocalSnapshotData:获取最新的多版本快照供事务使用。函数代码如下:

```
Snapshot GetLocalSnapshotData(Snapshot snapshot)
{
    /*检查是否有多版本快照.在recover启动之前,是没有计算出多版本快照的,此时直接返
回*/
    if (!g_snap_assigned || (g_snap_buffer == NULL)) {
        ereport(DEBUG1, (errmsg("Falling back to origin GetSnapshotData: not assigned yet or
during shutdown\n")));
        return NULL;
    }
    pg_read_barrier();    /*为了防止ringBuffer初始化时的ARM乱序问题*/
    snapxid_t* snapxid = GetCurrentSnapXid(); /*将当前的多版本快照refcount++,避免被并
发计算新快照的事务重用*/

    snapshot->user_data = snapxid;

    … /*此处将多版本快照snapxid中的信息赋值给快照,注意此处是深复制,因为多版本快照仅
有几个变量的关键信息,直接赋值即可,之后就可以将相应的多版本快照refcount释放*/
    u_sess->utils_cxt.RecentXmin = snapxid->xmin;
    snapshot->xmin = snapxid->xmin;
    snapshot->xmax = snapxid->xmax;
    snapshot->snapshotcsn = snapxid->snapshotcsn;
    …
    ReleaseSnapshotData(snapshot);    /*将多版本快照的refcount释放,以便可以被重用*/
    return snapshot;
}
```

5.3 锁机制

数据库对公共资源的并发控制是通过锁实现的,根据不同用途,通常可以将锁分为3种:自旋锁(spinlock)、轻量级锁(Light Weight Lock,LWLock)和常规锁(或基于这3种锁的进一步封装)。使用锁的一般操作流程可以简述为3步:加锁、临界区操作、放锁。在保证正确性的情况下,锁的使用及争抢成为制约性能的重要因素,下面先简单介绍openGauss中的3种锁,最后再着重介绍openGauss基于鲲鹏架构所做的锁相关性能优化。

5.3.1 自旋锁

自旋锁一般是使用CPU的原子指令TAS(Test-And-Set)实现的。自旋锁只有两种状态：锁定和解锁。自旋锁最多只能被一个进程持有。自旋锁与信号量的区别在于，当进程无法得到资源时，信号量使进程处于睡眠阻塞状态，而自旋锁使进程处于忙等待状态。自旋锁主要用于加锁时间非常短的场合，比如修改标志或者读取标志字段，在几十个指令之内。在编写代码时，自旋锁的加锁和解锁要保证在一个函数内。自旋锁由编码保证不会产生死锁，没有死锁检测，并且没有等待队列。由于自旋锁消耗CPU，当使用不当长期持有时会触发内核core dump（核心转储），openGauss中将许多32/64/128位变量的更新改用CAS原子操作，避免或减少使用自旋锁。

与自旋锁相关的操作主要有下面几个：

(1) SpinLockInit：自旋锁的初始化。

(2) SpinLockAcquire：自旋锁加锁。

(3) SpinLockRelease：自旋锁释放锁。

(4) SpinLockFree：自旋锁销毁并清理相关资源。

5.3.2 轻量级锁

轻量级锁是使用原子操作、等待队列和信号量实现的。轻量级锁存在两种类型：共享锁和排他锁。多个进程可以同时获取共享锁，但排他锁只能被一个进程拥有。当进程无法得到资源时，轻量级锁会使进程处于睡眠阻塞状态。轻量级锁主要用于内部临界区操作比较久的场合，加锁和解锁的操作可以跨越函数，但使用完后要立即释放。轻量级锁应由编码保证不会产生死锁。由于代码复杂度及各类异常处理，openGauss提供了轻量级锁的死锁检测机制，避免各类异常场景产生的轻量级锁死锁问题。

与轻量级锁相关的函数有如下几个。

(1) LWLockAssign：申请一个轻量级锁。

(2) LWLockAcquire：加锁。

(3) LWLockConditionalAcquire：条件加锁，如果没有获取锁则返回false，并不一直等待。

(4) LWLockRelease：释放锁。

(5) LWLockReleaseAll：释放拥有的所有锁。当事务过程中出错了，会将持有的所有轻量级锁全部回滚释放，避免残留阻塞后续操作。

相关结构体代码如下：

```
#define LW_FLAG_HAS_WAITERS ((uint32)1 << 30)
#define LW_FLAG_RELEASE_OK ((uint32)1 << 29)
#define LW_FLAG_LOCKED ((uint32)1 << 28)

#define LW_VAL_EXCLUSIVE ((uint32)1 << 24)
```

```
#define LW_VAL_SHARED 1                    /* 用于标记轻量级锁的状态,实现锁的获取和释放 */

typedef struct LWLock {
    uint16 tranche;                        /* 轻量级锁的 ID 标识 */
    pg_atomic_uint32 state;                /* 锁的状态位 */
    dlist_head waiters;                    /* 等锁线程的链表 */
#ifdef LOCK_DEBUG
    pg_atomic_uint32 nwaiters;             /* 等锁线程的个数 */
    struct PGPROC *owner;             /* 最后独占锁的持有者 */
#endif
#ifdef ENABLE_THREAD_CHECK
    pg_atomic_uint32 rwlock;
    pg_atomic_uint32 listlock;
#endif
} LWLock;
```

5.3.3 常规锁

常规锁是使用哈希表实现的。常规锁支持多种锁模式(lock modes),这些锁模式之间的语义和冲突是通过冲突表定义的。常规锁主要用于业务访问的数据库对象加锁。常规锁的加锁遵守数据库的两阶段加锁协议,即访问过程中加锁,事务提交时释放锁。

常规锁有等待队列并提供了死锁检测机制,当检测到死锁发生时选择一个事务进行回滚。

openGauss提供了8个锁级别分别用于不同的语句并发：1级锁一般用于SELECT查询操作；3级锁一般用于基本的INSERT、UPDATE、DELETE操作；4级锁用于VACUUM、ANALYZE等操作；8级锁一般用于各类DDL语句,具体宏定义及命名代码如下：

```
#define AccessShareLock 1            /* SELECT 语句 */
#define RowShareLock 2               /* SELECT FOR UPDATE/FOR SHARE 语句 */
#define RowExclusiveLock 3 /* INSERT, UPDATE, DELETE 语句 */
#define ShareUpdateExclusiveLock \
    4 /* VACUUM (non-FULL),ANALYZE, CREATE INDEX CONCURRENTLY 语句 */
#define ShareLock 5 /* CREATE INDEX (WITHOUT CONCURRENTLY)语句 */
#define ShareRowExclusiveLock               \
    6 /* 类似于独占模式, 但是允许 ROW SHARE 模式并发 */
#define ExclusiveLock                  \
    7 /* 阻塞 ROW SHARE, 如 SELECT...FOR UPDATE 语句 */
#define AccessExclusiveLock             \
    8 /* ALTER TABLE, DROP TABLE, VACUUM FULL, LOCK TABLE 语句 */
```

这8个级别的锁冲突及并发控制如表5-7所示,其中"√"表示两个锁操作可以并发。

表 5-7　锁冲突及并发控制

锁　级　别	1	2	3	4	5	6	7	8
1. ACCESS SHARE	√	√	√	√	√	√	√	—
2. ROW SHARE	√	√	√	√	√	√	—	—

续表

锁 级 别	1	2	3	4	5	6	7	8
3. ROW EXCLUSIVE	√	√	√	√	—	—	—	—
4. SHARE UPDATE EXCLUSIVE	√	√	√	—	—	—	—	—
5. SHARELOCK	√	√	—	—	√	—	—	—
6. SHARE ROW EXCLUSIVE	√	√	—	—	—	—	—	—
7. EXCLUSIVE	√	—	—	—	—	—	—	—
8. ACCESS EXCLUSIVE	—	—	—	—	—	—	—	—

加锁对象数据结构：对 field1 到 field5 赋值标识不同的锁对象，使用 locktag_type 标识锁对象类型，如 relation 表级对象、tuple 行级对象、事务对象等，对应的代码如下：

```
typedef struct LOCKTAG {
    uint32 locktag_field1;                  /* 32 比特位 */
    uint32 locktag_field2;                  /* 32 比特位 */
    uint32 locktag_field3;                  /* 32 比特位 */
    uint32 locktag_field4;                  /* 32 比特位 */
    uint16 locktag_field5;                  /* 32 比特位 */
    uint8 locktag_type;                     /* 详情见枚举类 LockTagType */
    uint8 locktag_lockmethodid;             /* 锁方法类型 */
} LOCKTAG;

typedef enum LockTagType {
    LOCKTAG_RELATION,                       /* 表关系 */
    /* LOCKTAG_RELATION 的 ID 信息为所属库的 OID + 表 OID;如果库的 OID 为 0 表示此表是共享表,
其中 OID 为 openGauss 内核通用对象标识符 */
    LOCKTAG_RELATION_EXTEND,                /* 扩展表的优先权 */
    /* LOCKTAG_RELATION_EXTEND 的 ID 信息 */
    LOCKTAG_PARTITION,                      /* 分区 */
    LOCKTAG_PARTITION_SEQUENCE,             /* 分区序列 */
    LOCKTAG_PAGE,                           /* 表中的页 */
    /* LOCKTAG_PAGE 的 ID 信息为 RELATION 信息 + BlockNumber(页面号) */
    LOCKTAG_TUPLE,                          /* 物理元组 */
    /* LOCKTAG_TUPLE 的 ID 信息为 PAGE 信息 + OffsetNumber(页面上的偏移量) */
    LOCKTAG_TRANSACTION,                              /* 事务 ID (为了等待相应的事务结束) */
    /* LOCKTAG_TRANSACTION 的 ID 信息为事务 ID 号 */
    LOCKTAG_VIRTUALTRANSACTION,             /* 虚拟事务 ID */
    /* LOCKTAG_VIRTUALTRANSACTION 的 ID 信息为它的虚拟事务 ID 号 */
    LOCKTAG_OBJECT,                         /* 非表关系的数据库对象 */
    /* LOCKTAG_OBJECT 的 ID 信息为数据 OID + 类 OID + 对象 OID + 子 ID */
    LOCKTAG_CSTORE_FREESPACE,         /* 列存储空闲空间 */
    LOCKTAG_USERLOCK,                 /* 预留给用户锁的锁对象 */
    LOCKTAG_ADVISORY,                 /* 用户顾问锁 */
    LOCK_EVENT_NUM
} LockTagType;
```

常规锁 LOCK 结构：tag 是常规锁对象的唯一标识，LOCK 结构的成员变量 procLocks 是将该锁所有的持有、等待线程串联起来的结构体指针，对应的代码如下：

```
typedef struct LOCK {
    /* 哈希键 */
    LOCKTAG tag;                        /* 锁对象的唯一标识 */

    /* 数据 */
    LOCKMASK grantMask;                 /* 已经获取锁对象的位掩码 */
    LOCKMASK waitMask;                  /* 等待锁对象的位掩码 */
    SHM_QUEUE procLocks;                /* 与锁关联的 PROCLOCK 对象链表 */
    PROC_QUEUE waitProcs;               /* 等待锁的 PGPROC 对象链表 */
    int requested[MAX_LOCKMODES];       /* 请求锁的计数 */
    int nRequested;                     /* requested 数组总数 */
    int granted[MAX_LOCKMODES];         /* 已获取锁的计数 */
    int nGranted;                       /* granted 数组总数 */
} LOCK;
```

PROCLOCK 结构：主要是将同一锁对象等待和持有者的线程信息串联起来的结构体，对应的代码如下：

```
typedef struct PROCLOCK {
    /* 标识 */
    PROCLOCKTAG tag;                /* PROCLOCK 对象的唯一标识 */

    /* 数据 */
    LOCKMASK holdMask;              /* 已获取锁类型的位掩码 */
    LOCKMASK releaseMask;           /* 预释放锁类型的位掩码 */
    SHM_QUEUE lockLink;             /* 指向锁对象链表的指针 */
    SHM_QUEUE procLink;             /* 指向 PGPROC 链表的指针 */
} PROCLOCK;
```

t_thrd.proc 结构体里 waitLock 字段记录了该线程等待的锁，该结构体中 procLocks 字段将所有跟该锁有关的持有、等待线程串起来，其队列关系如图 5-16 所示。

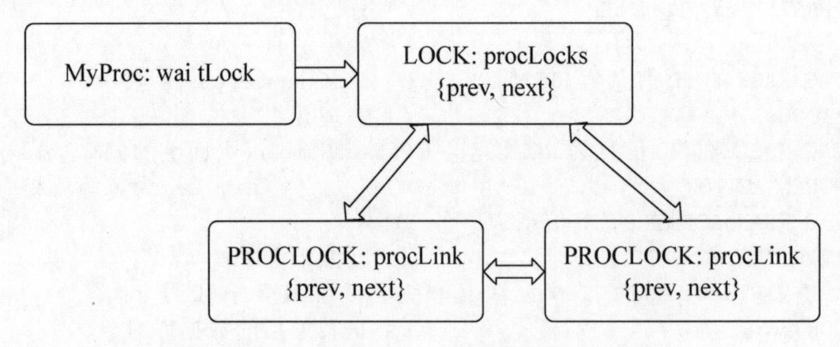

图 5-16　t_thrd.proc 结构体队列关系图

常规锁的主要函数如下。

(1) LockAcquire：对锁对象加锁。

(2) LockRelease：对锁对象释放锁。

(3) LockReleaseAll：释放所有锁资源。

5.3.4　死锁检测机制

死锁主要是指进程B要访问进程A所在的资源，而进程A又由于种种原因不释放掉其锁占用的资源，从而数据库一直处于阻塞状态的情况。如图5-17中，T1使用资源R1去请求R2，而T2事务持有R2的资源去申请R1。

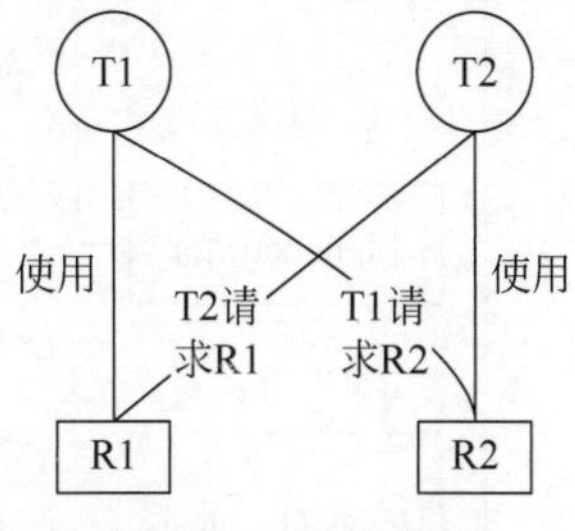

图5-17　死锁状态

形成死锁的必要条件是：资源的请求与保持。每个进程都可以在使用一个资源的同时去申请访问另一个资源。打破死锁的常见处理方式：中断其中的一个事务的执行，打破环状的等待。openGauss提供了轻量级锁的死锁检测及常规锁的死锁检测机制，下面简单介绍相关原理及代码。

1. 轻量级锁死锁检测

openGauss使用一个独立的监控线程来完成轻量级锁的死锁探测、诊断和解除。工作线程在请求轻量级锁成功之前会写入一个时间戳数值，成功获得锁后置该时间戳为0。监测线程可以通过快速对比时间戳数值来发现长时间获得不到锁资源的线程，这一过程是快速轻量的。只有发现长时间的锁等待，死锁检测的诊断才会触发。这样做的目的是防止频繁诊断影响业务正常执行。一旦确定了死锁环的存在，监控线程首先会将死锁信息记录到日志中去，然后采取恢复措施使得死锁自愈，即选择死锁环中的一个线程报错退出。轻量级锁死锁检测机制如图5-18所示。

因为检测死锁是否真正发生是一个重CPU操作，为了不影响数据库性能和运行稳定性，轻量级死锁检测使用了一种轻量式的探测，用来快速判断是否可能发生了死锁，采用看门狗(watchdog)的方法，利用时间戳来探测。工作线程在锁请求进入时会在全局内存上写入开始等待的时间戳；在锁请求成功后，将该时间戳清零。对于一个发生死锁的线程，它的锁请求是等待状态，时间戳也不会清零，且与当前运行时间戳数值的差值越来越大。GUC参数fault_mon_timeout控制检测间隔时间，默认为5s。轻量级锁死锁检测每隔fault_mon_timeout去进行检测，如果当前发现有同样线程、同样锁ID，且时间戳等待时间超过检测间隔时间值，则触发真正死锁检测。时间统计及轻量级检测函数如下。

(1) pgstat_read_light_detect：从统计信息结构体中读取线程及锁ID相关的时间戳，并记录到指针队列中。

(2) lwm_compare_light_detect：跟几秒检测前的时间对比，如果找到可能发生死锁的线程及锁ID则返回true，否则返回false。

真正的轻量级锁死锁检测是一个有向无环图的判定过程，它的实现跟常规锁类似，这部分会在下面详细介绍。死锁检测需要两部分信息：锁，包括请求和分配的信息；线程，包括等待和持有的信息，这些信息记录到相应的全局变量中，死锁监控线程可以访问并进行判断，相关的函数如下。

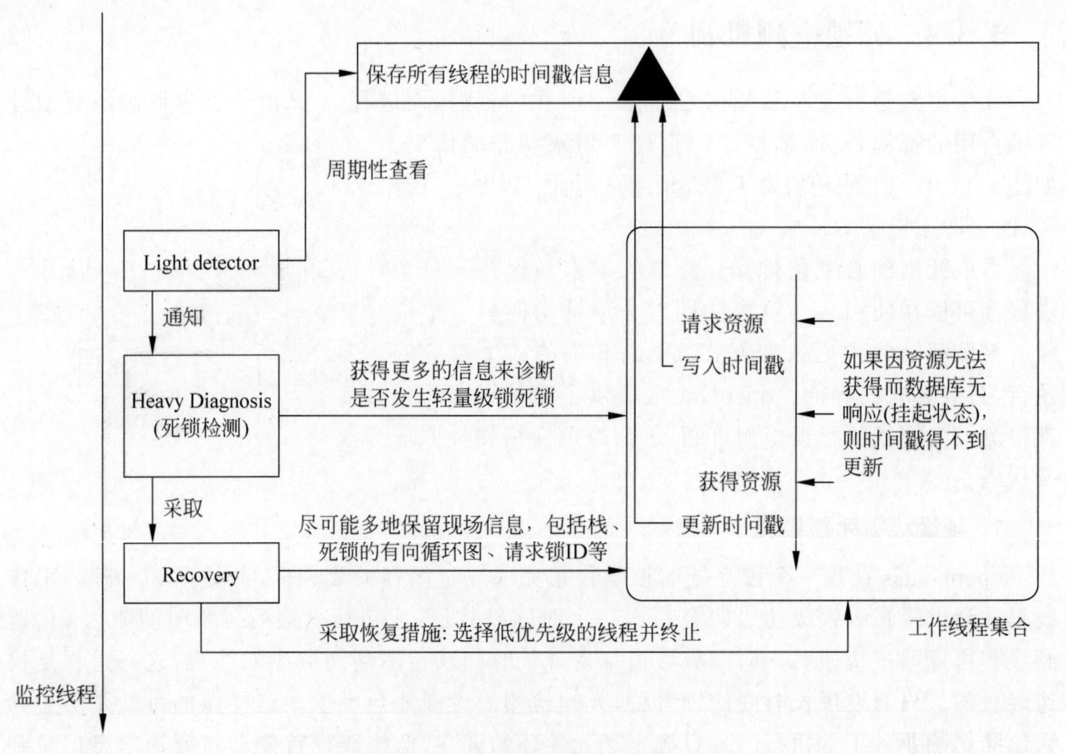

图 5-18 轻量级锁死锁检测机制

(1) lwm_heavy_diagnosis：检测是否有死锁。

(2) lwm_deadlock_report：报告死锁详细信息，方便定位诊断。

(3) lw_deadlock_auto_healing：治愈死锁，选择环中一个线程退出。

用于死锁检测的锁和线程相关数据结构如下。

(1) lock_entry_id 记录线程信息，有 thread_id 及 sessionid 是为了适配线程池框架，可以准确地从统计信息中找到相应的信息，对应的代码如下：

```
typedef struct {
    ThreadId thread_id;
    uint64 st_sessionid;
} lock_entry_id;
```

(2) lwm_light_detect 记录可能出现死锁的线程，最后用一个链表的形式将当前所有信息串联起来，对应的代码如下：

```
typedef struct {
    /* 线程 ID */
    lock_entry_id entry_id;

    /* 轻量级锁检测引用计数 */
    int lw_count;
```

```
} lwm_light_detect;
```

(3) lwm_lwlocks 记录线程相关的锁信息，持有锁数量及等锁信息，对应的代码如下：

```
typedef struct {
    lock_entry_id be_tid;              /* 线程 ID */
    int be_idx;                        /* 后台线程的位置 */
    LWLockAddr want_lwlock;            /* 预获取锁的信息 */
    int lwlocks_num;                   /* 线程持有的轻量级锁个数 */
    lwlock_id_mode* held_lwlocks;      /* 线程持有的轻量级锁数组 */
} lwm_lwlocks;
```

2. 常规锁死锁检测

openGauss 在获取锁时如果没有冲突可以直接上锁，如果有冲突则设置一个定时器(timer)，并进入等待，过一段时间会被定时器唤起进行死锁检测。如果在某个锁的等锁队列中，进程 T2 排在进程 T1 后面，且进程 T2 需要获取的锁与 T1 需要获取的锁资源冲突，则 T2 到 T1 会有一条软等待边(soft edge)；如果进程 T2 的加锁请求与 T1 进程所持有的锁冲突，则有一条硬等待边(hard edge)。那么整体思路就是通过递归调用，从当前顶点等锁的顶点出发，沿着等待边向前走，看是否存在环，如果环中有软等待边，说明环中两个进程都在等锁，重新排序，尝试解决死锁冲突。如果没有软等待边，那么只能终止当前等锁的事务，解决死锁等待环。如图 5-19 所示，虚线代表软等待边，实线代表硬等待边。线程 A 等待线程 B，线程 B 等待线程 C，线程 C 等待线程 A，因为线程 A 等待线程 B 的是软等待边，进行一次调整成为图 5-19 右边的等待关系，此时发现线程 A 等待线程 C，线程 C 等待线程 A，没有软等待边，检测到死锁。

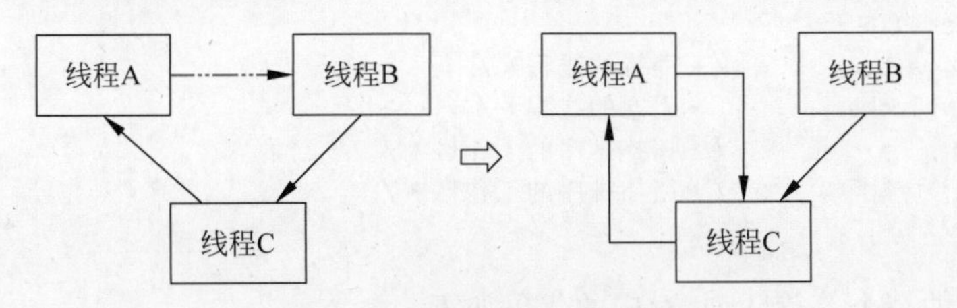

图 5-19　常规锁死锁检测示意图

主要函数如下。

(1) DeadLockCheck：死锁检测函数。

(2) DeadLockCheckRecurse：如果死锁则返回 true，如果有软等待边，返回 false 并且尝试解决死锁冲突。

(3) check_stack_depth：openGauss 会检查用于死锁递归检测的堆栈，防止堆栈过长，导致死锁检测时，轻量级锁分区因长期持有锁而阻塞后面所有的业务。

(4) CheckDeadLockRunningTooLong：openGauss 会检查死锁检测时间，防止死锁检测时间过长阻塞后面所有业务。对应的代码如下：

```
static void CheckDeadLockRunningTooLong(int depth)
```

```
{ /* 每 4 层检测一下 */
    if (depth > 0 && ((depth % 4) == 0)) {
        TimestampTz now = GetCurrentTimestamp();
        long secs = 0;
        int usecs = 0;

        if (now > t_thrd.storage_cxt.deadlock_checker_start_time) {
            TimestampDifference(t_thrd.storage_cxt.deadlock_checker_start_time, now,
&secs, &usecs);
            if (secs > 600) {       /* 如果从死锁检测开始超过 10min,则报错处理 */
#ifdef USE_ASSERT_CHECKING
                DumpAllLocks();  /* 在 debug 版本时,导出所有的锁信息,便于定位问题 */
#endif

                ereport(defence_errlevel(), (errcode(ERRCODE_INTERNAL_ERROR),
                                            errmsg("Deadlock checker runs too long and is
greater than 10 minutes.")));
            }
        }
    }
}
```

(5) FindLockCycle：检查是否有死锁环。

(6) FindLockCycleRecurse：死锁检测内部递归调用函数。

相应的数据结构有：

(1) 死锁检测中最核心最关键的有向边数据结构，对应的代码如下：

```
typedef struct EDGE {
    PGPROC *waiter;         /* 等待的线程 */
    PGPROC *blocker;        /* 阻塞的线程 */
    int pred;               /* 拓扑排序的工作区 */
    int link;               /* 拓扑排序的工作区 */
} EDGE;
```

(2) 可重排的一个等待队列，对应的代码如下：

```
typedef struct WAIT_ORDER {
    LOCK *lock;         /* 描述其等待队列的锁 */
    PGPROC **procs;     /* 按新等待顺序排列的 PGPROC 数组 */
    int nProcs;
} WAIT_ORDER;
```

(3) 死锁检测最后打印的相应信息，对应的代码如下：

```
typedef struct DEADLOCK_INFO {
    LOCKTAG locktag;            /* 等待锁对象的唯一标识 */
    LOCKMODE lockmode;          /* 等待锁对象的锁类型 */
    ThreadId pid;               /* 阻塞线程的线程 ID */
} DEADLOCK_INFO;
```

5.3.5 无锁原子操作

openGauss 封装了 32、64、128 位的原子操作，主要用于取代自旋锁，实现简单变量的原子更新操作。

(1) gs_atomic_add_32：32 位原子加，并且返回加之后的值，对应的代码如下：

```
static inline int32 gs_atomic_add_32(volatile int32 * ptr, int32 inc)
{
    return __sync_fetch_and_add(ptr, inc) + inc;
}
```

(2) gs_atomic_add_64：64 位原子加，并且返回加之后的值，对应的代码如下：

```
static inline int64 gs_atomic_add_64(int64 * ptr, int64 inc)
{
    return __sync_fetch_and_add(ptr, inc) + inc;
}
```

(3) gs_compare_and_swap_32：32 位 CAS 操作，如果 dest 地址的值在更新前没有被其他线程更新，则将 newval 写到 dest 地址并返回 true，否则返回 false，对应的代码如下：

```
static inline bool gs_compare_and_swap_32(int32 * dest, int32 oldval, int32 newval)
{
    if (oldval == newval)
        return true;

    volatile bool res = __sync_bool_compare_and_swap(dest, oldval, newval);

    return res;
}
```

(4) gs_compare_and_swap_64：64 位 CAS 操作，如果 dest 地址的值在更新前没有被其他线程更新，则将 newval 写到 dest 地址并返回 true，否则返回 false，对应的代码如下：

```
static inline bool gs_compare_and_swap_64(int64 * dest, int64 oldval, int64 newval)
{
    if (oldval == newval)
        return true;

    return __sync_bool_compare_and_swap(dest, oldval, newval);
}
```

(5) arm_compare_and_swap_u128：openGauss 提供跨平台的 128 位 CAS 操作，在 ARM 平台下，使用单独的指令集汇编了 128 位原子操作，用于提升内核测锁并发的性能，对应的代码如下：

```
static inline uint128_u arm_compare_and_swap_u128(volatile uint128_u * ptr, uint128_u
oldval, uint128_u newval)
```

```
{
#ifdef __ARM_LSE
    return __lse_compare_and_swap_u128(ptr, oldval, newval);
#else
    return __excl_compare_and_swap_u128(ptr, oldval, newval);
#endif
}
#endif
```

(6) atomic_compare_and_swap_u128：128 位 CAS 操作，如果 dest 地址的值在更新前没有被其他线程更新，则将 newval 写到 dest 地址。dest 地址的值没有被更新，就返回新值，否则返回被别人更新后的值。需要注意必须由上层的调用者保证传入的参数是 128 位对齐的。对应的代码如下：

```
static inline uint128_u atomic_compare_and_swap_u128(
    volatile uint128_u* ptr,
    uint128_u oldval = uint128_u{0},
    uint128_u newval = uint128_u{0})
{
#ifdef __aarch64__
    return arm_compare_and_swap_u128(ptr, oldval, newval);
#else
    uint128_u ret;
    ret.u128 = __sync_val_compare_and_swap(&ptr->u128, oldval.u128, newval.u128);
    return ret;
#endif
}
```

5.3.6 基于鲲鹏服务器的性能优化

1. WAL Group Inset 优化

数据库 redo 日志缓存系统指的是数据库 redo 日志持久化的写缓存，数据库 redo 日志落盘前会写入日志缓存中再写到磁盘进行持久化。日志缓存的写入效率是决定数据库整体吞吐量的主要因素，而各个线程之间写日志时为了保证日志顺序写存在锁争抢，锁的争抢就成为性能的主要瓶颈点。openGauss 针对鲲鹏服务器 ARM CPU 的特点，通过 group 的方式进行日志的插入，减少锁的争抢，提升 WAL 日志的插入效率，从而提升整个数据库的吞吐性能。group 方式日志插入的主要流程如图 5-20 所示。

(1) 不需要所有线程都竞争锁。

(2) 在同一时间窗口所有线程在争抢锁前先加入一个 group 中，第一个加入 group 的线程作为 leader，通过 CAS 原子操作来实现队列的管理。

(3) leader 线程代表整个 group 去争抢锁。group 中的其他线程（follower）开始睡眠，等待 leader 唤醒。

(4) 争抢到锁后，leader 线程将 group 里的所有线程想要插入的日志遍历一遍得到需要空间总大小。leader 线程只执行一次 reserve space 操作。

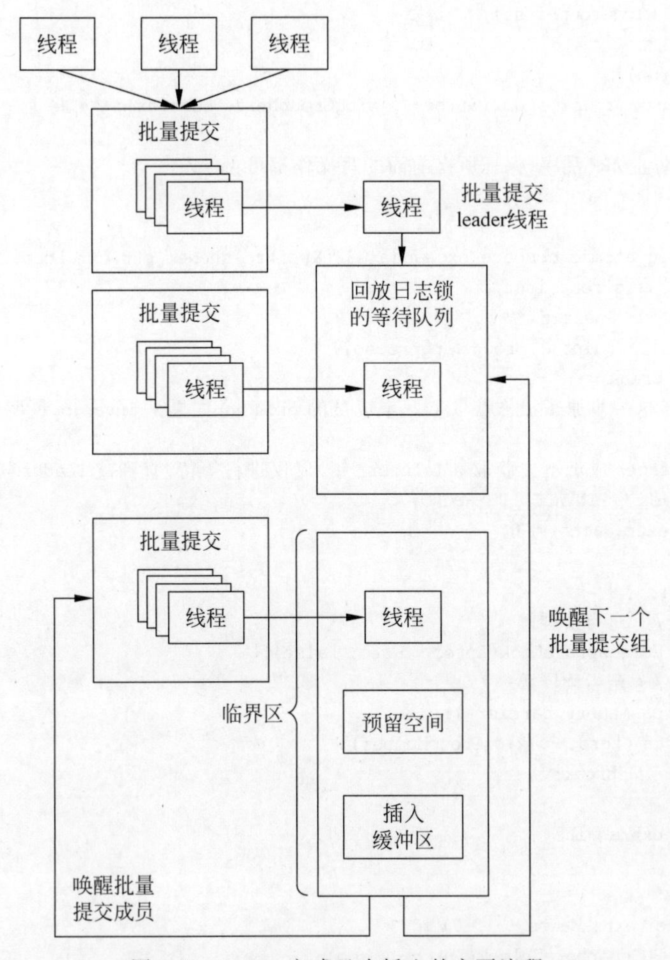

图 5-20 group 方式日志插入的主要流程

(5) leader 线程将 group 中所有线程想要写入的日志都写入日志缓冲区中。

(6) 释放锁,唤醒所有 follower 线程。

(7) follower 线程由于需要写入的日志已经被 leader 写入,不需要再争抢锁,直接进入后续流程。

关键函数代码如下:

```
static XLogRecPtr XLogInsertRecordGroup(XLogRecData * rdata, XLogRecPtr fpw_lsn)
{
    …/* 初始化变量及简单校验 */
    START_CRIT_SECTION();           /* 开启临界区 */
    proc->xlogGroupMember = true;
    …
    proc->xlogGroupDoPageWrites = &t_thrd.xlog_cxt.doPageWrites;

    nextidx = pg_atomic_read_u32(&t_thrd.shemem_ptr_cxt.LocalGroupWALInsertLocks
```

```
[groupnum].l.xlogGroupFirst);

    while (true) {
        pg_atomic_write_u32(&proc->xlogGroupNext, nextidx); /* 将上一个成员记录到 proc
结构体中 */
        /* 防止 ARM 乱序:保证所有前面的写操作都可见 */
        pg_write_barrier();

        if (pg_atomic_compare_exchange_u32(&t_thrd.shemem_ptr_cxt.LocalGroupWALInsertLocks
[groupnum].l.xlogGroupFirst,
                &nextidx,
                (uint32)proc->pgprocno)) {
            break;
        } /* 这一步原子操作获取上一个成员的 proc no,如果是 invalid,说明是 leader */
    }
    /* 非 leader 成员不去获取 WAL Insert 锁,仅仅进行等待,直到被 leader 唤醒 */
    if (nextidx != INVALID_PGPROCNO) {
        int extraWaits = 0;

        for (;;) {
            /* 充当读屏障 */
            PGSemaphoreLock(&proc->sem, false);
            /* 充当读屏障 */
            pg_memory_barrier();
            if (!proc->xlogGroupMember) {
                break;
            }
            extraWaits++;
        }

        while (extraWaits-- > 0) {
            PGSemaphoreUnlock(&proc->sem);
        }
        END_CRIT_SECTION();
        return proc->xlogGroupReturntRecPtr;
    }
    /* leader 成员持有锁 */
    WALInsertLockAcquire();
    /* 计算每个成员线程的 xlog record size */
    …
    /* leader 线程将所有成员线程的 xlog record 插入缓冲区 */
    while (nextidx != INVALID_PGPROCNO) {
        localProc = g_instance.proc_base_all_procs[nextidx];

        if (unlikely(localProc->xlogGroupIsFPW)) {
            nextidx = pg_atomic_read_u32(&localProc->xlogGroupNext);
            localProc->xlogGroupIsFPW = false;
            continue;
        }
        XLogInsertRecordNolock(localProc->xlogGrouprdata,
```

```
            localProc,
            XLogBytePosToRecPtr(StartBytePos),
            XLogBytePosToEndRecPtr(
                StartBytePos + MAXALIGN(((XLogRecord * )(localProc -> xlogGrouprdata ->
data)) -> xl_tot_len)),
            XLogBytePosToRecPtr(PrevBytePos));
        PrevBytePos = StartBytePos;
        StartBytePos += MAXALIGN(((XLogRecord * )(localProc -> xlogGrouprdata -> data)) ->
xl_tot_len);
        nextidx = pg_atomic_read_u32(&localProc -> xlogGroupNext);
    }

    WALInsertLockRelease();          /* 完成工作放锁并唤醒所有成员线程 */
    while (wakeidx != INVALID_PGPROCNO) {
        PGPROC * proc = g_instance.proc_base_all_procs[wakeidx];

        wakeidx = pg_atomic_read_u32(&proc -> xlogGroupNext);
        pg_atomic_write_u32(&proc -> xlogGroupNext, INVALID_PGPROCNO);
        proc -> xlogGroupMember = false;
        pg_memory_barrier();

        if (proc != t_thrd.proc) {
            PGSemaphoreUnlock(&proc -> sem);
        }
    }

    END_CRIT_SECTION();
    return proc -> xlogGroupReturntRecPtr;
}
```

2. Cache align 消除伪共享

CPU 在访问主存时一次会获取整个缓存行的数据，其中 x86 典型值是 64 字节，而 ARM 1620 芯片 L1 和 L2 缓存都是 64 字节，L3 缓存是 128 字节。这种数据获取方式本身可以大大提升数据访问的效率，但是假如同一个缓存行中不同位置的数据频繁被不同的线程读取和写入，由于写入时会造成其他 CPU 下的同一个缓存行失效，从而会使得 CPU 按照缓存行来获取主存数据的努力不但白费，反而成为性能负担。伪共享就是指这种不同的 CPU 同时访问相同缓存行的不同位置的性能低效的行为。

以轻量级锁为例，代码如下所示：

```
#ifdef __aarch64__
#define LWLOCK_PADDED_SIZE PG_CACHE_LINE_SIZE(128)
#else
#define LWLOCK_PADDED_SIZE (sizeof(LWLock) <= 32 ? 32 : 64)
#endif
typedef union LWLockPadded
{
LWLocklock;
```

```
charpad[LWLOCK_PADDED_SIZE];
} LWLockPadded;
```

当前锁逻辑中轻量级锁的访问仍然是最突出的热点之一。如果 LWLOCK_PADDED_SIZE 是 32 字节的，且轻量级锁是按照一个连续的数组来存储的，64 字节的缓存行可以同时容纳两个 LWLockPadded，128 字节的缓存行则可以同时含有 4 个 LWLockPadded。当系统中对轻量级锁竞争激烈时，对应的缓存行不停地获取和失效，浪费大量 CPU 资源。故在 ARM 机器的优化下将 padding_size 直接设置为 128，消除伪共享，提升整体轻量级锁的使用性能。

3. WAL INSERT 128CAS 无锁临界区保护

在目前数据库或文件系统中，WAL 需要把内存中生成的日志信息插入日志缓存中。为了实现日志高速缓存，日志管理系统会并发插入，通过预留全局位置来完成，一般使用两个 64 位的全局数据位置索引分别表示存储插入的起始和结束位置，最大能提供 16EB(Exabyte)的数据索引的支持。为了保护全局的位置索引，WAL 引入了一个高性能的原子锁实现每个日志缓存位置的保护，在 NUMA 架构中，特别是 ARM 架构中，由于原子锁退避和高跨 CPU 访问延迟，缓存一致性性能差异导致 WAL 并发的缓存保护成为瓶颈。

优化的主要思想是将两个 64 位的全局数据位置信息通过 128 位原子操作替换原子锁，消除原子锁本身在跨 CPU 访问、原子锁退避(backoff)、缓存一致性代价，如图 5-21 所示。

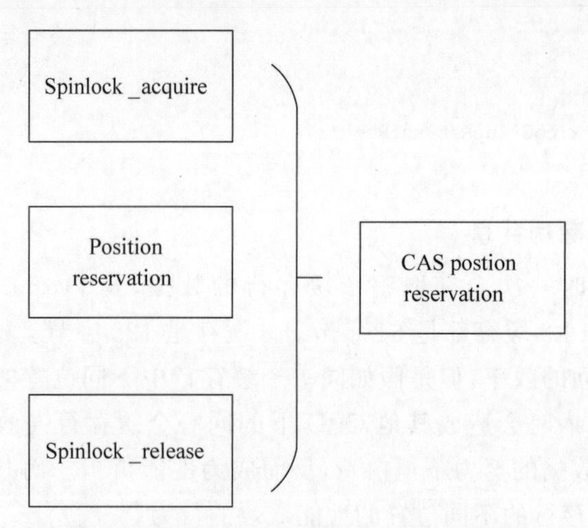

图 5-21　128CAS 无锁临界区保护示意图

全局位置信息包括一个 64 位起始地址和一个 64 位的结束地址，将这两个地址合并成为一个 128 位信息，通过 CAS 原子操作完成免锁位置信息的预留。在 ARM 平台中没有实现 128 位的原子操作库，openGauss 通过 exclusive 命令加载两个 ARM64 位数据来实现，ARM64 汇编指令为 LDXP/STXP。

关键数据结构及函数 ReserveXLogInsertLocation 的代码如下：

```
typedef union {
```

```
    uint128  u128;
    uint64  u64[2];
    uint32  u32[4];
} uint128_u; /* 为了代码可读及操作,将 u128 设计成 union 的联合结构体,内存位置进行 64 位数值的赋值 */
static void ReserveXLogInsertLocation (uint32 size, XLogRecPtr * StartPos, XLogRecPtr * EndPos, XLogRecPtr * PrevPtr)
{
    volatile XLogCtlInsert * Insert = &t_thrd.shemem_ptr_cxt.XLogCtl->Insert;
    uint64 startbytepos;
    uint64 endbytepos;
    uint64 prevbytepos;

    size = MAXALIGN(size);

#if defined(__x86_64__) || defined(__aarch64__)
    uint128_u compare;
    uint128_u exchange;
    uint128_u current;

    compare = atomic_compare_and_swap_u128((uint128_u *)&Insert->CurrBytePos);

loop1:
    startbytepos = compare.u64[0];
    endbytepos = startbytepos + size;

    exchange.u64[0] = endbytepos; /* 此处为了代码可读,将 uint128 设置成一个 union 的联合结构体,将起始和结束位置写入 exchange 中 */
    exchange.u64[1] = startbytepos;

    current = atomic_compare_and_swap_u128((uint128_u *)&Insert->CurrBytePos, compare, exchange);
    if (!UINT128_IS_EQUAL(compare, current)) {    /* 如果被其他线程并发更新,重新循环 */
        UINT128_COPY(compare, current);
        goto loop1;
    }
    prevbytepos = compare.u64[1];

#else
    SpinLockAcquire(&Insert->insertpos_lck); /* 其余平台使用自旋锁来保护变量更新 */
    startbytepos = Insert->CurrBytePos;
    prevbytepos = Insert->PrevBytePos;
    endbytepos = startbytepos + size;
    Insert->CurrBytePos = endbytepos;
    Insert->PrevBytePos = startbytepos;

    SpinLockRelease(&Insert->insertpos_lck);
#endif /* __x86_64__|| __aarch64__ */
    *StartPos = XLogBytePosToRecPtr(startbytepos);
    *EndPos = XLogBytePosToEndRecPtr(endbytepos);
```

```
    * PrevPtr = XLogBytePosToRecPtr(prevbytepos);
}
```

4. CLOG Partition 优化

CLOG 日志即事务提交日志(详情可参考 5.2.2 节相关内容)。每个事务存在 4 种状态：IN_PROGRESS、COMMITED、ABORTED、SUB_COMMITED，每条日志占 2 bit。CLOG 日志需要存储在磁盘上，一个页面(8KB)可以包含 2^{15} 条，每个日志文件(段=256×8K)2^{26} 条。当前 CLOG 的访问通过缓冲池实现，代码中使用统一的 SLRU 缓冲池算法。

如图 5-22 所示，CLOG 的日志缓冲池在共享内存中且全局唯一，名称为 GlogCtl，为各工作线程共享该资源。在高并发的场景下，该资源的竞争成为性能瓶颈，优化分区后如图 5-23 所示。按页面号进行取模运算(求两个数相除的余数)，将日志均分到多个共享内存的缓冲池中，由线程局部对象的数组 ClogCtlData 来记录，名称为 ClogCtl，同步增加共享内存中的缓冲池对象及对应的全局锁，即通过打散的方式提高整体吞吐。

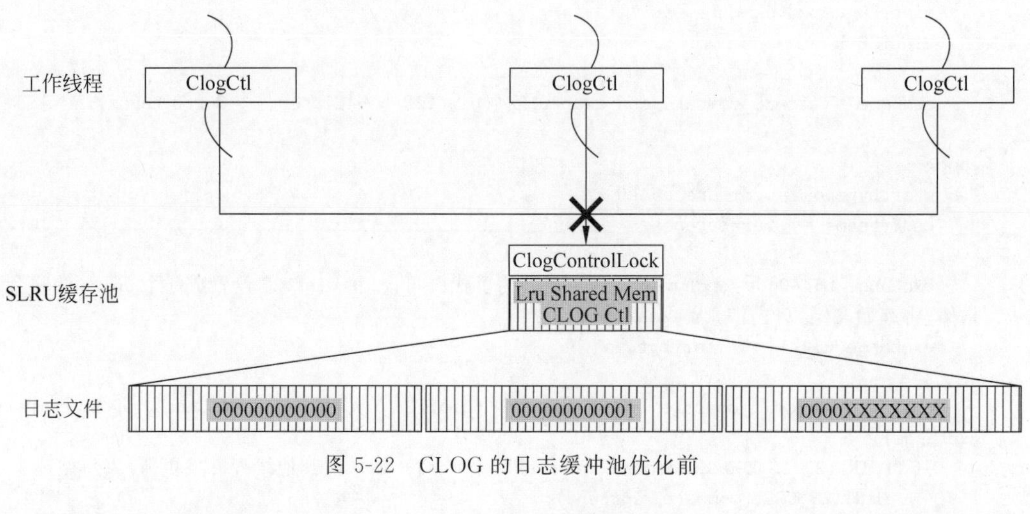

图 5-22　CLOG 的日志缓冲池优化前

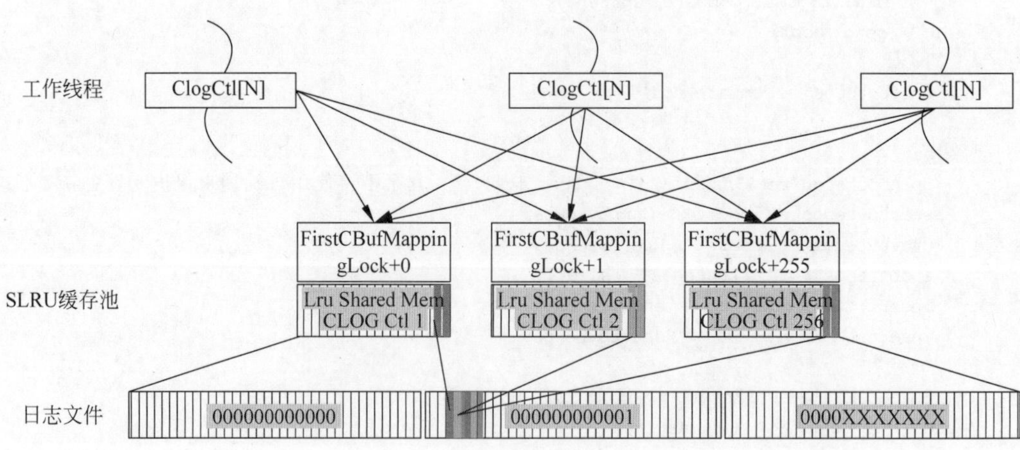

图 5-23　CLOG 的日志缓冲池优化后

CLOG分区优化需要将源代码中涉及原缓冲池的操作进行修改，改为操作对应的分区的缓冲池，而通过事务ID、页面号能方便地找到对应的分区，与此同时，对应的控制锁也从原来的一把锁改为多把锁，涉及的结构体代码如下，涉及的函数如表5-8所示。

```
/* CLOG分区 */
#define NUM_CLOG_PARTITIONS 256        /* 分区打散的个数 */
/* CLOG轻量级分区锁 */
#define CBufHashPartition(hashcode) \
    ((hashcode) % NUM_CLOG_PARTITIONS)
#define CBufMappingPartitionLock(hashcode) \
    (&t_thrd.shemem_ptr_cxt.mainLWLockArray[FirstCBufMappingLock + CBufHashPartition
(hashcode)].lock)
#define CBufMappingPartitionLockByIndex(i) \
    (&t_thrd.shemem_ptr_cxt.mainLWLockArray[FirstCBufMappingLock + i].lock)
```

表5-8 CLOG分区优化函数

函数名	简述
CLOGShmemInit	调用SimpleLruInit初始化共享内存中的CLOG缓冲区
ZeroCLOGPage	CLOG日志页面的初始化为0
BootStrapCLOG	创建数据库时，在缓冲区中创建初始可用的CLOG日志页面，并调用ZeroCLOGPage初始化页面为0，写回到磁盘，并返回页面
CLogSetTreeStatus	设置事务提交的最终状态
CLogGetStatus	查询事务状态
ShutdownCLOG	关闭缓冲区，刷新到磁盘中
ExtendCLOG	为新分配的事务创建CLOG页面
TruncateCLOG	日志检查点的建立使得部分事务的日志过期，可删除以节省空间
WriteZeroPageXlogRec	新建XLOG页面时，写"CLOG_ZEROPAGE"XLOG日志，以便将来恢复使用
clog_redo	CLOG日志相关的redo操作，含CLOG_ZEROPAGE及CLOG_TRUNCATE

5. 支持NUMA-aware数据和线程访问分布

NUMA远端访问：内存访问涉及访问线程和被访问内存的物理位置。只有两者在同一个NUMA Node中时，内存访问才是本地的，否则就会涉及跨Node远端访问，此时性能开销较大。

Numactl开源软件提供了libnuma库允许应用程序方便地将线程绑定在特定的NUMA Node或者CPU列表，可以在指定的NUMA Node上分配内存。下面对openGauss代码可能涉及的API进行描述。

(1) "int numa_run_on_node(int node);"将当前任务及子任务运行在指定的Node上。该API对应函数如下。

numa_run_on_node函数：在特定节点上运行当前任务及其子任务。在使用numa_run_on_node_mask函数重置节点关联之前，这些任务不会迁移到其他节点的CPU上。传递−1让内核再次在所有节点上调度。成功时返回0；错误时返回−1，错误码记录在

errno 中。

(2)“void numa_set_localalloc(void);”将调用者线程的内存分配策略设置为本地分配,即优先从本节点进行内存分配。该 API 对应函数如下。

numa_set_localalloc 函数：设置调用任务的内存分配策略为本地分配。在此模式下，内存分配的首选节点为内存分配时任务正在执行的节点。

(3)“void numa_alloc_onnode(void);”在指定的 NUMA Node 上申请内存。该 API 对应函数如下。

numa_alloc_onnode 函数：在特定节点上分配内存。分配大小为系统页的倍数并向上取整。如果指定的节点在外部拒绝此进程,则此调用将失败。与函数系列 Malloc(3)相比，此函数相对较慢,必须使用 numa_free 函数释放内存。错误时返回 NULL。

openGauss 基于 NUMA 架构进行了内部数据结构优化。

1）全局 PGPROC 数组优化

如图 5-24 所示,对每个客户端连接系统都会分配一个专门的 PGPROC 结构来维护相关信息。ProcGlobal→allProcs 原本是一个 PGPROC 结构的全局数组,但是其物理内存所在的 NUMA Node 是不确定的,造成每个事务线程访问自己的 PGPROC 结构时,线程可能由于操作系统的调度在多个 NUMA Node 间,而对应的 PGPROC 结构的物理内存位置也是无法预知,大概率会是远端访存。

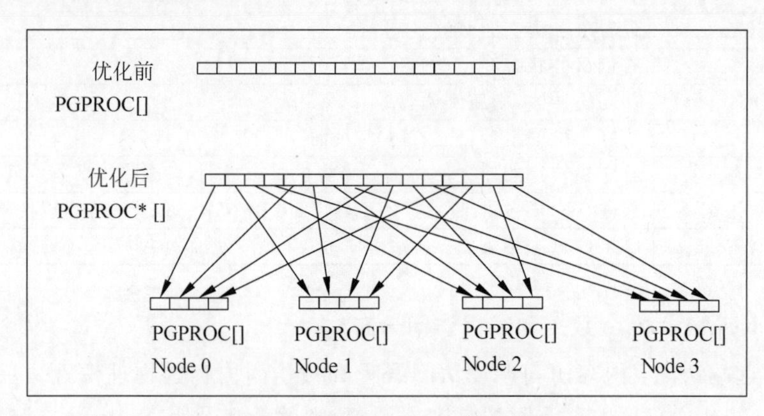

图 5-24　全局 PGPROC 数组优化

由于 PGPROC 结构的访问较为频繁,根据 NUMA Node 的个数将这个全局结构数组分为多份,每份分别使用 numa_alloc_onnode 来固定 NUMA Node 分配内存。为了尽量减少对当前代码的结构性改动,将 ProcGlobal→allProcs 由 PGPROC * 改为 PGPROC **。对应所有访问 ProcGlobal→allProcs 的地方均需要做相应调整(多了一层间接指针引用)。相关代码如下：

```
#ifdef __USE_NUMA
    if (nNumaNodes > 1) {
        ereport(INFO, (errmsg("InitProcGlobal nNumaNodes: %d, inheritThreadPool: %d,
groupNum: %d",
```

```
            nNumaNodes, g_instance.numa_cxt.inheritThreadPool,
            (g_threadPoolControler ? g_threadPoolControler->GetGroupNum() : 0))));

        int groupProcCount = (TotalProcs + nNumaNodes - 1) / nNumaNodes;
        size_t allocSize = groupProcCount * sizeof(PGPROC);
        for (int nodeNo = 0; nodeNo < nNumaNodes; nodeNo++) {
            initProcs[nodeNo] = (PGPROC *)numa_alloc_onnode(allocSize, nodeNo);
            if (!initProcs[nodeNo]) {
                ereport(FATAL, (errcode(ERRCODE_OUT_OF_MEMORY),
                                errmsg("InitProcGlobal NUMA memory allocation in node %d
failed.", nodeNo)));
            }
            add_numa_alloc_info(initProcs[nodeNo], allocSize);
             int ret = memset_s(initProcs[nodeNo], groupProcCount * sizeof(PGPROC), 0,
groupProcCount * sizeof(PGPROC));
            securec_check_c(ret, "\0", "\0");
        }
    } else {
#endif
```

2）全局 WALInsertLock 数组优化

WALInsertLock 用来对 WAL Insert 操作进行并发保护，可以配置多个，比如16。优化前，所有的 WALInsertLock 都在同一个全局数组，并通过共享内存进行分配。事务线程运行时在整个全局数组中分配其中的一个 Insert Lock 进行使用，因此大概率会涉及远端访存，即多个线程会进行跨 Node、跨 P 竞争。WALInsertLock 也可以按 NUMA Node 单独分配内存，并且每个事务线程仅使用本 Node 分组内的 WALInsertLock，这样就可以将数据竞争限定在同一个 NUMA Node 内部。全局 WALInsertLock 数组优化基本原理如图5-25所示。

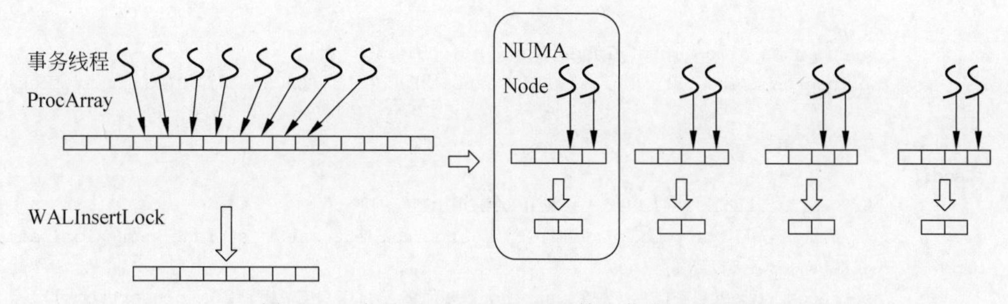

图5-25　全局 WALInsertLock 数组优化基本原理

假如系统配置了16个 WALInsertLock，同时 NUMA Node 配置为4个，则原本长度为16的数组将会被拆分为4个数组，每个数组长度为4。全局结构体为“WALInsertLockPadded ** GlobalWALInsertLocks”，线程本地 WALInsertLocks 将指向本 Node 内的 WALInsertLock，不同的 NUMA Node 拥有不同地址的 WALInsertLock 子数组。GlobalWALInsertLocks 则用于跟踪多个 Node 下的 WALInsertLock 数组，以方便遍历。WALInsertLock 分组方式

示意图如图5-26所示。

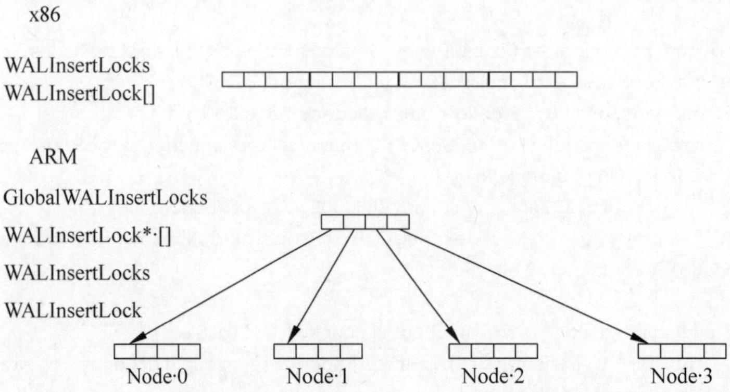

x86

WALInsertLocks
WALInsertLock[]

ARM

GlobalWALInsertLocks
WALInsertLock*·[]
WALInsertLocks
WALInsertLock

Node·0 Node·1 Node·2 Node·3

图5-26 WALInsertLock分组方式示意图

初始化WALInsertLock结构体的代码如下：

```
    WALInsertLockPadded** insertLockGroupPtr =
            (WALInsertLockPadded **) CACHELINEALIGN (palloc0 (nNumaNodes * sizeof
(WALInsertLockPadded*) + PG_CACHE_LINE_SIZE));
#ifdef __USE_NUMA
    if (nNumaNodes > 1) {
        size_t allocSize = sizeof(WALInsertLockPadded) * g_instance.xlog_cxt.num_locks_in
_group + PG_CACHE_LINE_SIZE;
        for (int i = 0; i < nNumaNodes; i++) {
            char* pInsertLock = (char*)numa_alloc_onnode(allocSize, i);
            if (pInsertLock == NULL) {
                ereport(PANIC, (errmsg("XLOGShmemInit could not alloc memory on node %d",
i)));
            }
            add_numa_alloc_info(pInsertLock, allocSize);
            insertLockGroupPtr[i] = (WALInsertLockPadded*)(CACHELINEALIGN(pInsertLock));
        }
    } else {
#endif
        char* pInsertLock = (char*)CACHELINEALIGN(palloc(
            sizeof(WALInsertLockPadded) * g_instance.attr.attr_storage.num_xloginsert_
locks + PG_CACHE_LINE_SIZE));
        insertLockGroupPtr[0] = (WALInsertLockPadded*)(CACHELINEALIGN(pInsertLock));
#ifdef __USE_NUMA
    }
#endif
```

在ARM平台下，访问WALInsertLock需遍历GlobalWALInsertLocks两维数组，第一层遍历NUMA Node，第二层遍历Node内部的WALInsertLock数组。

WALInsertLock引用的LWLock内存结构在ARM平台下也进行相应的优化适配，代码如下：

```
typedef struct
{
LWLock lock;
#ifdef __aarch64__
pg_atomic_uint32xlogGroupFirst;
#endif
XLogRecPtrinsertingAt;
} WALInsertLock;
```

这里的 lock 成员变量将引用共享内存中的全局 LWLock 数组中的某个元素，在 WALInsertLock 优化之后，尽管 WALInsertLock 已经按照 NUMA Node 分布了，但是其引用的 LWLock 却无法控制其物理内存位置，因此在访问 WALInsertLock 的 lock 时仍然涉及了大量的跨 Node 竞争。因此，将 LWLock 直接嵌入 WALInsertLock 内部，从而将使用的 LWLock 一起进行 NUMA 分布，同时还减少了一次缓存访问。

5.4 本章小结

本章主要介绍了 openGauss 事务及并发控制的机制。

事务系统将 SQL、执行及存储模块串联起来，是数据库的重要角色(收到外部命令，根据当前内部系统状态，决定执行走向)，保证了事务处理的连贯性及正确性。

本章除介绍 openGauss 最基础与最核心的事务系统外，还详细描述了 openGauss 是如何基于鲲鹏服务器做出性能优化的。

总而言之，用“疾如闪电，稳如泰山”来形容 openGauss 的事务及并发控制模块是最适合不过了。

第6章

SQL引擎源码解析

SQL引擎作为数据库系统的入口，主要承担对SQL语言解析、优化、生成执行计划的作用。对于用户输入的SQL语句，SQL引擎会对语句进行语法/语义上的分析以判断是否满足语法规则等，之后会对语句进行优化以便生成最优的执行计划给执行器执行。故SQL引擎在数据库系统中承担着承上启下的作用，是数据库系统的“大脑”。

6.1 概述

SQL引擎负责对用户输入的SQL语言进行编译，生成可执行的执行计划，然后将执行计划交给执行引擎执行。SQL引擎整个编译过程如图6-1所示，在编译的过程中需要对输入的SQL语言进行词法分析、语法分析、语义分析，从而生成逻辑执行计划，逻辑执行计划经过代数优化和代价优化之后，产生物理执行计划。

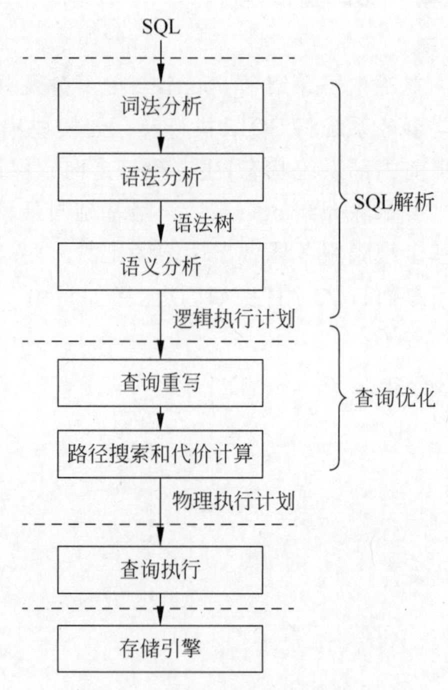

图6-1　SQL引擎整个编译过程

通常可以把SQL引擎分成SQL解析和查询优化两个主要模块，openGauss参照SQL语言标准实现了大部分SQL的主要语法功能，并结合应用过程中的具体实践对SQL语言进行了扩展，具有良好的普适性和兼容性。openGauss的查询优化功能主要分逻辑优化和物理优化两部分，从关系代数和物理执行两个角度对SQL进行优化，进而结合自底向上的动态规划方法和基于随机搜索的遗传算法对物理路径进行搜索，从而获得较好的执行计划。

6.2 SQL解析

1970年，埃德加·科德(Edgar Frank Codd)发表了关系模型的论文，奠定了关系数据库的理论基础。随后在1974年，Boyce和Chamber在关系模型的基础上推出了Sequel，后来演进成了SQL(Structured Query Language,结构化查询语言)。SQL是一种基于关系代数和关系演算的非过程化语言,它指定用户需要对数据操作的内容,而不指定如何去操作数据,具有非过程化、简单易学、易迁移、高度统一等特点。因此,SQL在推出之后就快速地成为数据库中占比最高的语言。

SQL在数据库管理系统中的编译过程符合编译器实现的常规过程,需要进行词法分析、语法分析和语义分析。

(1) 词法分析:从查询语句中识别出系统支持的关键字、标识符、操作符、终结符等,确定每个词自己固有的词性。常用工具如flex。

(2) 语法分析:根据SQL的标准定义语法规则,使用词法分析中产生的词去匹配语法规则,如果一个SQL能够匹配一个语法规则,则生成对应的抽象语法树(Abstract Synatax Tree,AST)。常用工具如Bison。

(3) 语义分析:对抽象语法树进行有效性检查,检查语法树中对应的表、列、函数、表达式是否有对应的元数据,将抽象语法树转换为查询树。

openGuass的SQL解析代码主流程可以用图6-2表示。执行SQL命令的入口函数是exec_simple_query。用户输入的SQL命令会作为字符串sql_query_string传给raw_parser函数,由raw_parser函数调用base_yyparse进行词法分析和语法分析,生成语法树添加到链表parsetree_list中。完成语法分析后,对于parsetree_list中的每棵语法树parsetree,openGuass会调用parse_analyze函数进行语义分析,根据SQL命令的不同,执行对应的入口函数,最终生成查询树。

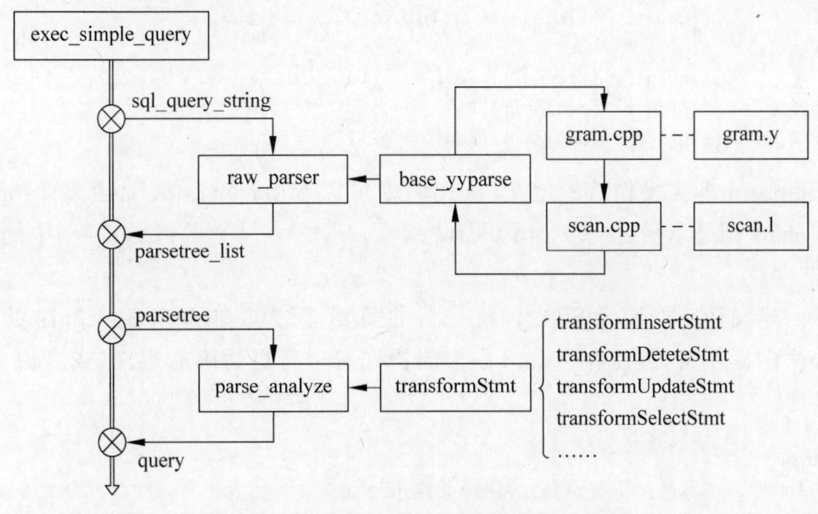

图6-2 openGauss的SQL解析代码主流程

词法结构和语法结构分别由scan.l文件和gram.y文件定义,并通过flex和bison分别编译成scan.cpp文件和gram.cpp文件。SQL解析的相关源文件说明如表6-1所示。

表 6-1 SQL 解析的相关源文件说明

源 文 件	说 明
src/common/backend/parser/scan. l	定义词法结构,采用 Lex 编译后生成 scan. cpp 文件
src/common/backend/parser/gram. y	定义语法结构,采用 Yacc 编译后生成 gram. cpp 文件
src/common/backend/parser/scansup. cpp	提供词法分析的常用函数
src/common/backend/parser/parser. cpp	词法、语法分析的主入口文件,入口函数是 raw_parser
src/common/backend/parser/analyze. cpp	语义分析的主入口文件,入口函数是 parse_analyze

6.2.1 词法分析

openGauss 采用 flex 和 bison 两个工具来完成词法分析和语法分析的主要工作。对于用户输入的每个 SQL 语句,它首先交由 flex 工具进行词法分析。flex 工具对已经定义好的词法文件进行编译,生成词法分析的代码。

openGauss 中的词法文件是 scan. l,它根据 SQL 语言标准对 SQL 中的关键字、标识符、操作符、常量、终结符进行了定义和识别。代码如下:

```
//定义操作符
op_chars     [\~\!\@\#\^\&\|\`\?\+\-\*\/\%\<\>\=]
operator     {op_chars}+

//定义数值类型
integer      {digit}+
decimal      (({digit}*\.{digit}+)|({digit}+\.{digit}*))
decimalfail  {digit}+\.\.
real         ({integer}|{decimal})[Ee][-+]?{digit}+
realfail1    ({integer}|{decimal})[Ee]
realfail2    ({integer}|{decimal})[Ee][-+]
```

其中,operator 即为操作符的定义,从代码中可以看出,operator 是由多个 op_chars 组成的,而 op_chars 则是[\~\!\@\#\^\&\|\`\?\+\-*\/\%\<\>\=]中的任意一个符号。

但这样的定义还不能满足 SQL 词法分析的需要,因为并非多个 op_chars 的组合就能形成一个合法的操作符,因此在 scan. l 中会对操作符进行更明确的定义(或者说检查)。代码如下:

```
{operator}  {
    //"/*""--"不是操作符,它们起注释的作用
    int   nchars = yyleng;
    char  *slashstar = strstr(yytext, "/*");
    char  *dashdash = strstr(yytext, "--");

    if (slashstar && dashdash)
    {
        //如果"/*"和"—"同时存在,选择第一个出现的作为注释
```

```
        if (slashstar > dashdash)
            slashstar = dashdash;
    }
    else if (!slashstar)
        slashstar = dashdash;
    if (slashstar)
        nchars = slashstar - yytext;

    //为了 SQL 兼容,'+'和'-'不能是多字符操作符的最后一个字符,例如'=-',需要将其作为两
    //个操作符
    while (nchars > 1 &&
          (yytext[nchars-1] == '+' ||
           yytext[nchars-1] == '-'))
    {
        int   ic;

        for (ic = nchars-2; ic >= 0; ic--)
        {
            if (strchr("~!@#^&|`?%", yytext[ic]))
                break;
        }
        if (ic >= 0)
            break;           //如果找到匹配的操作符,则跳出循环
        nchars--;            //否则去掉操作符'+'和'-',重新检查
    }

    ...
            return Op;
        }
```

从 operator 的定义过程中可以看到,其中有一些以 yy 开头的变量和函数,它们是 Lex 工具的内置变量和函数,如表 6-2 所示。

表 6-2 Lex 工具的内置变量和函数

变量或函数名	说　明
yytext	变量,所匹配的字符串
yyleng	变量,所匹配的字符串长度
yyval	变量,与标记相对应的值
yylex	函数,调用扫描器,返回标记
yyless	函数,将 yytext 中前 n 个以外的字符,重新放回输入流匹配
yymore	函数,将下次分析的结果词汇接在当前 yytext 的后面
yywrap	函数,返回 1 表示扫描完成后结束程序,否则返回 0

在编译的过程中,scan.l 会被编译成 scan.cpp 文件,从 parser 目录的 Makefile 文件中可以看到编译的命令。具体代码如下:

```
Makefile 片段
```

```
scan.cpp: scan.l
ifdef FLEX
	$(FLEX) $(FLEXFLAGS) -o'$@' $<
#	@if [ `wc -l <lex.backup` -eq 1 ]; then rm lex.backup; else echo "Scanner requires backup, see lex.backup."; exit 1; fi
else
	@$(missing) flex $< $@
endif
```

通过对比scan.l文件和scan.cpp文件可以看出其中的关联关系。代码如下：

```
scan.l
 840 {operator}      {
 841                  ...
 851                 if (slashstar && dashdash)

scan.cpp
case 59:
YY_RULE_SETUP
#line 840 "scan.l"
{
                        ...
                        if (slashstar && dashdash)
```

词法分析将一个SQL划分成多个不同的token，每个token会有自己的词性，词性说明请参考表6-3。

表6-3　词性说明

名　称	词　　性	说　　明
关键字	keyword	如SELECT/FROM/WHERE等，对大小写不敏感
标识符	IDENT	用户自己定义的名字、常量名、变量名和过程名，若无括号修饰则对大小写不敏感
操作符	operator	操作符，如果是/*和--会识别为注释
常量	ICONST/FCONST/SCONST/BCONST/XCONST	包括数值型常量、字符串常量、位串常量等

openGauss在kwlist.h中定义了大量的关键字，按照字母的顺序排列，方便在查找关键字时通过二分法进行查找，代码如下：

```
PG_KEYWORD("abort", ABORT_P, UNRESERVED_KEYWORD)
PG_KEYWORD("absolute", ABSOLUTE_P, UNRESERVED_KEYWORD)
PG_KEYWORD("access", ACCESS, UNRESERVED_KEYWORD)
PG_KEYWORD("account", ACCOUNT, UNRESERVED_KEYWORD)
PG_KEYWORD("action", ACTION, UNRESERVED_KEYWORD)
PG_KEYWORD("add", ADD_P, UNRESERVED_KEYWORD)
PG_KEYWORD("admin", ADMIN, UNRESERVED_KEYWORD)
PG_KEYWORD("after", AFTER, UNRESERVED_KEYWORD)
...
```

在 scan.l 中处理"标识符"时,会到关键字列表中进行匹配,如果一个标识符匹配到关键字,则认为是关键字,否则才是标识符,即关键字优先。代码如下:

```
{identifier}    {
                    ...

                    //判断是否为关键词
                    keyword = ScanKeywordLookup(yytext,
                                                yyextra->keywords,
                                                yyextra->num_keywords);

                    if (keyword != NULL)
                    {
                        ...
                        return keyword->value;
                    }

                    ...
                    yylval->str = ident;
                    yyextra->ident_quoted = false;
                    return IDENT;
                }
```

6.2.2　语法分析

openGuass 定义了 bison 工具能够识别的语法文件 gram.y,同样在 Makefile 中可以通过 bison 工具对 gram.y 进行编译,生成 gram.cpp 文件。

openGauss 根据 SQL 的不同定义了一系列表达 Statement 的结构体(这些结构体通常以 Stmt 作为命名后缀),用来保存语法分析结果。以 SELECT 查询为例,它对应的 Statement 结构体如下:

```
typedef struct SelectStmt {
    NodeTag type;                   //节点类型

    List * distinctClause;          //DISTINCT 子句
    IntoClause * intoClause;        //SELECT INTO 子句
    List * targetList;              //目标属性
    List * fromClause;              //FROM 子句
    Node * whereClause;             //WHERE 子句
    List * groupClause;             //GROUP BY 子句
    Node * havingClause;            //HAVING 子句
    List * windowClause;            //WINDOW 子句
    WithClause * withClause;        //WITH 子句

    List * valuesLists;             //FROM 子句中未转换的表达式,用来保存常量表

    List * sortClause;              //ORDER BY 子句
    Node * limitOffset;             //OFFSET 子句
```

```
    Node * limitCount;              //LIMIT子句
    List * lockingClause;           //FOR UPDATE子句
    HintState * hintState;

    SetOperation op;                //查询语句的集合操作
    bool all;                       //集合操作是否指定ALL关键字
    struct SelectStmt * larg;       //左子节点
    struct SelectStmt * rarg;       //右子节点

    ...
} SelectStmt;
```

这个结构体可以看作一个多叉树，每个叶子节点都表达了SELECT查询语句中的一个语法结构，对应到gram.y中，它会有一个SelectStmt。代码如下：

```
simple_select:
            SELECT hint_string opt_distinct target_list
            into_clause from_clause where_clause
            group_clause having_clause window_clause
                {
                    SelectStmt *n = makeNode(SelectStmt);
                    n->distinctClause = $3;
                    n->targetList = $4;
                    n->intoClause = $5;
                    n->fromClause = $6;
                    n->whereClause = $7;
                    n->groupClause = $8;
                    n->havingClause = $9;
                    n->windowClause = $10;
                    n->hintState = create_hintstate($2);
                    n->hasPlus = getOperatorPlusFlag();
                    $$ = (Node *)n;
                }
            ...
```

simple_select除了上面的基本形式，还可以表示为其他形式，如VALUES子句、关系表达式、多个SELECT语句的集合操作等，这些形式会被进一步递归处理，最终转换为基本的simple_select形式。代码如下：

```
simple_select:
            ...
            | values_clause             { $$ = $1; }
            | TABLE relation_expr
                ...
            | select_clause UNION opt_all select_clause
                {
            $$ = makeSetOp(SETOP_UNION, $3, $1, $4);
        }
    | select_clause INTERSECT opt_all select_clause
        {
```

```
            $$ = makeSetOp(SETOP_INTERSECT, $3, $1, $4);
        }
    | select_clause EXCEPT opt_all select_clause
        {
            $$ = makeSetOp(SETOP_EXCEPT, $3, $1, $4);
        }
    | select_clause MINUS_P opt_all select_clause
        {
            $$ = makeSetOp(SETOP_EXCEPT, $3, $1, $4);
        }
    ;
```

从 simple_select 语法分析结构可以看出，一条简单的查询语句由以下子句组成：去除行重复的 distinctClause、目标属性 targetList、SELECT INTO 子句 intoClause、FROM 子句 fromClause、WHERE 子句 whereClause、GROUP BY 子句 groupClause、HAVING 子句 havingClause、窗口子句 windowClause 和 plan_hint。在成功匹配 simple_select 语法结构后，将会创建一个 Statement 结构体，将各个子句进行相应的赋值。对 simple_select 而言，目标属性、FROM 子句、WHERE 子句是最重要的组成部分。

目标属性对应语法定义中的 target_list，由若干个 target_el 组成。target_el 可以定义为表达式、取别名的表达式和"＊"等。代码如下：

```
target_list:
            target_el                    { $$ = list_make1($1); }
            | target_list ',' target_el    { $$ = lappend($1, $3); }
    ;

target_el: a_expr AS ColLabel
                ...
            | a_expr IDENT
                ...
            | a_expr
                ...
            | '*'
                ...
            | c_expr VALUE_P
                ...
            | c_expr NAME_P
                ...
            | c_expr TYPE_P
                ...
    ;
```

当成功匹配到一个 target_el 后，会创建一个 ResTarget 结构体，用于存储目标对象的全部信息。ResTarget 结构如下：

```
typedef struct ResTarget {
    NodeTag type;
    char *name;             //AS 指定的目标属性的名称，没有则为空
```

```
    List * indirection;  //通过属性名、* 号引用的目标属性,没有则为空
    Node * val;          //指向各种表达式
    int location;        //符号出现的位置
} ResTarget;
```

FROM 子句对应语法定义中的 from_clause,由 FROM 关键字和 from_list 组成,而 from_list 则由若干个 table_ref 组成。table_ref 可以定义为关系表达式、取别名的关系表达式、函数、SELECT 语句、表连接等形式。代码如下:

```
from_clause:
            FROM from_list        { $$= $2; }
            | /* EMPTY */{ $$ = NIL; }
        ;

from_list:
            table_ref            { $$ = list_make1( $1); }
            | from_list ',' table_ref     { $$ = lappend( $1, $3); }
        ;

table_ref: relation_expr
                ...
              | relation_expr alias_clause
                ...
              | relation_expr opt_alias_clause tablesample_clause
                ...
              | relation_expr PARTITION '(' name ')'
                ...
              | relation_expr BUCKETS '(' bucket_list ')'
                ...
              | relation_expr PARTITION_FOR '(' maxValueList ')'
                ...
              | relation_expr PARTITION '(' name ')' alias_clause
                ...
              | relation_expr PARTITION_FOR '(' maxValueList ')'
alias_clause
                ...
              | func_table
                ...
              | func_table alias_clause
                ...
              | func_table AS '(' TableFuncElementList ')'
                ...
              | func_table AS ColId '(' TableFuncElementList ')'
                ...
              | func_table ColId '(' TableFuncElementList ')'
                ...
              | select_with_parens
                ...
              | select_with_parens alias_clause
                ...
```

```
            | joined_table
                ...
            | '(' joined_table ')' alias_clause
                ...
        ;
```

以FROM子句中的关系表达式为例，最终会定义为ColId的相关形式，表示为表名、列名等的定义。代码如下：

```
relation_expr:
                qualified_name
                    ...
                | qualified_name '*'
                    ...
                | ONLY qualified_name
                    ...
                | ONLY '(' qualified_name ')'
                    ...
;

qualified_name:
                ColId
                    ...
                | ColId indirection
                    ...
```

在捕获到ColId后，会创建一个RangeVar结构体，用来存储相关信息。RangeVar结构如下：

```
typedef struct RangeVar {
    NodeTag type;
    char * catalogname;            //表的数据库名
    char * schemaname;             //表的模式名
    char * relname;                //表或者序列名
    char * partitionname;          //记录分区表名
    InhOption inhOpt;              //是否将表的操作递归到子表上
    char relpersistence;           / 表类型,普通表/unlogged表/临时表/全局临时表
    Alias * alias;                 //表的别名
    int location;                  //符号出现的位置
    bool ispartition;              //是否为分区表
    List * partitionKeyValuesList;
    bool isbucket;                 //当前是否为哈希桶类型的表
    List * buckets;                //对应的哈希桶中的桶
    int length;
#ifdef ENABLE_MOT
    Oid foreignOid;
#endif
} RangeVar;
```

WHERE子句给出了元组的约束信息，对应语法定义中的where_clause，由WHERE

关键字和一个表达式组成,例如:

```
where_clause:
            WHERE a_expr      { $ $  =  $ 2; }
            | /* EMPTY */        { $ $  = NULL; }
        ;
```

表达式可以为一个常量表达式或者属性,也可以为子表达式的运算关系,例如:

```
a_expr:   c_expr      { $ $  =  $ 1; }
            | a_expr TYPECAST Typename
               { $ $  = makeTypeCast( $ 1,  $ 3, @2); }
            | a_expr COLLATE any_name
               ...
            | a_expr AT TIME ZONE a_expr
               ...
            | '+' a_expr
            ...
        ;
```

对于运算关系,会调用 makeSimpleA_Expr 函数生成 A_Expr 结构体,存储表达式的相关信息。A_Expr 结构如下,字段 lexpr 和 rexpr 分别保存左、右两个子表达式的相关信息。代码如下:

```
typedef struct A_Expr {
    NodeTag type;
    A_Expr_Kind kind;           //表达式类型
    List * name;                //操作符名称
    Node * lexpr;               //左子表达式
    Node * rexpr;               //右子表达式
    int location;               //符号出现的位置
} A_Expr;
```

simple_select 的其他子句,如 distinctClause、groupClause、havingClause 等,语法分析方式类似。而其他 SQL 命令,如 CREATE、INSERT、UPDATE、DELETE 等,处理方式与 SELECT 命令类似,这里不做一一说明。

任何复杂的 SQL 语句,都可以拆解为多个基本的 SQL 命令执行。在完成词法分析和语法分析后,raw_parser 函数会将所有的语法分析树封装为一个 List 结构,名为 raw_parse_tree_list,返回给 exec_simple_query 函数,用于后面的语义分析、查询重写等步骤,该 List 中的每个 ListCell 包含一棵语法树。

6.2.3 语义分析

语义分析模块在词法分析和语法分析之后执行,用于检查 SQL 命令是否符合语义规定,能否正确执行。负责语义分析的是 parse_analyze 函数,位于 analyze.cpp 下。parse_analyze 会根据词法分析和语法分析得到的语法树,生成一个 ParseState 结构体用于记录语义分析的状态，再调用 transformStmt 函数，根据不同的命令类型进行相应的处理，最后生成查询树。

ParseState 保存了许多语义分析的中间信息，如原始 SQL 命令、范围表、连接表达式、原始 WINDOW 子句、FOR UPDATE/FOR SHARE 子句等。该结构体在语义分析入口函数 parse_analyze 下被初始化，在 transformStmt 函数下根据不同的 Stmt 存储不同的中间信息，完成语义分析后再被释放。ParseState 结构如下：

```
struct ParseState {
    struct ParseState * parentParseState;       //指向外层查询
    const char * p_sourcetext;                  //原始 SQL 命令
    List * p_rtable;                            //范围表
    List * p_joinexprs;                         //连接表达式
List * p_joinlist;                              //连接项
    List * p_relnamespace;                      //表名集合
    List * p_varnamespace;                      //属性名集合
    bool p_lateral_active;
    List * p_ctenamespace;                      //公共表达式名集合
    List * p_future_ctes;                       //不在 p_ctenamespace 中的公共表达式
    CommonTableExpr * p_parent_cte;
    List * p_windowdefs;                        //WINDOW 子句的原始定义
    int p_next_resno;                           //下一个分配给目标属性的资源号
    List * p_locking_clause;                    //原始的 FOR UPDATE/FOR SHARE 信息
    Node * p_value_substitute;
    bool p_hasAggs;                             //是否有聚集函数
    bool p_hasWindowFuncs;                      //是否有窗口函数
    bool p_hasSubLinks;                         //是否有子链接
    bool p_hasModifyingCTE;
    bool p_is_insert;                           //是否为 INSERT 语句
    bool p_locked_from_parent;
    bool p_resolve_unknowns;
    bool p_hasSynonyms;
    Relation p_target_relation;                 //目标表
    RangeTblEntry * p_target_rangetblentry;       //目标表在 RangeTable 对应的项
...
};
```

在语义分析过程中，语法树 parseTree 使用 Node 节点进行包装。Node 结构只有一个类型为 NodeTag 枚举变量的字段，用于识别不同的处理情况。比如 SelectStmt 对应的 NodeTag 值为 T_SelectStmt。Node 结构如下：

```
typedef struct Node {
    NodeTag type;
} Node;
```

transformStmt 函数会根据 NodeTag 的值，将语法树转化为不同的 Stmt 结构体，调用对应的语义分析函数进行处理。openGauss 在语义分析阶段处理的 NodeTag 情况有九种，详细请参考表 6-4。

表 6-4 NodeTag 情况说明

NodeTag	语义分析函数	说明
T_InsertStmt	transformInsertStmt	处理 INSERT 语句的语义
T_DeleteStmt	transformDeleteStmt	处理 DELETE 语句的语义
T_UpdateStmt	transformUpdateStmt	处理 UPDATE 语句的语义
T_MergeStmt	transformMergeStmt	处理 MERGE 语句的语义
T_SelectStmt	transformSelectStmt	处理基本 SELCET 语句的语义
	transformValuesClause	处理 SELCET VALUE 语句的语义
	transformSetOperationStmt	处理带有 UNION、INTERSECT、EXCEPT 的 SELECT 语句的语义
T_DeclareCursorStmt	transformDeclareCursorStmt	处理 DECLARE 语句的语义
T_ExplainStmt	transformExplainStmt	处理 EXPLAIN 语句的语义
T_CreateTableAsStmt	transformCreateTableAsStmt	处理 CREATE TABLE AS、SELECT INTO 和 CREATE MATERIALIZED VIEW 等语句的语义
其他	—	作为 UTILITY 类型处理，直接在分析树上封装 Query 返回

以处理基本 SELECT 命令的 transformSelectStmt 函数为例，其处理流程如下。

(1) 创建一个新的 Query 节点，设置 commandType 为 CMD_SELECT。

(2) 检查 SelectStmt 是否存在 WITH 子句，存在则调用 transformWithClause 处理。

(3) 调用 transformFromClause 函数处理 FROM 子句。

(4) 调用 transformTargetList 函数处理目标属性。

(5) 若存在操作符“＋”则调用 transformOperatorPlus 转为外连接。

(6) 调用 transformWhereClause 函数处理 WHERE 子句和 HAVING 子句。

(7) 调用 transformSortClause 函数处理 ORDER BY 子句。

(8) 调用 transformGroupClause 函数处理 GROUP BY 子句。

(9) 调用 transformDistinctClause 函数或者 transformDistinctOnClause 函数处理 DISTINCT 子句。

(10) 调用 transformLimitClause 函数处理 LIMIT 和 OFFSET 子句。

(11) 调用 transformWindowDefinitions 函数处理 WINDOW 子句。

(12) 调用 resolveTargetListUnknowns 函数将其他未知类型作为 text 处理。

(13) 调用 transformLockingClause 函数处理 FOR UPDATE 子句。

(14) 处理其他情况，如 insert 语句、foreign table 等。

(15) 返回查询树。

下面对 FROM 子句、目标属性、WHERE 子句的语义分析过程进行说明，SELECT 语句的其他部分语义分析方式与此类似，不做赘述。

处理目标属性的入口函数是 transformTargetList，函数的传参包括结构体 ParseState

和目标属性链表 targetlist。transformTargetList 会调用 transformTargetEntry 处理语法树下目标属性的每个 ListCell，最终将语法树 ResTarget 结构体的链表转换为查询树 TargetEntry 结构体的链表，每个 TargetEntry 表示查询树的一个目标属性。

TargetEntry 结构如下。其中，resno 保存目标属性的编号（从 1 开始计数），resname 保存属性名，resorigtbl 和 resorigcol 分别保存目标属性源表的 OID 和编号。

```
typedef struct TargetEntry {
    Expr xpr;
    Expr * expr;                //需要计算的表达式
    AttrNumber resno;           //属性编号
    char * resname;             //属性名
    Index ressortgroupref;      //被 ORDER BY 和 GROUP BY 子句引用时为正值
    Oid resorigtbl;             //属性所属源表的 OID
    AttrNumber resorigcol;      //属性在源表中的编号
    bool resjunk;               //如果为 true,则在输出结果时去除
} TargetEntry;
```

FROM 子句由 transformFromClause 函数进行处理，最后生成范围表。该函数的主要传参除了结构体 ParseState，还包括分析树 SelectStmt 的 fromClause 字段。fromClause 是 List 结构，由 FROM 子句中的表、视图、子查询、函数、连接表达式等构成，由 transformFromClauseItem 函数进行检查和处理。

```
Node * transformFromClauseItem(...)
{
    if (IsA(n, RangeVar)) {
        ...
    } else if (IsA(n, RangeSubselect)) {
        ...
    } else if (IsA(n, RangeFunction)) {
        ...
    } else if (IsA(n, RangeTableSample)) {
        ...
    } else if (IsA(n, JoinExpr)) {
        ...
    } else
        ...
    return NULL;
}
```

transformFromClauseItem 函数会根据 fromClause 字段的每个 Node 生成一个或多个 RangeTblEntry 结构，加入 ParseState 的 p_rtable 字段指向的链表中，最终生成查询树的 rtable 字段也会指向该链表。RangeTblEntry 结构如下：

```
typedef struct RangeTblEntry {
    NodeTag type;
RTEKind rtekind;                    //RTE 的类型
...
```

```
    Oid relid;                              //表的 OID
    Oid partitionOid;                       //如果是分区表,记录分区表的 OID
    bool isContainPartition;                //是否含有分区表
    Oid refSynOid;
    List * partid_list;

    char relkind;                           //表的类型
    bool isResultRel;
    TableSampleClause * tablesample;        //对表基于采样进行查询的子句

    bool ispartrel;                         //是否为分区表
    bool ignoreResetRelid;
    Query * subquery;                       //子查询语句
    bool security_barrier;                  //是否为 security_barrier 视图的子查询

    JoinType jointype;                      //连接类型
    List * joinaliasvars;                   //连接结果中属性的别名

    Node * funcexpr;                        //函数调用的表达式树
    List * funccoltypes;                    //函数返回记录中属性类型的 OID 列表
    List * funccoltypmods;                  //函数返回记录中属性类型的 typmods 列表
    List * funccolcollations;               //函数返回记录中属性类型的 collation OID 列表

    List * values_lists;                    //VALUES 表达式列表
    List * values_collations;               //VALUES 属性类型的 collation OID 列表
    ...
} RangeTblEntry;
```

处理 WHERE 子句的入口函数是 transformWhereClause,该函数调用 transformExpr 将分析树 SelectStmt 下 whereClause 字段表示的 WHERE 子句转换为一棵表达式树,然后将 ParseState 的 p_joinlist 所指向的链表和从 WHERE 子句得到的表达式树包装成 FromExpr 结构,存入查询树的 jointree。

```
typedef struct FromExpr {
    NodeTag type;
    List * fromlist;          //子连接链表
    Node * quals;             //表达式树
} FromExpr;
```

transformStmt 函数完成语义分析后会返回查询树。一条 SQL 语句的每个子句的语义分析结果都会保存在查询树的对应字段中,比如 targetList 存储目标属性语义分析结果,rtable 存储 FROM 子句生成的范围表,jointree 的 quals 字段存储 WHERE 子句语义分析的表达式树。查询树结构体定义如下:

```
typedef struct Query {
    NodeTag type;

    CmdType commandType;            //命令类型
    QuerySource querySource;        //查询来源
```

```
    uint64 queryId;                    //查询树的标识符
    bool canSetTag;                    //如果是原始查询,则为 false;如果是查询重写或者
                                       //查询规划新增,则为 true
    Node * utilityStmt;                //定义游标或者不可优化的查询语句
    int resultRelation;                //结果关系
    bool hasAggs;                      //目标属性或 HAVING 子句中是否有聚集函数
    bool hasWindowFuncs;               //目标属性中是否有窗口函数
    bool hasSubLinks;                  //是否有子查询
    bool hasDistinctOn;                //是否有 DISTINCT 子句
    bool hasRecursive;                 //公共表达式是否允许递归
    bool hasModifyingCTE;              //WITH 子句是否包含 INSERT/UPDATE/DELETE
    bool hasForUpdate;                 //是否有 FOR UPDATE 或 FOR SHARE 子句
    bool hasRowSecurity;               //重写是否应用行级访问控制
    bool hasSynonyms;                  //范围表是否有同义词
    List * cteList;                    //WITH 子句,用于公共表达式
    List * rtable;                     //范围表
    FromExpr * jointree;               //连接树,描述 FROM 和 WHERE 子句出现的连接
    List * targetList;                 //目标属性
    List * starStart;                  //对应 ParseState 结构体的 p_star_start
    List * starEnd;                    //对应 ParseState 结构体的 p_star_end
    List * starOnly;                   //对应 ParseState 结构体的 p_star_only
    List * returningList;              //RETURNING 子句
    List * groupClause;                //GROUP 子句
    List * groupingSets;               //分组集
    Node * havingQual;                 //HAVING 子句
    List * windowClause;               //WINDOW 子句
    List * distinctClause;             //DISTINCT 子句
    List * sortClause;                 //ORDER 子句
    Node * limitOffset;                //OFFSET 子句
    Node * limitCount;                 //LIMIT 子句
    List * rowMarks;                   //行标记链表
    Node * setOperations;              //集合操作
    List * constraintDeps;
    HintState * hintState;
    ...
} Query;
```

6.2.4 解析流程分析

前面介绍了 SQL 解析的大致流程,下面通过一个具体的案例介绍 SQL 解析过程中的具体代码流程。首先创建基表 warehouse,语句如下:

```
CREATE TABLE warehouse
(
    w_id SMALLINT PRIMARY KEY,
    w_name VARCHAR(10) NOT NULL,
    w_street_1 VARCHAR(20) CHECK(LENGTH(w_street_1)<> 0),
    w_street_2 VARCHAR(20) CHECK(LENGTH(w_street_2)<> 0),
    w_city VARCHAR(20),
```

```
    w_state CHAR(2) DEFAULT 'CN',
    w_zip CHAR(9),
    w_tax DECIMAL(4,2),
    w_ytd DECIMAL(12,2)
);
```

warehouse 表被创建之后，会在 pg_class 系统表中生成一条元数据，元数据中的 OID 属性用来代表这个表，比如在 pg_attribute 表中就通过这个 OID 标明这些属性是属于哪个表的。假设 warehouse 的 OID 为 16000，下面以查询语句 SELECT w_name FROM warehouse WHERE w_no = 1 为例，分析 SQL 分析的整体流程。

如表 6-5 所示，scan. l 会划分 SQL 语句中的各个 token 及其词性，利用关键字列表匹配到关键字 SELECT、FROM、WHERE，并将其他单词 w_name、warehouse、w_no 标记为标识符，将符号"="识别为操作符，"1"识别为整数型常量。

表 6-5 token 及其词性

词 性	内 容	Scan. l 中的划分
关键字	SELECT、FROM、WHERE	SELECT/FROM/WHERE
标识符	w_name、warehouse、w_no	IDENT
操作符	=	=
常量	1	ICONST

在完成 SQL 语句的词法分析后，scan. l 生成词法分析结果，代码如下：

```
SELECT IDENT FROM IDENT WHERE IDENT " = " ICONST
```

gram. y 文件会利用语法规则进行解析，生成语法树。如图 6-3 所示，对于本节给出的 SQL 语句，openGauss 会匹配 SelectStmt 下的 simple_select 语法生成语法树，进而根据目标属性、FROM 子句和 WHERE 子句创建 ResTarget、RangeVar、A_Expr 三个结构体，这三个结构体分别存储在语法树的 target_list、from_clause、where_clause 字段下，如果没有其他子句，对应字段为空。

图 6-4 给出了语法树的内存组织结构。一棵查询语法树 SelectStmt 包含若干 ResTarget 的 targetList 链表、fromClause 和 whereClause。

（1）targetList 链表中 ResTarget 字段 val 会根据目标属性的类型，指向不同的结构体。对于本节给出的案例，val 指向结构体 ColumnRef 存储目标属性在源表中的具体信息。

（2）fromClause 存储 FROM 子句的指向对象，同样是包含若干个 RangeVar 结构体的链表，每个 RangeVar 存储范围表的具体信息。本节给出的案例只有一个 RangeVar 结构体，字段 relname 值为 warehouse。

（3）whereClause 为 Node 结构，存储 WHERE 子句包含的范围表达式，根据表达式的不同，使用不同的结构体存储，如列引用 ColumnRef、参数引用 ParamRef、前缀/中缀/后缀表达式 A_Expr、常量 A_Const。对于本节给出的案例，使用 A_Expr 来存储表达式对象，并分别使用 ColumnRef 和 A_Const 存储左、右两个子表达式的具体信息。

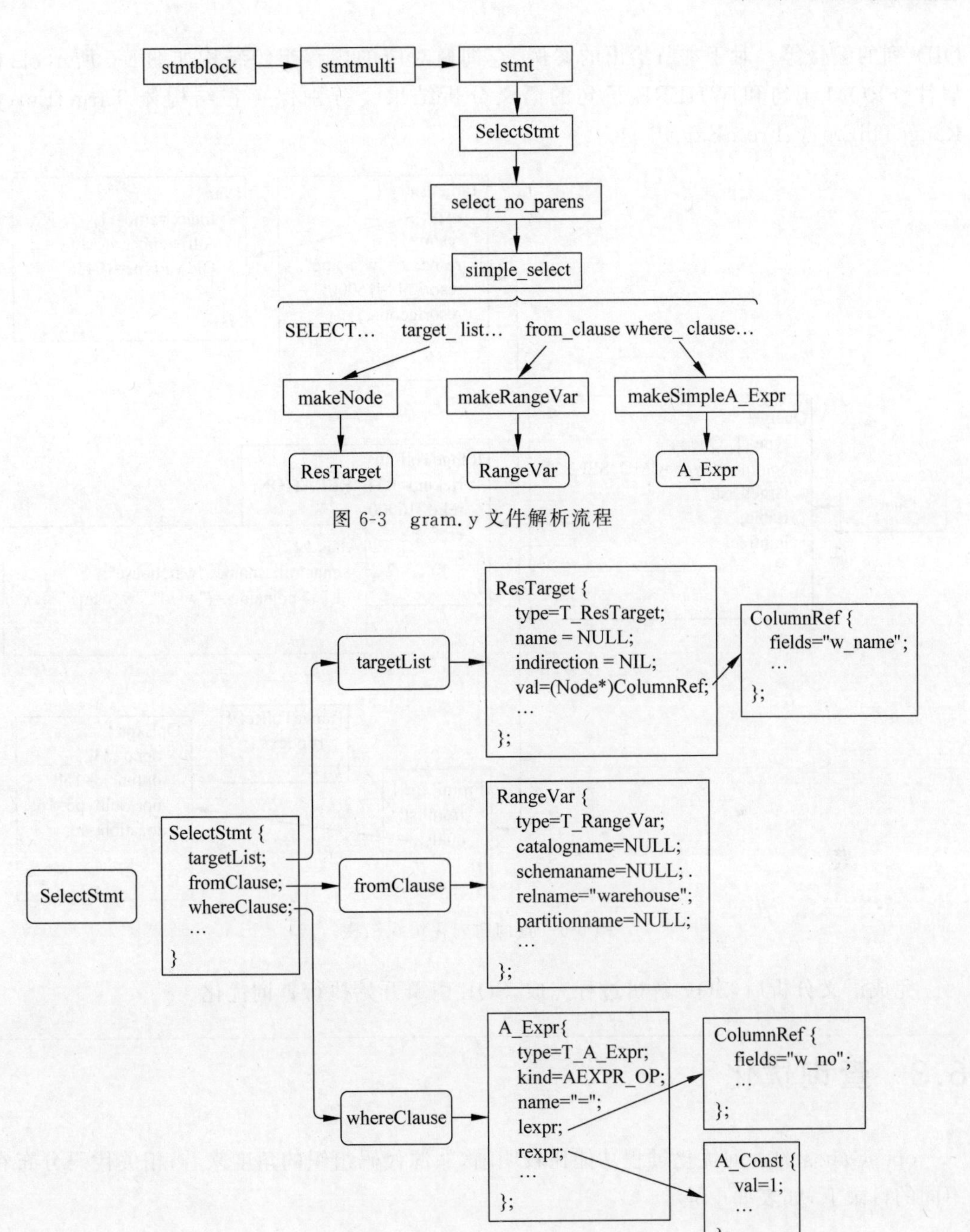

图6-3　gram.y文件解析流程

图6-4　语法树内存组织结构

在完成词法分析和语法分析后，parse_analyze函数会根据语法树的类型，调用transformSelectStmt将parseTree改写为查询树。在改写过程中，parse_analyze除了会检查SQL命令是否符合语义规定，还会根据语法树对象获得更有利于执行的信息，比如表的

OID、列的编号等。对于本节给出的案例,查询树对应的内存组织结构如图 6-5 所示,目标属性、FROM 子句和 WHERE 子句的语义分析结果会分别保存在结构体 TargetEntry、RangeTblEntry、FromExpr 中。

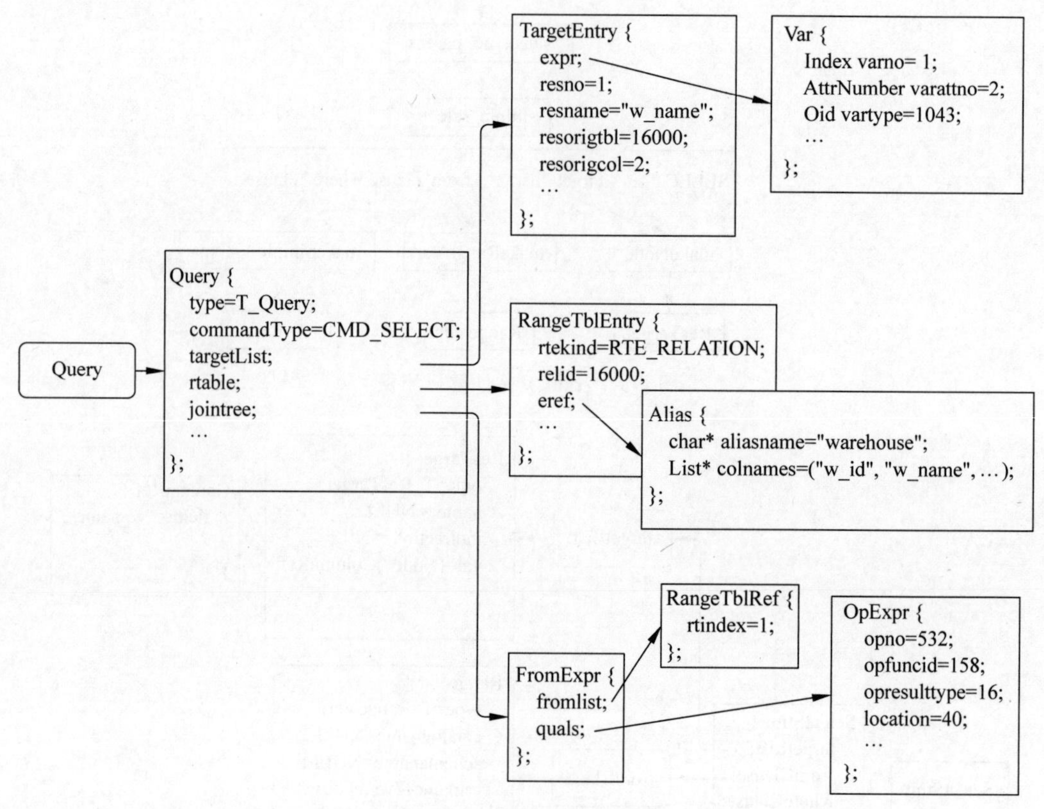

图 6-5　查询树内存组织结构

完成语义分析后,SQL 解析过程完成,SQL 引擎开始执行查询优化。

6.3　查询优化

openGauss 的查询优化过程功能比较明晰,从源代码组织的角度来看,相关代码分布在不同的目录下,如表 6-6 所示。

表 6-6　查询优化模块说明

模　块	目　　录	说　　明
查询重写	src/gausskernel/optimizer/prep	主要包括子查询优化、谓词化简及正则化、谓词传递闭包等查询重写优化技术
统计信息	src/gausskernel/optimizer/commands/analyze. cpp	生成各种类型的统计信息,供选择率估算、行数估算、代价估算使用

续表

模　块	目　　录	说　　明
代价估算	src/common/backend/utils/adt/selfuncs.cpp src/gausskernel/optimizer/path/costsize.cpp	进行选择率估算、行数估算、代价估算
物理路径	src/gausskernel/optimizer/path	生成物理路径
动态规划	src/gausskernel/optimizer/plan	通过动态规划方法对物理路径进行搜索
遗传算法	src/gausskernel/optimizer/geqo	通过遗传算法对物理路径进行搜索

6.3.1　查询重写

SQL 是丰富多样的,非常灵活,不同的开发人员经验不同,手写的 SQL 也是各式各样的,另外,SQL 还可以通过工具自动生成。SQL 是一种描述性语言,数据库的使用者只是描述了想要的结果,而不关心数据的具体获取方式,输入数据库的 SQL 很难做到是以最优形式表示的,往往隐含了一些冗余信息,这些信息可以被挖掘用来生成更加高效的 SQL。查询重写就是把用户输入的 SQL 转换为更高效的等价 SQL,查询重写遵循两个基本原则。

(1) 等价性:原语句和重写后的语句输出结果相同。

(2) 高效性:重写后的语句,比原语句在执行时间和资源使用上更高效。

查询重写主要是基于关系代数式的等价变换,关系代数的变换通常满足交换律、结合律、分配率、串接率等,如表 6-7 所示。

表 6-7　关系代数等价变换

等价变换	内　　容
交换律	$A\times B==B\times A$ $A\bowtie B==B\bowtie A$ $A\bowtie_F B==B\bowtie_F A$,其中 F 是连接条件 $\Pi_p(\sigma_F(B))==\sigma_F(\Pi_p(B))$,其中 $F\in p$
结合律	$(A\times B)\times C==A\times(B\times C)$ $(A\bowtie B)\bowtie C==A\bowtie(B\bowtie C)$ $(A\bowtie_{F1} B)\bowtie_{F2} C==A\bowtie_{F1}(B\bowtie_{F2} C)$F1 和 F2 是连接条件
分配律	$\sigma_F(A\times B)==\sigma_F(A)\times B$,其中 $F\in A$ $\sigma_F(A\times B)==\sigma_{F1}(A)\times\sigma_{F2}(B)$,其中 $F=F1\cup F2,F1\in A,F2\in B$ $\sigma_F(A\times B)==\sigma_{FX}(\sigma_{F1}(A)\times\sigma_{F2}(B))$,其中 $F=F1\cup F2\cup FX,F1\in A,F2\in B$ $\Pi_{p,q}(A\times B)==\Pi_p(A)\times\Pi_q(B)$,其中 $p\in A,q\in B$ $\sigma_F(A\times B)==\sigma_{F1}(A)\times\sigma_{F2}(B)$,其中 $F=F1\cup F2,F1\in A,F2\in B$

续表

等价变换	内　容
分配律	$\sigma_F(A\times B)==\sigma_{Fx}(\sigma_{F1}(A)\times\sigma_{F2}(B))$，其中 F=F1∪F2∪Fx，F1∈A，F2∈B
串接律	$\Pi_P=p1,p2,\cdots,pn(\Pi\ Q=q1,q2,\cdots,qn(A))==\Pi\ P=p1,p2,\cdots,pn(A)$，其中 P⊆Q $\sigma_{F1}(\sigma_{F2}(A))==\sigma_{F1\wedge F2}(A)$

查询重写优化既可以基于关系代数的理论进行优化，例如谓词下推、子查询优化等，也可以基于启发式规则进行优化，例如 Outer Join 消除、表连接消除等。另外还有一些基于特定的优化规则和实际执行过程相关的优化，例如在并行扫描的基础上，可以考虑对 Aggregation 算子分阶段进行，通过将 Aggregation 划分成不同的阶段，可以提升执行的效率。

从另一个角度来看，查询重写是基于优化规则的等价变换，属于逻辑优化，也可以称为基于规则的优化，那么如何确定对一个 SQL 语句进行查询重写之后，它的性能一定是提升的呢？这时基于代价对查询重写进行评估就非常重要了，因此查询重写不只是基于经验的查询重写，还可以是基于代价的查询重写。

以谓词传递闭包和谓词下推为例，谓词的下推能够极大降低上层算子的计算量，从而达到优化的效果，如果谓词条件存在等值操作，那么还可以借助等值操作的特性来实现等价推理，从而获得新的选择条件。

例如，假设有两个表 t1、t2 分别包含[1，2，3，.. 100]共 100 行数据，那么查询语句 SELECT t1. c1，t2. c1 FROM t1 JOIN t2 ON t1. c1＝t2. c1 WHERE t1. c1＝1 则可以通过选择下推和等价推理进行优化，如图 6-6 所示。

如图 6-6(a)所示，t1、t2 表都需要全表扫描 100 行数据，然后再做连接，生成 100 行数据的中间结果，最后再做选择操作，最终结果只有 1 行数据。如果利用等价推理，可以得到{t1. c1，t2. c1，1}是互相等价的，从而推导出新的 t2. c1＝1 的选择条件，并把这个条件下推到 t2 上，得到图 6-6(d)重写之后的逻辑计划。可以看到，重写之后的逻辑计划，只需要从基表上面获取一条数据即可，连接时内、外表的数据也只有 1 条，同时省去了在最终结果上的过滤条件，性能大幅提升。

在代码层面，查询重写的架构大致如图 6-7 所示。

(1) 提升子查询：子查询出现在 RangeTableEntry 中，它存储的是一个子查询树，若子查询不被提升，则经过查询优化之后形成一个子执行计划，上层执行计划和子查询计划进行嵌套循环得到最终结果。在该过程中，查询优化模块对这个子查询所能做的优化选择较少。若该子查询被提升，则转换成与上层的连接，由于常数引用速度更快，故将可以求值的变量求出来，并用求得的常数替换它，实现函数为 preprocess_const_params。

(2) 子查询替换 CTE：理论上 CTE(Common Table Expression，通用表达式)与子查询性能相同，但对子查询可以进一步提升重写优化，故尝试用子查询替换 CTE，实现函数为 substitute_ctes_with_subqueries。

(3) 多个 count(distinct)替换为多条子查询：如果出现该类查询，则将多个 count

(distinct)查询分别替换为多条子查询,其中每条子查询中包含一个 count(distinct)表达式,实现函数为 convert_multi_count_distinct。

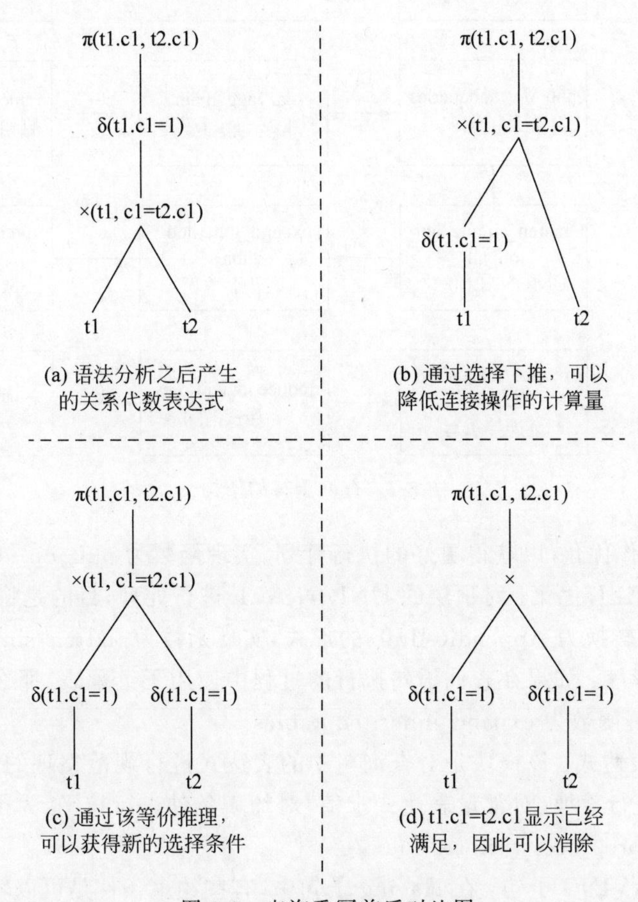

图 6-6　查询重写前后对比图

(4) 提升子链接：子链接出现在 WHERE/ON 等约束条件中,通常伴随着 ANY/ALL/IN/EXISTS/SOME 等谓词同时出现。虽然子链接从语句的逻辑层次上是清晰的,但是效率有高有低,比如相关子链接,其执行结果和父查询相关,即父查询的每条元组都对应着子链接的重新求值,此情况下可通过提升子链接提高效率。在该部分,数据库主要针对 ANY 和 EXISTS 两种类型的子链接尝试进行提升,提升为 Semi Join 或者 Anti-SemiJoin,实现函数为 pull_up_sublinks。

(5) 减少 ORDER BY 语句：由于在父查询中可能需要对数据库的记录进行重新排序,故减少子查询中的 ORDER BY 语句以进行链接可提高效率,实现函数为 reduce_orderby。

(6) 删除 NotNullTest：即删除相关的非 NULL Test 以提高效率,实现函数为 removeNotNullTest。

(7) Lazy Agg 重写：顾名思义,即"懒聚集",目的在于减少聚集次数,实现函数为 lazyagg_main。

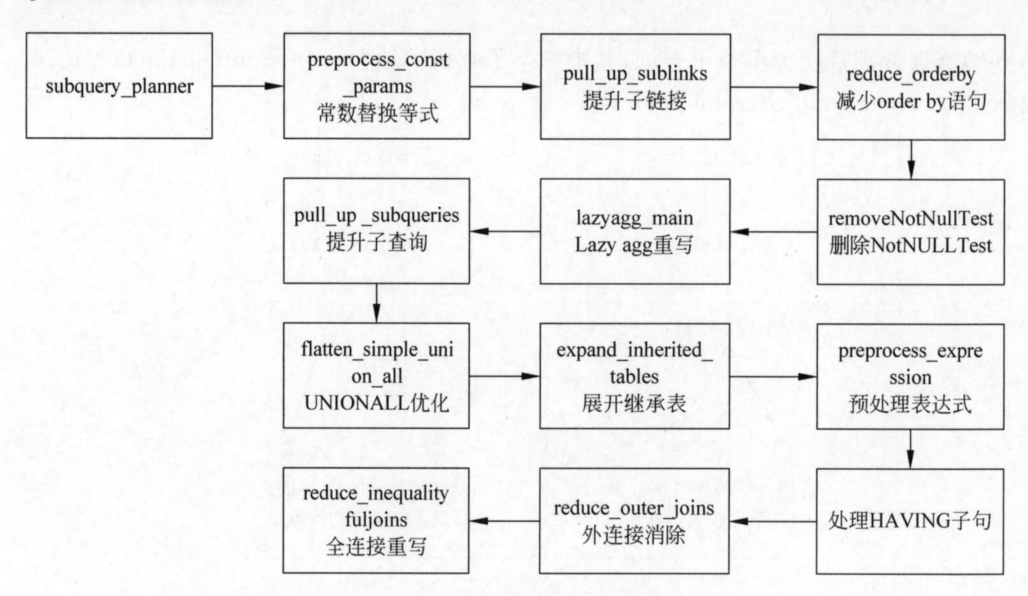

图 6-7　查询重写的架构

(8) 对连接操作优化，以获得更好的执行计划，实现函数为 pull_up_subqueries。

(9) UNION ALL 优化：对顶层的 UNION ALL 进行处理，目的是将 UNION ALL 这种集合操作的形式转换为 AppendRelInfo 的形式，实现函数为 flatten_simple_union_all。

(10) 展开继承表：如果在查询语句执行的过程中使用了继承表，那么继承表是以父表的形式存在的，实现函数为 expand_inherited_tables。

(11) 预处理表达式：该模块是对查询树中的表达式进行规范整理的过程，包括对链接产生的别名 Var 进行替换、对常量表达式求值、对约束条件进行拉平、为子链接生成执行计划等，实现函数为 preprocess_expression。

(12) 处理 HAVING 子句：在 Having 子句中，有些约束条件是可以转变为过滤条件的(对应 WHERE)，这里对 Having 子句中的约束条件进行拆分，以提高效率。

(13) 外连接消除：目的在于将外连接转换为内连接，以简化查询优化过程，实现函数为 reduce_outer_join 函数。

(14) 全连接重写：对全连接函数进行重写，以完善其功能。比如，可以将语句 SELECT * FROM t1 FULL JOIN t2 ON TRUE 转换为 SELECT * FROM t1 LEFT JOIN t2 ON TRUE UNION ALL (SELECT * FROM t1 RIGHT ANTI FULL JOIN t2 ON TRUE)，实现函数为 reduce_inequality_fulljoins。

下面以子链接提升为例，介绍 openGauss 中一种最重要的子查询优化。所谓子链接(SubLink)是子查询的一种特殊情况，由于子链接出现在 WHERE/ON 等约束条件中，因此经常伴随 ANY/EXISTS/ALL/IN/SOME 等谓词出现，openGauss 为不同的谓词设置了不同的 SUBLINK 类型。代码如下：

```
Typedef enum SubLinkType {
    EXISTS_SUBLINK,
```

```
    ALL_SUBLINK,
    ANY_SUBLINK,
    ROWCOMPARE_SUBLINK,
    EXPR_SUBLINK,
    ARRAY_SUBLINK,
    CTE_SUBLINK
} SubLinkType;
```

openGauss 为子链接定义了单独的结构体——SubLink 结构体，其中主要描述了子链接的类型、子链接的操作符等信息。代码如下：

```
Typedef struct SubLink {
    Expr xpr;
    SubLinkType subLinkType;
    Node * testexpr;
    List * operName;
    Node * subselect;
    Int location;
} SubLink;
```

子链接提升相关接口函数如图 6-8 所示。

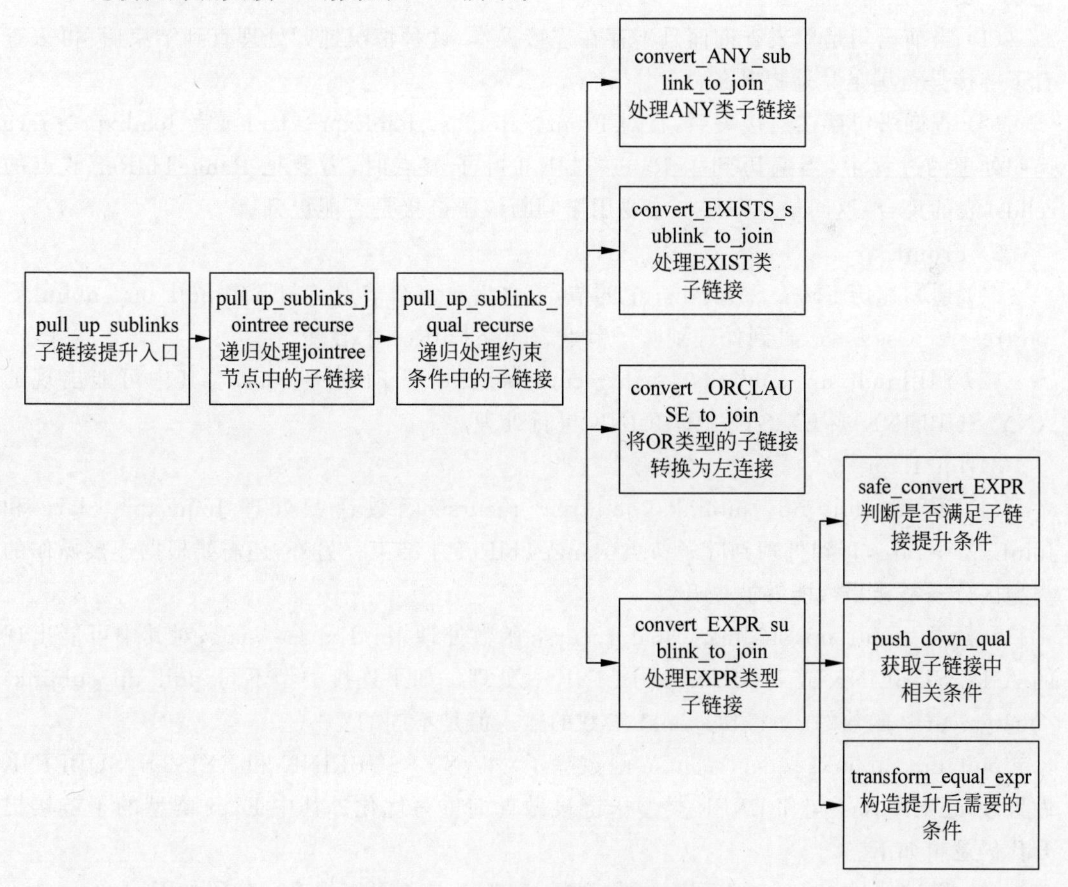

图 6-8　子链接提升相关接口函数

子链接提升的主要过程在 pull_up_sublinks 函数中实现，pull_up_sublinks 函数又调用 pull_up_sublinks_jointree_recurse 递归处理 Query-> jointree 中的节点，函数输入参数说明如表 6-8 所示。

表 6-8　函数输入参数说明

参数名	参数类型	说　明
root	PlannerInfo *	输入参数，查询优化模块的上下文信息
jnode	Node *	输入参数，需要递归处理的节点，可能是 RangeTblRef、FromExpr 或 JoinExpr
relids	Relids *	输出参数，jnode 参数中涉及的表的集合
返回值	Node *	经过子链接提升处理之后的 Node 节点

jnode 分为三种类型：RangeTblRef、FromExpr、JoinExpr。针对这三种类型 pull_up_sublinks_jointree_recurse 函数分别进行了处理。

1) RangeTblRef

RangeTblRef 是 Query-> jointree 的叶子节点，所以是该函数递归结束的条件，程序走到该分支，一般有两种情况。

(1) 当前语句是单表查询而且不存在连接操作，这种情况递归处理直到结束后，再去查看子链接是否满足其他提升条件。

(2) 查询语句存在连接关系，在对 From-> fromlist、JoinExpr-> larg 或者 JoinExpr-> rarg 递归处理的过程中，当遍历到了 RangeTblRef 叶子节点时，需要把 RangeTblRef 节点的 relids(表的集合)返回给上一层。主要用于判断该子链接是否能提升。

2) FromExpr

(1) 递归遍历 From-> fromlist 中的节点，之后对每个节点递归调用 pull_up_sublinks_jointree_recurse 函数，直到处理到叶子节点 RangeTblRef 才结束。

(2) 调用 pull_up_sublinks_qual_recurse 函数处理 From-> qual，对其中可能出现的 ANY_SUBLINK 或 EXISTS_SUBLINK 进行处理。

3) JoinExpr

(1) 调用 pull_up_sublinks_jointree_recurse 函数递归处理 JoinExpr-> larg 和 JoinExpr-> rarg，直到处理到叶子节点 RangeTblRef 才结束。另外，还需要根据连接操作的类型区分子链接是否能够被提升。

(2) 调用 pull_up_sublinks_qual_recurse 函数处理 JoinExpr-> quals，对其中可能出现的 ANY_SUBLINK 或 EXISTS_SUBLINK 做处理。如果连接类型不同，pull_up_sublinks_qual_recurse 函数的 available_rels1 参数的输入值是不同的。

pull_up_sublinks_qual_recurse 函数除了对 ANY_SUBLINK 和 EXISTS_SUBLINK 做处理，还对 OR 子句和 EXPR 类型子链接做查询重写优化。其中 Expr 类型的子链接提升代码逻辑如下。

(1) 通过 safe_convert_EXPR 函数判断 sublink 是否可以提升。代码如下：

```
    //判断当前SQL语句是否满足sublink提升条件
    if (subQuery->cteList ||
        subQuery->hasWindowFuncs ||
        subQuery->hasModifyingCTE ||
        subQuery->havingQual ||
        subQuery->groupingSets ||
        subQuery->groupClause ||
        subQuery->limitOffset ||
        subQuery->rowMarks ||
        subQuery->distinctClause ||
        subQuery->windowClause) {
        ereport(DEBUG2,
            (errmodule(MOD_OPT_REWRITE),
                (errmsg("[Expr sublink pull up failure reason]: Subquery includes cte,
windowFun, havingQual, group,"
                        "limitoffset, distinct or rowMark.")))));
        return false;
}
```

（2）通过push_down_qual函数提取子链接中相关条件。代码如下：

```
Static Node* push_down_qual(PlannerInfo* root, Node* all_quals, List* pullUpEqualExpr)
{
    If (all_quals == NULL) {
        Return NULL;
    }

    List* pullUpExprList = (List*)copyObject(pullUpEqualExpr);
    Node* all_quals_list = (Node*)copyObject(all_quals);

    set_varno_attno(root->parse, (Node*)pullUpExprList, true);
    set_varno_attno(root->parse, (Node*)all_quals_list, false);

    Relids varnos = pull_varnos((Node*)pullUpExprList, 1);
    push_qual_context qual_list;
    SubLink* any_sublink = NULL;
    Node* push_quals = NULL;
    Int attnum = 0;

    While ((attnum = bms_first_member(varnos)) >= 0) {
        RangeTblEntry* r_table = (RangeTblEntry*)rt_fetch(attnum, root->parse->
rtable);

        //这张表必须是基表,否则不能处理
        If (r_table->rtekind == RTE_RELATION) {
        qual_list.varno = attnum;
        qual_list.qual_list = NIL;

        //获得包含特殊varno的条件
        get_varnode_qual(all_quals_list, &qual_list);
```

```
If (qual_list.qual_list != NIL && !contain_volatile_functions((Node *)qual_list.qual_list)) {
                any_sublink = build_any_sublink(root, qual_list.qual_list, attnum, pullUpExprList);
            push_quals = make_and_qual(push_quals, (Node *)any_sublink);
        }

        list_free_ext(qual_list.qual_list);
        }
    }

    list_free_deep(pullUpExprList);
    pfree_ext(all_quals_list);

    return push_quals;
}
```

(3) 通过 transform_equal_expr 函数构造需要提升的 SubQuery(增加 GROUP BY 子句,删除相关条件)。代码如下:

```
    //为 SubQuery 增加 GROUP BY 和 windowClasues
    if (isLimit) {
       append_target_and_windowClause(root,subQuery,(Node *)copyObject(node), false);
    } else {
        append_target_and_group(root, subQuery, (Node *)copyObject(node));
}
//删除相关条件
subQuery->jointree = (FromExpr *)replace_node_clause((Node *)subQuery->jointree,
        (Node *)pullUpEqualExpr,
        (Node *)constList,
        RNC_RECURSE_AGGREF | RNC_COPY_NON_LEAF_NODES);
```

(4) 构造需要提升的条件。代码如下:

```
//构造需要提升的条件
joinQual = make_and_qual((Node *)joinQual, (Node *)pullUpExpr);
…
Return joinQual;
```

(5) 生成连接表达式。代码如下:

```
//生成连接表达式
if (IsA(*currJoinLink, JoinExpr)) {
        ((JoinExpr *)*currJoinLink)->quals = replace_node_clause(((JoinExpr *)*currJoinLink)->quals,
                                tmpExprQual,
                                makeBoolConst(true, false),
                                RNC_RECURSE_AGGREF | RNC_COPY_NON_LEAF_NODES);

    } else if (IsA(*currJoinLink, FromExpr)) {
        ((FromExpr *)*currJoinLink)->quals = replace_node_clause(((FromExpr *)*
```

```
currJoinLink)->quals,
                                        tmpExprQual,
                                        makeBoolConst(true, false),
                                        RNC_RECURSE_AGGREF | RNC_COPY_NON_LEAF_NODES);
    }

    rtr = (RangeTblRef *) makeNode(RangeTblRef);
    rtr->rtindex = list_length(root->parse->rtable);

    //构造左连接的 JoinExpr
    JoinExpr *result = NULL;
    result = (JoinExpr *) makeNode(JoinExpr);
    result->jointype = JOIN_LEFT;
    result->quals = joinQual;
    result->larg = *currJoinLink;
    result->rarg = (Node *) rtr;

//在 rangetableentry 中添加 JoinExpr.在后续处理中,左外连接可转换为内连接
rte = addRangeTableEntryForJoin(NULL,
                                    NIL,
                                    result->jointype,
                                    NIL,
                                    result->alias,
                                    true);
    root->parse->rtable = lappend(root->parse->rtable, rte);
```

6.3.2 统计信息与代价估算

在不同数据分布下,相同查询计划的执行效率可能显著不同。因此,在选择计划时还应充分考虑数据分布对计划的影响。与通用逻辑优化不同,物理优化将计划的优化建立在数据之上,并通过最小化数据操作代价来提升性能。从功能上来看,openGauss 的物理优化主要有以下 3 个关键步骤。

(1) 数据分布生成——从数据表中挖掘数据分布并存储。

(2) 计划代价评估——基于数据分布,建立代价模型评估计划的实际执行时间。

(3) 最优计划选择——基于代价估计,从候选计划中搜寻代价最小的计划。

1. 数据分布的存储

数据集合 D 的分布由 D 上不同取值的频次构成。设 D 为表 6-9 在 Grade 列上的投影数据,该列有 3 个不同取值 Grade = 1,2,3,其频次分布见表 6-10。这里,将 Grade 取值的个数简称为 NDV(Number of Distinct Values,不同值的数量)。

表 6-9 Grade 属性分布

Sno	Name	Gender	Grade
001	小张	男	1
002	小李	男	2

续表

Sno	Name	Gender	Grade
003	小王	男	3
004	小周	女	1
005	小陈	女	1

表 6-10 Grade 频次分布

Grade	1	2	3
频　次	3	1	1

D可以涉及多个属性,将多个属性的分布称为联合分布。联合分布的取值空间可能十分庞大,从性能的角度考虑,数据库不会保存D的联合分布,而是将D中的属性分布分开保存。比如,数据库保存{Gender='男'}、{Grade='1'}的频次,而并不保存{Gender='男',Grade='1'}的频次。这种做法损失了D上分布的很多信息。在后面选择率与数据分布的相关内容处将看到,在系统需要的时候,openGauss将采取预测技术对联合分布进行推测,虽然在某些情况下这种推测的结果可能与实际出入较大。

数据分布的数据结构对于理解数据库如何存储该信息尤为关键。一般来说,KV(Key-Value,键值)是描述分布最常用的结构,其中Key表示取值,Value表示频次。但在NDV很大的情况下,Key值的膨胀使得KV的存储与读取性能都不高。为提高效率,openGauss实际采用"KV向量+直方图"的混合方式表示属性分布。

1）数据分布的逻辑结构

高频值频次采用KV存储,存储结构被称为最常见值;除高频值以外的频次采用等高直方图(Equal-bin-count Histogram,EH)描述。实现中,openGauss会将频次最高的k($k=100$)个Key值放入MCV,其余放入直方图表示。

值得注意的是,等高直方图会将多个值的频次合并存放,在显著提升存取效率的同时,也会使得分布模糊化。但在后续章节可以看到,相对于低频值,高频值对计划代价的估算更为关键。因此,采取这种以损失低频值准确性为代价,换取高性能的混合策略,无疑是一种相当划算的做法。

2）数据分布的存放位置

在openGauss中,MCV、直方图等信息实际是放在系统表PG_STATISTIC中的,表定义如表6-11所示。

表 6-11 系统表 PG_STATISTIC 定义

starelid	staattnum	stanullfrac	stakind1	stanumbers1	stavalues1	Stakind2	…
0001	1	0	1	{0.2851,0.1345}	{1,2}	2	…
0001	2	0	1	{0.1955,0.1741}	{数学,语文}	2	…

表6-11中的一条元组存储了一条属性的统计信息。下面分别对元组的属性意义进行

解读。

(1) 属性 starelid/staattnum 表示表 OID 和属性编号。

(2) 属性 stanullfrac 表示属性中为 NULL 的比例(为 0 表示该列没有 NULL 值)。

(3) 属性组{stakind1,stanumbers1,stavalues1}构成 PG_STATISTIC 表的一个卡槽,存放表 6-12 中的一种数据结构类型的信息。在 PG_STATISTIC 表中有 5 个卡槽。一般情况下,第一个卡槽存储 MCV 信息,第二个卡槽存储直方图信息。以 MCV 卡槽为例:属性"stakind1"标识卡槽类型为 MCV,其中"1"为"STATISTIC_KIND_MCV"的枚举值;属性 stanumbers1 与属性 stavalues1 记录 MCV 的具体内容,其中 stavalues1 记录 Key 值,stanumbers1 记录 Key 对应的频次。上例中取值"1"的频次比例为 0.2851,"2"的频次比例为 0.1345。

表 6-12 系统表 PG_STATISTIC 说明

类 型	说 明
STATISTIC_KIND_MCV	高频值(常见值),在一个列里出现最频繁的值,按照出现的频率进行排序,并且生成一个一一对应的频率数组,这样就能知道一个列中有哪些高频值,这些高频值的频率是多少
STATISTIC_KIND_HISTOGRAM	直方图,openGauss 用等频直方图来描述一个列中数据的分布,高频值不会出现在直方图中,这就保证了数据的分布是相对平坦的
STATISTIC_KIND_CORRELATION	相关系数,相关系数记录的是当前列未排序的数据分布和排序后的数据分布的相关性,这个值通常在索引扫描时用来估计代价,假设一个列未排序和排序之后的相关性是 0,也就是完全不相关,那么索引扫描的代价就会高一些
STATISTIC_KIND_MCELEM	类型高频值(常见值),用于数组类型或者一些其他类型,openGauss 提供了 ts_typanalyze 系统函数来负责生成这种类型的统计信息
STATISTIC_KIND_DECHIST	数组类型直方图,用于给数组类型生成直方图,openGauss 数据库提供了 array_typanalyze 系统函数来负责生成这种类型的统计信息

注意,数据分布和 PG_STATISTIC 表中的内容不是在创建表时自动生成的,其生成的触发条件是用户对表进行了分析操作。

2. 数据分布抽取方法

前面介绍了数据分布在 openGauss 的逻辑结构和存储方式。那么其中的数据分布信息如何从数据中获得呢?针对该问题,下面将简要介绍 openGauss 抽取分布的主要过程。为加深对方法的理解,先分析该问题面临的挑战。

抽取分布最直接的办法是遍历所有数据,并通过计数直接生成 MCV 和直方图信息。但现实中的数据可能是海量的,遍历 I/O 的代价往往不可接受。比如,银行的账单数据涉及上千亿条记录,需要 TB 级的存储。除 I/O 代价外,计数过程的内存消耗也可能超过上限,这也使得算法实现变得尤为困难。因此,更现实的做法是降低数据分析的规模,采用小样本分析估算整体数据分布。那么,样本选择的好坏就显得尤为重要。

目前,openGauss 的样本生成过程在 acquire_sample_rows 函数实现,它采用了两阶段采样的算法对数据分布进行估算。第一阶段使用S算法对物理页进行随机采样，生成样本S1；第二阶段使用Z(Vitter)算法对S1包含的元组进行蓄水池采样，最终生成一个包含3000元组的样本S2。两阶段算法可以保证S2是原数据的一个无偏样本。因此，可以通过分析S2推断原数据分布，并将分布信息记录在PG_STATISTIC表的对应元组中。

openGauss将样本的生成划分成两个步骤，主要是为了提高采样效率。该方法的理论依据依赖于以下现实条件：数据所占据的物理页数量M可以准确获得，而每个物理页包含的元组数n未知。由于M已知，S算法可以用$1/M$的概率对页进行均匀抽样，可以生成原数据的小样本S1。一般认为，某元组属于任一物理页是等概率事件，这就保证了S1是一个无偏样本；而由于S1包含的元组远少于原数据，在S1的基础上进行二次抽样代价将大大降低。第二阶段没有继续使用S算法的主要原因是：S1的元组总数N未知(因为n未知)，该算法无法获得采样概率——$1/N$。而Z(Vitter)的算法是一种蓄水池抽样算法，这类算法可以在数据总量未知条件下保证采样的均匀。蓄水池抽样算法原理不是本书的重点，读者可以自行查阅资料。

3. 选择率与数据分布

SQL查询常常带有where约束(过滤条件)，比如：Select * from student where gender='male'；Select * from student where grade>'1'。那么，约束对于查询结果的实际影响是什么呢？为度量约束的效能，首先引入选择率的概念。

选择率：给定查询数据集C(C可为数据表或任何中间结果集合)和约束表达式x，x相对C的选择率定义为

$$\text{selec}(x \mid C)=\frac{|C|_x}{|C|}$$

其中，$|C|$表示C的总记录数，$|C|_x$表示C满足x约束的记录数。如表6-13所示，在x为“grade = 1”时，selec(x|C)=3/5。

表6-13 数据集C选择率结果

Sno	Name	Gender	Grade
001	小张	男	1
002	小李	男	2
003	小王	男	3
004	小周	女	1
005	小陈	女	1

记C的数据分布为π。从定义可知，selec($x|C$)其实是对π按照语义x的一种描述。从这里可看到数据分布的关键用处：数据分布可以辅助选择率的计算，从而使计算过程不必遍历原数据。在代价估算部分中，将看到选择率对计划代价估算的巨大作用。

根据该思路，介绍openGauss计算选择率的基本过程。注意，由于简单约束下的选择率计算具有代表性，本部分将主要围绕着该问题进行讲解。简单约束的定义为：仅涉及基

表单个属性的非范围约束。

涉及非简单约束选择率的计算方法，读者可以参照本章自行阅读源码。

下面介绍简单约束的选择率计算。

假设 x 为简单约束，且 x 所涉及的属性分布信息已存在于 PG_STATISTIC 表元组 r 中(参见数据分布的存储部分内容)。openGauss 通过调用 clause_selectivity 函数将元组 r 按 x 要求转换为选择率。

clause_selectivity 的第二个参数 clause 为约束语句 x。面对不同 SQL 查询，输入 clause_selectivity 的 clause 可能有多种类型，典型类型如表 6-14 所示。

表 6-14 简单约束典型类型

简单约束类型	实 例
Var	SELECT * FROM PRODUCT WHERE ISSOLD;
Const	SELECT * FROM PRODUCT WHERE TRUE;
Param	SELECT * FROM PRODUCT WHERE $1;
OpExpr	SELECT * FROM PRODUCT WHERE PRIZE = '100';
AND	SELECT * FROM PRODUCT WHERE PRIZE = '100' AND TYPE = 'HAT';
OR	SELECT * FROM PRODUCT WHERE PRIZE = '100' OR TYPE = 'HAT';
NOT	SELECT * FROM PRODUCTWHERE NOT EXIST TYPE = 'HAT';

{Var,Const,Param,OpExpr}属于基础约束类型，而包含{AND,OR,NOT}的约束都是建立在约束基础上的集合运算，称为 SET 约束类型。进一步观察可以发现，约束{Var,Const,Param}可以看作 OpExpr 约束的一个特例。比如“SELECT * FROM PRODUCT WHERE ISSOLD”与“SELECT * FROM PRODUCT WHERE ISSOLD=TRUE”等价。限于篇幅，这里着重介绍基于 OpExpr 类型的选择率计算，并简要给出 SET 类型计算的关键逻辑。

1) OpExpr 类型选择率

以查询语句 SELECT * FROM PRODUCT WHERE PRIZE = '100'为例。clause_selectivity 函数首先根据 clause(PRIZE = '100')类型找到 OpExpr 分支。然后调用 treat_as_join_clause 函数判断 clause 是否是一个连接约束；结果为假，说明 clause 是过滤条件(OP)，则调用 restriction_selectivity 函数对 clause 参数进行选择率估算。代码如下：

```
Selectivity
clause_selectivity(PlannerInfo *root,
    Node *clause,
    int varRelid,
    JoinType jointype,
    SpecialJoinInfo *sjinfo)
{
  Selectivity s1 = 0.5;         /* default for any unhandled clause type */
  RestrictInfo *rinfo = NULL;
```

```
    if (clause == NULL)          /* can this still happen? */
      return s1;
    if (IsA(clause, Var))...
    else if (IsA(clause, Const))...
    else if (IsA(clause, Param))
  //not 子句处理分支
  else if (not_clause(clause))
    {
      /* inverse of the selectivity of the underlying clause */
      s1 = 1.0 - clause_selectivity(root,
                                    (Node *) get_notclausearg((Expr *) clause),
                                    varRelid,
                                    jointype,
                                    sjinfo);
  }

  //and 子句处理分支
  else if (and_clause(clause))
    {
      /* share code with clauselist_selectivity() */
      s1 = clauselist_selectivity(root,
                                    ((BoolExpr *) clause) -> args,
                                    varRelid,
                                    jointype,
                                    sjinfo);
    }

    //or 子句处理分支
  else if (or_clause(clause))
    {
      ListCell    *arg;

      s1 = 0.0;
      foreach(arg, ((BoolExpr *) clause) -> args)
      {
          Selectivity s2 = clause_selectivity(root,
                                     (Node *) lfirst(arg),
                                    varRelid,
                                    jointype,
                                    sjinfo);

        s1 = s1 + s2 - s1 * s2;
      }
    }

     //连接或过滤条件子句处理分支
  else if (is_opclause(clause) || IsA(clause, DistinctExpr))
    {
      OpExpr   *opclause = (OpExpr *) clause;
      Oidopno = opclause -> opno;
```

```
    //连接子句处理
    if (treat_as_join_clause(clause, rinfo, varRelid, sjinfo))
        {
          /* Estimate selectivity for a join clause. */
          s1 = join_selectivity(root, opno,
                                                opclause->args,
                                                opclause->inputcollid,
                                                jointype,
                                                sjinfo);
        }

    //过滤条件子句处理
    else
        {
          /* Estimate selectivity for a restriction clause. */
          s1 = restriction_selectivity(root, opno,
                                                opclause->args,
                                                opclause->inputcollid,
                                                varRelid);
        }
      }
      ...
      return s1;
    }
```

restriction_selectivity 函数识别出 PRIZE = '100'是形如 Var = Const 的等值约束，它将通过 eqsel 函数间接调用 var_eq_const 函数进行选择率估算。在该过程中，var_eq_const 函数会读取 PG_STATISTIC 表中 PRIZE 列分布信息，并尝试利用信息中 MCV 计算选择率。调用 get_attstatsslot 函数判断'100'是否存在于 MCV 中，有以下两种情况。

- 情况 1：存在，直接从 MCV 中返回'100'的占比作为选择率。
- 情况 2：不存在，则计算高频值的总比例 sumcommon，并返回(1.0-sumcommon-nullfrac)/otherdistinct 作为选择率。其中，nullfrac 是 NULL 的比例，otherdistinct 是低频值的 NDV。

加入查询的约束是 PRIZE <'100'，restriction_selectivity 函数，该约束将根据操作符类型调用 scalargtsel 函数并尝试利用 PG_STATISTIC 表中信息计算选择率。由于满足 < '100'的值可能分别存在于 MCV 和直方图中，所以需要分别在两种结构中收集满足条件的值。相比于 MCV 来说，在直方图中收集满足条件值的过程较为复杂，因此下面重点介绍：借助于直方图 Key 的有序性，采用二分查找快速搜寻满足条件的值，并对其总占比进行求和并记作 selec_histogram。注意，等高直方图不会单独记录'100'的频次，而是将'100'和相邻值合并放入桶(记作 B 桶)中，并仅记录 B 中数值的总频次(F_b)。为解决该问题，openGauss 假设桶中元素频次相等，并采用公式$\frac{B\text{中小于 100 值的个数}}{B\text{中所有取值个数}}\times F_b$估算 B 中满足条件值的占比。该过程的具体代码实现在 ineq_histogram_selectivity 函数中。最终，restriction_selectivity 函数返回的选择率值为 selec = selec_mcv + selec_histogram，其中

selec_mcv 是 MCV 中满足条件的占比。

2）SET 类型选择率

对于 SET 类型约束，clause_selectivity 函数递归计算其包含的基本约束选择率，然后根据 SET 类型的语义，通过表 6-15 所列方式返回最终选择率。

表 6-15 SET 类型选择率说明

SET 类型	说 明
NOT 运算符	selec(B) = 1 －selec(A) {B = NOT A}
AND 运算符	selec(AB)＝selec(A)×selec(B) {A AND B}
OR 运算符	selec(A＋B)＝selec(A)＋selec(B)－selec(AB) {A OR B}

回顾前面的内容，openGauss 并没有保存多属性联合分布。而从表 6-15 可以看出，openGauss 是在不同列取值相互独立的假设下对联合分布进行推算的。在列不独立的场景下，这种预测常常存在偏差。例如，对于学生表来说，性别和专业存在相关性。因此，不能通过男同学占比×计算机系人数去推测该系的男同学人数。但在一般情况下，使用独立的假设往往也能获得较准确的结果。

3）选择率默认参数

在数据分布未知的情况下，不能通过常规方法对选择率进行估算。例如，未对数据表进行分析操作，或者过滤条件本身就是一个不确定的参数。为给优化器一个合理的参考值，openGauss 给出了一系列选择率的经验参数，如表 6-16 所示。

表 6-16 选择率经验参数说明

变 量 名	值	说 明
DEFAULT_EQ_SEL	0.005	等值约束条件的默认选择率，例如 A＝b
DEFAULT_INEQ_SEL	0.3333333333333333	不等值约束条件的默认选择率，例如 A＜b
DEFAULT_ RANGE_INEQ_SEL	0.005	涉及同一个属性(列)的范围约束条件的默认选择率，例如 A＞b AND A＜c
DEFAULT_ MATCH_SEL	0.005	基于模式匹配的约束条件的默认选择率，例如 LIKE
DEFAULT_NUM_DISTINCT	200	对一个属性消重(distinct)之后的值域中有多少个元素，通常和 DEFAULT_EQ_SEL 互为倒数
DEFAULT_UNK_SEL	0.005	对 BoolTest 或 NullText 这种约束条件的默认选择率，例如 IS TRUE 或 IS NULL
DEFAULT_NOT_UNK_SEL	(1.0 － DEFAULT_UNK_SEL)	对 BoolTest 或 NullText 这种约束条件的默认选择率，例如 IS NOT TRUE 或 IS NOT NULL

4. 代价估算

查询执行的代价分为 I/O 代价和 CPU 代价。这两种代价都与查询过程中所处理的元组数量正相关。因此，通过选择率对查询计划的总代价进行评估是较为准确的。但由于硬件环境的差别,openGauss的代价模型输出的“代价”只是一种度量计划好坏的通用指标,而不是指执行时间。为描述度量的过程,下面将从代价模型参数的介绍为切入点,逐一展开I/O和CPU的代价评估方法。

1) I/O代价评估

在磁盘上,元组是按数据页的方式进行组织的。页的存取方式主要有顺序读和随机读。受制于存储介质的性能,顺序读的效率明显高于随机读。比如,机械硬盘面临大量随机访问时,磁头寻道的时间占据了数据读取的大部分时间。在openGauss中,不同存取方式I/O代价如下:

```
DEFAULT_SEQ_PAGE_COST 1.0
DEFAULT_RANDOM_PAGE_COST 4.0
```

默认参数将数据页“顺序读”和“随机读”的开销设置为了1∶4。

设置对于机械磁盘来说是比较合理的。但对于寻址能力出众的SSD盘来说,该参数就需要根据具体情况进行调整了。此外,现实中的数据库部署十分复杂,一个系统中可能同时存在多种不同的存储介质。为使得代价模型能同时应对不同存储介质的I/O性能,openGauss给用户提供了设定文件I/O单位代价的方法。

```
CREATE TABLESPACE TEST_SPC LOCATION '...' WITH (SEQ_PAGE_COST = 2, RANDOM_PAGE_COST = 3);
```

根据I/O代价参数和选择率,可以很容易对候选计划的I/O开销进行评估。下面将以顺序扫描(SeqScan)和索引扫描(IndexScan)为例,讲解代价评估的具体过程。

(1) 顺序扫描:对表的数据进行从头至尾的遍历,属于顺序读。因此,顺序扫描的I/O代价为:表数据页总数×DEFAULT_SEQ_PAGE_COST。

(2) 索引扫描:通过索引查找满足约束的表数据,属于随机读。因此,索引扫描的I/O代价为:P * DEFAULT_RANDOM_PAGE_COST。

其中,*P*(满足数据页数量)与*R*(满足约束的元组数量)正相关,且*R*=表元组总量×选择率;openGauss计算出*R*后,将调用index_pages_fetched(R,...)函数估算*P*。该函数在costsize.c文件中实现,具体细节请参考L. F. Mackert和G. M. Lohman的论文*Index scans using a finite LRU buffer: A validated I/O model*。

通过观察代价模型可以发现,当选择率超过一定阈值时,*P*会相对较大,而使得索引扫描的代价超过顺序扫描。因此说明,索引扫描的效率并不总高于顺序扫描。

2) CPU代价评估

数据库在数据寻址和数据加工阶段都需要消耗CPU资源,如元组投影选择、索引查找等。显然,针对不同的操作,CPU花费的代价都是不相同的。openGauss将CPU代价细分为元组处理代价和数据操作代价。

(1) 元组处理代价:将一条磁盘数据转换成元组形式的代价;针对普通表数据和索引数据,代价参数分别如下:

```
#define DEFAULT_CPU_TUPLE_COST 0.01
```

```
#define DEFAULT_CPU_INDEX_TUPLE_COST 0.005
```

默认参数中，索引代价更低。这是因为索引数据所涉及的列一般少于表数据，所需的CPU资源相对较小。

(2) 数据操作代价：对元组进行投影，或根据约束表达式判断元组是否满足条件的代价。代价参数如下：

```
#define DEFAULT_CPU_OPERATOR_COST   0.0025
```

给定以上参数，CPU的代价估算与问题的计算规模成正比，而问题的计算规模取决于选择率。这种关系类似于算法例复杂度与 n 的关系。限于篇幅，本节不做具体介绍。

6.3.3　物理路径

在数据库中，路径使用path结构体来表示，path结构体"派生"自Node结构体，path结构体同时也是一个"基"结构体，类似于C++中的基类，每个具体路径都从path结构体中"派生"，例如索引扫描路径使用的IndexPath结构体就是从path结构体中"派生"的。

```
typedef struct Path
{
    NodeTag   type;
    NodeTag   pathtype;          /* 路径的类型，可以是 T_IndexPath、T_NestPath 等 */
    RelOptInfo *parent;          /* 当前路径执行后产生的中间结果 */
    PathTarget *pathtarget;      /* 路径的投影，也会保存表达式代价 */
                                 /* 需要注意表达式索引的情况 */
    ParamPathInfo *param_info;   /* 执行期使用参数，在执行器中，子查询或者一些特殊 */
                                 /* 类型的连接需要实时地获得另一个表的当前值 */
    Bool   parallel_aware;       /* 并行参数，区分并行还是非并行 */
    bool   parallel_safe;        /* 并行参数，由 set_rel_consider_parallel 函数决定 */
    int   parallel_workers;      /* 并行参数，并行线程的数量 */
    double   rows;               /* 估计当前路径执行产生的中间结果有多少数据 */
    Cost   startup_cost;         /* 启动代价，从语句执行到获得第一条结果的代价 */
    Cost   total_cost;           /* 当前路径的整体执行代价 */
    List   *pathkeys;            /* 当前路径产生的中间结果的排序键值，如果无序则为 NULL */
} Path;
```

6.3.4　动态规划

目前openGauss已经完成了基于规则的查询重写优化和逻辑分解优化，并且已经生成各个基表的物理路径。基表的物理路径仅仅是优化器规划中很小的一部分，生成连接路径是另一项重要的工作。openGauss采用的是自底向上的优化方式，对于多表连接路径主要采用的是动态规划和遗传算法两种方式。这里主要介绍动态规划的方式，但如果表数量有很多，就需要用遗传算法。遗传算法可以避免在表数量过多情况下带来的连接路径搜索空间膨胀的问题。对于一般场景采用动态规划的方式即可，这也是openGauss默认采用的优化方式。

经过逻辑分解优化后,语句中的表已经被拉平,即从原来的树状结构变成扁平的数组结构。各个表之间的连接关系也被记录到了根目录下的 SpecialJoinInfo 结构体中,这些也是对连接做动态规划的基础。

1. 动态规划方法

动态规划方法适用于包含大量重复子问题的最优解问题,通过记忆每个子问题的最优解,使相同的子问题只求解一次,下次就可以重复利用前一次子问题求解的记录即可,这就要求这些子问题的最优解能够构成整个问题的最优解,也就是说应该要具有最优子结构的性质。所以对于语句的连接优化来说,整个语句连接的最优解也就是某块语句连接的最优解,在规划的过程中无法重复计算局部最优解,直接用前一次计算的局部最优解即可。

例如,图 6-9 中两个连接树中 AB 的连接操作就属于重复子问题,因为无论是生成 ABCD 连接路径还是 ABC 连接路径都需要先生成 AB 连接路径,对于多表连接生成的路径,即很多层堆积的情况,可能有上百种连接的方法,这些连接树的重复子问题数量会比较多,因此连接树具有重复子问题,可以一次求解多次使用,也就是对于连接 AB 只需要一次生成最优解即可。

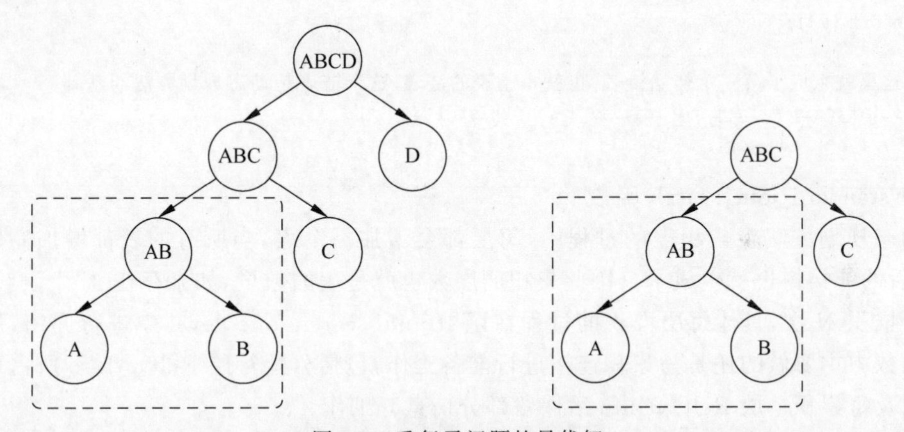

图 6-9　重复子问题的最优解

多表连接动态规划算法代码主要是从 make_rel_from_joinlist 函数开始的,如图 6-10 所示。

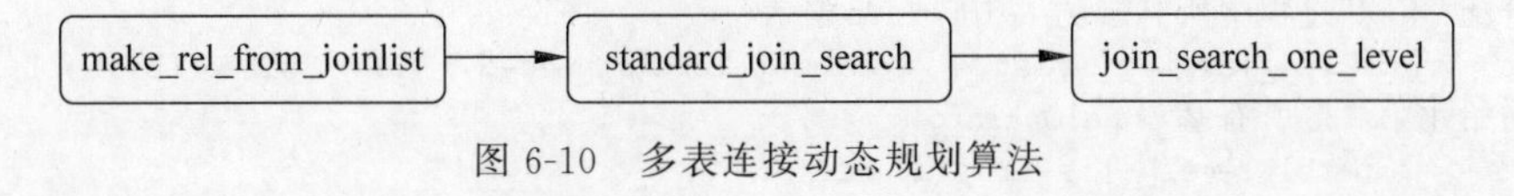

图 6-10　多表连接动态规划算法

1) make_rel_from_joinlist 函数

动态规划的实现代码主入口是从 make_rel_from_joinlist 函数开始的,它的输入参数是 deconstruct_jointree 函数拉平之后的 RangeTableRef 链表,每个 RangeTableRef 代表一个表,然后就可以根据这个链表来查找基表的 RelOptInfo 结构体,用查找到的 RelOptInfo 构建动态规划连接算法一层中的基表 RelOptInfo,后续再继续在这层 RelOptInfo 进行"累积”。代码如下：

```
//遍历拉平后的链表,这个链表是 RangeTableRef 的链表
foreach(jl, joinlist)
{
Node   * jlnode = (Node * ) lfirst(jl);
RelOptInfo * thisrel;

//多数情况下都是 RangeTableRef 链表,根据 RangeTableRef 链表中存放的下标值(rtindex)查
//找对应的 RelOptInfo
if (IsA(jlnode, RangeTblRef))
{
int varno = ((RangeTblRef * ) jlnode) -> rtindex;
thisrel = find_base_rel(root, varno);
}
//受到 from_collapse_limit 参数和 join_collapse_limit 参数的影响,也存在没有拉平的节
//点,这里递归调用 make_rel_from_joinlist 函数
else if (IsA(jlnode, List))
thisrel = make_rel_from_joinlist(root, (List * ) jlnode);
else
ereport (...);

//这里就生成了第一个初始链表,也就是基表的链表,这个链表是动态规划方法的基础
initial_rels = lappend(initial_rels, thisrel);
}
```

2）standard_join_search 函数

动态规划方法在累积表的过程中,每层都会增加一个表,当所有的表都增加完毕的时候,最后的连接树也就生成了。因此累积的层数也就是表的数量,如果存在 N 个表,那么在此就要堆积 N 次,具体每层堆积的过程在函数 join_search_one_level 中进行介绍,那么在这个函数中主要做的还是为累积连接进行准备工作,包括分配每层 RelOptInfo 所占用的内存空间及每累积一层 RelOptInfo 后保留部分信息等工作。

创建一个“连接的数组”,类似[LIST1,LIST2,LIST3]的结构,其中数组中的链表就用来保存动态规划方法中一层所有的 RelOptInfo,例如数组中的第一个链表存放的就是有关所有基表路径的链表。代码如下：

```
//分配"累积"过程中所有层的 RelOptInfo 链表
root -> join_rel_level = (List ** )palloc0((levels_needed + 1) * sizeof(List * ));
//初始化第 1 层所有基表 RelOptInfo
root -> join_rel_level[1] = initial_rels;
```

做好了初始化工作之后,就可以开始尝试构建每层的 RelOptInfo。代码如下：

```
for (lev = 2; lev <= levels_needed; lev++) {
    ListCell * lc = NULL;
//在 join_search_one_level 函数中生成对应的 lev 层的所有 RelOptInfo
    join_search_one_level(root, lev);
```

```
...
}
```

3）join_search_one_level 函数

join_search_one_level 函数主要用于生成一层中的所有 RelOptInfo，如图 6-11 所示。生成第 N 层的 RelOptInfo 主要有三种方式：一是尝试生成左深树和右深树，二是尝试生成浓密树，三是尝试生成笛卡儿积的连接路径（俗称遍历尝试）。

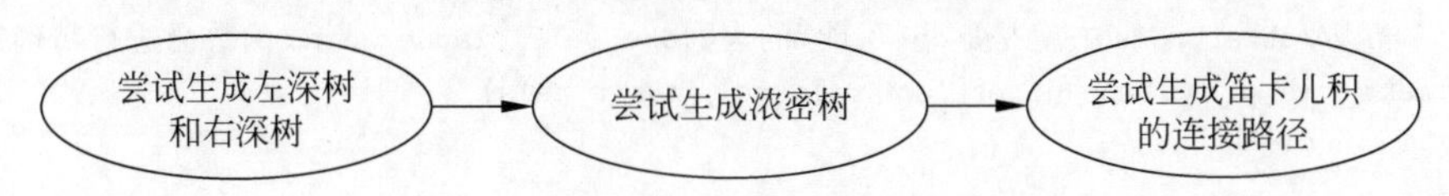

图 6-11　生成第 N 层的 RelOptInfo 方式

（1）左深树和右深树。

左深树和右深树生成的原理是一样的，只是在 make_join_rel 函数中对候选出的待连接的两个 RelOptInfo 进行位置互换，也就是每个 RelOptInfo 都有一次作为内表或外表的机会，这样创造出更多种连接的可能有助于生成最优路径。

如图 6-12 所示，两个待选的 RelOptInfo 要进行连接生成 ABC，左深树对 AB 和 C 进行了一下位置互换，AB 作为内表形成了左深树，AB 作为外表形成了右深树。

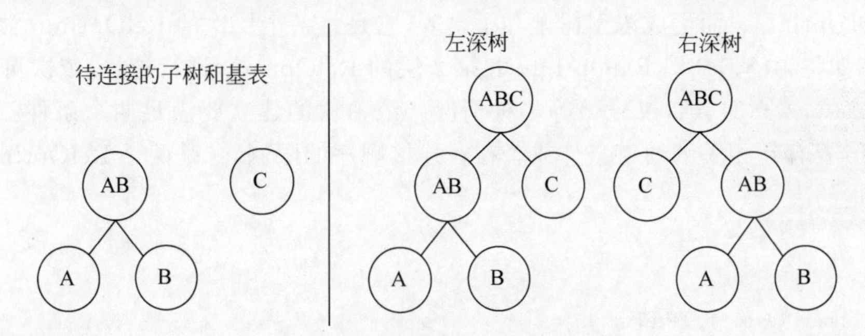

图 6-12　左深树和右深树示意图

具体代码如下：

```
//对当前层的上一层进行遍历，也就是说如果要生成第 4 层的 RelOptInfo
//就要取第 3 层的 RelOptInfo 和第 1 层的基表尝试做连接
foreach(r, joinrels[level - 1])
{
    RelOptInfo *old_rel = (RelOptInfo *) lfirst(r);
     //如果两个 RelOptInfo 之间有连接关系或者连接顺序的限制
     //则优先给这两个 RelOptInfo 生成连接
     //has_join_restriction 函数可能误判，不过后续还会有更精细的筛查
  if (old_rel->joininfo != NIL || old_rel->has_eclass_joins ||
    has_join_restriction(root, old_rel))
  {
    ListCell   *other_rels;
          //要生成第 N 层的 RelOptInfo，就需要第 N-1 层的 RelOptInfo 和 1 层的基表集合进行连接
```

```
        //即如果要生成第 2 层的 RelOptInfo,那么就要对第 1 层的 RelOptInfo 和第 1 层的基表集
合进行连接
        //因此,需要在生成第 2 层基表集合的时候做处理,防止自己和自己连接的情况
    if (level == 2)
      other_rels = lnext(r);
    else
      other_rels = list_head(joinrels[1]);
        //old_rel"可能"和其他表有连接约束条件或者连接顺序限制
        //other_rels 中就是那些"可能"的表,make_rels_clause_joins 函数会进行精确判断
    make_rels_by_clause_joins(root, old_rel, other_rels);
  }
  else
  {
        //对没有连接关系的表或连接顺序限制的表也需要尝试生成连接路径
    make_rels_by_clauseless_joins(root, old_rel, list_head(joinrels[1]));
  }
}
```

(2) 浓密树。

生成第 N 层的 RelOptInfo,左深树或者右深树是将 $N-1$ 层的 RelOptInfo 和第 1 层的基表进行连接,不论是左深树还是右深树,本质上都是通过引用基表 RelOptInfo 去构筑当前层 RelOptInfo。而生成浓密树抛开了基表,它是将各个层次的 RelOptInfo 尝试进行随意连接,例如将第 $N-2$ 层 RelOptInfo 和第 2 层的 RelOptInfo 进行连接,依次可以类推出 $(2,N-2)$、$(3,N-3)$、$(4,N-4)$等多种情况。浓密树的建立要满足两个条件:一是两个 RelOptInfo 要存在相关的约束条件或者存在连接顺序的限制,二是两个 RelOptInfo 中不能存在有交集的表。

```
for (k = 2;; k++)
{
  int other_level = level - k;
  foreach(r, joinrels[k])
  {
    //有连接条件或者连接顺序的限制
    if (old_rel -> joininfo == NIL && !old_rel -> has_eclass_joins &&
      !has_join_restriction(root, old_rel))
      continue;
    ...
    for_each_cell(r2, other_rels)
    {
      RelOptInfo * new_rel = (RelOptInfo * ) lfirst(r2);
            //不能有交集
    if (!bms_overlap(old_rel -> relids, new_rel -> relids))
    {
        //有相关的连接条件或者有连接顺序的限制
        if (have_relevant_joinclause(root, old_rel, new_rel) ||
        have_join_order_restriction(root, old_rel, new_rel))
        {
```

```
              (void) make_join_rel(root, old_rel, new_rel);
            }
          }
        }
      }
    }
```

(3) 笛卡儿积。

在尝试过左深树、右深树及浓密树之后，如果还没有生成合法连接，那么就需要努力对第 $N-1$ 层和第 1 层的 RelOptInfo 做最后的尝试，其实也就是将第 $N-1$ 层中每个 RelOptInfo 和第 1 层的 RelOptInfo 尝试合法连接。

2. 路径生成

前面已经介绍了路径生成中使用的动态规划方法，并且介绍了在累积过程中如何生成当前层的 RelOptInfo。生成当前层的 RelOptInfo 会面临几个问题：一是需要判断两个 RelOptInfo 是否可以进行连接，二是生成物理连接路径。目前物理连接路径主要有三种实现，分别是 NestLoopJoin、HashJoin 和 MergeJoin，建立连接路径的过程就是不断地尝试生成这三种路径的过程。

1) 检查

在动态规划方法中，需要将 $N-1$ 层的每个 RelOptInfo 和第 1 层的每个 RelOptInfo 尝试连接，然后将新连接的 RelOptInfo 保存在当前第 N 层，算法的时间复杂度在 $O(M\times N)$ 左右，如果第 $N-1$ 层和第 1 层中 RelOptInfo 都比较多，搜索空间会膨胀得比较大。但有些 RelOptInfo 在做连接时是可以避免的，这也是我们需要及时检查的目的，提前检测出并且跳过两个 RelOptInfo 之间的连接，会节省不必要的开销，提升优化器生成优化的效率。

(1) 初步检查。

下面几个条件是初步检查主要进行衡量的因素。

- 一是 RelOptInfo 中 joininfo 不为 NULL。就说明这个 RelOptInfo 和其他的 RelOptInfo 存在相关的约束条件，即当前这个 RelOptInfo 可能和其他表存在关联。
- 二是 RelOptInfo 中 has_eclass_joins 为 true。表明在等价类的记录中当前 RelOptInfo 和其他 RelOptInfo 可能存在等值连接条件。
- 三是 has_join_restriction 函数的返回值为 true。说明当前的 RelOptInfo 和其他的 RelOptInfo 有连接顺序的限制。

初步检查就是利用 RelOptInfo 的信息进行一种“可能性”的判断，主要是检测是否有连接条件和连接顺序的约束。

```
static bool has_join_restriction(PlannerInfo * root, RelOptInfo * rel)
{
    ListCell * l = NULL;

//如果当前 RelOptInfo 涉及 Lateral 语义,那么就一定有连接顺序约束
    foreach(l, root -> lateral_info_list)
```

```
    {
        LateralJoinInfo * ljinfo = (LateralJoinInfo * ) lfirst(l);

        if (bms_is_member(ljinfo->lateral_rhs, rel->relids) ||
            bms_overlap(ljinfo->lateral_lhs, rel->relids))
            return true;
    }

//仅处理除内连接之外的条件
    foreach (l, root->join_info_list) {
        SpecialJoinInfo* sjinfo = (SpecialJoinInfo* )lfirst(l);

        //跳过全连接检查,会有其他机制保证其连接顺序
        if (sjinfo->jointype == JOIN_FULL)
            continue;

         //如果 SpecialJoinInfo 已经被 RelOptInfo 包含就跳过
        if (bms_is_subset(sjinfo->min_lefthand, rel->relids) &&
bms_is_subset(sjinfo->min_righthand, rel->relids))
            continue;

        //如果 RelOptInfo 结构体的 relids 变量和 min_lefthand 变量或 min_righthand 变量有交
        //集,那么它就可能连接顺序的限制
        if (bms_overlap(sjinfo->min_lefthand, rel->relids) ||
bms_overlap(sjinfo->min_righthand, rel->relids))
            return true;
    }

    return false;
}
```

(2) 精确检查。

在进行了初步检查之后,如果判断出两个 RelOptInfo 不存在连接条件或者连接顺序的限制,那么就进入 make_rels_by_clauseless_joins 函数中,将 RelOptInfo 中所有可能的路径和第 1 层 RelOptInfo 进行连接。如果当前 RelOptInfo 可能有连接条件或者连接顺序的限制,那么就会进入 make_rel_by_clause_joins 函数中,逐步将当前的 RelOptInfo 和第 1 层其他 RelOptInfo 进一步检查以确定是否可以进行连接。

借助 have_join_order_restriction 函数判断两个 RelOptInfo 是否具有连接顺序的限制,主要是从两个方面判断:一是判断两个 RelOptInfo 之间是否具有 Lateral 语义的顺序的限制,二是判断 SpecialJoinInfo 中的 min_lefthand 和 min_righthand 是否对两个 RelOptInfo 具有连接顺序的限制。

对 have_join_order_restriction 部分源码分析如下:

```
bool have_join_order_restriction(PlannerInfo* root, RelOptInfo* rel1, RelOptInfo* rel2)
{
    bool result = false;
    ListCell* l = NULL;
```

```
//如果有 Lateral 语义的依赖关系,则一定具有连接顺序的限制
    foreach(l, root -> lateral_info_list)
    {
        LateralJoinInfo *ljinfo = (LateralJoinInfo *) lfirst(l);

        if (bms_is_member(ljinfo -> lateral_rhs, rel2 -> relids) &&
            bms_overlap(ljinfo -> lateral_lhs, rel1 -> relids))
            return true;
        if (bms_is_member(ljinfo -> lateral_rhs, rel1 -> relids) &&
            bms_overlap(ljinfo -> lateral_lhs, rel2 -> relids))
            return true;
    }

//遍历根目录中所有 SpecialJoinInfo,判断两个 RelOptInfo 是否具有连接限制
    foreach (l, root -> join_info_list) {
        SpecialJoinInfo* sjinfo = (SpecialJoinInfo*)lfirst(l);

        if (sjinfo -> jointype == JOIN_FULL)
            continue;

        //"最小集"分别是两个表的子集,两个表需要符合连接顺序
        if (bms_is_subset(sjinfo -> min_lefthand, rel1 -> relids) &&
bms_is_subset(sjinfo -> min_righthand, rel2 -> relids)) {
            result = true;
            break;
        }
//反过来同上,"最小集"分别是两个表的子集,两个表需要符合连接顺序
        if (bms_is_subset(sjinfo -> min_lefthand, rel2 -> relids) &&
bms_is_subset(sjinfo -> min_righthand, rel1 -> relids)) {
            result = true;
            break;
        }

//如果两个表都和最小集的一端有交集,那么这两个表应该在这一端下做连接
//故让它们先做连接
        if (bms_overlap(sjinfo -> min_righthand, rel1 -> relids) && bms_overlap(sjinfo ->
min_righthand, rel2 -> relids)) {
            result = true;
            break;
        }
//反过来同上
        if (bms_overlap(sjinfo -> min_lefthand, rel1 -> relids) && bms_overlap(sjinfo -> min
_lefthand, rel2 -> relids)) {
            result = true;
            break;
        }
    }

//如果两个表和其他表有相对应的连接关系
```

```
//那么可以让它们先和具有连接关系的表进行连接
    if (result) {
        if (has_legal_joinclause(root, rel1) || has_legal_joinclause(root, rel2))
            result = false;
    }

    return result;
}
```

(3) 合法连接。

由于 RelOptInfo 会导致搜索空间膨胀,如果一开始就对两个 RelOptInfo 进行最终的合法连接检查会导致搜索时间过长,这也是为什么要提前做初步检查和精确检查的原因,减少搜索时间其实达到了“剪枝”的效果。

对于合法连接,主要代码在 join_is_legal 中,它主要就是判断两个 RelOptInfo 可不可以进行连接生成物理路径,入参就是两个 RelOptInfo。对于两个待选的 RelOptInfo,若不清楚它们之间的逻辑连接关系(有可能是 Inner Join、LeftJoin、SemiJoin)或者压根不存在合法的逻辑连接关系,就需要确定它们的连接关系,主要分成两个步骤。

步骤 1:对根中 join_info_list 链表中的 SpecialJoinInfo 进行遍历,看是否可以找到一个“合法”的 SpecialJoinInfo,因为除 InnerJoin 外的其他逻辑连接关系都会生成对应的一个 SpecialJoinInfo,并且 SpecialJoinInfo 中还记录了合法的链接顺序。

步骤 2:对 RelOptInfo 中的 Lateral 关系进行排查,查看找到的 SpecialJoinInfo 是否符合 Lateral 语义指定的连接顺序要求。

2) 建立连接路径

至此已经筛选出两个满足条件的 RelOptInfo,那么下一步就是要对它们中的路径建立物理连接关系。通常的物理连接路径有 NestLoop、MergeJoin 和 HashJoin 三种,这里主要是借由 sort_inner_and_outer、match_unsorted_outer 和 hash_inner_and_outer 函数实现的。

sort_inner_and_outer 函数主要是生成 MergeJoin 路径,其特点是假设内表和外表的路径都是无序的,所以必须要对其进行显示排序,内外表只要选择总代价最低的路径即可。而 matvh_unsorted_outer 函数则是代表外表已经有序,这时只需要对内表进行显示排序就可以生成 MergeJoin 路径或者生成 NestLoop 及参数化路径。最后的选择就是对两表连接建立 HashJoin 路径,也就是要建立哈希表。

为了方便 MergeJoin 的建立,首先需要对约束条件进行处理,故把适用于 MergeJoin 的约束条件从中筛选出来(借助 select_mergejoin_clauses 函数),这样在 sort_inner_and_outer 和 match_unsorted_outer 函数中都可以利用这个 Mergejoinable 连接条件。代码如下:

```
//提取可以进行 MergeJoin 的条件
foreach (l, restrictlist) {
    RestrictInfo* restrictinfo = (RestrictInfo*)lfirst(l);

//如果当前是外连接并且是一个过滤条件,则忽略
```

```
    if (isouterjoin && restrictinfo->is_pushed_down)
        continue;

    //对连接条件是否可以做MergeJoin进行一个初步的判断
//restrictinfo->can_join和restrictinfo->mergeopfamilies都是在distribute_qual_to_rels
//生成
    if (!restrictinfo->can_join || restrictinfo->mergeopfamilies == NIL) {
//忽略FULL JOIN ON FALSE情况
        if (!restrictinfo->clause || !IsA(restrictinfo->clause, Const))
            have_nonmergeable_joinclause = true;
        continue;           /* not mergejoinable */
    }

//检查约束条件是否是outer op inner或inner op outer的形式
    if (!clause_sides_match_join(restrictinfo, outerrel, innerrel)) {
        have_nonmergeable_joinclause = true;
        continue;           /* no good for these input relations */
    }

//更新并使用最终的等价类
//"规范化"pathkeys,这样约束条件就能和pathkeys进行匹配
    update_mergeclause_eclasses(root, restrictinfo);

    if (EC_MUST_BE_REDUNDANT(restrictinfo->left_ec) || EC_MUST_BE_REDUNDANT(restrictinfo
->right_ec)) {
        have_nonmergeable_joinclause = true;
        continue;           /* can't handle redundant eclasses */
    }

    result_list = lappend(result_list, restrictinfo);
}
```

(1) sort_inner_and_outer函数。

sort_inner_and_outer函数主要用于生成MergeJoin路径,它需要显式地对两个字RelOptInfo进行排序,只考虑子RelOptInfo中的cheapest_total_path函数即可。通过MergeJoinable(能够用来生成MergeJoin)的连接条件来生成pathkeys,然后不断地调整pathkeys中pathke的顺序来获得不同的pathkeys集合,再根据不同顺序的pathkeys来决定内表的innerkeys和外表的outerkeys。代码如下:

```
//对外表和内表中的每条路径进行连接尝试遍历
foreach (lc1, outerrel->cheapest_total_path) {
    Path* outer_path_orig = (Path*)lfirst(lc1);
    Path* outer_path = NULL;
    j = 0;
    foreach (lc2, innerrel->cheapest_total_path) {
        Path* inner_path = (Path*)lfirst(lc2);
        outer_path = outer_path_orig;

//参数化路径不可生成MergeJoin路径
```

```
        if (PATH_PARAM_BY_REL(outer_path, innerrel) ||
            PATH_PARAM_BY_REL(inner_path, outerrel))
            return;

        //必须满足外表和内表最低代价路径
        if (outer_path != linitial(outerrel->cheapest_total_path) &&
            inner_path != linitial(innerrel->cheapest_total_path)) {
            if (!join_used[(i - 1) * num_inner + j - 1]) {
                j++;
                continue;
            }
        }

    //生成唯一化路径
        jointype = save_jointype;
        if (jointype == JOIN_UNIQUE_OUTER) {
            outer_path = (Path *)create_unique_path(root, outerrel, outer_path, sjinfo);
            jointype = JOIN_INNER;
        } else if (jointype == JOIN_UNIQUE_INNER) {
            inner_path = (Path *)create_unique_path(root, innerrel, inner_path, sjinfo);
            jointype = JOIN_INNER;
        }
    //根据之前提取的条件确定可供 MergeJoin 路径生成的 pathkeys 集合
        all_pathkeys = select_outer_pathkeys_for_merge(root, mergeclause_list, joinrel);
    //处理上面 pathkeys 集合中每个 pathkey,尝试生成 MergeJoin 路径
        foreach (l, all_pathkeys) {
    ...
            //生成内表的 pathkey
            innerkeys = make_inner_pathkeys_for_merge(root, cur_mergeclauses, outerkeys);

            //生成外表的 pathkey
            merge_pathkeys = build_join_pathkeys(root, joinrel, jointype, outerkeys);

    //根据 pathkey 及内外表路径生成 MergeJoin 路径
            try_mergejoin_path(root, ..., innerkeys);
        }
        j++;
    }
    i++;
}
```

（2）match_unsorted_outer 函数。

match_unsorted_outer 函数整体代码思路和 sort_inner_and_outer 函数一致，最主要的一点不同是，sort_inner_and_outer 函数根据条件推断出内外表的 pathkeys。而在 match_unsorted_outer 函数中，假定外表路径是有序的，它是按照外表的 pathkeys 反过来排序连接条件的，也就是外表的 pathkeys 直接就可以作为 outerkeys 使用，查看连接条件中哪些是和当前 pathkeys 匹配的，并把匹配的连接条件筛选出来，最后再参照匹配出来的连接条件生成需要显示排序的 innerkeys。

(3) hash_inner_and_outer 函数。

顾名思义，hash_inner_and_outer 函数的主要作用就是建立 HashJoin 的路径，在 distribute_restrictinfo_to_rels 函数中已经判断过一个约束条件是否适用于 Hashjoin。因为 Hashjoin 要建立哈希表，所以至少有一个适用于 Hashjoin 的连接条件存在才能使用 HashJoin，否则无法创建哈希表。

3) 路径筛选

至此为止已经生成了物理连接路径 Hashjoin、NestLoop、MergeJoin，那么现在就是要根据它们生成过程中的计算代价去判断其是否是一条值得保存的路径，因为在连接路径阶段会生成很多种路径，并会生成一些明显比较差的路径，这时候筛选可以帮助做一个基本的检查，能够节省生成计划的时间。因为如果生成计划的时间太长，即便选出了"很好"的执行计划，那么也是不能够被接受的。

add_path 为路径筛选主要函数。代码如下：

```
switch (costcmp) {
    case COSTS_EQUAL:
        outercmp = bms_subset_compare(PATH_REQ_OUTER(new_path),
PATH_REQ_OUTER(old_path));
        if (keyscmp == PATHKEYS_BETTER1) {
            if ((outercmp == BMS_EQUAL || outercmp == BMS_SUBSET1) &&
  new_path->rows <= old_path->rows)
  //新路径代价和老路径相似,PathKeys要长,需要的参数更少
  //结果集行数少,故接受新路径放弃旧路径
                remove_old = true;         /* new dominates old */
        } else if (keyscmp == PATHKEYS_BETTER2) {
            if ((outercmp == BMS_EQUAL || outercmp == BMS_SUBSET2) &&
  new_path->rows >= old_path->rows)
  //新路径代价和老路径相似,pathkeys要短,需要的参数更多
  //结果集行数更多,不接受新路径保留旧路径
                accept_new = false;          /* old dominates new */
        } else {
            if (outercmp == BMS_EQUAL) {
  //到这里,新旧路径的代价、pathkeys、路径参数均相同或者相似
  //如果新路径返回的行数少,选择接受新路径,放弃旧路径
                if (new_path->rows < old_path->rows)
                    remove_old = true;      /* new dominates old */
  //如果新路径返回行数多,选择不接受新路径,保留旧路径
                else if (new_path->rows > old_path->rows)
                    accept_new = false;      /* old dominates new */
  //到这里,代价、pathkeys、路径参数、结果集行数均相似
  //那么就严格规定代价判断的范围,如果新路径好,则采用新路径,放弃旧路径
                else {
                    small_fuzzy_factor_is_used = true;
                    if (compare_path_costs_fuzzily(new_path, old_path, SMALL_FUZZY_FACTOR) ==
                        COSTS_BETTER1)
                        remove_old = true;  /* new dominates old */
                    else
```

```
                    accept_new = false; /* old equals or
                                          * dominates new */
                }
    //如果代价和 pathkeys 相似,则比较行数和参数,好则采用,否则放弃
            } else if (outercmp == BMS_SUBSET1 &&
new_path->rows <= old_path->rows)
                remove_old = true;           /* new dominates old */
            else if (outercmp == BMS_SUBSET2 &&
 new_path->rows >= old_path->rows)
                accept_new = false;          /* old dominates new */
            /* else different parameterizations, keep both */
        }
        break;
    case COSTS_BETTER1:
//判断新路径好于或者等于旧路径
//则接受新路径,放弃旧路径
        if (keyscmp != PATHKEYS_BETTER2) {
            outercmp = bms_subset_compare(PATH_REQ_OUTER(new_path),
PATH_REQ_OUTER(old_path));
            if ((outercmp == BMS_EQUAL || outercmp == BMS_SUBSET1) &&
new_path->rows <= old_path->rows)
                remove_old = true; /          * new dominates old */
        }
        break;
    case COSTS_BETTER2:
//判断旧路径差于或者等于新路径
//则不接受新路径,保留旧路径
        if (keyscmp != PATHKEYS_BETTER1) {
            outercmp = bms_subset_compare(PATH_REQ_OUTER(new_path),
PATH_REQ_OUTER(old_path));
            if ((outercmp == BMS_EQUAL || outercmp == BMS_SUBSET2) &&
new_path->rows >= old_path->rows)
                accept_new = false;          /* old dominates new */
        }
        break;
    default:

        /*
         * can't get here, but keep this case to keep compiler
         * quiet
         */
        break;
}
```

6.3.5 遗传算法

遗传算法作为进化算法的一种,借鉴了达尔文生物进化论中的自然选择及遗传学原理。通过模拟大自然中“物竞天择,适者生存”这种进化过程来生成最优的个体。

当生成一定数量的原始个体后,可以通过基因的排列组合产生新的染色体,再通过染

色体的杂交和变异获得下一代染色体。为了筛选出优秀的染色体，需要建立适应度函数计算出适应度的值，从而将适应度低的染色体淘汰。如此，通过个体间不断地遗传、突变，逐渐进化出最优秀的个体。将这个过程代入解决问题，个体即为问题的解。遗传算法即通过此类代际遗传来使得问题的解收敛于最优解。

区别于动态规划将问题分解成若干独立子问题求解的方法，遗传算法是一个选择的过程，它通过将染色体杂交构建新染色体的方法增大解空间，并在解空间中随时通过适应度函数进行筛选，推举良好基因，淘汰掉不良的基因。这就使得遗传算法获得的解不会像动态规划一样一定是全局最优解，但可以通过改进杂交和变异的方式，来争取尽量靠近全局最优解。

得益于在多表连接中的效率优势，在 openGauss 中，遗传算法是动态规划方法的有益补充。只有在 Enable_geqo 参数打开，并且待连接的 RelOptInfo 的数量超过 Geqo_threshold(默认 12 个)的情况下，才会使用遗传算法。

遗传算法的实现有下面 5 个步骤。

(1) 种群初始化：对基因进行编码，并对基因进行随机的排列组合，生成多个染色体，这些染色体构成一个新的种群。另外，在生成染色体的过程中同时计算染色体的适应度。

(2) 选择染色体：通过随机选择(实际上基于概率的随机数生成算法，这样能倾向选择出优秀的染色体)，选择出用于交叉和变异的染色体。

(3) 交叉操作：染色体进行交叉，产生新的染色体并加入种群。

(4) 变异操作：对染色体进行变异操作，产生新的染色体并加入种群。

(5) 适应度计算：淘汰不良的染色体。

举个例子，如果用遗传算法解决货郎问题，则可以将城市作为基因，走遍各个城市的路径作为染色体，路径的总长度作为适应度，适应度函数负责筛除比较长的路径，保留较短的路径。算法的步骤如下。

(1) 种群初始化：对各个城市进行编号，将各个城市根据编号进行排列组合，生成多条新的路径(染色体)，然后根据各城市间的距离计算整体路径长度(适应度)，多条新路径构成一个种群。

(2) 选择染色体：选择两个路径进行交叉(需要注意交叉生成新染色体中不能重复出现同一个城市)，计算交叉操作产生的新路径长度。

(3) 变异操作：随机选择染色体进行变异(通常方法是交换城市在路径中的位置)，计算变异操作后的新路径长度。

(4) 适应度计算：对种群中所有路径进行基于路径长度的由小到大排序，淘汰掉排名靠后的路径。

openGauss 的遗传算法模拟了解决货郎问题的方法，将 RelOptInfo 作为基因，最终生成的连接树作为染色体，连接树的总代价作为适应度，适应度函数则基于路径的代价进行筛选，但是 openGauss 的连接路径的搜索和货郎问题的路径搜索略有不同，货郎问题不存在路径不通的问题，两个城市之间是相通的，可以计算任何两个城市之间的距离，而数据库中由于连接条件的限制，可能两个表无法正常连接，或者整个连接树都无法生成。另外，需要注意的是，openGauss 的基因算法实现方式和通常的遗传算法略有不同，其没有变异的过程，只通过交叉产生新的染色体。

openGauss 遗传算法的总入口是 geqo 函数，输入参数为 root（查询优化的上下文信息）、number_of_rels（要进行连接的 RelOptInfo 的数量）、initial_rels（所有的基表）。

1. 文件结构

遗传算法作为相对独立的优化器模块，拥有自己的一套文件目录结构，如表 6-17 所示。

表 6-17　优化器文件目录结构说明

文件名称	功能说明
geqo_copy.cpp	复制基因函数，即 geqo_copy 函数
geqo_cx.cpp	循环交叉（CYCLE CROSSOVER）算法函数，即 cx 函数
geqo_erx.cpp	基于边重组交叉（EGDE RECOMBINATION CROSSOVER）实现，提供调用 gimme_edge_table 函数
geqo_eval.cpp	主要进行适应度计算，调用 make_one_rel 函数生成连接关系
geqo_main.cpp	遗传算法入口，即主函数 geqo
geqo_misc.cpp	遗传算法信息打印函数，辅助功能
geqo_mutation.cpp	基因变异函数，在循环交叉 cx 函数失败时调用，即 geqo_mutation 函数
geqo_ox1.cpp	顺序交叉（ORDER CROSSOVER）算法方式一函数，即 ox1 函数
geqo_ox2.cpp	顺序交叉（ORDER CROSSOVER）算法方式二函数，即 ox2 函数
geqo_pmx.cpp	部分匹配交叉（PARTIALLY MATCHED CROSSOVER）算法函数，即 pmx 函数
geqo_pool.cpp	处理遗传算法的基因池，基因池是表示所有个体（包括染色体和多表连接后得到的新的染色体）的集合
geqo_px.cpp	位置交叉（POSITION CROSSOVER）算法函数，即 px 函数
geqo_random.cpp	遗传算法的随机算法函数，用来随机生成变异内容
geqo_recombination.cpp	遗传算法初始化群体函数，即 init_tour 函数
geqo_selection.cpp	遗传算法随机选择个体函数，即 geqo_selection 函数

遗传算法的各个模块都在 src/gausskernel/optimizer/geqo 下。接下来的会着重根据这些文件中的代码进行解读。

2. 种群初始化

在使用遗传算法前，可以利用参数 Geqo_threshold 的数值来调整触发的条件。为了方便代码解读，将这个边界条件降低至 4（即 RelOptInfo 数量或基表数量为 4 时就尝试使用遗传算法）。下面在解读代码的过程中，以 t1、t2、t3、t4 四个表为例进行说明。

RelOptInfo 作为遗传算法的基因，首先需要进行基因编码，openGauss 采用实数编码的方式，也就是用{1,2,3,4}分别代表 t1、t2、t3、t4 这四个表。

然后通过 gimme_pool_size 函数获得种群的大小，种群的大小受 Geqo_pool_size 和 Geqo_effort 两个参数的影响，种群用 Pool 结构体进行表示，染色体用 Chromosome 结构体来表示。代码如下：

```
/* 染色体 Chromosome 结构体 */
typedef struct Chromosome {
    /* string 实际是一个整型数组，它代表基因的一种排序方式，也就对应一棵连接树 */
    /* 例如{1,2,3,4}对应的就是 t1 JOIN t2 JOIN t3 JOIN t4 */
    /* 例如{2,3,1,4}对应的就是 t2 JOIN t3 JOIN t1 JOIN t4 */
  Gene*    string;
  Cost worth;          /* 染色体的适应度，实际上就是路径代价 */
} Chromosome;

/* 种群 Pool 结构体 */
typedef struct Pool {
  Chromosome *data;  /* 染色体数组，数组中每个元组都是一棵连接树 */
  int size;                /* 染色体的数量，即 data 中连接树的数量，由 gimme_pool_size 生成 */
  int string_length;  /* 每个染色体中的基因数量，和基表的数量相同 */
} Pool;
```

另外，通过 gimme_number_generations 函数来获取染色体交叉的次数，交叉的次数越多则产生的新染色体也就越多，也就更可能找到更好的解，但是交叉次数多也影响性能，用户可以通过 Geqo_generations 参数来调整交叉的次数。

在结构体中确定的变量如下。

(1) 通过 gimme_pool_size 确定染色体的数量(Pool.size)。

(2) 每个染色体中基因的数量(Pool.string_length)和基表的数量相同。

染色体的生成采用的是 Fisher-Yates 洗牌算法，最终生成 Pool.size 条染色体。具体的算法实现如下：

```
/* 初始化基因序列至{1,2,3,4} */
for (i = 0; i < num_gene; i++)
        tmp[i] = (Gene)(i + 1);

    remainder = num_gene - 1;          /* 定义剩余基因数 */

/* 洗牌算法实现，多次随机挑选出基因，作为基因编码的一部分 */
    for (i = 0; i < num_gene; i++) {
        /* choose value between 0 and remainder inclusive */
        next = geqo_randint(root, remainder, 0);
        /* output that element of the tmp array */
        tour[i] = tmp[next];            /* 基因编码 */
        /* and delete it */
        tmp[next] = tmp[remainder];  /* 将剩余基因序列更新 */
        remainder--;
    }
```

表 6-18 是生成染色体的流程，假设 4 次的随机结果为{1,1,1,0}。

表 6-18 生成染色体的流程

基因备选集 Tmp	结果集 tour	随机数范围	随机数	说 明
1 2 3 4	2	0～3	1	随机数为 1,结果集的第一个基因为 tmp[1],值为 2,更新备选集 tmp,将未被选中的末尾值放在前面被选中的位置上
1 4 3	2 4	0～2	1	随机数为 1,结果集的第二个基因为 4,再次更新备选集 tmp
1 3	2 4 3	0～1	1	随机数为 1,结果集的第三个基因为 3,由于末尾值被选,无须更新备选集
1	2 4 3 1	0～0	0	最后一个基因为 1

在多次随机生成染色体后,得到一个种群,假设 Pool 种群中共有 4 条染色体,用图来描述其结构,如图 6-13 所示。

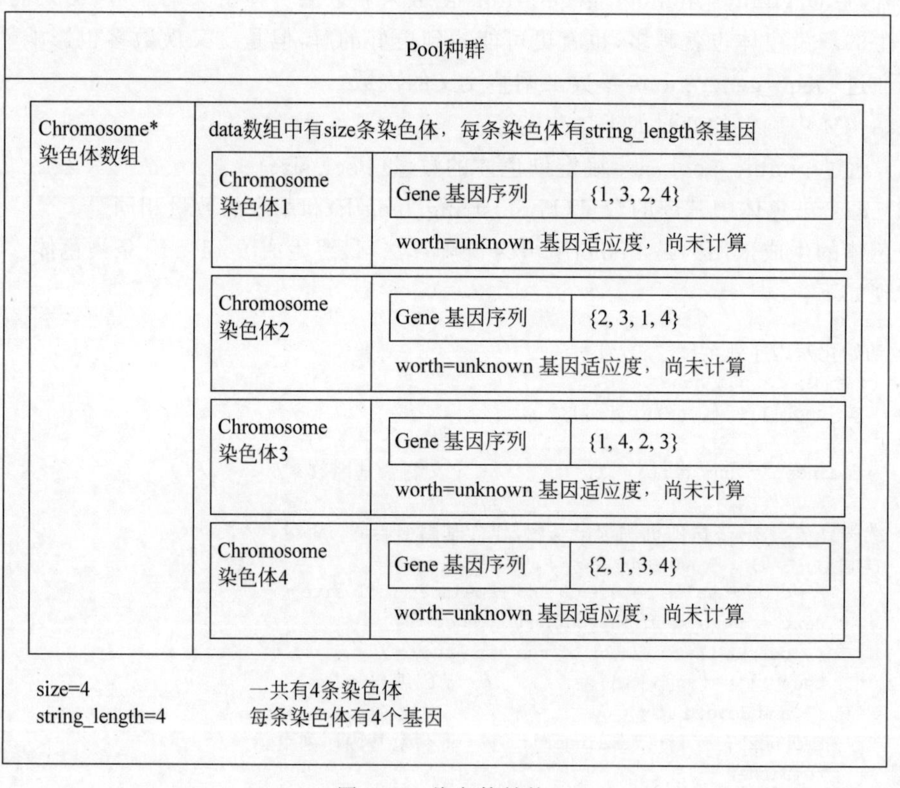

图 6-13 染色体结构

然后对每条染色体计算适应度(worth),计算适应度的过程实际上就是根据染色体的基因编码顺序产生连接树,并对连接树求代价的过程。

在 openGauss 中,每个染色体都默认使用的是左深树,因此每个染色体的基因编码确定后，它的连接树也就随之确定了，比如针对{2,4,3,1}这样一条染色体，它对应的连接树就是(((t2,t4),t3),t1)，如图6-14所示。

openGauss通过geqo_eval函数来计算适应度，它首先根据染色体的基因编码生成一棵连接树，然后计算这棵连接树的代价。

遗传算法使用gimme_tree函数来生成连接树，函数内部递归调用了merge_clump函数。merge_clump函数将能够进行连接的表尽量连接并生成连接子树，同时记录每个连接子树中节点的个数，再将连接子树按照节点个数从多到少的顺序记录到clumps链表。代码如下：

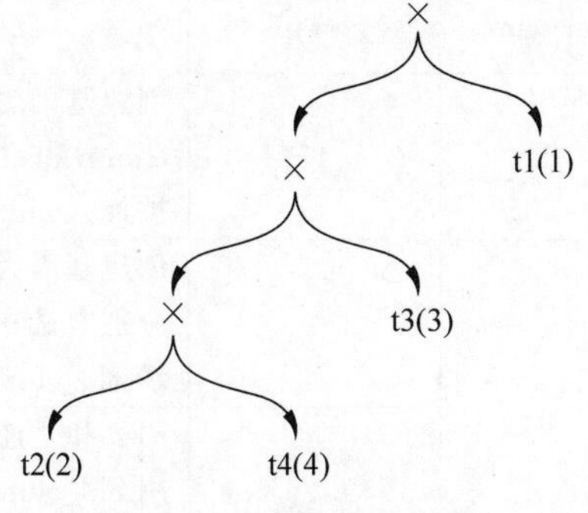

图6-14　染色体连接树

```
/* 循环遍历所有的表,尽量将能连接的表连接起来 */
For (rel_count = 0; rel_count < num_gene; rel_count++) {
  int cur_rel_index;
  RelOptInfo* cur_rel = NULL;
  Clump*  *cur_clump = NULL;
  /* tour 代表一条染色体,这里是获取染色体里的一个基因,也就是一个基表 */
  cur_rel_index = (int) tour[rel_count];
  cur_rel = (RelOptInfo *) list_nth(private->initial_rels, cur_rel_index - 1);

  /* 给这个基表生成一个 Clump,size=1 代表了当前 Clump 中只有一个基表 */
  cur_clump = (Clump*)palloc(sizeof(Clump));
  cur_clump->joinrel = cur_rel;
  cur_clump->size = 1;

  /* 开始尝试连接,递归操作,并负责记录 Clump 到 clumps 链表 */
  clumps = merge_clump(root, clumps, cur_clump, false);
}
```

以之前生成的{2,4,3,1}这样一条染色体为例，并假定。

(1) 2和4不能连接。

(2) 4和3能够连接。

(3) 2和1能够连接。

在这些条件下，连接树生成的过程见表6-19。

表6-19　连接树生成过程

轮数 relcount	连接结果集 clumps	说　明
初始	NULL	创建基因为2的节点cur_clump，cur_clump.size = 1
0	{2}	因为clumps == NULL，cur_clump没有连接表，所以将cur_clump直接加入clumps

续表

轮数 relcount	连接结果集 clumps	说　明
1	{2},{4}	创建基因为 4 的节点 cur_clump,cur_clump. size = 1,将基因为 4 的 cur_clump 和 clumps 链表里的节点尝试连接,因为 2 和 4 不能连接,节点 4 也被加入 clumps
2	{2}	创建基因为 3 的节点 cur_clump,cur_clump. size = 1,遍历 clumps 链表,分别尝试和 2、4 进行连接,发现和 4 能进行连接,创建基于 3 和 4 连接的新 old_clumps 节点,ols_clumps. size = 2,在 clumps 链表中删除节点 4
	{3,4} {2}	用 2 和 4 连接生成的新的 old_clumps 作为参数递归调用 merge_clump,用 old_clumps 和 clumps 链表里的节点再尝试连接,发现不能连接(即{3,4}和{2}不能连接),那么将 old_clumps 加入 clumps,因为 old_clumps. size 目前最大,插入 clumps 最前面
3	{3,4}	创建基因为 1 的节点 cur_clump,cur_clump. size = 1 遍历 clumps 链表,分别尝试和{3,4}、{2}进行连接,发现和 2 能进行连接,创建基于 1 和 2 的新 old_clumps 节点,ols_clumps. size = 2,在 clumps 链表中删除节点 2
	{3,4} {1,2}	用 1 和 2 连接生成的新的 old_clumps 作为参数递归调用 merge_clump,用 old_clumps 和 clumps 链表里的节点尝试连接,发现不能连接,将 old_clumps 加入 clumps,因为 old_clumps. size = 2,插入 clumps 最后

结合例子中的步骤可以看出,merge_clumps 函数的流程就是不断尝试生成更大的 clump。

```
/* 如果能够生成连接,则通过递归尝试生成节点数更多的连接 */
if (joinrel != NULL) {
...
/* 生成新的连接节点,连接的节点数增加 */
    old_clump->size += new_clump->size;
    pfree_ext(new_clump);

    /* 把参与了连接的节点从 clumps 链表里删除 */
    clumps = list_delete_cell(clumps, lc, prev);
    /* 以 clumps 和新生成的连接节点(old_clump)为参数,继续尝试生成连接 */
return merge_clump(root, clumps, old_clump, force);
}
```

根据表 6-19 中的示例,最终 clumps 链表中有两个节点,分别是两棵连接子树,将 force 设置成 true 后,再次尝试连接这两个节点。

```
/* clumps 中有多个节点,证明连接树没有生成成功 */
if (list_length(clumps) > 1) {
    ...
    foreach(lc, clumps) {
        Clump* clump = (Clump*)lfirst(lc);
```

```
        /* 设置 force 参数为 true,尝试无条件连接 */
        fclumps = merge_clump(root, fclumps, clump, true);
    }
    clumps = fclumps;
}
```

3. 选择算子

在种群生成之后,就可以进行代际遗传优化,从种群中随机选择两个染色做交叉操作,这样就能产生一个新的染色体。

种群中的染色体已经按照适应度排序了。适应度越低(代价越低)的染色体越好,因为适应度越低越能将更好的染色体遗传下去,所以需要在选择父染色体和母染色体的时候更倾向选择适应度低的染色体。在选择过程中会涉及倾向(bias)的概念,它在算子中是一个固定的值。当然,bias 的值可以通过参数 Geqo_selection_bias 进行调整(默认值为 2.0)。

```
/* 父染色体和母染色体通过 linear_rand 函数选择 */
first = linear_rand(root, pool->size, bias);
second = linear_rand(root, pool->size, bias);
```

要生成基于某种概率分布的随机数(x),需要首先知道概率分布函数或概率密度函数,openGauss 采用的概率密度函数(Probability Density Function,PDF)$f_X(x)$为

$$f_X(x)=\text{bias}-2(\text{bias}-1)x \quad (0<x<1)$$

通过概率密度函数获得累计分布函数(Cumulative Distribution Function,CDF)$F_X(x)$

$$F_X(x)=\int_{-\infty}^{x} f_X(x)\mathrm{d}x=\begin{cases}0, & x\leqslant 0\\ \text{bias}x-(\text{bias}-1)x^2, & 0<x<1\\ 1, & x\geqslant 1\end{cases}$$

通过概率分布函数并根据逆函数法可以获得符合概率分布的随机数。对函数

$$F_X(x)=\text{bias}x-(1-\text{bias})x^2$$

求逆函数

$$F_X^{-1}(x)=\frac{\text{bias}-\sqrt{\text{bias}^2-4(\text{bias}-1)y}}{2(\text{bias}-1)}$$

这和源代码中 linear_rand 函数的实现是一致的。

```
/* 先求√(bias² - 4(bias - 1)y) 的值 */
double sqrtval;
sqrtval = (bias * bias) - 4.0 * (bias - 1.0) * geqo_rand(root);
if (sqrtval > 0.0)
sqrtval = sqrt(sqrtval);

/* 计算 (bias - √(bias² - sqrtval)) / (2(bias - 1)) 的值,其为基于概率分布随机数且符合[0,1]分布 */
/* max 是种群中染色体的数量 */
```

```
/* index就是满足概率分布的随机数,且随机数的值域在[0,max] */
index = max * (bias - sqrtval) / 2.0 / (bias - 1.0);
```

把基于概率的随机数生成算法的代码提取出来单独进行计算验证,查看其生成随机数的特点。设 bias = 2.0,利用概率密度函数计算各个区间的理论概率值进行分析,比如对于 0.6～0.7 的区间,计算其理论概率如下。

$$P(0.6 < X \leqslant 0.7) = F_X(0.7) - F_X(0.6) = \int_{0.6}^{0.7} f_X(x)\mathrm{d}x = 0.07 = 7\%$$

各区间的理论概率值如图 6-15 所示。

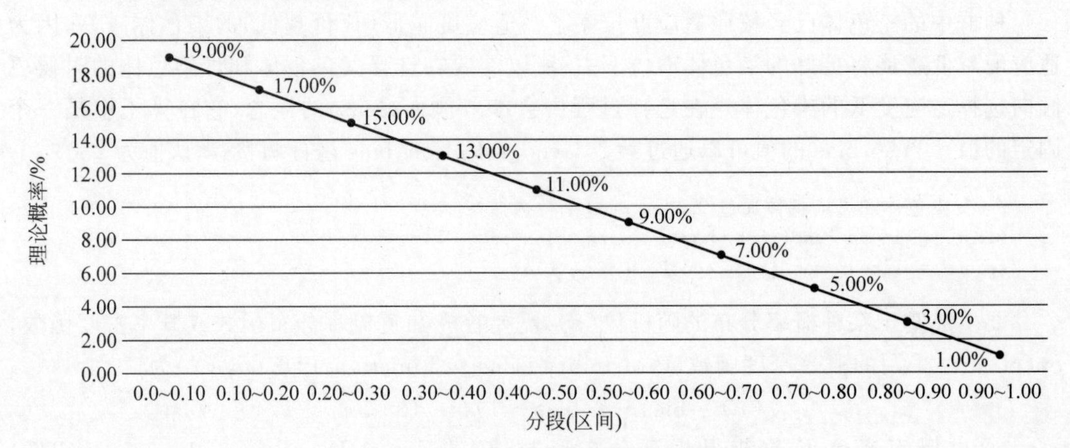

图 6-15　各区间理论概率值

从图 6-15 可以看出,各区间理论概率值的数值是依次下降的,也就是说,在选择父母染色体时更倾向选择适应度更低(代价更低)的染色体。

4. 交叉算子

通过选择算子选择出父母染色体之后,则可以对选出的父母染色体进行交叉操作,生成新的子代染色体。

openGauss 提供了多种交叉方法,包括基于边的重组交叉方法(edge combination crossover)、部分匹配交叉方法(partially matched crossover)、循环交叉方法(cycle crossover)、位置交叉方法(position crossover)、顺序交叉方法(order crossover)等。在源代码分析的过程中,以位置交叉方法为例进行说明。

假如选择父染色体的基因编码为{1,3,2,4},适应度为 100,母染色体的基因编码为{2,3,1,4},适应度为 200,在子染色体还没有生成、处于未初始化状态时,这些染色体的状态如图 6-16 所示。

交叉操作需要生成一个随机数 num_positions,这个随机数的位置介于基因总数的 1/3～2/3 区间的位置,这个随机数代表了有多少父染色体的基因要按位置遗传给子染色体。具体代码如下:

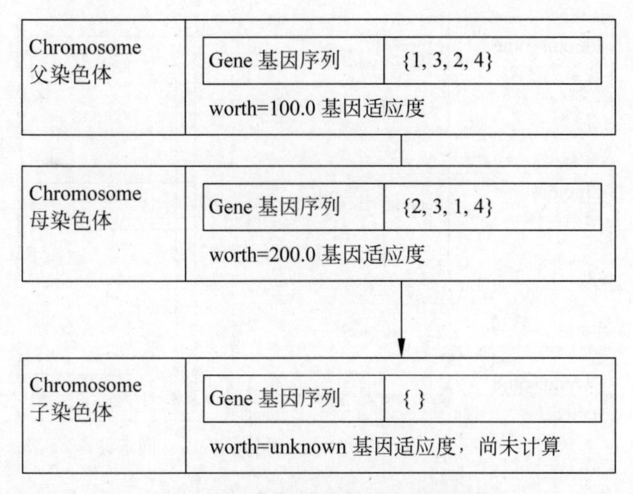

图 6-16　未初始化时染色体状态

```
/* num_positions 决定了父染色体遗传给子染色体的基因数 */
num_positions = geqo_randint(root, 2 * num_gene / 3, num_gene / 3);

/* 选择随机位置 */
for (i = 0; i < num_positions; i++)
{
    /* 随机生成位置,将父染色体这个位置的基因遗传给子染色体 */
    pos = geqo_randint(root, num_gene - 1, 0);

    offspring[pos] = tour1[pos];
    /* 标记这个基因已经使用,母染色体不能再遗传相同的基因给子染色体 */
    city_table[(int) tour1[pos]].used = 1;
}
```

假设父染色体需要遗传两个基因给子染色体,分别传递第 1 号基因和第 2 号基因,那么子染色体当前的状态如图 6-17 所示。

至此,子染色体已经有了 3 和 2 两个基因,则母染色体排除这两个基因后,还剩下 1 和 4 两个基因,将这两个基因按照母染色体中的顺序写入子染色体,新的子染色体就生成了,如图 6-18 所示。

5. 适应度计算

当得到了新生成的子染色体后,需要通过 geqo_eval 函数来计算适应度,随后使用 spread_chromo 函数将染色体加入种群中。

```
/* 适应度分析 */
kid->worth = geqo_eval(root, kid->string, pool->string_length);

/* 基于适应度将染色体扩散 */
spread_chromo(root, kid, pool);
```

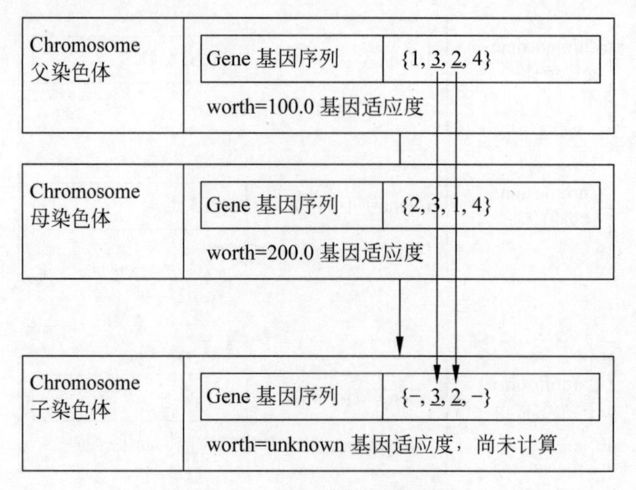

图 6-17　子染色体当前状态

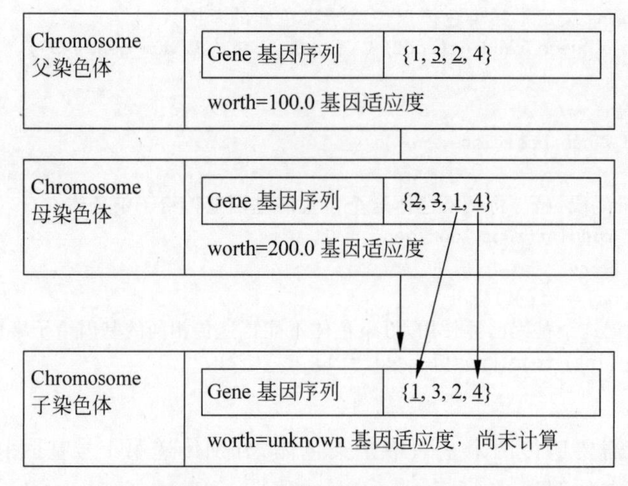

图 6-18　新的子染色体状态

由于种群中的染色体始终应保持有序的状态，spread_chromo 函数可以使用二分法遍历种群来比较种群中的染色体和新染色体的适应度大小并根据适应度大小来查找新染色体的插入位置，排在它后面的染色体自动退后一格，最后一个染色体被淘汰，如果新染色体的适应度最大，那么直接会被淘汰。具体代码如下：

```
/* 二分法遍历种群 Pool 中的染色体 */
top = 0;
mid = pool->size / 2;
bot = pool->size - 1;
index = -1;

/* 染色体筛选 */
```

```
while (index == -1) {
    /* 下面4种情况需要进行移动 */
    if (chromo->worth <= pool->data[top].worth) {
        index = top;
    } else if (chromo->worth - pool->data[mid].worth == 0) {
        index = mid;
    } else if (chromo->worth - pool->data[bot].worth == 0) {
        index = bot;
    } else if (bot - top <= 1) {
        index = bot;
    } else if (chromo->worth < pool->data[mid].worth) {
    /*
     * 下面这两种情况单独处理,因为它们的新位置还没有被找到
     */
        bot = mid;
        mid = top + ((bot - top) / 2);
    } else { /* (chromo->worth > pool->data[mid].worth) */
        top = mid;
        mid = top + ((bot - top) / 2);
    }
}
```

遗传算法会通过选择优秀的染色体及多次的代际交叉,不断地生成新种群的染色体,循环往复,推动算法的解从局部最优向全局最优逼近。

6.4 本章小结

本章对SQL引擎的主要实现流程进行了介绍,包括SQL解析流程、查询重写、查询优化等。SQL引擎内容较多,代码耦合度高,实现逻辑较为复杂,需要读者对代码整体流程及关键结构体有所掌握,并在应用实践中不断总结才能更好地理解。

第7章

执行器解析

执行器在数据库整个体系结构中起着承上启下的作用，对上承接优化器产生的最优执行计划，并按照执行计划进行流水线式的执行，对下负责操作存储引擎中的数据。openGauss将执行的过程抽象成了不同类型的算子，同时结合编译执行、向量化执行、并行执行等方式，组成了全面、高效的执行引擎。本章着重介绍执行器的整体架构、执行模型、各类算子、表达式，以及编译执行和向量化引擎等全新的执行引擎。

7.1 执行器整体架构与代码

本节介绍执行器的整体架构和代码。

7.1.1 执行器整体架构

在SQL引擎将用户的查询解析优化成可执行的计划之后，数据库进入查询执行阶段。执行器基于执行计划对相关数据进行提取、运算、更新、删除等操作，以达到用户查询想要实现的目的。

openGauss在行计算引擎的基础上，增加了编译执行引擎和向量化执行引擎，执行器模块架构如图7-1所示。openGauss的执行器采用的是火山模型（volcano model），这是一种经典的流式迭代模型（pipeline iterator model），目前主流的关系型数据库大多采用这种执行模型。

执行器包括四个主要的子模块：Portal、ProcessUtility、executor和特定功能子模块。首先在Portal模块中根据优化器的解析结果，选择相应的处理策略和处理模块（ProcessUtility和executor），其中executor主要处理用户的增、删、改、查等DML（Data Manipulation Language，数据操作语言）操作；然后ProcessUtility处理增、删、改、查之外的其他情况，例如各类DDL（Data Definition Language，数据定义语言）语句、游标操作、事务相关操作、表空间操作等。

7.1.2 火山模型

执行器的输入是优化器产生的计划树（plan tree），计划树经过执行器转换成执行状态树。执行状态树的每个节点对应一个独立算子，每个算子都完成一项单一功能，所有算子组合起来，实现用户的查询目标。在火山模型中，多个算子组成了一个由一个根节点、多个叶子节点和多个中间节点组成的查询树。

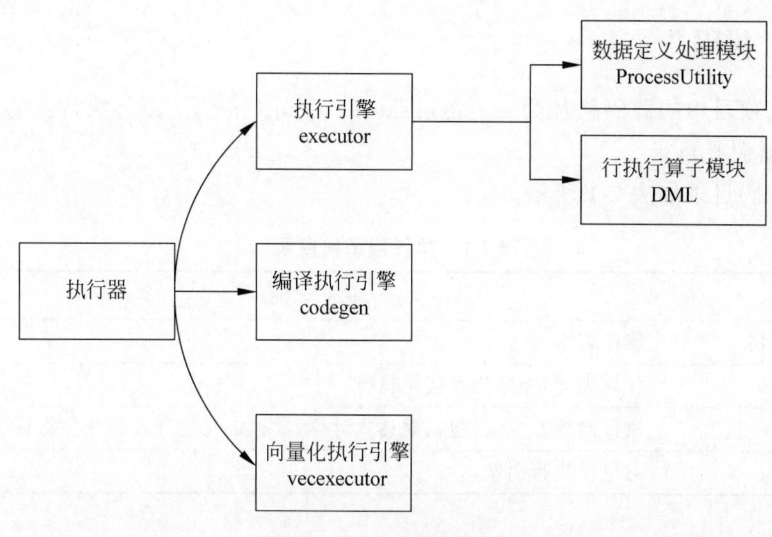

图 7-1　执行器模块架构

每个算子有统一的接口（迭代器模式），从下层的一个或者多个算子获得输入，然后将运算结果返回给上层算子。整个查询执行过程主要是两个流：驱动流和数据流。

驱动流是指上层算子驱动下层算子执行的过程，这是一个从上至下、由根节点到叶节点的过程，如图 7-2 中向下的箭头所示。从代码层面来看，即上层算子会根据需要调用下层算子的函数接口，去获取下层算子的输入。驱动流从根节点逐层传递到叶节点。

数据流是指下层算子将数据返回给上层算子的过程，这是一个从下至上，从叶节点到根节点的过程，如图 7-2 中向上的箭头所示。在 openGauss 中，所有的叶节点都是表数据扫描算子，这些节点是所有计算的数据源头。数据从叶节点经过逐层计算，从根节点返回给用户。

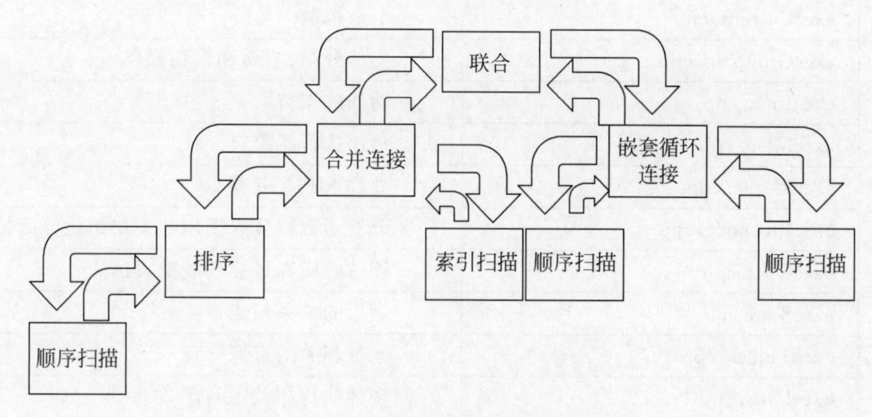

图 7-2　执行器控制流和数据流示意图

7.1.3 代码

执行器在项目中的源码路径为 src/gausskernel/runtime。下面是执行器的源码目录。

1）执行器源码目录

执行器源码目录如表 7-1 所示。

表 7-1 执行器源码目录

模 块	功 能
Makefile	编译脚本
codegen	计划编译，加速热点代码执行
executor	执行器核心模块，包括表达式计算、数据定义处理及行级执行算子
vecexecutor	向量化执行引擎

2）执行器源码文件

执行器源码目录为 src/gausskernel/runtime/模块名，文件目录如表 7-2 所示。

表 7-2 执行器源码文件目录

模块名	源码文件	功 能
codegen	codegenutil	编译执行辅助工具
	executor	执行器
	llvmir	llvm 表达式生成
	vecexecutor	向量化引擎
	Makefile	编译配置文件
executor	execAmi. cpp	执行器路由算子
	execCurrent. cpp	节点控制
	execGrouping. cpp	支持分组、哈希和聚集操作
	execJunk. cpp	伪列的支持
	execMain. cpp	顶层执行器接口
	execMerge. cpp	处理 MERGE 指令
	execProcnode. cpp	分发函数按节点调用相关初始化等函数
	execQual. cpp	评估资质和目标列表的表达式
	execScan. cpp	通用的关系扫描
	execTuples. cpp	元组相关的资源管理
	execUtils. cpp	多种执行相关工具函数
	functions. cpp	执行 SQL 语句函数
	instrument. cpp	计划执行工具
	Makefile	编译配置文件

续表

模块名	源码文件	功　能
executor	lightProxy. cpp	轻量级执行代理
	nodeAgg. cpp	聚合算子
	nodeAppend. cpp	添加算子
	nodeBitmapAnd. cpp	位图与算子
	nodeBitmapHeapsScan. cpp	位图堆扫描算子
	nodeBitmapIndexScan. cpp	位图扫描算子
	nodeBitmapOr. cpp	位图或算子
	nodeCtescan. cpp	通用表达式扫描算子
	README	说明文件
	vecnode/vecagg. cpp	向量聚合算子
	vecnode/vecappend. cpp	向量添加算子
	vecnode/vecconstraints. cpp	约束检查
	vecnode/veccstore. cpp	列存扫描算子
	vecnode/veccstoreindexand. cpp	列存索引扫描算子
	vecnode/veccstoreindextidscan. cpp	列存 tid 扫描算子
	vecnode/Readme. md	说明文件
	vecprimitive/date. inl	基础数据类型
	vecprimitive/float. inl	浮点数据类型
	vecprimitive/int4. inl	4 字节整数类型
	vecprimitive/int8. inl	8 字节整数类型
	vecprimitive/numeric. inl	数值类型
	vecprimitive/Readme. md	说明文件
	vectorsonic/vsonicfilesource. cpp	读写加速
	vectorsonic/vsonicchash. cpp	哈希加速
	vectorsonic/vsonichashagg. cpp	哈希聚合
	vectorsonic/vsonichashjoin. cpp	哈希连接

7.2　执行流程

执行器总体执行流程主要包括策略选择模块 Portal、执行组件 executor 和 ProcessUtility，如图 7-3 所示。

7.2.1　Portal 策略选择模块

Portal 是执行 SQL 语句的载体，每条 SQL 语句对应唯一的 Portal，不同的查询类型对应的 Portal 类型也有区别，如表 7-3 所示。SQL 语句经过查询编译器处理后会生成优化计划树或非优化计划树，是执行器执行的"原子"操作，执行策略根据需要选择 SQL 的类型，调用相应的模块。Portal 的生命周期管理在 exec_simple_query 函数中实现，该函数负责 Portal 创建、执行和清理。Portal 的主要执行流程包括 PortalStart 函数、PortalRun 函数、PortalDrop 函数。其中，PortalStart 函数负责 Portal 结构体初始化工作，包括执行算子初始化、内存上下文分配等；PortalRun 函数负责真正的执行和运算，它是执行器的核心；PortalDrop 函数负责最后的清理工作，主要是数据结构、缓存的清理。

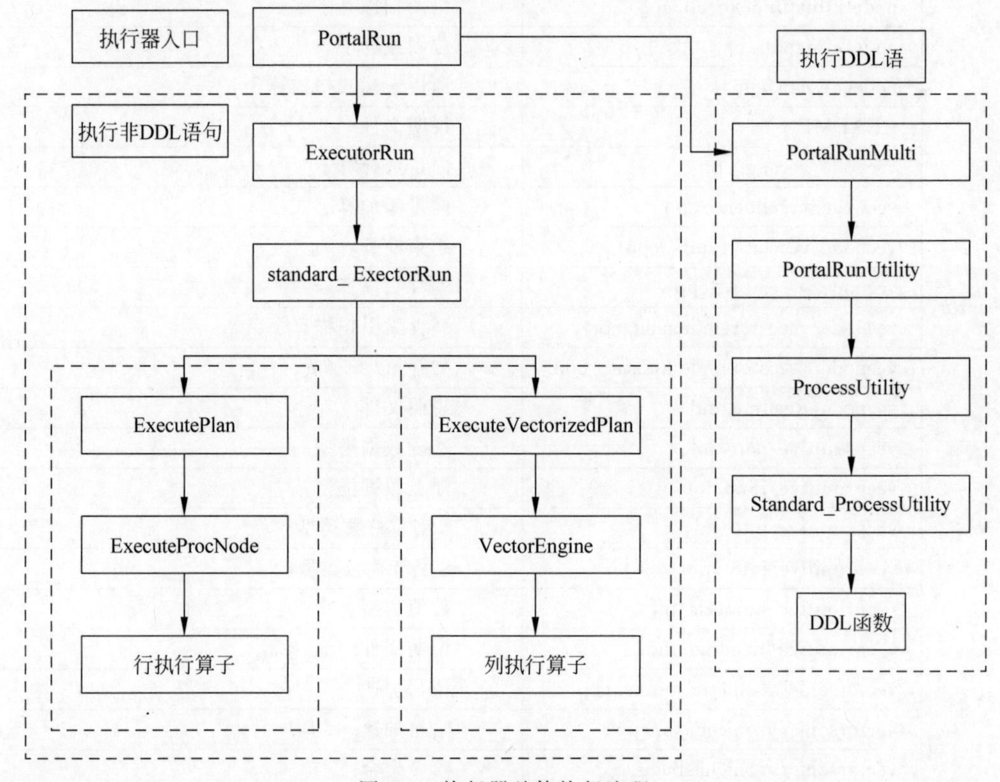

图 7-3 执行器总体执行流程

表 7-3 Portal 类型

Portal 类别	SQL 类型
PORTAL_ONE_SELECT	SQL 语句包含单一的 SELECT 查询
PORTAL_ONE_RETURNING	INSERT/UPDATE/DELETE 语句包含 Returning
PORTAL_ONE_MOD_WITH	查询语句包含 With
PORTAL_UTIL_SELECT	工具类型查询语句，如 EXPLAIN
PORTAL_MULTI_QUERY	所有其他类型查询语句

数据库中的查询主要分为两大类：DDL（CREATE、DROP、ALTER 等）查询和 DML（SELECT、INSERT、UPDATE、DELETE）查询。这两类查询在执行器中的执行路径存在一定差异。

7.2.2　ProcessUtility 模块

除 DML 查询外的所有查询，都通过 ProcessUtility 模块来执行，包括各类 DDL 语句、事务相关语句、游标相关语句等。

DDL 查询的上层调用函数为 exec_simple_query 函数，其中 PortalStart 函数和 PortalDrop 函数部分较为简单。核心函数是 PortalRun 函数下层调用的 standard_ProcessUtility 函数，该函数通过 switch case 语句处理了各种类型的查询语句，调用关系如图 7-4 所示，包括事务相关查询、游标相关查询、schema 相关操作、表空间相关操作、表定义相关操作等。

7.2.3　executor 模块

DML 会被优化器解析并生成计划树。在执行阶段的上层函数调用和 DDL 类似，也是 exec_simple_query 函数。其中 PortalStart 函数会遍历整个查询计划树，对每个算子进行初始化。算子初始化函数的命名一般是“ExecInit＋算子名”的形式，通过这种方式可以方便地查找到对应算子的初始化函数。初始化函数首先会根据对应的 Plan 结构初始化一个对应的 PlanState 结构，这个结构是执行过程中的核心数据结构，包含了在执行过程中需要用到的一些数据存储空间及执行信息。

在 PortalRun 函数中会实际执行相关的 DML 查询，对数据进行计算和处理。在执行过程中，所有执行算子分为两大类：行存储算子和向量化算子。这两类算子分别对应行存储执行引擎和向量化执行引擎。行存储执行引擎的上层入口是 ExecutePlan 函数，向量化执行引擎的上层入口是 ExecuteVectorizedPlan 函数。其中向量化引擎是针对列存储表的执行引擎，这部分内容会在 7.6 节详细介绍。如果存在行存储表和列存储表的混合计算，那么行存储执行引擎和向量化执行引擎直接可以通过 VecToRow 和 RowToVec 算子进行相互转换。行存储算子执行入口函数的命名规则一般为“Exec＋算子名”的形式，向量化算子执行入口函数的命名规则一般为“ExecVec＋算子名”的形式，通过这样的命名规则，可以快速地找到对应算子的函数入口。

在 PortalDrop 函数中会调用 ExecEndPlan 函数对各个算子进行递归清理，主要是清理在执行过程中产生的内存。各个算子的清理函数命名规则是“ExecEnd＋算子名”及“ExecEndVec＋算子名”。DML 查询主要函数调用关系如图 7-5 所示。

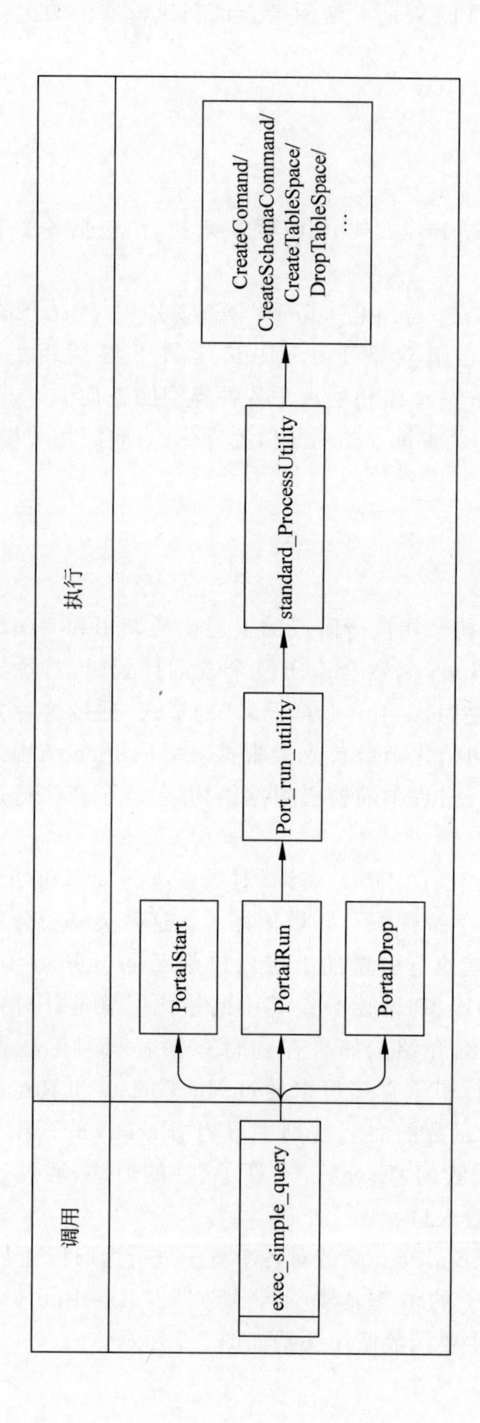

图 7-4 DDL 查询主要函数调用关系

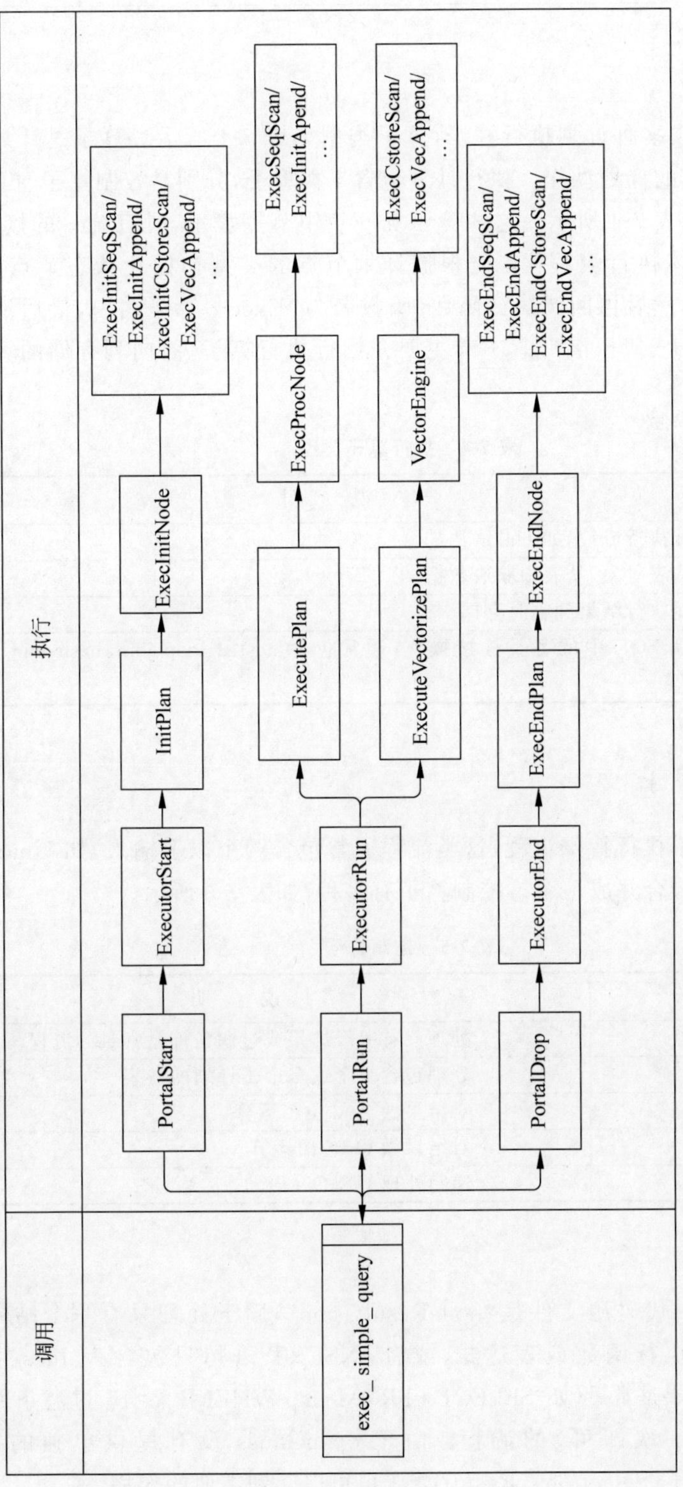

图 7-5　DML 查询主要函数调用关系

7.3 执行算子

执行算子模块包含多种计划执行算子，算子类型如表7-4所示。算子是计划执行的独立单元，用于实现具体的计划动作。执行计划包含4类算子，分别是控制算子、扫描算子、物化算子和连接算子，如表7-4所示。这些算子统一使用节点表示，具有统一的接口，执行流程采用递归模式。整体执行流程：首先根据计划节点的类型初始化状态节点（函数名为"ExecInit+算子名"），然后再回调执行函数（函数名为"Exec+算子名"），最后清理状态节点（函数名为"ExecEnd+算子名"）。本节主要介绍行执行算子，面向列存储的算子在后续章节介绍。

表7-4 执行算子类型

算子类型	说明
控制算子	处理特殊执行流程，如Union语句
扫描算子	用于扫描表对象，从表中获取数据
物化算子	缓存中间执行结果到临时存储
连接算子	用于实现SQL中的各类连接操作，通常包含nested loop join、hash join、merge-sort join等

7.3.1 控制算子

控制算子主要用于执行特殊流程，这类流程通常包含两个以上输入，如Union操作，需要把多个子结果（输入）合并成一个。控制算子有多种，如表7-5所示。

表7-5 控制算子

算子名称	说明
Result算子	处理只有一个结果或过滤条件是常量的流程
Append算子	处理包含一个或多个子计划的链表
BitmapAnd算子	对结果做And位图运算
BitmapOr算子	对结果做Or位图运算
RecursionUnion算子	递归处理UNION语句

1. Result算子

Result算子对应的代码源文件是"nodeResult.cpp"，用于处理只有一个结果（如通过SELECT语句调用可执行函数或表达式，或者INSERT语句只包含Values字句）或者WHERE表达式中的结果是常量（如"SELECT * FROM emp WHERE 2>1"，过滤条件"2 > 1"是常量，只需要计算一次即可）的流程。由于openGauss没有提供单独的投影算子（Projection）和选择算子（Selection），Result算子也可以起到类似的作用。

Result 算子提供的主要函数如表 7-6 所示。

表 7-6　Result 算子提供的主要函数

函　　数	说　　明
ExecInitResult	初始化状态机
ExecResult	迭代执行算子
ExecEndResult	结束清理
ExecResultMarkPos	标记扫描位置
ExecResultRestrPos	重置扫描位置
ExecReScanResult	重置执行计划

ExecInitResult 函数初始化 Result 状态节点的主要执行流程如下。

(1) 构造状态节点,构造 ResultState 状态结构。

(2) 初始化元组表。

(3) 初始化子节点表达式(生成目标列表的表达式、过滤表达式和常量表达式)。

(4) 初始化左子节点(右子节点为空)。

(5) 初始化元组类型和投影信息。

ExecResult 函数迭代输出元组流程图如图 7-6 所示。

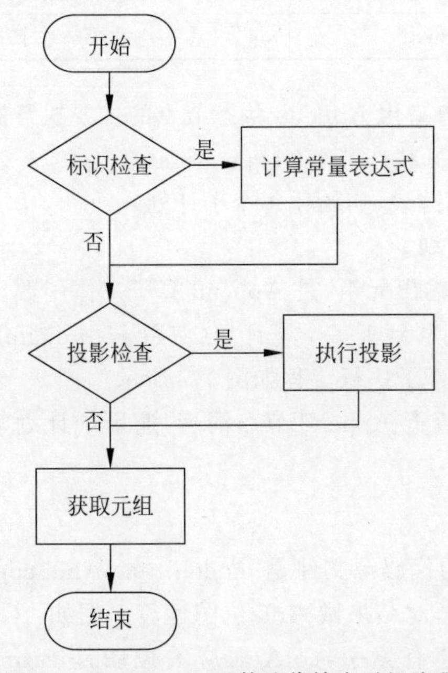

图 7-6　ExecResult 函数迭代输出元组流程

(1) 检查是否需要做常量表达式计算,如果之前没有做常量表达式计算则需要计算表达式并设置检查标识(如果常量表达式计算结果为 false,则设置约束检查标识位)。

(2) 判断是否需要做投影处理,如果返回结果是集合,则把投影结果直接返回。

(3) 执行元组获取。

ExecEndResult 函数在计划执行结束时调用,用于释放执行过程申请的资源(存储空间)。

2. Append 算子

Append 算子对应的代码源文件是"nodeAppend.cpp",用于处理包含一个或多个子计划的链表。Append 算子遍历子计划链表,逐个执行子计划,当子计划返回全部结果后,迭代执行下一个子计划。Append 算子通常用于 SQL 中的集合操作,例如多个 Union All 操作,可以对多个子查询的结果取并集;另外 Append 算子还可以用来实现继承表的查询功能。

Append 算子提供的主要函数如表 7-7 所示。

表 7-7 Append 算子提供的主要函数

函 数	说 明
ExecInitAppend	初始化 Append 节点
ExecAppend	迭代获取元组
ExecEndAppend	关闭 Append 节点
ExecReScanAppend	重新扫描 Append 节点
exec_append_initialize_next	为下一个扫描节点设置状态

ExecInitAppend 函数初始化 Append 状态节点的主要执行流程如下。

(1) 初始化 Append 执行状态节点(AppendState)。

(2) 迭代初始化子计划链表(初始化每个子计划)。

(3) 设置初始迭代子计划。

ExecAppend 函数迭代输出元组,是 Append 算子主体函数。每次从子计划中获取一条元组,直到返回元组为空,则移到下一个子计划(使用 as_whichplan 标记),直至所有子计划都全部执行完毕。Append 算子执行流程如图 7-7 所示。

ExecEndAppend 函数负责 Append 节点清理,遍历子计划数组,逐一释放子计划对应的资源。

3. BitmapAnd 算子

BitmapAnd 算子对应的代码源文件是"nodeBitmapAnd.cpp",用于对多个属性约束索引,且属性约束是 And 运算,对结果做 And 位图运算。例如:(colA 约束条件)AND (colB 约束条件),且 colA、colB 建有索引,colA 对应的位图是 Bitmap A,colB 对应的位图是 Bitmap B。位图运算如图 7-8 所示。

BitmapAnd 算子提供的主要函数如表 7-8 所示。

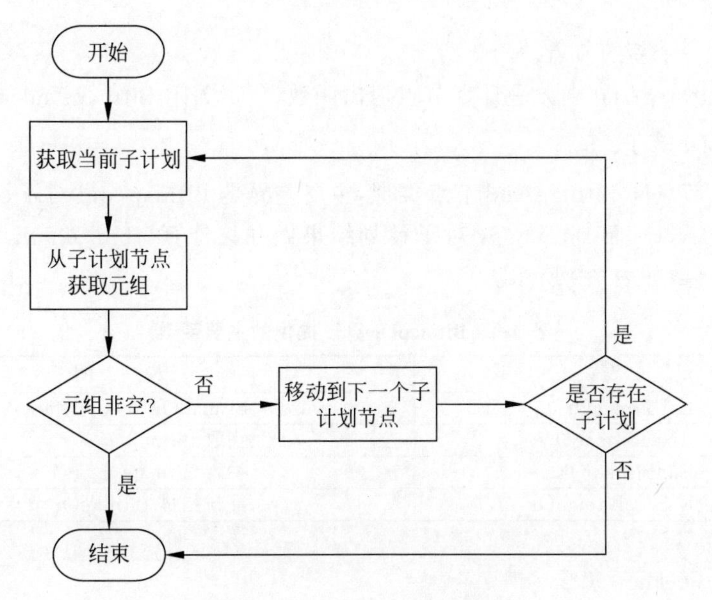

图 7-7　Append 算子执行流程

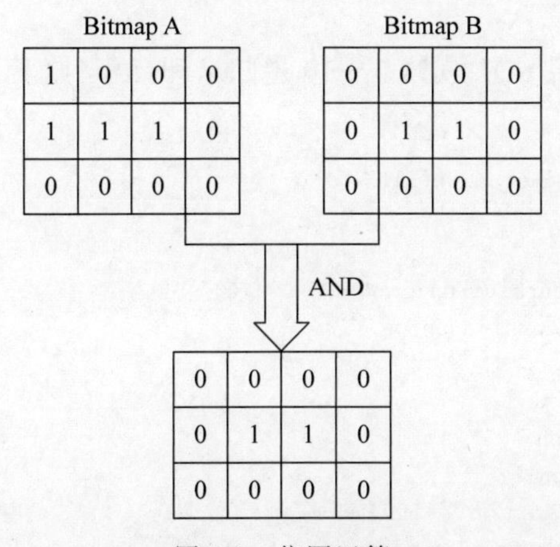

图 7-8　位图运算

表 7-8　BitmapAnd 算子提供的主要函数

函　数	说　明
ExecInitBitmapAnd	BitmapAnd 节点初始化
MultiExecBitmapAnd	获取 Bitmap 节点
ExecEndBitmapAnd	关闭 BitmapAnd 节点
ExecReScanBitmapAnd	重新扫描 BitmapAnd 节点

ExecInitBitmapAnd 函数主要执行流程：首先创建 BitmapAnd 状态节点，然后再逐一初始化子计划状态节点。

MultiExecBitmapAnd 函数是 BitmapAnd 计划节点的主体函数，通过迭代方式做求交运算,结果集是一个新的节点。

ExecEndBitmapAnd 函数是计划节点退出函数,负责关闭 BitmapAnd 子计划节点。

4. BitmapOr 算子

BitmapOr 节点同 BitmapAnd 节点类似,主要差异是 BitmapAnd 对子计划结果做求交计算(tbm_intersect),而 BitmapOr 对子计划结果做并集计算(tbm_union)。BitmapOr 算子提供的主要函数如表 7-9 所示。

表 7-9 BitmapOr 算子提供的主要函数

函 数	说 明
ExecInitBitmapOr	BitmapOr 节点初始化
MultiExecBitmapOr	获取 Bitmap 节点
ExecEndBitmapOr	关闭 BitmapOr 节点
ExecReScanBitmapOr	重新扫描 BitmapOr 节点

5. RecursiveUnion 算子

RecursiveUnion 算子对应的代码源文件是“nodeRecursiveUnion. cpp”,用于递归处理 UNION 语句。

下面给出一个例子,用 SQL 实现 1~10 递归求和,语句如下:

```
/*递归求和*/
WITH RECURSIVE t_recursive_union(i)AS(
VALUES (0)
UNION ALL
SELECT i + 1 FROM t_recursive_union WHERE i < 10)
SELECT sum(i) FROM t_recursive_union;
/*查询计划*/
Aggregate
   CTE t_recursive_union
     -> Recursive Union
          -> Values Scan on "*VALUES*"
          -> WorkTable Scan on t_recursive_union
               Filter: (i < 10)
   -> CTE Scan on t_recursive_union
```

上述例子由 RecursiveUnion 算子处理,初始数据是 VALUSE (0),然后再递归部分处理输出,即“SELECT i + 1 FROM t_recursive_union WHERE i < 10”。

RecursiveUnion 使用左子树获取初始元组(初始迭代种子),使用右子树递归输出其余元组。RecursiveUnion 算子提供的主要函数如表 7-10 所示。

表 7-10 RecursiveUnion 算子提供的主要函数

函 数	说 明
ExecInitRecursiveUnion	初始化 RecursiveUnion 状态节点
ExecRecursiveUnion	迭代输出元组

续表

函　　数	说　　明
ExecEndRecursiveUnion	清理 RecursiveUnion 节点
ExecReScanRecursiveUnion	重置 RecursiveUnion 节点
ExecReScanRecursivePlanTree	重置 RecursiveUnion 计划树

RecursiveUnion 算子对应的关键结构体代码如下：

```
typedef struct RecursiveUnion
{
    Planplan;
    intwtParam;                  /* 对应的工作表 ID */
    intnumCols;                  /* 去重属性个数 */
    AttrNumber *dupColIdx;       /* 去重判断属性编号 */
    Oid   *dupOperators;         /* 去重判断函数 */
    Oid   *dupCollations;
    longnumGroups;               /* 元组树估算 */
} RecursiveUnion;
```

ExecInitRecursiveUnion 函数的主要执行流程如下。

(1) 构造递归合并状态节点，并初始化工作表(working_table)和缓存表(intermediate_table)，如果需要去除重复则需要构造哈希表上下文。

(2) 初始化左子节点(用于输出初始元组作为迭代种子)和右子节点(用于迭代输出其他满足迭代条件的元组)。

(3) 创建用于去重的哈希表。

ExecRecursiveUnion 函数是 RecursiveUnion 节点的主体函数，其主要执行流程如下：

(1) 执行左子节点，将获取元组直接返回(左子节点用于输出初始迭代种子)；如需要去重则把元组加入哈希表中。

(2) 当处理完左子节点(所有的初始种子已经输出)，则执行右子节点获取其余元组，在执行右子节点时会逐一从工作表(working_table)获取迭代输入，并把非空的元组放入缓存表(intermediate_table)。

(3) 当工作表为空时，把缓存表作为新的工作表，直至所有的元组都输出(缓存表和工作表都为空)，如需要去重则把元组加入哈希表中。

ExecEndRecursiveUnion 是清理函数，负责释放执行过程申请的存储资源(用于去重的哈希表)，并关闭左子节点和右子节点。

7.3.2 扫描算子

扫描算子用于表、结果集、链表子查询等结果遍历，每次获取一条元组作为上层节点的输入。控制算子中的 BitmapAnd/BitmapOr 函数所需的位图与扫描算子(索引扫描算子)密切相关。扫描算子主要包括顺序扫描(SeqScan)算子、索引扫描(IndexScan)算子、位图索引扫描(BitmapIndexScan)算子、位图扫描(BitmapHeapScan)算子、元组 TID 扫描(TIDScan)算子、子查询扫描(SubqueryScan)算子、函数扫描(FunctionScan)算子等,如表 7-11 所示。

表 7-11 扫描算子

算子名称	说 明
SeqScan 算子	用于扫描基础表
IndexScan 算子	对表的扫描使用索引加速元组获取
BitmapIndexScan 算子	通过位图索引做扫描操作
BitMapHeapScan 算子	通过位图获取实际元组
TIDScan 算子	遍历元组的物理存储位置获取一个元组
SubqueryScan 算子	子查询生成的子执行计划
FunctionScan 算子	用于从函数返回的数据集中获取元组
ValuesScan 算子	用于处理"Values (…),(…),…"类型语句,从值列表中输出元组
CteScan 算子	用于处理 With 表达式对应的子查询
WorkTableScan 算子	用于递归工作表元组输出
PartIterator 算子	用于支持分区表的 wise join

1. SeqScan 算子

SeqScan 算子是最基本的扫描算子,对应 SeqScan 执行节点,对应的代码源文件是"nodeSeqScan.cpp",用于对基础表做顺序扫描。算子对应的主要函数如表 7-12 所示。

表 7-12 SeqScan 算子主要函数

主要函数	说 明
ExecInitSeqScan	初始化 SeqScan 状态节点
ExecSeqScan	迭代获取元组
ExecEndSeqScan	清理 SeqScan 状态节点
ExecSeqMarkPos	标记扫描位置
ExecSeqRestrPos	重置扫描位置
ExecReScanSeqScan	重置 SeqScan
InitScanRelation	初始化扫描表

ExecInitSeqScan 函数初始化 SeqScan 状态节点,负责节点状态结构构造,并初始化用于存储结果的元组表。

ExecSeqScan 函数是 SeqScan 算子执行的主体函数,用于迭代获取每个元组。ExecSeqScan 函数通过回调函数调用 SeqNext 函数、HbktSeqSampleNext 函数、SeqSampleNext 函数获取元组。非采样获取元组时调用 SeqNext 函数,如果需要采样且对应的表采用哈希桶方式存储则调用 HbktSeqSampleNext 函数,否则调用 SeqSampleNext 函数。

2. IndexScan 算子

IndexScan 算子是索引扫描算子,对应 IndexScan 计划节点,相关的代码源文件是"nodeIndexScan.cpp"。如果过滤条件涉及索引,则查询计划对表的扫描使用 IndexScan 算子，利用索引加速元组获取。算子对应的主要函数如表7-13所示。

表7-13　IndexScan算子主要函数

主要函数	说　明
ExecInitIndexScan	初始化IndexScan状态节点
ExecIndexScan	迭代获取元组
ExecEndIndexScan	清理IndexScan状态节点
ExecIndexMarkPos	标记扫描位置
ExecIndexRestrPos	重置扫描位置
ExecReScanIndexScan	重置IndexScan

ExecInitIndexScan函数负责初始化IndexScan状态节点。主要执行流程如下。

（1）创建IndexScanState节点。

（2）初始化子节点，初始化目标列表、索引过滤条件、原始过滤条件。

（3）打开对应表。

（4）打开索引。

（5）构建索引扫描Key。

（6）处理ORDER BY对应的Key。

（7）启动索引扫描（返回索引扫描描述符IndexScanDesc）。

（8）把过滤Key传递给索引器。

ExecIndexScan函数负责迭代获取元组，通过回调函数的形式调用IndexNext函数获取元组。IndexNext函数首先按照扫描Key获取元组，然后再执行表达式indexqualorig判断元组是否满足过滤条件，如果不满足则需要继续获取。

ExecEndIndexScan函数负责清理IndexScanState节点。主要执行流程如下。

（1）清理元组占用的槽位。

（2）关闭索引扫描描述子。

（3）关闭索引（如果是分区表则需要关闭分区索引及分区映射）。

（4）关闭表。

3. BitmapIndexScan算子

BitmapIndexScan算子通过位图索引做扫描操作，利用位图记录元组在存储页面的偏移位置，对应BitmapIndexScan计划节点。BitmapIndexScan算子相关的代码源文件是“nodeBitmapIndexScan.cpp”。BitmapIndexScan执行的结果是位图，该算子配合BitmapHeapScan算子获取位图对应的元组。算子对应的主要函数如表7-14所示。

表7-14　BitmapIndexScan算子主要函数

主要函数	说　明
ExecInitBitmapIndexScan	初始化BitmapIndexScan状态节点
MultiExecBitmapIndexScan	获取所有元组位图

续表

主要函数	说　明
ExecEndBitmapIndexScan	清理 BitmapIndexScan 状态节点
ExecReScanIndexScan	重置 BitmapIndexScan
ExecInitPartitionForBitmapIndexScan	初始化分区表类型

BitmapIndexScan 算子对应的状态节点代码如下：

```
typedef struct BitmapIndexScanState {
    ScanState ss;                          /* 节点状态标识 */
    TIDBitmap* biss_result;                /* 位图:扫描结果集 */
    ScanKey biss_ScanKeys;                 /* 索引扫描过滤表达式 */
    int biss_NumScanKeys;                  /* 索引扫描键数量 */
    IndexRuntimeKeyInfo* biss_RuntimeKeys; /* 索引扫描运行时求值表达式 */
    int biss_NumRuntimeKeys;               /* 运行时索引扫描键数量 */
    IndexArrayKeyInfo* biss_ArrayKeys;     /* 扫描键数组 */
    int biss_NumArrayKeys;                 /* 数组长度 */
    bool biss_RuntimeKeysReady;            /* 运行时扫描键已经计算标识 */
    ExprContext* biss_RuntimeContext;      /* 求值表达式上下文 */
    Relation biss_RelationDesc;            /* 索引描述 */
    List* biss_IndexPartitionList;         /* 分区表对应索引 */
    LOCKMODE lockMode;                     /* 锁模式 */
    Relation biss_CurrentIndexPartition;   /* 当前对应分区索引 */
} BitmapIndexScanState;
```

ExecInitBitmapIndexScan 函数初始化 BitmapIndexScan 状态节点(BitmapIndexScanState)的主要执行流程如下。

(1) 创建 BitmapIndexScanState 节点用于存储状态信息。

(2) 打开索引。

(3) 构建索引扫描 Key。

(4) 启动索引扫描(返回索引扫描描述符 IndexScanDesc)。

(5) 把过滤 Key 传递给索引器。

MultiExecBitmapIndexScan 函数返回所有元组位图。主要执行流程如下。

(1) 准备 Bitmap 结果集,用于存储元组 ID。

(2) 步循环批量获取元组并存储于 Bitmap 结果集,如果有多组过滤 Key(使用函数 ExecIndexAdvanceArrayKeys 判断)则继续循环批量获取元组。

4. BitmapHeapScan 算子

BitmapHeapSan 算子通过位图获取实际的元组,对应的代码源文件是“BitmapHeap. cpp”。算子对应的主要函数如表 7-15 所示。

表 7-15 BitmapHeapScan 算子主要函数

主要函数	说明
ExecInitBitmapHeapScan	初始化 BitmapHeapScan 状态节点
ExecBitmapHeapScan	迭代获取元组
ExecEndBitmapHeapScan	清理 BitmapHeapScan 状态节点
ExecReScanBitmapHeapScan	重置 BitmapHeapScan

BitmapHeapScan 算子对应的状态节点代码如下：

```
typedef struct BitmapHeapScanState {
    ScanState ss;                        /* 节点标识 */
    List * bitmapqualorig;               /* 元组过滤条件 */
    TIDBitmap * tbm;                     /* 位图来自 BitmapIndexScan 节点输出 */
    TBMIterator * tbmiterator;           /* 位图迭代器 */
    TBMIterateResult * tbmres;           /* 迭代结果 */
    TBMIterator * prefetch_iterator;     /* 预抓取迭代器 */
    int prefetch_pages;                  /* 预获取页面数量 */
    int prefetch_target;                 /* 当前获取页面 */
} BitmapHeapScanState;
```

ExecInitBitmapHeapScan 函数负责初始化 BitmapHeapScan 状态节点(BitmapHeapScanState)，主要执行流程如下。

(1) 创建 BitmapHeapScanState 状态节点。

(2) 初始化子节点，初始化目标列表、索引过滤条件、原始过滤条件。

(3) 打开对应表。

(4) 初始化元组槽位并设置元组迭代获取函数。

(5) 启动表扫描(返回表扫描描述符 TableScanDesc)。

(6) 初始化左子节点(左子节点负责执行位图索引扫描，并返回位图)。

ExecBitmapHeapScan 函数负责迭代输出元组。使用回调函数获取元组，依照表的类型调用 BitmapHeapTblNext 函数或 BitmapHbucketTblNext(哈希桶类型)函数。BitmapHeapTblNext 函数的主要执行流程是：首先初始化位图，然后使用位图迭代器 tbmres 获取元组偏移位置，最后从缓冲区获取元组 slot。

ExecEndBitmapHeapScan 函数负责清理 BitmapHeapScan 状态节点，清理流程类似于 ExecEndIndexScan 函数。

5. TIDScan 算子

TIDScan 算子用于通过遍历元组的物理存储位置获取每个元组(TID 由块编号和偏移位置组成)，对应 TIDScanState 计划节点，相应的代码源文件是“nodeTIDScan.cpp”。算子对应的主要函数如表 7-16 所示。

表 7-16　TIDScan 算子主要函数

主要函数	说　明
ExecInitTidScan	初始化 TIDScan 状态节点
ExecTidScan	迭代获取元组
ExecEndTidScan	清理 TIDScan 状态节点
ExecReScanTidScan	重置 TIDScan

TID 扫描算子对应的状态节点代码如下：

```
typedef struct TidScanState {
    ScanState ss;                                  /* 节点标识 */
    List* tss_tidquals;                            /* TID 过滤表达式 */
    bool tss_isCurrentOf;                          /* 游标与当前扫描表是否匹配 */
    Relation tss_CurrentOf_CurrentPartition;       /* 当前扫描分区 */
    int tss_NumTids;                               /* TID 数量 */
    int tss_TidPtr;                                /* 当前扫描位置 */
    int tss_MarkTidPtr;                            /* 标记扫描位置 */
    ItemPointerData* tss_TidList;                  /* TID 列表 */
    HeapTupleData tss_htup;                        /* 堆元组 */
    HeapTupleHeaderData tss_ctbuf_hdr;             /* 堆元组头信息 */
} TidScanState;
```

ExecInitTidScan 是 TIDScan 节点状态初始化函数，主要执行流程如下。

(1) 创建 TidScanState 节点。

(2) 初始化子节点，初始化目标列表、索引过滤条件、原始过滤条件。

(3) 打开对应表。

(4) 初始化结果元组。

(5) 启动表扫描(返回表扫描描述符 TableScanDesc)。

ExecTidScan 是元组迭代获取函数，通过调用 TidNext 函数实现功能。TidNext 函数首先获取 TID 列表，并存放到 tss_TidList 数组中，根据 heap_relation 调用 TidFetchTuple 函数或 HbtTidFetchTuble 函数(哈希桶类型)，逐一获取元组(tss_TidPtr 是 TID 在数组中的相对偏移位置，使用函数 InitTidPtr 移动偏移位置)。

6. SubqueryScan 算子

SubqueryScan 算子以子计划为扫描对象，实际执行时会转换成调用子节点计划，对应的代码源文件是“nodeSubqueryScan. cpp”。SubqueryScan 状态节点初始由 ExecInitSubqueryScan 函数完成。ExecInitSubqueryScan 函数首先创建 SubqueryScan 状态节点，然后初始化子计划(调用 ExecInitNode 函数实现)。ExecSubqueryScan 函数负责迭代输出元组，通过调用函数 SubqueryNext 实现，在 SubqueryNext 函数中使用 ExecProcNode 函数执行子节点计划。算子对应的主要函数如表 7-17 所示。

表 7-17 SubqueryScan 算子主要函数

主要函数	说明
ExecInitSubqueryScan	初始化 SubqueryScan 状态节点
ExecSubqueryScan	迭代获取元组(执行子节点计划)
ExecEndSubqueryScan	清理 SubqueryScan 状态节点
ExecResScanSubquerScan	重置 SubqueryScan 状态节点

7. FunctionScan 算子

FunctionScan 算子用于从函数返回的数据集中获取元组,对应的代码源文件是"nodeFunctionScan. cpp"。算子对应的主要函数如表 7-18 所示。

表 7-18 FunctionScan 算子主要函数

主要函数	说明
ExecInitFunctionScan	初始化 FunctionScan 状态节点
ExecFunctionScan	迭代获取元组(函数返回元组)
ExecEndFunctionScan	清理 FunctionScan 状态节点
ExecResScanFunctionScan	重置 FunctionScan 状态节点

ExecInitFunctionScan 函数负责初始化 FunctionScan 状态节点,主要执行流程如下。

(1) 构造 FunctionScan 状态节点。

(2) 初始化目标表达式和过滤条件表达式。

(3) 根据 functypclass 的类型构造元组表述符(函数返回元组)。

ExecFunctionScan 函数负责迭代输出函数返回元组,主要执行流程如下。

(1) 初始化 tuplestorestate(首次执行存储函数执行的全量结果)。

(2) 从 tuplestorestate 逐一取出元组。

8. ValuesScan 算子

ValuesScan 算子用于处理"Values (…),(…),…"类型语句,从值列表中输出元组,对应 ValuesScan 计划节点,相关的代码源文件是"nodeValuesScan. cpp"。values_lists 数组存储值表达式列表。算子对应的主要函数如表 7-19 所示。

表 7-19 ValuesScan 主要函数

主要函数	说明
ExecInitValuesScan	初始化 ValuesScan 状态节点
ExecValuesScan	迭代获取元组
ExecEndValuesScan	清理 ValuesScan 状态节点
ExecValuesMarkPos	标记扫描位置
ExecEndValuesRestrPos	重置扫描位置
ExecResScanValuesScan	重置 ValuesScan 状态节点

ExecInitValuesScan 函数初始化 ValuesScan 状态节点，该函数把值表达式链表转换成表达式数组，该表达式数组即为元组集合。

ExecValuesScan 函数迭代输出元组，通过回调函数调用 ValuesNext 函数实现，curr_idx 字段是偏移位置，从 exprlists 数组中逐一取出数值构造元组。

9. CteScan 算子

CteScan 算子用于处理 With 表达式对应的子查询，对应于 CteScan 计划节点，相应的代码源文件是“nodeCteScan.cpp”。算子对应的主要函数如表 7-20 所示。

表 7-20 CteScan 算子主要函数

主要函数	说明
ExecInitCteScan	初始化 CteScan 状态节点
ExecCteScan	迭代获取元组
ExecEndCteScan	清理 CteScan 状态节点
ExecResScanCteScan	重置 CteScan 状态节点

ExecInitCteScan 函数初始化 CteScan 状态节点的主要执行流程如下。

(1) 获得 Cte 计划节点。

(2) 根据全局参数 prmdata(所有 CteScan 子计划共享)判断当前 CteScan 计划是否为起始 Cte，如果是则构造 cte_table 用于缓存。

(3) 初始化目标表达式和条件过滤表达式。

(4) 初始化元组用于缓存。

ExecCteScan 函数用于迭代获取元组，通过回调函数调用 CteScanNext 实现。主要执行流程是：首先判断缓存数组中是否有未取元组，如果有则取出返回(使用 tuplestore_gettupleslot 函数)，否则执行子计划获取元组。

10. WorkTableScan 算子

WorkTableScan 算子用于处理递归项，同 RecursiveUnion 算子紧密关联，对应的代码源文件是“nodeWorkTableScan.cpp”。WorkTableScan 算子处理 RecursiveUnion 子节点中的工作表，提供了对缓存扫描的支持。算子对应的主要函数如表 7-21 所示。

表 7-21 WorkTableScan 算子主要函数

主要函数	说明
ExecInitWorkTableScan	初始化 WorkTableScan 状态节点
ExecWorkTableScan	迭代获取元组
ExecEndWorkTableScan	清理 WorkTableScan 状态节点
ExecResScanWorkTableScan	重置 WorkTableScan 状态节点

11. PartIterator 算子

PartIterator 算子用于从分区中迭代获取元组，对应的代码源文件是“nodePartIterator.cpp”。

PartIterator 算子通过执行子节点计划获取分区,遍历获取元组。算子对应的主要函数如表 7-22 所示。

表 7-22 PartIterator 算子主要函数

主要函数	说 明
ExecInitPartIteratorScan	初始化 PartIteratorScan 状态节点
ExecPartIteratorScan	迭代获取元组
ExecEndPartIteratorScan	清理 PartIteratorScan 状态节点
ExecResScanPartIteratorScan	重置 PartIteratorScan 状态节点

分区遍历关键数据结构代码如下:

```
typedef struct PartIterator {
    Plan plan;
    PartitionType partType;             /* 分区类型 */
    int itrs;                           /* 分区数量 */
    ScanDirection direction;
    PartIteratorParam * param;
    int startPartitionId;               /* 并行执行分区起始 ID */
    int endPartitionId;                 /* 并行执行分区结束 ID */
} PartIterator;

typedef struct PartIteratorState {
    PlanState ps;                       /* 状态节点类型 */
    int currentItr;                     /* 当前迭代分区索引编号 */
} PartIteratorState;
```

ExecInitPartIteratorScan 函数用于初始化 PartIteratorScan 状态节点(PartIteratorState),功能是初始化左子节点并设置初始迭代分区索引号。

ExecPartIteratorScan 函数迭代输出元组。主要执行流程是:初始化分区索引号,执行左子节点获取元组,如果元组为空则获取下一个分区的元组。

7.3.3 物化算子

物化算子用于把元组缓存起来供后续使用。物化算子有多种类型,本节将介绍部分物化算子,如表 7-23 所示。

表 7-23 物化算子

算子名称	说 明
Material	用于缓存子节点执行结果
Sort	用于元组排序(查询包含 ORDER BY)
Limit	用于限定获取元组数量(查询包含 LIMIT/OFFSET 子句)
Group	用于处理 GROUP BY 子句
Agg	用于执行含有聚集函数的操作

续表

算子名称	说　明
Unique	用于对子计划返回的元组去重
hash	提供哈希表创建接口
SetOp	用于处理 Execept 与 Intersect 两种集合操作
WindowAgg	用于处理元组窗口聚合
LockRows	用于处理包含“FOR UPDATE”或“FOR SHARE”的子句

1. Material 算子

Material 算子用于缓存子节点执行结果，对应的代码源文件是“nodeMaterial. cpp”。Material 算子使用 tuplestorestate 函数缓存迭代输出的元组。Material 算子对应的主要函数如表 7-24 所示。

表 7-24　Material 算子主要函数

主要函数	说　明
ExecInitMaterial	初始化 Material 状态节点
ExecMaterial	迭代获取元组
ExecEndMaterial	清理 Material 状态节点
ExecResScanMaterial	重置 Material 状态节点

ExecInitMaterial 函数用于初始化 Material 状态节点，并初始化左子节点。

ExecMaterial 函数用于迭代获取元组。根据计划选择 ExecMaterialOne 函数和 ExecMaterialAll 函数输出元组：ExecMaterialOne 函数从子计划中迭代获取一个元组并放入 tuplestorestate 对象中；ExecMaterialAll 函数从子计划中迭代获取所有元组并存储在 tuplestorestate 对象中。

ExecEndMaterial 函数是清理函数，主要清理元组缓存。

2. Sort 算子

Sort 算子用于执行排序计划节点(即 SQL 语句中的 ORDER BY 命令)，对应的代码源文件是“nodeSort. cpp”。Sort 算子对应的主要函数如表 7-25 所示。

表 7-25　Sort 算子主要函数

主要函数	说　明
ExecInitSort	初始化 Sort 状态节点
ExecSort	迭代获取元组
ExecEndSort	清理 Sort 状态节点
ExecSortMarkPos	用于标记排序位置

排序算子对应的结构体是 SortState，该结构体代码如下：

```
typedef struct SortState {
    ScanState ss;                /* 扫描节点 */
```

```
    bool randomAccess;                /* 随机访问标识 */
    bool bounded;                     /* 结果集边界标识 */
    int64 bound;                      /* 结果集中总数 */
    bool sort_Done;                   /* 排序完成标识 */
    bool bounded_Done;                /* 结果集边界设置标识 */
    int64 bound_Done;                 /* 参与排序的数据集 */
    void* tuplesortstate;             /* 排序表 */
    int32 local_work_mem;             /* 内存使用 */
    int sortMethodId;                 /* 所用排序方法 */
    int spaceTypeId;                  /* 空间类型 */
    long spaceUsed;                   /* 所用空间大小 */
    int64* space_size;                /* 临时表外溢大小 */
} SortState;
```

ExecInitSort 函数用于初始化排序节点,创建排序时的状态信息。主要执行流程如下。

(1) 创建 Sort 状态结构体,生成排序状态节点(SortState)。

(2) 对结果元组表初始化(分别调用"ExecInitResultTupleSlot(estate,&sortstate→ss.ps)"函数和"ExecInitScanTupleSlot(estate,&sortstate→ss)"函数)。

(3) 初始化子节点。

(4) 初始化元组类型。

ExecSort 函数是执行排序的主函数。主要执行流程如下:

(1) 判断排序状态节点是否已经做过排序,如果没有做过排序,需要调用 tuplesort 函数做一次全部排序。

(2) 使用 tuplesort 函数做排序的流程是先初始化堆排序,然后调用 tuplesort_performsort 函数执行排序。

(3) 根据排序逐一读取元组。

ExecSort 函数操作流程如图 7-9 所示。

ExecEndSort 函数用于释放排序过程使用的资源。主要执行流程是:首先释放用于存放中间元组的排序表,然后清理结果表,最后关闭排序执行计划。

ExecSortMarkPos 函数用于标记排序位置。ExecSortRestrPos 函数用于恢复保存的排序文件。ExecReScanSort 函数用于重置排序结果。

3. Limit 算子

Limit 算子主要用来处理 LIMIT/OFFSET 子句,用于限制子查询语句处理元组的数量,对应的代码源文件是"nodeLimit.cpp"。Limit 算子对应的主要函数如表 7-26 所示。

表 7-26 Limit 算子主要函数

主要函数	说明
ExecInitLimit	初始化 Limit 状态节点
ExecLimit	迭代获取元组
ExecEndLimit	清理 Limit 状态节点
recompute_limits	初始化 limit/offset 表达式

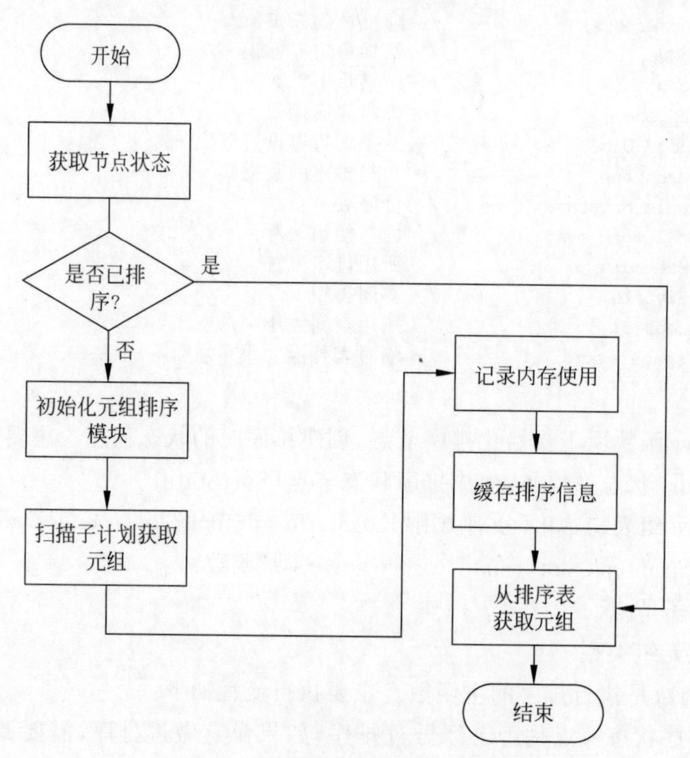

图 7-9 ExecSort 函数操作流程

Limit 算子对应的关键结构体是 LimitState，相关代码如下：

```
typedef struct LimitState {
    PlanState ps;                   /* 计划状态节点 */
    ExprState* limitOffset;         /* 偏移位置 */
    ExprState* limitCount;          /* 总数 */
    int64 offset;                   /* 当前偏移位置 */
    int64 count;                    /* 当前总数 */
    bool noCount;                   /* 忽略总数标识 */
    LimitStateCond lstate;          /* 状态机当前状态 */
    int64 position;                 /* 上一个元组的位置 */
    TupleTableSlot* subSlot;        /* 上一个元组 */
} LimitState;
```

ExecInitLimit 函数用于把 Limit 计划节点转成 Limit 执行节点。主要执行流程如下。

(1) 初始化 Limit 状态节点(LimitState)并做子表达式处理，分别初始化 limitOffset (调用“ExecInitExpr((Expr *)node-> limitOffset,(PlanState *)limit_state)”函数)和 limitCount(调用“ExecInitExpr((Expr *)node-> limitCount,(PlanState *)limit_state);”函数)表达式。

(2) 调用“ExecInitResultTupleSlot(estate,&limit_state-> ps)”函数做元组初始化。

(3) 外部计划初始化(调用“outer_plan = outerPlan(node); outerPlanState(limit_

state) = ExecInitNode(outer_plan,estate,eflags);"函数)。

(4) 对投影信息置空(由于 Limit 无投影)。

ExecLimit 函数是执行 Limit 算子的入口,每次返回一个元组。在函数体内部通过"switch (node-> lstate) "函数处理 Limit 算子的各种 Limit 状态,如果 Limit 对应的状态不是叶子节点则调用 ExecProcNode 做递归处理。"node-> lstate"对应的状态有 LIMIT_INITIAL、LIMIT_RESCAN、LIMIT_EMPTY、LIMIT_INWINDOW、LIMIT_SUBPLANEOF、LIMIT_WINDOWEND、LIMIT_WINDOWSTART。其中,LIMIT_INITIAL 对应处理 Limit 算子初始化,LIMIT_RESCAN 对应重新执行子节点计划,LIMIT_EMPTY 对应 Limit 算子是空集,LIMIT_INWINDOW 用于处理窗口函数(在窗口函数内前向和后向移动),LIMIT_SUBPLANEOF 用于处理子节点计划(移动到子节点计划尾部),LIMIT_WINDOWEND 用于在窗口尾部结束,LIMIT_WINDOWSTART 用于在窗口开始处结束。

recompute_limits 函数用于在初始化时处理 limit/offset 表达式。主要执行流程如下。

(1) 处理计划节点中的 limitOffset,如果非空则对 limitOffset 对应的表达式做求值处理,判断 limitOffset 是否满足约束条件,如果不满足则做报错处理。

(2) 处理计划节点中的 limitCount,如果非空则对 limitCount 对应的表达式做求值处理,判断 limitCount 是否满足约束条件,如果不满足则做报错处理。

(3) 调用 pass_down_bound 递归处理子节点。

4. Group 算子

Group 算子用于处理 GROUP BY 子句(节点),对满足条件的元组做分组处理,对应的代码源文件是"nodeGroup.cpp"。Group 算子对应的子节点返回的元组是按照分组属性排列的结果。Group 算子对应的主要函数如表 7-27 所示。

表 7-27　Group 算子主要函数

主要函数	说　明
ExecInitGroup	初始化 Group 状态节点
ExecGroup	迭代获取元组
ExecEndGroup	清理 Group 状态节点
ExecResScanGroup	重置 Group 状态节点

ExecInitGroup 函数初始化 Group 状态节点。主要执行流程如下。

(1) 构造 Group 状态节点。

(2) 初始化目标表达式和过滤表达式。

(3) 初始化唯一子节点(用于输出元组)。

(4) 获取唯一值过滤函数。

ExecGroup 函数输出分组后的元组。Group 子节点输出的元组已按照分组属性排序,在迭代输出时只要发现同上一个元组属性不匹配,则生成新的元组(新分组)输出。

5. Agg 算子

Agg 算子用于执行含有聚集函数的操作，对应的代码源文件是“nodeAgg. cpp”。Agg 算子支持三种策略处理：普通聚集（不分组聚集计算）、排序聚集、哈希聚集。排序聚集和哈希聚集计算都包含 GROUP BY 子句。普通聚集实际可以看作分组聚集的一种特例（每个元组对应一个分组）。普通聚集与排序聚集使用 agg_retrieve_direct 函数获取元组，哈希聚集使用 agg_retrieve 函数获取元组。Agg 算子对应的主要函数如表 7-28 所示。

表 7-28 Agg 算子主要函数

主要函数	说　明
ExecInitAgg	初始化 Agg 状态节点
ExecAgg	迭代获取元组
ExecEndAgg	清理 Agg 状态节点
ExecResScanAgg	重置 Agg 状态节点

ExecInitAgg 函数用于初始化 Agg 状态节点。主要执行流程如下。

(1) 构建 AggState 状态节点。

(2) 计算最大分组数(迭代阶段)。

(3) 初始化子计划节点(左子节点)。

(4) 初始化聚合函数。

(5) 初始化罗盘文件。

ExecAgg 函数输出聚合元组。从子节点（子计划执行）获取元组，按照指定的属性列聚合，根据不同的聚合调用 agg_retrieve 或 agg_retrieve_direct 函数。agg_retrieve 函数的执行逻辑是：首先准备数据（从子节点获取数据），然后向哈希表中填充中间计算结果。

6. Unique 算子

Unique 算子用于对子计划返回的元组去重，对应的代码源文件是“nodeUnique. cpp”。Unique 算子的去重逻辑建立在子计划返回的元组已经按照属性排序之上，如果不重复则输出，并放入缓存元组中（用作下一次迭代去重判断），否则继续从子计划中获取元组。

7. hash 算子

hash 算子用于辅助 hash 连接算子，对应的代码源文件是“nodeHash. cpp”。hash 算子作为辅助算子，仅用来初始化哈希状态节点，并提供哈希表创建接口（供 hash join 算子调用），不迭代输出元组（hash join 算子负责输出）。

8. SetOp 算子

SetOp 算子用于处理 Execept 与 Intersect 两种集合操作（INTERSECT、INTERSECT ALL、EXCEPT、EXCECPT ALL），对应的代码源文件是“nodeSetOp. cpp”。SetOp 算子只有一个左子节点作为输入。SetOp 算子在处理集合操作时有两种策略：排序和哈希。哈希模式（SETOP_HASHED）下处理非有序元组集合，而排序模式（SETOP_SORTED）下处理有序元组集合。

9. WindowAgg 算子

WindowAgg 算子用于处理元组窗口聚合，对应的代码源文件是“nodeWindAgg. cpp”。WindowAgg 算子与 Agg 算子实现的功能类似，实现的模式也类似，主要的差异是窗口聚合处理的元组限定于同一个划分内(窗口)，而 Agg 算子处理的元组是“整个表”(GROUP BY 划分)。

10. LockRows 算子

LockRows 算子提供行级锁，SQL 语句包含“FOR UPDATE”(排他锁)或“FOR SHARE”(共享锁)时，对元组加锁。对应的源文件是 nodeLockRows. cpp。LockRows 算子的执行逻辑是从子节点获取元组，然后尝试对元组加锁；如果针对 UPDATE 操作，需要重新检查子查询(执行 EvalPlanQualBegin)，并对子查询获得的元组过滤检查，把满足过滤条件的元组返回。

7.3.4　连接算子

连接算子用于处理表关联，openGauss 支持 12 种连接类型(inner join、left join、right join、full join、semi join、anti join 等)，提供了 3 种连接算子：hash join 算子、merge join 算子、nested loop join 算子，下面分别介绍这 3 种算子。

1. hash join 算子

hash join 算子用于哈希连接处理，对应的代码源文件是“nodeHashJoin. cpp”。哈希连接是做大数据集连接时的常用方式，优化器使用两个表中较小的表(或数据源)利用连接键在内存中建立哈希表，然后扫描较大的表并探测哈希表，找出与哈希表匹配的行。这种方式适用于较小的表完全可以放于内存中的情况，这样总成本就是访问两个表的成本之和。但是表在很大的情况下并不能完全放入内存，执行器会将它分割成若干不同的分区，不能放入内存的部分就把该分区写入磁盘的临时段，此时要有较大的临时段从而尽量提高 I/O 的性能。hash join 算子对应的主要函数如表 7-29 所示。

表 7-29　hash join 算子主要函数

主要函数	说　明
ExecInitHashJoin	初始化 hash join 状态节点
ExecHashJoin	利用哈希表迭代获取元组
ExecEndHashJoin	清理 hash join 状态节点
ExecResScanHashJoin	重置 hash join 状态节点

hash join 算子对应的状态节点代码如下：

```
typedef struct HashJoinState {
    JoinState js;                          /* Join 节点 */
    List* hashclauses;                     /* 哈希计算表达式 */
```

```
    List * hj_OuterHashKeys;                    /* 哈希外表键表达式 */
    List * hj_InnerHashKeys;                    /* 哈希内表键表达式 */
    List * hj_HashOperators;                    /* 哈希计算运算符 */
    HashJoinTable hj_HashTable;                 /* 哈希表 */
    uint32 hj_CurHashValue;                     /* 当前哈希值 */
    int hj_CurBucketNo;                         /* 当前桶编号 */
    int hj_CurSkewBucketNo;                     /* 倾斜桶编号 */
    HashJoinTuple hj_CurTuple;                  /* 当前处理元组 */
    HashJoinTuple hj_PreTuple;                  /* 前一个处理元组 */
    TupleTableSlot * hj_OuterTupleSlot;         /* 外元组槽 */
    TupleTableSlot * hj_HashTupleSlot;          /* 内元组槽 */
    TupleTableSlot * hj_NullOuterTupleSlot;     /* NULL 值外元组槽 */
    TupleTableSlot * hj_NullInnerTupleSlot;     /* NULL 值内元组槽 */
    TupleTableSlot * hj_FirstOuterTupleSlot;    /* 第一个外元组槽 */
    int hj_JoinState;                           /* 连接状态 */
    bool hj_MatchedOuter;                       /* 匹配外元组 */
    bool hj_OuterNotEmpty;                      /* 外表非空 */
    bool hj_streamBothSides;                    /* 内外表是否都包含 stream */
    bool hj_rebuildHashtable;                   /* 重建哈希表标识 */
} HashJoinState;
```

ExecInitHashJoin 函数用于初始化 hash join 执行节点，把 hash join 计划节点转换成计划执行节点，整个转换过程采用递归处理的方式。主要执行流程如下。

(1) 构建 hash join 状态节点(HashJoinState)。

(2) 初始化表达式(目标表达式、连接表达式、条件过滤表达式等)。

(3) 初始化左右子节点(初始化外表和内表)。

(4) 初始化 HashKey 及哈希函数链表。

ExecHashJoin 函数实现元组迭代输出。主要执行流程是：

(1) 获取节点信息，首先对内表做扫描，根据连接键计算哈希值，放入哈希表，然后做投影处理，接着重置上下文，最后执行 hash join 连接状态机。

(2) 扫描外表元组，根据连接键计算哈希值，直接查找哈希表进行连接操作，如果匹配成功将结果输出(在内存中匹配)，否则做落盘处理。

(3) 对外表和内表落盘的元组做连接。

ExecHashJoin 函数操作流程图如图 7-10 所示。

ExecEndHashJoin 函数用于资源清理。主要执行流程是：首先释放哈希表，然后清空表达资源，接着释放三个元组表，最后再释放子节点。ExecEndHanshJoin 操作流程如图 7-11 所示。

ExecReSetHashJoin 函数用于重置 hash join 状态节点。主要执行流程是：首先调用 ExecHashTableDestroy 释放哈希表，然后调用 ExecReSetRecursivePlanTree 递归重置左右子树。

ExecReScanHashJoin 函数用于重新执行扫描计划。主要执行流程是：首先判断重置状态信息，如果已经递归重置，只需执行重新扫描左右子树计划即可，否则需要重建哈希表。

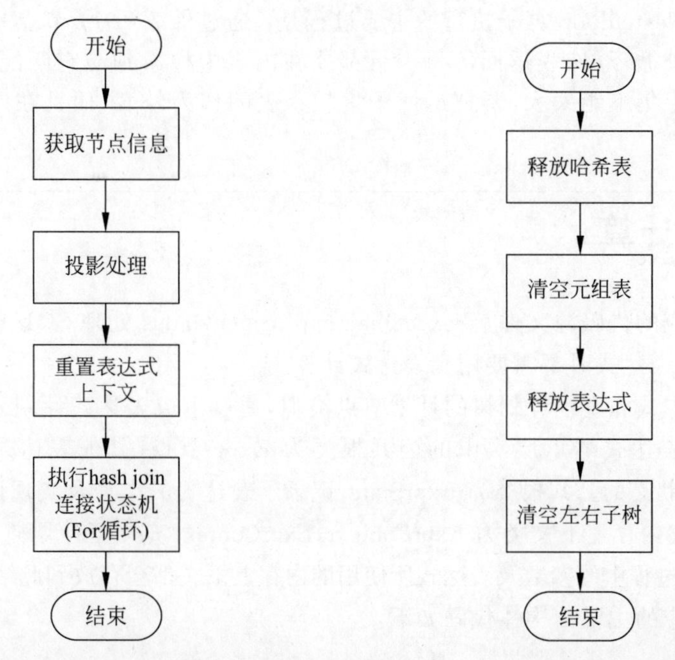

图 7-10　ExecHashJoin 函数操作流程　　图 7-11　ExecEndHashJoin 函数操作流程

2. merge join 算子

merge join 算子用于支持排序结果集连接，对应的代码源文件是"nodeMergeJoin.cpp"。通常情况下哈希连接的效果都比排序合并连接要好，但如果元组已经被排序，在执行排序合并连接时不需要再排序，这时排序合并连接的性能会优于哈希连接。merge join 算子连接处理的逻辑与经典的归并排序算法相似，需要首先找到匹配位置，然后迭代获取外表与内表匹配位置。

merge join 算子相关的核心函数包括 ExecInitMergeJoin 和 ExecMergeJoin。下面分别介绍这两个主要函数。

ExecInitMergeJoin 函数用于初始化 merge join 状态节点。主要执行流程如下。

(1) 创建 merge join 状态节点。

(2) 初始化表达式(目标表达式、连接表达式、条件过滤表达式等)。

(3) 初始化内外节点。

(4) 根据 join 类型初始化状态节点信息。

ExecMergeJoin 函数用于处理归并连接。主要执行流程是：通过 2 层 switch 判断当前归并连接的状态(类似与归并排序)，计算连接值，如发现匹配元组则直接返回，否则继续从外表或内表中获取有序元组，按照连接状态做匹配判断。

3. nested loop join 算子

nested loop join 算子一般用在连接的表中有索引，并且索引选择性较好的情况，对应的代码源文件是"nodeNestedloop.cpp"。对于被连接的数据子集较小的情况，嵌套循环连接是个较好的选择。Nestedloop 算子执行的主要过程是：通过外表（左子节点）驱动内表（内子节点），外表处于外循环，外表返回的每一行都要在内表中检索到与它匹配的行。因此，整个查询返回的结果集不能太大，要把返回子集较小表的作为外表，而且在内表的连接字段上一定要有索引。

7.4 表达式计算

表达式计算对应的代码源文件是“execQual.cpp”，openGauss 处理 SQL 语句中的函数调用、计算式和条件表达式时都需要用到表达式计算。

表达式的表示方式和查询计划树的计划节点类似，通过生成表达式计划来对每个表达式节点进行计算。表达式继承层次中的公共根类为 Expr 节点，其他表达式节点都继承 Expr 节点。表达式状态的公共根类为 ExprState，记录了表达式的类型及实现该表达式节点的函数指针。表达式内存上下文类为 ExprContext，ExprContext 充当了计划树节点中 Estate 的角色，表达式计算过程中的参数及表达式所使用的内存上下文都会存放到此结构中。

表达式计算对应的主要结构体代码如下：

```
typedef struct Expr {
    NodeTag type;                            /* 表达式节点类型 */
} Expr;
struct ExprState {
    NodeTag type;
    Expr* expr;                              /* 关联的表达式节点 */
    ExprStateEvalFunc evalfunc;     /* 表达式运算的函数指针 */
    VectorExprFun vecExprFun;
    exprFakeCodeGenSig exprCodeGen;          /* 运行 LLVM 汇编函数的指针 */
    ScalarVector tmpVector;
    Oid resultType;
};
```

表达式计算的过程分为 3 部分：初始化、执行和清理。初始化的过程使用统一接口 ExecInitExpr，根据表达式的类型选择不同的处理方式，生成表达式节点树。执行过程使用统一接口宏 ExecEvalExpr，执行过程类似于计划节点的递归方式。

7.4.1 初始化阶段

ExecInitExpr 函数的作用是，在执行的初始化阶段准备要执行的表达式树，根据传入的表达式 node tree 来创建并返回 ExprState tree。真正的执行阶段会根据 ExprState tree 中记录的处理函数，递归地执行每个节点。ExecInitExpr 函数的核心代码如下：

```
if (node == NULL) {          /* 判断输入是否为空 */
  gstrace_exit(GS_TRC_ID_ExecInitExpr);
  return NULL;}
switch (nodeTag(node)) {   /* 根据节点类型初始化节点内容 */
      case T_Var:
```

```
        case T_Const:
case T_Param:
        ...
        case T_CaseTestExpr:
        case T_Aggref:
        ...
case T_CurrentOfExpr:
case T_TargetEntry:
case T_List:
        case T_Rownum:
default:... }
return state;                   /* 返回表达式节点树 */
```

ExecInitExpr 函数主要执行流程如下：

(1) 判断输入的 node 节点是否为空，若为空，则直接返回 NULL，表示没有表达式限制。

(2) 根据输入的 node 节点的类型初始化变量 evalfunc，即 node 节点对应的执行函数，若节点存在参数或者表达式，则递归调用 ExecInitExpr 函数，最后生成 ExprState tree。

(3) 返回 ExprState tree，在执行表达式时根据 ExprState tree 来递归执行。

ExecInitExpr 函数执行流程如图 7-12 所示。

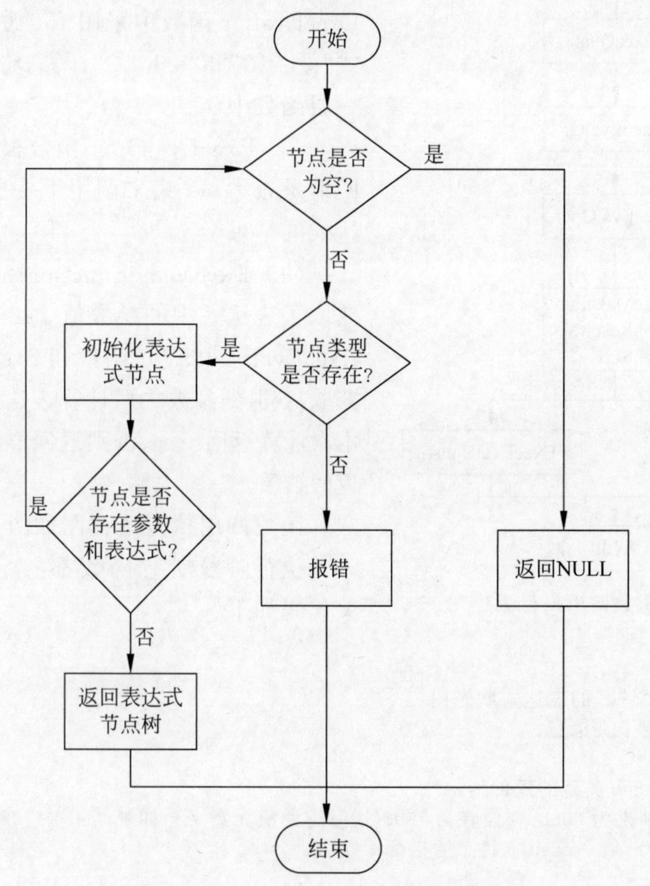

图 7-12 ExecInitExpr 函数执行流程

7.4.2 执行阶段

执行阶段主要是根据宏定义 ExecEvalExpr 递归调用执行函数。计算时的核心函数包括 ExecMakeFunctionResult 和 ExecMakeFunctionResultNoSets，通过这两个函数计算出表达式的结果并返回。其他的表达式计算函数还包括 ExecEvalFunc、ExecEvalOper、ExecEvalScalarVar、ExecEvalConst、ExecQual、ExecProject 等，这些函数分别对应不同的表达式类型或参数类型，通过不同的逻辑来处理获取的计算结果。

执行过程就是上层函数调用下层函数。首先下层函数根据参数类型获取相应的数据，然后上层函数通过处理数据得到最后的结果，最后根据表达式逻辑返回结果。

下面通过一个简单的 SQL 语句介绍表达式计算的函数调用过程，每种 SQL 语句的执行流程不完全一致，此示例仅供参考。例句："SELECT * FROM s WHERE s. a<3 or s. b<3;"。具体流程如下。

(1) 根据表达式"s. a<3 or s. b<3"确认第一步调用 ExecQual 函数。

(2) 由于本次表达式是 or 语句，所以需要将表达式传入 ExecEvalOr 函数计算，在 ExecEvalOr 函数中采用 for 循环依次对子表达式"s. a<3"和"s. b<3"计算，将子表达式传入下一层函数中。

(3) ExecEvalOper 函数根据子表达式的返回值是否为 set 集来调用下一层函数，计算子表达式的结果。

(4) ExecMakeFunctionResultNoSets 函数获取子表达式中的参数值，"s. a"和"3"分别通过 ExecEvalScalarVar 函数和 ExecEvalConst 函数来获取，获取到参数之后计算表达式结果，若 s. a<3 本次计算返回 true，否则返回 false，并依次向上层返回结果。

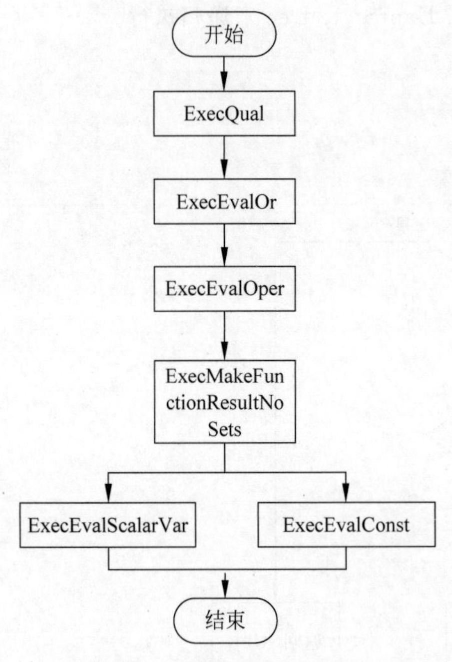

图 7-13 函数调用执行流程

函数调用执行流程图如图 7-13 所示。

执行阶段所有函数都共享此调用约定，相关代码如下：

```
输入:
expression:需要计算的表达式状态树.
econtext:评估上下文信息.
输出:
return value:Datum 类型的返回值.
 * isNull:如果结果为 NULL,则设置为 TRUE(实际返回值无意义);如果结果非空,则设置为 FALSE.
 * isDone:设置为 set - result 状态的指标.
```

只能接受单例(非集合)结果的调用方应该传递 isDone 为 NULL,如果表达式计算得到集合结果(set-result),则返回错误将通过 ereport 报告。如果调用者传递的 isDone 指针不为空,需要将 * isDone 设置为以下 3 种状态之一:

(1) ExprSingleResult:单例结果(非集合)。

(2) ExprMultipleResult:返回值是集合的一个元素。

(3) ExprEndResult:集合中没有其他元素。

当返回 ExprMultipleResult 时,调用者应该重复调用并执行 ExecEvalExpr 函数,直到返回 ExprEndResult。

表 7-30 中列举代码"execQual. cpp"文件中的部分主要函数,下面将依次详细介绍每个函数的功能、核心代码和执行流程。

表 7-30　表达式计算的主要函数

主要函数	说　明
ExecMakeFunctionResultNoSets	表达式计算(非集合)
ExecMakeFunctionResult	表达式计算(集合)
ExecEvalFunc/ExecEvalOper	调用表达式计算函数
ExecQual	检查条件表达式
ExecEvalOr	处理 or 表达式
ExecTargetList	计算 targetlist 中的所有表达式
ExecProject	计算投影信息
ExecEvalParamExec	获取 Exec 类型参数
ExecEvalParamExtern	获取 Extern 类型参数

ExecMakeFunctionResult 函数和 ExecMakeFunctionResultNoSets 函数是表达式计算的核心函数,主要作用是通过获取表达式的参数来计算出表达式结果。ExecMakeFunctionResultNoSets 函数是 ExecMakeFunctionResult 函数的简化版,只能处理返回值是非集合的情况。ExecMakeFunctionResult 函数核心代码如下:

```
fcinfo = &fcache->fcinfo_data;            /* 声明 fcinfo */
InitFunctionCallInfoArgs(*fcinfo, list_length(fcache->args), 1);   /* 初始化 fcinfo */
econtext->is_cursor = false;
    foreach (arg, fcache->args) {         /* 遍历获取参数值 */
        ExprState* argstate = (ExprState*)lfirst(arg);
        fcinfo->argTypes[i] = argstate->resultType;
        fcinfo->arg[i] = ExecEvalExpr(argstate, econtext, &fcinfo->argnull[i], NULL);
if (fcache->func.fn_strict)               /* 判断参数是否存在空值 */
...
result = FunctionCallInvoke(fcinfo);      /* 计算表达式结果 */
return result;
```

ExecMakeFunctionResultNoSets 函数的执行流程如下:

(1) 声明 fcinfo 来存储表达式需要的参数信息,通过 InitFunctionCallInfoArgs 函数初始化 fcinfo 中的字段。

(2) 遍历表达式中的参数 args,通过 ExecEvalExpr 宏调用接口获取每个参数的值,存储到"fcinfo→arg[i]"中。

(3) 根据 func.fn_strict 函数来判断是否需要检查参数空值情况。如果不需要检查,则通过"FunctionCalllv-oke"宏将参数传入表达式并计算出表达式的结果;否则进行判空处理,若存在空值则直接返回空,若不存在空值则通过 FunctionCalllvoke 宏计算表达式结果。

(4) 返回计算结果。

ExecMakeFunctionResultNoSets 函数执行流程如图 7-14 所示。

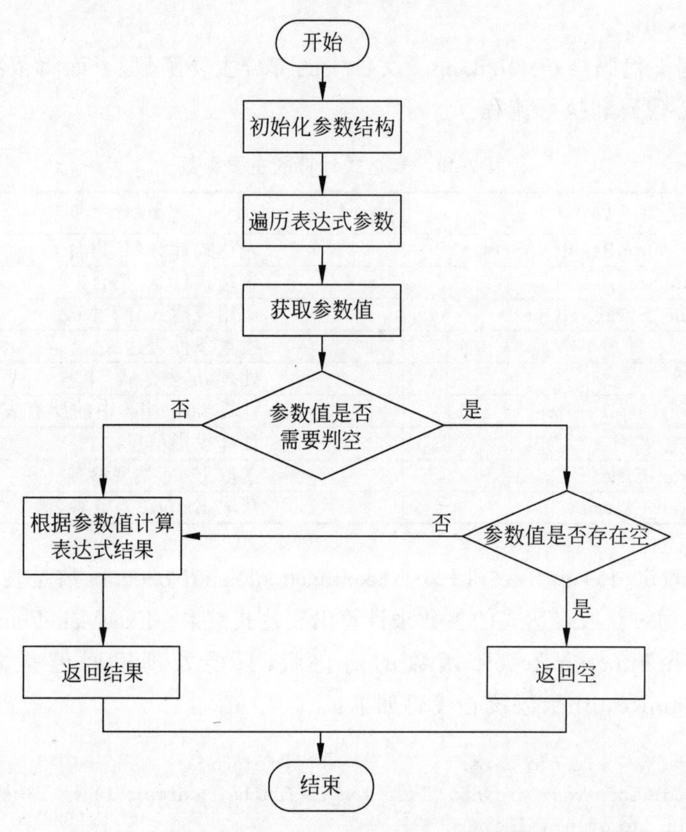

图 7-14 ExecMakeFunctionResultNoSets 函数执行流程

ExecMakeFunctionResult 函数执行流程如图 7-15 所示。

(1) 判断 funcResultStore 是否存在,如果存在则从中获取结果返回(注:如果(3)中的模式是 SFRM_Materialize,则会直接跳到此处)。

(2) 计算出参数值存入 fcinfo 中。

(3) 把参数传入表达式函数中计算表达式,首先判断参数 args 是否存在空,然后判断返回集合的函数的返回模式,SFRM_ValuePerCall 模式每次调用返回一个值,SFRM_Materialize 模式在 Tuplestore 中实例化结果集。

(4) 根据不同的模式进行计算并返回结果。

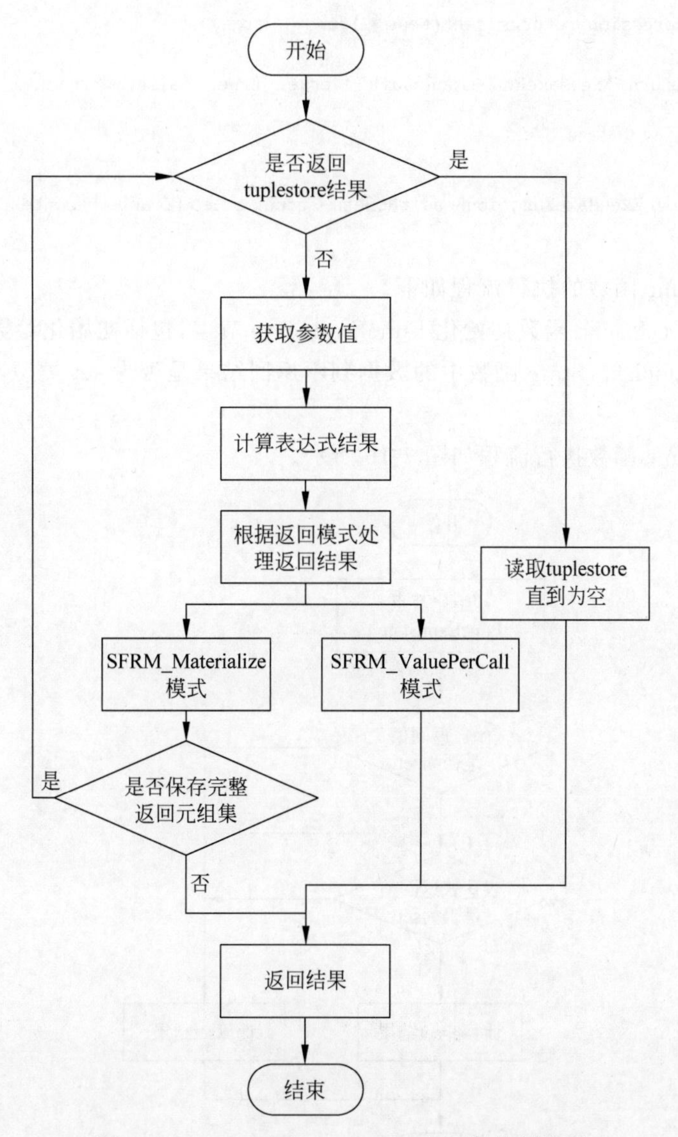

图 7-15 ExecMakeFunctionResult 函数执行流程

ExecEvalFunc 和 ExecEvalOper 这两个函数的功能类似。通过调用结果处理函数来获取结果。如果函数本身或者它的任何输入参数都可以返回一个集合，那么就会调 ExecMakeFunctionResult 函数来计算结果，否则调用 ExecMakeFunctionResultNoSets 函数来计算结果。核心代码如下：

```
init_fcache<false>(func->funcid, func->inputcollid, fcache, econtext->ecxt_per_query_
memory, true);                          /* 初始化 fcache */
if (fcache->func.fn_retset) {    /* 判断返回结果类型 */
    ...
        return ExecMakeFunctionResult<true, true, true>(fcache, econtext, isNull, isDone);
```

```
} else if (expression_returns_set((Node *)func->args)) {
…
            return ExecMakeFunctionResult < true, true, false >(fcache, econtext, isNull,
isDone);
} else {
…
          return ExecMakeFunctionResultNoSets < true, true >(fcache, econtext, isNull, isDone);
}
```

ExecEvalFunc 函数的执行流程如下。

(1) 通过 init_fcache 函数初始化 FuncExprState 节点,包括初始化参数、内存管理等。

(2) 根据 FuncExprState 函数中的数据判断返回结果是否为 set 类型,并调用相应的函数计算结果。

ExecEvalFunc 函数执行流程如图 7-16 所示。

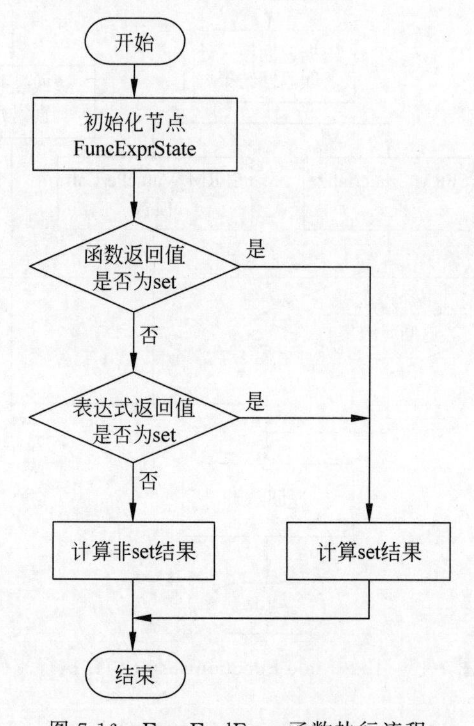

图 7-16　ExecEvalFunc 函数执行流程

ExecQual 函数的作用是检查 slot 结果是否满足表达式中的子表达式,如果子表达式为 false,则返回 false,否则返回 true,表示该结果符合预期,需要输出。核心代码如下:

```
foreach (l, qual) {                /* 遍历 qual 中的子表达式并计算 */
    expr_value = ExecEvalExpr(clause, econtext, &isNull, NULL);
    if (isNull) {                  /* 判断计算结果 */
        if (resultForNull == false) {
            result = false;
```

```
            break;
        }
    } else {
        if (!DatumGetBool(expr_value)) {
            result = false;
...
return result;                    /* 返回结果是否满足表达式 */
```

ExecQual 函数的主要执行流程如下。

(1) 遍历 qual 中的子表达式,根据 ExecEvalExpr 函数计算结果是否满足该子表达式,若满足则 expr_value 为 1,否则为 0。

(2) 判断结果是否为空,若为空,则根据 resultForNull 参数得到返回值信息;若不为空,则根据 expr_value 判断返回 true 或者 false。

(3) 返回结果。

ExecQual 函数执行流程如图 7-17 所示。

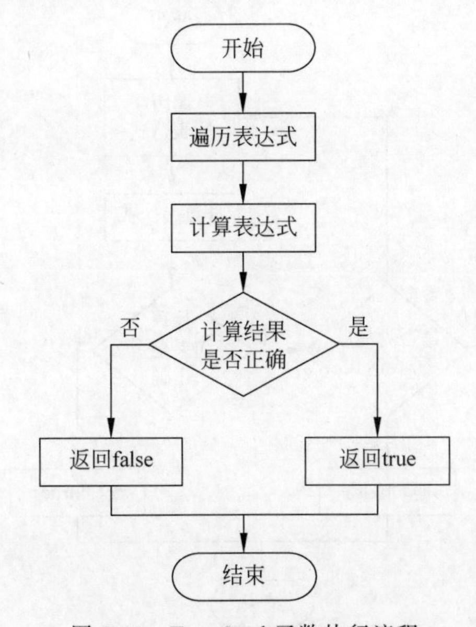

图 7-17　ExecQual 函数执行流程

ExecEvalOr 函数的作用是计算通过 or 连接的 bool 表达式(布尔表达式,最终只有 true(真)和 false(假)两个取值),检查 slot 结果是否满足表达式中的 or 表达式。如果结果符合 or 表达式中的任何一个子表达式,则直接返回 true,否则返回 false。如果获取的结果为 null,则记录 isNull 为 true。核心代码如下:

```
foreach (clause, clauses) {            /* 遍历子表达式 */
        ExprState* clausestate = (ExprState*)lfirst(clause);
        Datum clause_value;
        clause_value = ExecEvalExpr(clausestate, econtext, isNull, NULL); /* 执行表达式 */
        /* 如果得到不空且正确的结果,直接返回结果 */
```

```
    if ( * isNull)
/ * 记录存在空值 * /
            AnyNull = true;
        else if (DatumGetBool(clause_value))
/ * 一次结果正确就返回 * /
            return clause_value;    / * 返回执行结果 * /
    }
 * isNull = AnyNull;
return BoolGetDatum(false);
```

ExecEvalOr 函数主要执行流程如下。

(1) 遍历子表达式。

(2) 通过 ExecEvalExpr 函数来调用 clause 中的表达式计算函数,计算出结果。

(3) 对结果进行判断,or 表达式中若有一个结果满足条件,就会跳出循环直接返回。

ExecEvalOr 函数执行流程如图 7-18 所示。

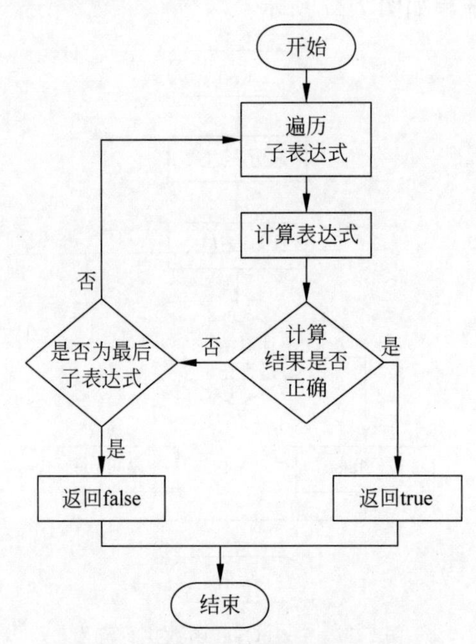

图 7-18　ExecEvalOr 函数执行流程

ExecTargetList 函数的作用是根据给定的表达式上下文计算 targetlist 中的所有表达式,将计算结果存储到元组中。主要结构体代码如下:

```
typedef struct GenericExprState {
    ExprState xprstate;
    ExprState * arg;                / * 子节点的状态 * /
} GenericExprState;
typedef struct TargetEntry {
    Expr xpr;
    Expr * expr;                    / * 要计算的表达式 * /
```

```
    AttrNumber resno;                  /* 属性号 */
    char * resname;                    /* 列的名称 */
    Index ressortgroupref;             /* 如果被 sort/group 子句引用,则为非零 */
    Oid resorigtbl;                    /* 列的源表的 OID */
    AttrNumber resorigcol;             /* 源表中的列号 */
    bool resjunk;                      /* 设置为 true 可从最终目标列表中删除该属性 */
} TargetEntry;
```

ExecTargetList 函数主要执行流程如下。

(1) 遍历 targetlist 中的表达式。

(2) 计算表达式结果。

(3) 判断结果中 itemIsDone[resind]参数并生成最后的元组。

ExecTargetList 函数的执行流程如图 7-19 所示。

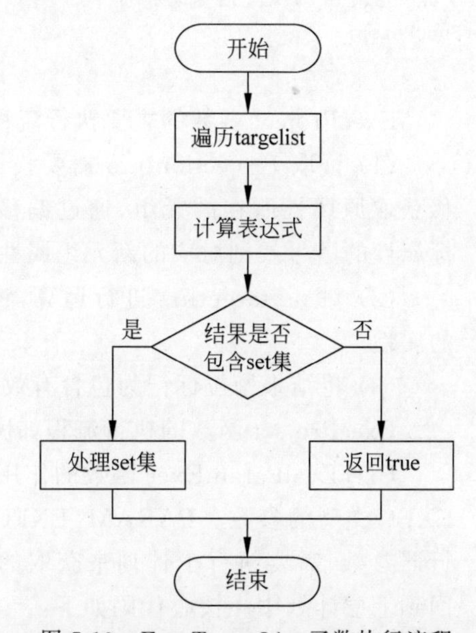

图 7-19 ExecTargetList 函数执行流程

ExecProject 函数的作用是进行投影操作,投影操作是一种属性过滤过程,该操作将对元组的属性进行精简,把在上层计划节点中不需要用的属性从元组中去掉,从而构造一个精简版的元组。投影操作中被保留下来的那些属性被称为投影属性。主要结构体代码如下:

```
typedef struct ProjectionInfo {
    NodeTag type;
    List * pi_targetlist;                  /* 目标列表 */
    ExprContext * pi_exprContext;          /* 内存上下文 */
    TupleTableSlot * pi_slot;              /* 投影结果 */
    ExprDoneCond * pi_itemIsDone;          /* ExecProject 的工作区数组 */
    bool pi_directMap;
    int pi_numSimpleVars;                   /* 在原始 tlist(查询目标列表)中找到的简单变量数 */
```

```
    int * pi_varSlotOffsets;            /* 指示变量来自哪个 slot(槽位)的数组 */
    int * pi_varNumbers;                /* 包含变量的输入属性数的数组 */
    int * pi_varOutputCols;             /* 包含变量的输出属性数的数组 */
    int pi_lastInnerVar;                /* 内部参数 */
    int pi_lastOuterVar;                /* 外部参数 */
    int pi_lastScanVar;                 /* 扫描参数 */
    List * pi_acessedVarNumbers;
    List * pi_sysAttrList;
    List * pi_lateAceessVarNumbers;
    List * pi_maxOrmin;                 /* 列表优化,指示获取此列的最大值还是最小值 */
    List * pi_PackTCopyVars;            /* 记录需要移动的列 */
    List * pi_PackLateAccessVarNumbers;   /* 记录 cstore(列存储)扫描中移动的内容的列 */
    bool pi_const;
    VectorBatch * pi_batch;
    vectarget_func jitted_vectarget;  /* LLVM 函数指针 */
    VectorBatch * pi_setFuncBatch;
} ProjectionInfo;
```

ExecProject 函数的主要执行流程如下。

(1) 读取 ProjectionInfo 需要投影的信息。按照执行的偏移获取原属性所在的元组,通过偏移量获取该属性,并通过目标属性的序号找到对应的新元组属性位置进行赋值。

(2) 对 pi_targetlist 进行运算,将结果赋值给对应元组中的属性。

(3) 将结果槽位标记为包含有效的虚拟元组。

ExecProject 函数的执行流程如图 7-20 所示。

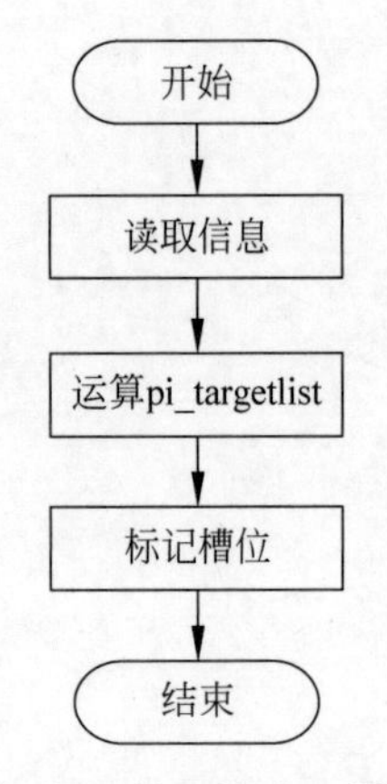

图 7-20 ExecProject 函数执行流程

ExecEvalParamExec 函数的作用是获取并返回 PARAM_EXEC 类型的参数。PARAM_EXEC 类型的参数是指内部执行器参数,需要执行子计划来获取的结果,最后需要将结果返回到上层计划中。核心代码如下:

```
prm = &(econtext -> ecxt_param_exec_vals[thisParamId]);   /* 获取 econtext 中的参数 */
if (prm -> execPlan != NULL) {          /* 判断是否需要生成参数 */
  /* 参数还未计算执行此函数 */
  ExecSetParamPlan((SubPlanState *)prm -> execPlan, econtext);
  /* 参数计算完计划重置为空 */
  Assert(prm -> execPlan == NULL);
  prm -> isConst = true;
  prm -> valueType = expression -> paramtype;
}
 * isNull = prm -> isnull;
prm -> isChanged = true;
return prm -> value;                    /* 返回生成的参数 */
```

ExecEvalParamExec函数的主要执行流程如下。

(1) 获取econtext中的ecxt_param_exec_vals参数。

(2) 判断子计划是否为空,若不为空则调用ExecSetParamPlan函数执行子计划获取结果,并把计划置为空,当再次执行此函数时,不需要重新执行计划,直接返回已经获取的结果。

(3) 将结果prm→value返回。

ExecEvalParamExec函数执行流程如图7-21所示。

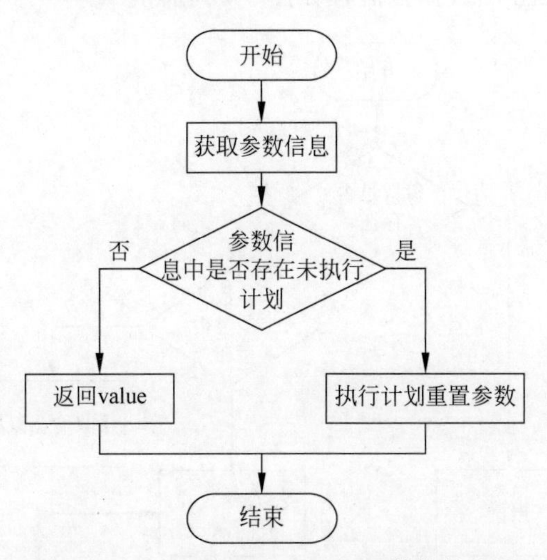

图7-21　ExecEvalParamExec函数执行流程

ExecEvalParamExtern函数的作用是获取并返回PARAM_EXTERN类型的参数。该参数是指外部传入参数,例如在PBE执行时,PREPARE语句中的参数,在需要EXECUTE语句执行时传入。核心代码如下:

```
if (paramInfo && thisParamId > 0 && thisParamId <= paramInfo->numParams) {/* 判断参数 */
ParamExternData * prm = &paramInfo->params[thisParamId - 1];
  if (!OidIsValid(prm->ptype) && paramInfo->paramFetch != NULL)  /* 获取动态参数 */
    (*paramInfo->paramFetch)(paramInfo, thisParamId);
    if (OidIsValid(prm->ptype)) {              /* 检查参数并返回 */
if (prm->ptype != expression->paramtype)
ereport(...);
         *isNull = prm->isnull;
        if (econtext->is_cursor && prm->ptype == REFCURSOROID) {
          CopyCursorInfoData(&econtext->cursor_data, &prm->cursor_data);
          econtext->dno = thisParamId - 1;
        }
        return prm->value;
    }
}
  ereport(ERROR, (errcode(ERRCODE_UNDEFINED_OBJECT), errmsg("no value found for parameter %
d", thisParamId)));
```

```
return (Datum)0;
```

ExecEvalParamExtern 函数主要执行流程如下。

(1) 判断 PARAM_EXTERN 类型的参数否存在,若存在则从 ecxt_param_list_info 中获取该参数,否则直接报错。

(2) 判断参数是否是动态的,若是动态的则再次获取参数。

(3) 判断参数类型是否符合要求,若符合要求直接返回该参数。

ExecEvalParamExtern 函数执行流程如图 7-22 所示。

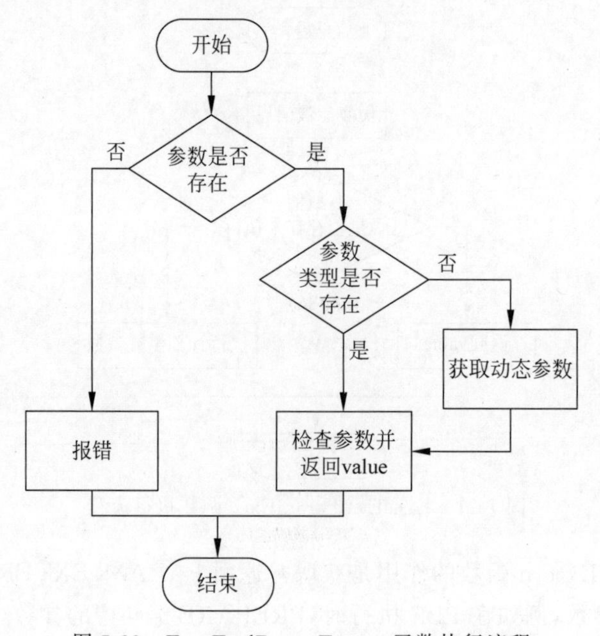

图 7-22 ExecEvalParamExtern 函数执行流程

7.5 编译执行

为了提高 SQL 的执行速度,解决传统数据处理引擎条件逻辑冗余的问题,openGauss 为执行表达式引入了 CodeGen 技术,其核心思想是为具体的查询生成定制化的机器码代替通用的函数,并尽可能地将数据存储在 CPU 寄存器中。openGauss 通过 LLVM 编译框架来实现 CodeGen,LLVM 是"Low Level Virtual Machine"的缩写,开发之初是一个底层虚拟机,但随着开发深入,以及功能的逐渐完善,慢慢变成一个模块化的编译系统,并能支持多种语言。LLVM 系统架构如图 7-23 所示。

LLVM 大体上可以分成 3 部分。

(1) 支持多种语言的前端。

(2) 优化器。

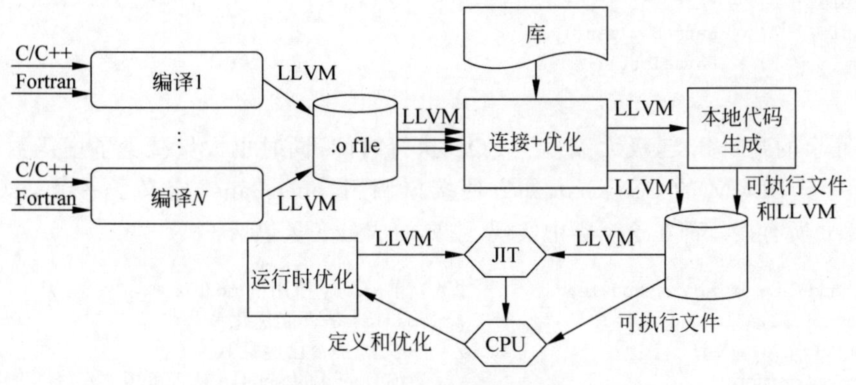

图 7-23　LLVM 系统架构

(3) 支持多种 CPU 架构的后端(x86、Aarch64)。

LLVM 与 GCC 一样,都是常用的编译系统,但是 LLVM 更加模块化,从而可以免去每使用一套语言换一套优化器的工作,开发者只需要设计相应的前端,并针对各个目标平台做后端优化。

考虑以下 SQL 语句

```
SELECT * FROM dataTable WHRER (x + 2) * 3 > 4;
```

正常的递归流程如图 7-24 所示。

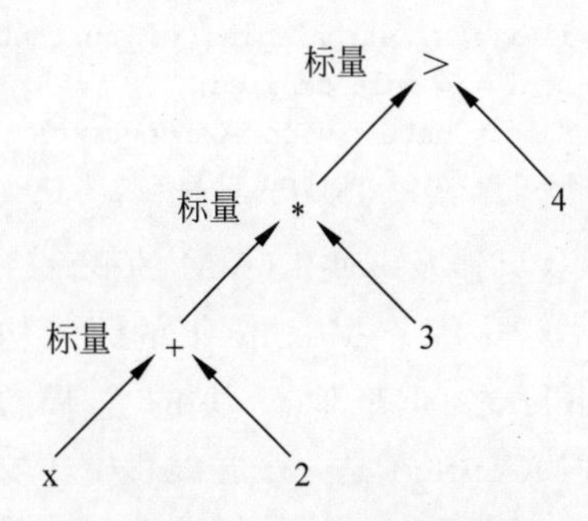

图 7-24　正常的递归流程

此类表达式的执行代码是一套通用的函数实现,每次递归都有很多冗余判断,需要依赖上一步的输出作为当前的输入,实现代码如下:

```
void MaterializeTuple(char * tuple) {
for (int I = 0; i < num_slots_; i++) {
    char * slot = tuple + offsets_[i];
    switch(types_[i]) {
        case BOOLEAN:
 * slot = ParseBoolean();
break;
case INT:
 * slot = ParseInt();
Break;
case FLOAT: …
        case STRING: …
…
}
}
}
```

通过 CodeGen 可以为表达式构造定制化的实现,代码如下:

```
void MaterializeTuple(char * tuple) {
```

```
*(tuple + 0) = ParseInt();
*(tuple + 4) = ParseBoolean();
*(tuple + 5) = ParseInt();
}
```

减少冗余的判断分支，极大缩短了 SQL 执行时间，同时也大量减少了虚函数的调用。为了实现基于 LLVM 的 CodeGen，并方便接口调用，openGauss 定义了一个 GsCodeGen 类，CodeGen 所有接口都在这个类中实现，主要的成员变量包括：

```
llvm::Module* m_currentModule;             /* 当前 query 使用的 module */
bool m_optimizations_enabled;              /* modules 是否能优化 */
bool m_llvmIRLoaded;                       /* IR 文件是否已经载入 */
bool m_isCorrupt;                          /* 当前 query 的 module 是否可用 */
bool m_initialized;                        /* GsCodeGen 对象是否完成初始化 */
llvm::LLVMContext* m_llvmContext;          /* LLVM 上下文 */
List* m_machineCodeJitCompiled;            /* 保存所有机器码 JIT 编译完成的函数 */
llvm::ExecutionEngine* m_currentEngine;/* 当前 query 的 LLVM 执行引擎 */
bool m_moduleCompiled;                     /* Module 是否编译完成 */
MemoryContext m_codeGenContext;            /* CodeGen 内存上下文 */
List* m_cfunction_calls;                   /* 记录表达式中调用 IR 的 c 函数 */
```

这里涉及一些 LLVM 的概念。Module 是 LLVM 的一个重要类，可以把 Module 看作一个容器，每个 Module 下的元素构成：函数、全局变量、符号表入口、LLVM linker（联系 Module 之间其他模块的全局变量，函数的前向声明，以及外部符号表入口）。LLVMContext 是一个在线程上下文中使用 LLVM 的类，它拥有和管理 LLVM 基础设施的核心“全局”数据，包括类型和常量唯一表。IR 文件是 LLVM 的中间文件，前端将用户代码（C/C++、Python 等）转换成 IR 文件，优化器对 IR 文件进行优化。openGauss 的 CodeGen 代码功能之一就是将函数转换成 IR 格式的文件。通常在代码中将源代码转换成 IR 的方式有多种，openGauss 使用“llvm::IRBuilder <>”函数生成 IR，这一内容在后面会详细介绍。如果查询计划树的算子支持 CodeGen，那么针对该函数会生成“Intermediate Representation”函数（IR 函数）。这个 IR 函数是查询级别的，即每个查询对应的 IR 函数是不同的。同时，对应每个查询有多个 IR 函数，这是因为可以只做局部替换，即只动态生成查询计划树中某个算子或某部分操作函数的 IR 函数，如只实现投影功能的 IR 函数。

openGauss CodeGen 编译执行流程如图 7-25 所示。

数据库启动后，首先对 LLVM 初始化，其中 CodeGenProcessInitialize 函数对 LLVM 的环境进行初始化，包括通过 isCPUFeatureSupportCodegen 函数和 canInitCodegenInvironment 函数检查 CPU 是否支持 CodeGen，以及是否能够进行环境初始化。然后通过“GsCodeGen::InitializeLlvm”函数对本地环境检查，检查环境是否为 Aarch64 或 x86 架构，并返回全局变量 gscodegen_initialized。

CodeGenThreadInitialize 函数在本线程中创建一个新的 GsCodeGen 对象，并创建内存。如果创建失败，要返回原来的内存上下文给系统，当前线程中 CodeGen 的部分保存在 knl_t_codegen_context 中，具体结构代码为：

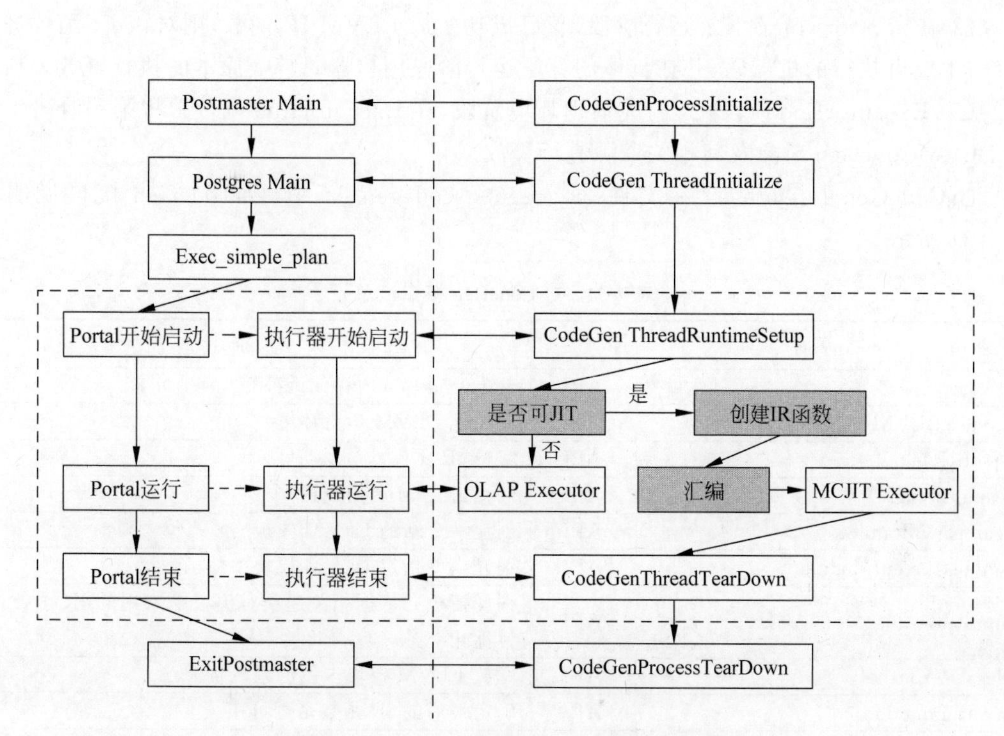

图 7-25　openGauss CodeGen 编译执行流程

```
typedef struct knl_t_codegen_context {
    void * thr_codegen_obj;
    bool g_runningInFmgr;
    long codegen_IRload_thr_count;
} knl_t_codegen_context;
```

其中,thr_codegen_obj 字段保存代码中 LLVM 对象,在初始化和调用时通常转换成 GsCodeGen 类,GsCodeGen 保存了 LLVM 全部封装好的 LLVM 函数、内存和成员变量等。g_runningInFmgr 字段表示函数是否运行在 function manager 中。codegen_IRload_thr_count 字段是 IR 载入计数。

当所有的 LLVM 执行环境设置完成后,执行器初始化阶段可根据解析器和优化器提供的查询计划去检查当前的计划是否可以进行 LLVM 代码生成优化。以 gsql 客户端为例,整个运行过程内嵌在执行引擎运行过程内,函数的调用以函数 exec_simple_plan 为入口,LLVM 运行的三个阶段分别对应 executor 的三个阶段: ExecutorStart、ExecutorRun 及 ExecutorEnd(从其他客户端输入的查询,最终也会到 ExecutorStart、ExecutorRun 及 ExecutorEnd 阶段)。

(1) ExecutorStart 阶段: 运行准备阶段,初始化查询级别的 GsCodeGen 类对象,并在 InitPlan 阶段按照优化器产生的执行计划遍历其中各个算子节点初始化函数,生成 IR 函数。

(2) ExecutorRun 阶段：运行阶段，若已成功生成 LLVM IR 函数，则对该 IR 函数进行编译，生成可执行的机器码，并在具体的算子运行阶段用机器码替换原本的执行函数入口。

(3) ExecutorEnd 阶段：运行完清理环境阶段，在 ExecutorEnd 函数中将第一阶段生成的 LLVMCodeGen 对象及其相关资源进行释放。

GsCodeGen 的接口定义在文件"codegen/gscodegen. h"中，GsCodeGen 接口说明如表 7-31 所示。

表 7-31　GsCodeGen 接口汇总

接口名称	接口类型	功能描述
initialize	API	分配 Codegen 内存使用环境
InitializeLLVM	API	初始化 LLVM 运行环境
parseIRFile	API	解析 IR 文件
cleanupLlvm	API	停止 LLVM 调用线程
createNewModule	API	创建一个新的 LLVM 模板
compileCurrentModule	API	编译当前指定 LLVM 模块中的函数
compileModule	API	编译模板并依据相关选项对模板中未用的 IR 函数进行优化
releaseResource	API	释放 LLVM 模块占用的系统资源
FinalizeFunction	API	确定最后的 IR 函数是否可用
getType	API	从 openGauss 的类型转换到 LLVM 内部对应的类型
verifyFunction	API	检查输入的 LLVM IR 函数的有效性
getPtrType	API	从 openGauss 的类型转换到 LLVM 内部对应该类型的指针类型
castPtrToLlvmPtr	API	将 openGauss 的指针转换为 LLVM 的指针
getIntConstant	API	将 openGauss 对应类型的常数转换为 LLVM 对应类型的常数
generatePrototype	API	创建要加入当前 LLVM 模块的函数原型
replaceCallSites	API	替换 LLVM 当前模块的函数
optimizeModule	API	优化 LLVM 当前模块中的函数
addFunctionToMCJit	API	外部函数调用接口
canInitCodegenInvironment	API	判断当前可否初始化 CodeGen 环境
canInitThreadCodeGen	API	判断当前可否初始化 CodeGen 线程
CodeGenReleaseResource	API	删除当前模板和 LLVM 执行引擎
CodeGenProcessInitialize	API	初始化 LLVM 服务进程
CodeGenThreadInitilize	API	初始化 LLVM 服务线程
CodeGenThreadRuntimeSetup	API	初始化 LLVM 服务对象
CodeGenThreadRuntimeCodeGenerate	API	编译当前 LLVM 模板中的 IR 函数
CodeGenThreadTearDown	API	释放 LLVM 模块占用的系统资源接口
CodeGenThreadObjectReady	API	判断当前 LLVM 服务对象是否有效
CodeGenThreadReset	API	清空当前内存中的机器码
CodeGenPassThreshold	API	根据返回行数判断是否需要 CodeGen

GsCodeGen 提供 LLVM 环境处理函数和 module 函数，以及处理 IR 的函数。为了处理算子函数功能，每个算子涉及的各个操作符封装在 ForeignScanCodeGen 类中，接口定义在“codegen/foreignscancodegen.h”中，各个接口功能如表 7-32 所示。

表 7-32 ForeignScanCodeGen 接口汇总

接口名称	接口类型	功能描述
ScanCodeGen	API	生成外表扫描谓词表达式运算对应的 IR 函数
IsJittableExpr	API	谓词中的表达式是否支持 LLVM 化
buildConstValue	API	获取谓词表达式中的常量

目前针对不同的表达式，openGauss 实现了 4 个类。

(1) VecExprCodeGen 类主要用于处理查询语句中表达式计算的 LLVM 动态编译优化。目前主要处理的是过滤条件语法中的表达式，即在 ExecVecQual 函数中处理的表达式计算。

(2) VecHashAggCodeGen 类用于对节点 hashagg 运算的 LLVM 动态编译优化。

(3) VecHashJoinCodeGen 类用于对节点 hash join 运算的 LLVM 动态编译优化。

(4) VecSortCodeGen 类用于对节点 sort 运算的 LLVM 动态编译优化。

7.5.1 VecExprCode 类

VecExprCodeGen 类用于支持 openGauss 设计框架中向量化表达式的动态编译优化，即生成各类向量化表达式计算的 IR 函数。VecExprCodeGen 类主要针对存在 qual 的查询场景，即表达式在 WHERE 语法中的查询场景，VecExprCodeGen 接口定义在“codegen/vecexprcodegen.h”文件中，VecExprCode 类支持的语句场景为：

```
SELECT targetlist expr FROM table WHERE filter expr…;
```

其中，对 filter expr 进行 LLVM 化处理。

列存储执行引擎每次处理的为一个 VectorBatch。在执行过程中，由于采用迭代计算模型，对于每个 qual，会遍历整个 qual 表达式，然后根据遍历得到的信息去读取 VectorBatch 中的列向量 ScalarVector，这样就会导致需要不停地去替换当前存放在内存或寄存器中的数据。为了更好地减少数据读取，让数据在计算过程中更久地存放在寄存器中，将 ExecVecQual 与 VectorBatch 进行结合处理：只有当前的数据处理完所有的 vecqual 再更新寄存器中的数据。相关代码如下：

```
foreach(cell, qual)
{
DealVecQual(batch->m_arr[var->attno-1]);
}
替换为
for(i = 0; i < batch->m_rows; i++)
{
foreach(cell, qual)
{
```

```
DealVecQual(batch->m_arr[var->attno-1]->m_vals[i]);
}
}
```

DealVecQual代表的就是对当前的数据参数进行qual条件处理。可以看到,现有的处理方式实际上已经退化为行存储的形式,即每次只处理batch中的一行数据信息,但是该数据信息会一直存放在寄存器中,直至所有的qual条件处理完成。表7-33列出了VecExprCodeGen的所有接口。

表7-33 VecExprCodeGen接口汇总

接口名称	接口类型	功能描述
ExprJittable	API	判断单个表达式是否支持LLVM化
QualJittable	API	判断整个qual条件是否支持LLVM化
QualCodeGen	API	ExecVecQual的LLVM化,生成的"machine code"用于替换实际执行时的ExecVecQual
ExprCodeGen	API	ExecInitExpr的LLVM化,目前只支持部分功能和函数的LLVM化
OpCodeGen	API	操作符表达式(算术表达式、比较表达式等)的LLVM化,目前支持的数据类型包括int、float、numeric、text和bpchar等
ScalarArrayCodeGen	API	ExecEvalScalarArrayOp的LLVM化处理,支持的类型包括text、varchar、bpchar、int和float
CaseCodeGen	API	ExecEvalVecCase的LLVM化处理,其中"case when"中的选项类型包括int类型和text、bpchar类型,对于复杂表达式暂时只支持substr
VarCodeGen	API	ExecEvalVecVar的LLVM化处理
EvalConstCodeGen	API	ExecEvalConst的LLVM化处理

以ExecCStoreScan函数中处理qual表达式为例,以本次查询所生成的查询计划树为输入,编译得到机器码。因此,实现调用需要做到以下两点。

(1) 结合所实现的函数接口,依据当前查询计划树,生成对应的IR函数。

如提供了ExecVecQual的LLVM化接口,则通过遍历每个qual并判断是否支持LLVM化来判断当前的ps.qual是否可生成IR函数。如果判断可生成,则借助IR builder API生成对应于当前quallist的IR函数,相关代码如下:

```
if (!codegen_in_up_level) {
consider_codegen = CodeGenThreadObjectReady() &&
CodeGenPassThreshold(((Plan *)node) -> plan_rows,
estate -> es_plannedstmt -> num_nodes, ((Plan *)node) -> dop);
    if (consider_codegen) {
        jitted_vecqual = dorado::VecExprCodeGen::QualCodeGen(scan_stat -> ps.qual,
(PlanState *)scan_stat);
        if (jitted_vecqual != NULL)
            llvm_code_gen -> addFunctionToMCJit(jitted_vecqual, reinterpret_cast<void **>
(&(scan_stat -> jitted_vecqual)));
    }
}
```

代码段显示了 ExecInitCStoreScan 函数中对于 ps. qual 部分的处理。如果存在 LLVM 环境，则优先生成 ps. qual 的 IR 函数。QualCodeGen 函数中的 QualJittable 用于判断当前 ps. qual 是否可 LLVM 化。

(2) 将原本的执行函数入口替换成预编译好的可执行机器码。

当步骤(1)已经生成 IR 函数后，则根据如图 7-25 中所示那样进行编译(compile IR Function)。那么在实际执行过滤时就会进行替换。相关代码如下：

```
if (node->jitted_vecqual)
p_vector = node->jitted_vecqual(econtext);
else
p_vector = ExecVecQual(qual, econtext, false);
```

代码段显示了如果生成了用于处理 CStoreScan 函数中 plan. qual 的机器码，则直接去调用生成的 jitted_vecqual 函数。如果没有，则按照原有的执行逻辑去处理。

表 7-33 中提到 OpCodeGen 是操作符表达式的 LLVM 化，其支持的数据结构包括了 int、float、numeric、text 和 bpchar 等，源代码在"gausskernel/runtime/codegen/codegenutil"目录中，以 boolcodegen. cpp、datecocegen. cpp 格式命名。

LLVM 提供了很多针对数据的基本操作，包括基本算术运算和比较运算。由于 LLVM 最高可支持($2^{23}-1$)位的整数类型，且数据类型可以进行二进制转换(延展、扩充都可以)，因此 LLVM 只需要提供整型数据比较和浮点型数据比较即可。一个典型的比较运算符接口代码如下(以'='为例)：

```
llvm:Value *CreateICmpEQ(Value *LHS, Value *RHS, const Twine &Name = "")
```

其中，LHS 和 RHS 为参与运算的输入参数，而 Name 表示在运算时的变量名。类似地，LLVM 也提供了众多的基本运算，如两个整型数据相加的接口代码为：

```
llvm:Value *CreateAdd(Value *LHS, Value *RHS, const Twine &Name = "")
```

通过 LLVM 提供的这些基本接口就可以完成一些常用的运算操作。

复杂的运算都是通过循环结构和条件判断结构实现的。在 LLVM 中，循环结构和条件判断结构都是基于"IR Builder"类中的 BasicBlock 结构来实现的，因为循环结构和条件判断的执行都可以理解为当满足某个条件后去执行循环结构内部或对应条件分支内部的内容。事实上，"Basic Block"也是整个代码中的控制流。一个简单的条件判断调用代码为：

```
builder.CreateCondBr(Value *cond, BasicBlock *true, BasicBlock *false);
```

其中，cond 为条件判断结果值。如果为 true，就进入 true-block 分支，如果为 false，就进入 false-block 分支。"builder. SetInsertPoint(entry)"表示进入对应的 entry-block 分支。在这样的基本设计思想下，一个简单的 for 循环结构如下：

```
int i = 0;
int b = 0;
for( i = 0; i < 100; i++)
```

```
{
    b = b + 1;
}
```

需要通过以下的 LLVM builder 伪代码实现：

```
Builder.SetInsertPoint(for_begin);
cond = builder.CreateICmpLT(i,100);
builder.CreateCondBr(cond, for_body, for_end);
builder.SetInsertPoint(for_body);
b = builder.CreateAdd(b,1);
buider.CreateBr(for_check);
builder.SetInsertPoint(for_check);
i = builder.CreateAdd(i,1);
builder.CreateBr(for_begin);
builder.SetInsertPoint(for_end);
builder.CreateAlignLoad(b);
builder.CreateRet(b);
```

其中，builder. CreateBr 函数表示无条件进入对应的 block，实际上是一个控制流。CreateRet(b)表示当前函数结束后返回相应的值。通过编写类似的程序就可以生成如下执行所需的 IR 函数：

```
define i32 @main() #0 {
   %1 = alloca i32, align 4
   %i = alloca i32, align 4
   %b = alloca i32, align 4
  store i32 0, i32* %1
  store i32 0, i32* %i, align 4
  store i32 0, i32* %b, align 4
  store i32 0, i32* %i, align 4
  br label %2
; <label>:2                          ; preds = %8, %0
   %3 = load i32* %i, align 4
   %4 = icmp slt i32 %3, 100
  br i1 %4, label %5, label %11
; <label>:5                          ; preds = %2
   %6 = load i32* %b, align 4
   %7 = add nsw i32 %6, 1
  store i32 %7, i32* %b, align 4
  br label %8
; <label>:8                          ; preds = %5
   %9 = load i32* %i, align 4
   %10 = add nsw i32 %9, 1
  store i32 %10, i32* %i, align 4
  br label %2
; <label>:11                         ; preds = %2
   %12 = load i32* %b, align 4
  ret i32 %12
}
```

上述的 IR 函数经过编译后就可以直接在执行阶段被调用，从而提升执行效率。而后续 OLAP-LLVM 层的代码设计都基于上述的基本数据结构、数据类型和 BasicBlock 控制流结构。一个完整的生成IR函数的构建代码结构如下：

```
llvm::Function * func(InputArg[计划树信息])
{
定义数据类型、变量值;
申明动态参数[带有实际数据的参数];
控制流主体;
返回结果值.
}
```

因此，后续单个LLVM函数的具体设计和实现都将依赖本节所介绍的基本框架。

7.5.2 VecHashAggCodeGen类

对于哈希聚合来说，数据库会根据“GROUP BY”字段后面的值算出哈希值，并根据前面使用的聚合函数在内存中维护对应的列表。VecHashAggCodeGen类的接口实现在“codegen/vechashaggcodegen.h”文件中，接口的说明如表7-34所示。

表7-34　VecHashAggCodeGen接口汇总

接口名称	接口类型	功能描述
GetAlignedScale	API	计算当前表达式scale
AggRefJittable	API	判断表达式是否支持LLVM化
AggRefFastJittable	API	判断当前表达式是否能用快速CodeGen
AgghashingJittable	API	判断Agg节点是否能LLVM化
HashAggCodeGen	API	HashAgg节点构建IR函数的主函数
SonicHashAggCodeGen	API	Sonic hashagg节点构建IR函数的主函数
HashBatchCodeGen	API	为“hashBatch”函数生成LLVM函数指针
MatchOneKeyCodeGen	API	为“match_key”函数生成LLVM函数指针
BatchAggJittable	API	判断当前batch aggregation节点是否支持LLVM化
BatchAggregationCodeGen	API	为BatchAggregation节点生成LLVM函数指针
SonicBatchAggregationCodeGen	API	为SonicBatchAggregation节点生成LLVM函数指针

openGauss内核在处理Agg节点时，首先在ExecInitVecAggregation函数中判断是否进行CodeGen，如果行数大于codegen_cost_threshold参数那么可以进行CodeGen。

```
bool consider_codegen =
    CodeGenThreadObjectReady() &&CodeGenPassThreshold(((Plan * )outer_plan) -> plan_rows,
estate -> es_plannedstmt -> num_nodes, ((Plan * )outer_plan) -> dop);
    if (consider_codegen) {
        if (node -> aggstrategy == AGG_HASHED && node -> is_sonichash) {
            dorado::VecHashAggCodeGen::SonicHashAggCodeGen(aggstate);
        } else if (node -> aggstrategy == AGG_HASHED) {
            dorado::VecHashAggCodeGen::HashAggCodeGen(aggstate);
}
}
```

如果输出行数小于codegen_cost_threshold，那么CodeGen的成本要大于执行优化的成本。如果节点是sonic类型，则执行SonicHashAggCodeGen函数；一般的HashAgg节点执行 HashAggCodeGen 函数。SonicHashAggCodeGen 函数和 HashAggCodeGen 函数的执行流程如图 7-26 所示。

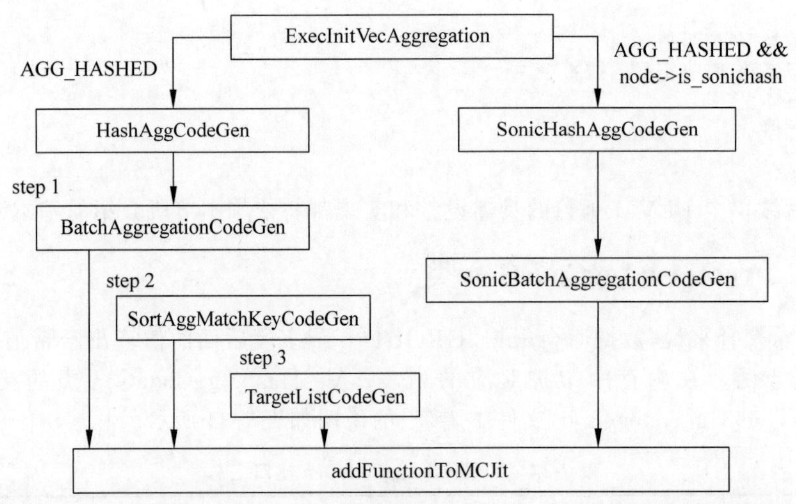

图 7-26 SonicHashAggCodeGen 函数和 HashAggCodeGen 函数的执行流程

HashAggCodeGen 函数是 HashAgg 节点 LLVM 化的主入口。openGauss 在结构体 VecAggState 中定义哈希策略的 Agg 节点，并针对 LLVM 化 Agg 节点增加了 5 个参数用来保存 CodeGen 后的函数指针：jitted_hashing、jitted_sglhashing、jitted_batchagg、jitted_sonicbatchagg 及 jitted_SortAggMatchKey。而且 openGauss 在 addFunctionToMCJit 函数中将生成的 IR 函数与节点对应的函数指针构造成一个链表。

7.5.3 VecHashJoinCodeGen 类

VecHashAggCodeGen 类的定义在“codegen/vechashjoincodegen.h”文件中，接口说明如表 7-35 所示。

表 7-35 VecHashAggCodeGen 接口汇总

接口名称	接口类型	功能描述
GetSimpHashCondExpr	API	返回 var 表达式
JittableHashJoin	API	判断当前 hash join 节点是否支持 LLVM 化
JittableHashJoin_buildandprobe	API	判断 buildHashTable/probeHashTable 是否可以 LLVM 化
JittableHashJoin_bloomfilter	API	判断 bloom filter（布隆过滤器）函数是否能 LLVM 化
HashJoinCodeGen	API	hash join 节点构建 IR 函数的主函数
HashJoinCodeGen_fastpath	API	hash join 节点生成快速 IR 函数
KeyMatchCodeGen	API	keyMatch 函数生成 LLVM 函数
HashJoinCodeGen_buildHashTable	API	为 buildHashTable 函数生成 LLVM 函数
HashJoinCodeGen_buildHashTable_NeedCopy	API	分区表中 buildHashTable 函数生成 LLVM 函数
HashJoinCodeGen_probeHashTable	API	probeHashTable 生成 LLVM 函数

在函数 ExecInitVecHashJoin 中，为 hash join 节点进行 CodeGen 的代码为：

```
if (consider_codegen && !node->isSonicHash) {
dorado::VecHashJoinCodeGen::HashJoinCodeGen(hash_state);
}
```

其中，consider_codegen 根据行数判断是否进行 CodeGen。HashJoinCodeGen 是 hash join 节点 LLVM 化的主入口，与其他可 LLVM 化的节点一样，生成 IR 函数后，将 IR 函数与节点结构体中对应变量绑定，如图 7-27 所示。

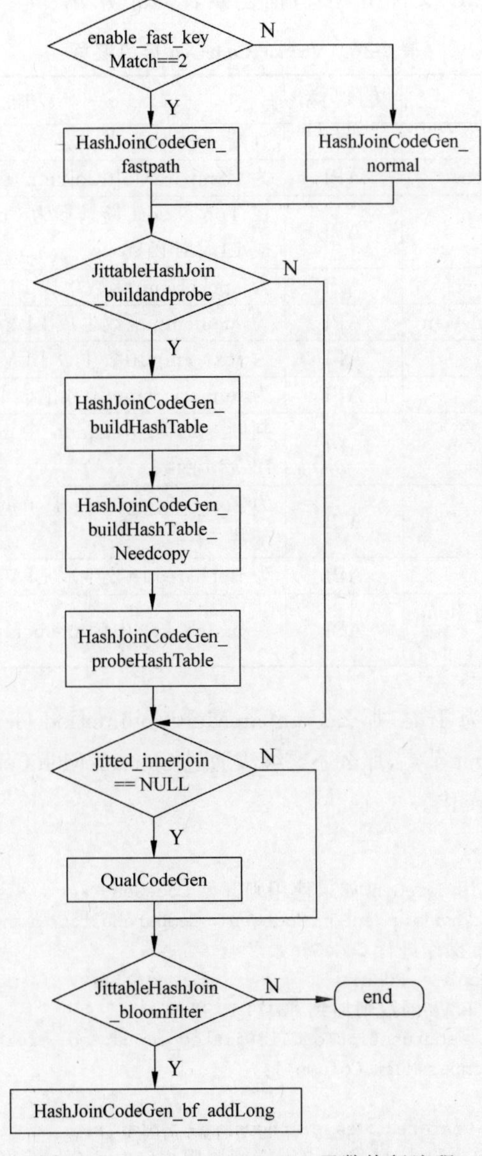

图 7-27 HashJoinCodeGen 函数执行流程

图7-27中所有CodeGen函数返回都是“LLVM::Function”类型的IR函数指针，其中值得注意的是，当enable_fast_keyMatch的值等于0时，是正常的“key match”；等于2时，所有key值类型都是int4或int8且不为NULL，这时可使用更少的内存和更少的分支，所以叫作“fast path”。

7.5.4 VecSortCodeGen类

VecSortCodeGen是为sort节点LLVM化定义的一个类，类中的接口声明在“codegen/vecsortcodegen.h”文件中，接口描述如表7-36所示。

表7-36 VecSortCodeGen接口汇总

接口名称	接口类型	功能描述
JittableCompareMultiColumn	API	判断sort node节点是否支持LLVM
CompareMultiColumnCodeGen	API	为CompareMultiColumn函数生成LLVM函数
CompareMultiColumnCodeGen_TOPN	API	在Top N sort场景下为CompareMultiColumn函数生成LLVM函数
bpcharcmpCodeGen_long(short)	API	为bpcharcmp函数生成LLVM函数
LLVMIRmemcmp_CMC_CodeGen	API	为memcmp函数生成LLVM函数
textcmpCodeGen	API	为text_cmp函数生成LLVM函数
numericcmpCodeGen	API	为numeric_cmp函数生成LLVM函数
JittableSortAggMatchKey	API	判断sort aggregation中match_key函数是否支持LLVM函数
SortAggMatchKeyCodeGen	API	为sort aggregation中match_key函数生成LLVM函数
SortAggBpchareqCodeGen	API	为Bpchareq函数生成LLVM函数
SortAggMemcmpCodeGen_long(short)	API	在match_key中为memcmp函数生成LLVM函数

如果cosider_codegen为True，那么CompareMultiColumnCodeGen对sort节点进行LLVM化。此外，如果父节点是Limit节点，那么还要继续通过CompareMultiColumnCodeGen_TOPN函数对sort节点进一步LLVM化。

```
if (consider_codegen) {
/* 根据行数判断是否使用CodeGen,如果使用则开始CodeGen */
jitted_comparecol = dorado::VecSortCodeGen::CompareMultiColumnCodeGen(sort_stat, use_prefetch);  /* 为sort操作进行CodeGen */
    if (jitted_comparecol != NULL) {
        /* 如果生成了LLVM函数则加到MCJIT LIST中 */
        llvm_codegen->addFunctionToMCJit(jitted_comparecol, reinterpret_cast<void **>(&(sort_stat->jitted_CompareMultiColumn)));
    }
    Plan* plan_tree = estate->es_plannedstmt->planTree;
    /* 如果sort节点包含"limit"父节点则继续调用相应CodeGen函数 */
    bool has_topn = MatchLimitNode(node, plan_tree);
```

```
    if (has_topn && (jitted_comparecol != NULL)) {
            jitted_comparecol_topn = dorado::VecSortCodeGen::CompareMultiColumnCodeGen_TOPN
(sort_stat,
use_prefetch);
            if (jitted_comparecol_topn != NULL) {
                llvm_codegen->addFunctionToMCJit(jitted_comparecol_topn, reinterpret_cast<
void**>(&(sort_stat->jitted_CompareMultiColumn_TOPN)));
            }
    }
}
```

在调用时,与其他类一样,首先判断节点是否 LLVM 化,没有 LLVM 化则进行非 CodeGen 的处理。

```
if (jitted_CompareMultiColumn)            /* 如果有 CodeGen 则使用 jit */
compareMultiColumn = ((LLVM_CMC_func)(jitted_CompareMultiColumn));
else
compareMultiColumn = CompareMultiColumn<false>;
```

7.6 向量化引擎

传统的行执行引擎大多采用一次一元组的执行模式,这样在执行过程中 CPU 大部分时间并没有用来处理数据,更多的是在遍历执行树,就会导致 CPU 的有效利用率较低。OLAP 场景大巨量的函数调用次数,需要巨大的开销。为了解决这一问题,openGauss 中增加了向量化引擎。向量化引擎使用了一次一批元组的执行模式,能够大大减少遍历执行节点的开销。一次一批元组的数据运载方式也为某些表达式计算的 SIMD(Single Instruction Multiple Data,单指令多数据)化提供了机会,SIMD 化能够带来性能上的提升。同时向量化引擎还对接列存储,能够较为方便地在底层扫描节点装填向量化的列数据。

向量化引擎的执行算子类似于行执行引擎,包含控制算子、扫描算子、物化算子和连接算子,同样会使用节点表示,继承于行执行节点,执行流程采用递归方式。主要包含的节点有:CStoreScan(顺序扫描)、CStoreIndexScan(索引扫描)、CStoreIndexHeapScan(利用 Bitmap 获取元组)、VecMaterial(物化)、VecSort(排序)、VecHashJoin(向量化哈希连接)等,下面将逐一介绍这些执行算子。

7.6.1 控制算子

1. VecResult 算子

VecResult 算子用于处理只有一个结果返回或 WHERE 过滤条件为常量的情况,对应的代码源文件是"vecresult. cpp";对应的主要数据结构是 VecResult,VecResult 继承于 BaseResult。VecResult 算子相关的函数包括 ExecInitVecResult(初始化节点)、ExecVecResult(执行节点)、ExecReScanVecResult(重置节点)、ExecEndVecResult(退出节点)。

ExecInitVecResult 函数用于初始化 VecResult 执行算子。执行流程如图 7-28 所示，主要执行流程如下。

(1) 创建并初始化 VecResult 执行节点，并为节点创建表达式上下文。

(2) 调用"ExecInitResultTupleSlot(estate, &res_state→ps)"函数分配存储投影结果的 slot。

(3) 调用投影表达式初始化函数 ExecInitVecExpr，依次对 ps. targetlist、ps. qual 和 resconstantqual 进行初始化。

(4) 分别调用 ExecAssignResultTypeFromTL 函数和 ExecAssignVectorForExprEval 函数进行扫描描述符的初始化和投影结构的创建。

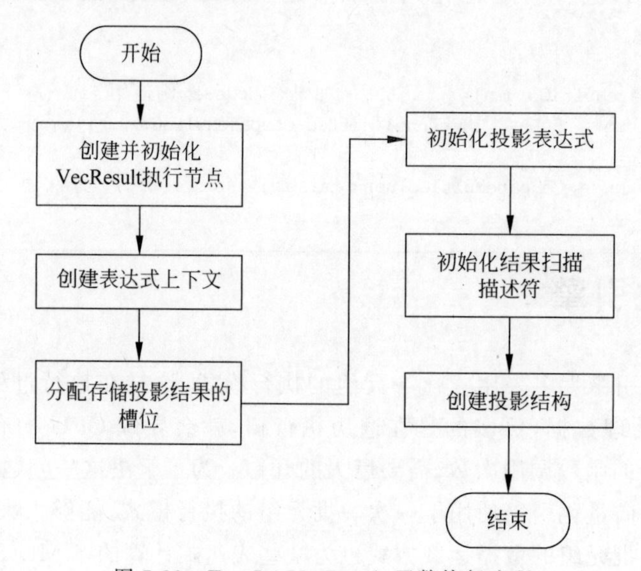

图 7-28　ExecInitVecResult 函数执行流程

ExecVecResult 函数是执行 VecResult 的主体函数，执行流程如图 7-29 所示，主要执行流程如下。

(1) 检查是否需要计算常量表达式。

(2) 若需要则重新计算常量表达式，设置检查标识(常量计算表达式结果为 false 时，则设置约束检查标识位)。

(3) 获取结果元组。

ExecReScanVecResult 函数用于重新执行扫描计划。

ExecEndVecResult 函数用于在执行结束时释放执行过程中申请的相关资源(包括存储空间等)。

2. VectorModifyTable 算子

VecModifyTable 算子用于处理 INSERT、UPDATE、DELETE 操作，对应的代码源文件是"vecmodifytable. cpp"；对应的主要数据结构是 VecModifyTableState，VecModifyTableState 继承于 ModifyTableState。具体定义代码如下：

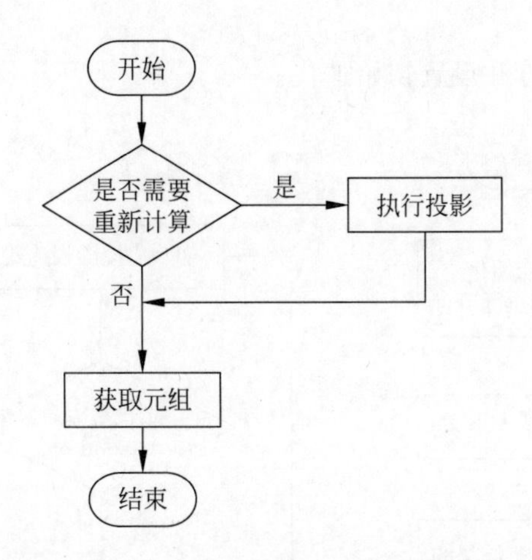

图 7-29 ExecVecResult 函数执行流程

```
typedef struct VecModifyTableState : public ModifyTableState {
    VectorBatch* m_pScanBatch;     /* 工作元组 */
    VectorBatch* m_pCurrentBatch;  /* 输出元组 */
} VecModifyTableState;
```

VecModifyTable 算子相关的函数包括 ExecInitVecModifyTable（初始化节点）、ExecVecModifyTable（执行节点）、ExecEndVecModifyTable（退出节点）。

ExecInitVecModifyTable 函数用于初始化 VecModifyTable 算子，调用 ExecInitModifyTable 函数实现算子的初始化。

ExecVecModifyTable 函数是执行 VecModifyTable 算子的主体函数，循环地从子计划中获取目标列并根据要求修改每一列，通过"switch(operation)"处理不同的修改操作，具体的修改操作包括 CMD_INSERT（插入）、CMD_DELETE（删除）、CMD_UPDATE（更新）。

ExecEndVecModifyTable 函数用于在执行 VecModifyTable 算子结束时调用 ExecEndModifyTable 函数清除相关资源。

3. VecAppend 算子

VecAppend 算子用于处理包含一个或多个子计划的链表，通过遍历子计划链表逐个执行子计划，对应的代码源文件是"vecappend. cpp"；对应的主要数据结构是 VecAppendState，VecAppendState 继承于 AppendState。

VecAppend 算子相关的函数包括 ExecInitVecAppend（初始化节点）、ExecVecAppend（执行节点）、ExecReScanAppend（重置节点）、ExecEndVecAppend（退出节点）。

ExecInitVecAppend 函数用于初始化 VecAppend 算子，执行流程如图 7-30 所示，主要执行流程如下。

(1) 创建并初始化执行节点 VecAppend。

(2) 分配存储投影结果的槽位。

(3) 循环初始化子计划链表。

（4）初始化扫描描述符并设置初始迭代。

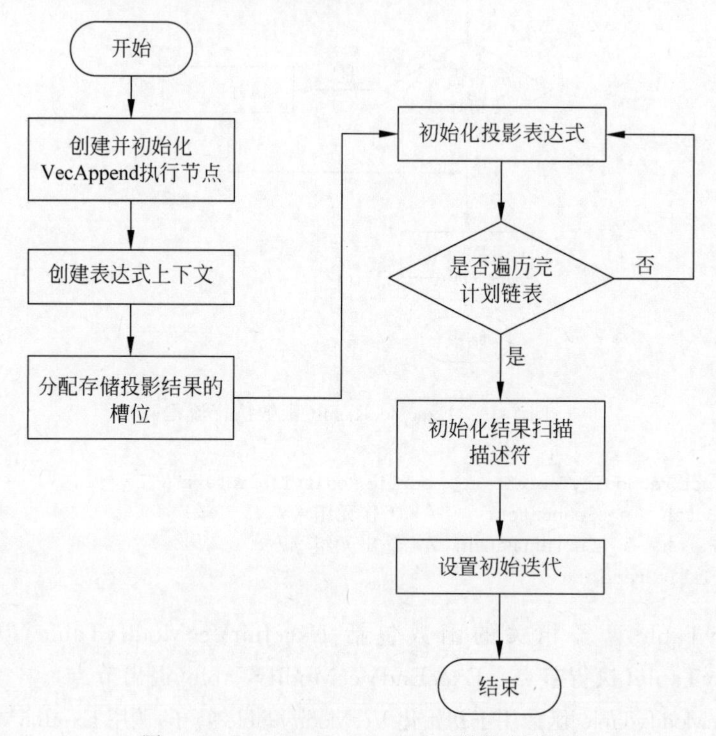

图 7-30　ExecInitVecAppend 函数执行流程

ExecVecAppend 函数是执行 VecAppend 算子的主体函数。执行流程如图 7-31 所示，每次从子计划中获取一条元组，当取回全部元组时，移动到下一个子计划，直到执行完成全部子计划。

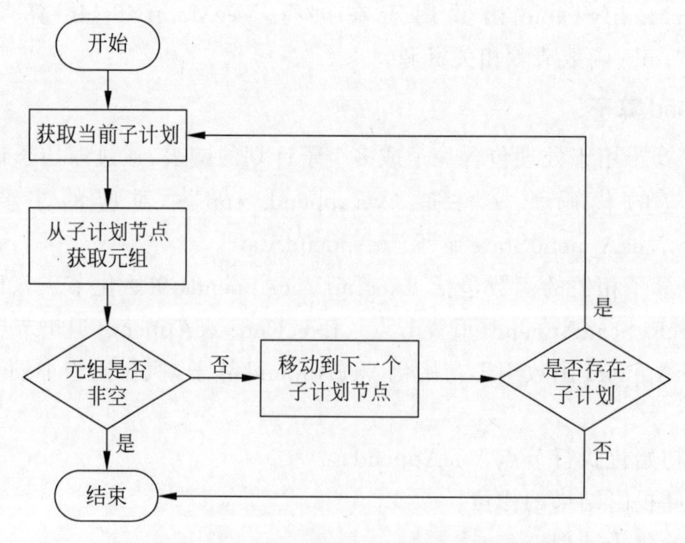

图 7-31　ExecVecAppend 执行流程

ExecEndVecAppend 函数用于在执行结束时清理 VecAppend 算子，释放相应的子计划。

7.6.2 扫描算子

1. CStoreScan 算子

CStoreScan 算子用于按顺序扫描基础表，对应的代码源文件是“veccstore.cpp”；CStoreScan 算子对应的主要数据结构是 CStoreScanState，CStoreScanState 继承于 ScanState。具体定义代码如下：

```
typedef struct CStoreScanState : ScanState {
    Relation ss_currentDeltaRelation;
    Relation ss_partition_parent;
    TableScanDesc ss_currentDeltaScanDesc;
    bool ss_deltaScan;
    bool ss_deltaScanEnd;
    VectorBatch * m_pScanBatch;
    VectorBatch * m_pCurrentBatch;
    CStoreScanRunTimeKeyInfo * m_pScanRunTimeKeys;
    int m_ScanRunTimeKeysNum;
    bool m_ScanRunTimeKeysReady;
    CStore * m_CStore;
    CStoreScanKey csss_ScanKeys;
    int csss_NumScanKeys;
    bool m_fSimpleMap;
    bool m_fUseColumnRef;
    vecqual_func jitted_vecqual;
    bool m_isReplicaTable; /* 复制表标记符 */
} CStoreScanState;
```

CStoreScan 算子的相关函数包括：ExecInitCStoreScan（初始化节点）、ExecCStoreScan（执行节点）、ExecEndCStoreScan（退出节点）、ExecReScanCStoreScan（重置节点）。

ExecInitCStoreScan 函数用于初始化 CStoreScan 算子。主要执行流程如下。

（1）创建并初始化 CStoreScan 算子，为节点创建表达式上下文。

（2）调用 ExecAssignVectorForExprEval 函数进行投影表达式的初始化。

（3）调用 ExecInitResultTupleSlot 函数和 ExecInitScanTupleSlot 函数分别初始化用于投影结果和用于扫描的槽位。

（4）打开扫描表，调用 ExecAssignResultTypeFromTL 函数和 ExecBuildVecProjectionInfo 函数分别初始化结果扫描描述符和创建投影结构。

ExecCStoreScan 函数是 CStoreScan 算子的主体函数，通过迭代的方式获取全部结果元组。

ExecEndCStoreScan 函数用于在算子执行结束后清理 CStoreScan 算子。主要执行流程是：首先获取节点信息（包括 Relation、ScanDesc），然后释放表达式上下文、元组，最后关闭相应的 partition、relation。

ExecReScanCStoreScan 函数用于重新执行扫描计划。主要执行流程是：首先重置 runtime 关键词，关闭当前节点 partition 信息，初始化接下来的 partition 信息，最后重置 CStoreScan 算子。

2. CStoreIndexScan 算子

CStoreIndexScan 算子使用索引对表进行扫描，如果过滤条件中涉及索引，可以使用该算子加速元组获取，对应的代码源文件是"veccstoreindexscan.cpp"。CStoreIndexScan 算子对应的主要数据结构是 CStoreIndexScanState，CStoreIndexScanState 继承于 CStoreScanState。具体定义代码如下：

```
typedef struct CStoreIndexScanState : CStoreScanState {
    CStoreScanState* m_indexScan;
    CBTreeScanState* m_btreeIndexScan;
    CBTreeOnlyScanState* m_btreeIndexOnlyScan;
    List* m_deltaQual;
    bool index_only_scan;
    /*扫描索引并从基表中得到以下信息*/
    int* m_indexOutBaseTabAttr;
    int* m_idxInTargetList;
    int m_indexOutAttrNo;
    cstoreIndexScanFunc m_cstoreIndexScanFunc;
} CStoreIndexScanState;
```

CStoreIndexScan 算子的相关函数包括：ExecInitCStoreIndexScan（初始化节点）、ExecCStoreIndexScanT（执行节点）、ExecEndCStoreIndexScan（退出节点）、ExecReScanCStoreIndexScan(重置节点)。

ExecInitCStoreIndexScan 函数用于初始化 CStoreIndexScan 算子。主要执行流程是：首先创建 CStoreScan 执行节点 scanstate，然后根据 scanstate 创建 CStoreIndexScanState 节点，最后打开相关的 relation 和 index。

ExecCStoreIndexScanT 函数是 CStoreIndexScan 算子的主体函数。主要执行流程是：首先会从计划节点中获取 Btree 的相关信息，然后设置 runtime 扫描关键词，最后循环地获取结果集，直到执行结束。

ExecEndCStoreIndexScan 函数用于在执行结束时清理 CStoreIndexScan 算子。主要执行流程是：首先清理相应的 CStoreScan 算子，然后关闭相应的 index、relation。

ExecReScanCStoreIndexScan 函数用于重新执行扫描计划。主要执行流程是：首先重新扫描 m_indexscan，然后重新扫描相关节点信息。

3. CStoreIndexHeapScan 算子

CStoreIndexHeapScan 算子用于对属性上的索引进行扫描，返回结果为一个位图，其中标记了满足条件的元组在页面中的偏移量，对应的代码源文件是 veccstoreindexheapscan.cpp；CStoreIndexHeapScan 算子对应的主要数据结构是 CStoreIndexHeapScanState，继承于 CStoreIndexScanState。其中包含的核心函数有：ExecCstoreInitIndexHeapScan（初始化节点)、ExecCstoreIndexHeapScan(执行节点)、ExecReScanCstoreIndexHeapScan(重置节点)、ExecEndCstoreIndexHeapScan(退出节点)。

ExecCstoreInitIndexHeapScan 函数用于初始化 CStoreIndexHeapScan 算子。主要执行流程是:首先将计划节点转换为执行节点 CStoreScan,然后复制 CStoreScan 算子、计划节点信息,最后完成 CStoreIndexHeapScan 算子的初始化。

ExecCstoreIndexHeapScan 函数是 CStoreIndexHeapScan 算子的主体函数。主要执行流程是:首先更新 timing 标记,然后迭代地获取目标迭代批次,直到获取全部结果。

ExecReScanCstoreIndexHeapScan 函数用于重新执行扫描计划,通过调用 VecExecReScan 函数、ExecReScanCStoreScan 函数实现重新扫描。

ExecEndCstoreIndexHeapScan 函数用于在执行结束后清理 CStoreIndexHeapScan 算子占用的资源,通过调用 ExecEndNode 函数和 ExecEndCStoreScan 函数清理计划节点和执行节点。

4. VecSubqueryScan 算子

VecSubqueryScan 算子将子计划作为扫描对象,实际执行中会转换为调用子节点计划,对应的代码源文件是 vecsubqueryscan.cpp。VecSubqueryScan 算子对应的主要数据结构是 VecSubqueryScanState,继承于 SubqueryScanState。包含的核心函数有:ExecInitVecSubqueryScan(初始化节点)、ExecVecSubqueryScan(执行节点)、ExecEndVecSubqueryScan(退出节点)、ExecReScanVecSubqueryScan(重置节点)。

ExecInitVecSubqueryScan 函数是用于初始化 VecSubqueryScan 算子。主要执行流程是:首先初始化 VecSubqueryScan 执行算子,并为节点创建表达式上下文,然后初始化子查询计划,最后初始化元组和投影信息。

ExecVecSubqueryScan 函数是 VecSubqueryScan 算子的主体函数。主要执行流程是:调用 ExecVecScan 执行算子,得到查询结果。

ExecReScanVecSubqueryScan 函数用于重新执行扫描计划,通过调用 ExecScanReScan 函数重新扫描。

ExecEndVecSubqueryScan 函数用于在执行结束后清理 VecSubqueryScan 算子占用的资源,通过调用 ExecEndSubqueryScan 函数进行清理。

5. VecForeignScan 算子

VecForeignScan 算子对应的代码源文件是“vecforeignscan.cpp”。VecForeignScan 算子对应的主要数据结构是 VecForeignScanState,继承于 ForeignScanState。该算子包含的核心函数有:ExecInitVecForeignScan(初始化节点)、ExecVecForeignScan(执行节点)、ExecEndVecForeignScan(退出节点)、ExecReScanVecForeignScan(重置节点)。

ExecInitVecForeignScan 函数用于初始化 VecForeignScan 算子。主要执行流程如下。

(1) 创建 VecForeignScanState 执行节点。

(2) 设置表达式上下文。

(3) 调用 ExecInitVecExpr 函数依次为“ss.ps.targetlist”和“ss.ps.qual”,初始化表达式。

(4) 调用 ExecBuildVecProjectionInfo 函数创建投影结构。

ExecVecForeignScan 函数是 VecForeignScan 算子的主体函数，通过调用 ExecVecScan 执行算子，得到查询结果。

ExecReScanVecForeignScan 函数用于重新执行扫描计划，通过调用 ExecScanReScan 函数实现重新扫描。

ExecEndVecForeignScan 函数用于在执行结束后清理 VecForeignScan 算子占用的资源，通过调用 MemoryContextDelete 函数清除上下文，调用 ExecEndForeignScan 函数清除执行节点。

7.6.3 物化算子

1. VecMaterial 算子

VecMaterial 算子能够缓存需要多次重复扫描的子节点结果，有助于减少执行中的扫描代价。

VecMaterial 算子对应的代码源文件是"vecmaterial.cpp"。VecMaterial 算子对应的主要数据结构是 VecMaterialState，继承于 MaterialState。相关代码如下：

```
typedef struct VecMaterialState : public MaterialState {
    VectorBatch* m_pCurrentBatch;
    BatchStore* batchstorestate;
    bool from_memory;
} VecMaterialState;
```

VecMaterial 算子的相关函数包括：ExecInitVecMaterial（初始化节点）、ExecVecMaterial(执行节点)、ExecEndVecMaterial（退出节点）、ExecReScanVecMaterial（重置节点）。

ExecInitVecMaterial 函数用于初始化 VecMaterial 算子。主要执行流程如下。

(1) 创建并初始化 VecMaterialState 执行节点。

(2) 分别调用"ExecInitResultTupleSlot(estate, &matstate→ss.ps)"函数和"ExecInitScanTupleSlot(estate,&matstate→ss)"函数分配用于存储投影结果和用于扫描的 slot。

(3) 调用"ExecAssignScanTypeFromOuterPlan(&matstate→ss)"函数初始化元组类型，调用"ExecAssignResultTypeFromTL(&matstate→ss.ps, matstate→ss.ss_ScanTupleSlot→tts_tupleDescriptor→tdTableAmType)"函数初始化结果扫描描述符。

(4) 如果当前 VecMaterial 节点处于子计划中并且物化 Stream 数据，需要将其添加到 estate→es_material_of_subplan 中。

ExecVecMaterial 函数是 VecMaterial 算子的主体函数，根据 materialAll 判断是否需要一次性物化所有元组，通过分别调用 exec_vec_material_all 函数、exec_vec_material_one 函数完成算子的执行。其中，exec_vec_material_all 函数会一次性物化全部元组，之后根据需要返回部分元组，而 exec_vec_material_one 函数则会逐个物化元组。

ExecEndVecMaterial 函数用于清理 VecMaterial 算子执行过程中使用的资源，主要执行流程是：首先调用“ExecClearTuple(node-> ss. ss_ScanTupleSlot)”函数清理 tuple table，然后调用 batchstore _ end 释放用于存储元组的资源，最后调用“ExecEndNode(outerPlanState(node))”函数清理子计划节点。

ExecReScanVecMaterial 函数用于重新执行扫描计划，流程如图 7-32 所示。主要执行流程是：

(1) 根据 eflags 判断 tuplestore 是否进行其他操作(如 REWIND、BACKWARD、RESTORE)。

(2) 若未进行其他操作，则直接调用“VecExecReScan(node-> ss. ps. lefttree)”函数进行重新扫描，反之则需要进一步判断是否已执行了物化操作。

(3) 若未进行物化操作，则同样直接调用“VecExecReScan(node-> ss. ps. lefttree)”函数进行重新扫描；若已产生物化结果，则需要根据不同操作进行不同处理。

(4) 已产生物化结果可以分为两种情况：REWIND 操作和其他操作。如果进行了 REWIND 操作，则需要调用 batchstore _ end 函数释放已经存储的结果，之后调用“VecExecReScan(node-> ss. ps. lefttree)”函数重新扫描。对于其他操作，需要判断当前计划是否为 partition-wise join 并且是否需要切换分区。

(5) 当前计划如是 partition-wise join 则同样需要调用 batchstore_end 和 VecExecReScan 函数重新扫描计划；反之只需要调用“batchstore_rescan(node-> batchstorestate)”函数。

2. VecSort 算子

VecSort 算子用于缓存下层节点返回的所有结果元组并进行排序，结果元组较多时，会使用临时文件进行存储，并使用外排序进行排序操作。

VecSort 算子对应的代码源文件是“vecsort. cpp”，VecSort 算子对应的主要数据结构是 VecSortState，继承于 SortState。相应代码如下：

```
typedef struct VecSortState : public SortState {
    VectorBatch * m_pCurrentBatch;
char * jitted_CompareMultiColumn;
char * jitted_CompareMultiColumn_TOPN;
} VecSortState;
```

VecSort 算子的相应函数有：ExecInitVecSort(初始化节点)、ExecVecSort(执行节点)、ExecEndVecSort(退出节点)、ExecReScanVecSort(重置节点)。

ExecInitVecSort 函数用于初始化 VecSort 算子。主要执行流程如下。

(1) 创建并初始化 VecSortState 执行节点。

(2) 分别调用“ExecInitResultTupleSlot(estate, &sort_state-> ss. ps)”函数用于存储投影结果和“ExecInitScanTupleSlot(estate, &sort_state-> ss)”函数用于初始化扫描元组槽。

(3) 调用“ExecAssignScanTypeFromOuterPlan(&sort_state-> ss)”函数初始化元组类型，调用“ExecAssignResultTypeFromTL(&sort _ stat-> ss. ps, sort _ stat-> ss. ss _

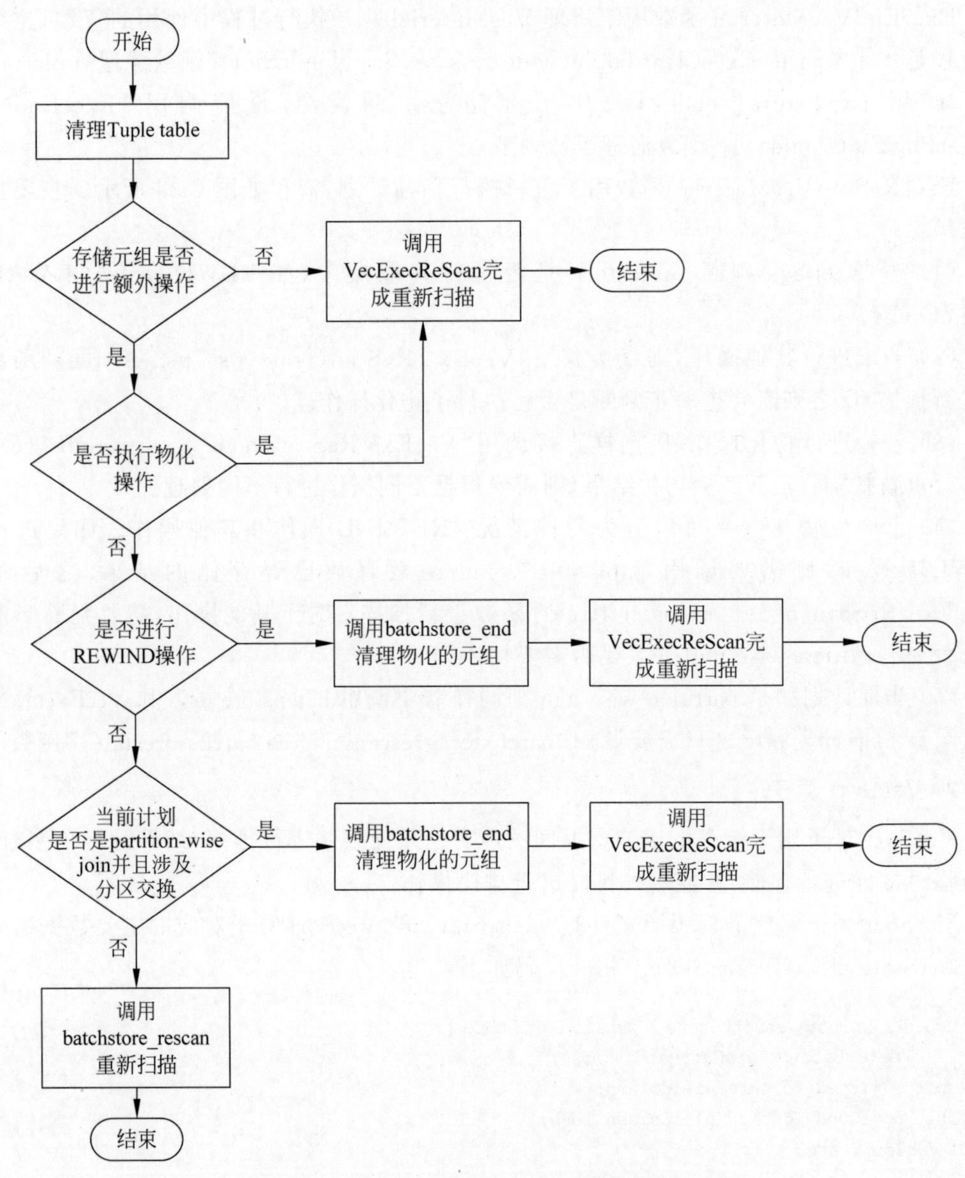

图 7-32　ExecReScanVecMaterial 函数执行流程

ScanTupleSlot-> tts_tupleDescriptor-> tdTableAmType)"函数初始化结果扫描描述符。

ExecVecSort 函数是 VecSort 算子的主体函数。主要执行流程是：初次执行时，首先调用 batchsort_begin_heap 函数初始化元组缓存结构，之后循环执行从下层节点获取元组；调用 sort_putbatch 将获取的元组存放到缓存中；获取全部元组之后，调用 batchsort_performsort 进行排序；后续执行 VecSort 算子，调用 batchsort_getbatch 直接从缓存中获取一个元组。

ExecEndVecSort 函数用于清理 VecSort 算子执行过程中使用的资源。主要执行流程是：首先调用 ExecClearTuple 函数依次清理“node-> ss. ss_ScanTupleSlot”元组缓存和“node-> ss. ps_ResultTupleSlot”排序后的元组缓存，之后调用 batchsort_end 函数释放用于元组排序的资源，最后调用“ExecEndNode(outerPlanState(node)) ”函数清理子计划节点。

ExecReScanVecSorts 函数用于重新执行扫描计划，执行流程如图 7-33 所示。主要执行流程是：

(1) 判断是否已经进行过排序，如没有，则调用 VecExecReScan 函数重新扫描执行节点即可，反之则先判断子节点是否已经重新扫描。

(2) 如果子节点已重新扫描，则调用 ExecClearTuple 函数清理已经排序的结果元组，调用 batchsort_end 函数清理“node-> tuplesortstate”，调用 VecExecReScan 函数重新扫描执行节点；如果没有，则判断当前计划是否为“partition-wise join”并且需要切换分区。

(3) 如果当前计划是“partition-wise join”并且需要切换分区，则同样需要调用 batchstore_ end 函数和 VecExecReScan 函数进行重新扫描计划；否则只需要调用“batchstore_rescan(node-> tuplesortstate)”。

ExecReScanVecSorts 函数执行流程如图 7-33 所示。

3. VecLimit 算子

VecLimit 算子用于处理 Limit 子句，对应的代码源文件是“veclimit. cpp”。VecLimit 算子对应的主要数据结构是 VecLimitState，VecLimitState 继承于 LimitState。具体定义代码如下：

```
struct VecLimitState : public LimitState {
    VectorBatch * subBatch;
};
```

VecLimit 算子的相关函数包括 ExecInitVecLimit(初始化节点)、ExecVecLimit(执行节点)、ExecReScanVecLimit(重置节点)、ExecEndVecLimit(退出节点)。

ExecInitVecLimit 函数用于初始化 VecLimit 算子，将 VecLimit 计划节点转换为 VecLimit 执行节点。主要执行流程如下。

(1) 创建 VecLimit 执行节点，创建表达式上下文，分别初始化 limitOffset(调用“ExecInitExpr((Expr)node-> limitOffset,(PlanState)limit_state))” 函数和 limitCount(调用“ExecInitExpr((Expr)node-> limitCount,(PlanState)limit_state)”函数)表达式。

(2) 调用“ExecInitResultTupleSlot(estate,&limit_state-> ps) ”函数初始化元组。

(3) 调用“ExecInitNode(outer_plan,estate,eflags) ”函数初始化外部计划。最后置空投影结构。

ExecVecLimit 函数是 VecLimit 算子的主体函数。ExecVecLimit 函数通过 switch 来处理 VecLimit 算子中存在的多种状态，node-> lstate 存在的状态有 LIMIT_INITIAL、LIMIT_ RESCAN、LIMIT _ EMPTY、LIMIT _ INWINDOW、LIMIT _ SUBPLANEOF、LIMIT_WINDOWEND、LIMIT_WINDOWSTART。其中，LIMIT_INITIAL 表示处理

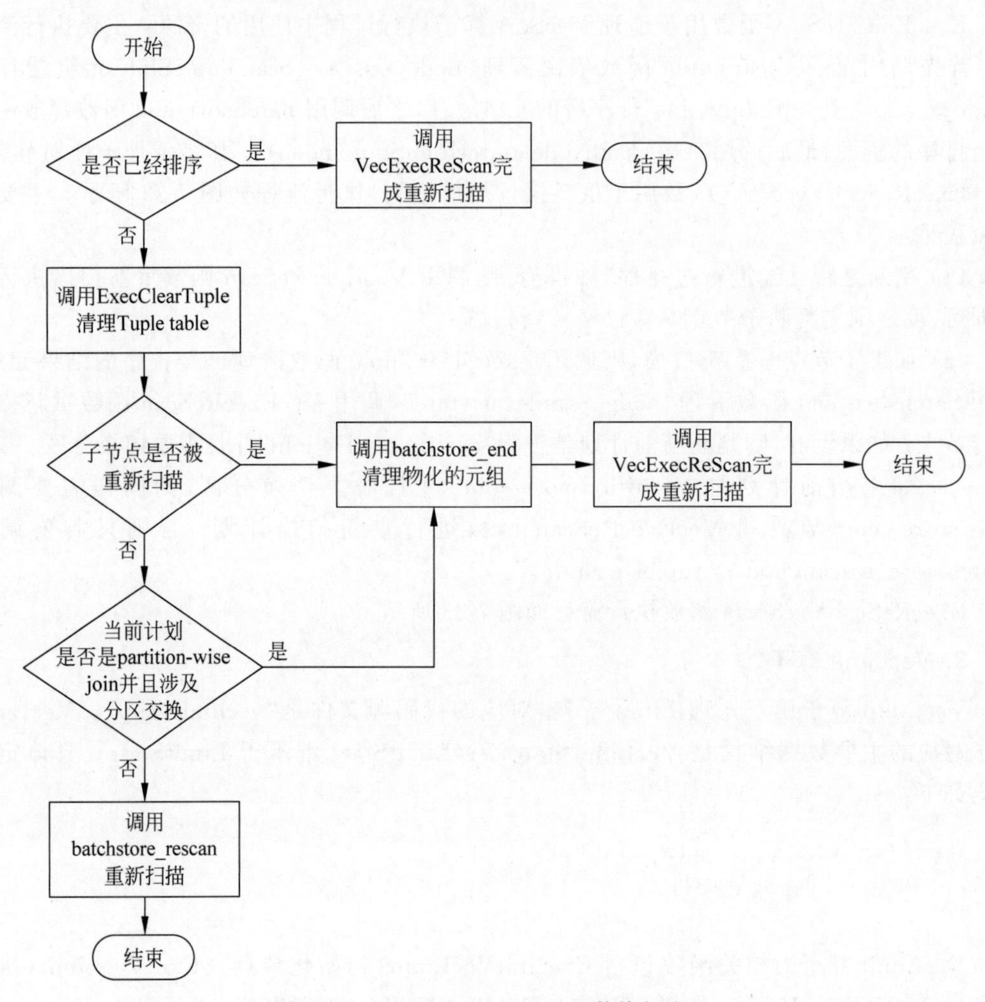

图 7-33 ExecReScanVecSort 函数执行流程

Limit 算子初始化，LIMIT_RESCAN 表示重新执行子节点计划，LIMIT_EMPTY 表示 Limit 算子是空集，LIMIT_INWINDOW 表示处理窗口函数（在窗口函数内前向和后向移动），LIMIT_SUBPLANEOF 表示处理子节点计划（移动到子节点计划尾部），LIMIT_WINDOWEND 表示在窗口结尾部分结束，LIMIT_WINDOWSTART 表示在窗口开始部分结束。

ExecEndVecLimit 函数用于在执行 VecLimit 算子结束时释放相关资源，通过依次调用“ExecFreeExprContext(&node-> ps)”函数和“ExecEndNode(outerPlanState(node))”函数释放表达式上下文和节点相关信息。

ExecReScanVecLimit 函数用于重新执行扫描计划。在参数发生改变时，通过调用“recompute_limits(node)”函数完成执行节点的重新扫描和 VecLimit 状态机的重置。在 chgParam 为空时，还需要调用 VecExecReScan 函数重新扫描计划节点。

4. VecGroup 算子

VecGroup 算子用于处理 SQL 语句中的“GROUP BY”子句，对满足条件的元组做分组处理。

VecGroup 算子对应的代码源文件是“vecgroup.cpp”。VecGroup 算子对应的主要数据结构是 VecGroupState，继承于 GroupState。相关代码如下：

```
struct VecGroupState : public GroupState {
    void ** container;
    void * cap;
    uint16 idx;
    int cellSize;
    bool keySimple;
    FmgrInfo * buildFunc;
    FmgrInfo * buildScanFunc;
    VectorBatch * scanBatch;
    VarBuf * currentBuf;
    VarBuf * bckBuf;
    vecqual_func jitted_vecqual;
};
```

VecGroup 算子的相应函数有：ExecInitVecGroup（初始化节点）、ExecVecGroup（执行节点）、ExecEndVecGroup（退出节点）、ExecReScanVecGroup（重置节点）。

ExecInitVecGroup 函数用于初始化 VecGroup 算子，主要执行流程如下。

(1) 创建并初始化 VecGroupState 执行节点，并为节点创建表达式上下文。

(2) 调用“ExecInitResultTupleSlot(estate, &grp_state-> ss.ps);”函数分配存储投影结果的 slot。

(3) 调用投影表达式初始化函数 ExecInitVecExpr，依次对 plan.targetlist 和 plan.qual 进行初始化。

(4) 调用 ExecInitNode 函数初始化子节点。

(5) 调用 ExecAssignResultTypeFromTL 函数初始化结果扫描描述符并调用 ExecAssignVectorForExprEval 函数创建投影结构。

ExecVecGroup 函数是 VecGroup 算子的主体函数。主要执行流程如下。

(1) 获取下层元组中符合 having 子句条件的第 1 个元组。

(2) 依次获取组内的所有元组，直到获取到分组属性不同的元组，此时表示当前分组获取结束；如果获取到空元组，则表示完成分组操作，设置 grp_done 字段为 true 并结束执行。

(3) 扫描下一个符合 having 条件的元组，将缓存的元组作为分组的开始，并返回新元组。

(4) 重复(2)、(3)直到结束。

ExecEndVecGroup 函数用于清理 VecGroup 算子执行过程中使用的资源。主要执行流程是：首先调用 ExecFreeExprContext 函数清理表达式上下文，最后调用“ExecEndNode(outerPlanState(node))”函数清理子计划节点。

ExecReScanVecGroup 函数用于重新执行扫描计划，通过调用 VecExecReScan 函数实现重新扫描。

5. VecAggregation 算子

VecAggregation 算子用于处理含有聚集函数的操作，将同一分组下的多个元组合并成一个聚集结果元组。

VecAggregation 算子对应的代码源文件是"vecagg. cpp"。VecAggregation 算子对应的主要数据结构是 VecAggState，继承于 AggState。相应代码如下：

```
typedef struct VecAggState : public AggState {
    void * aggRun;
    VecAggInfo * aggInfo;
    char * jitted_hashing;
    char * jitted_sglhashing;
    char * jitted_batchagg;
    char * jitted_sonicbatchagg;
    char * jitted_SortAggMatchKey;
} VecAggState;
```

VecAggregation 算子对应的核心函数有：ExecInitVecAggregation（初始化节点）、ExecVecAggregation(执行节点)、ExecEndVecAggregation(退出节点)、ExecReScanVecAggregation(重置节点)。

ExecInitVecAggregation 函数用于初始化 VecAggregation 算子。主要执行流程如下。

(1) 创建并初始化 VecAggState 执行节点，调用 ExecAssignExprContext 函数为节点创建表达式上下文。

(2) 调用 ExecInitScanTupleSlot 函数分配用于扫描的 slot，调用 ExecInitResultTupleSlot 函数分配存储投影结果的 slot，调用 ExecInitExtraTupleSlot 函数为 sort_slot 进行初始化。

(3) 调用投影表达式初始化函数 ExecInitVecExpr 依次对"plan. targetlist"和"plan. qual"进行初始化。

(4) 调用 ExecInitNode 函数初始化子节点，获取其中的 Aggref 节点。

(5) 使用每个 Aggref 节点中包含的聚集函数信息进行初始化，构造出对应的 AggStatePerAgg。

(6) 根据策略类型，初始化相应的状态信息。

ExecVecAggregation 函数是 VecAggregation 算子的主体函数，根据策略类型的不同(hash、plain、sort)，调用不同的 Runner 函数。

ExecEndVecAggregation 函数用于清理 VecAggregation 算子执行过程中使用的资源。主要执行流程是：依据选择的策略 Hash、sort、plain 分别调用 freeMemoryContext 函数、endSortAgg 函数、endPlainAgg 函数清理节点信息，之后分别调用 ExecFreeExprContext 函数和 ExecClearTuple 函数对表达式上下文和元组缓存进行清理。

ExecReScanVecAggregation 函数用于重新执行扫描计划。主要执行流程是：根据策略类型分别调用相应的 ResetNecessary 函数重置相应执行节点，最后调用 VecExecReScan

函数实现重新扫描。

6. VecWindowAgg 算子

VecWindowAgg 算子用于处理窗口函数的聚集操作。不同于 Agg 算子，窗口函数不会将同一分组中的元组合并为一个，这样就需要对每个元组都产生一个结果元组，其中包含对应的聚集计算结果。

VecWindowAgg 算子对应的代码源文件是“vecwindowagg.cpp”。VecWindowAgg 算子对应的主要数据结构是 VecWindowAggState，继承于 WindowAggState。相关代码如下：

```
typedef struct VecWindowAggState : public WindowAggState {
    void * VecWinAggRuntime;
    VecAggInfo * windowAggInfo;
} VecWindowAggState;
```

VecWindowAgg 算子中对应的核心函数有：ExecInitVecWindowAgg（初始化节点）、ExecVecWindowAgg（执行节点）、ExecEndVecWindowAgg（退出节点）、ExecReScanVecWindowAgg（重置节点）。

ExecInitVecWindowAgg 函数用于初始化 VecWindowAgg 算子，主要执行流程如下。

(1) 创建并初始化 VecWindowAgg 执行节点，调用 ExecAssignExprContext 函数为节点创建表达式上下文。

(2) 调用 ExecInitResultTupleSlot 函数分配存储投影结果的 slot，调用 ExecInitScanTupleSlot 函数分配用于扫描的 slot。

(3) 调用 ExecInitVecExpr 函数为 ps.targetlist 初始化投影表达式。

(4) 初始化分区判断函数和判断排序属性是否相同的操作函数，保存在 partEqfunctions、ordEqfunctions 中。

(5) 初始化 funcs 指向的表达式树，构造相关调用信息并存放在 perfunc 中。

ExecVecWindowAgg 函数是 VecWindowAgg 算子的主体函数，通过调用 getBatch 执行算子得到窗口函数的投影结果。

ExecEndVecWindowAgg 函数用于清理 VecWindowAgg 算子执行过程中使用的资源，通过调用 batchstore_end 函数清理元组缓存，通过调用 ExecEndNode 函数清理执行节点。

ExecReScanVecWindowAgg 函数用于重新执行扫描计划，通过调用 ResetNecessary 函数重置相应执行节点，通过调用 VecExecReScan 函数实现重新扫描。

7. VecSetOp 算子

VecSetOp 算子用于处理 EXECEPT 和 INTERSECT 集合操作。一般一个 VecSetOp 算子中只能处理两个集合之间的集合操作，对于多个集合之间的集合操作，需要多个 SetOp 实现。

VecSetOp 算子对应的代码源文件是“vecsetop.cpp”。VecSetOp 算子对应的主要数据结构是 VecSetOpState，继承于 SetOpState。相关代码如下：

```
typedef struct VecSetOpState : public SetOpState {
    void * vecSetOpInfo;
} VecSetOpState;
```

VecSetOp 算子中对应的核心函数有：ExecInitVecSetOp（初始化节点）、ExecVecSetOp(执行节点)、ExecEndVecSetOp(退出节点)、ExecReScanVecSetOp(重置节点)。

ExecInitVecSetOp 函数用于初始化 VecSetOp 算子。主要执行流程如下。

(1) 创建并初始化 VecSetOpState 执行节点。

(2) 调用 ExecInitResultTupleSlot 函数分配存储投影结果的 slot。

(3) 调用 ExecInitnode 函数初始化子节点。

(4) 调用 ExecAssignResultTypeFromTL 函数初始化结果扫描描述符。

ExecVecSetOp 函数是 VecSetOp 算子的主体函数，通过执行 VecSetOp 算子状态机产生 resultBatch。

ExecEndVecSetOp 函数用于清理 VecSetOp 算子执行过程中使用的资源，通过调用 freeMemoryContext 函数释放内存上下文，调用 ExecClearTuple 函数清理元组缓存，调用 ExecEndNode 函数清理执行节点。

ExecReScanVecSetOp 函数用于重新执行扫描计划，通过调用 ExecClearTuple 函数清理元组结果缓存，调用 ResetNecessary 函数重置相应执行节点。

7.6.4　连接算子

1. VecNestLoop 算子

VecNestLoop 算子对应的主要数据结构是 VecNestLoopState，VecNestLoopState 继承于 NestLoopState。具体定义代码如下：

```
struct VecNestLoopState : public NestLoopState {
    void * vecNestLoopRuntime;
    vecqual_func jitted_vecqual;
    vecqual_func jitted_joinqual;
};
```

VecNestLoop 算子的相关函数包括：ExecInitVecNestLoop（初始化节点）、ExecVecNestLoop(执行节点)、ExecEndVecNestLoop(退出节点)、ExecReScanVecNestLoop(重置节点)。

ExecInitVecNestLoop 函数用于初始化 VecNestLoop 执行算子。主要执行流程如下。

(1) 初始化 VecNestLoop 执行算子。

(2) 为节点创建表达式上下文，分别处理左右子树，得到外执行计划节点和内执行计划节点。

(3) 初始化元组和投影信息。

ExecVecNestLoop 函数是执行 VecNestLoop 的主体函数，通过执行 VecNestLoop 状

态机获得结果元组。

ExecEndVecNestLoop函数用于在执行结束时清理VecNestLoop算子。主要执行流程是：首先释放表达式上下文，然后清空元组，最后清空子计划节点。

ExecReScanVecNestLoop函数用于重新执行扫描计划。主要执行流程是：首先把VecNestLoop计划节点转换成外计划执行节点，然后判断外计划执行节点的chgParam是否为空，若chgParam为空，则重新扫描节点。

2. VecMergeJoin算子

VecMergeJoin算子对应的主要数据结构是VecMergeJoinState，VecMergeJoinState继承于MergeJoinState。具体定义代码如下：

```
struct VecMergeJoinState : public MergeJoinShared {
    /* 向量化执行支持 */
    VecMergeJoinClause mj_Clauses;
    MJBatchOffset mj_OuterOffset;
    MJBatchOffset mj_InnerOffset;
    ExprContext * mj_OuterEContext;
    ExprContext * mj_InnerEContext;
    MJBatchOffset mj_MarkedOffset;
    VectorBatch * mj_MarkedBatch;
    BatchAccessor m_inputs[2];
    MJBatchOffset m_prevInnerOffset;
    bool m_prevInnerQualified;
    MJBatchOffset m_prevOuterOffset;
    bool m_prevOuterQualified;
    bool m_fDone;
    VectorBatch * m_pInnerMatch;
    MJBatchOffset * m_pInnerOffset;
    VectorBatch * m_pOuterMatch;
    MJBatchOffset * m_pOuterOffset;
    VectorBatch * m_pCurrentBatch;
    VectorBatch * m_pReturnBatch;
vecqual_func jitted_joinqual;
};
```

VecMergeJoin算子的相关函数包括：ExecInitVecMergeJoin（初始化节点）、ExecVecMergeJoinT(执行节点)、ExecEndVecMergeJoin(退出节点)、ExecReScanVecMergeJoin(重置节点)。

ExecInitVecMergeJoin函数用于初始化VecMergeJoin执行算子。主要执行流程如下。

(1) 初始化VecMergeJoin执行算子。

(2) 为节点创建表达式上下文，分别处理左右子树，得到外执行计划节点和内执行计划节点。

(3) 初始化元组和投影信息。

ExecVecMergeJoinT函数是执行VecMergeJoin的主体函数，执行VecMergeJoin状态

机，并根据 join 类型获取结果元组。

ExecEndVecMergeJoin 函数用于在执行结束时清理 VecMergeJoin 算子。首先释放表达式上下文，然后清空元组，最后清空左右子树节点。

ExecReScanVecMergeJoin 函数用于重新执行扫描计划。主要执行流程是：首先重置节点相关参数，然后判断左右子树的 chgParam 是否为空，若 chgParam 为空，则重新扫描节点。

3. VecHashJoin 算子

VecHashJoin 算子对应的主要数据结构是 VecHashJoinState，VecHashJoinState 继承于 HashJoinState。具体定义如下：

```
typedef struct VecHashJoinState : public HashJoinState {
    int joinState;
    void * hashTbl;
    FmgrInfo * eqfunctions;
vecqual_func jitted_joinqual;
vecqual_func jitted_hashclause;
    char * jitted_innerjoin;
    char * jitted_matchkey;
    char * jitted_buildHashTable;
    char * jitted_probeHashTable;
    int enable_fast_keyMatch;
    BloomFilterRuntime bf_runtime;
    char * jitted_hashjoin_bfaddLong;
    char * jitted_hashjoin_bfincLong;
    char * jitted_buildHashTable_NeedCopy;
} VecHashJoinState;
```

VecHashJoin 算子的相关函数包括：ExecInitVecHashJoin（初始化节点）、ExecVecHashJoin（执行节点）、ExecEndVecHashJoin（退出节点）、ExecReScanVecHashJoin（重置节点）。

ExecInitVecHashJoin 函数用于初始化 Vechash join 执行算子，并把 VecHashJoin 计划节点转换成计划执行节点。主要执行流程是：首先处理左子树，得到外执行计划节点；再处理右子树，得到内执行计划节点；最后初始化元组和投影信息。

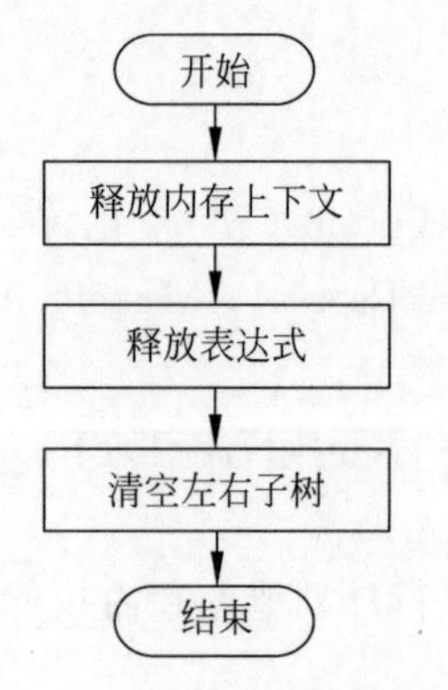

图 7-34 ExecEndVecHashJoin 函数执行流程

ExecVecHashJoin 函数是执行 VecHashJoin 的主体函数，执行 VecHashJoin 状态机。

ExecEndVecHashJoin 函数用于在执行结束时清理 VecHashJoin 算子。主要执行流程是：首先释放内存上下文，然后释放表达式，清空左右子树。流程如图 7-34 所示。

ExecReScanVecHashJoin 函数用于重新执行扫描计划。

主要执行流程是：首先判断状态信息，如哈希表为空，只需要重新扫描左子树计划，否则需要重新构建哈希表。

7.7　本章小结

本章主要介绍了执行器的总体框架、执行器算子、向量化引擎。向量化引擎通过编译执行模块实现执行加速。执行器接收 Plan（优化器输出），对 Plan 做转换处理，生成状态树，状态树的节点对应执行算子（这些算子利用存储和索引提供的接口，实现数据读写）；执行器是 SQL 语句同存储交互的中介。这些执行算子有统一的接口及相似的执行流程（初始化、迭代执行、清理三个过程）。向量化引擎面向 OLAP 场景需求，与编译执行相结合，提供高效执行效率。

第8章

AI技术

AI技术最早可以追溯到20世纪50年代，甚至比数据库系统的发展历史还要悠久。但是，由于各种客观因素的制约，在很长的一段时间内，人工智能技术并没有得到大规模的应用，甚至还经历了几次明显的低谷期。随着信息技术的进一步发展，从前限制人工智能发展的因素已经逐渐减弱，ABC(Artificial Intelligence、Big data、Cloud computing)技术也应运而生。AI在某些领域的能力已经超过了人类，如AlphaGo战胜了人类的顶尖围棋选手。无处不在的“刷脸”验证、语音助手使人们看到人工智能在更多领域落地的可能。

本章将介绍openGauss AI与数据库结合领域的探索，包括自调优、智能索引推荐等内容。

8.1 概述

数据库与AI相遇会摩擦出什么样的火花？近些年，全球各大公司、顶尖高校都在尝试将AI与数据库融合。openGauss目前也已经取得了阶段性的成果，部分项目也已经在华为云上线并进行商用。openGauss在AI领域的探索可以分为两个主要方向：AI4DB与DB4AI。

(1) AI4DB就是指用AI使能数据库，从而获得数据库更好的执行表现，实现数据库系统的自治、免运维等，主要包括自调优、自诊断、自安全、自运维、自愈等子领域。

(2) DB4AI就是指打通数据库到AI应用的端到端流程，统一AI技术栈，达到AI应用的开箱即用、高性能、低成本等目的。例如，通过类SQL语句使用推荐系统、图像检索、时序预测等功能，充分发挥openGauss高并行、列存储等优势，提高机器学习任务的执行效率。同时，在数据侧实现AI计算，还可以降低数据的网络传输成本，实现本地化计算。

8.2～8.6节介绍AI4DB功能，8.7节介绍DB4AI功能。

8.2 自调优

数据库自调优技术是一个比较大的范畴，通常包括对数据库参数配置、自身代价优化模型的调优等。本节主要介绍对数据库参数配置进行自动调优的功能。

8.2.1 参数自调优的使用场景

通常数据库系统会提供大量参数供DBA进行调优，openGauss提供了500多个参数。

很多参数都与数据库的表现密切相关，如负载调度、资源控制、WAL 机制等。

数据库参数调优的目的是满足用户对性能的期望，保障数据库系统的稳定可靠。大部分场景中，数据库参数调优依赖 DBA 去识别和调整，但 DBA 调优存在很多限制。主要包括三个方面。

(1) DBA 要花费大量时间，在测试环境中对所要部署的业务进行调优；而每次上线新业务，调优过程需要重新进行一遍，对于企业来说，人力成本巨大。

(2) DBA 通常仅关注少部分关键调优参数，使得调优过程不能完全匹配业务，而且资源利用率及数据库性能并不一定是最优的，而且其他次优参数与数据库表现的隐式关系也没有被充分挖掘出来。

(3) DBA 通常只精通某一个特定的数据库调优，譬如擅长调优 A 数据库的 DBA 很可能不擅长调优 B 数据库，因为二者的底层实现存在很大差异，不可以使用同一套经验进行调优。同时，若硬件环境发生了变化，DBA 的经验不一定能发挥作用，多业务混合负载场景下也是如此。

针对上述调优限制，实现一种数据库参数自动调优的方法，从而减少 DBA 运维代价、提升数据库的整体性能就显得尤为重要了。

8.2.2 现有的参数调优技术

参数调优在各领域是一项通用的技术，该技术在各领域不断取得进展。与很多领域一样，数据库中也包含各种各样的参数用于调优，这些参数往往随着业务的变化需要不断进行调整。总体来看，数据库的参数调优主要有以下几种方法。

1. 基于规则

基于规则的参数调优是比较简单、通用的方法，通过对人工调优的经验进行整理，编写成各式各样的规则来对数据库系统进行调优。该方法的优点是速度快、可解释性好、稳定性高，缺点是规则随着系统的变化可能会不再适用，推荐的参数往往不是最优的。常见的采用该方法的工具为 MySQKTuner-perl。

2. 基于搜索算法

假设数据库系统只需要调一个参数，且这个参数与性能之间的关系又非常简单(如二者呈线性相关、变化曲线呈二次函数关系)，则可以通过二分搜索算法查找出最优的参数值。那么试想：如果系统需要调整多个参数，这些参数彼此之间又互相影响，这时应该如何去调优呢？显然，这不是通过二分法就可以解决的了，这在数学上属于一个组合优化问题，即在有限的对象集(此处指所有参数自由组合后的可能结果集)中找出最优对象(最优参数配置)的问题。对于组合优化问题，一般的解法包括近似算法(approximation algorithm)、启发式算法(heuristic algorithm)、遗传算法等。由于启发式算法实现相对简单，结果比较稳定，因而被广泛应用，如参数优化方法 bestconf 就属于此类。基于启发式算法的参数调优方法具有应用场景普遍、优化效果稳定的特点，一般不需要根据系统的变化而进行算法的重新适配，但是每次启动都需要重新探索，不能够重复利用历史探索经验，而且往往容易陷入局部最优。相关搜索算法在其他参数调优领域也有较多的实践,如 AutoML 中对机器学习算法超参数的调优。

3. 基于监督学习

监督学习(supervised learning)是一种通过显式地输入特征向量和结果标签,寻找二者之间映射关系的一种机器学习算法。它可以根据训练数据学习或建立一个模型,并基于此模型推测新的实例。如果监督学习模型的输出是连续的值则称为回归分析,如果预测一个分类标签则称为分类。

如果可以人为地建立数据库系统的特征(如 workload 特征、硬件环境特征等),并提供在该特征下的最优参数,那么就可以通过上述数据拟合出一个模型,并据此推测出新的数据库系统上最优参数。

该方法的优点是,一旦训练好模型,推荐新参数的过程将非常快,缺点是训练模型比较复杂(需要收集大量的数据,这些数据本身不容易获取),且模型的输入特征选择比较困难,如果系统发生变化则该模型需要重新训练。例如,学术界比较著名的成果 OtterTune 就采用了类似的方法。

4. 基于强化学习

强化学习(Reinforcement Learning,RL)在近些年发展迅速,基于深度学习的强化学习算法如 DQN(Deep Q-Networks,深度 Q 学习)、DDPG(Deep Deterministic Policy Gradient,深度确定性策略梯度算法)与 PPO(Proximal Policy Optimization,近端策略优化)等先后诞生,该类算法在游戏领域取得了比较好的效果,能够实现自动打游戏,甚至游戏操作优于大多数的人类选手。与此同时,强化学习与监督学习不同,强化学习并不需要用户给定一个数据集,而是通过与环境进行交互,通过奖惩机制来学习哪些应该做,哪些不能做,从而给出更优的决策。

显然,强化学习能够应用到游戏领域,因为游戏结果的好坏有比较明显的奖惩机制。输赢本身就是一个很好的价值导向,甚至能够不断获得经验值的游戏过程还能够得到连续不断的奖励,这就更容易让算法学到如何获取更多的经验。而反观数据库的调优过程,其实与游戏过程类似。数据库性能的好坏是比较明显的价值导向,数据库的参数配置就相当于游戏过程中的动作,数据库的状态信息也是可以获得的。因此,通过强化学习来进行数据库参数的调优是一个比较好的方案,该方法能够模仿 DBA 的调优过程,通过数据库性能的高低来激励好的参数配置。该方法的特点是能够从历史经验中进行学习,用训练后的模型进行参数推荐的过程也比较快,而且并不需要用户给定大量的训练数据,缺点是模型的训练过程比较复杂,算法中的奖励机制、数据库系统的状态等都需要精心设计,强化学习训练过程也比较慢。采用该类方法的代表性项目是由清华大学提出的 QTune。

通过上述介绍可以得出,似乎并没有一种非常完美的方法能够覆盖到所有的应用场景。严格地讲,每类方法本身并没有优劣之分,只有更加适合业务场景的方法才能够称为最优方法。接下来将介绍 openGauss 开源的数据库参数调优工具 X-Tuner,该工具综合了上述多种调优策略的优势。

8.2.3　X-Tuner的调优策略

总的来说，对数据库进行参数调优可以分为两类模式，分别是离线参数调优和在线参数调优，X-Tuner同时支持上述两类调优模式。

（1）离线参数调优是指在数据库脱离生产环境的基础上进行调优，一般是在上线真实业务前进行压力测试，并通过压力测试的反馈结果进行参数调优。

（2）在线参数调优是指不阻塞数据库的正常运行，在数据库运行中进行参数调优或推荐的过程。

具体来说，调优程序X-Tuner包含三种运行模式。

（1）recommend：获取当前正在运行的workload特征信息，根据该特征信息生成参数推荐报告。报告当前数据库中不合理的参数配置和潜在风险等；输出当前正在运行的workload行为和特征；输出推荐的参数配置。该模式是秒级的，不涉及数据库的重启操作，其他模式可能需要反复重启数据库。

（2）train：通过用户提供的benchmark信息，迭代地进行参数修改和benchmark（一种用于测量硬件或软件性能的测试程序）执行过程，训练强化学习模型。通过反复的迭代过程，训练强化学习模型，以便用户在后面通过tune模式加载该模型进行调优。

（3）tune：使用优化算法进行数据库参数的调优，当前支持两大类算法，一种是深度强化学习，另一种是全局搜索算法（全局优化算法）。深度强化学习模式要求先运行train模式，生成训练后的调优模型，而使用全局搜索算法则不需要提前进行训练，可以直接进行搜索调优。如果在tune模式下使用深度强化学习算法，要求必须有一个训练好的模型，且训练该模型时的参数与进行调优时的参数列表（包括max与min）必须一致。

无论是离线参数调优还是在线参数调优，X-Tuner都是支持的，它们的基本结构也是共用的。X-Tuner的结构示意图及交互形式如图8-1所示。

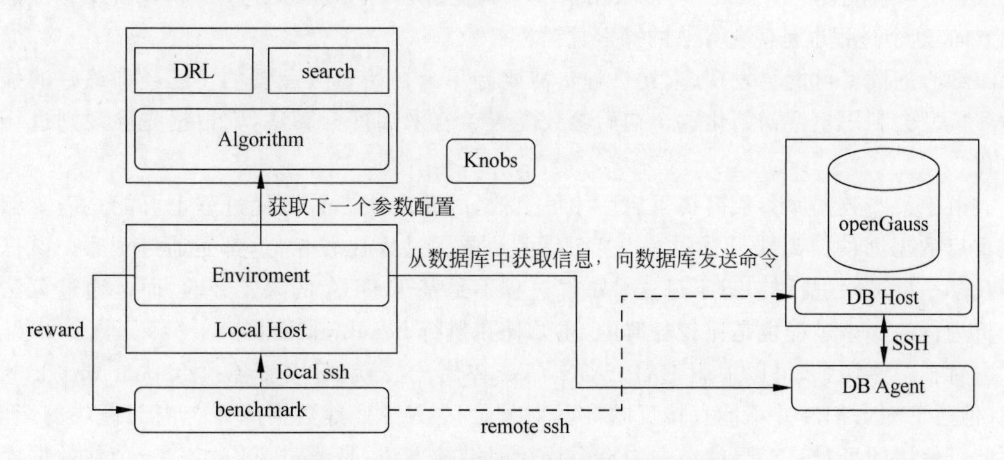

图8-1　X-Tuner的结构示意图及交互形式

如图8-1所示，X-Tuner可以大致分为DB侧、算法侧、主体逻辑模块及benchmark，其各部分的功能说明如表8-1所示。

表8-1 X-Tuner的功能说明

X-Tuner结构	功能说明
DB侧	通过DB_Agent模块对数据库实例进行抽象,通过该模块可以获取数据库内部的状态信息、当前数据库参数及设置数据库参数等。DB侧包括登录数据库环境使用的SSH连接
算法侧	用于调优的算法包,包括全局搜索算法(如贝叶斯优化、粒子群算法等)和深度强化学习(如DDPG)
主体逻辑模块	通过Enviroment模块进行封装,每个"step"就是一次调优过程。整个调优过程通过多个"step"进行迭代
benchmark	由用户指定的benchmark性能测试脚本,用于运行benchmark作业,通过跑分结果反映数据库系统性能优劣

1. 离线参数调优

X-Tuner利用长期在openGauss上进行参数调优的先验规则,根据系统的workload、环境特征推荐初始参数调优范围,该范围便是待搜索的配置参数空间。利用算法(如强化学习、启发式算法等)在给定的参数空间上不断进行搜索,即可找到最优的参数配置。

常规评价调优效果好坏的方法是运行benchmark,包括TPC-C、TPC-H及用户自定义的banchmark,用户只需要进行少量适配即可。离线参数调优的流程如图8-2所示。

对于离线调优,用户通过benchmark模拟真实环境中的workload,使用调优工具X-Tuner根据不同参数在benchmark上的表现来判断什么参数能够取得最佳表现。需要注意的是,整个离线调优过程是迭代式的,即设置完一次参数后,执行一次benchmark用于检验本次设置的参数好坏。上述过程称为一次调优过程,那么X-Tuner只需要多次执行上述过程,即可找到一个最佳的参数配置。X-Tuner可以根据上一个调优过程的反馈,决定下一次调优中参数的寻找方向,这个过程也是优化算法的探索过程。

细心的读者可能会发现,上述过程是需要有一个初始参数配置的。已经训练好的强化学习模型会利用模型初始化这个初始参数配置。若采用搜索算法,则根据先验规则进行初始化。

由于某些数据库参数需要重启后才可生效,因此离线参数调优过程也可能是需要频繁地重启数据库的。离线调优过程与DBA手动调优过程比较相似,都是通过观察—试探—再观察—再试探进行的,只不过这个试探过程不是基于DBA的人工经验,而是通过算法的分析进行的。该过程也是比较耗时的,主要耗在执行benchmark上。

对于一些场景,可以采用EXPLAIN命令替代,这样就可以省掉执行benchmark的时间,但是EXPLAIN并不能直接反映参数对缓冲区、WAL等数据库系统内部模块的影响,因此可使用的场景是有限的。业内一个比较前沿的方法,是通过AI的方法,预估数据库的性能表现,一般称之为性能评估模型(performance model),通过该模型,可以省去执行benchmark的时间,从而压缩调优时间。不过该方法主要停留在理论层面,距在普适场景上的应用尚有差距，目前也在 openGauss 的演进方向中。

X-Tuner 目前支持的强化学习算法主要为 DDPG，支持的搜索算法主要为粒子群算法（Particle Swarm Optimization，PSO）与贝叶斯优化算法（bayesian optimization）。

2. 在线参数调优

X-Tuner 采集操作系统的统计信息和 workload 特征，根据训练好的监督学习模型或先验规则，推荐给用户对应的参数修改建议。在线参数调优的流程如图 8-3 所示。

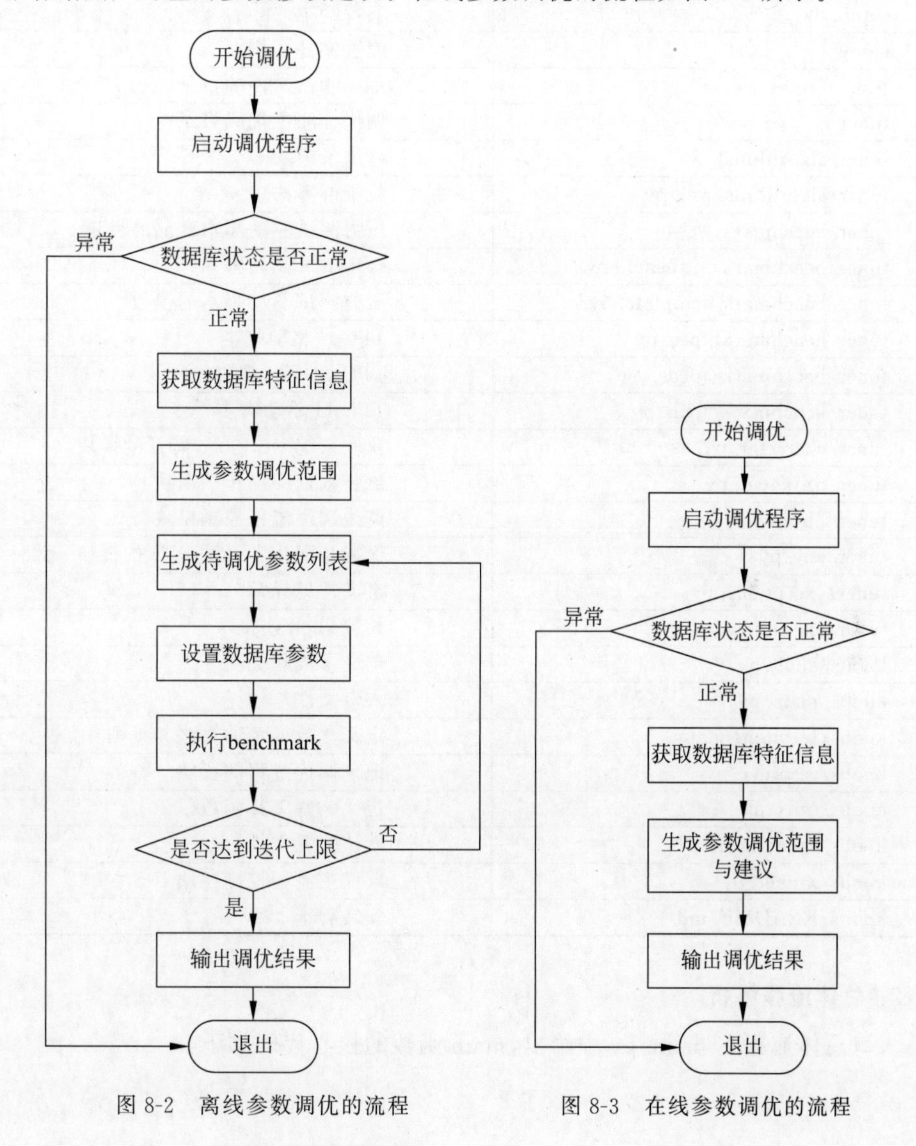

图 8-2　离线参数调优的流程　　　　图 8-3　在线参数调优的流程

8.2.4　openGauss 关键源码解析

X-Tuner 在项目中的源代码路径为：openGauss-server/src/gausskernel/dbmind/

tools/xtuner。

1. 项目结构

X-Tuner 主要文件结构如表 8-2 所示。

表 8-2 X-Tuner 主要文件结构

文件结构	说　明
setup. py	安装脚本
share	配置文件示例
test	单元测试文件的目录
tuner	调优程序主代码目录
tuner/algorithms	算法子模块
tuner/algorithms/pso. py	粒子群算法
tuner/benchmark	压力测试驱动脚本存储的目录
tuner/benchmark/sysbench. py	sysbench 驱动脚本
tuner/benchmark/template. py	压力测试驱动脚本的模板
tuner/benchmark/tpcc. py	TPC-C 驱动脚本
tuner/benchmark/tpcds. py	TPC-DS 驱动脚本
tuner/benchmark/tpch. py	TPC-H 驱动脚本
tuner/character. py	获取系统 workload 特征的模块
tuner/db_agent. py	封装数据库操作的模块
tuner/db_env. py	离线调优流程控制模块
tuner/env. py	保持与强化学习 gym 库的接口一致
tuner/exceptions. py	定义常见异常
tuner/executor. py	封装 shell 连接
knobs/knob. py	定义参数相关类
knobs/main. py	入口文件
knobs/recommend. py	定义参数推荐的算法与规则
knobs/recorder. py	记录调优过程的模块
knobs/utils. py	定义一些工具函数
knobs/xtuner. conf	默认配置文件
knobs/xtuner. py	调优主流程控制模块
knobs/README. md	安装脚本

2. 总体流程解析

入口总体流程在 main. py 中给出，main 函数的核心代码如下：

```
def main():
    ...
# 通过命令行参数或连接信息文件构建 db_info 字典，利用该字典中的信息可以登录到数据库实例和宿主机上
    db_info = build_db_info(args)
    if not db_info:
```

```
        parser.print_usage()
        return -1

    # 解析配置文件中给定的配置项
    config = get_config(args.tuner_config_file)
    if not config:
        return -1

try:
    # 当获取到足够的信息后,进入工具的执行流程
        return procedure_main(mode, db_info, config)
    except Exception as e:
        logging.exception(e)
        print('FATAL: An exception occurs during program running. '
              'The exception information is "%s". '
              'For details about the error cause, please see %s.' % (e, config['logfile']),
              file=sys.stderr, flush=True)
        return -1
```

可以看到,main函数主要是做一些参数、命令行的校验、收集工作,核心流程定义在xtuner.py的procedure_main函数中,该函数的核心代码如下:

```
def procedure_main(mode, db_info, config):
    # 权限最小化
    os.umask(0o0077)
    # 初始化日志模块
    set_logger(config['logfile'])
logging.info('Starting... (mode: %s)', mode)
# 利用new_db_agent函数构造DB_Agent对象,该对象是唯一对数据库操作进行封装的对象
    db_agent = new_db_agent(db_info)
    # 如果用户没有通过配置文件指定负载类型,则通过预定义的算法或规则进行自动判断
    if config['scenario'] in WORKLOAD_TYPE.TYPES:
        db_agent.metric.set_scenario(config['scenario'])
    else:
        config['scenario'] = db_agent.metric.workload_type
    # 同上,如果用户设置为自动模式,则使用下述默认规则补充
    if config['tune_strategy'] == 'auto':
        # If more iterations are allowed, reinforcement learning is preferred.
        if config['rl_steps'] * config['max_episode_steps'] > 1500:
            config['tune_strategy'] = 'rl'
        else:
            config['tune_strategy'] = 'gop'

logging.info("Configurations: %s.", config)
# 如果在配置文件中指定了tuning_list配置项,并且非recommend模式,则加载该待调优参数列表
的配置文件,否则通过recommend_knobs函数智能获取待调优参数列表
    if config['tuning_list'].strip() != '' and mode != 'recommend':
        knobs = load_knobs_from_json_file(config['tuning_list'])
    else:
        print("Start to recommend knobs. Just a moment, please.")
```

```
        knobs = recommend_knobs(mode, db_agent.metric)
    if not knobs:
        logging.fatal('No recommended best_knobs for the database. Stop the execution.')
        return -1

    # 如果是调优和训练模式,由于某些数据库参数需要重启后才生效,因此可能会伴随着反复的重启过程
    if mode != 'recommend': # 不为 recommend 模式,就只能是 tune 或者 train 模式,而这两种模式都是离线过程,需要反复迭代
        prompt_restart_risks() # 告知用户调优过程中有数据库重启的风险
        # 初始化调优中的记录类
        recorder = Recorder(config['recorder_file'])
        # 分别读取配置文件中的三个配置项:benchmark_script、benchmark_path 及 benchmark_cmd,通过这三个配置项就可以获取 benchmark 驱动脚本的实例,可以用它来衡量数据库的性能
        bm = benchmark.get_benchmark_instance(config['benchmark_script'],
                                              config['benchmark_path'],
                                              config['benchmark_cmd'],
                                              db_info)
        # 初始化数据库调优环境实例,该对象封装了迭代过程,保持与强化学习库 gym.Env 的接口一致
        env = DB_Env(db_agent, benchmark=bm, recorder=recorder,
                     drop_cache=config['drop_cache'],
                     mem_penalty=config['used_mem_penalty_term'])
        env.set_tuning_knobs(knobs)
        # 识别不同的模式,不同模式执行对应的子程序
        if mode == 'train':
            rl_model('train', env, config)
        elif mode == 'tune':
            …
    # 执行到此处时,已经完成调优过程.下述代码负责将调优结果输出
    knobs.output_formatted_knobs()
    if config['output_tuning_result'] != '':
        with open(config['output_tuning_result'], 'w+') as fp:
            # train 模式是强化学习独有的模式,在该模式下,只输出调优参数,不输出报告参数(建议参数).这是因为,在强化学习的 tune 模式下,待调优参数列表应当与 train 模式下保存的调优列表需要完全相同,即调优参数名相同、调优范围相同、各个参数的顺序相同,否则会导致输入特征不符.
            knobs.dump(fp, dump_report_knobs=mode != 'train')
    logging.info('X-Tuner is executed and ready to exit. '
                 'Please refer to the log for details of the execution process.')
    return 0
```

综上,调优程序是一个独立于数据库内核之外的工具,需要提供数据库及其所在实例的用户名和登录密码信息,以便控制数据库执行 benchmark 进行性能测试;在启动调优程序前,要求用户测试环境交互正常,能够正常跑通 benchmark 测试脚本且能够正常连接数据库。

3. benchmark 模块解析

benchmark 的驱动脚本存放路径为 X-Tuner 的 benchmark 子目录。X-Tuner 自带常

用的 benchmark 驱动脚本,例如 TPC-C、TPC-H 等。X-Tuner 通过调用 benchmark/__init__.py 文件中的 get_benchmark_instance 函数来加载不同的 benchmark 驱动脚本,获取 benchmark 驱动实例。其中,benchmark 驱动脚本的格式如表 8-3 所示。

表 8-3　benchmark 驱动脚本的格式

脚本格式	说　明
驱动脚本文件名	表示 benchmark 的名称,该名称用于表示驱动脚本的唯一性,可通过在 X-Tuner 的配置文件中的配置项 benchmark_script 来指定加载哪个 benchmark 驱动脚本
驱动脚本内容三要素	path 变量、cmd 变量及 run 函数

benchmark 目录中的 template.py 文件是 benchmark 驱动脚本的模板,在 benchmark 目录中 TPC-C、TPC-H 等预先写好的示例都是基于该模板实现的。该模板定义了 benchmark 驱动脚本的基本结构,对调优程序来说,每个 benchmark 驱动脚本都可以看作一个黑盒,只需要明确输入、输出的格式即可。下面介绍 template.py 中定义的 benchmark 驱动脚本格式。

```
# 提示:需要先把数据导入数据库中
# 调优程序会自动调用下述函数,该函数返回结果值就是 benchmark 测试结果
# path 变量表示实际 benchmark 所在路径
path = ''
# cmd 变量定义了使用什么 shell 命令才可以启动 benchmark
cmd = ''

# 函数定义了远端和本地的命令行接口,通过 exec_command_sync()方法执行 shell 命令
def run(remote_server, local_host) -> float:
    return 0
```

下面给出几个具体的例子。tpcc.py 中给出的 TPC-C 测试脚本的例子如下:

```
from tuner.exceptions import ExecutionError

# 提示:需要下载 benchmark - sql 测试工具,同时使用 openGauss 的 JDBC 驱动文件替换 PostgreSQL
目录下的 JDBC 驱动文件.需要自己配置好 TPC - C 测试配置

# 测试程序通过下述命令运行
path = '/path/to/benchmarksql/run' # TPC - C 测试脚本 benchmark - sql 的存放路径
cmd = "./runBenchmark.sh props.gs" # 自定义一个名为 props.gs 的 benchmark - sql 测试配置
文件


def run(remote_server,local_host):
    # 切换到 TPC - C 脚本目录下,清除历史错误日志,然后运行测试命令
    # 此处最好等待几秒钟,因为 benchmark - sql 测试脚本生成最终测试报告是通过一个 shell 脚
本实现的,整个过程会有延迟
    # 为了保证能够获取到最终的 tpmC 数值报告,这里选择等待 3 秒钟
    stdout, stderr = remote_server.exec_command_sync(['cd %s' % path, 'rm -rf benchmarksql
```

```
- error.log', cmd, 'sleep 3'])
    # 如果标准错误流中有数据,则报异常退出
    if len(stderr) > 0:
        raise ExecutionError(stderr)

    # 寻找最终 tpmC 结果
    tpmC = None
    split_string = stdout.split()          # 对标准输出流结果进行分析
    for i, st in enumerate(split_string):
        # 在 benchmark - sql 5.0 中,tpmC 最终测试结果数值在'(NewOrders)'关键字的后两位,正
常情况下,找到该字段后直接返回即可
        if "(NewOrders)" in st:
            tpmC = split_string[i + 2]
            break
    stdout, stderr = remote_server.exec_command_sync(
        "cat %s/benchmarksql - error.log" % path)
    nb_err = stdout.count("ERROR:")    # 判断整个 benchmark 运行过程中是否有报错,记录报错
的错误数
    return float(tpmC) - 10 * nb_err    # 这里将报错的错误数作为一个惩罚项,惩罚系数为
10,越高的惩罚系数表示越看中报错的数量
```

TPC-C 配置文件 props. gs 的关键内容如下：

```
db = opengauss
driver = org.postgresql.Driver
//配置连接信息
conn = jdbc:postgresql://192.168.1.100:5678/tpcc
…

//定义数据量
warehouses = 1
loadWorkers = 4

//定义并发量
terminals = 100
//To run specified transactions per terminal-  runMins must equal zero
runTxnsPerTerminal = 10
//To run for specified minutes-  runTxnsPerTerminal must equal zero
runMins = 0
//Number of total transactions per minute
limitTxnsPerMin = 300
 …
```

有关 TPC-C 测试脚本 benchmark-sql 的使用,网上公开的教程和资料非常多,此处不再赘述。openGauss 的 JDBC 驱动可以在官方网站上进行下载,下载地址为: https://opengauss.org/zh/download.html。

下面再看一个 TPC-H 的例子。

```
import time
```

```
from tuner.exceptions import ExecutionError

# 提示:需要先自行导入数据,然后准备 SQL 测试文件
# 下述程序会自动采集整体运行时延
path = '/path/to/tpch/queries' # 存放 TPC-H 测试用的 SQL 脚本目录
cmd = "gsql -U {user} -W {password} -d {db} -p {port} -f {file}" # 需要运行 TPC-H 测试
脚本的命令,一般使用'gsql -f 脚本文件'来运行
# 需要指出的是,由于可能会通过 gsql 连接数据库,因此可能会需要用户名、密码等信息,可以通过
上述占位符,如{user}、{password}等进行占位,X-Tuner 会自行渲染

def run(remote_server, local_host):
    …
    # 代价为全部测试用例的执行总时长
    cost = time.time() - time_start
    # 取相反数,适配 run 函数的定义,返回结果越大表示性能越好
    return - cost
```

TPC-H 脚本的全局变量 cmd 中存在占位符{user}、{password}等，这些会通过 X-Tuner 进行渲染，相关代码存储在 benchmark/__init__.py 中，如下所示：

```
def get_benchmark_instance(script, path, cmd, db_info):
    …
# 验证 benchmark 脚本有效性,如果没有指定 path 与 cmd 变量,会抛出异常
    if (not getattr(bm, 'path', False)) or (not getattr(bm, 'cmd', False)) or (not getattr(bm, '
run', False)):
        raise ConfigureError('The benchmark script %s is invalid. '
                             'For details, see the example template and description
document.' % script)
    # 检查 run 函数是否存在,且参数数量为 2,即本地和远程两个 shell 接口
    check_run_assertion = isinstance(bm.run, types.FunctionType) and bm.run.__code__.co_
argcount == 2
    if not check_run_assertion:
        raise ConfigureError('The run function in the benchmark instance is not correctly
defined.'
                             'Redefine the function by referring to the examples.')

# cmd 与 path 变量,优先使用配置文件中的配置项,如果没有对应的配置项,则默认使用脚本中的
内容
    if path.strip() != '':
        bm.path = path
    if cmd.strip() != '':
        bm.cmd = cmd
    # 渲染 cmd 命令中的占位符
    bm.cmd = bm.cmd.replace('{host}', db_info['host']) \
        .replace('{port}', str(db_info['port'])) \
        .replace('{user}', db_info['db_user']) \
        .replace('{password}', db_info['db_user_pwd']) \
        .replace('{db}', db_info['db_name'])

    # 将数据库宿主机的 shell 接口包装起来
```

```
    def wrapper(server_ssh):
        return bm.run(server_ssh, local_ssh)

    return wrapper
```

4. 数据库交互部分源码解析

首先来看一下数据库需要调整的参数是如何在程序中存储的。数据库的参数可能是布尔型的，如 off 或 on，也可以是整数型的或浮点型的。但是，计算机算法（如强化学习、全局搜索算法等）只能接收数值结果，因此需要数值化。这就需要定义一个名为 Knob 的类，封装数据库的参数。

```
class Knob(object):
    def __init__(self, name, knob):
        …

    # 将整形数值转换为数据库可以接受的字符串型字面量
    def to_string(self, val):
        …

    # 将字符串型字面量转换为数值型
    def to_numeric(self, val):
        …
```

当 DB_Agent 类需要被告知要调节的参数时，通过 Knob 类将待调优的参数包装起来，并作为该类的一个属性存储在内存中。

DB_Agent 类实现了对数据库行为的封装，是 X-Tuner 与数据库进行交互的唯一接口，该类的代码实现如下：

```
class DB_Agent:
    def __init__(self, host, host_user, host_user_pwd,
                 db_user, db_user_pwd, db_name, db_port, ssh_port = 22):
        …

        # 设置语句的执行时间不限
        self.set_knob_value("statement_timeout", 0)

        # 初始化数据库的特征指标接口
        self.metric = OpenGaussMetric(self)

    def check_connection_params(self):
        # 检查数据库连接参数是否正确
        …

    def set_tuning_knobs(self, knobs):
        # 设置调优参数,参数类型为 RecommendedKnobs, 该类在 knob.py 文件中定义
        if not isinstance(knobs, RecommendedKnobs):
            raise TypeError
```

```
        self.knobs = knobs
        self.ordered_knob_list = self.knobs.names()
        …
def exec_statement(self, sql, timeout = None):
        # 在数据库内执行 SQL 语句,通过调用 gsql 命令实现
        command = "gsql -p {db_port} -U {db_user} -d {db_name} -W {db_user_pwd} -c \"
{sql}\";".format(
            db_port = self.db_port,
            db_user = self.db_user,
            db_name = self.db_name,
            db_user_pwd = self.db_user_pwd,
            sql = sql
        )
        …

    def is_alive(self):
        # 检查数据库是否运行
        …

    def exec_command_on_host(self, cmd, timeout = None, ignore_status_code = False):
        # 在数据库的宿主机上执行 shell 命令
        …

    def get_knob_normalized_vector(self):
        # 获取待调优参数的结果,并将其进行归一化(映射到 0～1).返回结果是一个列表
        nv = list()
        for name in self.ordered_knob_list:
            val = self.get_knob_value(name)
            nv.append(self.knobs[name].to_numeric(val))
        return nv

    def set_knob_normalized_vector(self, nv):
        # 与 get_knob_normalized_vector()方法对应,参数 nv 表示 normalized_vector,即都是已
经映射到 0～1、经过数值化的参数值,将这些参数值设置到数据库上
        restart = False
        for i, val in enumerate(nv):
            name = self.ordered_knob_list[i]
            knob = self.knobs[name]
            self.set_knob_value(name, knob.to_string(val))
            restart = True if knob.restart else restart

        # 如果这些待设置的参数中有需要重启数据库的,则重启数据库以便使设置后的参数生效
        if restart:
            self.restart()

    def get_knob_value(self, name):
        # 单独获取某个参数的值,该参数值是不经标准化的
        check_special_character(name)
        sql = "SELECT setting FROM pg_settings WHERE name = '{}';".format(name)
        _, value = self.exec_statement(sql)
```

```
        return value

    def set_knob_value(self, name, value):
        # 单独设置某个参数的值,该参数值是不经标准化的,通过 gs_guc 命令设置数据库参数值
        logging.info("change knob: [%s=%s]", name, value)
        try:
            self.exec_command_on_host("gs_guc reload -c \"%s=%s\" -D %s" % (name,
value, self.data_path))
        except ExecutionError as e:
            if str(e).find('Success to perform gs_guc!') < 0:
                logging.warning(e)

    def reset_state(self):
        # 重置数据库的状态,例如对 pg_stat_database 等系统表进行重置
        self.metric.reset()

    def set_default_knob(self):
        # 设置数据库的参数值为默认值,该默认值通过 knob 类型指定,即在对应的配置文件中指
定的值
        restart = False

        for knob in self.knobs:
            self.set_knob_value(knob.name, knob.default)
            restart = True if knob.restart else restart

        self.restart()

    def restart(self):
        # 重启数据库
        ...

    def drop_cache(self):
        # 对于 openGauss 来说,drop cache 可以使每次 benchmark 的跑分更加稳定,但是这需要
root 权限
        # 如果用户需要 drop cache,则可以向/etc/sudoers 中写入 'username ALL = (ALL)
NOPASSWD: ALL'
        ...
```

5. 算法模块源码解析

可以将数据库的离线参数调优过程看作一个组合优化过程,即找到使数据库性能最好时的参数配置,该过程可以通过下述数学表达式描述。

$$\text{best\_knobs} = \underset{\theta \in \Theta}{\operatorname{argmax}} \operatorname{perf}(\theta)$$

式中,perf(·)表示数据库在某个参数配置下的性能,θ 表示数据库的参数配置,Θ 表示数据库参数的可配置集合。

X-Tuner 支持的算法包括 DDPG、PSO、贝叶斯优化,虽然实现原理不同,但它们都可以搜寻上述表达式中的 θ,即数据库的最优参数配置。DDPG 和贝叶斯优化通过引入第三方库实现,PSO 则自行实现,实现代码在 algorithms/pso.py 文件中。

tuner/xtuner.py文件中定义了全局搜索算法与强化学习算法的执行流程，其中强化学习算法的流程代码如下：

```
def rl_model(mode, env, config):
    # 由于加载tensorflow的过程过于耗时，且并非是必要的，因此采用懒加载的模式
from tuner.algorithms.rl_agent import RLAgent
# 启动强化学习代理类
rl = RLAgent(env, alg=config['rl_algorithm'])

# 训练和调优两种模式对应不同的执行流程
# 模型需要先训练，然后才可以利用该模型进行调优.训练和调优过程的输出是待调优参数列表，由于共用一套模型，因此两种模式下，要求待调优的参数列表必须是一致的，否则会抛出输出维度不同的异常.
    if mode == 'train':
        logging.warning('The list of tuned knobs in the training mode '
                        'based on the reinforcement learning algorithm must be the same as '
                        'that in the tuning mode. ')
# 比较关键的参数是最大迭代轮次rl_steps，理论上越长越精准，但是也更加耗时
# max_episode_steps是强化学习算法中每轮的最大回合次数，在X-Tuner实现中，该参数被弱化了，一般默认即可
        rl.fit(config['rl_steps'], nb_max_episode_steps=config['max_episode_steps'])
        rl.save(config['rl_model_path'])
        logging.info('Saved reinforcement learning model at %s.', config['rl_model_path'])
    elif mode == 'tune':
        …
```

全局优化算法的流程代码如下：

```
def global_search(env, config):
method = config['gop_algorithm']

# 判断选择使用哪种算法
    if method == 'bayes':
        from bayes_opt import BayesianOptimization

        action = [0 for _ in range(env.nb_actions)]
        pbound = {name: (0, 1) for name in env.db.ordered_knob_list}

        # 定义一个黑盒函数，用于适配第三方库的接口
        def performance_function(**params):
            assert len(params) == env.nb_actions, 'Failed to check the input feature dimension.'

            for name, val in params.items():
                index = env.db.ordered_knob_list.index(name)
                action[index] = val

            s, r, d, _ = env.step(action)
            return r # 期望结果越大越好
```

```
        optimizer = BayesianOptimization(
            f = performance_function,
            pbounds = pbound
        )
        optimizer.maximize(
            # 最大迭代轮次越大结果越精准,但是也更耗时
            n_iter = config['max_iterations']
        )
    elif method == 'pso':
        from tuner.algorithms.pso import Pso

        def performance_function(v):
            s, r, d, _ = env.step(v, False)
            return -r # 因为 PSO 算法的实现中是寻找全局最小值,这里取相反数,就改为取全
局最大值

        pso = Pso(
            func = performance_function,
            dim = env.nb_actions,
            particle_nums = config['particle_nums'],
# 最大迭代轮次越大结果越精准,但是也更耗时
            max_iteration = config['max_iterations'],
            x_min = 0, x_max = 1, max_vel = 0.5
        )
        pso.minimize()
    else:
        raise ValueError('Incorrect method value: %s.' % method)
```

上述代码描述的是离线调优过程的策略,在线调优则主要是以启发式规则的方法实现的,其主要代码存在 tuner/recommend.py 中,此处逻辑大同小异,下面以 shared_buffer 参数推荐为例:

```
    @cached_property
    def shared_buffers(self):
        # 此处应用的是 DBA 普遍认同的调优策略:在大内存环境下,shared_buffer 占比可更高一
些,小内存情况下占比应下调
        mem_total = self.metric.os_mem_total # unit: kB
        if mem_total < 1 * SIZE_UNIT_MAP['GB']:
            default = 0.15 * mem_total
        elif mem_total > 8 * SIZE_UNIT_MAP['GB']:
            default = 0.4 * mem_total
        else:
            default = 0.25 * mem_total

        recommend = default / self.metric.block_size
        if self.metric.is_64bit:
            database_blocks = self.metric.all_database_size / self.metric.block_size
```

```
        # 如果数据库文件的比较小,则 shared_buffer 也无须设置得太大,否则便是浪费
资源
        if database_blocks < recommend:
            self.report.print_warn("The total size of all databases is less than the
memory size. "
                                   "Therefore, it is unnecessary to set shared_buffers
to a large value.")

        recommend = min(database_blocks, recommend)
        upper = recommend * 1.15
        lower = min(0.15 * mem_total / self.metric.block_size, recommend)

        return Knob.new_instance(name = "shared_buffers",
                                 value_default = recommend,
                                 knob_type = Knob.TYPE.INT,
                                 value_max = upper,
                                 value_min = lower,
                                 restart = True)
    else:
        # 对于非 64 位操作系统,shared_buffer 无须设置得太大
        upper = min(recommend, 2 * SIZE_UNIT_MAP["GB"] / self.metric.block_size) # 32
- bit OS only can use 2 GB mem.
        lower = min(0.15 * mem_total / self.metric.block_size, recommend)
        return Knob.new_instance(name = "shared_buffers",
                                 value_default = recommend,
                                 knob_type = Knob.TYPE.INT,
                                 value_max = upper,
                                 value_min = lower,
                                 restart = True)
```

不同的参数应用的规则都不相同,主要参考数据库的 workload 特征、硬件环境、当前状态等。即对于不同场景,参数配置是不同的,如果用户没有通过配置文件明确指定场景的类型,则根据 character. py 文件中定义的 workload_type()方法自动判断,获取数据库特征的方法都在 character. py 文件中定义。

8.2.5　使用示例

1. 运行源码的方法

可以通过两种方式运行 X-Tuner,一种是直接通过源码运行,另一种则是通过 Python 的 setuptools 将 X-Tuner 安装到系统中,然后直接通过 gs_xtuner 命令调用。下面分别介绍两种运行 X-Tuner 的方法。

方法一:直接通过源代码运行。

(1) 切换到 X-Tuner 的代码根目录下,执行下述命令安装所需依赖。

```
pip install -r requirements.txt
```

(2) 安装成功后需要添加环境变量 PYTHONPATH,然后执行 main.py 主文件,方法如下:

```
cd tuner # 切换到 main.py 文件所在的目录中
export PYTHONPATH = '..'    # 将上一级目录添加到 PYTHONPATH 环境变量中,即可寻找到包
                            # 所在的路径
python main.py --help       # 执行相应的功能,此处以获取帮助为例
```

方法二:将 X-Tuner 安装到系统中。

使用如下命令直接执行源码根目录中的 setup.py 文件。

```
python setup.py install
```

如果 Python 的 bin 目录被添加到 PATH 环境变量中,则 gs_xtuner 命令也可以在任何地方被直接调用。例如,可以通过下述命令获取帮助信息。

```
gs_xtuner --help
```

2. 参数推荐模式使用示例

下面介绍运行 X-Tuner 的几种模式,首先介绍在线参数推荐模式,执行下述命令,填写对应的数据库连接信息,并输入对应密码后即可获得参数推荐结果。

```
gs_xtuner recommend --db-name opengauss --db-user omm --port 5678 --host 192.168.1.
100 --host-user omm
```

上面的数据库连接信息比较长,也可以通过 json 文件的格式传入,某个包含数据库连接信息的 json 文件内容如下:

```
{
  "db_name": "opengauss",         # 数据库名
  "db_user": "omm",               # 登录到数据库上的用户名
  "host": "127.0.0.1",            # 数据库宿主机的 IP 地址
  "host_user": "omm",             # 登录到数据库宿主机的用户名
  "port": 5432,                   # 数据库的侦听端口号
  "ssh_port": 22                  # 数据库宿主机的 SSH 侦听端口号
}
```

假设上述文件名为 connection.json,则通过下述命令即可使用该文件。

```
gs_xtuner recommend -f connection.json
```

经过几秒钟的诊断,会给出数据库参数配置的诊断信息及推荐的参数调优列表,结果如图 8-4 所示。

图 8-4 的报告推荐了该环境上的数据库参数配置,并进行了风险提示。报告同时生成了当前 workload 的特征信息,其中有几个特征是比较有参考意义的,这些特征的具体获取方法都在 character.py 文件中可以看到,详细说明如表 8-4 所示。

```
Start to recommend knobs. Just a moment, please.
************************** Knob Recommendation Report **************************
INFO:
+---------------------------------------+-----------------------+
|                 Metric                |         Value         |
+---------------------------------------+-----------------------+
|             workload_type             |           tp          |
|         average_connection_age        |           0           |
|         dirty_background_bytes        |           0           |
|             temp_file_size            |           0           |
|          current_connections          |          0.0          |
|          current_locks_count          |          0.0          |
|     current_prepared_xacts_count      |          0.0          |
|          rollback_commit_ratio        |  0.09168372786632421  |
|                 uptime                |   0.122942879722222   |
| checkpoint_proactive_triggering_ratio |   0.488598416181662   |
|         fetched_returned_ratio        |   0.9915911452033203  |
|             cache_hit_rate            |   0.9979742937232552  |
|            read_write_ratio           |   123.86665549830312  |
|           all_database_size           |   134154882.48046875  |
|          search_modify_ratio          |   187.59523392981777  |
|                ap_index               |   2.3759498376861847  |
|            current_free_mem           |        31161892       |
|              os_mem_total             |        32779460       |
|        checkpoint_avg_sync_time       |    381.359603091308   |
|  checkpoint_dirty_writing_time_window |         450.0         |
|             max_processes             |           46          |
|          track_activity_size          |          46.0         |
|            write_tup_speed            |    6810.36309197048   |
|                used_mem               |      73988850.25      |
|              os_cpu_count             |           8           |
|               block_size              |          8.0          |
|             read_tup_speed            |    845237.440716804   |
|     shared_buffer_toast_hit_rate      |    98.16007359705611  |
|      shared_buffer_tidx_hit_rate      |    99.11667280088332  |
|       shared_buffer_idx_hit_rate      |    99.74473859023848  |
|      shared_buffer_heap_hit_rate      |    99.81099543813004  |
|           enable_autovacuum           |          True         |
|                is_64bit               |          True         |
|                 is_hdd                |          True         |
|              load_average             | [1.89, 3.175, 3.005]  |
+---------------------------------------+-----------------------+
p.s: The unit of storage is kB.
WARN:
[0]. The number of CPU cores is a little small. Please do not run too high concu
rrency. You are recommended to set max_connections based on the number of CPU co
res. If your job does not consume much CPU, you can also increase it.
[1]. The value of wal_buffers is a bit high. Generally, an excessively large val
ue does not bring better performance. You can also set this parameter to -1. The
 database automatically performs adaptation.
BAD:
[0]. The database runs for a short period of time, and the database description
may not be accumulated. The recommendation result may be inaccurate.
************************** Recommended Knob Settings **************************
+---------------------------+-----------+---------+----------+---------+
|            name           | recommend |   min   |   max    | restart |
+---------------------------+-----------+---------+----------+---------+
|       shared_buffers      |  1638973  |  614614 | 1884818  |   True  |
|      max_connections      |     43    |    24   |   500    |   True  |
|    effective_cache_size   |  1638973  | 1638973 | 24584595 |  False  |
|        wal_buffers        |   51217   |   2048  |  51217   |   True  |
|      random_page_cost     |    3.0    |   2.0   |   3.0    |  False  |
| default_statistics_target |    100    |    10   |   150    |  False  |
+---------------------------+-----------+---------+----------+---------+
```

图8-4　参数推荐模式的结果示意图

表 8-4 workload 的特征信息说明

特征名称	特征说明
temp_file_size	产生的临时文件数量,如果该结果大于 0,则表明系统使用了临时文件。使用过多的临时文件会导致性能不佳,如果可能,需要提高 work_mem 参数的配置
cache_hit_rate	shared_buffer 的缓存命中率,表明当前 workload 使用缓存的效率
read_write_ratio	数据库作业的读写比例
search_modify_ratio	数据库作业的查询与修改数据的比例
ap_index	表明当前 workload 的 AP(Analytical Processing,分析处理)指数,取值范围是 0～10,该数值越大,表明越偏向数据分析与检索
workload_type	根据数据库统计信息,推测当前负载类型,分为 AP、TP 及 HTAP 三种类型
checkpoint_avg_sync_time	数据库在 checkpoint 时,平均每次同步刷新数据到磁盘的时长,单位是 ms
load_average	平均每个 CPU 核心在 1min、5min 及 15min 内的负载。一般地,该数值在 1 左右表明当前硬件比较匹配 workload,在 3 左右表明运行当前作业压力比较大,大于 5 则表示当前硬件环境运行该 workload 压力过大(此时一般建议减少负载或升级硬件)

3. 训练模式使用示例

在使用训练和调优模式前,用户需要先导入 benchmark 所需数据并检查 benchmark 能否正常跑通,并备份好此时的数据库参数,查询当前数据库参数的 SQL 语句如下:

```
select name,setting from pg_settings;
```

训练模式和调优模式的过程类似,区别仅在于对配置文件的配置。X-Tuner 模式使用的配置文件路径可以通过－help 命令获取,代码如下:

```
…
-x TUNER_CONFIG_FILE, --tuner-config-file TUNER_CONFIG_FILE
                        This is the path of the core configuration file of the
                        X-Tuner. You can specify the path of the new
                          configuration file. The default path is /path/to/xtuner/xtuner.
conf.
                        You can modify the configuration file to control the
                        tuning process.
…
```

通过 help 命令可以找到默认读取的配置文件路径,如果希望指定其他读取路径,则可以通过-x 参数来完成。该配置文件各个配置项的含义如表 8-5 所示。

表 8-5 配置文件参数说明

参数名	参数说明	取值范围
logfile	生成的日志存放路径	—
output_tuning_result	可选,调优结果的保存路径	—

续表

参数名	参数说明	取值范围
verbose	是否打印详情	on,off
recorder_file	调优中间信息的记录日志存放路径	—
tune_strategy	调优模式下采取哪种策略	rl,gop
drop_cache	是否在每个迭代轮次中进行 drop cache，drop cache 可以使 benchmark 跑分结果更加稳定。若启动该参数，则需要将登录的系统用户加入/etc/sudoers 列表中，同时为其增加 NOPASSWD 权限(由于该权限可能过高，建议临时启用该权限，调优结束后关闭)	on,off
used_mem_penalty_term	数据库使用总内存的惩罚系数，用于防止通过无限量占用内存而换取的性能表现。该数值越大，惩罚力度越大	0 ～ 1
rl_algorithm	选择何种 RL 算法	ddpg
rl_model_path	RL 模型保存或读取路径，包括保存目录名与文件名前缀。在 train 模式下该路径用于保存模型，在 tune 模式下则用于读取模型文件	—
rl_steps	RL 算法迭代的步数	—
max_episode_steps	每个回合的最大迭代步数	—
test_episode	使用 RL 算法进行调优模式的回合数	—
gop_algorithm	采取何种全局搜索算法	bayes,pso
max_iterations	全局搜索算法的最大迭代轮次(并非确定数值，可能会根据实际情况多跑若干轮)	—
particle_nums	PSO 算法下的粒子数量	—
benchmark_script	使用何种 benchmark 驱动脚本，该选项指定加载 benchmark 路径下同名文件，默认支持 TPC-C、TPC-H 等典型 benchmark	tpcc,tpch,tpcds,sysbench…
benchmark_path	benchmark 脚本的存储路径，若没有配置该选项，则使用 benchmark 驱动脚本中的配置	—
benchmark_cmd	启动 benchmark 脚本的命令，若没有配置该选项，则使用 benchmark 驱动脚本中的配置	—
scenario	用户指定的当前 workload 所属的类型	tp,ap,htap
tuning_list	准备调优的参数列表文件，可参考 share/knobs.json.template 文件	—

训练模式是用来训练深度强化学习模型的，与该模式有关的配置项有以下几个方面。

(1) rl_algorithm：用于训练强化学习模型的算法，当前支持设置为 ddpg。

(2) rl_model_path：训练后生成的强化学习模型保存路径。

(3) rl_steps：训练过程的最大迭代步数。

(4) max_episode_steps：每个回合的最大步数。

(5) scenario：明确指定的 workload 类型，如果为 auto 则为自动判断。在不同模式下，推荐的调优参数列表也不一样。

(6) tuning_list：用户指定需要调哪些参数，如果不指定，则根据 workload 类型自动推荐应该调的参数列表。如需指定，则 tuning_list 表示调优列表文件的路径。调优列表配置文件的内容示例如下：

```
{
  "work_mem": {
    "default": 65536,
    "min": 65536,
    "max": 655360,
    "type": "int",
    "restart": false
  },
  "shared_buffers": {
    "default": 32000,
    "min": 16000,
    "max": 64000,
    "type": "int",
    "restart": true
  },
  "random_page_cost": {
    "default": 4.0,
    "min": 1.0,
    "max": 4.0,
    "type": "float",
    "restart": false
  },
  "enable_nestloop": {
    "default": true,
    "type": "bool",
    "restart": false
  }
}
```

待上述配置项配置完成后，可以通过下述命令启动训练：

```
gs_xtuner train -f connection.json
```

训练完成后，会在配置项 rl_model_path 指定的目录中生成模型文件。

4. 调优模式使用示例

tune 模式支持多种算法，包括基于强化学习的 DDPG 算法、基于全局搜索算法(Global Optimization Algorithm，GOP)的贝叶斯优化算法及 PSO。

与 tune 模式相关的配置项如下。

(1) tune_strategy：指定选择哪种算法进行调优，支持 RL、GOP 及 auto(自动选择)。若该参数设置为 RL，则 RL 相关的配置项生效。除 train 模式下生效的配置项外，test_

episode 配置项也生效,该配置项表明调优过程的最大回合数,该参数直接影响了调优过程的执行时间(一般地,数值越大越耗时)。

(2) gop_algorithm:选择何种全局搜索算法,支持 bayes 及 PSO。

(3) max_iterations:最大迭代轮次,数值越高搜索时间越长,效果往往越好。

(4) particle_nums:在 PSO 算法上生效,表示粒子数。

(5) 待上述配置项配置完成后,可以通过下述命令启动调优。

```
gs_xtuner tune -f connection.json
```

训练、调优过程的日志保存在配置文件指定的目录中,运行事件的记录日志文件名为 opengauss-tuner.log,调优参数中间结果保存在名为 recorder.log 的文件中。在调优过程中,可以通过 tail -f 命令观察详细的运行过程。

8.2.6 对 X-Tuner 的二次开发

在 8.2.3 节和 8.2.5 节中已经展示了 X-Tuner 各个模块的作用,从结构上看,可以针对下述几部分进行扩展。

(1) benchmark 模块:可以通过 benchmark/template.py 模板文件的内容,自定义与生产环境类似的 workload,并启动离线调优。

(2) 离线参数推荐规则:可以通过修改 recommend.py 文件,对 OpenGaussKnobAdvisor 类进行扩展或修改,即可增加或修改待调优的参数。

(3) 离线调优算法模块:可以通过增加新的优化算法来寻找最优的参数配置,在 xtuner.py 文件中修改对应流程。

8.2.7 X-Tuner 的演进路线

对于离线参数调优过程来说,运行时间长、迭代次数多是该过程缓慢的主要原因,因此找到一种高效的参数评估方法就显得尤为重要了。常见的可替代方案包括 DBA 经验估计、EXPLAIN 代价估计等。但是,上述方法都只能覆盖部分数据库参数,且误差往往不可控。未来,openGauss 将聚焦通过算法手段高效评估数据库性能,实现一套完整的性能评估模型。

8.3 慢 SQL 发现

开发者基于历史 SQL 语句信息进行模型训练,并用训练好的模型进行 SQL 语句的预测,利用预测结果判断该 SQL 语句是否是潜在的慢 SQL。当发现潜在的慢 SQL 后,开发者便可以进行针对性优化或者风险评估,以防业务上线后发生问题。

8.3.1　慢 SQL 发现的功能

上线业务预检测：上线一批新业务前，使用 SQL 诊断功能评估此次上线业务的预估执行时长，便于用户参考是否应该修改上线业务。

workload 分析：能够对现有 workload 进行分析，将现有 workload 自动分为若干类别，并依次分析此类别 SQL 语句执行代价，以及各个类别之间的相似程度。

8.3.2　现有技术

首先明确慢 SQL 发现的几个不同阶段，以及其对应解决的问题。

阶段 1：对用户输入的一批业务 SQL 语句进行分析，推断 SQL 语句执行时间的快慢，进而可以将评估为慢 SQL 的语句识别出来。

阶段 2：对识别出的潜在慢 SQL 进行根因诊断，判断这些 SQL 语句是因为什么慢，例如比较常见的原因可能是数据量过大、SQL 语句自身过于复杂、容易产生并发的锁冲突、没有创建索引导致全表扫描等。

阶段 3：对于已经识别出的慢 SQL 语句的可能问题源，给出针对性的解决方案，如可以提示用户进行 SQL 语句的改写、创建索引等。

目前 openGauss 已具备阶段 1 的能力，正在推进阶段 2 能力，同时发布了部分阶段 3 的能力，如索引推荐功能。

业内对于上述第一阶段的主要实现方法大部分是通过执行计划进行估计的，第二阶段大多是通过构建故障模式库、通过启发式规则来实现的，有了上述前两个阶段的准备，阶段 3 的实现往往是比较独立的。学术界对于阶段 1 的研究比较多，阶段 2 采用常规的构建故障模式库的方法已经能取得比较好的效果了，因此并不是研究的热点，而阶段 3 的工作又相对独立，可以单独作为一个领域进行研究。因此，这里仅介绍业内是如何评估 SQL 语句执行时间的，其他两部分暂不详细展开。

1. 基于执行计划的在线 SVM 模型

如图 8-5 所示，基于执行计划的在线 SVM(Support Vector Machine，支持向量机)模型包含训练模块和测试模块。

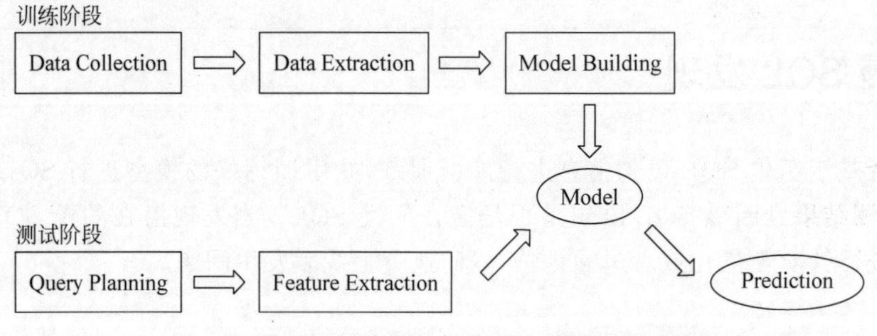

图 8-5　基于执行计划的在线 SVM 模型系统架构

训练阶段：Data Collection 模块执行作为训练集的语句；Data Extraction 模块收集执行的语句特征及执行时间，包括执行计划及算子级别的信息；Model Building 模块基于计划级别特征与算子级别信息分别训练 SVM 模型，再将两模型通过误差分布结合，生成最终的预测模型。这主要是考虑到计划级别信息具有普适性，而算子级别信息具有更高的精确性，结合两者可以在保持具有普适性的前提下，尽可能地精确预测。

测试阶段：Query Planning 模块生成待预测语句的执行计划；Feature Extraction 模块抽取这些计划中的特征，整合后投入训练阶段生成的模型中产生预测结果。

整个功能的流程如图 8-6 所示。

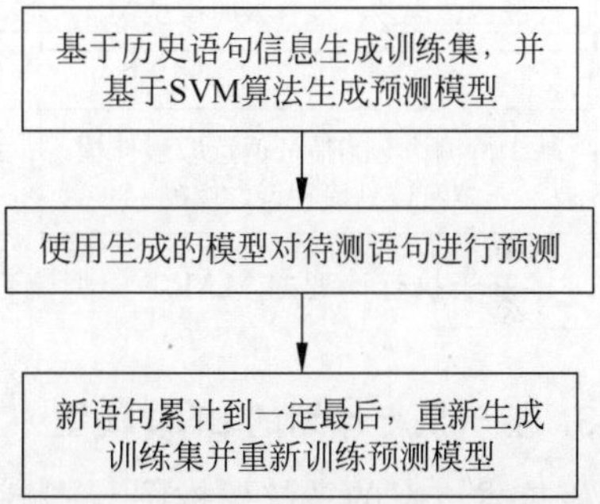

基于执行计划的在线 SVM 技术的缺点：

(1) 如果场景不同，当参数发生变化时，系统不能很快感知，预测会有较大误差。

(2) 预测过程依赖待测语句的执行计划，加重了数据库的负荷，对于 OLTP 场景格外不适用。

(3) 每次重启都要重新训练，不能利用历史训练经验。

基于历史语句信息生成训练集，并基于SVM算法生成预测模型

使用生成的模型对待测语句进行预测

新语句累计到一定最后，重新生成训练集并重新训练预测模型

图 8-6 基于执行计划的在线 SVM 模型流程

2. 基于执行计划的 MART 模型

基于执行计划的 MART(multiple additive regression trees，多重累加回归树)模型系统架构如图 8-7 所示，主要包含离线训练阶段和在线预测阶段，它们的功能如下所示。

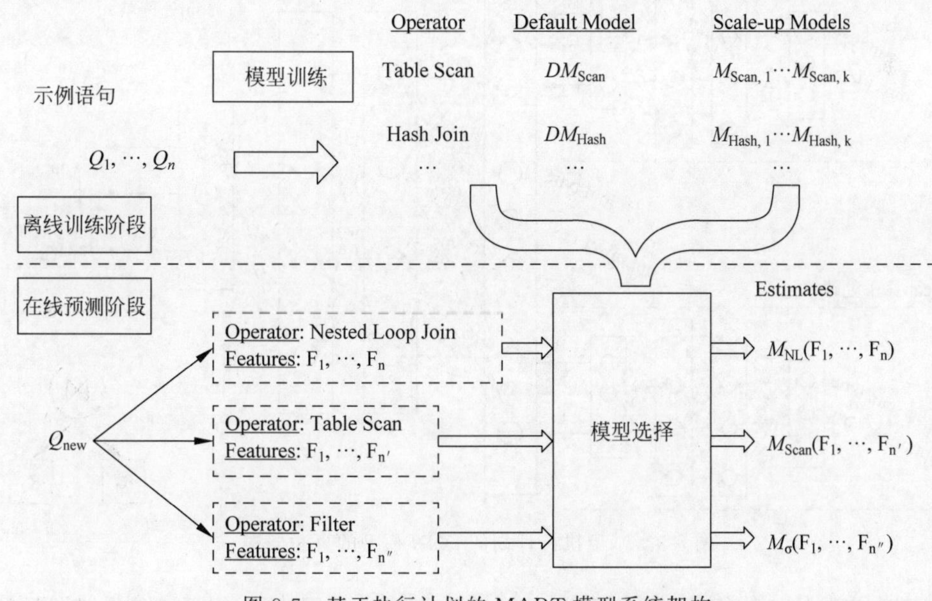

图 8-7 基于执行计划的 MART 模型系统架构

离线训练阶段：针对数据库每种类型的算子(如 Table Scan、Merge Join、Sort)，分别训

练其对应的模型,用于估算此算子的开销。此外,使用单独的训练阶段,可为不同的算子选择适当的缩放函数。最后形成带缩放函数的不同的回归树模型。

在线预测阶段:计算出执行计划中所有算子的特征值,然后使用特征值为算子选择合适的模型,并使用它来估算执行时间。

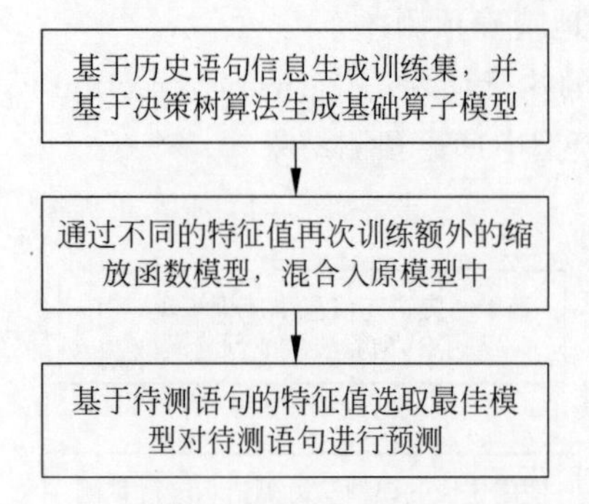

图 8-8 基于执行计划的 MART 模型流程

整个功能的流程如图 8-8 所示。

基于执行计划的 MART 模型调优技术的缺点:

(1) 泛用性较差,强依赖训练好的算子模型,遇到用户自定义函数的未知语句时,预测效果会较差。

(2) 缩放函数依赖先验结果,对于超出范围的特征值效果无法保证。

(3) 预测过程依赖待测语句的执行计划,加重了数据库的负荷,很难推广到 OLTP 场景中。

3. 基于执行计划的 DNN 模型

该技术方案的系统架构图与图 8-5 类似,区别在于与图 8-5 中的 Model Building 模块中选择的算法不同。基于执行计划的 DNN 模型的算法架构如图 8-9 所示。

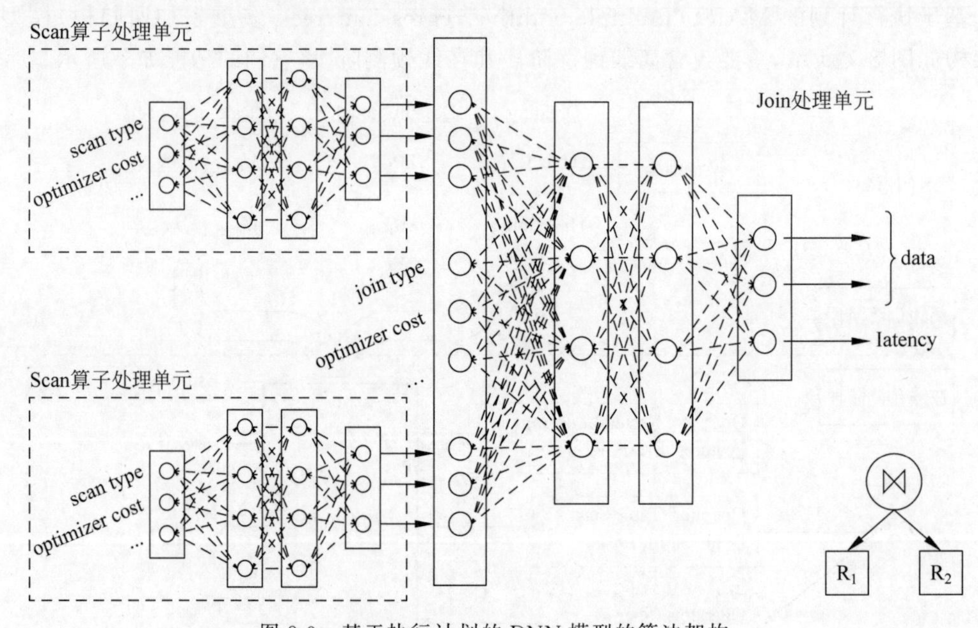

图 8-9 基于执行计划的 DNN 模型的算法架构

该算法依然是将执行计划中的算子信息输入深度学习网络中,从而对执行时间进行预测。对于每个算子,收集左右子树的向量化特征、优化器代价及执行时间,输入与之对应的模型中,预测该算子的向量化特征及执行时间等。图 8-9 显示了一个 join 操作的预测流程,其左右子树均为Scan算子,将两个Scan算子通过对应的模型预测出的向量化特征、执行时间及该join算子的优化器评估代价作为入参,输出join算子模型得到该操作的向量化特征及预测出的执行时间。上述过程是个自底向上的过程。

整个功能的流程如图8-10所示。

基于执行计划的DNN模型技术的缺点:

(1) 需要通过已预测算子不断修正模型,预测过程会较慢。

(2) 对环境变化感知差,如数据库参数变化会使得原模型几乎完全失效。

(3) 预测过程依赖待测语句的执行计划,加重了数据库的负荷,对于OLTP场景格外不适用。

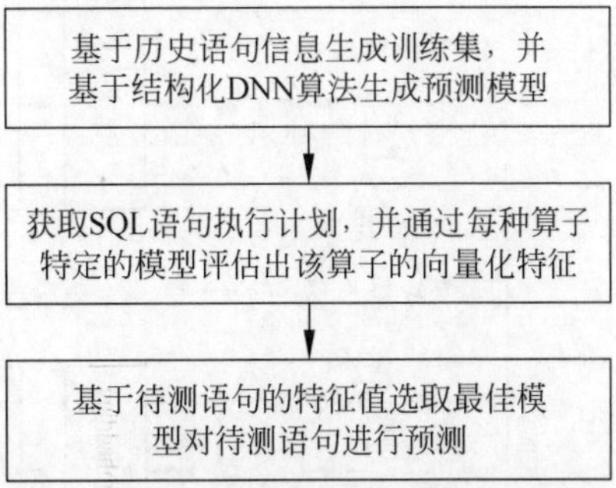

基于历史语句信息生成训练集,并基于结构化DNN算法生成预测模型
↓
获取SQL语句执行计划,并通过每种算子特定的模型评估出该算子的向量化特征
↓
基于待测语句的特征值选取最佳模型对待测语句进行预测

图8-10 基于执行计划的DNN模型流程

8.3.3 慢SQL发现采取的策略

慢SQL发现工具SQLDiag的执行流程如图8-11所示,该过程可以分为两部分,分别是基于模板化的流程和基于深度学习的流程,下面分别介绍这两部分。

1. 基于模板化的流程

(1) 获取SQL流水数据。

(2) 检测本地是否存在对应实例的历史模板信息,如果存在,则加载该模板信息,如果不存在,则对该模板进行初始化。

(3) 基于SQL数据,提取SQL的粗粒度模板信息。粗粒度模板表示将SQL中表名、列名和其他敏感信息去除之后的SQL语句模板,该模板只保留最基本的SQL语句骨架。

(4) 基于SQL数据,提取SQL细粒度的模板信息。细粒度模板是在粗粒度模板信息的基础上保留表名、列名等关键信息的SQL语句模板。细粒度模板相对粗粒度模板保留了更多SQL语句的信息。

(5) 执行训练过程时,首先构造SQL语句的基于粗粒度模板和细粒度模板信息,例如粗粒度模板ID、执行平均时间、细模板执行时间序列、基于滑动窗口计算出的平均执行时间等。最后将上述模板信息进行储存。

(6) 执行预测过程时,首先导入对应实例的模板信息,如果不存在该模板信息,则直接报错退出,否则继续检测是否存在该SQL语句的粗粒度模板信息,如果不存在,则基于模板相似度计算方法在所有粗粒度模板里面寻找最相似的N条模板,之后基于KNN(K Nearest Neighbor,K近邻)算法预测出执行时间;如果存在粗粒度模板,则接着检测是否存在近似的细粒度模板,如果不存在,则基于模板相似度计算方法在所有细粒度模板里面寻找最相似的N条模板,之后基于KNN预测出执行时间;如果存在匹配的细粒度模板,则基于当前模板数据直接返回对应的执行时间。

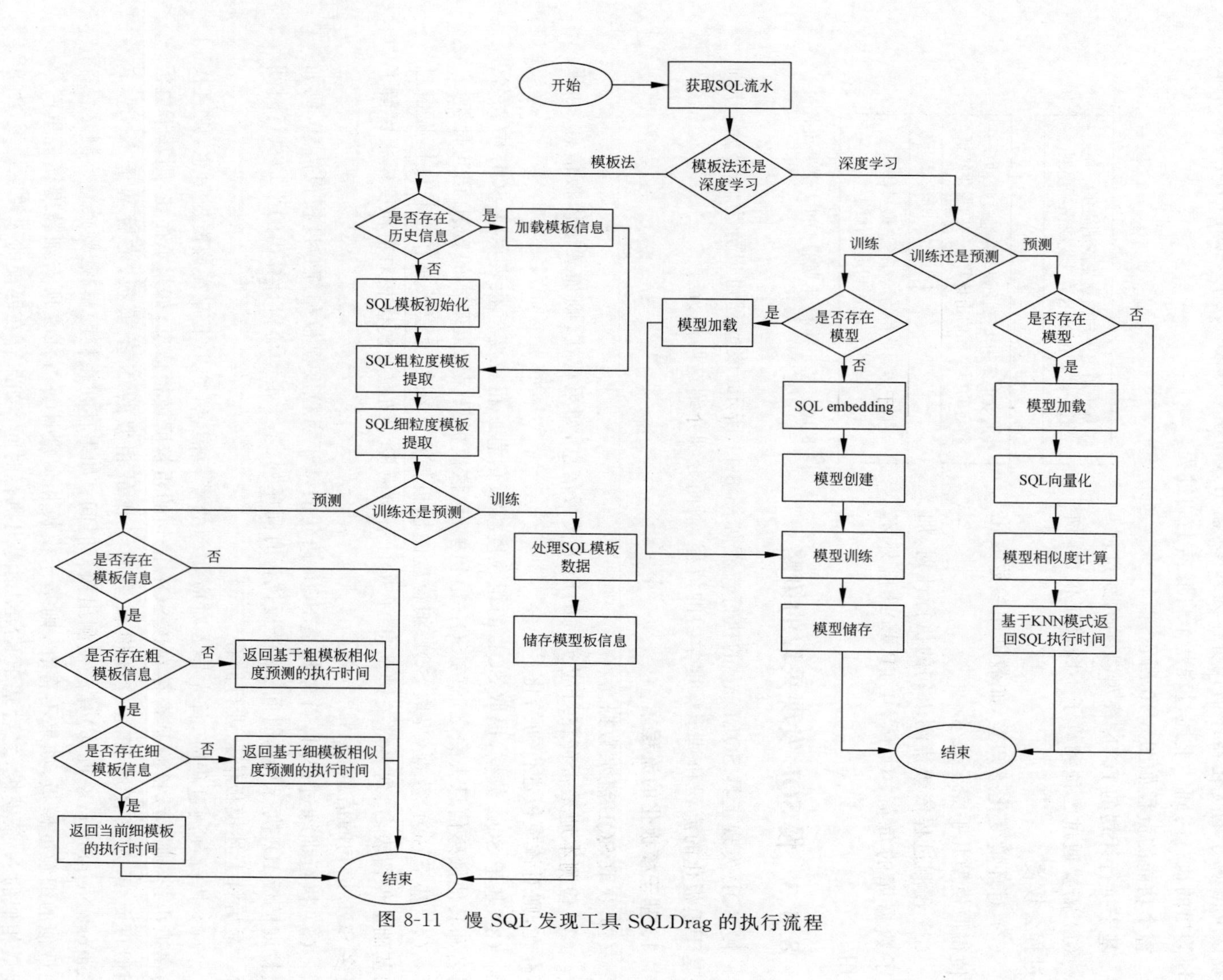

图 8-11 慢 SQL 发现工具 SQLDrag 的执行流程

2. 基于深度学习的执行流程

(1) 获取SQL流水。

(2) 在训练过程中,首先判断是否存在历史模型,如果存在,则导入模型进行增量训练;如果不存在历史模型,则首先利用word2vector算法对SQL语句进行向量化,即图8-11中的SQL embeding过程。然后创建深度学习模型,将该SQL语句向量化的结果作为输入特征。基于训练数据进行训练,并将模型保存到本地。值得一提的是,该深度学习模型的最后一个全连接层网络的输出结果作为该SQL语句的特征向量。

(3) 在预测过程中,首先判断是否存在模型,如果模型不存在,则直接报错退出;如果存在模型,则导入模型,并利用word2vector算法将待预测的SQL语句进行向量化,并将该向量输入深度学习网络中,获取该神经网络的最后一个全连接层的输出结果,即为该SQL语句的特征向量。最后,利用余弦相似度在样本数据集中进行寻找,找到相似度最高的SQL语句。当然,如果是基于最新SQL语句执行时间数据集训练出的深度学习模型,则模型的回归预测结果也可以作为预估执行时间。

8.3.4 关键源码解析

慢SQL发现工具在项目中的源代码路径为:openGauss-server/src/gausskernel/dbmind/tools/sqldiag。

1. 项目结构

慢SQL发现工具文件结构如表8-6所示。

表8-6 慢SQL发现工具文件结构

文件结构	说　明
preprocessing.py	SQL预处理方法
requirements.txt	依赖第三方库列表,通过pip-r安装
main.py	入口文件
test	测试文件集合
algorithm	项目核心代码
algorithm/sql_similarity	相似度计算方法

2. 总体流程解析

算法的总体流程在main.py中给出,根据传来的参数实例化算法模型后,进行训练、增量训练、预测等。main函数的核心代码如下:

```
def main(args):
logging.basicConfig(level = logging.INFO)
# 实例化算法模型,模板化模型或DNN模型
model = SQLDiag(args.model, args.csv_file, get_config(args.config_file))
# 训练模型
if args.mode == 'train':
```

```
    # fit 训练数据,提取模板或特征
        model.fit()
        # 模型保存
        model.save(args.model_path)
    # 预测
elif args.mode == 'predict':
    # 加载模型
        model.load(args.model_path)
        # 标准化预测数据,获取结果
        pred_result = model.transform()
        # 保存输出结果
        ResultSave().save(pred_result, args.predicted_file)
        logging.info('predict result in saved in {}'.format(args.predicted_file))
    # 更新模型
elif args.mode == 'finetune':
        model.fine_tune(args.model_path)
        model.save(args.model_path)
```

3. 模板化算法源码解析

通过模板化方法,实现在不获取 SQL 语句执行计划的前提下,依据语句逻辑相似度与历史执行记录,预测 SQL 语句的执行时间。主要源码如下:

```
class TemplateModel(AbstractModel):
    # 初始化算法参数
    def __init__(self, params):
        super().__init__(params)
        self.bias = 1e-5
        self.__hash_table = dict(INSERT = dict(), UPDATE = dict(), DELETE = dict(), SELECT =
dict(), OTHER = dict())
        self.time_list_size = params.time_list_size
        self.knn_number = params.knn_number
        self.similarity_algorithm = calc_sql_distance(params.similarity_algorithm)

def fit(self, data):
    # 对每条 SQL 语句按照粗、细粒度进行标准化,生成模板
        for sql, duration_time in data:
            if not self.check_illegal_sql(sql):
                continue
            fine_template, rough_template = get_sql_template(sql)
            sql_prefix = fine_template.split()[0]
            if sql_prefix not in self.__hash_table:
                sql_prefix = 'OTHER'
            # 更新粗粒度模板框架
            if rough_template not in self.__hash_table[sql_prefix]:
                self.__hash_table[sql_prefix][rough_template] = dict()
                self.__hash_table[sql_prefix][rough_template]['info'] = dict()
            # 更新细粒度模板框架
            if fine_template not in self.__hash_table[sql_prefix][rough_template]['info']:
                self.__hash_table[sql_prefix][rough_template]['info'][fine_template] = \
```

```
                    dict(time_list = [], count = 0, mean_time = 0.0, iter_time = 0.0)
                # 更新每个细粒度模板的执行时间、迭代时间、SQL语句的计数.
                ...

self.__hash_table[sql_prefix][rough_template]['info'][fine_template]['count'] += 1
...
# 基于细粒度模板更新粗粒度模板信息
        for sql_prefix, sql_prefix_info in self.__hash_table.items():
            ...

    def transform(self, data):
        predict_time_list = {}
        for sql in data:
            # SQL语句不属于'INSERT', 'SELECT', 'UPDATE', 'DELETE', 'CREATE', 'DROP'任何一个,
预测时间默认为-1
            if not self.check_illegal_sql(sql):
                predict_time_list[sql] = -1
                continue
            ...
                # 若预测的SQL所对应的粗粒度模板不存在,执行模板相似度计算方法获取与所
有粗粒度模板的相似度
                if rough_template not in self.__hash_table[sql_prefix]:
                    for local_rough_template, local_rough_template_info in self.__hash_
table[
                            sql_prefix].items():
                        similarity_info.append(
                            (self.similarity_algorithm(rough_template, local_rough_
template), local_rough_template_info['mean_time']))
                # 若预测的SQL所对应的细粒度模板不存在,执行模板相似度计算方法获取与所
有细粒度模板的相似度
                else:
                    for local_fine_template, local_fine_template_info in \
                            self.__hash_table[sql_prefix][rough_template][
                                'info'].items():
                        similarity_info.append(
                            (self.similarity_algorithm(fine_template, local_fine_
template),
                            local_fine_template_info['iter_time']))
                # 基于KNN思想计算SQL执行时间
                topn_similarity_info = heapq.nlargest(self.knn_number, similarity_info)
                ...

        return predict_time_list
```

4. DNN算法源码解析

训练阶段先初始化SQL向量,然后创建深度学习模型,将模型保存到本地。

预测阶段导入模型,向量化待预测的SQL,基于向量相似度对SQL的执行时间进行预测。主要源码如下:

```
class KerasRegression:
    # 初始化模型参数
    def __init__(self, encoding_dim = 1):
        self.model = None
        self.encoding_dim = encoding_dim
# 模型定义
    @staticmethod
    def build_model(shape, encoding_dim):
        from tensorflow.keras import Input, Model
        from tensorflow.keras.layers import Dense
        inputs = Input(shape = (shape,))
        layer_dense1 = Dense(128, activation = 'relu', kernel_initializer = 'he_normal')(inputs)
        …
        model = Model(inputs = inputs, outputs = y_pred)
        # 优化器,损失函数
        model.compile(optimizer = 'adam', loss = 'mse', metrics = ['mae'])
        return model
    # 模型训练
    def fit(self, features, labels, batch_size = 128, epochs = 300):
        …
        self.model.fit(features, labels, epochs = epochs, batch_size = batch_size, shuffle =
True, verbose = 2)
    # 模型预测
    def predict(self, features):
        predict_result = self.model.predict(features)
        return predict_result
    # 模型保存
    def save(self, filepath):
        self.model.save(filepath)
    # 模型读取
    def load(self, filepath):
        from tensorflow.keras.models import load_model
        self.model = load_model(filepath)

class DnnModel(AbstractModel, ABC):
    # 初始化算法参数
    def __init__(self, params):
        …
        self.regression = KerasRegression(encoding_dim = 1)
        self.data = None
    # 把 SQL 语句转化为 vector,如果模型不存在,则直接训练 w2v 模型,如果模型存在则进行增量
训练
    def build_word2vector(self, data):
        self.data = list(data)
        if self.w2v.model:
            self.w2v.update(self.data)
        else:
            self.w2v.fit(self.data)

    def fit(self, data):
```

```
        self.build_word2vector(data)
        …
        # 数据归一化
        self.scaler = MinMaxScaler(feature_range = (0, 1))
        self.scaler.fit(labels)
        labels = self.scaler.transform(labels)
        self.regression.fit(features, labels, epochs = self.epoch)

# 利用回归模型预测执行时间
def transform(self, data):
…
```

8.3.5 使用示例

SQL 流水的采集方法：SQL 流水可以通过 openGauss 自带的采集工具进行采集，采集过程的性能损耗很低，一般不会超过 5%，该过程可以通过 GUC 参数设置。

(1) log_statement ＝ all。

(2) log_statement_stats＝on。

开启参数后，会向数据库日志文件中记录具体的执行语句及其开销。

使用方法示例：使用前，可通过如下指令获取帮助。

```
python main.py - help
```

参数说明如表 8-7 所示。

表 8-7 命令行参数说明

参　数	参数说明	取值范围
-f,--csv-file	训练、预测数据文件路径	—
--predicted-file	预测结果存储文件路径	—
--model	模型选择	template、dnn
--model-path	模型存储文件路径	—
--config-file	配置文件路径	—

使用提供的训练数据进行训练，代码如下：

```
python main.py train - f train.csv -- model - path test/
```

使用提供的数据进行预测，代码如下：

```
python main.py predict - f predict.csv - model - path test/ -- predicted - file test/
result.csv
```

使用已有的模型进行增量训练，代码如下：

```
python main.py finetune - f train_new.csv - model - path test/
```

输出样例为 SQL 语句与预测的执行时间。

当前的慢SQL发现功能只是根据历史的workload信息，定性、定量地估计未来的SQL语句的执行时间。由于SQL语句的真实执行结果会受到多种因素影响，这为SQL语句的执行结果带来很大噪声，因此理论上通过本功能实现SQL语句的执行时间预估是存在一些偏差的，这也是本功能侧重定性判断的原因。对于更精确的SQL执行时间预估，可以使用8.6节提到的AI查询时间预测功能。

8.4 智能索引推荐

数据库的索引管理是一项非常普遍且重要的事情，任何数据库的性能优化都需要考虑索引的选择。openGauss支持原生的索引推荐功能，可以通过系统函数等形式进行使用。

8.4.1 使用场景

在大型关系型数据库中，索引的设计和优化对SQL语句的执行效率至关重要。一直以来，数据库管理人员往往基于相关理论知识和经验，对索引进行人工设计和调整。这样做消耗了大量的时间和人力，同时人工设计的方式往往不能确保索引是最优的。

openGauss提供了智能索引推荐功能，该功能将索引设计的流程自动化、标准化，可分别针对单条查询语句和工作负载推荐最优的索引，提升作业效率、减少数据库管理人员的运维操作。

openGauss的智能索引推荐功能可覆盖多种任务级别和使用场景，具体包含以下三个特性。

(1) 单条查询语句的索引推荐。该特性可基于查询语句的语义信息和数据库的统计信息，对用户输入的单条查询语句生成推荐的索引。

(2) 虚拟索引。该特性可模拟真实索引的建立，同时避免真实索引创建所需的时间和空间开销，用户可通过优化器评估虚拟索引对指定查询语句的代价影响。

(3) 基于工作负载的索引推荐。该特性将包含有多条DML语句的工作负载作为任务的输入，最终生成一批可优化整体工作负载执行时间的索引。该功能适用于多种使用场景，例如，当面对一批全新的业务SQL且当前系统中无索引时，本功能将针对该工作负载量身定制，推荐出效果最优的一批索引；当系统中已存在索引时，本功能仍可查漏补缺，对当前生产环境中运行的作业，通过获取日志来推荐可提升工作负载执行效率的索引，或者针对个别的慢SQL进行单条查询语句的索引推荐。

8.4.2 现有技术

按照任务级别划分，索引推荐可分为基于单条查询语句的索引推荐和基于工作负载的索引推荐。对于基于单条查询语句的索引推荐，使用者每次向索引设计工具提供一个查询语句，工具会针对该语句生成最佳的索引。目前的主流算法是首先提取该查询语句的语义信息和数据库中的统计信息，然后基于相关的索引设计和优化理论，对各子句中的谓词进行分析和处理，启发式地推荐最优索引。此类任务主要是针对个别查询时间慢的SQL进行索引优化，应用场景较为有限。

一般来说，更广泛使用的任务场景是基于工作负载的索引推荐，即给定一个包含多种类型SQL语句的工作负载，生成使得系统在该工作负载下的运行时间降至最低的索引集合。在索引选择算法中，核心是量化和估计索引对于工作负载的收益，这里的收益是指，当该索引应用于指定工作负载时，工作负载的总代价的减少量。根据代价估计方式的不同，目前的算法可分为两大类。

(1) 基于优化器的代价估计的方法。采用优化器的代价模型来对索引进行代价估计是较为准确的，因为优化器负责查询计划和索引的选择。同时，一些数据库系统支持虚拟索引的功能，虚拟索引并没有在存储空间中创建物理上的索引，而是通过模拟索引的效果来影响优化器的代价估计。目前的主流数据库产品均采用了该方法，如SQL Server的AutoAdmin、DB2的DB2 Advisor等。

(2) 基于机器学习的方法。上一种方法由于优化器的局限性，会导致索引收益的估计发生偏差，例如选择度的错误估算或者代价估计模型不准确。一些方法采用了机器学习算法来预测和分类哪种查询计划更加有效，或者是采用基于神经网络的代价模型来缓解传统模型带来的问题。但是此类方法往往需要大量的训练数据，并不适用于全部的业务环境。

8.4.3　实现原理

1. 针对单条查询语句的索引推荐

单条查询语句的索引推荐是以数据库的系统函数形式提供的，用户可以通过调用gs_index_advise()命令使用。其原理是利用在SQL引擎、优化器等处获取到的信息，使用启发式算法进行推荐。该功能可以用来对因索引配置不当而导致的慢SQL进行优化。

单条查询语句的索引推荐流程如图8-12所示。

(1) 对给定的查询语句进行词法和语法解析，得到解析树。

(2) 依次对解析树中的单个或多个查询子句的结构进行分析。

(3) 整理查询条件，分析各个子句中的谓词。

(4) 解析From子句，提取其中的表信息，如果其中含有join子句，则解析并保存join关系。

(5) 解析Where子句，如果是谓词表达式，则计算各谓词的选择度，并将各谓词根据选择度的大小进行倒序排列，依据最左匹配原则添加候选索引，如果是join关系，则解析并保存join关系。

(6) 如果是多表查询，即该语句中含有join关系，则将结果集最小的表作为驱动表，根据前述过程中保存的join关系和连接谓词为其他被驱动表添加候选索引。

(7) 解析group和order子句，判断其中的谓词是否有效，如果有效则插入候选索引的合适位置，group子句中的谓词优于order子句，且两者只能同时存在一个。这里候选索引的排列优先级为：join中的谓词＞where等值表达式中的谓词＞group或order中的谓词＞

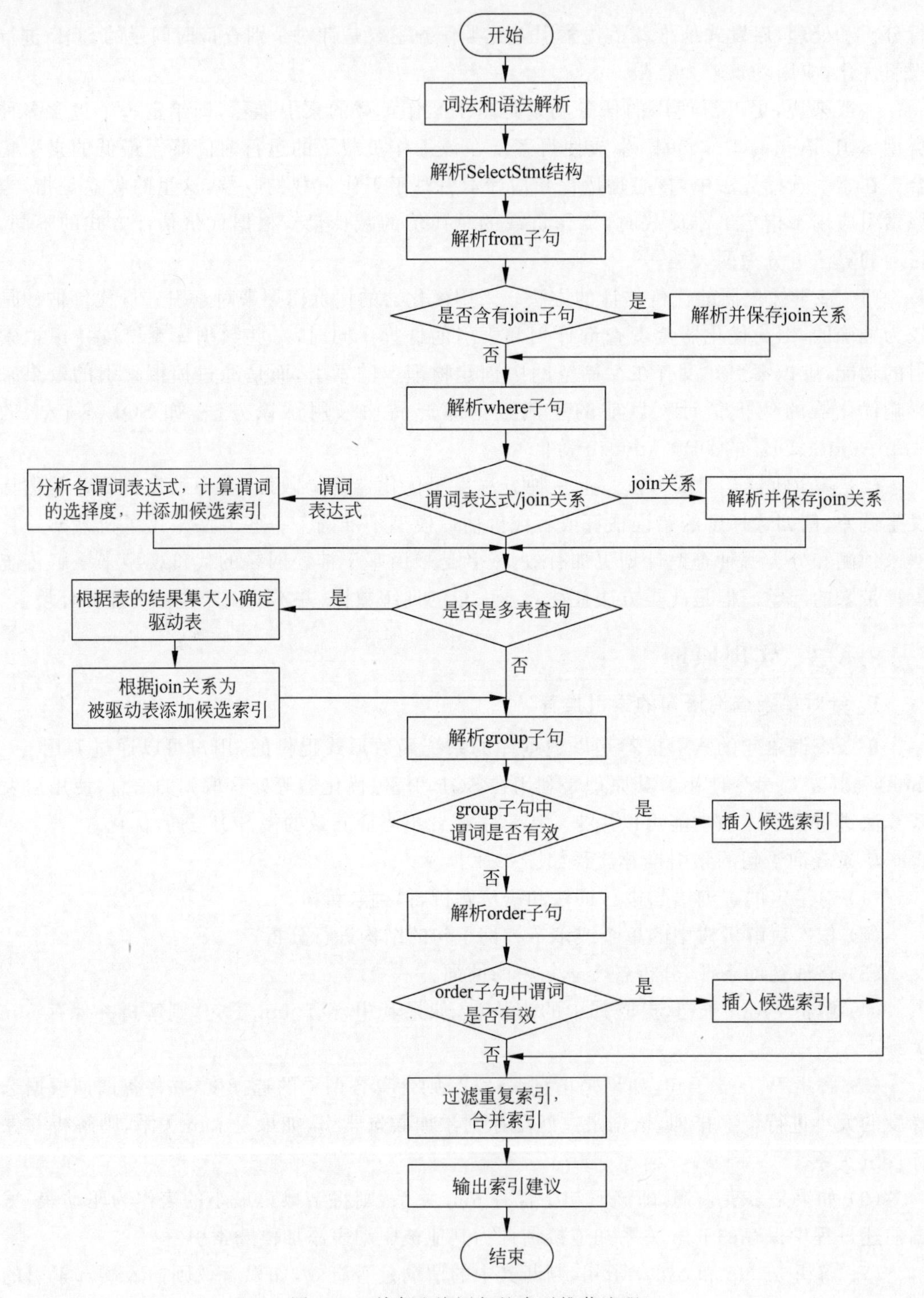

图 8-12 单条查询语句的索引推荐流程

where 非等值表达式中的谓词。

(8) 检查该索引是否在数据库中已存在,若存在则不再重复推荐。

(9) 输出最终的索引推荐建议。

2. 虚拟索引

通过虚拟索引功能实现对待创建索引的效果和代价进行估计。对于给定的索引表名和列名,可以在数据库内部建立虚拟索引,该虚拟索引只具有待创建索引的元信息,而不会真正创建物理索引文件,因此避免了真实索引的创建开销。这些元信息包括待创建索引的表名、列名和其他统计信息。虚拟索引仅用于通过 EXPLAIN 语句显示优化器的可能执行路径,不能提供真正的索引扫描。

因此,对某条 SQL 语句执行 EXPLAIN 命令,可以查看到创建索引前后优化器规划出的执行计划、检验该待创建索引是否被数据库采用及是否有性能提升。虚拟索引主要是基于数据库中的 hook(钩子机制)实现的,即使用全局的函数指针 get_relation_info_hook 和 explain_get_index _name_hook,来干预和改变查询计划的估计过程,让优化器在规划路径时考虑到可能出现的索引扫描。

3. 基于工作负载的索引推荐

基于工作负载的索引推荐功能的主要模块如图 8-13 所示。

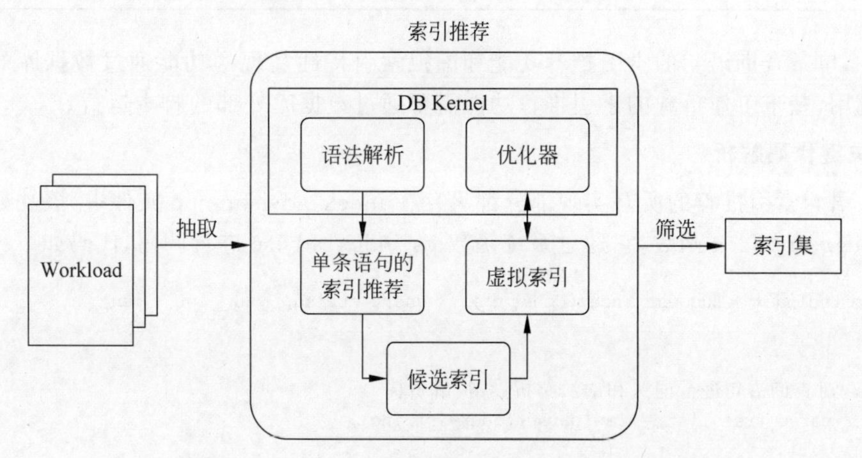

图 8-13　基于工作负载的索引推荐功能的主要模块

(1) 对于给定的工作负载,首先对工作负载进行压缩。由于工作负载中通常存在大量相似的语句,为了减少数据库功能的调用次数,对工作负载中的 SQL 语句进行模板化和采样。

(2) 对压缩后的工作负载,调用单条查询语句的索引推荐功能为每条语句生成推荐索引,作为候选索引集合。

(3) 对候选索引集合中的每个索引,在数据库中创建对应的虚拟索引,根据优化器的代价估计来计算该索引对整个负载的收益。

(4) 在候选索引集合的基础上,基于索引代价和收益进行索引的选择。openGauss 实现了两种算法进行索引优选:一种是在限定索引集大小的条件下,根据索引的收益进行排序,然后选取靠前的候选索引来最大化索引集的总收益,最后采用微调策略,基于索引间的相关性进行调整和去重,得到最终的推荐索引集合;另一种方法是采用贪心算法来迭代地进行索引集合的添加和代价推断,最终生成推荐的索引集合。两种算法各有优劣,第一种方法未充分考虑索引间的相互关系,而第二种方法会伴随较多的迭代过程。

(5) 输出最终的索引推荐建议。

8.4.4 关键源码解析

1. 项目结构

智能索引推荐功能在项目中的源代码路径为 openGauss-server/src/gausskernel/dbmind,涉及的相关文件如表 8-8 所示。

表 8-8 智能索引推荐功能源代码路径

文件路径	说明
kernel/index_advisor.cpp	单条查询语句的索引推荐
kernel/hypopg_index.cpp	虚拟索引特性实现
tools/index_advisor/index_advisor_workload.py	基于工作负载的索引推荐

其中,单条查询语句的索引推荐功能和虚拟索引特性实现的功能通过数据库的系统函数进行调用,基于工作负载的索引推荐功能需要通过数据库外部的脚本运行。

2. 关键代码解析

单条语句索引推荐的所有实现部分都只存在 index_advisor.cpp 文件中,该功能的主要入口为 suggest_index 函数,它通过系统函数 gs_index_advise 进行调用,代码如下:

```
SuggestedIndex *suggest_index(const char *query_string, _out_ int *len)
{
    ...
    //对查询语句进行词法和语法解析,获得解析树
List *parse_tree_list = raw_parser(query_string);
…
    //递归地搜索解析树中的 SelectStmt 结构
    Node *parsetree = (Node *)lfirst(list_head(parse_tree_list));
    find_select_stmt(parsetree);
    …

    //依次解析和处理 SelectStmt 结构中的各个子句部分
    ListCell *item = NULL;

    foreach (item, g_stmt_list) {
        SelectStmt *stmt = (SelectStmt *)lfirst(item);
        /*处理 SelectStmt 结构体中涉及的 FROM 子句,提取涉及的表,解析和保存这些表中的
join 关系*/
```

```
        parse_from_clause(stmt->fromClause);
        …
        if (g_table_list) {
            //处理WHERE子句,提取条件表达式中的谓词并添加候选索引,解析和保存其中的join
            //关系
            parse_where_clause(stmt->whereClause);
            //根据保存的join关系确定驱动表
            determine_driver_table();
            //处理GROUP子句,如果满足条件,则将其中的谓词添加为候选索引
            if (parse_group_clause(stmt->groupClause, stmt->targetList)) {
                add_index_from_group_order(g_driver_table, stmt->groupClause, stmt->
targetList, true);
            /*处理ORDER子句,如果满足条件,则将其中的谓词添加为候选索引*/
            } else if (parse_order_clause(stmt->sortClause, stmt->targetList)) {
                add_index_from_group_order(g_driver_table, stmt->sortClause, stmt->
targetList, false);
            }
            //如果是多表查询,则根据保存的join关系为被驱动表添加候选索引
            if (g_table_list->length > 1 && g_driver_table) {
                add_index_for_drived_tables();
            }
            /*对全局变量中的每个table依次进行处理,函数generate_final_index将前述过程
生成的候选索引进行字符串拼接,并检查和已存在的索引是否重复*/
            ListCell *table_item = NULL;

            foreach (table_item, g_table_list) {
                TableCell *table = (TableCell *)lfirst(table_item);
                if (table->index != NIL) {
                    Oid table_oid = find_table_oid(query_tree->rtable, table->table_
name);

                    if (table_oid == 0) {
                        continue;
                    }
                    generate_final_index(table, table_oid);
                }
            }
            g_driver_table = NULL;
        }
    }
…
    return array;
}
```

虚拟索引的核心功能全部位于hypopg_index.cpp文件中。用户通过SQL语句调用系统函数hypopg_create_index来创建虚拟索引,该系统函数主要通过调用hypo_index_store_parsetree函数来完成虚拟索引的创建。虚拟索引的结构体名为hypoIndex,该结构体的许多字段是从它涉及的表的RelOptInfo结构体中读取的,hypoIndex的结构如下:

```
typedef struct hypoIndex {
    Oid oid;                /*虚拟索引的oid,该oid是唯一的*/
```

```
    Oid relid;          /* 涉及的表的 oid */
    …
    char * indexname;   /* 虚拟索引名 */

    BlockNumber pages;  /* 预估索引使用的磁盘页数 */
    double tuples;      /* 预估索引所涉及的元组数目 */

    /* 索引描述信息 */
    int ncolumns;       /* 涉及的总列数 */
    int nkeycolumns;    /* 涉及的关键列数 */
    …
    Oid relam;    /* 记录索引操作回调函数元组的 oid, 从 pg_am 系统表中获取 */
    …
} hypoIndex;
```

函数 hypo_index_store_parsetree 的输入参数为创建索引的 SQL 语句和其语法树，依据该语句的解析结果来创建新的虚拟索引，代码如下：

```
hypoIndex * hypo_index_store_parsetree(IndexStmt * node, const char * queryString)
{
…
//获得创建索引的表的 oid
    relid = RangeVarGetRelid(node->relation, AccessShareLock, false);
    …
    //对该创建索引的语句进行语法解析
    node = transformIndexStmt(relid, node, queryString);
    …
    //新建虚拟索引,该虚拟索引的结构体类型 hypoIndex 位于文件 openGauss - server/src/include/dbmind/hypopg_index.h,与索引结构体 IndexOptInfo 类似
    entry = hypo_newIndex(relid, node->accessMethod, nkeycolumns, ninccolumns, node->options);
    //根据语法树的解析结果为虚拟索引 entry 内的各个成员赋值
    PG_TRY();
{
  …
        entry->unique = node->unique;
        entry->ncolumns = nkeycolumns + ninccolumns;
        entry->nkeycolumns = nkeycolumns;
        …
    }
    PG_CATCH();
    {
        hypo_index_pfree(entry);
        PG_RE_THROW();
    }
    PG_END_TRY();
    //设置虚拟索引的名字
    hypo_set_indexname(entry, indexRelationName.data);
    //将新建的虚拟索引 entry 添加到虚拟索引的全局链表 hypoIndexes 上,该全局变量为节点类
    //型为 hypoIndex * 的 List 链表,记录了全部创建过的虚拟索引
```

```
    hypo_addIndex(entry);

    return entry;
}
//该函数被赋值给全局的函数指针 get_relation_info_hook,当数据库执行 EXPLAIN 时,会通过该函
//数指针跳转到本函数
void hypo_get_relation_info_hook(PlannerInfo * root, Oid relationObjectId, bool inhparent,
RelOptInfo * rel)
{
    /* 判断是否开启 GUC 参数 enable_hypo_index,当 SQL 语句是 EXPLAIN 命令时,变量 isExplain
的值为真 */
    if (u_sess->attr.attr_sql.enable_hypo_index && isExplain) {
        Relation relation;

        relation = heap_open(relationObjectId, AccessShareLock);

        if (relation->rd_rel->relkind == RELKIND_RELATION) {
            ListCell * lc;
            /* 遍历全局变量链表 hypoIndexes 中的每个创建过的虚拟索引 */
            foreach (lc, hypoIndexes) {
                hypoIndex * entry = (hypoIndex *)lfirst(lc);
                //判断该虚拟索引和该表是否匹配
                if (hypo_index_match_table(entry, RelationGetRelid(relation))) {
                    //如果匹配,则将该索引加入该表的 indexlist 中,indexlist 是节点类型为
                //IndexOptInfo 的链表,是结构体类型 RelOptInfo 的成员,记录了表的所有的索引
                    hypo_injectHypotheticalIndex(root, relationObjectId, inhparent, rel,
relation, entry);
                }
            }
        }
        heap_close(relation, AccessShareLock);
}
...
}
```

8.4.5 使用示例

1. 单条查询语句的索引推荐

单条查询语句的索引推荐功能支持用户在数据库中直接进行操作,本功能基于查询语句的语义信息和数据库的统计信息,对用户输入的单条查询语句生成推荐的索引。本功能涉及的函数接口如表 8-9 所示。

表 8-9 单条查询语句的索引推荐功能函数接口

函数名	参　数	返回值	功　能
gs_index_advise	SQL 语句字符串	无	针对单条查询语句生成推荐索引(该版本只支持 B 树索引)

使用上述函数，获取针对该 query 生成的推荐索引，推荐结果由索引的表名和列名组成。

```
opengauss => select * from gs_index_advise('SELECT c_discount from bmsql_customer where c_w_id = 10');
    table     | column
----------------+----------
bmsql_customer | (c_w_id)
(1 row)
```

上述结果表明：应当在 bmsql_customer 的 c_w_id 列上创建索引，例如可以通过下述 SQL 语句创建索引。

```
CREATE INDEX idx on bmsql_customer(c_w_id);
```

某些 SQL 语句，也可能被推荐创建联合索引，例如：

```
opengauss = # select * from gs_index_advise('select name, age, sex from t1 where age >= 18 and age < 35 and sex = ''f'';');
table | column
--------+------------
t1    | (age, sex)
(1 row)
```

上述语句结果表明，应该在表 t1 上创建一个联合索引(age,sex)，可以通过下述命令创建该索引，并将其命名为 idx1。

```
CREATE INDEX idx1 on t1(age, sex);
```

2. 虚拟索引

虚拟索引功能支持用户在数据库中直接进行操作，该功能模拟真实索引的建立，避免真实索引创建所需的时间和空间开销，用户基于虚拟索引，可通过优化器评估该索引对指定查询语句的代价影响。

虚拟索引功能涉及的系统函数接口如表 8-10 所示。

表 8-10　虚拟索引功能涉及的系统函数接口

函数名	参　数	返回值	功　能
hypopg_create_index	创建索引语句的字符串	无	创建虚拟索引
hypopg_display_index	无	结果集	显示所有创建的虚拟索引信息
hypopg_drop_index	索引的 oid	无	删除指定的虚拟索引
hypopg_reset_index	无	无	清除所有虚拟索引
hypopg_estimate_size	索引的 oid	整数型	估计指定索引创建所需的空间大小

本功能涉及的 GUC 参数如表 8-11 所示。

表 8-11　GUC 参数

参数名	级别	功能	类型	默认值
enable_hypo_index	PGC_USERSET	是否开启虚拟索引功能	bool	off

(1) 使用 hypopg_create_index 函数创建虚拟索引,例如:

```
opengauss=> select * from hypopg_create_index('create index on bmsql_customer(c_w_id)');
indexrelid |              indexname
-----------+----------------------------------------
    329726 | <329726>btree_bmsql_customer_c_w_id
(1 row)
```

(2) 开启 GUC 参数 enable_hypo_index,该参数控制数据库的优化器进行 EXPLAIN 时是否考虑创建的虚拟索引。通过对特定的查询语句执行 EXPLAIN,用户可根据优化器给出的执行计划评估该索引是否能够提升该查询语句的执行效率。例如:

```
opengauss=> set enable_hypo_index = on;
SET
```

开启 GUC 参数前,执行 EXPLAIN+查询语句,如下所示:

```
opengauss=> EXPLAIN SELECT c_discount from bmsql_customer where c_w_id = 10;
                              QUERY PLAN
--------------------------------------------------------------------------
Seq Scan on bmsql_customer (cost=0.00..52963.06 rows=31224 width=4)
   Filter: (c_w_id = 10)
(2 rows)
```

开启 GUC 参数后,执行 EXPLAIN+查询语句,如下所示:

```
opengauss=> EXPLAIN SELECT c_discount from bmsql_customer where c_w_id = 10;
                              QUERY PLAN
--------------------------------------------------------------------------
  [Bypass]
  Index Scan using <329726>btree_bmsql_customer_c_w_id on bmsql_customer (cost=0.00..
39678.69 rows=31224 width=4)
   Index Cond: (c_w_id = 10)
(3 rows)
```

通过对比两个执行计划可以观察到,该索引预计会降低指定查询语句的执行代价,用户可考虑创建对应的真实索引。

(3) (可选)使用 hypopg_display_index 函数展示所有创建过的虚拟索引。例如:

```
opengauss=> select * from hypopg_display_index();
                 indexname                  | indexrelid |     table      |   column
--------------------------------------------+------------+----------------+------------
<329726>btree_bmsql_customer_c_w_id         |   329726   | bmsql_customer | (c_w_id)
```

```
<329729>btree_bmsql_customer_c_d_id_c_w_id|   329729   |bmsql_customer|(c_d_id, c_w_id)
(2 rows)
```

(4)(可选)使用 hypopg_estimate_size 函数估计虚拟索引创建所需的空间大小(单位:字节)。例如:

```
opengauss=> select * from hypopg_estimate_size(329730);
  hypopg_estimate_size
-------------------------
              15687680
(1 row)
```

(5) 删除虚拟索引。

① 使用 hypopg_drop_index 函数删除指定 oid 的虚拟索引。例如:

```
opengauss=> select * from hypopg_drop_index(329726);
hypopg_drop_index
---------------------
t
(1 row)
```

② 使用 hypopg_reset_index 函数一次性清除所有创建的虚拟索引。例如:

```
opengauss=> select * from hypopg_reset_index();
hypopg_reset_index
----------------------

(1 row)
```

3. 基于工作负载的索引推荐

用户可通过运行数据库外的脚本使用基于工作负载的索引推荐,本功能将包含有多条 DML 语句的工作负载作为输入,最终生成一批可对针对整体工作负载的索引。

(1) 准备好包含有多条 DML 语句的文件作为输入的工作负载,文件中每条语句占据一行。用户可从数据库的离线日志中获得历史的业务语句。

(2) 运行 Python 脚本 index_advisor_workload.py,命令如下:

```
python index_advisor_workload.py [p PORT] [d DATABASE] [f FILE] [--h HOST] [-U USERNAME] [-W PASSWORD]
[--max_index_num MAX_INDEX_NUM] [--multi_iter_mode]
```

其中的输入参数如下:

① PORT:连接数据库的端口号。

② DATABASE:连接数据库的名称。

③ FILE:包含 workload 语句的文件路径。

④ HOST:(可选)连接数据库的主机号。

⑤ USERNAME:(可选)连接数据库的用户名。

⑥ PASSWORD：(可选)连接数据库用户的密码。

⑦ MAX_INDEX_NUM：(可选)最大的索引推荐数目。

⑧ multi_iter_mode：(可选)算法模式，可通过是否设置该参数来切换算法。例如：

```
python index_advisor_workload.py 6001 opengauss tpcc_log.txt -- max_index_num 10 -- multi_
iter_mode
```

推荐结果为一批索引，以多个创建索引语句的格式显示在屏幕上，结果示例如下：

```
create index ind0 on bmsql_stock(s_i_id,s_w_id);
create index ind1 on bmsql_customer(c_w_id,c_id,c_d_id);
create index ind2 on bmsql_order_line(ol_w_id,ol_o_id,ol_d_id);
create index ind3 on bmsql_item(i_id);
create index ind4 on bmsql_oorder(o_w_id,o_id,o_d_id);
create index ind5 on bmsql_new_order(no_w_id,no_d_id,no_o_id);
create index ind6 on bmsql_customer(c_w_id,c_d_id,c_last,c_first);
create index ind7 on bmsql_new_order(no_w_id);
create index ind8 on bmsql_oorder(o_w_id,o_c_id,o_d_id);
create index ind9 on bmsql_district(d_w_id);
```

8.5　指标采集、预测与异常检测

数据库指标监控与异常检测技术通过监控数据库指标，并基于时序预测和异常检测等算法，发现异常信息，进而提醒用户采取措施避免异常情况造成严重后果。

8.5.1　使用场景

用户操作数据库的某些行为或某些正在运行的业务发生了变化，都可能会导致数据库产生异常，如果不及时发现并处理这些异常，可能会导致严重的后果。通常，数据库监控指标(metric，如CPU使用率、QPS等)能够反映出数据库系统的健康状况。通过对数据库指标进行监控，分析指标数据特征或变化趋势等信息，可及时发现数据库异常状况，并及时将告警信息推送给运维管理人员，从而避免造成损失。

8.5.2　实现原理

指标采集、预测与异常检测是通过同一套系统实现的，在openGauss项目中名为Anomaly-Detection，它的结构如图8-14所示。该工具主要可以分为Agent和Detector两部分，其中Agent是数据库代理模块，负责收集数据库指标数据并将数据推送到Detector；Detector是数据库异常检测与分析模块，该模块主要有三个作用。

(1) 收集Agent端采集的数据并进行转储。

(2) 对收集到的数据进行特征分析与异常检测。

(3) 将检测出来的异常信息推送给运维管理人员。

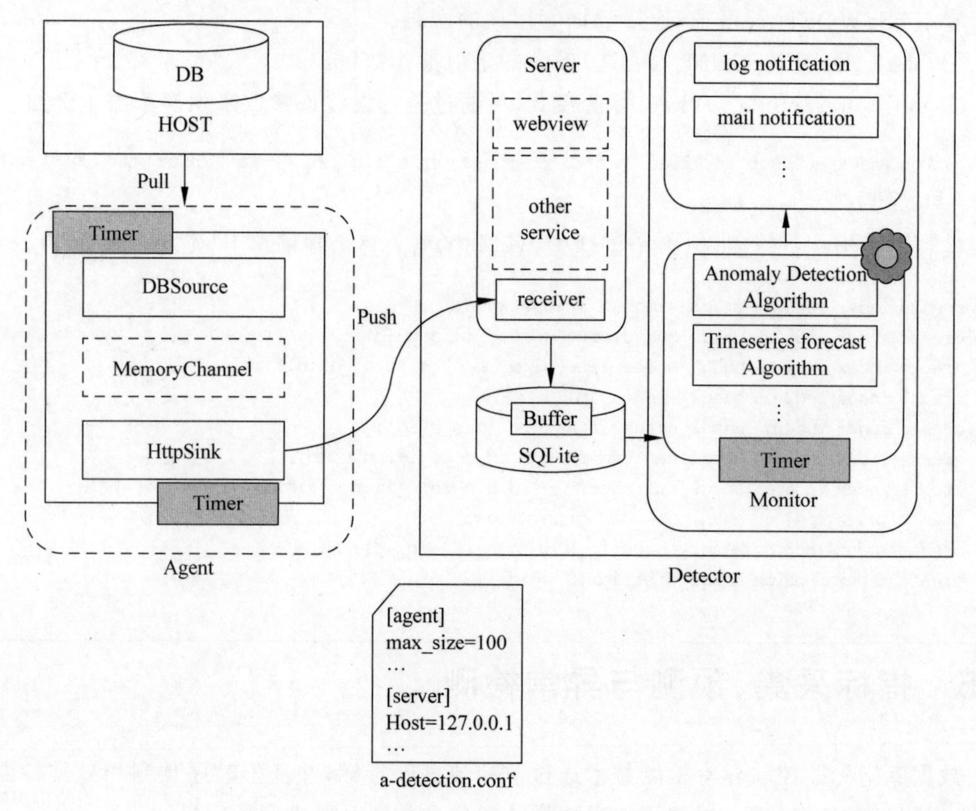

图 8-14 Anomaly-Detection 结构

1. Agent 模块的组成

Agent 模块负责采集并发送指标数据，该模块由 DBSource、MemoryChannel、HttpSink 三个子模块组成。

(1) DBSource 作为数据源，负责定期收集数据库指标数据并将数据发送到内存数据通道 MemoryChannel 中。

(2) MemoryChannel 是内存数据通道，本质是一个 FIFO 队列，用于数据缓存。HttpSink 组件消费 MemoryChannel 中的数据，为了防止 MemoryChannel 中的数据过多导致 OOM(Out Of Memory，内存溢出)，设置了容量上限，当超过容量上限时，过多的元素会被禁止放入队列中。

(3) HttpSink 是数据汇聚点，该模块定期从 MemoryChannel 中获取数据，并以 Http(s)的方式将数据进行转发，数据读取之后从 MemoryChannel 中清除。

2. Detector 模块的组成

Detector 模块负责数据检测，该模块由 Server、Monitor 两个子模块组成。

(1) Server 是一个 Web 服务，为 Agent 采集到的数据提供接收接口，并将数据存储到本地数据库内部，为了避免数据增多导致数据库占用太多的资源，将数据库中的每个表都设置了行数上限。

(2) Monitor模块包含时序预测和异常检测等算法，该模块定期从本地数据库中获取数据库指标数据，并基于现有算法对数据进行预测与分析，如果算法检测出数据库指标在历史或未来某时间段或时刻出现异常，则会及时将信息推送给用户。

8.5.3　关键源码解析

1. 总体流程解析

智能索引推荐工具的路径是 openGauss-server/src/gausskernel/dbmind/tools/anomaly_detection，下面的代码详细展示了程序的入口。

```
def forecast(args):
    …
    # 如果没有指定预测方式，则默认使用"auto_arima"算法
    if not args.forecast_method:
        forecast_alg = get_instance('auto_arima')
    else:
        forecast_alg = get_instance(args.forecast_method)
    # 指标预测功能函数
    def forecast_metric(name, train_ts, save_path = None):
        …
            forecast_alg.fit(timeseries = train_ts)
            dates, values = forecast_alg.forecast(
                period = TimeString(args.forecast_periods).standard)
        date_range = "{start_date}～{end_date}".format(start_date = dates[0],
                                                        end_date = dates[-1])
        display_table.add_row(
            [name, date_range, min(values), max(values), sum(values) / len(values)]
        )
# 校验存储路径
        if save_path:
            if not os.path.exists(os.path.dirname(save_path)):
                os.makedirs(os.path.dirname(save_path))
            with open(save_path, mode = 'w') as f:
                for date, value in zip(dates, values):
                    f.write(date + ',' + str(value) + '\n')
    # 从本地 sqlite 中抽取需要的数据
    with sqlite_storage.SQLiteStorage(database_path) as db:
        if args.metric_name:
            timeseries = db.get_timeseries(table = args.metric_name, period = max_rows)
            forecast_metric(args.metric_name, timeseries, args.save_path)
        else:
# 获取 sqlite 中所有的表名
            tables = db.get_all_tables()
            # 从每个表中抽取训练数据进行预测
for table in tables:
                timeseries = db.get_timeseries(table = table, period = max_rows)
                forecast_metric(table, timeseries)
```

```
    # 输出结果
        print(display_table.get_string())

    # 代码远程部署
    def deploy(args):
        print('Please input the password of {user}@{host}: '.format(user = args.user, host = args.
    host))
    # 格式化代码远程部署指令
        command = 'sh start.sh -- deploy {host} {user} {project_path}'\
            .format(user = args.user,
                    host = args.host,
                    project_path = args.project_path)
        # 判断指令执行情况
    if subprocess.call(shlex.split(command), cwd = SBIN_PATH) == 0:
            print("\nExecute successfully.")
        else:
            print("\nExecute unsuccessfully.")
    …
    # 展示当前监控的参数
    def show_metrics():
    …

    # 项目总入口
    def main():
        …
```

2. 关键代码段解析

(1) 后台线程的实现。

本功能可以分为三个角色：Agent、Monitor 及 Detector，这三个不同的角色都是常驻后台的进程，各自执行着不同的任务。Daemon 类就是负责运行不同业务流程的容器类，下面介绍该类的实现。

```
class Daemon:
    """
    This class implements the function of running a process in the background."""

    def __init__(self):
        …
def daemon_process(self):
        # 注册退出函数
        atexit.register(lambda: os.remove(self.pid_file))
        signal.signal(signal.SIGTERM, handle_sigterm)
# 启动进程
    @staticmethod
    def start(self):
        try:
            self.daemon_process()
        except RuntimeError as msg:
            abnormal_exit(msg)
```

```
        self.function( * self.args, ** self.kwargs)
    # 停止进程
    def stop(self):
        if not os.path.exists(self.pid_file):
            abnormal_exit("Process not running.")

        read_pid = read_pid_file(self.pid_file)
        if read_pid > 0:
            os.kill(read_pid, signal.SIGTERM)
        if read_pid_file(self.pid_file) < 0:
            os.remove(self.pid_file)
```

（2）数据库相关指标采集过程。

数据库的指标采集架构参考了 Apache Flume 的设计。将一个完整的信息采集流程拆分为三部分，分别是 Source、Channel 及 Sink。上述三部分被抽象为三个不同的基类，由此可以派生出不同的采集数据源、缓存管道及数据的接收端。

前面提到过的 DBSource 即派生自 Source，MemoryChannel 派生自 Channel，HttpSink 则派生自 Sink。下面这段代码来自 metric_agent.py，负责采集指标，在这里将上述模块串联起来了。

```
def agent_main():
…
    # 初始化通道管理器
cm = ChannelManager()
# 初始化数据源
    source = DBSource()
    http_sink = HttpSink(interval = params['sink_timer_interval'], url = url, context =
context)
    source.channel_manager = cm
    http_sink.channel_manager = cm
    # 获取参数文件中的功能函数
    for task_name, task_func in get_funcs(metric_task):
        source.add_task(name = task_name,
                        interval = params['source_timer_interval'],
                        task = task_func,
                        maxsize = params['channel_capacity'])
    source.start()
    http_sink.start()
```

（3）数据存储与监控部分的实现。

Agent 将采集到的指标数据发送到 Detector 服务器上，并由 Detector 服务器负责存储。Monitor 不断对存储的数据进行检查，以便提前发现异常。

这里实现了一种通过 SQLite 进行本地化存储的方式，代码位于 sqlite_storage.py 文件中，实现的类为 SQLiteStorage，该类实现的主要方法如下：

```
# 通过时间戳获取最近一段时间的数据
def select_timeseries_by_timestamp(self, table, period):
```

```
    …
    # 通过编号获取最近一段时间的数据
    def select_timeseries_by_number(self, table, number):
        …
```

由于不同指标数据是分表存储的，因此上述参数 table 也代表了不同指标的名称。

异常检测当前主要支持基于时序预测的方法，包括 Prophet 算法（由 Facebook 开源的工业级时序预测算法工具）及 ARIMA 算法，它们分别被封装成类，供 Forecaster 调用。上述时序检测的算法类都继承了 AlgModel 类，该类的结构如下：

```
class AlgModel(object):
    """
    This is the base class for forecasting algorithms.
    If we want to use our own forecast algorithm, we should follow some rules.
    """

    def __init__(self):
        pass

    @abstractmethod
    def fit(self, timeseries):
        pass

    @abstractmethod
    def forecast(self, period):
        pass

    def save(self, model_path):
        pass

    def load(self, model_path):
        pass
```

在 Forecast 类中，通过调用 fit()方法，即可根据历史时序数据进行训练，通过 forecast()方法预测未来走势。

获取到未来走势后如何判断是否异常呢？方法比较多，最简单也是最基础的方法是通过阈值来进行判断，在本书的程序中，默认也是采用该方法进行判断的。

8.5.4 使用示例

Anomaly-Detection 工具有 start、stop、forecast、show_metrics、deploy 五种运行模式，各模式说明如表 8-12 所示。

表 8-12 Anomaly-Detection 使用模式及说明

模式名称	说　明
start	启动本地或者远程服务
stop	停止本地或远程服务

续表

模式名称	说　明
forecast	预测指标未来变化
show_metrics	输出当前监控的参数
deploy	远程部署代码

Anomaly-Detection 工具运行模式使用示例如下所示。

(1) 使用 start 模式启动本地 collector 服务,代码如下:

```
python main.py start - role collector
```

(2) 使用 stop 模式停止本地 collector 服务,代码如下:

```
python main.py stop - role collector
```

(3) 使用 start 模式启动远程 collector 服务,代码如下:

```
python main.py start -- user xxx -- host xxx.xxx.xxx.xxx - project - path xxx - role collector
```

(4) 使用 stop 模式停止远程 collector 服务,代码如下:

```
python main.py stop -- user xxx -- host xxx.xxx.xxx.xxx - project - path xxx - role collector
```

(5) 显示当前所有的监控参数,代码如下:

```
python main.py show_metrics
```

(6) 预测 io_read 未来 60 秒的最大值、最小值和平均值,代码如下:

```
python main.py forecast - metric - name io_read - forecast - periods 60S - save - path predict
_result
```

(7) 将代码部署到远程服务器,代码如下:

```
python main.py deploy - user xxx - host xxx.xxx.xxx.xxx - project - path xxx
```

8.5.5 演进路线

Anomaly-Detection 作为一款数据库指标监控和异常检测工具,目前已经具备了基本的数据收集、数据存储、异常检测、消息推送等基本功能,但是目前存在以下几个问题。

(1) Agent 模块收集数据太过单一。目前 Agent 只能收集数据库的资源指标数据,包IO、磁盘、内存、CPU 等,后续还需要在采集指标丰富度上增强。

(2) Monitor 内置算法覆盖面不够。Monitor 目前只支持两种时序预测算法,同时针对异常检测,也仅支持基于阈值的简单情况,使用的场景有限。

(3) Server 仅支持单个 Agent 传输数据。Server 目前采用的方案仅支持接收一个

Agent传过来的数据，不支持多Agent同时传输，这对于只有一个主节点的openGauss数据库暂时是够用的，但是对分布式部署显然是不友好的。

因此，针对以上三个问题，未来首先会丰富Agent以便于收集数据，主要包括安全指标、数据库日志等信息。其次在算法层面上，编写鲁棒性（即算法的健壮性与稳定性）更强的异常检测算法，增加异常监控场景。同时，需要对Server进行改进，使其支持多Agent模式。此外，需要实现故障自动修复功能，并与本功能相结合。

8.6 AI查询时间预测

在前面介绍过"慢SQL发现"特性，该特性的典型应用场景是新业务上线前的检查，输入源是提前采集到的SQL流水数据。慢SQL发现特性主要应用在多条SQL语句的批量检查上，要求之前执行过SQL语句，因此给出的结果主要是定性的，在某些场景下可能难以满足用户对于评估精度的要求。

因此，为了弥补上述不足，满足用户更精确的SQL时间预测需求，同时为AI优化器做铺垫，出现了本章所述的功能。

由于实际业务场景具有复杂的特质，现有的数据库静态代价估计模型往往统计结果失准，从而选择了一些执行计划较差的路径。因此，针对上述复杂场景，需要数据库的代价估计模型具备自我更新的能力。

8.6.1 使用场景

AI查询分析的前提是获取执行计划。需要根据用户需求在查询执行时收集复杂查询实际查询计划（包括计划结构、算子类型、相关数据源、过滤条件等）、各算子节点实际执行时间、优化器估算代价、实际返回行数、优化器估算行数、SMP并发线程数等信息，将其记录在数据表中并进行持久化管理，包括定期进行数据失效清理。

本功能主要分为两方面，一是行数估算，二是查询预测，前者是后者预测好坏的前提。目前openGauss基于在线学习对执行计划各层的结果集大小进行估算，仅起到展示作用，并未影响到执行计划的生成。后续可帮助优化器更准确地进行结果集估算，从而获取更优的执行计划。

当前阶段本需求会提供系统函数来进行预测，并加入EXPLAIN中进行实际比较验证。

8.6.2 现有技术

学术界在AI4DB领域，对基于机器学习的行数估算和查询时延预测有许多尝试。

1. 传统方法

正如数据库优化器专家Guy Lohman在博客 *Is query optimization a "solved"*

problem 中所说,传统数据库查询性能预测的“阿喀琉斯之踵”便是中间结果集大小的估算。基于统计信息的行数估算方法主要基于三类假设。

(1) 数据独立分布假设。

(2) 均匀分布假设。

(3) 主外键假设。

在实际场景中,数据往往存在一定的相关性和倾斜性,此时上述假设可能会被打破,导致传统数据库优化器在多表连接中间结果集大小估算中可能会存在数个数量级的误差。

2000年以来,以基于采样的估算、基于采样的核密度函数估算、基于多列直方图为代表的统计学方法被提出,用于解决数据相关性带来的估算问题。然而这些方法都存在一个共性问题,就是模型无法进行增量维护,而收集这些额外的统计信息会增加巨大的数据库维护开销,虽然在一些特定的问题场景(如多列 Range 条件选择率)中准确率有很大提升,但是这些方法并没有被各大数据库厂商广泛采用。

传统性能预测方法主要依赖代价模型,在以下几个方面存在明显劣势。

(1) 准确性:随着底层硬件架构和优化技术不断演进,实际性能预测模型的复杂度远不可以用线性模型来建模。

(2) 可扩展性:代价模型的开发成本较高,不能面面俱到地对用户具体场景进行优化。

(3) 可校准性:代价模型灵活性仅局限于各资源维度线性相加时使用的系数,以及部分惩罚代价,灵活性较差,用户实际使用时难以校准。

(4) 时效性:代价模型依赖统计信息的收集和使用,目前缺乏增量维护方法,导致数据流动性较大的场景下统计信息长期处于失效状态。

2. 机器学习方法

机器学习模型在模型复杂度、可校准性、可增量维护性几个维度能够弥补传统优化器代价模型的不足,基于机器学习的查询性能预测逐渐成为数据库学术界和产业界的主流研究方向之一。

除8.3节介绍过相关方法外,清华大学的 Learned Cost Estimator 模型基于 Multi-task Learning 和字符条件的 Word-Embedding 方法进一步提升了预测准确率。

机器学习方法虽然在实验效果上达到了较高的准确率,但现实业务场景持续性的数据分布变化对模型的在线学习能力提出了要求。openGauss 采用了数据驱动的在线学习模式,通过内核不断收集历史作业性能信息,并在 AI Engine 侧使用了 R-LSTM(Recursive Long Short term Memory,递归长短期记忆网络)模型对算子级查询时延和中间结果集大小进行预测。

8.6.3 实现原理

总体而言,查询性能预测由数据库内核侧和 AI Engine 侧两部分组成,如图8-15所示。

(1) 数据库内核侧除提供数据库基本功能外还需要对历史数据进行收集和持久化管理,并通过 curl 向 AI Engine 侧发送 HTTPS 请求。

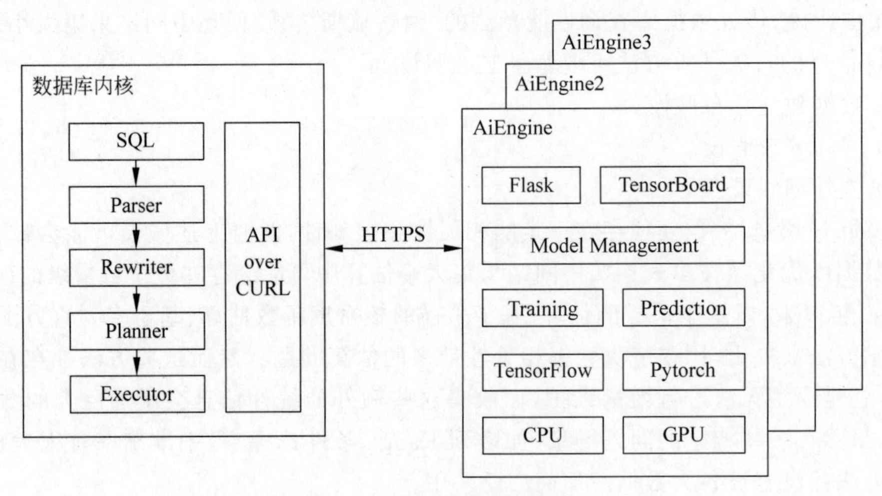

图 8-15　查询性能预测架构

(2) AI Engine 提供模型训练、执行预测、模型管理等接口，基于 Flask 框架的服务端接收 HTTPS 请求，该流程如图 8-16 所示。

开启数据收集相关参数后(其对性能可能有 5%左右的影响，取决于实际业务负载情况)，历史性能数据被持久化收集在数据库的系统表中，用于模型的训练。

模型训练之前，用户需要对模型参数进行配置(详见 8.6.5 节)。用户训练指令下发之后，内核进程会向 AI Engine 侧发送 configure 请求，用于初始化机器学习模型。configure 流程时序如图 8-17 所示。

模型配置成功后，内核进程向 AI Engine 侧发送 train 请求，触发训练，该流程如图 8-18 所示。

模型训练之后，用户下发预测指令，数据库会先向 AI Engine 侧发送 setup 请求，用于模型加载，加载成功后发送 predict 请求得到预测结果，如图 8-19 所示。

本特性架构支持多模型，目前已实现 R-LSTM 模型，该模型架构如图 8-20 所示。

计划中，算子间的执行顺序也会影响算子的性能。基于这种特性，使用 LSTM 模型来学习计划中算子间这种有意义的依赖关系，并根据行数/时间预测的场景对模型的结构、损失函数、优化算法等方面进行针对性的优化，提高此场景下学习和预测的准确率。

输入：查询计划树、各节点上的算子类型，对应表名列名及过滤条件。

输出：行数、startup time、total time、Peak Memory。

在编码阶段，每个计划节点被编码成固定长度，连接成序列作为输入 LSTM 的特征值。

LSTM 具有多个重复神经网络模块组成的链式网络，在每个模块中都有三个函数来决定历史时序中的哪些信息将被传递到下一个时序的网络模块中。最后一个模块的输出值 h_t 即为模型返回的预测结果。

$$o_t = \sigma(W_o[h_{t-1}, x_t] + b_o)$$

$$h_t = o_t * \tanh(C_t)$$

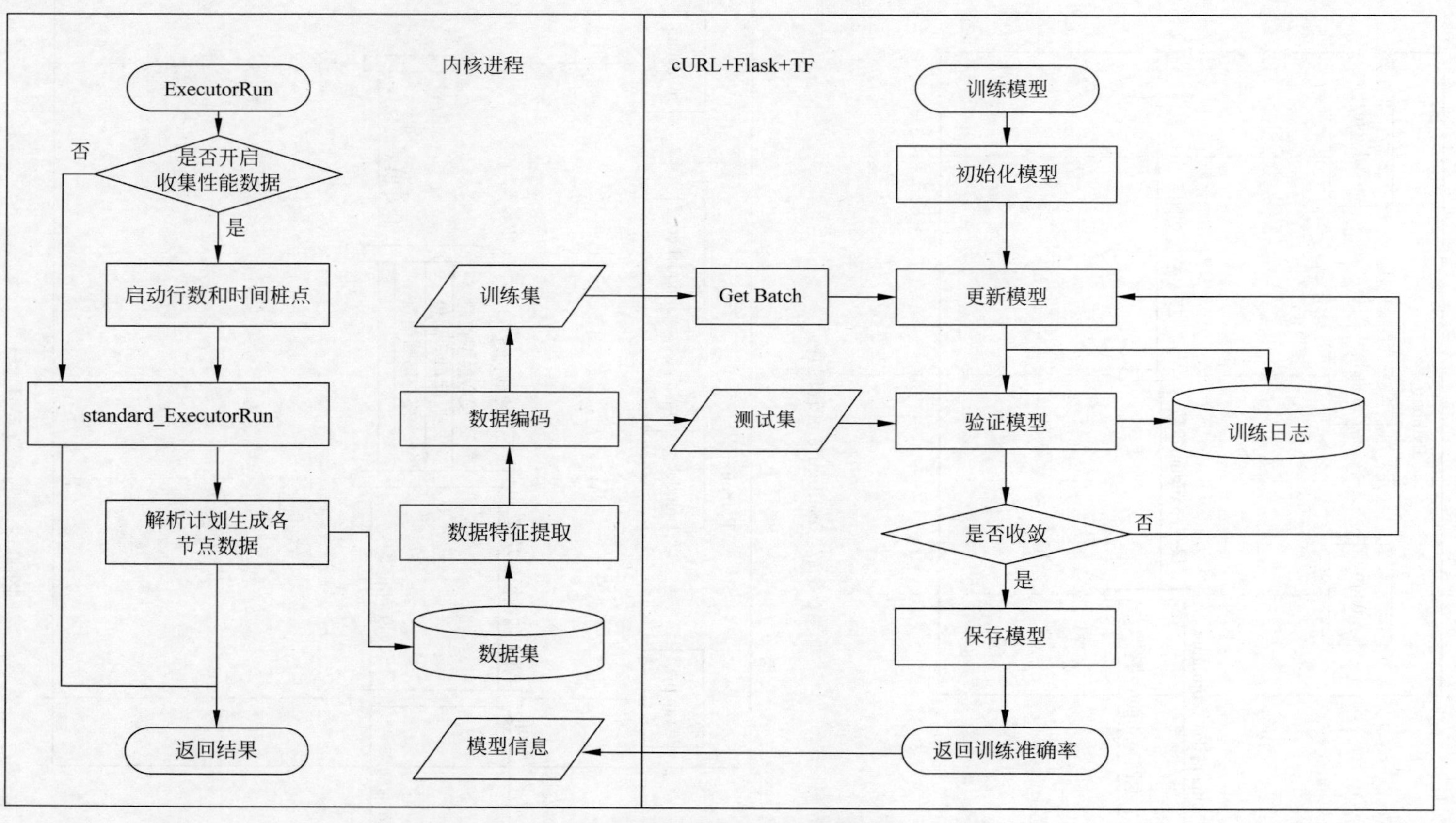

图 8-16 数据库内核和 AI Engine 进程关系示意图

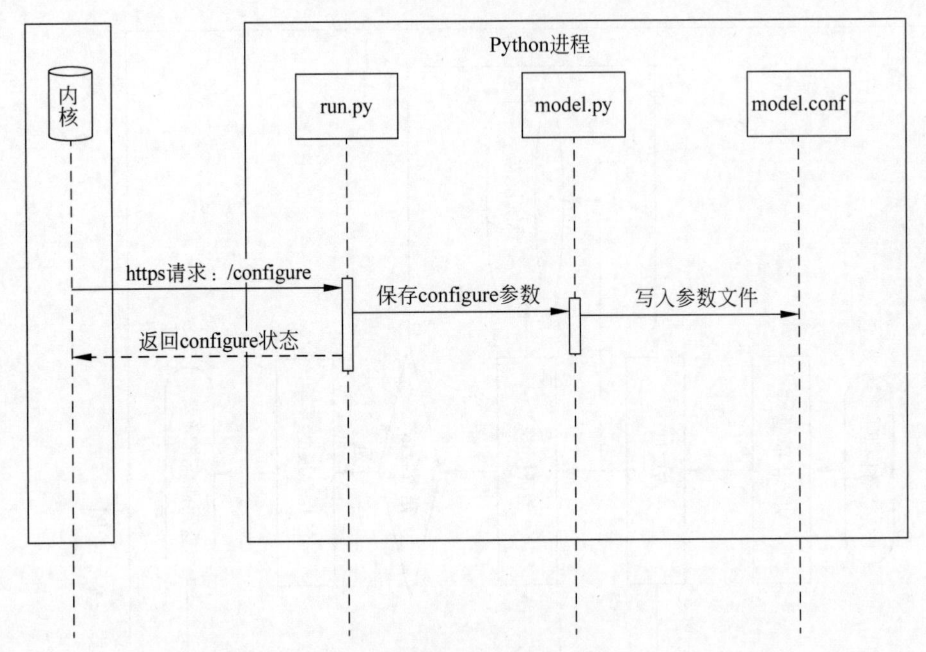

图 8-17　configure 流程时序

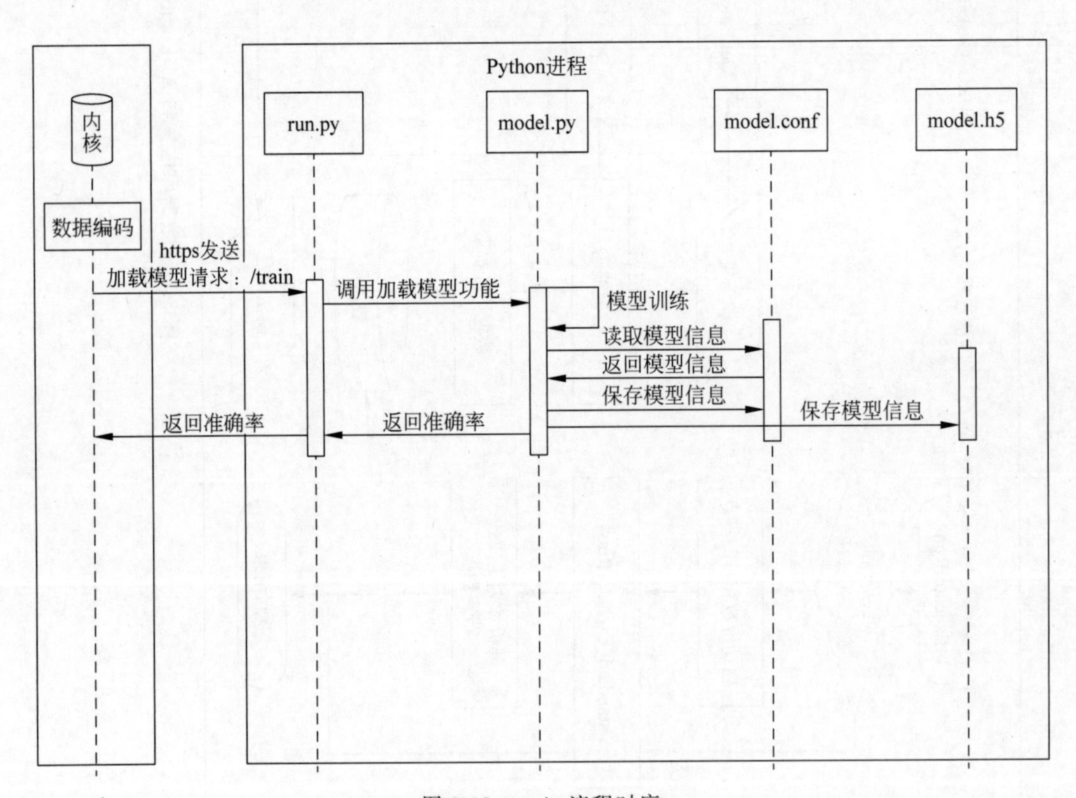

图 8-18　train 流程时序

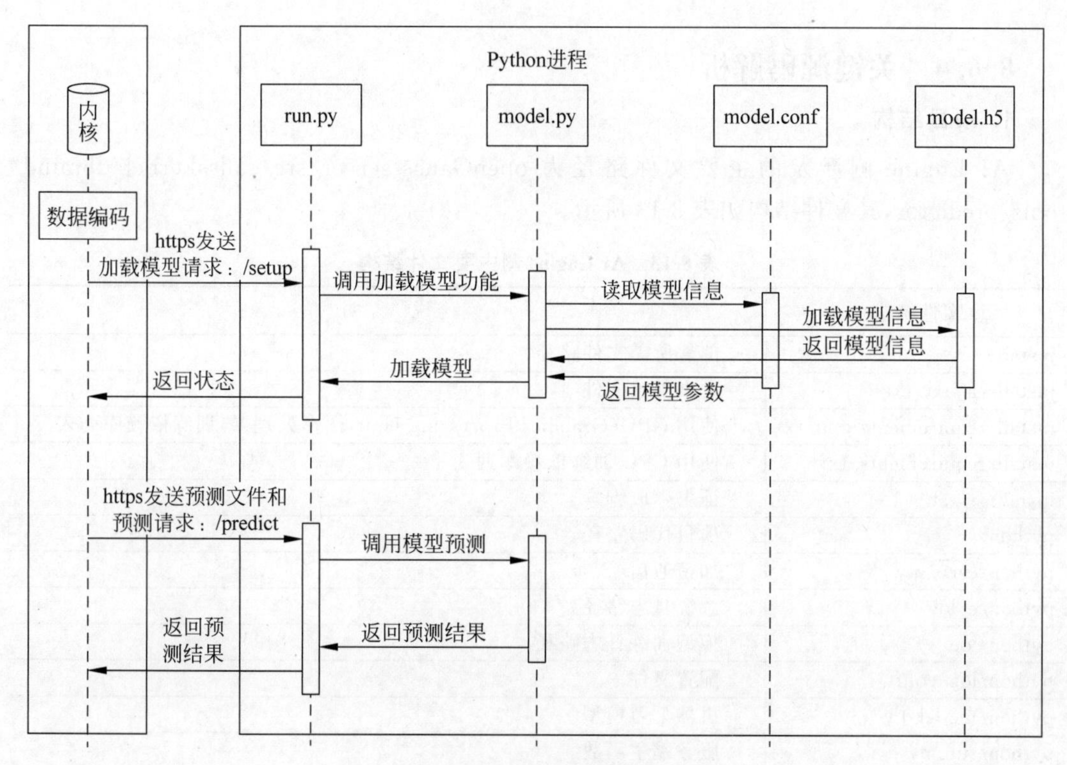

图 8-19　模型预测完整流程时序

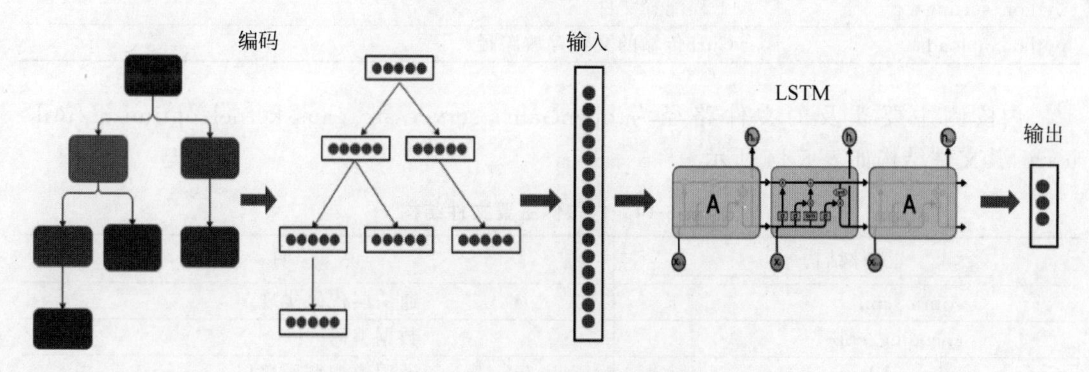

图 8-20　R-LSTM 模型架构

式中，x_t 是当前时序模块的输入，h_{t-1} 是前一个时序的输出信息，使用 sigmoid(σ)函数得到当前细胞状态中将要输出的部分 o_t；C_t 表示所有历史时序保留的信息，通过 tanh 函数处理后与当前状态输出信息 o_t 相乘得到此状态的输出 h_t，将具有三个元素的一维向量[startup time,total time,cardinality]的预测结果与真实数据进行比较，使用 ratio-error 计算模型的损失函数。

8.6.4 关键源码解析

1. 项目结构

AI Engine 侧涉及的主要文件路径为 openGauss-server/src/gausskernel/dbmind/tools/predictor，其文件结构如表 8-13 所示。

表 8-13 AI Engine 侧主要文件结构

文件结构	说　明
install	部署所需文件路径
install/ca_ext. txt	证书配置文件
install/requirements-gpu. txt	使用 GPU(Graphics Processing Unit，图形处理器)训练依赖库列表
install/requirements. txt	使用 CPU 训练依赖库列表
install/ssl. sh	证书生成脚本
python	项目代码路径
python/certs. py	加密通信
python/e_log	系统日志路径
python/log	模型训练日志路径
python/log. conf	配置文件
python/model. py	机器学习模型
python/run. py	服务端主函数
python/saved_models	模型训练 checkpoint
python/settings. py	工程配置文件
python/uploads	Curl 传输的文件存放路径

内核侧主要涉及的文件路径为 openGauss-server/src/gausskernel/optimizer/util/learn，其文件结构如表 8-14 所示。

表 8-14 内核侧主要文件结构

文件结构	说　明
comm. cpp	通信层代码实现
encoding. cpp	数据编码
ml_model. cpp	通用模型调用接口
plan_tree_model. cpp	树状模型调用接口

2. 训练流程

内核侧的模型训练接口通过 ModelTrainInternal 函数实现，该函数的关键部分如下：

```
static void ModelTrainInternal ( const char * templateName, const char * modelName,
ModelAccuracy ** mAcc)
{
  …
    /* 对树形模型调用对应的训练接口 */
```

```
    char * trainResultJson = TreeModelTrain(modelinfo, labels);
    /* 解析返回结果 */
    …
    ModelTrainInfo * info = GetModelTrainInfo(jsonObj);
    cJSON_Delete(jsonObj);
    /* 更新模型信息 */
    Relation modelRel = heap_open(OptModelRelationId, RowExclusiveLock);
    …
    UpdateTrainRes(values, datumsMax, datumsAcc, nLabel, mAcc, info, labels);

    HeapTuple modelTuple = SearchSysCache1(OPTMODEL, CStringGetDatum(modelName));
    …
    HeapTuple newTuple = heap_modify_tuple(modelTuple, RelationGetDescr(modelRel),
values, nulls, replaces);
    simple_heap_update(modelRel, &newTuple->t_self, newTuple);
CatalogUpdateIndexes(modelRel, newTuple);
…
}
```

内核侧的树状模型训练接口通过TreeModelTrain函数实现，核心代码如下：

```
char * TreeModelTrain(Form_gs_opt_model modelinfo, char * labels)
{
    char * filename = (char * )palloc0(sizeof(char) * MAX_LEN_TEXT);
    char * buf = NULL;
    /* configure 阶段 */
    ConfigureModel(modelinfo, labels, &filename);

    /* 将编码好的数据写入临时文件 */
    SaveDataToFile(filename);

    /* train 阶段 */
    buf = TrainModel(modelinfo, filename);
    return buf;
}
```

AI Engine侧配置的Web服务的URI是/configure，训练阶段的URI是/train，下面的代码段展示了训练过程。

```
def fit(self, filename):
    keras.backend.clear_session()
    set_session(self.session)
    with self.graph.as_default():
        # 根据模型入参和出参维度变化情况，判断是否需要初始化模型
        feature, label, need_init = self.parse(filename)
        os.environ['CUDA_VISIBLE_DEVICES'] = '0'
        epsilon = self.model_info.make_epsilon()
        if need_init: # 冷启动训练
            epoch_start = 0
            self.model = self._build_model(epsilon)
        else: # 增量训练
```

```
                epoch_start = int(self.model_info.last_epoch)
                ratio_error = ratio_error_loss_wrapper(epsilon)
                ratio_acc_2 = ratio_error_acc_wrapper(epsilon, 2)
                self.model = load_model(self.model_info.model_path,
                                        custom_objects = {'ratio_error': ratio_error, '
ratio_acc': ratio_acc_2})
            self.model_info.last_epoch = int(self.model_info.max_epoch) + epoch_start
            self.model_info.dump_dict()
            log_path = os.path.join(settings.PATH_LOG, self.model_info.model_name + '_
log.json')
            if not os.path.exists(log_path):
                os.mknod(log_path, mode = 0o600)
            # 训练日志记录回调函数
            json_logging_callback = LossHistory(log_path, self.model_info.model_name,
self.model_info.last_epoch)
            # 数据分割
            X_train, X_val, y_train, y_val = \
                train_test_split(feature, label, test_size = 0.1)
            # 模型训练
            self.model.fit(X_train, y_train, epochs = self.model_info.last_epoch,
                           batch_size = int(self.model_info.batch_size), validation_data =
(X_val, y_val),
                           verbose = 0, initial_epoch = epoch_start, callbacks = [json_
logging_callback])
            # 记录模型 checkpoint
            self.model.save(self.model_info.model_path)
            val_pred = self.model.predict(X_val)
            val_re = get_ratio_errors_general(val_pred, y_val, epsilon)
            self.model_logger.debug(val_re)
            del self.model
            return val_re
```

3. 预测流程

内核侧的模型预测过程主要通过 ModelPredictInternal 函数实现。树状模型预测过程通过 TreeModelPredict 函数实现。内核侧的树状模型预测过程会占用一些与 AI Engine 通信的信令，该通信过程如下：

```
char * TreeModelPredict(const char * modelName, char * filepath, const char * ip, int port)
{
    …
    if (!TryConnectRemoteServer(conninfo, &buf)) {
        DestroyConnInfo(conninfo);
        ParseResBuf(buf, filepath, "AI engine connection failed.");
        return buf;
    }

    switch (buf[0]) {
        case '0': {
            ereport(NOTICE, (errmodule(MOD_OPT_AI), errmsg("Model setup successfully.")));
```

```
            break;
        }
        case 'M': {
            ParseResBuf(buf, filepath, "Internal error: missing compulsory key.");
            break;
        }
…
    }
    /* Predict 阶段 */
    …
    if (!TryConnectRemoteServer(conninfo, &buf)) {
        ParseResBuf(buf, filepath, "AI engine connection failed.");
        return buf;
    }
    switch (buf[0]) {
        case 'M': {
            ParseResBuf(buf, filepath, "Internal error: fail to load the file to predict.");
            break;
        }
        case 'S': {
            ParseResBuf(buf, filepath, "Internal error: session is not loaded, model setup
required.");
            break;
        }
        default: {
            break;
        }
    }
    return buf;
}
```

AI Engine 侧的 Setup 过程的 Web 接口是/model_setup，预测阶段的 Web 接口是/predict，它们的协议都是 Post。

4. 数据编码

数据编码分为以下两个维度。

(1) 算子维度：包括每个执行计划算子的属性，如表 8-15 所示。

表 8-15　算子维度

属性名	含　义	编码策略
Optname	算子类型	One-hot
Orientation	返回元组存储格式	One-hot
Strategy	逻辑属性	One-hot
Options	物理属性	One-hot
Quals	谓词	hash
Projection	返回投影列	hash

(2) 计划维度。

对于每个算子，在其固有属性之外，openGauss 还对 query id、plan node id 和 parent node id 进行了记录，在训练/预测阶段，使用这些信息将算子信息重建为树状计划结构，且可以递归构建子计划树来进行数据增强，从而提升模型泛化能力。树状数据结构如图 8-21 所示。

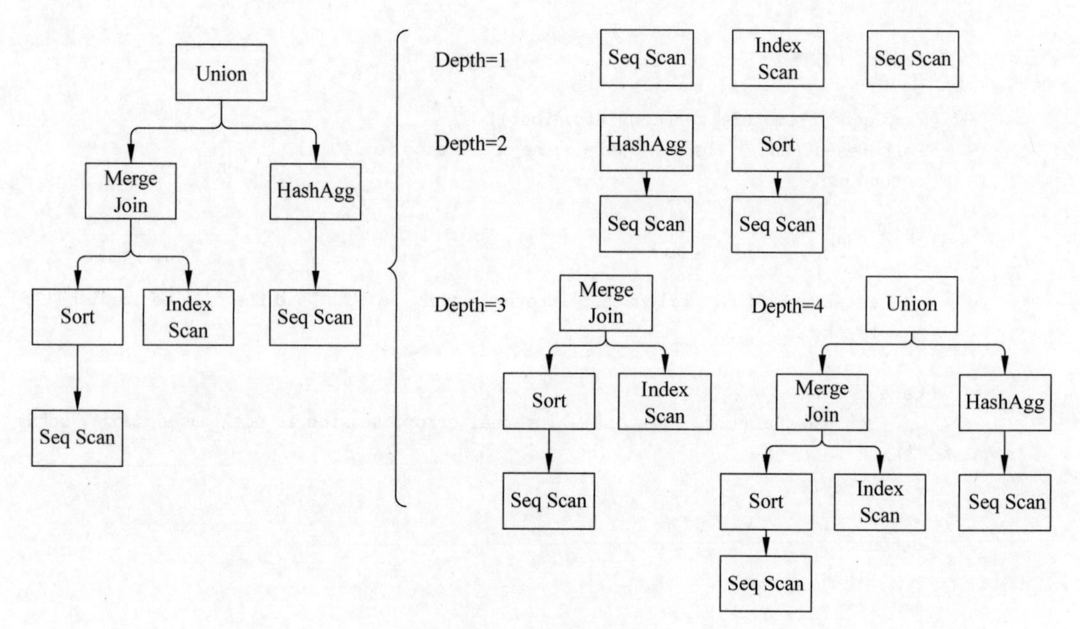

图 8-21 树状数据结构

内核侧的树状数据编码通过 GetOPTEncoding 函数实现。

5. 模型结构

AI Engine 的模型解析、训练和预测见 8.6.4 节，下面的代码展示了模型的结构。

```
class RnnModel():
    def _build_model(self, epsilon):
        model = Sequential()
        model.add(LSTM(units = int(self.model_info.hidden_units), return_sequences = True,
input_shape = (None, int(self.model_info.feature_length))))
        model.add(LSTM(units = int(self.model_info.hidden_units), return_sequences =
False))
        model.add(Dense(units = int(self.model_info.hidden_units), activation = 'relu'))
        model.add(Dense(units = int(self.model_info.hidden_units), activation = 'relu'))
        model.add(Dense(units = int(self.model_info.label_length), activation = 'sigmoid'))
        optimizer = keras.optimizers.Adadelta(lr = float(self.model_info.learning_rate),
rho = 0.95)
        ratio_error = ratio_error_loss_wrapper(epsilon)
        ratio_acc_2 = ratio_error_acc_wrapper(epsilon, 2)
        model.compile(loss = ratio_error, metrics = [ratio_acc_2], optimizer = optimizer)
        return model
```

AI Engine 使用的损失函数为 ratio error(部分文献中使用 qerror 代称)，该损失函数相较于 MRE 和 MSE 的优势在于其能够等价地惩罚高估和低估两种情况，公式为

$$\text{RatioError} = \max\left(\frac{\text{Est}+\varepsilon}{\text{True}+\varepsilon}, \frac{\text{True}+\varepsilon}{\text{Est}+\varepsilon}\right)$$

式中，ε 声明为性能预测值的无穷小值，防止分母为 0 的情况发生。

8.6.5 使用示例

AI 查询时间预测功能使用示例如下。

(1) 定义性能预测模型，代码如下：

```
INSERT INTO gs_opt_model VALUES('rlstm','model_name','host_ip','port');
```

(2) 通过 GUC 参数开启数据收集，配置参数列表，代码如下：

```
enable_resource_track = on;
enable_resource_record = on;
```

(3) 编码训练数据，代码如下：

```
SELECT gather_encoding_info('db_name');
```

(4) 校准模型，代码如下：

```
SELECT model_train_opt('template_name','model_name');
```

(5) 监控训练状态，代码如下：

```
SELECT track_train_process('host_ip','port');
```

(6) 通过 EXPLAIN+SQL 语句来预测 SQL 查询的性能，代码如下：

```
EXPLAIN (…,predictor 'model_name') SELECT …
```

获得结果，其中“p-time”列为标签预测值。

```
Row Adapter   (cost = 110481.35..110481.35 rows = 100 p - time = 99..182 width = 100) (actual
time = 375.158..375.160 rows = 2 loops = 1)
```

8.6.6 演进路线

目前模型的泛化能力不足，依赖外置的 AI Engine 组件，且深度学习网络比较复杂，这会为部署造成困难；模型需要数据进行训练，冷启动阶段的衔接不够顺畅，后续从以下几个方面演进。

(1) 加入不同复杂度模型，并支持多模型融合分析，提供更健壮的模型预测结果和置信度。

(2) AI Engine 加入任务队列，目前仅支持单并发预测/训练，可以考虑建立多个服务端

进行并发业务。

(3) 基于在线学习/迁移学习的增强，考虑对损失函数加入锚定惩罚代价来避免灾难遗忘问题，同时优化数据管理模式，考虑 data score 机制，根据数据时效性赋权。

(4) 将本功能与优化器深度结合，探索基于 AI 的路径选择方法。

8.7 DeepSQL

前面提到的均为 AI4DB 领域功能，AI 与数据库结合还有另外一个大方向，即 DB4AI。本节将介绍 openGauss 的 DB4AI 能力，探索通过数据库来高效驱动 AI 任务的新途径。

8.7.1 使用场景

数据库 DB4AI 功能的实现，指的是在数据库内实现 AI 算法，以更好地支撑大数据的快速分析和计算。目前 openGauss 的 DB4AI 能力通过 DeepSQL 特性来呈现。这里提供了一整套基于 SQL 的机器学习、数据挖掘及统计学的算法，用户可以直接使用 SQL 语句进行机器学习工作。DeepSQL 能够抽象出端到端的、从数据到模型的数据研发过程，配合底层的计算引擎及数据库自动优化，让具备基础 SQL 知识的用户即可完成大部分的机器学习模型训练及预测任务。整个分析和处理都运行在数据库引擎中，用户可以直接分析和处理数据库内的数据，不需要在数据库和其他平台之间进行数据传递，避免在多个环境之间进行不必要的数据移动，并且整合了碎片化的数据开发技术栈。

8.7.2 现有技术

如今，学术界与工业界在 DB4AI 这个方向已经取得了许多成果。很多传统的商业关系数据库都已经支持了 DB4AI 能力，通过内置 AI 组件适配数据库内的数据处理和环境，可以对数据库存储的数据进行处理，最大限度地减少数据移动的花费。很多云数据库、云计算数据分析平台也都具备 DB4AI 能力，同时还可能具备 Python、R 语言等接口，便于数据分析人员快速入门。

DB4AI 领域同样有很出色的开源软件，如 Apache 顶级开源项目 MADlib。它兼容 PostgreSQL 数据库，与很多基于 PostgreSQL 数据库源码基线进行开发的数据库也可以很容易适配。MADlib 可以为结构化和非结构化数据提供统计和机器学习的方法，并利用聚集函数实现在分布式数据库上的并行化计算。MADlib 支持多种机器学习、数据挖掘算法，如回归、分类、聚类、统计、图算法等，累计支持的算法达 70 多个，1.17 版本的 MADlib 支持深度学习。MADlib 使用类 SQL 语法作为对外接口，通过创建 UDF(User-Defined Function，用户自定义函数)的方式将 AI 任务集成到数据库中。

当前 openGauss 的 DB4AI 模块兼容开源的 MADlib，在原始 MADlib 开源软件的基础上进行了互相适配和增强，性能相比在 PostgreSQL 数据库上运行的 MADlib 性能更优。同时，openGauss 基于 MADlib 框架，实现了其他工业级的、常用的算法，如 XGBoost、

Prophet、GBDT 及推荐系统等。与此同时，openGauss 还具备原生的 AI 执行计划与执行算子，该部分特性会在后续版本中开源。

8.7.3　关键源码解析

1. MADlib 的项目结构

MADlib 的主要文件结构如表 8-16 所示，MADlib 的代码可通过其官方网站获取：https://madlib.apache.org/。

表 8-16　MADlib 的主要文件结构

文件结构		说　明
methods	/array_ops	数组 array 操作模块
	/kmeans	Kmeans 相关模块
	/sketch	词频统计处理相关模块
	/stemmer	词干处理相关模块
	/svec	稀疏矩阵相关模块
	/svec_util	稀疏矩阵依赖模块
	/utils	其他公共模块
src/madpack	/assoc_rules	包括凸算法的实现
src/modules	/convex	包括条件随机场算法
	/crf	弹性网络算法
	/elastic_net	广义线性模型
	/glm	隐狄利克雷分配
	/lda	线性代数操作
	/linalg	线性系统模块
	/linear_systems	概率模块
	/prob	决策树和随机森林
	/recursive_partitioning	回归算法
	/regress	采样模块
	/sample	数理统计类模块
	/stats	时间序列
	/utilities	包含 pg，gaussdb 平台相关接口
src/ports	/dbconnector	关联规则算法
src/ports/postgres	/modules	贝叶斯算法
	/modules/bayes	共轭梯度法
	/modules/conjugate_gradient	包括多层感知机
	/modules/convex	条件随机场
	/modules/crf	弹性网络
	/modules/elastic_net	Prophet 时序预测
	/modules/gbdt	Gdbt 算法
	/modules/glm	广义线性模型

续表

文件结构		说　明
src/ports/postgres	/modules/graph	图模型
	/modules/kmeans	Kmeans 算法
	/modules/knn	Knn 算法
	/modules/lda	隐狄利克雷分配
	/modules/linalg	线性代数操作
	/modules/linear_systems	线性系统模块
	/modules/pca	PCA 降维
	/modules/prob	概率模块
	/modules/recursive_partitioning	决策树和随机森林
	/modules/sample	回归算法
	/modules/stats	采样模块
	/modules/summary	数理统计类模块
	/modules/svm	描述性统计的汇总函数
	/modules/tsa	Svm 算法
	/modules/validation	时间序列
	/modules/xgboost_gs	交叉验证

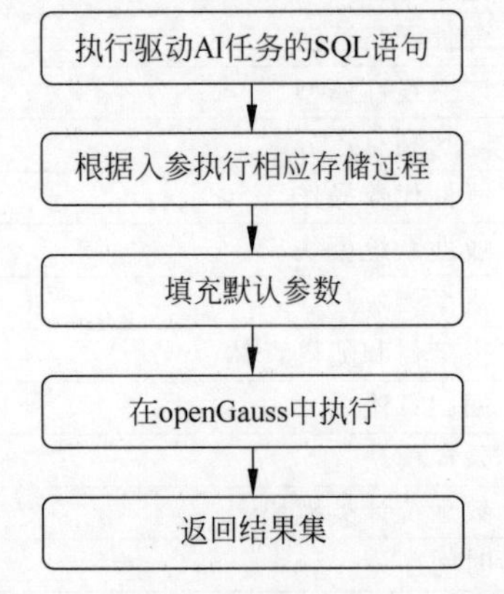

图 8-22　MADlib 在 openGauss 上训练模型的流程

2. MADlib 在 openGauss 上的执行流程

用户通过调用 UDF 即可进行模型的训练和预测，相关的结果会保存在表中，存储在数据库上。以训练过程为例，MADlib 在 openGauss 上训练模型的流程如图 8-22 所示。

8.7.4　基于 MADlib 框架的扩展

前面展示了 MADlib 各个模块的功能和作用，从结构上看，用户可以针对自己的算法进行扩展。XGBoost、GBDT 和 Prophet 三个算法是在原来基础上扩展的算法。本节将以自研的 GBDT 模块为例，介绍基于 MADlib 框架的扩展。

GBDT 主要文件结构如表 8-17 所示。

表 8-17　GBDT 主要文件结构

文件结构	说　明
gbdt/gbdt. py_in	Python 代码
gbdt/gbdt. sql_in	存储过程代码
gbdt/test/gbdt. sql	测试代码

在 sql_in 文件中定义上层 SQL-like 接口，使用 PL/pgSQL 或 PL/python 实现。

在 SQL 层中定义 UDF 函数，下述代码实现了类似重载的功能。

```
CREATE OR REPLACE FUNCTION MADLIB_SCHEMA.gbdt_train(
    training_table_name          TEXT,
    output_table_name            TEXT,
    id_col_name                  TEXT,
    dependent_variable           TEXT,
    list_of_features             TEXT,
    list_of_features_to_exclude  TEXT,
    weights                      TEXT
)
RETURNS VOID AS $$
    SELECT MADLIB_SCHEMA.gbdt_train($1, $2, $3, $4, $5, $6, $7, 30::INTEGER);
$$ LANGUAGE sql VOLATILE;

CREATE OR REPLACE FUNCTION MADLIB_SCHEMA.gbdt_train(
    training_table_name       TEXT,
    output_table_name         TEXT,
    id_col_name               TEXT,
    dependent_variable        TEXT,
    list_of_features          TEXT,
    list_of_features_to_exclude TEXT
)
RETURNS VOID AS $$
    SELECT MADLIB_SCHEMA.gbdt_train($1, $2, $3, $4, $5, $6, NULL::TEXT);
$$ LANGUAGE sql VOLATILE;

CREATE OR REPLACE FUNCTION MADLIB_SCHEMA.gbdt_train(
    training_table_name       TEXT,
    output_table_name         TEXT,
    id_col_name               TEXT,
    dependent_variable        TEXT,
    list_of_features          TEXT
)
RETURNS VOID AS $$
    SELECT MADLIB_SCHEMA.gbdt_train($1, $2, $3, $4, $5, NULL::TEXT);
$$ LANGUAGE sql VOLATILE;
```

其中，输入表、输出表、特征等必备信息需要用户指定，其他参数使用默认的参数，比如权重 weights，如果用户没有指定自定义参数，程序会使用默认的参数进行运算。

在 SQL 层定义 PL/python 接口，代码如下：

```
CREATE OR REPLACE FUNCTION MADLIB_SCHEMA.gbdt_train(
    training_table_name       TEXT,
    output_table_name         TEXT,
    id_col_name               TEXT,
    dependent_variable        TEXT,
    list_of_features          TEXT,
    list_of_features_to_exclude TEXT,
```

```
    weights                     TEXT,
    num_trees                   INTEGER,
    num_random_features         INTEGER,
    max_tree_depth              INTEGER,
    min_split                   INTEGER,
    min_bucket                  INTEGER,
    num_bins                    INTEGER,
    null_handling_params        TEXT,
    is_classification           BOOLEAN,
    predict_dt_prob             TEXT,
    learning_rate               DOUBLE PRECISION,
    verbose                     BOOLEAN,
    sample_ratio                DOUBLE PRECISION
)
RETURNS VOID AS $ $
PythonFunction(gbdt, gbdt, gbdt_fit)
 $ $ LANGUAGE plpythonu VOLATILE;
```

PL/pgSQL 或 SQL 函数最终会调用到一个 PL/python 函数。

“PythonFunction(gbdt,gbdt,gbdt_fit)”是固定的用法，这也是一个封装的 m4 宏，在编译安装时会进行宏替换。

在 PythonFunction 中，第一个参数是文件夹名，第二个参数是文件名，第三个参数是函数名。PythonFunction 宏会被替换为“from gdbt. gdbt import gbdt_fit”语句，所以要保证文件路径和函数正确。

在 Python 层中实现训练函数，代码如下：

```
def gbdt_fit(schema_madlib,training_table_name, output_table_name,
        id_col_name, dependent_variable, list_of_features,
        list_of_features_to_exclude, weights,
        num_trees, num_random_features,
        max_tree_depth, min_split, min_bucket, num_bins,
        null_handling_params, is_classification,
        predict_dt_prob = None, learning_rate = None,
        verbose = False, ** kwargs):
      …
    plpy.execute("""ALTER TABLE {training_table_name} DROP COLUMN IF EXISTS gradient CASCADE
                """.format(training_table_name = training_table_name))

    create_summary_table(output_table_name, null_proxy, bins['cat_features'],
                        bins['con_features'], learning_rate, is_classification, predict_dt
_prob,
                        num_trees, training_table_name)
```

在 Python 层实现预测函数，代码如下：

```
def gbdt_predict(schema_madlib, test_table_name, model_table_name, output_table_name, id_col
_name, ** kwargs):

    num_tree = plpy.execute("""SELECT COUNT( * ) AS count FROM {model_table_name}""".format
```

```
( ** locals()))[0]['count']
    if num_tree == 0:
        plpy.error("The GBDT - method has no trees")


    elements = plpy.execute("""SELECT * FROM {model_table_name}_summary""".format( **
locals()))[0]
…
```

在 py_in 文件中定义相应的业务代码，用 Python 实现相应处理逻辑。

在安装阶段，sql_in 和 py_in 会被 GNU m4 解析为正常的 Python 和 SQL 文件。这里需要指出的是，当前 MADlib 框架只支持 Python2 版本，上述代码实现也是基于 Python2 完成的。

8.7.5　MADlib 在 openGauss 上的使用示例

这里以通过支持向量机算法进行房价分类为例，演示具体的使用方法。

(1) 数据集准备，代码如下：

```
DROP TABLE IF EXISTS houses;
CREATE TABLE houses (id INT, tax INT, bedroom INT, bath FLOAT, price INT, size INT, lot INT);
INSERT INTO houses VALUES
(1 , 590 ,     2 ,   1 , 50000 , 770 , 22100),
(2 , 1050 ,    3 ,   2 , 85000 , 1410 , 12000),
(3 ,  20 ,     3 ,   1 , 22500 , 1060 , 3500),
…
(12 , 1620 ,   3 ,   2 , 118600 , 1250 , 20000),
(13 , 3100 ,   3 ,   2 , 140000 , 1760 , 38000),
(14 , 2070 ,   2 ,   3 , 148000 , 1550 , 14000),
(15 , 650 ,    3 , 1.5 , 65000 , 1450 , 12000);
```

(2) 模型训练。

① 训练前配置相应 schema 和兼容性参数，代码如下：

```
SET search_path = " $ user",public,madlib;
SET behavior_compat_options = 'bind_procedure_searchpath';
```

② 使用默认的参数进行训练，分类的条件为'price < 100000'，SQL 语句如下：

```
DROP TABLE IF EXISTS houses_svm, houses_svm_summary;
SELECT madlib.svm_classification('public.houses','public.houses_svm','price < 100000','ARRAY
[1, tax, bath, size]');
```

(3) 查看模型，代码如下：

```
\x on
SELECT * FROM houses_svm;
\x off
```

结果如下：

```
-[ RECORD 1 ]----+------------------------------------------------------------
coef               | {.113989576847, -.00226133300602, -.0676303607996,.00179440841072}
loss               | .614496714256667
norm_of_gradient   | 108.171180769224
num_iterations     | 100
num_rows_processed | 15
num_rows_skipped   | 0
dep_var_mapping    | {f,t}
```

(4) 进行预测，代码如下：

```
DROP TABLE IF EXISTS houses_pred;
SELECT madlib.svm_predict('public.houses_svm','public.houses','id','public.houses_pred');
```

(5) 查看预测结果，代码如下：

```
SELECT *, price < 100000 AS actual FROM houses JOIN houses_pred USING (id) ORDER BY id;
```

结果如下：

```
id  | tax  | bedroom | bath | price  | size |  lot  | prediction | decision_function | actual
----+------+---------+------+--------+------+-------+------------+-------------------+------
  1 | 590  |       2 |    1 | 50000  | 770  | 22100 | t          |     .09386721875  | t
  2 | 1050 |       3 |    2 | 85000  | 1410 | 12000 | t          |    .134445058042  | t
…
14  | 2070 |       2 |    3 | 148000 | 1550 | 14000 | f          | -1.9885277913972  | f
15  | 650  |       3 |  1.5 | 65000  | 1450 | 12000 | t          |  1.1445697772786  | t
(15 rows)
```

查看误分率，代码如下：

```
SELECT COUNT(*) FROM houses_pred JOIN houses USING (id) WHERE houses_pred.prediction !=
(houses.price < 100000);
```

结果如下：

```
count
-------
    3
(1 row)
```

(6) 使用 svm 其他核进行训练，代码如下：

```
DROP TABLE IF EXISTS houses_svm_gaussian, houses_svm_gaussian_summary, houses_svm_gaussian_
random;
SELECT madlib.svm_classification( 'public.houses', 'public.houses_svm_gaussian', 'price <
100000','ARRAY[1, tax, bath, size]','gaussian','n_components = 10', '', 'init_stepsize = 1, max_
iter = 200' );
```

进行预测，并查看训练结果。

```
DROP TABLE IF EXISTS houses_pred_gaussian;
SELECT madlib.svm_predict('public.houses_svm_gaussian','public.houses','id', 'public.houses_
pred_gaussian');
SELECT COUNT( * ) FROM houses_pred_gaussian JOIN houses USING (id) WHERE houses_pred_gaussian.
prediction != (houses.price < 100000);
```

结果如下：

```
count
--------+
0
(1 row)
```

(7) 其他参数。

除指定不同的核方法外，还可以指定迭代次数、初始参数，如 init_stepsize、max_iter、class_weight 等。

8.7.6 演进路线

openGauss 当前通过兼容开源的 Apache MADlib 机器学习库来具备机器学习能力。通过对原有 MADlib 框架的适配，openGauss 实现了多种自定义的工程化算法扩展。

除兼容业界标杆 PostgreSQL 系的 Apache MADlib 获得它的业务生态外，openGauss 也在自研原生的 DB4AI 引擎，并支持端到端的全流程 AI 能力，这包括模型管理、超参数优化、原生的 SQL-like 语法、数据库原生的 AI 算子与执行计划等，性能相比 MADlib 具有 5 倍以上的提升。该功能将在后续逐步开源。

8.8 本章小结

本章介绍了 openGauss 团队在 AI 与数据库结合中的探索，并重点介绍了 AI4DB 中的参数自调优、索引推荐、异常检测、查询时间预测、慢 SQL 发现等特性，以及 openGauss 的 DB4AI 功能。无论从哪个方面讲，AI 与数据库的结合远不止于此，此处介绍的这些功能也仅是一个开端，在 openGauss 的 AI 功能上还有很多事情要做，包括 AI 与优化器的进一步结合；打造全流程的 AI 自治能力，实现全场景的故障发现与自动修复；利用 AI 改造数据库内的算法与逻辑等。

虽然 AI 与数据库结合已经取得了长远的进步，但是还面临着以下挑战。

(1) 算力问题：额外的 AI 计算产生的算力代价如何解决，会不会导致性能下降？

(2) 算法问题：使用 AI 算法与数据库结合是否会带来显著的收益？算法额外开销是否很大？算法能否泛化，适用到普适场景中？选择什么样的算法更能解决实际问题？

(3) 数据问题：如何安全地提取和存储 AI 模型训练所需要的数据，如何面对数据冷热分类和加载启动问题？

上述问题在很大程度上是一个权衡问题，既要充分利用 AI 创造的灵感，又要充分继承和发扬数据库现有的理论与实践，这也是 openGauss 团队不断探索的方向。

第9章

安全管理源码解析

openGauss作为新一代自治安全数据库，提供了丰富的数据库基础安全能力，并逐步完善各类高阶安全能力。这些安全能力涵盖了访问登录认证、用户权限管理、审计与追溯及数据安全隐私保护等。本章将围绕openGauss安全机制进行源码解读，以帮助数据库内核开发者在进行内核开发时正确地理解和使用安全功能接口，持续为产品提供安全保护。

9.1 安全管理整体架构与代码

不同于数据库其他业务模块，安全管理模块的安全能力并不是逻辑集中的，而是分散化的，在数据库整个业务逻辑的不同阶段提供对应的安全能力，从而构建数据库整体纵深安全防御能力。openGauss安全机制体系如图9-1所示。

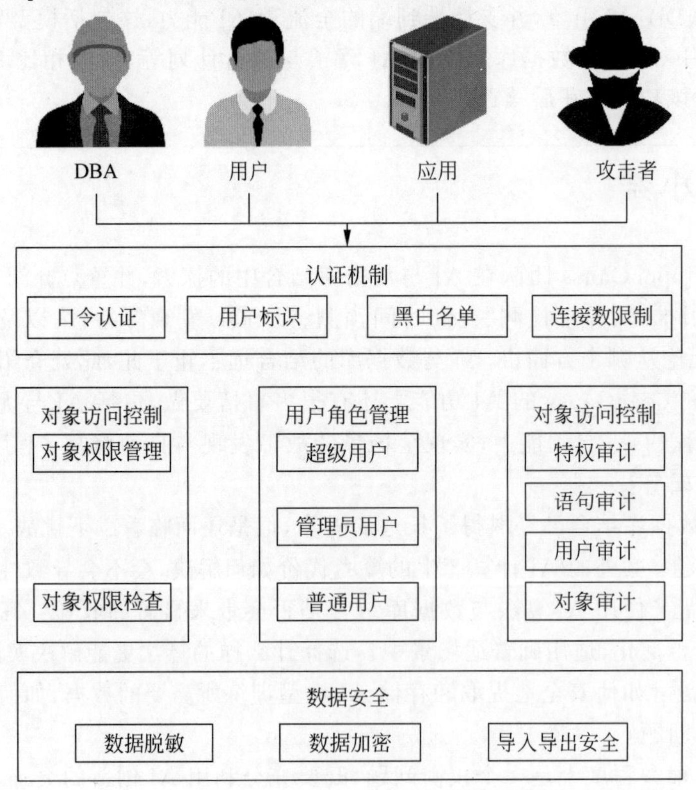

图9-1 openGauss安全机制体系

虽然整个安全机制是分散化的，但是每个安全子模块都独立负责了一个完整的安全能力。如安全认证机制模块主要解决用户访问控制、登录通道安全问题；用户角色管理模块解决用户权限管理问题。因此，安全管理体系架构的代码解读也将根据整个体系的划分来进行描述。

1. 认证机制

认证机制子模块在业务流程上主要包括认证配置文件管理、用户身份识别、口令校验等过程，其核心流程及接口定义如图 9-2 所示。

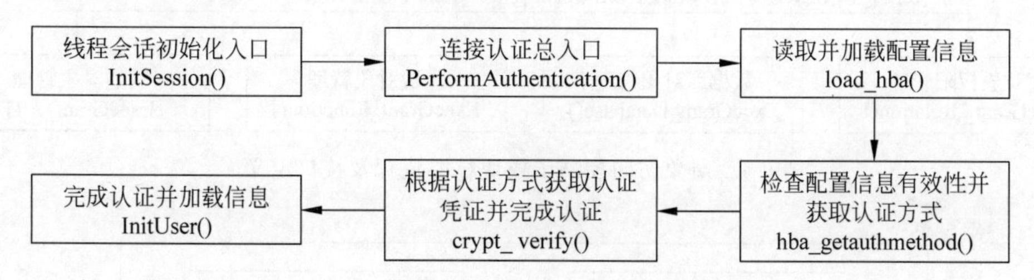

图 9-2 认证机制子模块核心流程及接口定义

2. 用户角色管理

用户角色管理子模块在业务流程上主要包括角色的创建、修改、删除、授权和回收。由于 openGauss 并未严格区分用户和角色，因此用户的管理与角色管理共用一套接口，仅在部分属性上进行区分。角色管理子模块涉及的功能及其对应的接口如图 9-3 所示。

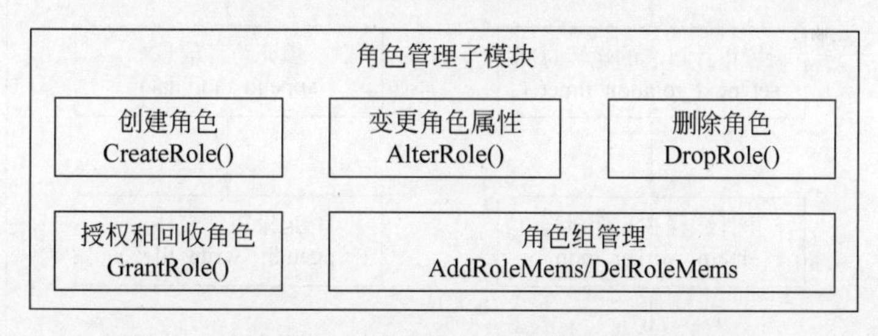

图 9-3 角色管理子模块涉及的功能及其对应的接口

3. 对象访问控制

对象访问控制子模块在业务流程上主要包括对象授权、对象权限回收及实际对象操作时的对象权限检查，其核心流程及接口定义如图 9-4 所示。

4. 审计机制

审计机制子模块主要包括审计日志的创建和管理及数据库的各类管理活动与业务活动的审计追溯。审计日志管理包括新创建审计日志、审计日志轮转、审计日志清理。审计日志追溯包括活动发生时的日志记录及审计信息查询接口。审计机制子模块核心流程及接口如图 9-5 所示。

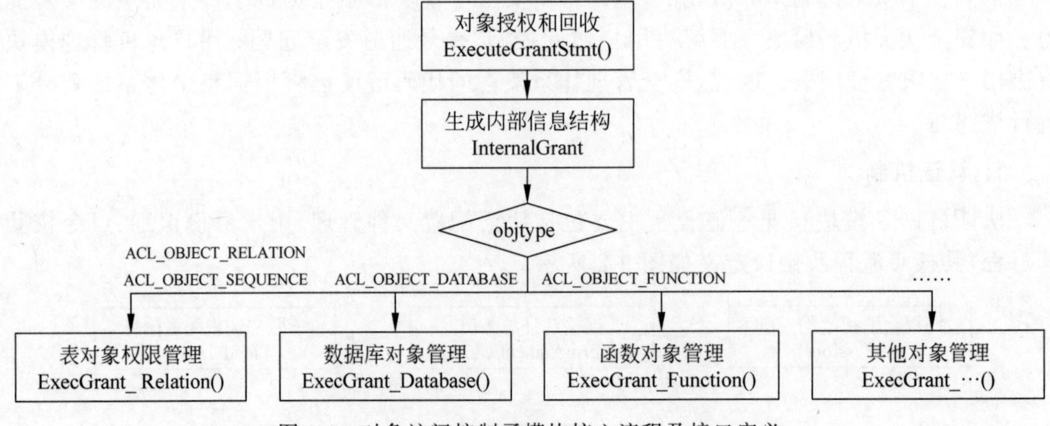

图 9-4　对象访问控制子模块核心流程及接口定义

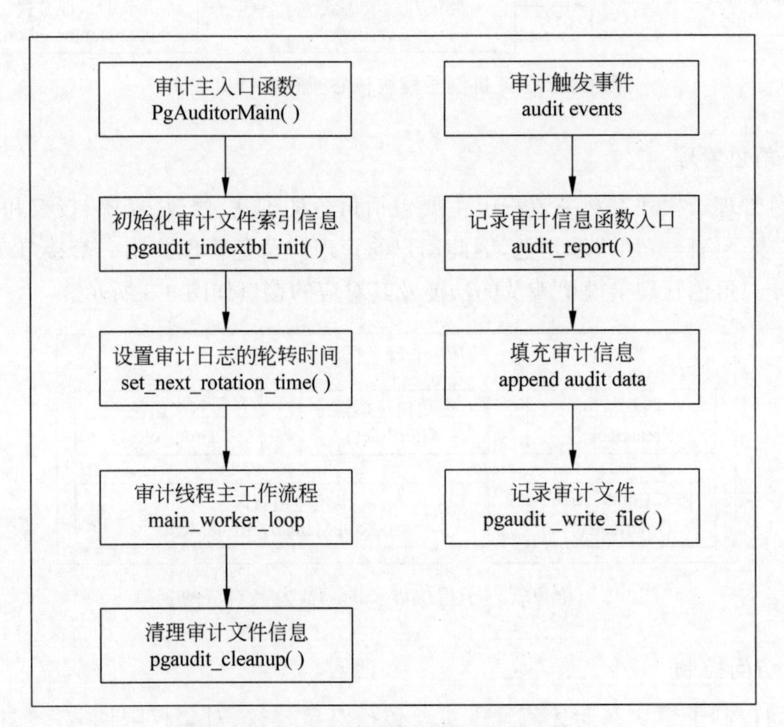

图 9-5　审计机制子模块核心流程及接口

9.2 安全认证

安全认证是数据库对外提供的第一道防线，数据库访问者只有完成身份识别并通过认证校验机制，才可以建立访问通道从事数据库管理活动。整个安全认证过程涉及用户身份识别、用户口令安全存储及完善的认证机制 3 个子模块，而对于系统内部的进程间通信（主备)，则需要调用业界通用的 Kerberos 认证机制，下面将主要围绕这 4 个子模块进行原理介绍和代码解析。

9.2.1　身份认证

安全认证机制要解决的核心问题是谁可以访问数据库。因此，在定义身份时，除了描述访问用户，还要清晰定义整个过程中以何种方法访问、从何处访问、访问哪个数据库的问题，本节重点介绍身份认证概念及源码。

身份认证是一个广义的概念，定义了数据库系统的访问规则。openGauss 的访问规则信息主要被记录在配置文件 HBA(Host-Based Authentication，主机认证)中，HBA 文件中的每一行代表一个访问规则，其书写格式如下：

```
hostssl   DATABASE USER ADDRESS METHOD [OPTIONS]
```

其中，第 1 个字段代表套接字方法，第 2 个字段代表允许被访问的数据库，第 3 个字段代表允许访问的用户，第 4 个字段代表允许访问的 IP 地址，第 5 个字段代表访问的认证方式，第 6 个字段则是对第 5 个字段认证信息的补充。在定义访问规则时，需要按照访问的优先级来组织信息，对于访问需求高的规则建议写在前面。

在 openGauss 源码中，定义了存储访问规则的关键数据结构 HbaLine，核心元素代码如下：

```
typedef struct HbaLine
{
    int linenumber;                 /* 规则行号 */
    ConnType conntype;              /* 连接套接字方法 */
    List* databases;                /* 允许访问的数据库集合 */
    List* roles;                    /* 允许访问的用户组 */
…
    char* hostname;                 /* 允许访问的 IP 地址 */
    UserAuth auth_method;           /* 认证方法 */
…
} HbaLine;
```

字段 conntype、database、roles、hostname 及 auth_method 分别对应 HBA 文件中的套接字方法、允许被访问的数据库、允许被访问的用户、IP 地址及当前该规则的认证方法。

HBA 文件在系统管理员配置完成后存放在数据库服务侧。当某个用户通过数据库用户发起认证请求时，连接相关的信息都存放在关键数据结构 Port 中，代码如下：

```
typedef struct Port {
…
SockAddr laddr;                   /* 本地进程 IP 地址信息 */
SockAddr raddr;                   /* 远端客户端进程 IP 地址信息 */
char* remote_host;                /* 远端 host(主机)名称字符串或 IP 地址 */
char* remote_hostname;            /* 可选项，远程 host 名称字符串或 IP 地址 */
    …
/* 发送给 backend(后端)的数据包信息，包括访问的数据库名称、用户名、配置参数 */
char* database_name;
```

```
    char * user_name;
    char * cmdline_options;
    List * guc_options;

    /* 认证相关的配置信息 */
    HbaLine * hba;
    …
    /* SSL(Secure Sockets Layer,安全套接层,工作于套接字层的安全协议)认证信息 */
    #ifdef USE_SSL
        SSL * ssl;
        X509 * peer;
        char * peer_cn;
        unsigned long count;
    #endif
    …
    /* Kerberos 认证数据结构信息 */
    #ifdef ENABLE_GSS
        char * krbsrvname;          /* Kerberos 服务进程名称 */
        gss_ctx_id_t gss_ctx;       /* GSS(Generic Security Service,通用安全服务)数据内容 */
        gss_cred_id_t gss_cred;     /* 凭证信息 */
        gss_name_t gss_name;
        gss_buffer_desc gss_outbuf; /* GSS token 信息 */
    #endif
    } Port;
```

其中,Port 结构中的 user_name、database_name、raddr 及对应的 HBA 等字段就是认证相关的用户信息、访问数据库信息、IP 地址信息及访问规则信息。与此同时,Port 结构中还包含 SSL 认证相关的信息及节点间做 Kerberos 认证相关的信息。有了 Port 信息,后台服务线程会根据前端传入的信息与 HbaLine 中记录的信息逐一比较,完成对应的身份识别。完整的身份认证过程见 check_hba 函数,其核心逻辑代码如下:

```
/** 扫描 HBA 文件,寻找匹配连接请求的规则项 */
static void check_hba(hbaPort * port)
{
    …
    /* 获取当前连接用户的 ID */
    roleid = get_role_oid(port->user_name, true);

    foreach (line, t_thrd.libpq_cxt.parsed_hba_lines) {
        hba = (HbaLine *)lfirst(line);
        /* 认证连接行为分为本地连接行为和远程连接行为,需分开考虑 */
        if (hba->conntype == ctLocal) {
            /* 对于 local 套接字,仅允许初始安装用户本地登录 */
            if (roleid == INITIAL_USER_ID) {
                char sys_user[SYS_USERNAME_MAX + 1];
…
                /* 基于本地环境的 UID(User Identity,用户身份标识)信息获取当前系统用户名 */
                (void)getpwuid_r(uid, &pwtmp, pwbuf, pwbufsz, &pw);
                …
```

```
            /* 记录当前系统用户名 */
            securec_check(strncpy_s(sys_user,SYS_USERNAME_MAX + 1, pw -> pw_name, SYS_
USERNAME_MAX), "\0", "\0");

        /* 对于访问用户与本地系统用户不相匹配的场景,均需提供密码 */
        if (strcmp(port -> user_name, sys_user) != 0)
            hba -> auth_method = uaSHA256;
        } else if (hba -> auth_method == uaTrust) {
            hba -> auth_method = uaSHA256;
        }
    ...
    } else {
        /* 访问行为是远端访问行为,需要逐条判断包括认证方式在内的信息的正确性 */
        if (IS_AF_UNIX(port -> raddr.addr.ss_family))
            continue;
    /* SSL 连接请求套接字判断 */
#ifdef USE_SSL
            if (port -> ssl != NULL) {
                if (hba -> conntype == ctHostNoSSL)
                    continue;
            } else {
                if (hba -> conntype == ctHostSSL)
                    continue;
            }
#else
        if (hba -> conntype == ctHostSSL)
            continue;
#endif
            /* IP 白名单校验 */
            switch (hba -> ip_cmp_method) {
                case ipCmpMask:
                    if (hba -> hostname != NULL) {
                        if (!check_hostname(port, hba -> hostname))
                            continue;
                    } else {
                        if (!check_ip(&port -> raddr, (struct sockaddr *)&hba -> addr,
(struct sockaddr *)&hba -> mask))
                            continue;
                    }
                    break;
                case ipCmpAll:
                    break;
                case ipCmpSameHost:
                case ipCmpSameNet:
                    if (!check_same_host_or_net(&port -> raddr, hba -> ip_cmp_method))
                        continue;
                    break;
                default:
                    /* shouldn't get here, but deem it no - match if so */
                    continue;
```

```
            }
        } /* != ctLocal */

        /* 校验数据库信息和用户信息 */
        if (!check_db(port->database_name, port->user_name, roleid, hba->databases))
            continue;
        if (!check_role(port->user_name, roleid, hba->roles))
            continue;
        ...
        port->hba = hba;
        return;
    }

    /* 没有匹配则拒绝当前连接请求 */
    hba = (HbaLine *)palloc0(sizeof(HbaLine));
    hba->auth_method = uaImplicitReject;
    port->hba = hba;
}
```

9.2.2 口令存储

口令是安全认证过程中的重要凭证。openGauss 数据库在执行创建用户或修改用户口令操作时，会将口令通过单向哈希方式加密后存储在 pg_authid 系统表中。口令加密的方式与参数"password_encryption_type"的配置有关，目前系统支持 MD5、SHA256 + MD5（同时存储 SHA256 和 MD5 哈希值）和 SHA256 三种方式，默认采用 SHA256 方式加密。为兼容 PostgreSQL 社区和第三方工具，openGauss 保留了 MD5 方式，但此方式安全性较低，不推荐用户使用。

口令的加密方式与认证方式密切相关，选择不同的加密方式需要对应修改"pg_hba.conf"配置文件中的认证方式。口令加密与认证方式对应关系如表 9-1 所示。

表 9-1 口令加密与认证方式对应关系

password_encryption_type	加密方式（哈希算法）	认证方式（pg_hba.conf）	加密函数接口
0	MD5	MD5	pg_md5_encrypt
1	SHA256+MD5	SHA256 或 MD5	calculate_encrypted_combined_password
2(默认值)	SHA256	SHA256	calculate_encrypted_sha256_password

创建用户和修改用户属性的函数入口分别为 CreateRole 和 AlterRole。在函数内对口令加密前会先校验是否满足口令复杂度，如果满足则调用 calculate_encrypted_password 函数实现口令的加密。加密时根据参数 password_encryption_type 配置选择对应的加密方式，加密完成后会清理内存中的敏感信息并返回口令密文。口令加密流程如图 9-6 所示。

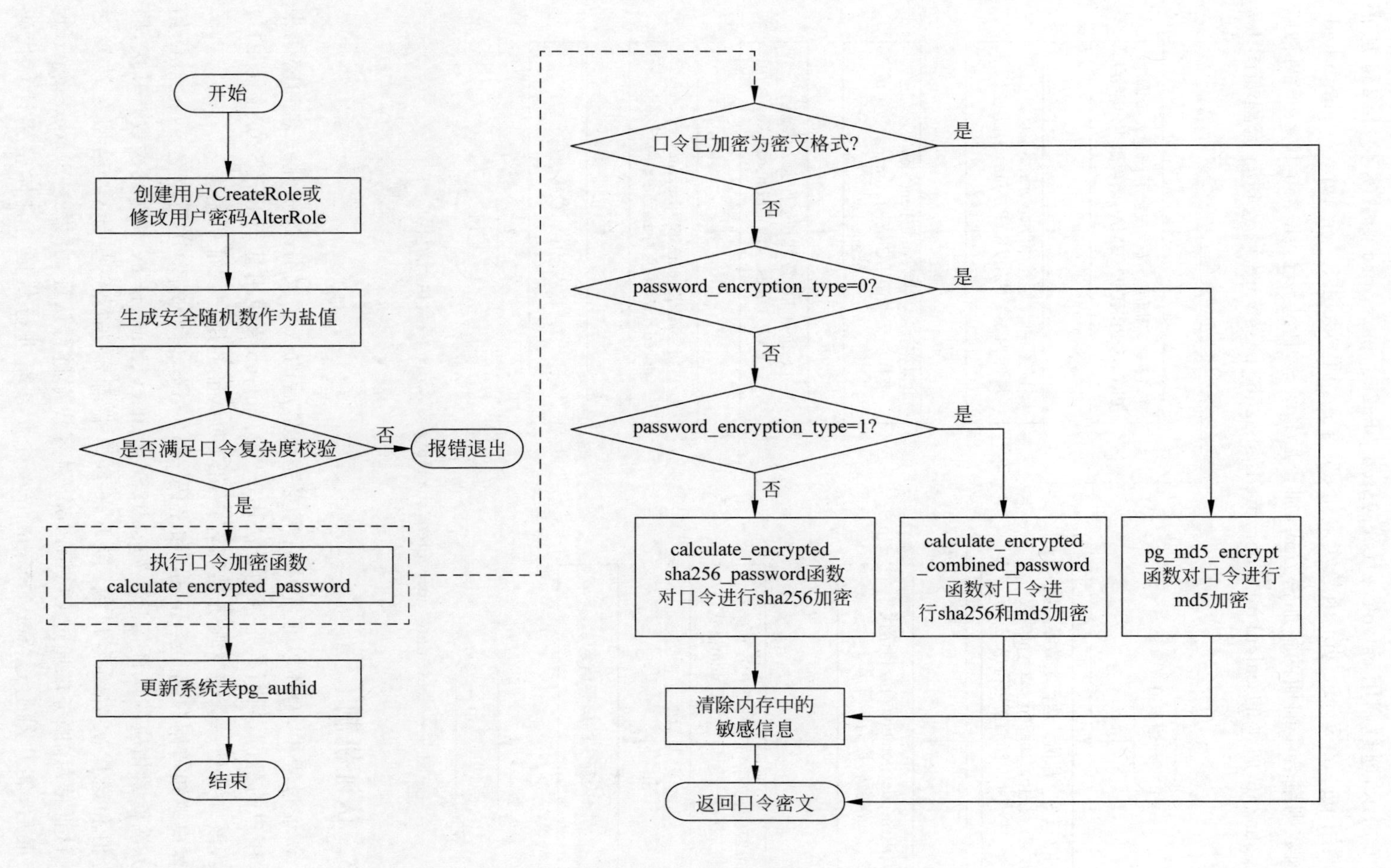
开始
创建用户CreateRole或修改用户密码AlterRole
生成安全随机数作为盐值
是否满足口令复杂度校验
否
报错退出
是
执行口令加密函数calculate_encrypted_password
更新系统表pg_authid
结束
口令已加密为密文格式?
是
否
password_encryption_type=0?
是
否
password_encryption_type=1?
是
否
calculate_encrypted_sha256_password函数对口令进行sha256加密
calculate_encrypted_combined_password函数对口令进行sha256和md5加密
pg_md5_encrypt函数对口令进行md5加密
清除内存中的敏感信息
返回口令密文

图 9-6　口令加密流程

如图 9-6 所示，通过调用 calculate_encrypted_sha256_password 函数实现 sha256 加密方式，通过调用 pg_md5_encrypt 函数实现 md5 方式，而 calculate_encrypted_combined_password 函数则融合了前面两种加密方式，加密后系统表中包含了 sha256 和 md5 两种哈希值。实现 sha256 加密的 calculate_encrypted_sha256_password 函数执行流程如图 9-7 所示。

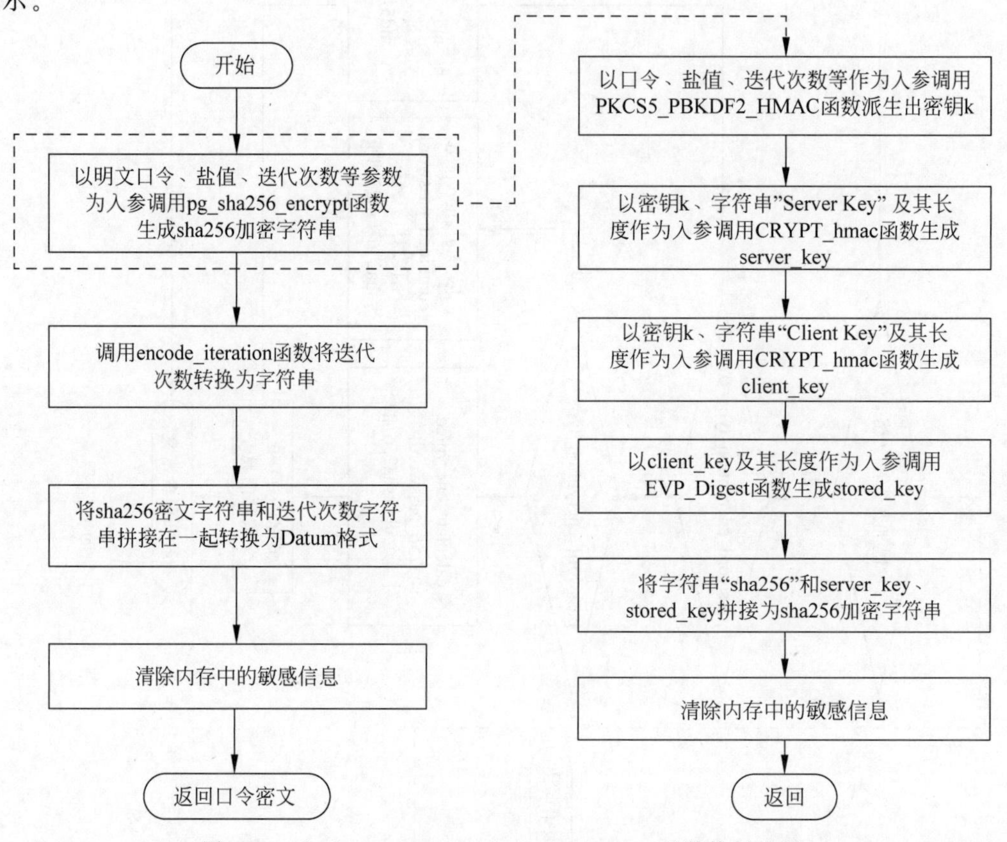

图 9-7 calculate_encrypted_sha256_password 函数执行流程

9.2.3 认证机制

在整个认证过程中，身份认证完成后需要完成最后的认证识别，通过用户名和密码来验证数据库用户的身份，判断其是否为合法用户。openGauss 使用基于 RFC5802 协议的口令认证方案，该方案是一套包含服务器和客户端双向认证的用户认证机制。

首先，客户端知道用户名 username 和密码 password，客户端发送用户名 username 给服务端，服务端检索相应的认证信息。如 salt、StoredKey、ServerKey 和迭代次数。其次，服务端发送盐值和迭代次数给客户端，接下来客户端需要进行一些计算，给服务端发送 ClientProof 认证信息，服务端通过 ClientProof 对客户端进行认证，并发送 ServerSignature 给客户端。最后，客户端通过 ServerSignature 对服务端进行认证。具体密钥计算代码如下：

```
SaltedPassword := Hi(password, salt, iteration_count) /*其中,Hi()本质上是 PBKDF2 */
ClientKey := HMAC(SaltedPassword, "Client Key")
StoredKey := sha256(ClientKey)
ServerKey := HMAC(SaltedPassword, "Sever Key")
ClientSignature:= HMAC(StoredKey, token)
ServerSignature:= HMAC(ServerKey, token)
ClientProof:= ClientSignature XOR ClientKey
```

密钥衍生过程如图 9-8 所示。

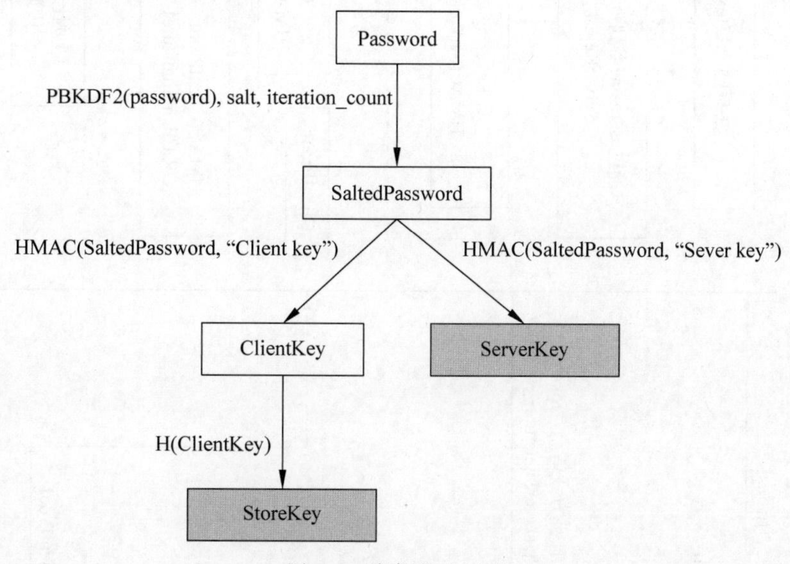

图 9-8 密钥衍生过程

服务器端存储的是 StoredKey 和 ServerKey。

(1) StoredKey 用来验证客户端用户身份。

服务端认证客户端:将 ClientSignature 与客户端发来的 ClientProof 进行异或运算,从而恢复得到 ClientKey,然后将其进行 HMAC(Hash-based Message Authentication Code,散列信息认证码)运算,将得到的值与 StoredKey 进行对比,如果相等,客户端验证通过,其中 ClientSignature 通过 StoredKey 和 token(随机数)进行 HMAC 计算得到。

(2) ServerKey 用来向客户端表明自己的身份。

客户端认证服务端:将 ServerSignature 与服务端发来的值进行比较,如果相等,则完成对服务端的认证,其中 ServerSignature 通过 ServerKey 和 token(随机数)进行 HMAC 计算得到。

(3) 在认证过程中,服务端可以计算出来 ClientKey,验证完后直接丢弃不必存储。防止服务端伪造认证信息 ClientProof,从而仿冒客户端。

接下来详细描述在一个认证会话期间的客户端与服务端的信息交换过程,如图 9-9 所示。

认证流程为:

(1) 客户端发送 username。

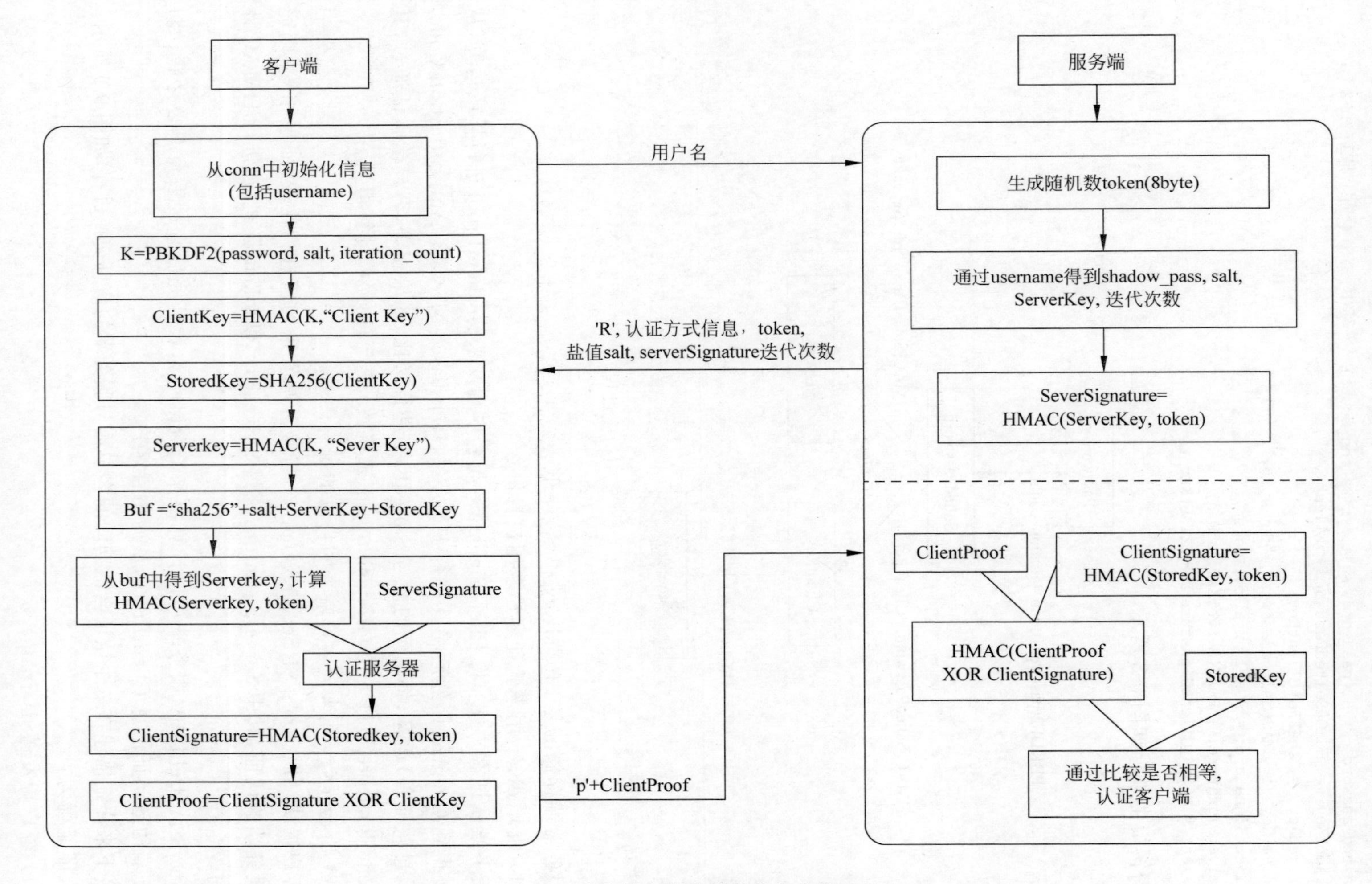

图 9-9　客户端与服务端的信息交换过程

(2) 服务端返回盐值、iteration-count(迭代次数)、ServerSignature 及随机生成的字符串 token 给客户端。服务端将通过计算得到的 ServerSignature 返回给客户端。

```
ServerSignature: = HMAC(ServerKey,token)
```

(3) 客户端认证服务端并发送认证响应。响应信息包含客户端认证信息 ClientProof。ClientProof 证明客户端拥有 ClientKey,但是不通过网络的方式发送。在收到信息后,计算 ClientProof。

客户端利用盐值和迭代次数从 password 计算得到 SaltedPassword,然后通过图 9-9 中的公式计算得到 ClientKey、StoryKey 和 ServerKey。

客户端通过 StoredKey 和 token 进行哈希计算得到 ClientSignature:

```
ClientSignature: = HMAC(StoredKey,token)
```

将 ClientKey 和 ClientSignature 进行异或得到 ClientProof:

```
ClientProof: = ClientKey XOR ClientSignature
```

将计算得到的 ClientProof 和第(2)步接收的随机字符串发送给服务端进行认证。

(4) 服务端接收并校验客户端信息。

使用其保存的 StoredKey 和 token 通过 HMAC 算法进行计算,然后与客户端传来的 ClientProof 进行异或,恢复 ClientKey;再对 ClientKey 进行哈希计算,将得到的结果与服务端保存的 StoredKey 进行比较,如果相等则服务端对客户端的认证通过,否则认证失败。

```
ClientSignature: = HMAC(StoredKey,token)
HMAC(ClientProof XOR ClientSignature ) = StoredKey
```

客户端认证的过程通过调用 ClientAuthentication 函数完成,该函数只有一个类型 Port 的参数,Port 结构中存储着客户端相关信息,Port 结构与客户端相关的部分字段参见 9.2.1 节。完整的客户端认证过程见 ClientAuthentication 函数,代码如下:

```
void ClientAuthentication(Port * port)
{
    int status = STATUS_ERROR;
    char details[PGAUDIT_MAXLENGTH] = {0};
    char token[TOKEN_LENGTH + 1] = {0};
    errno_t rc = EOK;
    GS_UINT32 retval = 0;
    hba_getauthmethod(port);
    …
    switch (port->hba->auth_method) {
        case uaReject:
    …
    case uaImplicitReject:
        …
        /* 使用 MD5 口令认证 */
        case uaMD5:
```

```
                sendAuthRequest(port, AUTH_REQ_MD5);
                status = recv_and_check_password_packet(port);
                break;
            /* 使用 sha256 认证方法 */
            case uaSHA256:
                /* 禁止使用初始用户进行远程连接 */
                if (isRemoteInitialUser(port)) {
                    ereport(FATAL,
                        (errcode(ERRCODE_INVALID_AUTHORIZATION_SPECIFICATION), errmsg("Forbid
remote connection with initial user.")));
        }
        rc = memset_s(port->token, TOKEN_LENGTH * 2 + 1, 0, TOKEN_LENGTH * 2 + 1);
        securec_check(rc, "\0", "\0");
        HOLD_INTERRUPTS();
        /* 生成随机数 token */
        retval = RAND_priv_bytes ((GS_UCHAR *)token, (GS_UINT32)TOKEN_LENGTH);
        RESUME_INTERRUPTS();
        CHECK_FOR_INTERRUPTS();
        if (retval != 1) {
            ereport (ERROR, (errmsg ( " Failed to Generate the random number, errcode: % u",
retval)));
        }
        sha_bytes_to_hex8((uint8 *)token, port->token);
        port->token[TOKEN_LENGTH * 2] = '\0';
        /* 发送认证请求到前端,认证码为 AUTH_REQ_SHA256 */
        sendAuthRequest(port, AUTH_REQ_SHA256);
        /* 接收并校验客户端的信息 */
        status = recv_and_check_password_packet(port);
        break;
    ...
    }
    ...
    if (status == STATUS_OK)
        sendAuthRequest(port, AUTH_REQ_OK);
    else {
        auth_failed(port, status);
    }

    /* 完成认证,关闭参数 ImmediateInterruptOK */
    t_thrd.int_cxt.ImmediateInterruptOK = false;
}
```

在这个 ClientAuthentication 函数中通过先后调用 hba_getauthmethod 函数、check_hba 函数,检查客户端地址、所连接数据库、用户名在文件 HBA 文件中是否有能匹配的 HBA 记录(具体 HBA 及 check_hba 相关内容参见 9.2.1 节)。如果能够找到匹配的 HBA 记录,则将 Port 结构中相关认证方法的字段设置为 HBA 记录中的参数,同时状态值为 STATUS_OK。然后根据不同的认证方法,进行相应的认证过程。具体认证方法如表 9-2 所示,在认证过程中可能需要和客户端进行多次交互。最后返回如果为 STAUS_OK,则表示认证成功,并将认证成功的信息发送回客户端,否则发送认证失败的信息。

表 9-2　认证方法

认证方法	值	描　述
uaReject	0	无条件拒绝连接
uaTrust	3	无条件允许连接,即允许匹配 HBA 记录的客户端连入数据库
uaMD5	5	要求客户端提供一个 MD5 加密口令进行认证
uaSHA256	6	要求客户端提供 SHA256 加密口令进行认证
uaGSS	7	通过 GSS-API(Generic Security Service,通用安全服务; Application Programming Interface,应用编程接口)认证用户

接下来介绍客户端认证服务端并发送认证响应的相关内容。客户端根据不同的认证方法进行不同的处理过程,当方法为 AUTH_REQ_SHA256 时,通过调用函数 pg_password_sendauth 完成对服务端的认证,代码如下:

```
static int pg_password_sendauth(PGconn * conn, const char * password, AuthRequest areq)
{
    int ret;
    /* 初始化变量 */
    ...
    char h[HMAC_LENGTH + 1] = {0};
    char h_string[HMAC_LENGTH * 2 + 1] = {0};
    char hmac_result[HMAC_LENGTH + 1] = {0};
    char client_key_bytes[HMAC_LENGTH + 1] = {0};
    switch (areq) {
      case AUTH_REQ_MD5:
      /* pg_md5_encrypt()通过 MD5Salt 进行 MD5 加密 */
      ...
      case AUTH_REQ_MD5_SHA256:
      ...
      case AUTH_REQ_SHA256: {
        char * crypt_pwd2 = NULL;
        if (SHA256_PASSWORD == conn->password_stored_method || PLAIN_PASSWORD == conn->
password_stored_method) {
            /* 通过 SHA256 方式加密 */
            if (!pg_sha256_encrypt(
                    password, conn->salt, strlen(conn->salt), (char *)buf, client_key_
buf, conn->iteration_count))
                return STATUS_ERROR;

            rc = strncpy_s(server_key_string,
                sizeof(server_key_string),
                &buf[SHA256_LENGTH + SALT_STRING_LENGTH],
                sizeof(server_key_string) - 1);
            securec_check_c(rc, "\0", "\0");
            rc = strncpy_s(stored_key_string,
                sizeof(stored_key_string),
```

```
            &buf[SHA256_LENGTH + SALT_STRING_LENGTH + HMAC_STRING_LENGTH],
            sizeof(stored_key_string) - 1);
        securec_check_c(rc, "\0", "\0");
        server_key_string[sizeof(server_key_string) - 1] = '\0';
        stored_key_string[sizeof(stored_key_string) - 1] = '\0';

        sha_hex_to_bytes32(server_key_bytes, server_key_string);
        sha_hex_to_bytes4(token, conn->token);
        /* 通过 server_key 和 token 调用 HMAC 算法计算,得到 client_server_signature_
bytes,将该变量转为字符串变量,用来验证与服务端传来的 server_signature 是否相等. */
        CRYPT_hmac_ret1 = CRYPT_hmac(NID_hmacWithSHA256,
            (GS_UCHAR*)server_key_bytes,
            HMAC_LENGTH,
            (GS_UCHAR*)token,
            TOKEN_LENGTH,
            (GS_UCHAR*)client_server_signature_bytes,
            (GS_UINT32*)&hmac_length);
        if (CRYPT_hmac_ret1) {
            return STATUS_ERROR;
        }
        sha_bytes_to_hex64((uint8*)client_server_signature_bytes, client_server_
signature_string);

        /* 调用函数 strncmp 判断计算的 client_server_signature_string 和服务端传来的
server_signature 值是否相等 */
        if (PG_PROTOCOL_MINOR(conn->pversion) < PG_PROTOCOL_GAUSS_BASE &&
            0 != strncmp(conn->server_signature, client_server_signature_string, HMAC
_STRING_LENGTH)) {
            pwd_to_send = fail_info;          /* 不相等则认证失败 */
        } else {
            sha_hex_to_bytes32(stored_key_bytes, stored_key_string);
            /* 通过 stored_key 和 token 计算得到 hmac_result */
            CRYPT_hmac_ret2 = CRYPT_hmac(NID_hmacWithSHA256,
                (GS_UCHAR*)stored_key_bytes,
                STORED_KEY_LENGTH,
                (GS_UCHAR*)token,
                TOKEN_LENGTH,
                (GS_UCHAR*)hmac_result,
                (GS_UINT32*)&hmac_length);

            if (CRYPT_hmac_ret2) {
                return STATUS_ERROR;
            }

            sha_hex_to_bytes32(client_key_bytes, client_key_buf);
            /* hmac_result 和 client_key_bytes 异或得到 h,然后将其发送给服务端,用于验
证客户端 */
            if (XOR_between_password(hmac_result, client_key_bytes, h, HMAC_LENGTH)) {
                return STATUS_ERROR;
            }
```

```
            sha_bytes_to_hex64((uint8 * )h, h_string);
            pwd_to_send = h_string;          /* 设置要发送给服务端的值 */
        }
    }
...
    break;
/* 清空变量 */
...
    return ret;
}
```

9.2.4 Kerberos 安全认证

Kerberos 是一种基于对称密钥技术的身份认证协议。开源组件 Kerberos 可以解决集群内节点或者进程之间的认证问题，即当开启 Kerberos 之后，恶意用户无法仿冒集群内节点或进程来登录数据库系统，只有内部组件才可以持有用于认证的凭证，从而保证通过 Kerberos 认证，降低仿冒风险，提升数据库系统的安全性。Kerberos 协议认证交互如图 9-10 所示。

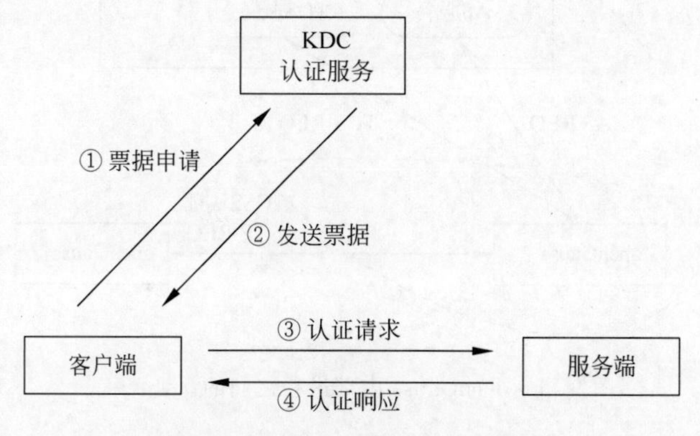

图 9-10 Kerberos 协议认证交互

Kerberos 协议认证中各角色如表 9-3 所示。

表 9-3 Kerberos 协议认证中各角色

角 色	说 明
KDC(Key Distribution Center，密钥分发中心)	Kerberos 服务程序
Client	需要访问服务的用户，KDC 和 Service 会对用户的身份进行认证
Service	集成了 Kerberos 的服务、被访问的服务，需要对客户端进行认证
AS(Authentication Service，认证服务)	AS 服务器用于身份的校验，内部会存储所有的账号信息
TGS(Ticket Granting Service，票据授权服务)	TGT(Ticket Granting Ticket，根凭证)票据分发服务

openGauss可在数据库系统部署完毕之后开启 Kerberos 模式，即 Kerberos 服务部署在数据库系统机器上，部署过程中会开启 Kerberos 相关的服务，并派发凭证给集群内部所有的节点，初始化一系列 Kerberos 需要用到的环境变量，数据库内核中通过调用 GSS-API 来实现 Kerberos 标准协议的通信内容。以 openGauss 主备之间的认证为例，在 Kerberos 开启后，openGauss 内部进程之间的认证流程如图 9-11 所示。

Kerberos 提供用户(数据库管理员)透明的认证机制，数据库管理员无须感知 Kerberos 进程/部署情况。图 9-11 中分两部分描述 Kerberos 交互，左侧虚线框内的 Kerberos 协议实现部分由 OM 工具完成。OM 工具在 Kerberos 初始化时将 KDC 服务拉起(krb5kdc 进程)，KDC 服务内置了两个服务：AS 和 TGS。客户端(openGauss 主备等数据库服务进程)在登录对端之前会先和 KDC 交互拿到 TGT，这个步骤由 OM 拉起的定时任务调用 Kerberos 提供刷新票据工具来实现，默认每 24 小时重新获取 1 次。该获取 TGT 的过程对应 Kerberos 标准协议中的 AS-REQ、AS-REP、TGS-REQ 和 TGS-REP 模块。

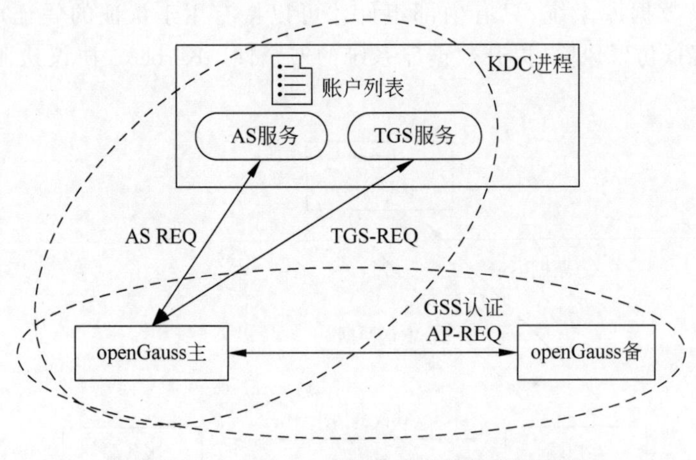

图 9-11　openGauss 内部进程之间的认证流程

右侧虚线框内的数据库内侧认证，主要由 AP-REQ 流程实现，简化流程如图 9-12 所示。

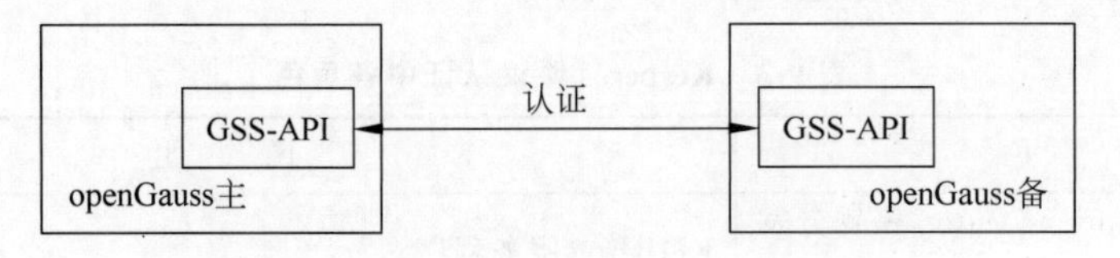

图 9-12　数据库系统内核认证交互简化流程

数据库内核封装 GSS-API 数据结构，实现跟外部 API 交互认证，关键数据结构源代码文件为“src\include\libpq\auth. h”，相关代码如下：

```
typedef struct GssConn {
    int sock;
    gss_ctx_id_t gctx;              /* GSS 上下文 */
```

```
    gss_name_t gtarg_nam;              /* GSS 名称 */
    gss_buffer_desc ginbuf;            /* GSS 输入 token */
    gss_buffer_desc goutbuf;           /* GSS 输出 token */
} GssConn;
/* 客户端、服务端接口,用于封装标准 Kerberos 协议调用,其中客户端接口用于向服务端 */
/* 发起访问,同时响应服务端接口 GssServerAuth 发起的票据请求 */
int GssClientAuth(int socket, char* server_host);
int GssServerAuth(int socket, const char* krb_keyfile);
```

认证交互逻辑时序如图 9-13 所示。认证流程如下。

(1) 服务端通过数据库配置文件决定使用 Kerberos 协议对客户端连接进行认证。

(2) 发起认证请求,客户端准备需要 Kerberos 认证的环境和票证,发 P 报文响应请求并发送票证。

(3) 服务端验证通过后会发送响应 R 报文,完成 Kerberos 认证。

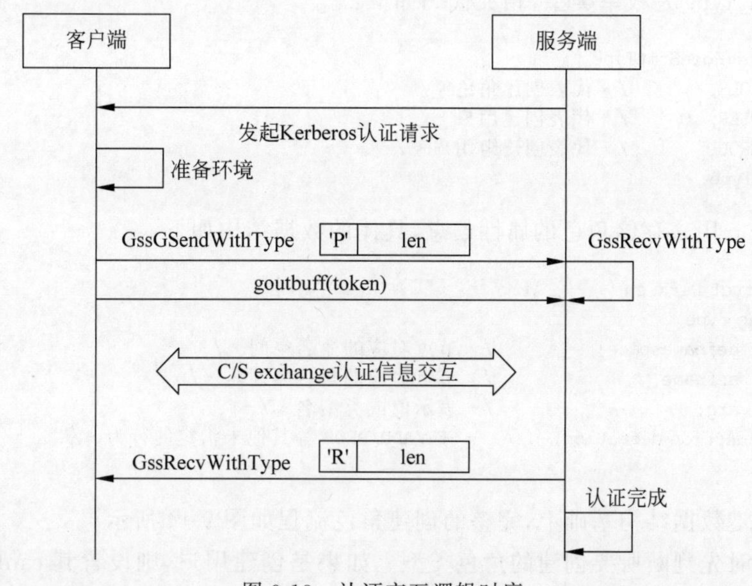

图 9-13　认证交互逻辑时序

9.3 角色创建与角色管理

角色是拥有数据库对象和权限的实体,在不同的环境中角色可以是一个用户、一个组或者两者均有。角色管理包含了角色的创建、修改、删除、权限授予和回收。

9.3.1 角色创建

如果需要在 openGauss 上创建一个角色,可以使用 SQL 命令 CREATE ROLE,其语法如下:

```
CREATE ROLE role_name [ [ WITH ] option [ ... ] ] [ ENCRYPTED | UNENCRYPTED ] { PASSWORD |
IDENTIFIED BY } { 'password' | DISABLE };
```

创建角色是通过函数 CreateRole 实现的，其函数接口如下：

```
void CreateRole(CreateRoleStmt * stmt)
```

其中，CreateRoleStmt 为创建角色时所需的数据结构，具体数据结构代码如下：

```
typedef struct CreateRoleStmt {
    NodeTag type;
    RoleStmtType stmt_type;        /* 将要创建的角色类型 ROLE/USER/GROUP */
    char * role;                   /* 角色名 */
    List * options;                /* 角色属性列表 */
} CreateRoleStmt;
```

字段 stmt_type 是枚举类型，相关代码如下：

```
typedef enum RoleStmtType {
ROLESTMT_ROLE,         /* 代表创建角色 */
ROLESTMT_USER,         /* 代表创建用户 */
ROLESTMT_GROUP,        /* 代表创建组用户 */
} RoleStmtType;
```

字段 option 用来存储角色的属性信息，具体的数据结构如下：

```
typedef struct DefElem {
    NodeTag type;
    char * defnamespace;            /* 节点对应的命名空间 */
    char * defname;                 /* 节点对应的角色属性名 */
    Node * arg;                     /* 表示值或类型名 */
    DefElemAction defaction;        /* SET/ADD/DROP 等其他未指定的行为 */
} DefElem;
```

在上述关键数据结构基础上，完整的创建角色流程如图 9-14 所示。

创建角色时先判断所要创建的角色类型。如果是创建用户，则设置其 canlogin 属性为 true，因为用户默认具有登录权限。而创建角色和创建组时，若角色属性参数没有声明，则 canlogin 属性默认为 false。相关代码如下：

```
/* 默认值可能因原始语句类型而异 */
switch (stmt->stmt_type) {
case ROLESTMT_ROLE:
        break;
    case ROLESTMT_USER:
         canlogin = true;
         break;
     case ROLESTMT_GROUP:
         break;
     default:
         break;
}
```

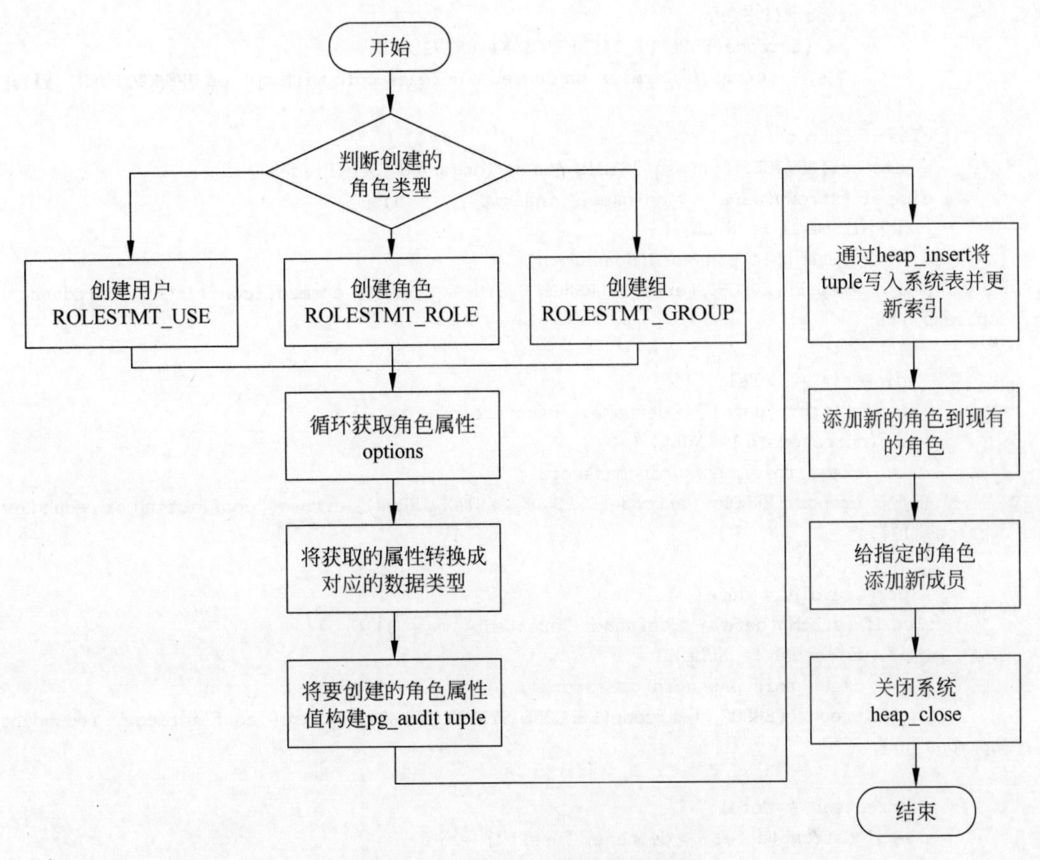

图 9-14　openGauss 创建角色流程

检查完所要创建的角色类型后，开始循环获取角色属性 options 中的内容，并将其转换成对应的角色属性值类型。相关代码如下：

```
/* 从 node tree 中获取 option */
foreach (option, stmt->options) {
    DefElem* defel = (DefElem*)lfirst(option);

    if (strcmp(defel->defname, "password") == 0 || strcmp(defel->defname,
"encryptedPassword") == 0 ||
        strcmp(defel->defname, "unencryptedPassword") == 0) {
        if (dpassword != NULL) {
            clean_role_password(dpassword);
            ereport(ERROR, (errcode(ERRCODE_SYNTAX_ERROR), errmsg("conflicting or redundant
options")));
        }
        dpassword = defel;
        if (strcmp(defel->defname, "encryptedPassword") == 0)
            encrypt_password = true;
        else if (strcmp(defel->defname, "unencryptedPassword") == 0) {
            clean_role_password(dpassword);
```

```
                ereport(ERROR,
                    (errcode(ERRCODE_INSUFFICIENT_PRIVILEGE),
                        errmsg("Permission denied to create role with option UNENCRYPTED.")));
            }
        } else if (strcmp(defel->defname, "sysid") == 0) {
            ereport(NOTICE, (errmsg("SYSID can no longer be specified")));
        } else if (strcmp(defel->defname, "inherit") == 0) {
            if (dinherit != NULL) {
                clean_role_password(dpassword);
                ereport(ERROR, (errcode(ERRCODE_SYNTAX_ERROR), errmsg("conflicting or redundant
options")));
            }
            dinherit = defel;
        } else if (strcmp(defel->defname, "createrole") == 0) {
            if (dcreaterole != NULL) {
                clean_role_password(dpassword);
                ereport(ERROR, (errcode(ERRCODE_SYNTAX_ERROR), errmsg("conflicting or redundant
options")));
            }
            dcreaterole = defel;
        } else if (strcmp(defel->defname, "createdb") == 0) {
            if (dcreatedb != NULL) {
                clean_role_password(dpassword);
                ereport(ERROR, (errcode(ERRCODE_SYNTAX_ERROR), errmsg("conflicting or redundant
options")));
            }
            dcreatedb = defel;
        } else if (strcmp(defel->defname, "useft") == 0) {
            if (duseft != NULL) {
                clean_role_password(dpassword);
                ereport(ERROR, (errcode(ERRCODE_SYNTAX_ERROR), errmsg("conflicting or redundant
options")));
            }
            duseft = defel;
...
```

根据对应的参数信息转换需要的角色属性值类型，如提取 issuper 值和 createrole 值等。相关代码如下：

```
if (dissuper != NULL)
    issuper = intVal(dissuper->arg) != 0;
if (dinherit != NULL)
    inherit = intVal(dinherit->arg) != 0;
if (dcreaterole != NULL)
    createrole = intVal(dcreaterole->arg) != 0;
if (dcreatedb != NULL)
    createdb = intVal(dcreatedb->arg) != 0;
...
```

在完成转换后，将角色属性值及角色的信息一起构建一个 pg_authid 的元组，再写回系统表并更新索引。相关代码如下：

```
/*检查 pg_authid relation,确认该角色没有存在*/
Relation pg_authid_rel = heap_open(AuthIdRelationId, RowExclusiveLock);
    TupleDesc pg_authid_dsc = RelationGetDescr(pg_authid_rel);

    if (OidIsValid(get_role_oid(stmt->role, true))) {
        str_reset(password);
        ereport(ERROR, (errcode(ERRCODE_DUPLICATE_OBJECT), errmsg("role \"%s\" already
exists", stmt->role)));
    }
    ...
    /*创建一个插入的 tuple*/
    errno_t errorno = memset_s(new_record, sizeof(new_record), 0, sizeof(new_record));
    securec_check(errorno, "\0", "\0");
    errorno = memset_s(new_record_nulls, sizeof(new_record_nulls), false, sizeof(new_
record_nulls));
    securec_check(errorno, "\0", "\0");

    new_record[Anum_pg_authid_rolname - 1] = DirectFunctionCall1(namein, CStringGetDatum
(stmt->role));

    new_record[Anum_pg_authid_rolsuper - 1] = BoolGetDatum(issuper);
    new_record[Anum_pg_authid_rolinherit - 1] = BoolGetDatum(inherit);
    new_record[Anum_pg_authid_rolcreaterole - 1] = BoolGetDatum(createrole);
    new_record[Anum_pg_authid_rolcreatedb - 1] = BoolGetDatum(createdb);

    new_record[Anum_pg_authid_rolcatupdate - 1] = BoolGetDatum(issuper);
    new_record[Anum_pg_authid_rolcanlogin - 1] = BoolGetDatum(canlogin);
    new_record[Anum_pg_authid_rolreplication - 1] = BoolGetDatum(isreplication);
    new_record[Anum_pg_authid_rolauditadmin - 1] = BoolGetDatum(isauditadmin);
    new_record[Anum_pg_authid_rolsystemadmin - 1] = BoolGetDatum(issystemadmin);
    new_record[Anum_pg_authid_rolconnlimit - 1] = Int32GetDatum(connlimit);
    ...
    HeapTuple tuple = heap_form_tuple(pg_authid_dsc, new_record, new_record_nulls);

    if (u_sess->proc_cxt.IsBinaryUpgrade && OidIsValid(u_sess->upg_cxt.binary_upgrade_
next_pg_authid_oid)) {
        HeapTupleSetOid(tuple, u_sess->upg_cxt.binary_upgrade_next_pg_authid_oid);
        u_sess->upg_cxt.binary_upgrade_next_pg_authid_oid = InvalidOid;
    }

    roleid = simple_heap_insert(pg_authid_rel, tuple);

    if (IsUnderPostmaster) {
        if (OidIsValid(rpoid) && (rpoid != DEFAULT_POOL_OID))
            recordDependencyOnRespool(AuthIdRelationId, roleid, rpoid);

        u_sess->wlm_cxt->wlmcatalog_update_user = true;
}
...
```

完成更新后，将新创建的角色加入指定存在的父角色中。相关代码如下：

```
/* 将新角色添加到指定的现有角色中 */
foreach (item, addroleto) {
    char* oldrolename = strVal(lfirst(item));
    Oid oldroleid = get_role_oid(oldrolename, false);

    AddRoleMems(
        oldrolename, oldroleid, list_make1(makeString(stmt->role)), list_make1_oid
(roleid), GetUserId(), false);
}

AddRoleMems(stmt->role, roleid, adminmembers, roleNamesToIds(adminmembers), GetUserId(),
true);
AddRoleMems(stmt->role, roleid, rolemembers, roleNamesToIds(rolemembers), GetUserId(),
false);
```

至此就完成了整个角色创建的过程。

9.3.2 角色管理

1. 修改角色属性

可以使用SQL命令ALTER ROLE修改数据库角色。角色属性的修改是通过调用AlterRole函数来实现的，该函数只有一个类型为AlterRoleStmt结构的参数。相关代码如下：

```
typedef struct AlterRoleStmt {
    NodeTag type;
    char* role;                   /* 角色的名称 */
    List* options;                /* 需要修改的属性列表 */
    int action;                   /* +1 增加成员关系, -1 删除成员关系 */
    RoleLockType lockstatus;      /* 角色锁定状态 */
} AlterRoleStmt;
```

修改角色的流程如图9-15所示。

调用函数AlterRole修改用户角色属性时，首先循环判断options，依次提取要修改的角色属性；然后查看系统表pg_authid，判断是否已存在该角色，如果不存在则提示报错，再进行相应的权限判断，检查执行者是否有权限去更改该角色的属性；最后构建一个新的元组，将要更改的属性更新到新元组中，存入系统表pg_authid。同时AlterRole函数也可以用来调整角色的成员关系，结构体中的action字段值设置为1和－1分别表示增加和删除成员关系，该选项将在授予和回收角色部分具体描述。AlterRole函数的具体实现代码如下：

```
void AlterRole(AlterRoleStmt* stmt)
{
    ...
    /* 循环提取角色的属性 options */
    foreach (option, stmt->options) {
        DefElem* defel = (DefElem*)lfirst(option);
```

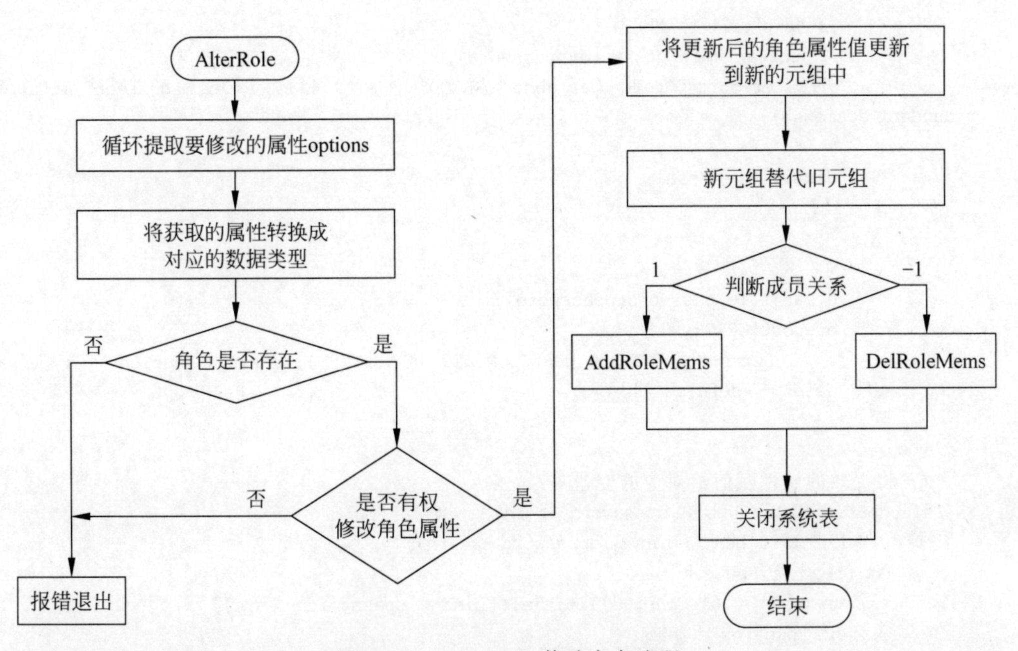

图 9-15　openGauss 修改角色流程

```
        if (strcmp(defel->defname, "password") == 0 || strcmp(defel->defname,
"encryptedPassword") == 0 ||
            strcmp(defel->defname, "unencryptedPassword") == 0) {
            if (dpassword != NULL) {
                clean_role_password(dpassword);
                ereport(ERROR, (errcode(ERRCODE_SYNTAX_ERROR), errmsg("conflicting or
redundant options")));
            }
            dpassword = defel;
            if (strcmp(defel->defname, "encryptedPassword") == 0)
                encrypt_password = true;
            else if (strcmp(defel->defname, "unencryptedPassword") == 0) {
                clean_role_password(dpassword);
                ereport(ERROR,
                    (errcode(ERRCODE_INVALID_ROLE_SPECIFICATION),
                        errmsg ( " Permission denied to create role with option
UNENCRYPTED.")));
            }
        } else if (strcmp(defel->defname, "createrole") == 0) {
            if (dcreaterole != NULL) {
                clean_role_password(dpassword);
                ereport(ERROR, (errcode(ERRCODE_SYNTAX_ERROR), errmsg("conflicting or
redundant options")));
            }
            dcreaterole = defel;
        } else if (strcmp(defel->defname, "inherit") == 0) {
```

```
            if (dinherit != NULL) {
                clean_role_password(dpassword);
                 ereport(ERROR, (errcode(ERRCODE_SYNTAX_ERROR), errmsg("conflicting or
redundant options")));
            }
            dinherit = defel;
        }
        ...
        else {
            clean_role_password(dpassword);
            ereport(ERROR,
                 (errcode(ERRCODE_UNRECOGNIZED_NODE_TYPE), errmsg("option \"%s\" not
recognized", defel->defname)));
        }
    }
    /*将提取的属性赋值给对应的变量*/
    if (dpassword != NULL && dpassword->arg != NULL) {
        head = list_head((List*)dpassword->arg);
        if (head != NULL) {
            pwdargs = (A_Const*)linitial((List*)dpassword->arg);
            if (pwdargs != NULL) {
                password = strVal(&pwdargs->val);
            }
            if (lnext(head)) {
                pwdargs = (A_Const*)lsecond((List*)dpassword->arg);
                if (pwdargs != NULL) {
                    replPasswd = strVal(&pwdargs->val);
                }
            }
        }
    }
    if (dinherit != NULL)
        inherit = intVal(dinherit->arg);
    if (dcreaterole != NULL)
        createrole = intVal(dcreaterole->arg);
    ...
    /*查看要修改的角色是否存在,不存在则提示报错*/
    Relation pg_authid_rel = heap_open(AuthIdRelationId, RowExclusiveLock);

    HeapTuple tuple = SearchSysCache1(AUTHNAME, PointerGetDatum(stmt->role));
    if (!HeapTupleIsValid(tuple)) {
        str_reset(password);
        str_reset(replPasswd);

        if (!have_createrole_privilege())
            ereport(ERROR, (errcode(ERRCODE_INSUFFICIENT_PRIVILEGE), errmsg("Permission
denied.")));
        else
            ereport(ERROR, (errcode(ERRCODE_UNDEFINED_OBJECT), errmsg("role \"%s\" does
not exist", stmt->role)));
```

```
    }
roleid = HeapTupleGetOid(tuple);
    ...
    /*检查是否有权限更改相应角色的属性,权限不足则提示报错*/
    if (roleid == BOOTSTRAP_SUPERUSERID) {
        if (!(issuper < 0 && inherit < 0 && createrole < 0 && createdb < 0 && canlogin < 0 &&
isreplication < 0 &&
                isauditadmin < 0 && issystemadmin < 0 && isvcadmin < 0 && useft < 0 &&
dconnlimit == NULL &&
                rolemembers == NULL && validBegin == NULL && validUntil == NULL &&
drespool == NULL &&
                dparent == NULL && dnode_group == NULL && dspacelimit == NULL &&
dtmpspacelimit == NULL &&
                dspillspacelimit == NULL)) {
            str_reset(password);
            str_reset(replPasswd);
            ereport(ERROR,
                (errcode(ERRCODE_INSUFFICIENT_PRIVILEGE),
                    errmsg("Permission denied to change privilege of the initial
account.")));
        }
    }
    if (dpassword != NULL && roleid == BOOTSTRAP_SUPERUSERID && GetUserId() != BOOTSTRAP_
SUPERUSERID) {
        str_reset(password);
        str_reset(replPasswd);
        ereport(ERROR,
            (errcode(ERRCODE_INSUFFICIENT_PRIVILEGE),
                errmsg("Permission denied to change password of the initial account.")));
    }
    ...
    } else if (!have_createrole_privilege()) {
        if (!(inherit < 0 && createrole < 0 && createdb < 0 && canlogin < 0 && isreplication < 0
&& isauditadmin < 0 &&
                issystemadmin < 0 && isvcadmin < 0 && useft < 0 && dconnlimit == NULL &&
rolemembers == NULL &&
                validBegin == NULL && validUntil == NULL && !*respool && !OidIsValid
(parentid) && dnode_group == NULL &&
                !spacelimit && !tmpspacelimit && !spillspacelimit &&
                /* if not superuser or have createrole privilege, permission of lock and
unlock is denied */
                stmt->lockstatus == DO_NOTHING &&
                /* if alter password, it will be handled below */
                roleid == GetUserId()) ||
            (roleid != GetUserId() && dpassword == NULL)) {
            str_reset(password);
            str_reset(replPasswd);
            ereport(ERROR, (errcode(ERRCODE_INSUFFICIENT_PRIVILEGE), errmsg("Permission
denied.")));
        }
```

```
}
    ...
    /* 将要更改的角色属性值分别更新到新元组中,再将新元组替代旧元组存入系统表 pg_authid
中 */
    if (issuper >= 0) {
        new_record[Anum_pg_authid_rolsuper - 1] = BoolGetDatum(issuper > 0);
        new_record_repl[Anum_pg_authid_rolsuper - 1] = true;

        new_record[Anum_pg_authid_rolcatupdate - 1] = BoolGetDatum(issuper > 0);
        new_record_repl[Anum_pg_authid_rolcatupdate - 1] = true;
    }
    if (inherit >= 0) {
        new_record[Anum_pg_authid_rolinherit - 1] = BoolGetDatum(inherit > 0);
        new_record_repl[Anum_pg_authid_rolinherit - 1] = true;
    }
    ...
    HeapTuple new_tuple = heap_modify_tuple(tuple, pg_authid_dsc, new_record, new_record_
nulls, new_record_repl);
    simple_heap_update(pg_authid_rel, &tuple->t_self, new_tuple);

    CatalogUpdateIndexes(pg_authid_rel, new_tuple);
    ...
    /* 判断成员关系,增加或删除成员 */
    if (stmt->action == 1)
            AddRoleMems(stmt->role, roleid, rolemembers, roleNamesToIds(rolemembers),
GetUserId(), false);
    else if (stmt->action == -1) /* drop members FROM role */
        DelRoleMems(stmt->role, roleid, rolemembers, roleNamesToIds(rolemembers), false);

    ...
    heap_close(pg_authid_rel, NoLock);
}
```

2. 删除角色

如果要删除一个角色,可以使用 SQL 命令 DROP ROLE。角色的删除是通过调用 DropRole 函数来实现的,该函数只有一个类型为 DropRoleStmt 的参数。相关代码如下：

```
typedef struct DropRoleStmt {
    NodeTagtype;
    List *roles;                    /* 要删除的角色列表 */
    boolmissing_ok;                 /* 判断角色是否存在 */
    boolis_user;                    /* 要删除的是角色还是用户 */
    boolinherit_from_parent;        /* 是否继承自父角色 */
    DropBehavior behavior;          /* 是否级联删除依赖对象 */
} DropRoleStmt;
```

删除角色的流程如图 9-16 所示。

角色删除的执行流程为：首先判断当前操作者是否有权限执行该操作,若没有则报错退出；然后检查待删除的角色是否存在,若不存在,则根据 missing_ok 选择返回 ERROR

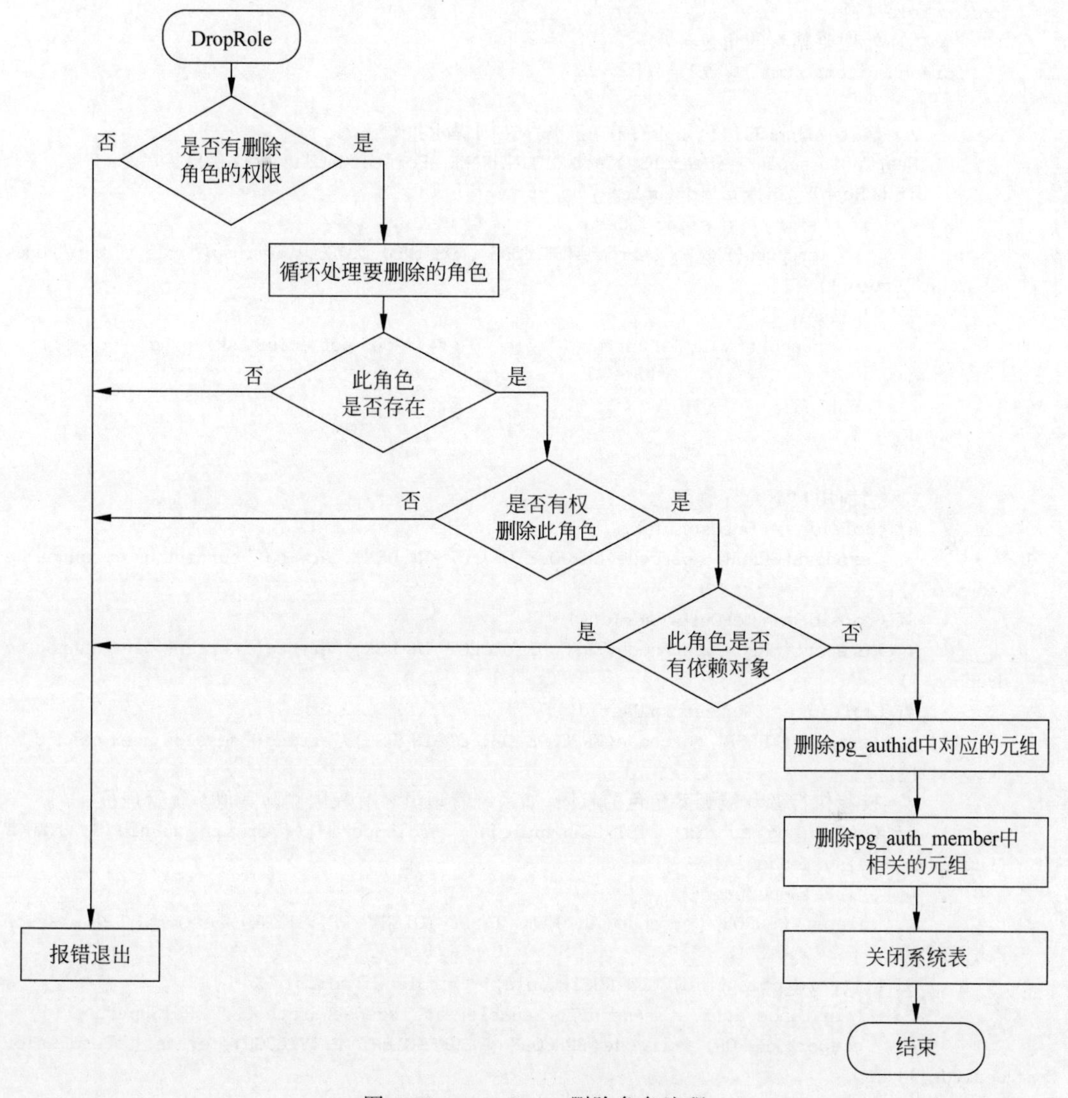

图 9-16　openGauss 删除角色流程

或 NOTICE 提示信息；再通过扫描系统表 pg_authid 和 pg_auth_members，删除所有涉及待删除角色的元组；若 behavior 取值 DROP_CASCADE，则级联删除该角色所拥有的所有数据库对象；最后删除该角色在系统表 pg_auth_history 和 pg_user_status 中对应的信息。具体的实现过程代码如下：

```
void DropRole(DropRoleStmt * stmt)
{
    ...
    /* 检查执行者是否有权限删除角色 */
    if (!have_createrole_privilege())
        ereport(ERROR, (errcode(ERRCODE_INSUFFICIENT_PRIVILEGE), errmsg("Permission denied
```

```
to drop role.")));
    /*循环处理要删除的角色*/
    foreach (item, stmt->roles) {
        ...
        /*检查要删除的角色是否存在,若不存在则提示报错*/
        HeapTuple tuple = SearchSysCache1(AUTHNAME, PointerGetDatum(role));
        if (!HeapTupleIsValid(tuple)) {
            if (!stmt->missing_ok) {
                ereport(ERROR, (errcode(ERRCODE_UNDEFINED_OBJECT), errmsg("role \"%s\" does
not exist", role)));
            } else {
                ereport(NOTICE, (errmsg("role \"%s\" does not exist, skipping", role)));
            }
            continue;
        }
        ...
        /*当前用户不允许删除*/
        if (roleid == GetUserId())
            ereport(ERROR, (errcode(ERRCODE_OBJECT_IN_USE), errmsg("current user cannot be
dropped")));
        if (roleid == GetOuterUserId())
            ereport(ERROR, (errcode(ERRCODE_OBJECT_IN_USE), errmsg("current user cannot be
dropped")));
        if (roleid == GetSessionUserId())
            ereport(ERROR, (errcode(ERRCODE_OBJECT_IN_USE), errmsg("session user cannot be
dropped")));
        /*校验执行者和被删除角色的权限,如系统管理员才有权限删除其他系统管理员*/
        if((((Form_pg_authid)GETSTRUCT(tuple))->rolsuper|| ((Form_pg_authid)GETSTRUCT
(tuple))->rolsystemadmin) &&
            !isRelSuperuser())
            ereport(ERROR, (errcode(ERRCODE_INSUFFICIENT_PRIVILEGE), errmsg("Permission
denied.")));
        if (((Form_pg_authid)GETSTRUCT(tuple))->rolauditadmin) &&
            g_instance.attr.attr_security.enablePrivilegesSeparate && !isRelSuperuser())
            ereport(ERROR, (errcode(ERRCODE_INSUFFICIENT_PRIVILEGE), errmsg("Permission
denied.")));
        ...
        /*针对级联的情况,删除该角色拥有的对象*/
        if (stmt->behavior == DROP_CASCADE) {
            char* user = NULL;
            CancelQuery(role);
            user = (char*)palloc(sizeof(char) * strlen(role) + 1);
            errno_t errorno = strncpy_s(user, strlen(role) + 1, role, strlen(role));
            securec_check(errorno, "\0", "\0");
            drop_objectstmt.behavior = stmt->behavior;
            drop_objectstmt.type = T_DropOwnedStmt;
            drop_objectstmt.roles = list_make1(makeString(user));

            DropOwnedObjects(&drop_objectstmt);
            list_free_deep(drop_objectstmt.roles);
```

```
        }

        /* 检查是否有对象依赖于该角色,若还存在依赖,则提示报错 */
        if (checkSharedDependencies(AuthIdRelationId, roleid, &detail, &detail_log))
            ereport(ERROR,
                (errcode(ERRCODE_DEPENDENT_OBJECTS_STILL_EXIST),
                    errmsg("role \"%s\" cannot be dropped because some objects depend on
it", role),
                    errdetail_internal("%s", detail),
                    errdetail_log("%s", detail_log)));
        /* 从相关系统表中删除涉及待删除角色的元组 */
        simple_heap_delete(pg_authid_rel, &tuple->t_self);
        ...
        while (HeapTupleIsValid(tmp_tuple = systable_getnext(sscan))) {
            simple_heap_delete(pg_auth_members_rel, &tmp_tuple->t_self);
        }

        systable_endscan(sscan);
        DropAuthHistory(roleid);
        DropUserStatus(roleid);
        DeleteSharedComments(roleid, AuthIdRelationId);
        DeleteSharedSecurityLabel(roleid, AuthIdRelationId);
        DropSetting(InvalidOid, roleid);
    ...
    heap_close(pg_auth_members_rel, NoLock);
    heap_close(pg_authid_rel, NoLock);
}
```

3. 授予和回收角色

如果要授予或回收角色的成员关系,可以使用SQL命令"GRANT/REVOKE"。如果声明了"WITH ADMIN OPTION"选项,那么被加入的成员角色还可以将其他角色加入父角色中。角色的授予或回收通过调用GrantRole函数来实现,该函数只有一个类型为GrantRoleStmt结构的参数。相关代码如下:

```
typedef struct GrantRoleStmt {
    NodeTag type;
    List* granted_roles;           /* 被授予或回收的角色集合 */
    List* grantee_roles;           /* 从granted_roles中增加或删除的角色集合 */
    Bool is_grant;                 /* true代表授权,false代表回收 */
    Bool admin_opt;                /* 是否带有with admin option选项 */
    char* grantor;                 /* 授权者 */
    Drop Behaviorbehavior;         /* 是否级联回收角色 */
} GrantRoleStmt;
```

授予角色时,grantee_roles中的角色将被添加到granted_roles,通过调用函数AddRoleMems实现;回收角色时,将grantee_roles中的角色从granted_roles中删除,通过调用函数DelRoleMems实现。

函数AddRoleMems的实现流程如图9-17所示。

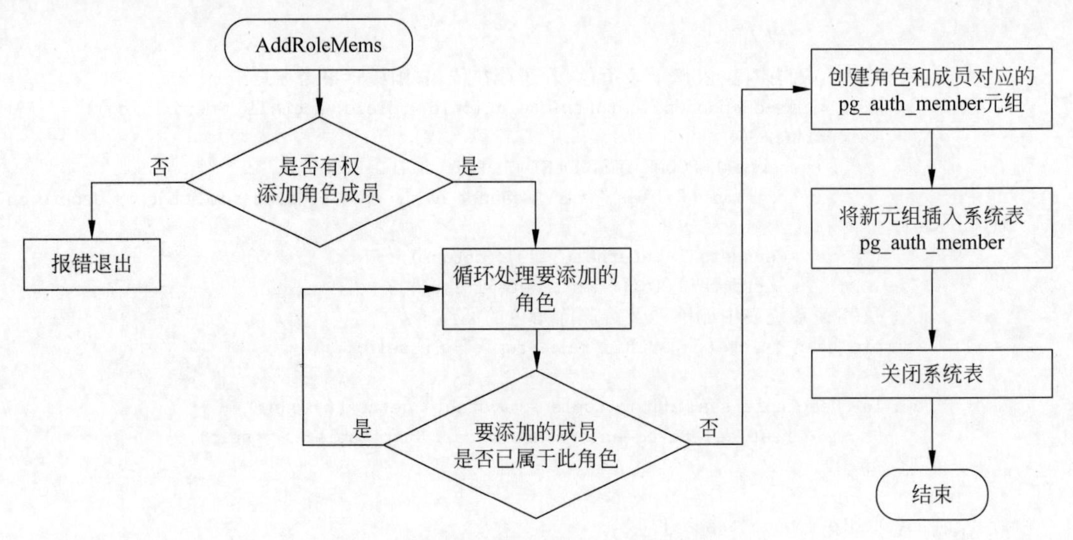

图 9-17　函数 AddRoleMems 的实现流程

函数 AddRoleMems 的具体实现代码如下，其中：

(1) rolename 和 roleid 分别表示要被加入成员的角色名称和 OID；

(2) memberNames 和 memberIds 分别是要添加的角色名称和 OID 的列表；

(3) grantorId 表示授权者的 OID；

(4) admin_opt 表示是否带有 with admin option 选项。

```
static void AddRoleMems(
    const char * rolename, Oid roleid, const List * memberNames, List * memberIds, Oid
grantorId, bool admin_opt)
{
    ...
    /* 校验执行者的权限 */
    if (superuser_arg(roleid)) {
        if (!isRelSuperuser())
            ereport(ERROR, (errcode(ERRCODE_INSUFFICIENT_PRIVILEGE), errmsg("Permission
denied.")));
    ...
    }
    ...
    if (grantorId != GetUserId() && !superuser())
        ereport(ERROR, (errcode(ERRCODE_INSUFFICIENT_PRIVILEGE), errmsg("must be system
admin to set grantor")));
    /* 循环处理要添加的角色 */
    pg_authmem_rel = heap_open(AuthMemRelationId, RowExclusiveLock);
    pg_authmem_dsc = RelationGetDescr(pg_authmem_rel);

    forboth(nameitem, memberNames, iditem, memberIds)
    {
        /* 针对角色和成员信息创建 pg_auth_members 元组，再将新元组插入系统表中 */
```

```
        ...
        new_record[Anum_pg_auth_members_roleid - 1] = ObjectIdGetDatum(roleid);
        new_record[Anum_pg_auth_members_member - 1] = ObjectIdGetDatum(memberid);
        new_record[Anum_pg_auth_members_grantor - 1] = ObjectIdGetDatum(grantorId);
        new_record[Anum_pg_auth_members_admin_option - 1] = BoolGetDatum(admin_opt);

        if (HeapTupleIsValid(authmem_tuple)) {
            new_record_repl[Anum_pg_auth_members_grantor - 1] = true;
            new_record_repl[Anum_pg_auth_members_admin_option - 1] = true;
            tuple = heap_modify_tuple(authmem_tuple, pg_authmem_dsc, new_record, new_
record_nulls, new_record_repl);
            simple_heap_update(pg_authmem_rel, &tuple->t_self, tuple);
            CatalogUpdateIndexes(pg_authmem_rel, tuple);
            ReleaseSysCache(authmem_tuple);
        } else {
            tuple = heap_form_tuple(pg_authmem_dsc, new_record, new_record_nulls);
            (void)simple_heap_insert(pg_authmem_rel, tuple);
            CatalogUpdateIndexes(pg_authmem_rel, tuple);
        }
    }
    ...
    heap_close(pg_authmem_rel, NoLock);
}
```

函数 DelRoleMems 的实现过程类似。首先对执行者的相关权限进行校验，然后循环处理要删除的角色，删除系统表 pg_auth_member 中相关的元组。

9.4 权限管理与权限检查

权限管理是安全管理重要的一环，openGauss 权限管理基于访问控制列表（Access Control List，ACL）实现。

9.4.1 权限管理

1. 访问控制列表

ACL 是实现数据库对象权限管理的基础，每个对象都具有 ACL，存储该对象的所有授权信息。当用户访问对象时，只有用户在对象的 ACL 中并且具有所需的权限才能够访问该对象。

每个 ACL 是由一个或多个 AclItem 构成的链表，每个 AclItem 由授权者、被授权者和权限位三部分构成，记录着可在对象上进行操作的用户及其权限。

数据结构 AclItem 的代码如下：

```
typedef struct AclItem {
    Oid ai_grantee;             /* 被授权者的 OID */
    Oid ai_grantor;             /* 授权者的 OID */
```

```
    AclMode ai_privs;       /* 权限位:32 位的比特位 */
} AclItem;
```

其中,ai_privs 字段是 AclMode 类型;AclMode 是一个 32 位的比特位,其高 16 位为权限选项位,当该比特位取值为 1 时,表示 AclItem 中的 ai_grantee 对应的用户具有此对象相应操作的授权权限,否则表示用户没有授权权限;低 16 位为操作权限位,当该比特位取值为 1 时,表示 AclItem 中的 ai_grantee 对应的用户具有此对象的相应操作权限,否则表示用户没有相应的权限。在 AclMode 的结构位图 9-18 中,Grant Option 记录各权限位的权限授予或被转授情况,低 16 位记录各权限的授予情况,当授权语句使用 ALL 时,表示对象的所有权限。

第31位	第30位	第29位	第28位	第27位	第26位	第25位	第24位	第23位	第22位	第21位	第20位	第19位	第18位	第17位	第16位	第15位	第14位	第13位	第12位	第11位	第10位	第9位	第8位	第7位	第6位	第5位	第4位	第3位	第2位	第1位	第0位
Grant Option																															

图 9-18 AclMode 结构位

openGauss 将执行 DML 类操作和 DDL 类操作的权限分别记在两个 AclMode 结构中,并以第 15 位的值来区分二者,从而实现对于每个数据库对象,相同的授权者和被授权者对应两个不同的 AclMode,分别表示记录 DML 类操作权限和 DDL 类操作权限。实现方式如图 9-19 和图 9-20 所示。

第31位	第30位	第29位	第28位	第27位	第26位	第25位	第24位	第23位	第22位	第21位	第20位	第19位	第18位	第17位	第16位	第15位	第14位	第13位	第12位	第11位	第10位	第9位	第8位	第7位	第6位	第5位	第4位	第3位	第2位	第1位	第0位
Grant Option																O	W	R	p	c	T	C	U	X	t	x	D	d	w	r	a

图 9-19 openGauss 记录 DML 类操作权限的 AclMode 结构

第31位	第30位	第29位	第28位	第27位	第26位	第25位	第24位	第23位	第22位	第21位	第20位	第19位	第18位	第17位	第16位	第15位	第14位	第13位	第12位	第11位	第10位	第9位	第8位	第7位	第6位	第5位	第4位	第3位	第2位	第1位	第0位
Grant Option																1											v	i	m	P	A

图 9-20 openGauss 记录 DDL 类操作权限的 AclMode 结构

每个权限参数代表的权限如表 9-4 所示。

表 9-4 权限参数

参数	对象权限	参数	对象权限
a	INSERT	T	TEMPORARY
r	SELECT	c	CONNECT
w	UPDATE	p	COMPUTE
d	DELETE	R	READ
D	TRUNCATE	W	WRITE

续表

参数	对象权限	参数	对象权限
x	REFERENCES	A	ALTER
t	TRIGGER	P	DROP
X	EXECUTE	m	COMMENT
U	USAGE	i	INDEX
C	CREATE	v	VACUUM

2. 对象权限管理

数据库对象权限管理主要通过使用SQL命令"GRANT/REVOKE"授予或回收一个或多个角色在对象上的权限。"GRANT/REVOKE"命令都由函数ExecuteGrantStmt实现，该函数只有一个GrantStmt类型的参数，基本执行流程如图9-21所示。

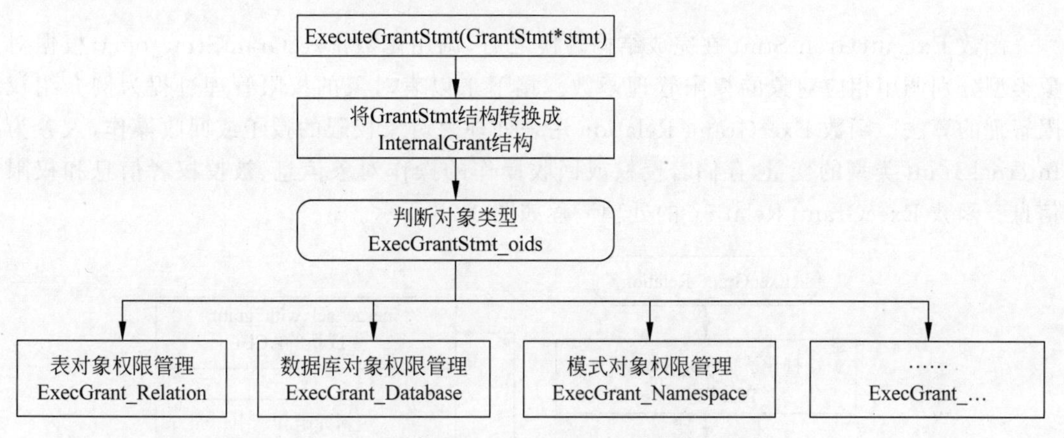

图9-21 函数ExecuteGrantStmt基本执行流程

数据结构GrantStmt定义代码如下：

```
typedef struct GrantStmt {
    NodeTag type;
    bool is_grant;                  /* true = 授权, false = 回收 */
    GrantTargetType targtype;       /* 操作目标的类型 */
    GrantObjectType objtype;        /* 被操作对象的类型:表、数据库、模式、函数等 */
    List * objects;                 /* 被操作对象的集合 */
    List * privileges;              /* 要操作权限列表 */
    List * grantees;               /* 被授权者的集合 */
    bool grant_option;             /* true = 再授予权限 */
    DropBehavior behavior;         /* 回收权限的行为 */
} GrantStmt;
```

函数ExecuteGrantStmt首先将GrantStmt结构转换为InternalGrant结构，并将权限列表转换为内部的AclMode表示形式。当privileges取值为NIL时，表示授予或回收所有的权限，此时置InternalGrant的all_privs字段为true，privileges字段为ACL_NO_

RIGHTS。

数据结构 InternalGrant 的代码如下：

```
typedef struct InternalGrant {
    bool is_grant;                 /* true = 授权, false = 回收 */
    GrantObjectType objtype;  /* 被操作对象的类型:表,数据库,模式、函数等 */
    List * objects;                /* 被操作对象的集合 */
    bool all_privs;                /* 是否授予或回收所有的权限 */
    AclMode privileges;            /* AclMode 形式表示的 DML 类操作对应的权限 */
    AclMode ddl_privileges;    /* AclMode 形式表示的 DDL 类操作对应的权限 */
    List * col_privs;              /* 对列执行的 DML 类操作对应的权限 */
    List * col_ddl_privs;          /* 对列执行的 DDL 类操作对应的权限 */
    List * grantees;               /* 被授权者的集合 */
    bool grant_option;             /* true = 再授予权限 */
    DropBehavior behavior;         /* 回收权限的行为 */
} InternalGrant;
```

函数 ExecuteGrantStmt 在完成结构转换之后，调用函数 ExecGrantStmt_oids，根据对象类型分别调用相应对象的权限管理函数。接下来以表对象的权限管理过程为例介绍权限管理的算法。函数 ExecGrant_Relation 用来处理表对象权限的授予或回收操作，入参为 InternalGrant 类型的变量，存储着授权或回收操作的操作对象信息、被授权者信息和权限信息。函数 ExecGrant_Relation 的处理流程如图 9-22 所示。

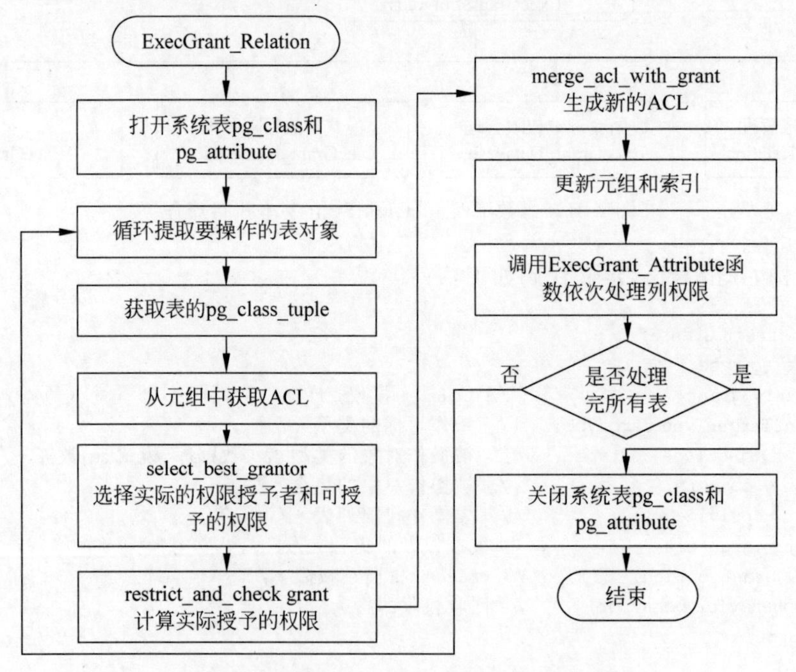

图 9-22　函数 ExecGrant_Relation 的处理流程

该函数的处理流程为：

(1) 从系统表 pg_class 中获取旧 ACL。如果不存在旧的 ACL,则新建一个 ACL,并调用函数 acldefault 将默认的权限信息赋给该 ACL。根据对象的不同,初始的默认权限含有部分可赋予 PUBLIC 的权限。如果存在旧的 ACL,则将旧的 ACL 存储为一个副本。

(2) 调用 select_best_grantor 函数来获取授权者对操作对象所拥有的授权权限 avail_goptions;将参数 avail_goptions 传入函数 restrict_and_check_grant,结合 SQL 命令中给出的操作权限,计算出实际需要授予或回收的权限。

(3) 调用 merge_acl_with_grant 函数生成新的 ACL。如果是授予权限,则将要授予的权限添加到旧 ACL 中;如果是回收权限,则将要被回收的权限从旧 ACL 中删除。

(4) 将新的 ACL 更新到系统表 pg_class 对应元组的 ACL 字段,完成授权或回收过程。

该函数的相关代码如下:

```
static void ExecGrant_Relation(InternalGrant * istmt)
{
    ...
    /* 循环处理每个表对象 */
    foreach (cell, istmt->objects) {
        ...
        /* 判断所要操作的表对象是否存在,若不存在则提示报错 */
        tuple = SearchSysCache1(RELOID, ObjectIdGetDatum(relOid));
        if (!HeapTupleIsValid(tuple))
            ereport(
                ERROR, (errcode(ERRCODE_CACHE_LOOKUP_FAILED), errmsg("cache lookup failed
for relation %u", relOid)));
        pg_class_tuple = (Form_pg_class)GETSTRUCT(tuple);
        ...
        /* 从系统表 pg_class 中获取旧 ACL.若不存在旧 ACL,则新建一个 ACL,若存在旧 ACL,则将
旧 ACL 存储为一个副本 */
        ownerId = pg_class_tuple->relowner;
        aclDatum = SysCacheGetAttr(RELOID, tuple, Anum_pg_class_relacl, &isNull);
        if (isNull) {
            switch (pg_class_tuple->relkind) {
                case RELKIND_SEQUENCE:
                    old_acl = acldefault(ACL_OBJECT_SEQUENCE, ownerId);
                    break;
                default:
                    old_acl = acldefault(ACL_OBJECT_RELATION, ownerId);
                    break;
            }
            noldmembers = 0;
            oldmembers = NULL;
        } else {
            old_acl = DatumGetAclPCopy(aclDatum);
            noldmembers = aclmembers(old_acl, &oldmembers);
        }
        old_rel_acl = aclcopy(old_acl);

        /* 处理表级别的权限 */
```

```
        if (this_privileges != ACL_NO_RIGHTS) {
            AclMode avail_goptions;
            Acl * new_acl = NULL;
            Oid grantorId;
            HeapTuple newtuple = NULL;
            Datum values[Natts_pg_class];
            bool nulls[Natts_pg_class] = {false};
            bool replaces[Natts_pg_class] = {false};
            int nnewmembers;
            Oid * newmembers = NULL;
            AclObjectKind aclkind;

            /* 获取授权者 grantorId 和授权者对该操作对象所拥有的授权权限 avail_goptions */
            select_best_grantor(GetUserId(), this_privileges, old_acl, ownerId, &grantorId,
&avail_goptions);

            switch (pg_class_tuple->relkind) {
                case RELKIND_SEQUENCE:
                    aclkind = ACL_KIND_SEQUENCE;
                    break;
                default:
                    aclkind = ACL_KIND_CLASS;
                    break;
            }

            /* 结合参数 avail_goptions 和 SQL 命令中给出的操作权限,计算出实际需要授予或
回收的权限 */
            this_privileges = restrict_and_check_grant(istmt->is_grant,
                avail_goptions,
                istmt->all_privs,
                this_privileges,
                relOid,
                grantorId,
                aclkind,
                NameStr(pg_class_tuple->relname),
                0,
                NULL);

            /* 生成新的 ACL,并更新到系统表 pg_class 对应元组的 ACL 字段 */
            new_acl = merge_acl_with_grant(old_acl,
                istmt->is_grant,
                istmt->grant_option,
                istmt->behavior,
                istmt->grantees,
                this_privileges,
                grantorId,
```

```
            ownerId);
        …
        replaces[Anum_pg_class_relacl - 1] = true;
        values[Anum_pg_class_relacl - 1] = PointerGetDatum(new_acl);

        newtuple = heap_modify_tuple(tuple, RelationGetDescr(relation), values, nulls,
replaces);

        simple_heap_update(relation, &newtuple->t_self, newtuple);
    …
    }

    /* 若存在列级授权或回收,则调用 ExecGrant_Attribute 函数处理 */
    …
    if (have_col_privileges) {
        AttrNumber i;

        for (i = 0; i < num_col_privileges; i++) {
            if (col_privileges[i] == ACL_NO_RIGHTS)
                continue;
            ExecGrant_Attribute(istmt,
                relOid,
                NameStr(pg_class_tuple->relname),
                i + FirstLowInvalidHeapAttributeNumber,
                ownerId,
                col_privileges[i],
                attRelation,
                old_rel_acl);
        }
    }
  …
  }

  heap_close(attRelation, RowExclusiveLock);
  heap_close(relation, RowExclusiveLock);
}
```

9.4.2　权限检查

用户在对数据库对象进行访问操作时,数据库会检查用户是否拥有该对象的操作权限。通常数据库对象的所有者和初始用户(superuser)拥有该对象的全部操作权限,其他普通用户需要被授予权限才可以执行相应操作。数据库通过查询数据库对象的访问控制列表检查用户对数据库对象的访问权限,数据库对象的 ACL 保存在对应的系统表中,当被授予或回收对象权限时,系统表中保存的 ACL 权限位会被更新。常用的数据库对象权限检查函数、ACL 检查函数、对象所有者检查函数及 ACL 所在系统表对应关系如表 9-5 所示。

表 9-5 数据库对象函数对应关系

对象	对象权限检查函数	ACL 检查函数	对象所有者检查函数	ACL 所在系统表
table	pg_class_aclcheck	pg_class_aclmask	pg_class_ownercheck	pg_class
column	pg_attribute_aclcheck	pg_attribute_aclmask	NA	pg_attribute
database	pg_database_aclcheck	pg_database_aclmask	pg_database_ownercheck	pg_database
function	pg_proc_aclcheck	pg_proc_aclmask	pg_proc_ownercheck	pg_proc
language	pg_language_aclcheck	pg_language_aclmask	pg_language_ownercheck	pg_language
largeobject	pg_largeobject_aclcheck_snapshot	pg_largeobject_aclmask_snapshot	pg_largeobject_ownercheck	pg_largeobject_metadata
namespace	pg_namespace_aclcheck	pg_namespace_aclmask	pg_namespace_ownercheck	pg_namespace
tablespace	pg_tablespace_aclcheck	pg_tablespace_aclmask	pg_tablespace_ownercheck	pg_tablespace
foreign data wrapper	pg_foreign_data_wrapper_aclcheck	pg_foreign_data_wrapper_aclmask	pg_foreign_data_wrapper_ownercheck	pg_foreign_data_wrapper
foreign server	pg_foreign_server_aclcheck	pg_foreign_server_aclmask	pg_foreign_server_ownercheck	pg_foreign_server
type	pg_type_aclcheck	pg_type_aclmask	pg_type_ownercheck	pg_type

下面以表的权限检查为例进行权限检查过程说明。表权限检查函数 pg_class_aclcheck 的定义代码如下：

```
AclResult pg_class_aclcheck(Oid table_oid, Oid roleid, AclMode mode, bool check_nodegroup)
{
    if (pg_class_aclmask(table_oid, roleid, mode, ACLMASK_ANY, check_nodegroup) != 0)
        return ACLCHECK_OK;
    else
        return ACLCHECK_NO_PRIV;
}
```

pg_class_aclcheck 函数有 4 个入参，其中 table_oid 用于表示待检查的表；roleid 用于表示待检查的用户或角色；mode 表示待检查的权限，此权限可以是一种权限也可以是多种权限的组合；第 4 个参数 check_nodegroup 用于表示是否检查 nodegroup 逻辑集群权限，如果调用时不给此参数赋值则默认为 true。函数返回值为枚举类型 AclResult，如果检查结果有权限返回 ACLCHECK_OK，无权限则返回 ACLCHECK_NO_PRIV。

pg_class_aclcheck 函数通过调用 pg_class_aclmask 函数实现对象权限检查。pg_class_aclmask 函数有 5 个参数，其中第 4 个参数 how 为 AclMaskHow 枚举类型，包括 ACLMASK_ALL 和 ACLMASK_ANY 两种取值；ACLMASK_ALL 表示需要满足待检查权限 mode 中的所有权限，ACLMASK_ANY 表示只需满足待检查权限 mode 中的一种权限即可。pg_class_aclmask 函数的其余 4 个参数 table_oid、roleid、mode 和 check_nodegroup，直接由 pg_class_aclcheck 函数传入。pg_class_aclmask 函数从 pg_class 系统表

中获取 ACL 权限信息并调用 aclmask 函数完成权限位校验，通过 AclMode 数据类型返回权限检查结果。

9.5 审计与追踪

审计机制和审计追踪机制能够对用户的日常行为进行记录和分析，从而规避风险、提高安全性。

9.5.1 审计日志设计

审计内容的记录方式通常有两种：记录到数据库的表中、记录到 OS 文件中。openGauss 采用记录到 OS 文件中（即审计日志）的方式来保存审计结果，审计日志文件夹受操作系统权限保护，默认只有初始化用户可以读写，从数据库安全角度出发，保证了审计结果的可靠性。日志文件的存储目录由 audit_directory 参数指定。

openGauss 审计日志每条记录包括 time、type、result、userid、username、database、client_conninfo、object_name、detail_info、node_name、thread_id、local_port、remote_port 共 13 个字段。图 9-23 为审计日志的单条记录示例。

```
-[ RECORD 1 ]----+-----------------------------------------------
 time            | 2020-12-05 17:09:03+08
 type            | login_success
 result          | ok
 userid          | 10
 username        | pite
 database        | postgres
 client_conninfo | gsql@[local]
 object_name     | postgres
 detail_info     | login db(postgres) success,the current user is:pite
 node_name       | dn_6001_6002_6003
 thread_id       | 139728736220928@660474543949110
 local_port      | 17777
 remote_port     | null
```

图 9-23 审计日志的单条记录示例

对审计日志文件进行读写的函数代码主要位于“pgaudit.cpp”文件中，其中主要包括两类函数：审计文件的读、写、更新函数，审计记录的增、删、查接口。

首先介绍审计文件的数据结构，如图 9-24 所示。

openGauss 的审计日志采用文件的方式存储在指定目录中。通过查看目录，可以发现日志主要包括两类文件：形如 0_adt 的审计文件及名为 index_table 索引文件。

以 adt 结尾的审计文件中，每条审计记录对应一个 AuditData 结构体。数据结构 AuditData 代码如下：

```
typedef struct AuditData {
    AuditMsgHdr header;         /* 记录文件头，存储记录的标识、大小等信息 */
    AuditType type;             /* 审计类型 */
```

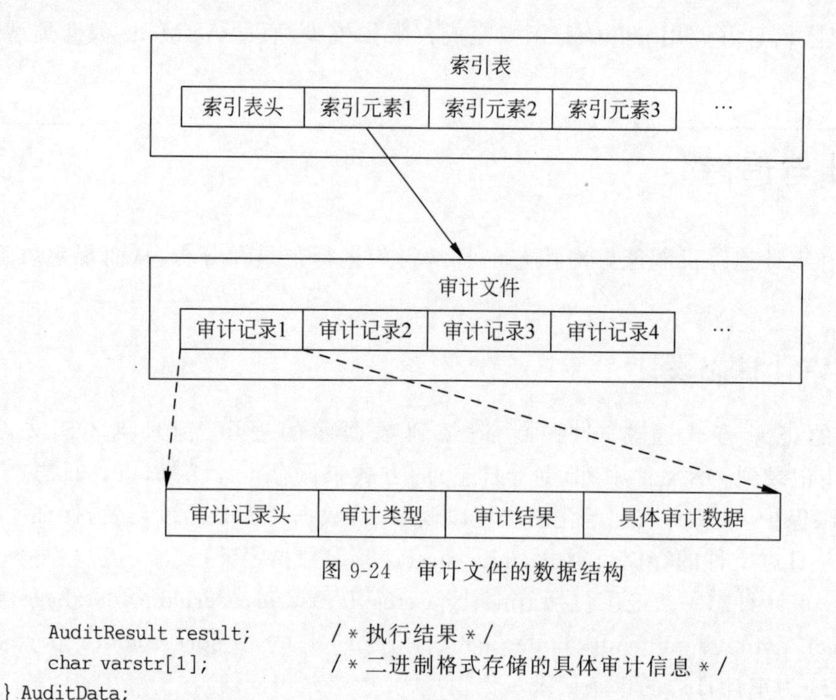

图 9-24　审计文件的数据结构

```
    AuditResult result;         /* 执行结果 */
    char varstr[1];             /* 二进制格式存储的具体审计信息 */
} AuditData;
```

其中 AuditMsgHdr 记录着审计记录的标识信息，数据结构 AuditMsgHdr 的代码如下：

```
typedef struct AuditMsgHdr {
    char signature[2];   /* 审计记录标识，目前固定为 AUDIT 前两个字符'A'和'U' */
    uint16 version;      /* 版本信息，目前固定为 0 */
    uint16 fields;       /* 审计记录字段数，目前为 13 */
    uint16 flags;        /* 记录有效性标识，如果被删除则标记为 DEAD */
    pg_time_t time;      /* 审计记录创建时间 */
    uint32 size;         /* 审计信息占字节长度 */
} AuditMsgHdr;
```

AuditData 的其他结构存储着审计记录的审计信息，AuditType 为审计类型，目前有 38 种类型。AuditResult 为执行的结果，有 AUDIT_UNKNOWN、AUDIT_OK、AUDIT_FAILED 三种结果。其余的各项信息均通过二进制的方式写入 varstr 中。

审计日志有关的另一个文件为索引文件 index_table，其中记录着审计文件的数量、审计日志文件编号、审计文件修改日期等信息，其数据结构 AuditIndexTable 代码如下：

```
typedef struct AuditIndexTable {
    uint32 maxnum;                /* 审计目录下审计文件个数的最大值 */
    uint32 begidx;                /* 审计文件开始编号 */
    uint32 curidx;                /* 当前使用的审计文件编号 */
    uint32 count;                 /* 当前审计文件的总数 */
    pg_time_t last_audit_time;  /* 最后一次写入审计记录的时间 */
    AuditIndexItem data[1];       /* 审计文件指针 */
```

```
} AuditIndexTable;
```

索引文件中每一个 AuditIndexItem 对应一个审计文件，其数据结构如下：

```
typedef struct AuditIndexItem {
    pg_time_t ctime;            /* 审计文件创建时间 */
    uint32 filenum;             /* 审计文件编号 */
    uint32 filesize;            /* 审计文件占空间大小 */
} AuditIndexItem;
```

审计文件的读、写类函数如 auditfile_open、auditfile_rotate 等函数实现较简单，读者可以直接阅读源码。

下面主要介绍日志文件的结构和日志记录的增、删、查接口。

审计记录的写入接口为 audit_report 函数，该函数的原型为

```
void audit_report(AuditType type, AuditResult result, const char * object_name, const char *
detail_info);
```

入参 type、result、object_name、detail_info 分别对应审计日志记录中的相应字段，审计日志中的其余 9 个字段都是函数在执行时从全局变量中获取的。

audit_report 函数的执行主要分为三部分，首先检查审计的各项开关，判断是否需要审计该操作；然后根据传入的参数、全局变量中的参数及当前时间，生成审计日志所需的信息并拼接成字符串；最后调用审计日志文件读写接口，将审计日志写入文件中。

审计记录查询接口为 pg_query_audit 函数，该函数为数据库内置函数，可供用户直接调用，调用形式为

```
SELECT * FROM pg_query_audit (timestamptz startime,timestamptz endtime, audit_log);
```

入参为需要查询审计记录的起始时间和终止时间及审计日志文件所在的物理路径。当不指定 audit_log 时，默认查看连接当前实例的审计日志信息。

审计记录的删除接口为 pg_delete_audit 函数，该函数为数据库内置函数，可供用户直接调用，调用形式为

```
SELECT * FROM pg_delete_audit (timestamptz startime,timestamptz endtime);
```

入参为需要被删除审计记录的起始时间和终止时间。该函数通过调用 pgaudit_delete_file 函数来将审计日志文件中 startime 与 endtime 之间的审计记录标记为 AUDIT_TUPLE_DEAD，达到删除审计日志的效果，而不实际删除审计记录的物理数据。

9.5.2　审计执行

1. 执行原理

审计机制是 openGauss 的内置安全能力之一，openGauss 提供对用户发起的 SQL 行为审计和追踪能力，支持针对 DDL、DML 语句和关键行为(登录、退出、系统启动、恢复)的审计。在每个工作线程初始化阶段把审计模块加载至线程中，其审计的执行原理是把审计函

数赋给 SQL 生命周期不同阶段的 Hook 函数(钩子),当线程执行至 SQL 处理流程的特定阶段后会进行审计执行判定逻辑。审计模块加载关键代码如下:

```
void pgaudit_agent_init(void) {
    …
    /* DDL、DML 语句审计 Hook 赋值, 赋值结束后标识审计模块已在此线程加载 */
    prev_ExecutorEnd = ExecutorEnd_hook;
    ExecutorEnd_hook = pgaudit_ExecutorEnd;
    prev_ProcessUtility = ProcessUtility_hook;
    ProcessUtility_hook = (ProcessUtility_hook_type)pgaudit_ProcessUtility;
    u_sess->exec_cxt.g_pgaudit_agent_attached = true;
}
```

SQL 语句在执行到 ProcessUtility_hook 和 ExecutorEnd_hook 函数指针时,会分别进入已预置好的审计流程中。这两个函数指针的位置在 SQL 进入执行器执行之前,具体关系如图 9-25 所示。

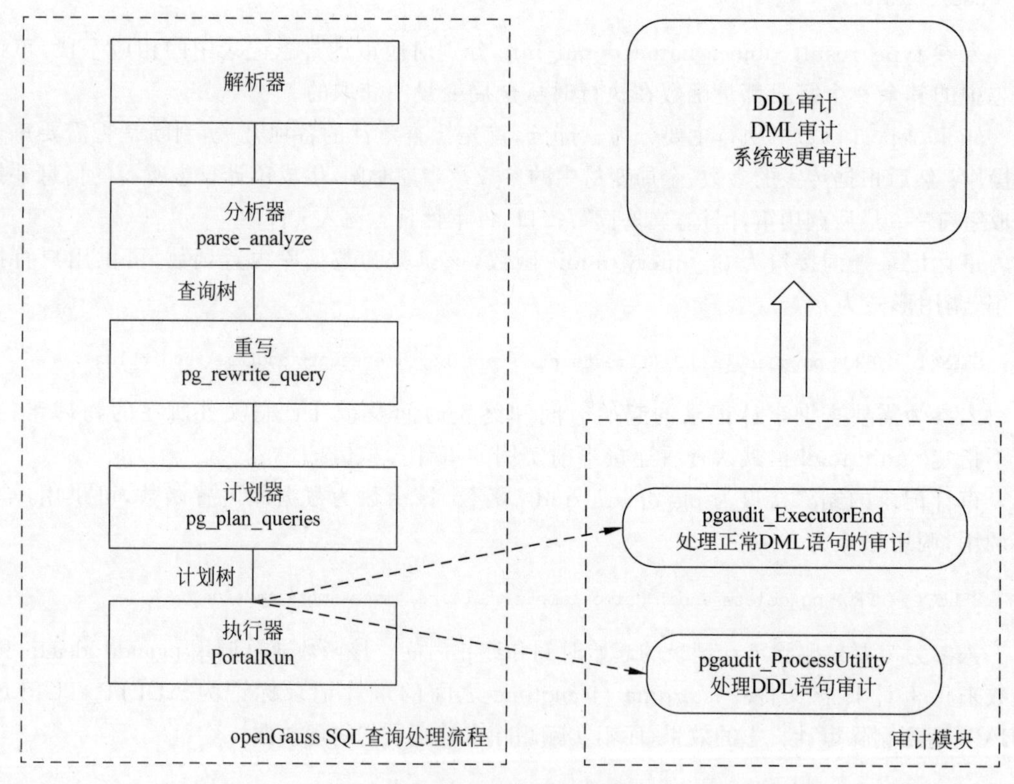

图 9-25　审计执行关系

如图 9-25 所示,在线程初始化阶段审计模块已加载完毕。SQL 经过优化器得到计划树,此时审计模块的 pgaudit_ExecutorEnd 函数和 pgaudit_ProcessUtility 函数分别进行 DML 和 DDL 语句的分析,如果和已设置审计策略相匹配,则会调用审计日志接口,生成对应的审计日志。对于系统变更类的审计直接内置于相应行为的内核代码中。

2. 关键执行流程

1）系统变更类审计执行

```
pgaudit_system_recovery_ok
pgaudit_system_start_ok
pgaudit_system_stop_ok
pgaudit_user_login
pgaudit_user_logout
pgaudit_system_switchover_ok
pgaudit_user_no_privileges
pgaudit_lock_or_unlock_user
```

以上为openGauss支持系统变更类的审计执行函数，此类审计函数均嵌入内核相应调用流程中，下面以审计用户登入退出pgaudit_user_login函数为例说明其主体流程。

图9-26为服务端校验客户端登入时的主要流程。以登录失败场景为例，首先根据配置文件和客户端IP及用户信息确认采用的认证方式（包括sha256和SSL认证等）；然后根据不同的认证方式采用不同的认证流程和客户端进行交互完成认证身份流程；如果认证失败，则线程进入退出流程并上报客户端，此时调用pgaudit_user_login获取当前访问数据库名称和详细信息，并记录登记失败相关的审记日志。关键代码如下：

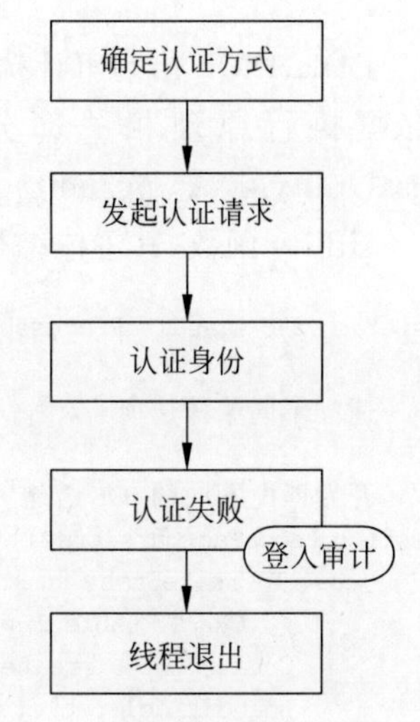

图9-26 服务端校验客户端登入时的主要流程

```
/* 拼接登录失败时的详细信息，包括数据库名称和用户名 */
rc = snprintf_s(details,
PGAUDIT_MAXLENGTH,
    PGAUDIT_MAXLENGTH - 1,
    "login db(%s)failed,authentication for user(%s)failed",
    port->database_name,
    port->user_name);
securec_check_ss(rc, "\0", "\0");
/* 调用登入审计函数，记录审计日志 */
pgaudit_user_login(FALSE, port->database_name, details);
/* 退出当前线程 */
ereport(FATAL, (errcode(errcode_return), errmsg(errstr, port->user_name)))
```

登入审计日志接口pgaudit_user_login主要完成审计日志记录接口需要参数的拼接，相关代码如下：

```
void pgaudit_user_login(bool login_ok, const char* object_name, const char* detailsinfo)
{
    AuditType audit_type;
```

```
    AuditResult audit_result;
    Assert(detailsinfo);
    /* 审计类型和审计结果拼装 */
    if (login_ok) {
        audit_type = AUDIT_LOGIN_SUCCESS;
        audit_result = AUDIT_OK;
    } else {
        audit_type = AUDIT_LOGIN_FAILED;
        audit_result = AUDIT_FAILED;
    }
    /* 直接调用审计日志记录接口 */
    audit_report(audit_type, audit_result, object_name, detailsinfo);
}
```

2) DDL、DML 语句审计执行

依据执行原理相关部分的描述，DDL、DML 语句的执行分别由于 pgaudit_ProcessUtility 函数、pgaudit_ExecutorEnd 函数来承载。此处首先介绍函数 pgaudit_ProcessUtility 函数，其主体结构代码如下：

```
static void pgaudit_ProcessUtility(Node * parsetree, const char * queryString, ...)
{
/* 适配不同编译选项 */
...
/* 开始匹配不同的 DDL 语句 */
switch (nodeTag(parsetree)) {
    case T_CreateStmt: {
        /* CREATE table 语句审计执行 */
        CreateStmt * createtablestmt = (CreateStmt * )(parsetree);
        pgaudit_ddl_table(createtablestmt->relation->relname, queryString);
    }
    break;
    case T_AlterTableStmt: {
        AlterTableStmt * altertablestmt = (AlterTableStmt * )(parsetree); /* Audit alter
table */
        if (altertablestmt->relkind == OBJECT_SEQUENCE) {
            pgaudit_ddl_sequence(altertablestmt->relation->relname, queryString);
        } else {
            pgaudit_ddl_table(altertablestmt->relation->relname, queryString);
        }
    }
    break;
    /* 匹配其他 DDL 类型语句逻辑 */
    ...
}}
```

DDL 审计执行函数关键入参 parsetree 用于识别审计日志类型(create/drop/alter 等操作)。入参 queryString 保存原始执行 SQL 语句，用于记录审计日志，略去非关键流程。此函数主要根据 nodeTag 所归属的 DDL 操作类型，进入不同的审计执行逻辑。以 T_CreateStmt 为例，识别当前语句为 CREATE TABLE 则进入 pgaudit_ddl_table 逻辑进行审计日志执行并最终记录创建表的审计日志。

如图 9-27 所示，首先从当前 SQL 语句中获取执行对象类别，校验其相应的审计开关是否开启(可以通过 GUC 参数 audit_system_object 控制)。当前支持开启的全量对象代码如下：

```
typedef enum {
DDL_DATABASE = 0,
DDL_SCHEMA,
DDL_USER,
DDL_TABLE,
DDL_INDEX,
DDL_VIEW,
DDL_TRIGGER,
DDL_FUNCTION,
DDL_TABLESPACE,
DDL_RESOURCEPOOL,
DDL_WORKLOAD,
DDL_SERVERFORHADOOP,
DDL_DATASOURCE,
DDL_NODEGROUP,
DDL_ROWLEVELSECURITY,
DDL_TYPE,
DDL_TEXTSEARCH,
DDL_DIRECTORY,
DDL_SYNONYM
} DDLType;
```

如果 DDL 操作的对象审计已开启则进行审计日志记录流程，在调用审计日志记录函数 audit_report 之前需要对包含密码的 SQL 语句进行脱敏处理。将语句中的(CREATE ROLE/USER)密码替换成'********'用于隐藏敏感信息，至此针对 CREATE DDL 语句的审计执行完成。其他类型 DDL 语句主体流程一致，不再赘述。

下面介绍针对 DML 语句审计执行逻辑的 pgaudit_ExecutorEnd 函数，整体调用流程如图 9-28 所示。

判断 SQL 查询语句所归属的查询类型。以 CMD_SELECT 类型为例，先获取查询对象的 object_name 用于审计日志记录中访问对象的记录，然后调用 pgaudit_dml_table 函数。相关代码如下：

```
case CMD_SELECT:
    object_name = pgaudit_get_relation_name(queryDesc->estate->es_range_table);
    pgaudit_dml_table_select(object_name, queryDesc->sourceText);
```

和 DDL 的记录一样，同样对敏感信息进行脱敏后调用审计日志记录接口 audit_report，至此对 DML 语句的审计日志执行完成。

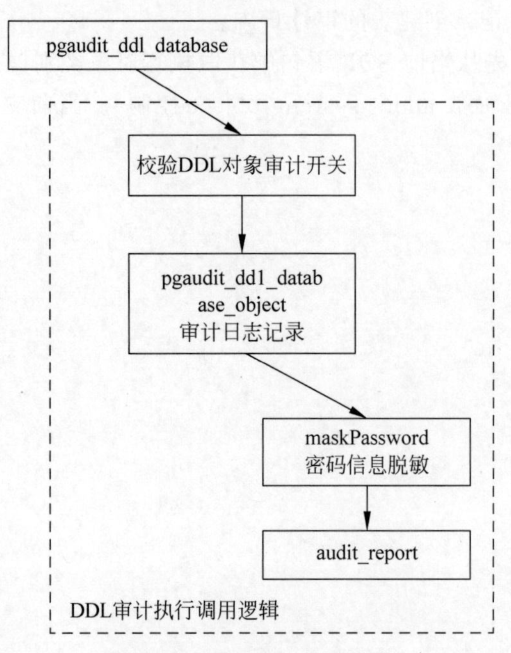

图 9-27　DDL 审计执行流程

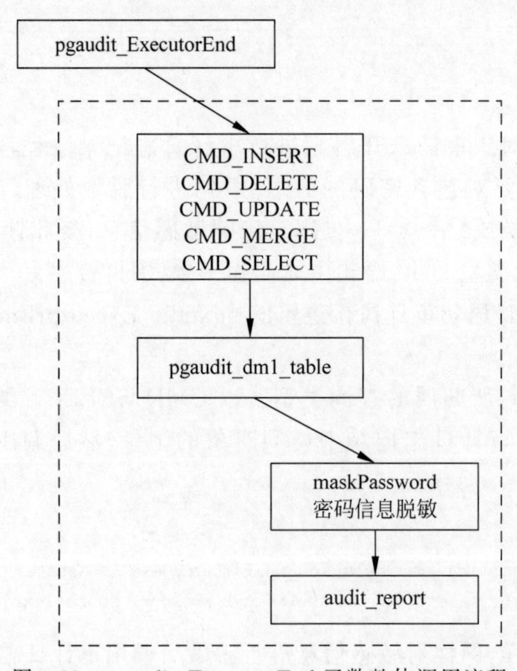

图 9-28　pgaudit_ExecutorEnd 函数整体调用流程

9.6 数据安全技术

openGauss采用了多种加解密技术来提升数据在各个环节的安全性。

9.6.1 数据加解密接口

用户在使用数据库时,除需要基本的数据库安全外,还会对导入的数据进行加密和解密操作。openGauss提供了针对用户数据进行加密和解密的功能接口,用户使用该接口可以对其认为包含敏感信息的数据进行加密和解密操作。

1. 数据加密接口

openGauss提供的加密功能是基于标准AES128加密算法实现的,提供的加密接口函数为

```
gs_encrypt_aes128 (encryptstr,keystr);
```

其中keystr是用户提供的密钥明文,加密函数通过标准的AES128加密算法对encryptstr字符串进行加密,并返回加密后的字符串。keystr的长度范围为1～16字节。加密函数支持的加密数据类型包括数值类型、字符类型、二进制类型中的RAW、日期/时间类型中的DATE、TIMESTAMP、SMALLDATETIME等。

加密函数返回的密文值长度至少为92字节,不超过4 * [(Len+68)/3]字节,其中Len为加密前数据长度(单位为字节),使用示例如下:

```
opengauss=# CREATE table student005 (name text);
opengauss=# INSERT into student005 values(gs_encrypt_aes128('zhangsan','gaussDB123'));
INSERT 0 1
opengauss=# SELECT * FROM student005;
                                          name
-----------------------------------------------------------------------------------------
NrGJdx8pDgvUSE2NN7eM5mFDnSSJ41fq31/0SI2+4kABgOnCu9H2vkjpvcAdG/AhJ8OrBn906Xaj6oqyEHsTbcTvjrU=
(1 row)
```

加密接口函数是通过函数gs_encrypt_aes128实现的,其代码源文件为“builtins.h”和“cipherfn.cpp”。

数据加密主要流程如图9-29所示。

以下分别介绍数据加密的代码。

将明文转换为密文相关代码如下:

```
bool gs_encrypt_aes_speed (GS_UCHAR * plaintext, GS_UCHAR * key, GS_UCHAR * ciphertext, GS_
UINT32 * cipherlen)
...
```

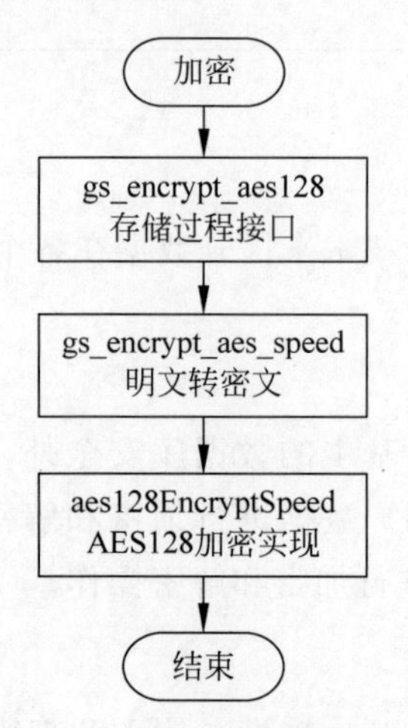

图 9-29 数据加密主要流程

获取随机盐值，获取派生密钥，相关代码如下：

```
/* bool gs_encrypt_aes_speed 函数: */
/* 使用存在的随机盐值 */
    static THR_LOCAL GS_UCHAR random_salt_saved[RANDOM_LEN] = {0};
    static THR_LOCAL bool random_salt_tag = false;
    static THR_LOCAL GS_UINT64 random_salt_count = 0;

    /* 对随机盐值的使用次数限制 */
    const GS_UINT64 random_salt_count_max = 24000000;

    if (random_salt_tag == false || random_salt_count > random_salt_count_max) {
        /* 加密获取随机盐值 */
        retval = RAND_bytes(init_rand, RANDOM_LEN);
        if (retval != 1) {
            (void)fprintf(stderr, _("generate random key failed,errcode: %u\n"), retval);
            return false;
        }
        random_salt_tag = true;
        errorno = memcpy_s(random_salt_saved, RANDOM_LEN, init_rand, RANDOM_LEN);
        securec_check(errorno, "\0", "\0");
        random_salt_count = 0;
    } else {
        errorno = memcpy_s(init_rand, RANDOM_LEN, random_salt_saved, RANDOM_LEN);
        securec_check(errorno, "\0", "\0");
        random_salt_count++;
    }

    plainlen = strlen((const char *)plaintext);
```

存储用户密钥和派生密钥及盐值，相关代码如下：

```
bool aes128EncryptSpeed(GS_UCHAR* PlainText, GS_UINT32 PlainLen, GS_UCHAR* Key, GS_UCHAR*
```

```
RandSalt,GS_UCHAR * CipherText, GS_UINT32 * CipherLen)
{
    ...
    /* 如果随机盐值和 key 没有更新就使用已经存在的派生 key,否则就生成新的派生 key ' */

    if (0 == memcmp(RandSalt, random_salt_saved, RANDOM_LEN)) {
        retval = 1;
        /* 掩码保存用户 key 和派生 key */
        for (GS_UINT32 i = 0; i < RANDOM_LEN; ++i) {
            if (user_key[i] == ((char)input_saved[i] ^(char)random_salt_saved[i])) {
                derive_key[i] = ((char)derive_vector_saved[i] ^(char)random_salt_saved[i]);
                mac_key[i] = ((char)mac_vector_saved[i] ^(char)random_salt_saved[i]);
            } else {
                retval = 0;
            }
        }
    }

    if (!retval) {
        retval = PKCS5_PBKDF2_HMAC(
            (char *)Key, keylen, RandSalt, RANDOM_LEN, ITERATE_TIMES, (EVP_MD *)EVP_sha256(),
RANDOM_LEN, derive_key);
        if (!retval) {
            (void)fprintf(stderr, _("generate the derived key failed, errcode: % u\n"),
retval);
            ...
            return false;
        }

        /* 为 hmac 生成 mac key */
        retval = PKCS5_PBKDF2_HMAC((char *)user_key,
            RANDOM_LEN,
            RandSalt,
            RANDOM_LEN,
            MAC_ITERATE_TIMES,
            (EVP_MD *)EVP_sha256(),
            RANDOM_LEN,
            mac_key);
        if (!retval) {
            (void)fprintf(stderr, _("generate the mac key failed,errcode: % u\n"), retval);
            ...
            return false;
        }

        /* 存储随机盐值 */
        errorno = memcpy_s(random_salt_saved, RANDOM_LEN, RandSalt, RANDOM_LEN);
        securec_check_c(errorno, "\0", "\0");

        /* 使用随机盐值为存储的 user key、派生 key 和 mac key 做掩码处理 */
```

```
        for (GS_UINT32 i = 0; i < RANDOM_LEN; ++i) {
            input_saved[i] = ((char)user_key[i] ^(char)random_salt_saved[i]);
            derive_vector_saved[i] = ((char)derive_key[i] ^(char)random_salt_saved[i]);
            mac_vector_saved[i] = ((char)mac_key[i] ^(char)random_salt_saved[i]);
        }
    }
}
```

使用派生密钥去加密明文。相关代码如下：

```
GS_UINT32 CRYPT_encrypt(GS_UINT32 ulAlgId, const GS_UCHAR * pucKey, GS_UINT32 ulKeyLen, const
GS_UCHAR * pucIV,
GS_UINT32 ulIVLen, GS_UCHAR * pucPlainText, GS_UINT32 ulPlainLen, GS_UCHAR * pucCipherText,
GS_UINT32 * pulCLen)
…
    cipher = get_evp_cipher_by_id(ulAlgId);
    if (cipher == NULL) {
        (void)fprintf(stderr, ("invalid ulAlgType for cipher,please check it!\n"));
        return 1;
    }
    ctx = EVP_CIPHER_CTX_new();
    if (ctx == NULL) {
        (void)fprintf(stderr, ("ERROR in EVP_CIPHER_CTX_new:\n"));
        return 1;
    }
    EVP_CipherInit_ex(ctx, cipher, NULL, pucKey, pucIV, 1);

    /* 开启填充模式 */
    EVP_CIPHER_CTX_set_padding(ctx, 1);
    /* 处理最后一个 block */
    blocksize = EVP_CIPHER_CTX_block_size(ctx);
    if (blocksize == 0) {
        (void)fprintf(stderr, ("invalid blocksize, ERROR in EVP_CIPHER_CTX_block_size\n"));
        return 1;
    }

    nInbufferLen = ulPlainLen % blocksize;
    padding_size = blocksize - nInbufferLen;
    pchInbuffer = (unsigned char * )OPENSSL_malloc(blocksize);
    if (pchInbuffer == NULL) {
        (void)fprintf(stderr, _("malloc failed\n"));
        return 1;
    }
    /* 第一字节使用"0x80"填充,其他的使用"0x00"填充 */
    rc = memcpy_s(pchInbuffer, blocksize, pucPlainText + (ulPlainLen - nInbufferLen),
nInbufferLen);
    securec_check_c(rc, "\0", "\0");
    rc = memset_s(pchInbuffer + nInbufferLen, padding_size, 0, padding_size);
    securec_check_c(rc, "\0", "\0");
    pchInbuffer[nInbufferLen] = 0x80;
```

```
EVP_CIPHER_CTX_set_padding(ctx, 0);
```

将加密信息加入密文头方便解密,转换加密信息为可见的脱敏模式 encode。相关代码如下:

```
/*将 init rand 添加到密文的头部进行解密使用*/
GS_UCHAR mac_temp[MAC_LEN] = {0};
errorno = memcpy_s(mac_temp, MAC_LEN, ciphertext + *cipherlen - MAC_LEN, MAC_LEN);
securec_check(errorno, "\0", "\0");
errorno = memcpy_s(ciphertext + *cipherlen - MAC_LEN + RANDOM_LEN, MAC_LEN, mac_temp, MAC
_LEN);
securec_check(errorno, "\0", "\0");

GS_UCHAR temp[RANDOM_LEN] = {0};
for (GS_UINT32 i = (*cipherlen - MAC_LEN) / RANDOM_LEN; i >= 1; --i) {
    errorno = memcpy_s(temp, RANDOM_LEN, ciphertext + (i - 1) * RANDOM_LEN, RANDOM_LEN);
    securec_check(errorno, "\0", "\0");

    errorno = memcpy_s(ciphertext + i * RANDOM_LEN, RANDOM_LEN, temp, RANDOM_LEN);
    securec_check(errorno, "\0", "\0");
}
errorno = memcpy_s(ciphertext, RANDOM_LEN, init_rand, RANDOM_LEN);
securec_check(errorno, "\0", "\0");
*cipherlen = *cipherlen + RANDOM_LEN;
errorno = memset_s(temp, RANDOM_LEN, '\0', RANDOM_LEN);
securec_check(errorno, "\0", "\0");
...
/*对密文进行编码,以实现良好的显示和解密操作*/
encodetext = SEC_encodeBase64((char*)ciphertext, ciphertextlen);
```

至此完成加密过程。

2. 数据解密接口

openGauss 提供的解密接口函数为

```
gs_decrypt_aes128 (decryptstr,keystr);
```

以 keystr 为用户加密密钥对 decryptstr 加密字符串进行解密,返回解密后的字符串。解密使用的 keystr 必须保证与加密时使用的 keystr 一致才能正常解密。keystr 不得为空。使用示例如下:

```
opengauss=# SELECT gs_decrypt_aes128(name,'gaussDB123') FROM student005;
 gs_decrypt_aes128
--------------------
 zhangsan
(1 row)
```

解密接口函数是通过函数 gs_decrypt_aes128 实现的,其代码源文件为"builtins. h"和"cipherfn. cpp"。通过用户输入的密文(明文加密生成的密文)和密钥进行数据的解密操作。

数据解密主要流程如图 9-30 所示。

图 9-30 数据解密主要流程

解析出需要解密的密文和密钥,并进行脱敏的 decode 操作。相关代码如下:

```
decodetext = (GS_UCHAR *)(text_to_cstring(PG_GETARG_TEXT_P(0)));
key = (GS_UCHAR *)(text_to_cstring(PG_GETARG_TEXT_P(1)));
keylen = strlen((const char *)key);

/*密文解码*/
ciphertext = (GS_UCHAR *)(SEC_decodeBase64((char *)decodetext, &decodetextlen));
if ((ciphertext == NULL) || (decodetextlen <= RANDOM_LEN)) {
    if (ciphertext != NULL) {
        OPENSSL_free(ciphertext);
        ciphertext = NULL;
    }
    errorno = memset_s(decodetext, decodetextlen, '\0', decodetextlen);
    securec_check(errorno, "\0", "\0");
    pfree_ext(decodetext);
    errorno = memset_s(key, keylen, '\0', keylen);
    securec_check(errorno, "\0", "\0");
    pfree_ext(key);
    ereport(ERROR,
        (errcode(ERRCODE_EXTERNAL_ROUTINE_INVOCATION_EXCEPTION),
            errmsg("Decode the cipher text failed or the ciphertext is too short!")));
}
errorno = memset_s(decodetext, decodetextlen, '\0', decodetextlen);
securec_check(errorno, "\0", "\0");
pfree_ext(decodetext);

plaintext = (GS_UCHAR *)palloc(decodetextlen);
errorno = memset_s(plaintext, decodetextlen, '\0', decodetextlen);
securec_check(errorno, "\0", "\0");
```

将密文转换为明文,相关代码如下:

```
bool gs_decrypt_aes_speed(
GS_UCHAR * ciphertext, GS_UINT32 cipherlen, GS_UCHAR * key, GS_UCHAR * plaintext, GS_UINT32
 * plainlen)
{
    ...
    /* 从密文字符串中分别提取密文数据和 IV 值 */
    cipherpart = (GS_UCHAR *)palloc(cipherpartlen + 1);
    randpart = (GS_UCHAR *)palloc(RANDOM_LEN);
    errorno = memcpy_s(cipherpart, cipherpartlen + 1, ciphertext + RANDOM_LEN,
cipherpartlen);
    securec_check(errorno, "\0", "\0");
    errorno = memcpy_s(randpart, RANDOM_LEN, ciphertext, RANDOM_LEN);
    securec_check(errorno, "\0", "\0");

    /* 调用解密函数 */
    decryptstatus = aes128DecryptSpeed(cipherpart, cipherpartlen, key, randpart, plaintext,
plainlen);
...
}
```

对密文进行解码操作,分离密文和信息两部分。相关代码如下:

```
bool aes128DecryptSpeed(GS_UCHAR * CipherText, GS_UINT32 CipherLen, GS_UCHAR * Key, GS_UCHAR
 * RandSalt,
GS_UCHAR * PlainText, GS_UINT32 * PlainLen)
...
    /* 将密文分成密文数据部分、AES 向量部分和 mac 向量部分进行解密操作 */
    GS_UINT32 cipherpartlen = CipherLen - RANDOM_LEN - MAC_LEN;
    errorno = memcpy_s(aes_vector, RANDOM_LEN, CipherText + cipherpartlen, RANDOM_LEN);
    securec_check_c(errorno, "", "");
    errorno = memcpy_s(mac_text_saved, MAC_LEN, CipherText + cipherpartlen + RANDOM_LEN,
MAC_LEN);
    securec_check_c(errorno, "", "");

    static THR_LOCAL GS_UINT32 usage_frequency[NUMBER_OF_SAVED_DERIVEKEYS] = {0};

    /* insert_position 用来分隔两个不同区域的 usage_frequency */
     static THR_LOCAL GS_UINT32 insert_position = NUMBER_OF_SAVED_DERIVEKEYS / 2;

    /* 初始化 usage_frequency */
    if (usage_frequency[0] == 0 && usage_frequency[NUMBER_OF_SAVED_DERIVEKEYS - 1] ==
0) {
        for (GS_UINT32 i = 0; i < NUMBER_OF_SAVED_DERIVEKEYS; ++i)
            usage_frequency[i] = i;
    }

    errorno = memcpy_s(user_key, RANDOM_LEN, Key, keylen);
    securec_check_c(errorno, "\0", "\0");
    if (keylen < RANDOM_LEN) {
```

```
        errorno = memset_s(user_key + keylen, RANDOM_LEN - keylen, '\0', RANDOM_LEN -
keylen);
        securec_check_c(errorno, "\0", "\0");
    }

    /*按照使用频率顺序查找对应的派生向量*/
    for (GS_UINT32 i = 0; i < NUMBER_OF_SAVED_DERIVEKEYS && !DERIVEKEY_FOUND; ++i) {
        if (0 == memcmp(random_salt_used[usage_frequency[i]], RandSalt, RANDOM_LEN)) {
            DERIVEKEY_FOUND = 1;
            for (GS_UINT32 j = 0; j < RANDOM_LEN; ++j) {
                GS_UCHAR mask = (char)random_salt_used[usage_frequency[i]][j];
                if (user_key[j] == ((char)user_input_used[usage_frequency[i]][j] ^(char)
mask)) {
                    decrypt_key[j] = ((char)derive_vector_used[usage_frequency[i]][j] ^
(char)mask);
                    mac_key[j] = ((char)mac_vector_used[usage_frequency[i]][j] ^(char)
mask);
                } else {
                    DERIVEKEY_FOUND = 0;
                }
            }
            if (i > 0 && i < NUMBER_OF_SAVED_DERIVEKEYS / 2 && DERIVEKEY_FOUND) {
                GS_UINT32 temp = usage_frequency[i - 1];
                usage_frequency[i - 1] = usage_frequency[i];
                usage_frequency[i] = temp;
            } else if (i >= NUMBER_OF_SAVED_DERIVEKEYS / 2 && DERIVEKEY_FOUND) {

                GS_UINT32 temp = usage_frequency[NUMBER_OF_SAVED_DERIVEKEYS / 2 - 1];
                usage_frequency[NUMBER_OF_SAVED_DERIVEKEYS / 2 - 1] = usage_frequency[i];
                usage_frequency[i] = temp;
            } else {
                ;
            }
        }
    }

    /*如果没有派生向量存在,就生成新的派生key*/
    if (!DERIVEKEY_FOUND) {
        retval = PKCS5_PBKDF2_HMAC(
            (char*)Key, keylen, RandSalt, RANDOM_LEN, ITERATE_TIMES, (EVP_MD*)EVP_sha256(),
RANDOM_LEN, decrypt_key);
        if (!retval) {
            ...
            return false;
        }
        retval = PKCS5_PBKDF2_HMAC((char*)user_key,
            RANDOM_LEN,
            RandSalt,
            RANDOM_LEN,
            MAC_ITERATE_TIMES,
```

```
            (EVP_MD *)EVP_sha256(),
            RANDOM_LEN,
            mac_key);

        if (!retval) {
            ...
            return false;
        }
        errorno = memcpy_s(random_salt_used[usage_frequency[insert_position]], RANDOM_
LEN, RandSalt, RANDOM_LEN);
        securec_check_c(errorno, "\0", "\0");

        for (GS_UINT32 j = 0; j < RANDOM_LEN; ++j) {
            GS_UCHAR mask = random_salt_used[usage_frequency[insert_position]][j];
            user_input_used[usage_frequency[insert_position]][j] = ((char)user_key[j] ^
(char)mask);
            derive_vector_used[usage_frequency[insert_position]][j] = ((char)decrypt_key
[j] ^(char)mask);
            mac_vector_used[usage_frequency[insert_position]][j] = ((char)mac_key[j] ^
(char)mask);
        }

        insert_position = (insert_position + 1) % (NUMBER_OF_SAVED_DERIVEKEYS / 2) +
NUMBER_OF_SAVED_DERIVEKEYS / 2;
    }
```

使用派生密钥解密密文。相关代码如下：

```
GS_UINT32 CRYPT_decrypt(GS_UINT32 ulAlgId, const GS_UCHAR * pucKey, GS_UINT32 ulKeyLen, const
GS_UCHAR * pucIV,
GS_UINT32 ulIVLen, GS_UCHAR * pucCipherText, GS_UINT32 ulCLen, GS_UCHAR * pucPlainText, GS_
UINT32 * pulPLen)
...
cipher = get_evp_cipher_by_id(ulAlgId);
    if (cipher == NULL) {
        (void)fprintf(stderr, ("invalid ulAlgType for cipher,please check it!\n"));
        return 1;
    }
    ctx = EVP_CIPHER_CTX_new();
    if (ctx == NULL) {
        (void)fprintf(stderr, ("ERROR in EVP_CIPHER_CTX_new:\n"));
        return 1;
    }
    EVP_CipherInit_ex(ctx, cipher, NULL, pucKey, pucIV, 0);
    EVP_CIPHER_CTX_set_padding(ctx, 0);
    if (!EVP_DecryptUpdate(ctx, pucPlainText, &dec_num, pucCipherText, ulCLen)) {
        (void)fprintf(stderr, ("ERROR in EVP_DecryptUpdate\n"));
        goto err;
    }
    *pulPLen = dec_num;
```

```
    if (!EVP_DecryptFinal(ctx, pucPlainText + dec_num, &dec_num)) {
        (void)fprintf(stderr, ("ERROR in EVP_DecryptFinal\n"));
        goto err;
    }
    *pulPLen += dec_num;

    /* padding bytes of the last block need to be removed */
    blocksize = EVP_CIPHER_CTX_block_size(ctx);
```

至此完成解密过程。

9.6.2 数据动态脱敏

数据脱敏，顾名思义就是对敏感数据进行变形、屏蔽等处理，目的是保护隐私数据信息，防止数据泄露和恶意窥探。当企业或者机构收集用户个人身份数据、手机号、银行卡号等敏感信息，然后将数据通过导出(非生产环境)或直接查询(结合生产环境)的方式投入使用时，按照隐私保护相关法律法规将数据进行"脱敏"处理。

openGauss实现了数据动态脱敏，它根据一系列用户配置的"脱敏策略"来对查询命令进行分析匹配，最终将敏感数据屏蔽并返回。整体上，使用数据动态脱敏特性分为两个步骤：配置脱敏策略、触发脱敏策略。本节将对这两个步骤进行具体分析。

显然，只有在配置脱敏策略后系统才能有根据地对敏感数据脱敏。openGauss提供了脱敏策略配置(创建、修改、删除)语法，这些语法所涉及的语法解析节点内容大致相同，因此这里仅对创建策略相关数据结构进行分析，其余不再赘述。下面将结合一个具体示例对数据动态脱敏特性进行详细介绍。

表9-6给出了一张包含敏感信息(薪资、银行卡号)的个人信息表，策略管理员要对该表中的敏感信息创建脱敏策略：当用户user1或user2在IP地址10.123.123.123上使用JDBC或gsql连接数据库并查询个人信息表时，系统将自动屏蔽敏感信息。

表9-6 包含敏感信息的个人信息表

序号	姓名	性别	薪资	银行卡号
1	张三	男	10000	6210630600006321083
2	李四	男	15000	6015431250003215514
3	王五	女	20000	5021134522201529881

首先策略管理员需要对敏感数据列打标签，然后基于标签创建脱敏策略，策略配置DDL语句如下。

配置资源标签：

(1) CREATE RESOURCE LABEL salary_label ADD COLUMN(person.salary)；

(2) CREATE RESOURCE LABEL creditcard_label ADD COLUMN(person.creditcards)。

配置脱敏策略：

(3) CREATE MASKING POLICY mask_person_policy MASKALL ON LABEL (salary_label), CREDITCARDMASKING ON label(creditcard_label) FILTER ON ROLES(user1,user2),IP('10.123.123.123'),APP(jdbc,gsql)。

user1 在 10.123.123.123 地址使用 gsql 查询敏感数据：

(4) SELECT id,salary,creditcards FROM public.person。

下面将对"CREATE MASKING POLICY"语句所涉及的语法结构定义进行逐一介绍。

数据结构 CreateMaskingPolicyStmt 代码如下：

```
typedef struct CreateMaskingPolicyStmt
{
NodeTag      type;
char         *policy_name;          /*脱敏策略名称*/
List         *policy_data;          /*脱敏策略行为*/
List         *policy_filters;       /*用户过滤条件*/
bool         policy_enabled;        /*策略开关*/
} CreateMaskingPolicyStmt;
```

脱敏策略创建语法是对 CreateMaskingPolicyStmt 函数进行填充，其中 policy_data 是由若干 DefElem 节点组成的 List，每个 DefElem 指出了以何种方式脱敏数据库资源，DefElem→name 标识脱敏方法，DefElem→arg 代表脱敏对象。

本节中脱敏策略配置示例的步骤(3)对应的 policy_data 组织结构如图 9-31 所示。

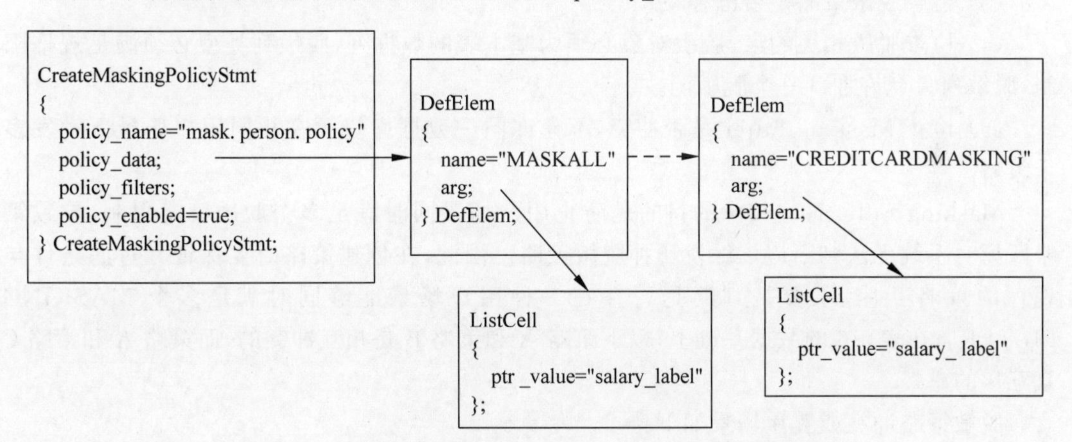

图 9-31　脱敏策略配置示例对应的 policy_data 组织结构

policy filters 属性通过二叉逻辑树的形式描述了哪些用户场景(用户名、客户端、登录 IP)可以使脱敏策略生效，policy filters 指向了逻辑树的根节点，只有当用户信息与逻辑树匹配时(匹配方式详见图 9-35)，脱敏策略才会被触发。逻辑树节点代码如下所示：

```
typedef struct PolicyFilterNode
{
NodeTag      type;
char         *node_type;         /*逻辑操作类型,取值为"op"或"filter"*/
```

```
    char        * op_value;         /* 逻辑操作符,仅当 node_type 为 op 时取值为"and"或"or",否则
    为 NULL */
    char        * filter_type;      /* 过滤数据类型,仅当 node_type 为 filter 时取值为"APP""
    ROLES""IP" */
    List        * values;           /* 过滤数据值 List,指出具体的过滤条件值,node_type 为 op 时置
    NULL */
    Node        * left;             /* 左子树 */
    Node        * right;            /* 右子树 */
    } PolicyFilterNode;
```

逻辑树节点分为操作符(op)节点和过滤数据(filter)节点。当 op 节点分为"与"或"或"关系时,其 op_value 将置为"and"或"or",其左右子树代表操作符左右子表达式。filter 节点一般作为 op 的叶子节点出现,它标识具体的过滤信息并将其值存放在 values 链表中。需要注意的是,一个节点不可能既是 op 节点又是 filter 节点。本节脱敏策略配置示例的步骤(3)对应的 policy filters 组织结构如图 9-32 所示。

脱敏策略配置的总体流程如图 9-33 所示。

在查询编译脱敏策略配置 SQL 后将进入策略增、删、改主函数中,首先会根据语法解析节点校验相关参数的合法性,做如下检查:

(1) 检查脱敏策略指定的数据库资源是否存在;

(2) 检查脱敏函数是否存在;

(3) 检查脱敏策略是否已存在;

(4) 检查脱敏相关约束,脱敏对象必须为基本表的数据列,脱敏列类型必须满足规格限制,脱敏列只允许加载一个脱敏函数。

(5) 检查 Masking Filter 是否冲突,不允许同一数据库资源在相同用户场景下触发多个策略。

Masking Filter 冲突校验的目的是防止用户场景同时满足多个脱敏策略限制,导致策略匹配时系统无法判断应该触发哪种脱敏策略。因此,在创建策略时要保证其过滤条件与现存的策略互斥,主要是判断是否存在一种用户场景能够同时满足多个 MASKING FILTER。在表 9-6 的数据基础上,以下策略 A 和策略 B 是相互冲突的,而策略 A 和策略 C 是互斥的。

脱敏策略冲突或互斥场景如下:

```
策略 A: CREATE MASKING POLICY mask_A MASKALL ON LABEL(creditcard_label) FILTER ON IP('10.123.
        123.123'), APP(jdbc), ROLES(user1);
策略 B: CREATE MASKING POLICY mask_B CREDITCARDMASKING ON LABEL(creditcard_label) FILTER ON IP
        ('10.123.123.123','10.90.132.132'), APP(jdbc, gsql), ROLES(user1);
策略 C: CREATE MASKING POLICY mask_C CREDITCARDMASKING ON LABEL(creditcard_label) FILTER ON IP
        ('10.123.123.123','10.90.132.132'), APP(jdbc), ROLES(user2);
```

随后将依据策略配置信息更新系统表:

(1) 更新 gs_masking_policy 系统表,存储 policy 基本信息。

(2) 更新 gs_masking_policy_actions 系统表,存储策略对应的脱敏方式及脱敏对象。

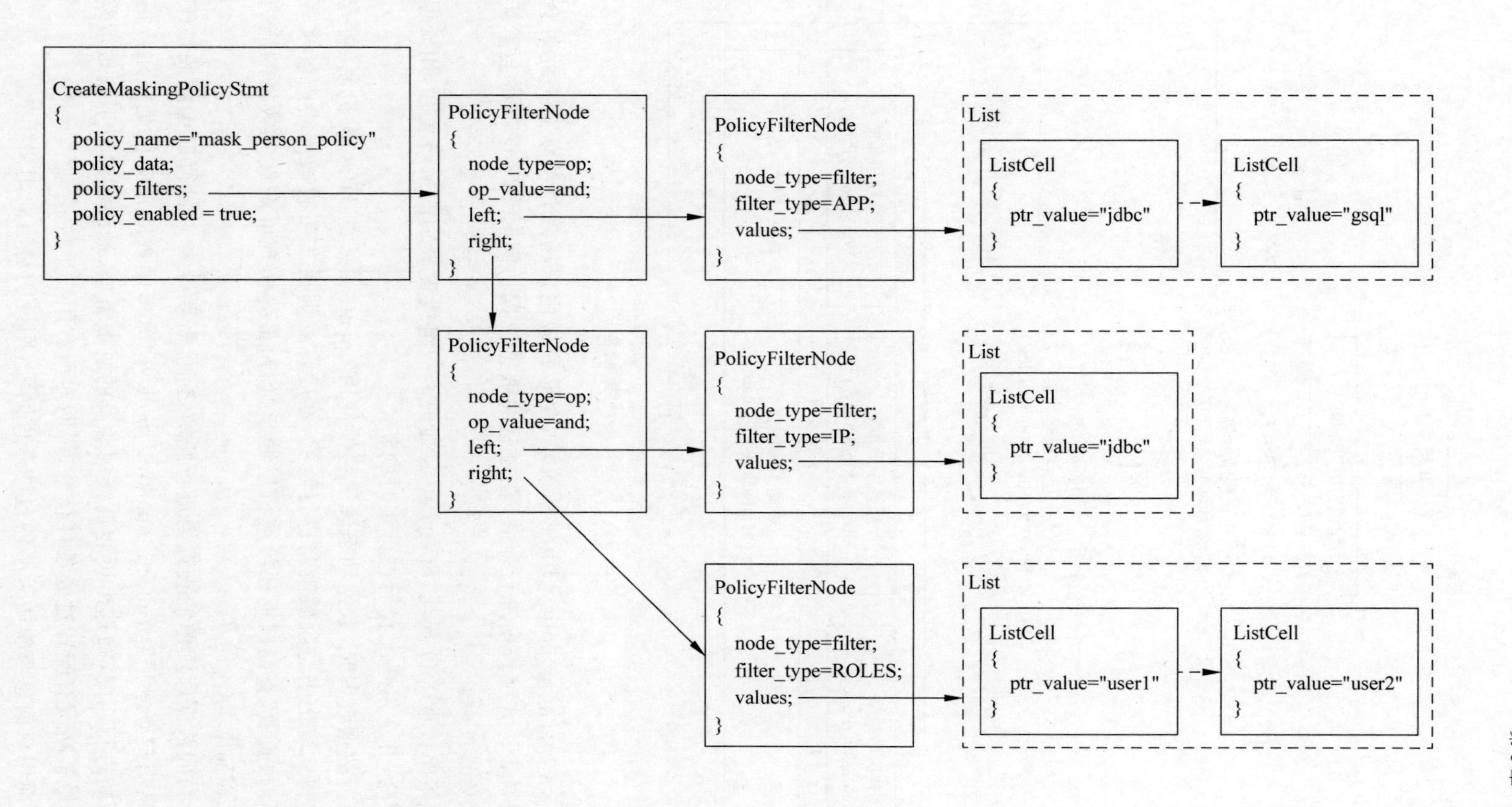

图 9-32　脱敏策略配置示例对应的 policy filters 组织结构

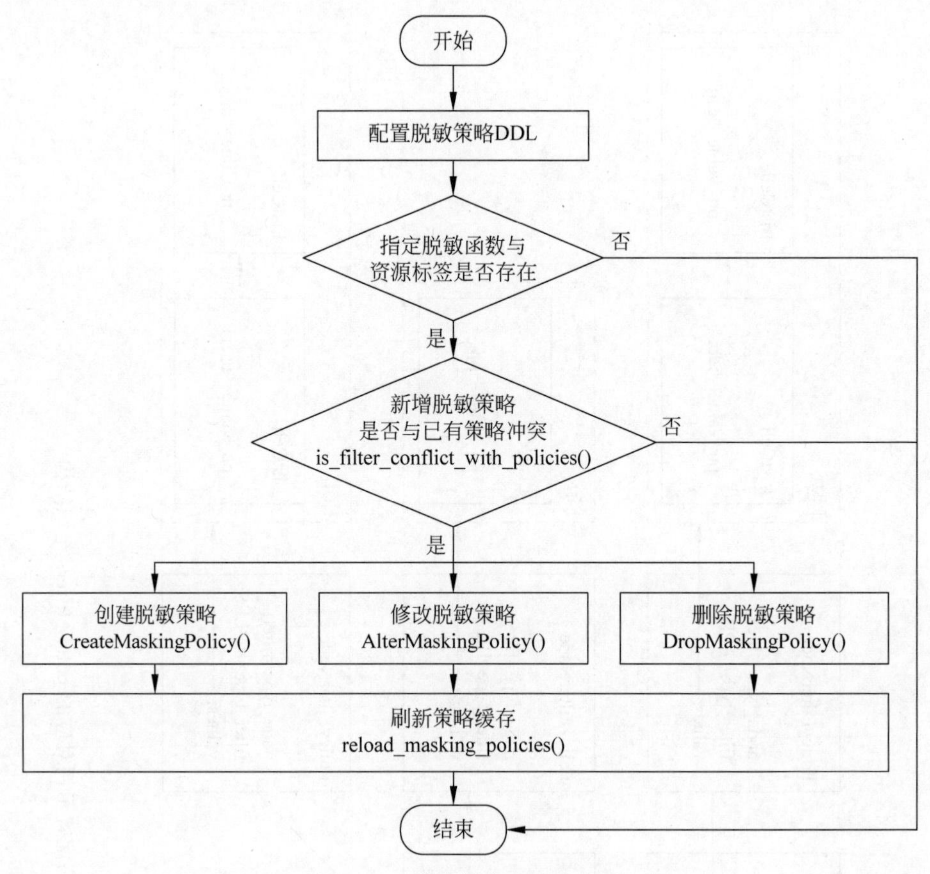

图 9-33　脱敏策略配置流程图

(3) 更新 gs_masking_policy_filter 系统表，存储脱敏用户场景过滤信息。此时会将逻辑树转换为逻辑表达式字符串进行存储，在之后的敏感数据访问时该字符串将会重新转换为逻辑树进行场景校验。

为了降低策略读取 I/O 损耗，openGauss 维护了一组线程级别的策略缓存，用于保存已配置的脱敏策略，并在策略配置后进行实时刷新。

在用户进行数据查询时，数据动态脱敏特性使用 openGauss 的 HOOK 机制，将查询编译生成的查询树钩取出来与脱敏策略进行匹配，然后将查询树按照脱敏策略内容改写成不包含敏感数据的"脱敏"查询树返还给解析层继续执行，最终实现屏蔽敏感数据的能力。脱敏策略执行流程如图 9-34 所示。

在对一个访问数据库资源的查询树进行脱敏之前，需要准备一份待匹配的脱敏策略集合，其依据就是用户登录信息，check_masking_policy_filter 函数的任务就是将用户信息与所有的脱敏策略进行匹配，筛选出可能被查询触发的脱敏策略，最终筛选以下脱敏策略。

(1) 若脱敏策略没有配置过滤条件信息，说明对所有用户生效。

(2) 若当前用户信息与脱敏策略的过滤条件匹配，则说明对当前用户生效。

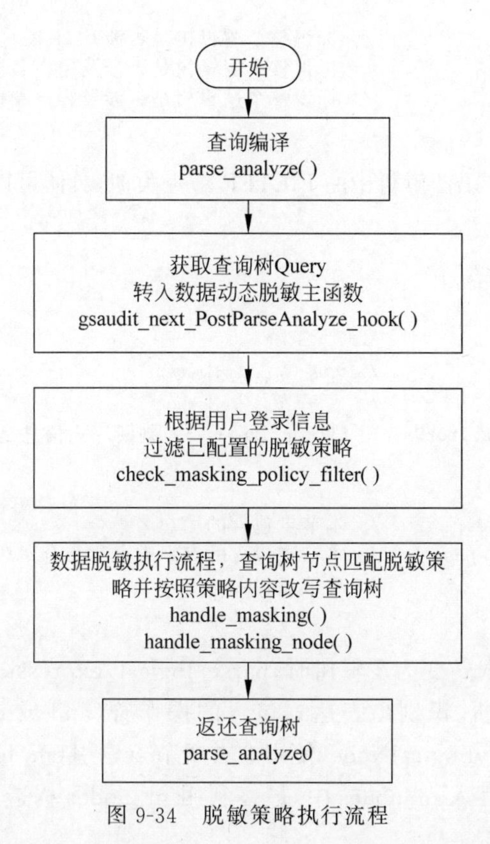

图 9-34　脱敏策略执行流程

在每个脱敏策略从系统表读入缓存时，需要将对应的过滤条件逻辑表达式转换为逻辑树并将逻辑树根节点存入缓存中，将其作为脱敏策略筛选条件。逻辑树结构代码如下：

```
class PolicyLogicalTree {
public:
    …
    bool parse_logical_expression(const gs_stl::gs_string logical_expr_str);  /* 逻辑表达式构造逻辑树入口函数 */
    bool match(const FilterData * filter_item);
    bool has_intersect(PolicyLogicalTree * arg);
private:
    gs_stl::gs_vector<PolicyLogicalNode> m_nodes; /* 逻辑节点集合,包含逻辑树中所有的节点 */
    gs_stl::gs_vector<int> m_flat_tree;  /* 利用数组将逻辑节点索引构造逻辑二叉树 */
    /* 逻辑表达式转换为逻辑树的递归函数 */
bool parse_logical_expression_impl(const gs_stl::gs_string logical_expr_str, int * offset, int * idx, Edirection direction);
    inline void create_node(int * idx, EnodeType type, bool has_operator_not); /* 创建单个逻辑树节点 */
    void flatten_tree();          /* 将逻辑树刷新到 m_nodes 集合与 m_flat_tree 索引中 */
    bool check_apps_intersect(string_sort_vector *, string_sort_vector *);
    bool check_roles_intersect(oid_sort_vector *, oid_sort_vector *);
```

```
    bool m_has_ip;              /* 标识整个逻辑树是否涉及 IP 校验 */
    bool m_has_role;            /* 标识整个逻辑树是否涉及用户名校验 */
    bool m_has_app;             /* 标识整个逻辑树是否涉及客户端校验 */
};
```

逻辑树节点的结构与语法解析中的 FILTER 节点类似，具体可以参照 PolicyFilterNode 结构。相关代码如下：

```
struct PolicyLogicalNode {
    ...
EnodeType m_type;
int m_left;                     /* 左子节点索引 */
int m_right;                    /* 右子节点索引 */
void make_eval(const FilterData *filter_item); /* 判断用户信息是否满足本节点子树表示的逻辑 */
bool m_eval_res;
oid_sort_vector m_roles;        /* 本节点包含的用户名集合 */
string_sort_vector m_apps;      /* 本节点包含的客户端名称集合 */
IPRange m_ip_range;             /* 本节点包含的 IP */
};
```

当需要将逻辑表达式转变为逻辑树时，parse_logical_expression_impl 函数将对逻辑表达式字符串进行递归解析，识别出表达式包含的操作符(and 或 or)及过滤条件信息(ip、roles、app)，构造出 PolicyLogicalNode，使用左右子节点索引(m_left、m_right)链接起来形成逻辑树并将每个节点存入 m_nodes 中，最终利用 m_nodes 构造 m_flat_tree 数组来模拟二叉树。

m_flat_tree 数组的作用是标记逻辑树节点间关系并标识哪些节点是逻辑树的叶子节点。当用户信息与逻辑树某节点进行匹配时，首先需要与其左右子树进行匹配，然后根据该节点的逻辑运算符来判断是否满足过滤条件要求，而左右子树的判断结果又依赖它们的子树结果，因此这种递归判断方法首先将会是取叶子节点进行用户信息匹配。

openGauss 使用“自底向上”的方式来进行用于信息与逻辑树的匹配。从 m_flat_tree 末尾(叶子节点)进行匹配，将匹配结果记录下来，当匹配到非叶子节点时(op 节点)只需使用其左右子节点结果进行判断即可，最终实现整个逻辑树的匹配。在脱敏策略配置示例中创建脱敏策略后，当用户使用非受限的客户端访问敏感数据时，逻辑树匹配结果如图 9-35 所示。

在筛选出脱敏策略后，就需要对查询树所有 TargetEntry 进行识别和策略匹配。从 openGauss 源码可以看到，脱敏策略支持对 SubLink、Aggref、OpExpr、RelabelType、FuncExpr、CoerceViaIO、Var 类型的节点进行解析识别。数据脱敏的核心思路是：Var 类型节点代表了访问的数据库资源，而非 Var 类型节点可能包含 Var 节点，因此需要根据其参数递归寻找 Var 节点，最后将识别到的所有 Var 节点进行策略匹配并根据策略内容进行节点替换。

识别脱敏节点源码如下：

```
static bool mask_expr_node(ParseState *pstate, Expr *& expr,
```

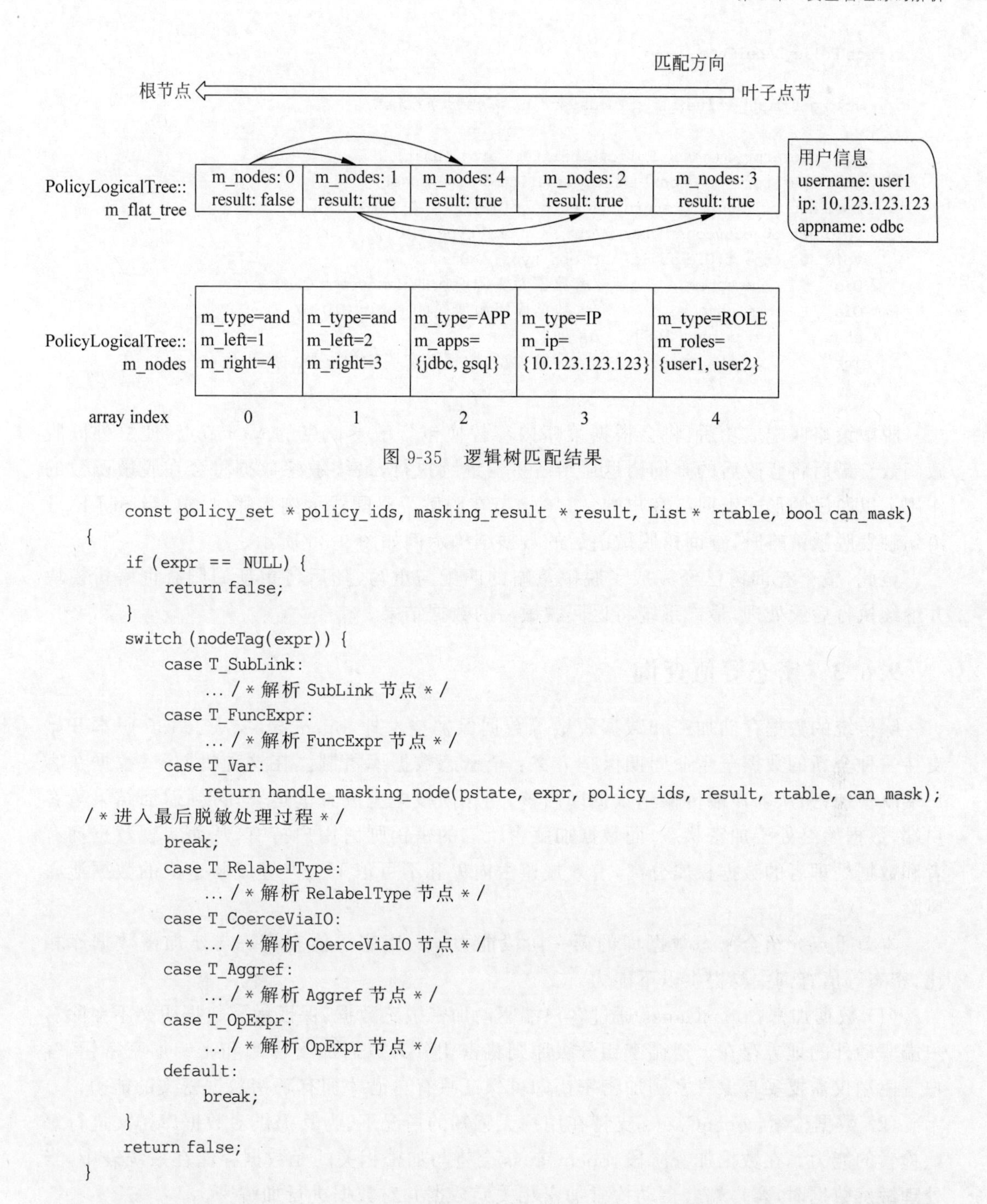

图 9-35　逻辑树匹配结果

```
    const policy_set *policy_ids, masking_result *result, List* rtable, bool can_mask)
{
    if (expr == NULL) {
        return false;
    }
    switch (nodeTag(expr)) {
        case T_SubLink:
            .../*解析 SubLink 节点*/
        case T_FuncExpr:
            .../*解析 FuncExpr 节点*/
        case T_Var:
            return handle_masking_node(pstate, expr, policy_ids, result, rtable, can_mask);
/*进入最后脱敏处理过程*/
        break;
        case T_RelabelType:
            .../*解析 RelabelType 节点*/
        case T_CoerceViaIO:
            .../*解析 CoerceViaIO 节点*/
        case T_Aggref:
            .../*解析 Aggref 节点*/
        case T_OpExpr:
            .../*解析 OpExpr 节点*/
        default:
            break;
    }
    return false;
}
```

在匹配脱敏策略时，首先需要将识别出的 Var 节点进行解析，将其转为 PolicyLabelItem，该数据结构存储了数据列的全部路径信息，然后将其与已过滤出的脱敏策略集合进行匹配，若某个脱敏策略对应的数据库资源对象与 PolicyLabelItem 一致，将已匹配到的脱敏策略指定的方式替换该 Var 节点。相关数据结构 PolicyLabelItem 的代码如下：

```
struct PolicyLabelItem {
    ...
    void get_fqdn_value(gs_stl::gs_string * value) const;

    bool operator < (const PolicyLabelItem& arg) const;
    bool operator == (const PolicyLabelItem& arg) const;
    bool empty() const {return strlen(m_column) == 0;}
    void set_object(const char * obj, int obj_type = 0);
    void set_object(Oid objid, int obj_type = 0);
    Oid         m_schema;          /* 数据库资源所属的 namespace OID */
    Oid         m_object;          /* 数据库资源所属的 table OID */
    char        m_column[256];     /* 列名
    int         m_obj_type;        /* 资源类型,数据动态脱敏仅支持对列生效 */
};
```

脱敏策略匹配成功后,将会根据策略内容替换包含敏感信息的 Var 节点,使之外嵌脱敏函数。最后将修改后的查询树返还给解析器继续执行,最终敏感数据将会在脱敏函数的作用下以脱敏的形式返回给客户端。9.6.2 节在脱敏策略配置示例步骤(4)中,当 SELECT 语句触发脱敏策略时,查询树脱敏前后的数据结构示例如图 9-36 所示。

至此,整个查询树已经完成了脱敏策略的匹配与重写,随后将重新回归查询解析模块并继续执行后续处理,最终系统将返回脱敏后的数据结果。

9.6.3 密态等值查询

除传统的数据存储加密和数据脱敏等数据保护技术外,openGauss 从 1.1.0 版本开始支持一种全新的数据全生命周期保护方案:全密态数据库机制。在这种机制下,数据在客户端就被加密,从客户端传输到数据库内核,到在内核中完成查询运算,再到返回结果给客户端,数据始终处于加密状态,而数据加解密所需的密钥则由用户持有,从而实现数据拥有者和数据处理者的数据权属分离,有效规避由内鬼和不可信第三方等威胁造成的数据泄露风险。

本节重点介绍全密态数据库的第一阶段能力——密态等值查询。与非加密数据库相比,密态等值查询主要提供以下能力。

(1) 数据加密:openGauss 通过客户端驱动加密敏感数据,保证敏感数据明文不在除客户端驱动外的地方存在。遵循密钥分级原则将密钥分为数据加密密钥和密钥加密密钥,客户端驱动仅需要妥善保管密钥加密密钥即可保证只有自己才拥有解密数据密文的能力。

(2) 数据检索:openGauss 支持在用户无感知的情况下,为其提供对数据库密文进行等值检索的能力。在数据加密阶段,openGauss 会将与加密相关的元数据存储在系统表中,当处理敏感数据时,客户端会自动检索加密相关元数据并对数据进行加解密。

openGauss 新增数据加解密表语法,通过采用驱动层过滤技术,在客户端的加密驱动中集成 SQL 语法解析、密钥管理和敏感数据加解密等模块来处理相关语法。客户端加密驱动源码流程如图 9-37 所示。

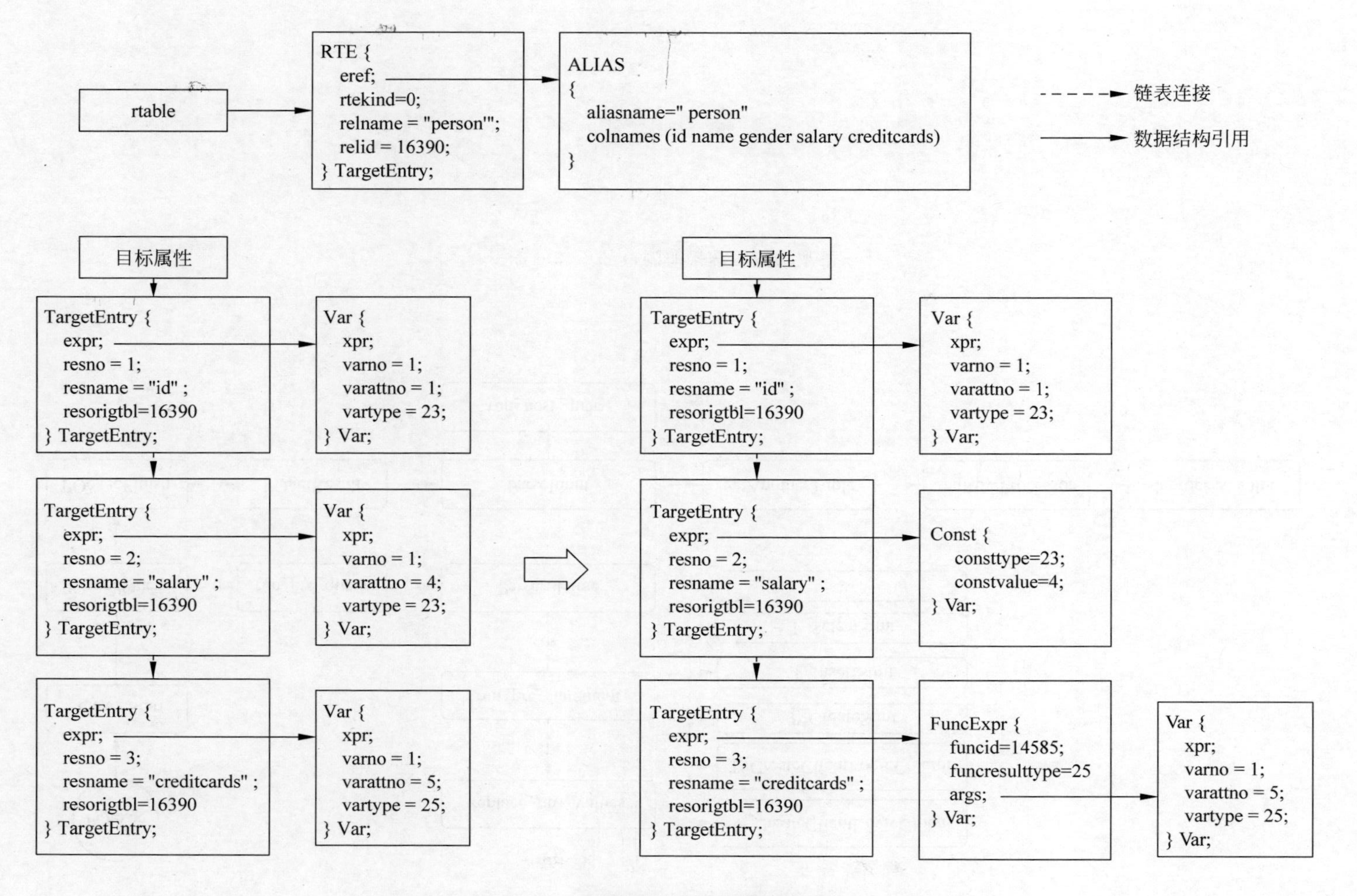

图 9-36 查询树脱敏前后的数据结构示例

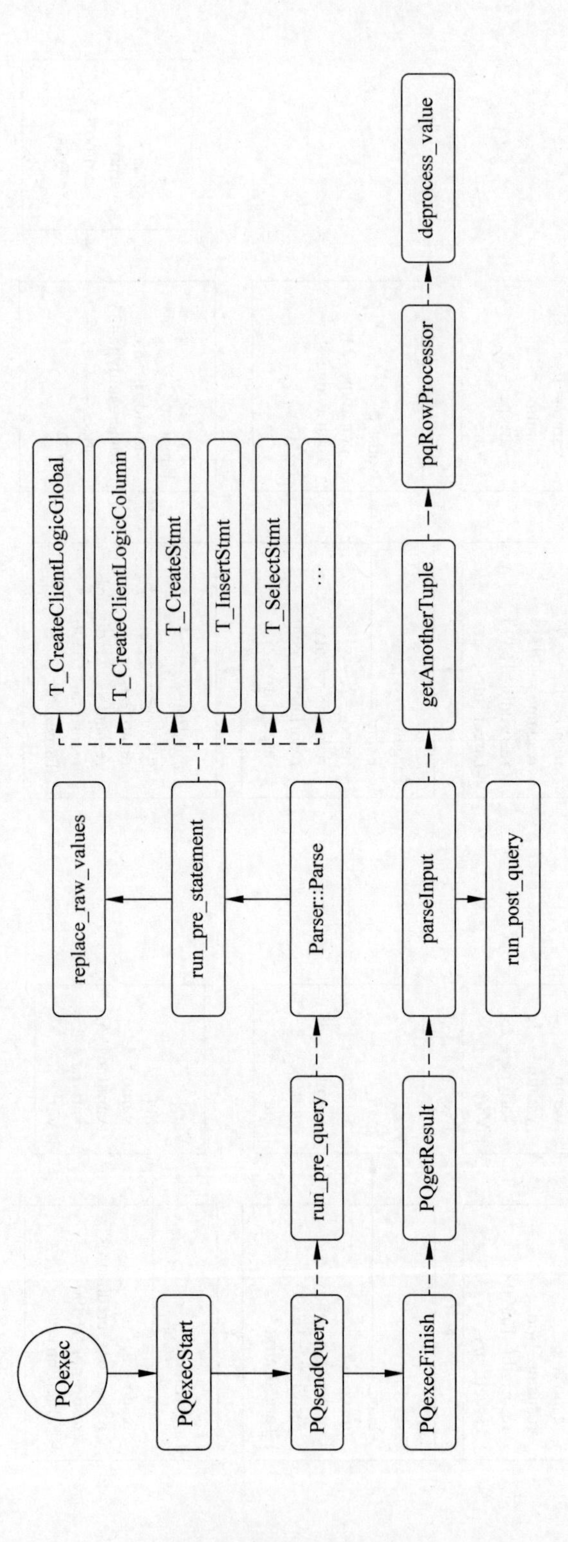

图 9-37 客户端加密驱动源码流程

用户执行SQL查询语句时，通过Pqexec函数执行SQL语句，SQL语句在发送之前首先进入run_pre_query函数，通过前端解析器解析涉及密态的语法，然后在run_pre_statement函数中通过分类器对语法标签进行识别，进入对应语法的处理逻辑。在不同的处理逻辑函数中，查找出要替换的数据参数，并存储在结构体StatementData中，客户端加密驱动数据结构如图9-38所示。最后通过replace_raw_values函数重构SQL语句，将其发送给服务端。在PqgetResult函数接收到从服务端返回的数据后，若数据是加密数据类型，则用deprocess_value函数对加密数据进行解密。接收完数据后还需要在run_post_query函数中刷新相应的缓存。

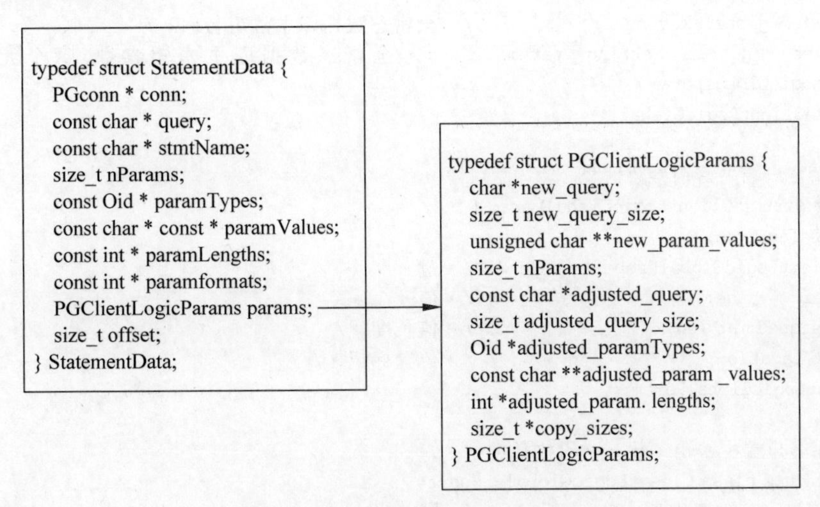

图9-38 客户端加密驱动数据结构

openGauss密态数据库采用列级加密，用户在创建加密表时需要指定加密列的列加密密钥(Column Encryption Key,CEK)和加密类型，以确定该数据列以何种方式进行加密。同时，在创建表前，应该先创建客户端主密钥(Client Master Key,CMK)。

整个加密步骤和语法可简化为以下三个阶段：创建客户端密钥、创建列加密密钥和创建加密表。下面将结合具体示例对密态等值查询特性进行详细介绍。

密态等值查询示例如下。

(1) 创建客户端主密钥。

```
CREATE CLIENT MASTER KEY cmk_1 WITH (KEY_STORE = LOCALKMS , KEY_PATH = "kms_1" , ALGORITHM =
RSA_2048);
```

(2) 创建列加密密钥。

```
CREATE COLUMN ENCRYPTION KEY cek_1 WITH VALUES (CLIENT_MASTER_KEY = cmk_1, ALGORITHM = AEAD_
AES_256_CBC_HMAC_SHA256);
```

(3) 创建加密表。

```
CREATE TABLE creditcard_info (id_number int, name text encrypted with (column_encryption_key
```

```
= cek_1, encryption_type = DETERMINISTIC), gender varchar(10) encrypted with (column_
encryption_key = cek_1, encryption_type = DETERMINISTIC), salary float4 encrypted with
(column_encryption_key = cek_1, encryption_type = DETERMINISTIC), credit_card varchar(19)
encrypted with (column_encryption_key = cek_1, encryption_type = DETERMINISTIC));
```

如示例所示，首先使用“CREATE CLIENT MASTER KEY”语法创建客户端主密钥，其所涉及的语法结构定义如下：

```
/* 保存创建客户端主密钥的语法信息 */
typedef struct CreateClientLogicGlobal {
    NodeTag type;
    List *global_key_name;            /* 全密态数据库主密钥名称 */
    List *global_setting_params;      /* 全密态数据库主密钥参数,每个元素是一个
ClientLogicGlobalparam */
} CreateClientLogicGlobal;

/* 保存客户端主密钥参数信息 */
typedef struct ClientLogicGlobalParam {
    NodeTag type;
    ClientLogicGlobalProperty key;    /* 键 */
    char *value;                      /* 值 */
    unsigned int len;                 /* 值长度 */
    int location;                     /* 位置标记 */
} ClientLogicGlobalParam;

/* 保存客户端主密钥参数 key 的枚举类型 */
typedef enum class ClientLogicGlobalProperty {
    CLIENT_GLOBAL_FUNCTION,           /* 默认为 encryption */
    CMK_KEY_STORE,                    /* 目前仅支持 localkms */
    CMK_KEY_PATH,                     /* 密钥存储路径 */
    CMK_ALGORITHM                     /* 指定加密 CEK 的算法 */
} ClientLogicGlobalProperty;
CREATE CLIENT MASTER KEY cmk_1 WITH (KEY_STORE = LOCALKMS ,KEY_PATH = "kms_1" ,ALGORITHM =
RSA_2048);
```

上面命令的参数说明如下：

(1) KEY_STORE：指定管理CMK的组件或工具；目前仅支持localkms模式。

(2) KEY_PATH：一个KEY_STORE中存储了多个CMK，而KEY_PATH用于唯一标识CMK。

(3) ALGORITHM：CMK被用于加密CEK，该参数指定加密CEK的算法，即指定CMK的密钥类型。

客户端主密钥创建语法本质上是将CMK的元信息解析并保存在CreateClientLogicGlobal结构体中。其中，global_key_name是密钥名称，global_setting_params是一个List结构，每个节点是一个ClientLogicGlobalParam结构，以键值的形式保存着密钥的信息。客户端先通过解析器函数fe_raw_parser解析为CreateClientLogicGlobal结构体，对其参数进行校验并发送查询语句到服务端；服务端解析为CreateClientLogicGlobal结构体

并检查用户 namespace 等权限，CMK 元信息保存在系统表中。创建 CMK 的总体流程如图 9-39 所示。

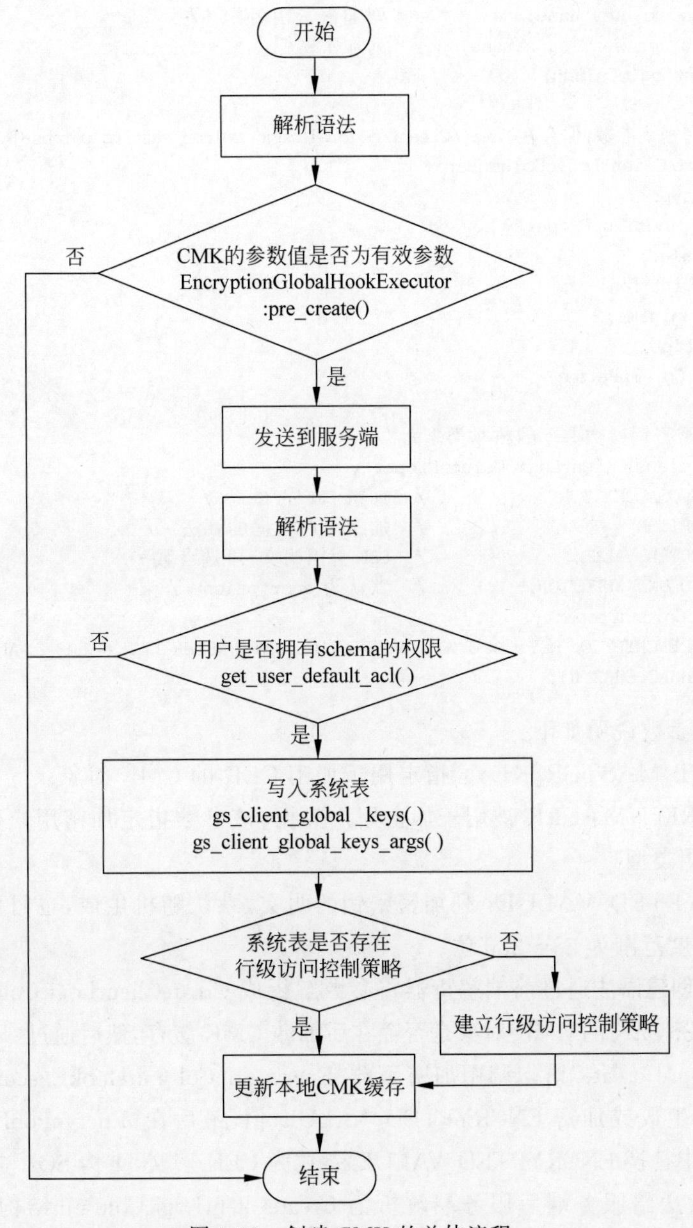

图 9-39 创建 CMK 的总体流程

有了 CMK，可以基于此创建 CEK，下面将对 CREATE COLUMN ENCRYPTION KEY 语句所涉及的语法结构定义逐一介绍。

CREATE COLUMN ENCRYPTION KEY 语法相关数据结构：

```
/* 保存创建列加密密钥的语法信息 */
typedef struct CreateClientLogicColumn {
    NodeTag type;
    List *column_key_name;          /* 列加密密钥名称 */
    List *column_setting_params;    /* 列加密密钥参数 */
} CreateClientLogicColumn;

/* 保存列加密密钥参数,保存在 CreateClientLogicColumn 的 column_setting_params 中 */
typedef struct ClientLogicColumnParam {
    NodeTag type;
    ClientLogicColumnProperty key;
    char *value;
    unsigned int len;
    List *qualname;
    int location;
} ClientLogicColumnParam;

/* 保存列加密密钥参数 key 的枚举类型 */
typedef enum class ClientLogicColumnProperty {
    CLIENT_GLOBAL_SETTING,          /* 加密 CEK 的 CMK */
    CEK_ALGORITHM,                  /* 加密用户数据的算法 */
    CEK_EXPECTED_VALUE,             /* CEK 密钥明文,可选参数 */
    COLUMN_COLUMN_FUNCTION,         /* 默认为 encryption */
} ClientLogicColumnProperty;
CREATE COLUMN ENCRYPTION KEY cek_1 WITH VALUES (CLIENT_MASTER_KEY = cmk_1,ALGORITHM = AEAD_
AES_256_CBC_HMAC_SHA256);
```

上面命令的参数说明如下：

(1) CLIENT_MASTER_KEY：指定用于加密 CEK 的 CMK 对象。

(2) ALGORITHM：CEK 被用于加密用户数据,该参数指定加密用户数据的算法,即指定 CEK 的密钥类型。

(3) ENCRYPTED_VALUE：列加密密钥的明文,默认随机生成,也可由用户指定,用户指定时密钥长度范围为 28～256 位。

列加密密钥创建语法通过前端解析器将参数解析成 CreateClientLogicColumn 结构体后,校验指定用于加密 CEK 的 CMK 对象是否存在后加载 CMK 缓存,然后通过"HooksManager::ColumnSettings::pre_create"语句调用加密函数"EncryptionColumnHookExecutor::pre_create"来校验各参数并生成或加密 ENCRYPTED_VALUE 值,最后在"EncryptionPreProcess::set_new_query"函数中替换 ENCRYPTED_VALUE 参数为 CEK 密文,重构 SQL 查询语句。重构后的 SQL 语句发送给服务端后服务端解析为 CreateClientLogicColumn 结构体并检查用户 namespace 等权限,将 CEK 的信息保存在系统表中。创建 CEK 的总体流程如图 9-40 所示,组织结构如图 9-41 所示。

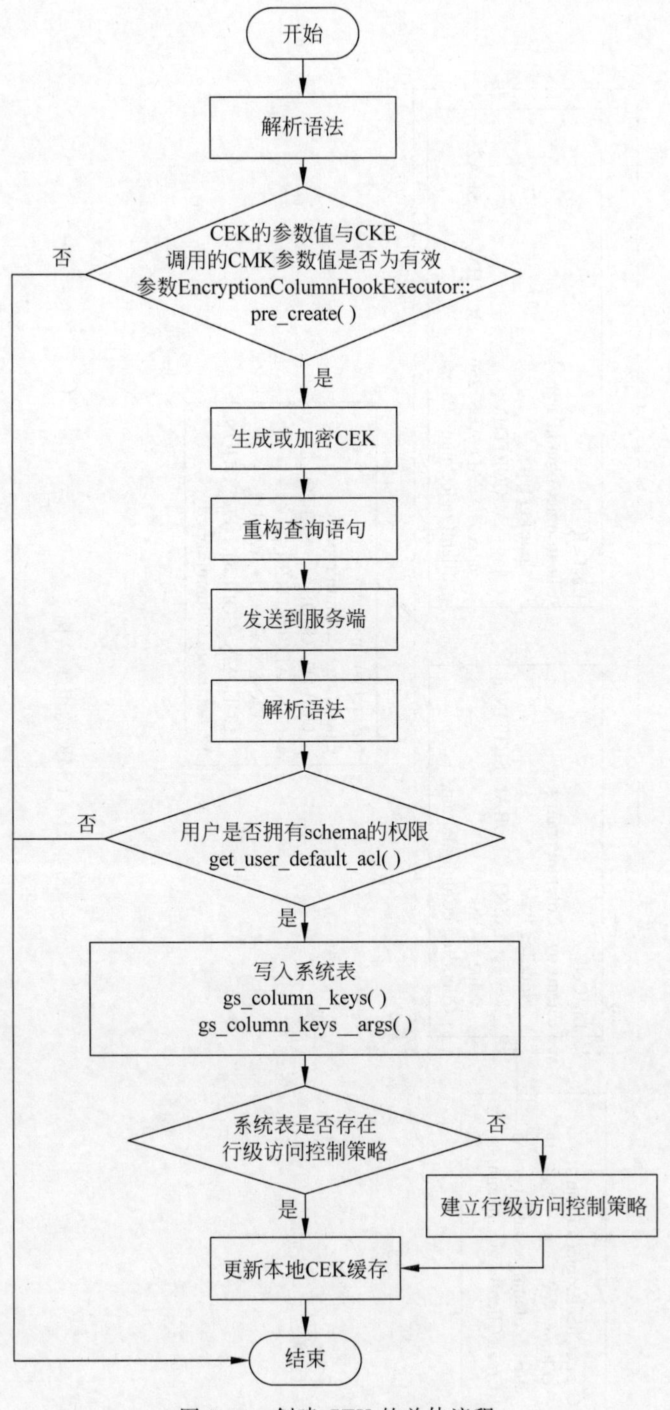

图 9-40　创建 CEK 的总体流程

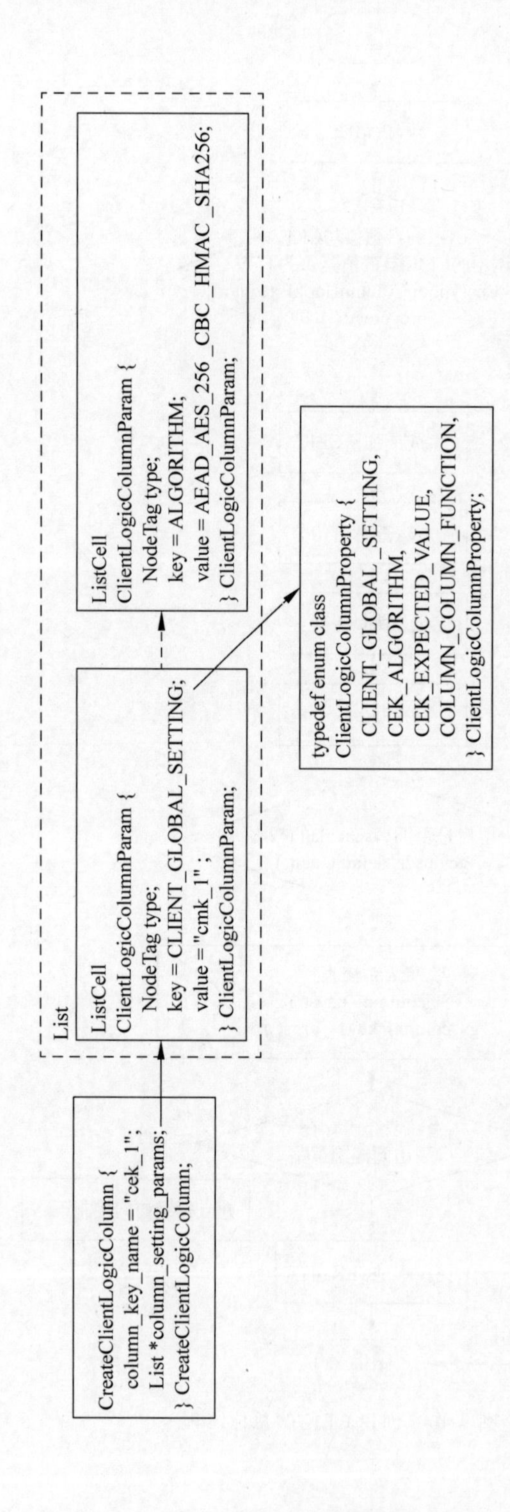

图 9-41 CMK 的组织结构

在对CEK参数进行解析后,使用CMK对ENCRYPTED_VALUE参数进行加密,加密完成后使用加密后的ENCRYPTED_VALUE参数和其他参数对创建CEK的语法进行重构。将输入的查询语句转换成加密查询语句的主要函数入口代码如下:

```
void EncryptionPreProcess::set_new_query(char ** query, size_t query_size, StringArgs string
_args, int location,
    int encrypted_value_location, size_t encrypted_value_size, size_t quote_num)
{
    for (size_t i = 0; i < string_args.Size(); i++) {
        /* 从 string_args 中读取键值存到变量中 */
        char string_to_add[MAX_KEY_ADD_LEN];
        errno_t rc = memset_s(string_to_add, MAX_KEY_ADD_LEN, 0, MAX_KEY_ADD_LEN);
        securec_check_c(rc, "\0", "\0");
        size_t total_in = 0;
        if (string_args.at(i) == NULL) {
            continue;
        }
        const char *key = string_args.at(i)->key;
        const char *value = string_args.at(i)->value;
        const size_t vallen = string_args.at(i)->valsize;
        if (!key || !value) {
            Assert(false);
            continue;
        }
        Assert(vallen < MAX_KEY_ADD_LEN);
        /* 将 key 和 value 构造成 encrypted_value = '密文值'的形式 */
        check_strncat_s(strncat_s(string_to_add, MAX_KEY_ADD_LEN, key, strlen(key)));
        total_in += strlen(key);
        check_strncat_s(strncat_s(string_to_add, MAX_KEY_ADD_LEN, "=\'", strlen("=\'")));
        total_in += strlen("=\'");
        check_strncat_s(strncat_s(string_to_add, MAX_KEY_ADD_LEN, value, vallen));
        total_in += vallen;
        check_strncat_s(strncat_s(string_to_add, MAX_KEY_ADD_LEN, "\'", strlen("\'")));
        total_in += strlen("\'");
        Assert(total_in < MAX_KEY_ADD_LEN);
        /* encrypted_value_location 不为空,则说明用户提供 EXPECTED_VALUE,将明文值替换成
密文值 */
        if (encrypted_value_location && encrypted_value_size) {
            *query = (char *)libpq_realloc(*query, query_size, query_size + vallen + 1);
            if (*query == NULL) {
                return;
            }
            check_memset_s(memset_s(*query + query_size, vallen + 1, 0, vallen + 1));
            char *replace_dest = *query + encrypted_value_location + strlen("\'");
            char *move_src =
                *query + encrypted_value_location + encrypted_value_size + quote_num +
strlen("\'");
            char *move_dest = *query + encrypted_value_location + vallen + strlen("\'");
```

```
            check_memmove_s(memmove_s(move_dest,
                query_size - encrypted_value_location - encrypted_value_size - strlen("\
'") + 1,
                move_src,
                query_size - encrypted_value_location - encrypted_value_size - strlen("\
'")));
            query_size = query_size + vallen - encrypted_value_size;
            check_memcpy_s(memcpy_s(replace_dest, query_size - encrypted_value_location,
value, vallen));
        } else {
/*若EXPECTED_VALUE是随机生成的,则直接插入原先的语句中*/
            check_strcat_s(strcat_s(string_to_add, MAX_KEY_ADD_LEN, ","));
            size_t string_to_add_size = strlen(string_to_add);
            *query = (char *)libpq_realloc(*query, query_size, query_size + string_to_
add_size + 1);
            if (*query == NULL) {
                return;
            }
            check_memmove_s(memmove_s(*query + location + string_to_add_size, query_size
- location, *query + location,
                query_size - location));
            query_size += string_to_add_size;
            check_memcpy_s(memcpy_s(*query + location, query_size - location, string_to_
add, string_to_add_size));
        }
        query[0][query_size] = '\0';
    }
    return;
}
```

接下来创建加密表。

```
CREATE TABLE creditcard_info (id_number int,name text encrypted with (column_encryption_key
= cek_1, encryption_type = DETERMINISTIC),gender varchar(10) encrypted with (column_
encryption_key = cek_1, encryption_type = DETERMINISTIC),salary float4 encrypted with
(column_encryption_key = cek_1,encryption_type = DETERMINISTIC),credit_card varchar(19)
encrypted with (column_encryption_key = cek_1,encryption_type = DETERMINISTIC));
```

创建加密表的SQL语句在语法解析后进入CreateStmt函数处理逻辑,在run_pre_create_statement函数中,对CreateStmt→tableElts中每个ListCell进行判断,当前加密表仍存在一定的约束,加密表列定义及约束处理函数段代码如下:

```
bool createStmtProcessor::run_pre_create_statement(const CreateStmt * const stmt,
StatementData *statement_data)
{
    …
  /*加密表列定义及约束处理*/
    foreach (elements, stmt->tableElts) {
        Node *element = (Node *)lfirst(elements);
        switch (nodeTag(element)) {
```

```
        case T_ColumnDef: {
            …
           /* 校验 distribute by 是否符合规格 */
            if (column->colname != NULL &&
                !check_distributeby(stmt->distributeby, column->colname)) {
                return false;
            }
           /* 列定义处理,存储加密类型,加密密钥等信息 */
            if (!process_column_defintion(column, element, &expr_vec, &cached_columns,
                &cached_columns_for_defaults, statement_data)) {
                return false;
            }
            break;
        }
        /* 处理 check、unique 或其他约束 */
        case T_Constraint: {
            Constraint *constraint = (Constraint*)element;
            if (constraint->keys != NULL) {
                ListCell *ixcell = NULL;
                foreach (ixcell, constraint->keys) {
                    char *ikname = strVal(lfirst(ixcell));
                    for (size_t i = 0; i < cached_columns.size(); i++) {
                        if (strcmp((cached_columns.at(i))->get_col_name(), ikname)
== 0 && !check_constraint(
                            constraint, cached_columns.at(i)->get_data_type(),
ikname, &cached_columns)) {
                            return false;
                        }
                    }
                }
            } else if (constraint->raw_expr != NULL) {
                if (!transform_expr(constraint->raw_expr, "", &cached_columns)) {
                    return false;
                }
            }
            break;
        }
        default:
            break;
    }
}
…
/* 加密约束中需要加密的明文数据 */
if (!RawValues::get_raw_values_from_consts_vec(&expr_vec, statement_data, 0, &raw_
values_list)) {
    return false;
}
return ValuesProcessor::process_values(statement_data, &cached_columns_for_
defaults, 1,
    &raw_values_list);
}
```

在将创建加密表的查询语句发送给服务端后,服务端创建成功并返回执行成功的消息。数据加密驱动程序能够实现在数据发送到数据库之前透明地加密数据，数据在整个语句的处理过程中以密文形式存在，在返回结果时，解密返回的数据集，从而保证整个过程对用户是透明、无感知的。

定义了完整的加密表后，用户就可以用正常的方式将数据插入表中。完整的加密过程见 encrypt_data 函数，其核心逻辑代码如下：

```
int encrypt_data(const unsigned char *plain_text, int plain_text_length, const
AeadAesHamcEncKey &column_encryption_key,
    EncryptionType encryption_type, unsigned char *result, ColumnEncryptionAlgorithm
column_encryption_algorithm)
{
    ...
    /*得到16位的iv值*/
    unsigned char _iv [g_key_size + 1] = {0};
    unsigned char iv_truncated[g_iv_size + 1] = {0};
    /*若为确定性加密,则通过hmac_sha256生成iv*/
    if (encryption_type == EncryptionType::DETERMINISTIC_TYPE) {
        hmac_sha256(column_encryption_key.get_iv_key(), g_auth_tag_size, plain_text,
plain_text_length, _iv);
    ...
    } else {
        /*若为随机加密,则随机生成iv*/
        if (encryption_type != EncryptionType::RANDOMIZED_TYPE) {
            return 0;
        }
        int res = RAND_priv_bytes(iv_truncated, g_block_size);
        if (res != 1) {
            return 0;
        }
    }
    int cipherStart = g_algo_version_size + g_auth_tag_size + g_iv_size;
    /*调用encrypt计算密文*/
    int cipherTextSize = encrypt(plain_text, plain_text_length, column_encryption_key.get
_encyption_key(), iv_truncated,
        result + cipherStart, column_encryption_algorithm);
    ...
    int ivStartIndex = g_auth_tag_size + g_algo_version_size;
    res = memcpy_s(result + ivStartIndex, g_iv_size, iv_truncated, g_iv_size);
    securec_check_c(res, "\0", "\0");
    /*计算HMAC*/
    int hmacDataSize = g_algo_version_size + g_iv_size + cipherTextSize;
    hmac_sha256(column_encryption_key.get_mac_key(), g_auth_tag_size,
            result + g_auth_tag_size, hmacDataSize, result);
    return (g_auth_tag_size + hmacDataSize);
}
```

openGauss 密态数据库在进行等值查询时，整个查询过程对用户是无感知的，虽然存储在数据库中的数据是密文形式，但在展示数据给用户时会将密文数据进行解密处理。以加密表中等值查询语句为例，语句时序图如图 9-42 所示。客户端解析 SELECT 查询语句中的列属性信息，如果缓存已有则从缓存中提取列属性信息；如果缓存中找不到，需要从服务端查询该信息，并缓存。列加密密钥 CEK 以密文形式存储在服务端，客户端需要解密 CEK，然后用其加密 SELECT 查询语句中条件参数。加密后的 SELECT 查询语句发送给数据库服务端执行完成后，返回加密的查询结果集。客户端用解密后的列加密密钥 CEK 解密 SELECT 查询结果集，并返回解密后的明文结果集给应用端。

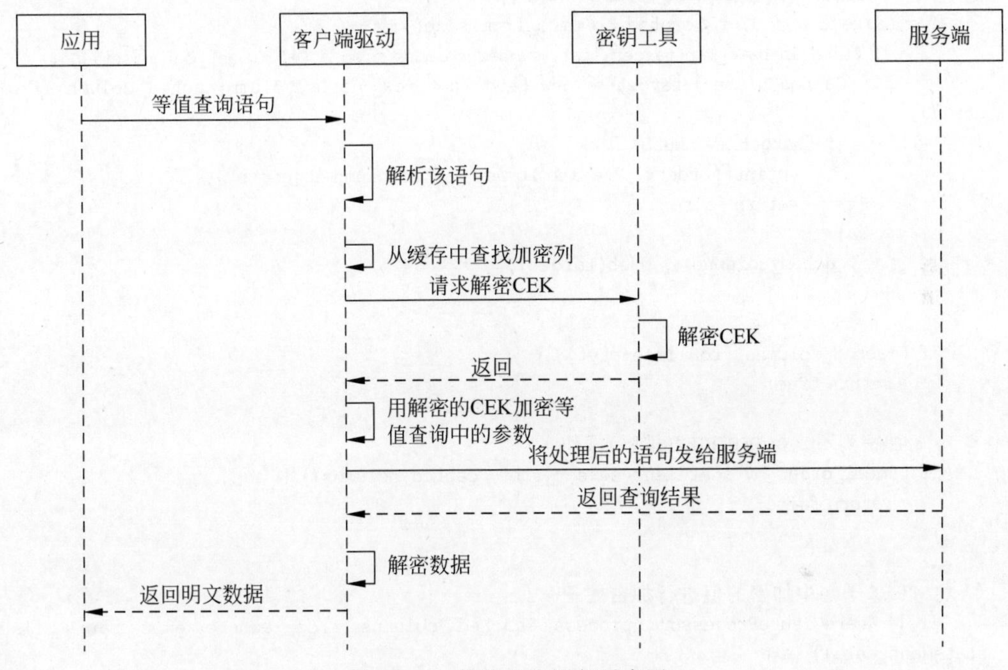

图 9-42　等值查询语句时序图

等值查询处理函数 run_pre_insert_statement 函数的核心逻辑代码如下：

```
bool Processor::run_pre_select_statement(const SelectStmt * const select_stmt, const
SetOperation &parent_set_operation,
    const bool &parent_all, StatementData * statement_data, ICachedColumns * cached_
columns, ICachedColumns *cached_columns_parents)
{
    bool select_res = false;
    /* 处理 SELECT 语句中的集合操作 */
    if (select_stmt->op != SETOP_NONE) {
        select_res = process_select_set_operation(select_stmt, statement_data, cached_
columns);
        RETURN_IF(!select_res);
    }
    /* 处理 WHERE 子句 */
    ExprPartsList where_expr_parts_list;
    select_res = exprProcessor::expand_expr(select_stmt->whereClause, statement_data,
&where_expr_parts_list);
```

```
    RETURN_IF(!select_res);
...
    /* 从 FROM 子句中获取缓存加密列 */
CachedColumns cached_columns_from(false, true);
    select_res = run_pre_from_list_statement(select_stmt->fromClause, statement_data,
&cached_columns_from,
        cached_columns_parents);
...
/* 将查询的加密列放在 cached_columns 结构中 */
    for (size_t i = 0; i < cached_columns_from.size(); i++) {
        if (find_in_name_map(target_list, cached_columns_from.at(i)->get_col_name())) {
            CachedColumn *target = new (std::nothrow) CachedColumn(cached_columns_from.
at(i));
            if (target == NULL) {
                fprintf(stderr, "failed to new CachedColumn object\n");
                return false;
            }
            cached_columns->push(target);
        }
    }
    if (cached_columns_from.is_empty()) {
        return true;
    }
    /* 加密列不支持 ORDER BY(排序)操作 */
    if (!deal_order_by_statement(select_stmt, cached_columns)) {
        return false;
    }

/* 将 WHERE 子句中加密的值进行加密处理 */
    if (!WhereClauseProcessor::process(&cached_columns_from, &where_expr_parts_list,
statement_data)) {
        return false;
}
...
    return true;
}
```

完整的客户端密文解密函数代码如下：

```
int decrypt_data(const unsigned char *cipher_text, int cipher_text_length,
    const AeadAesHamcEncKey &column_encryption_key, unsigned char *decryptedtext,
    ColumnEncryptionAlgorithm column_encryption_algorithm)
{
    if (cipher_text == NULL || cipher_text_length <= 0 || decryptedtext == NULL) {
        return 0;
    }
    /* 校验密文长度 */
    if (cipher_text_length < min_ciph_len_in_bytes_with_authen_tag) {
        printf("ERROR(CLIENT): The length of cipher_text is invalid, cannot decrypt.\n");
        return 0;
    }
```

```
    /* 校验密文中的版本号 */
    if (cipher_text[g_auth_tag_size] != '1') {
        printf("ERROR(CLIENT): Version byte of cipher_text is invalid, cannot decrypt.\n");
        return 0;
    }
    ...
    /* 计算 MAC 标签 */
    unsigned char authenticationTag [g_auth_tag_size] = {0};
    int HMAC_length = cipher_text_length - g_auth_tag_size;
    int res = hmac_sha256(column_encryption_key.get_mac_key(), g_auth_tag_size,
        cipher_text + g_auth_tag_size, HMAC_length, authenticationTag);
    if (res != 1) {
        printf("ERROR(CLIENT): Fail to compute a keyed hash of a given text.\n");
        return 0;
    }
    /* 校验密文是否被篡改 */
    int cmp_result = my_memcmp(authenticationTag, cipher_text, g_auth_tag_size);
    /* 解密数据 */
    int decryptedtext_len = decrypt(cipher_text + cipher_start_index, cipher_value_length,
        column_encryption_key.get_encyption_key(), iv, decryptedtext, column_encryption_
algorithm);
    if (decryptedtext_len < 0) {
        return 0;
    }
    decryptedtext[decryptedtext_len] = '\0';
    return decryptedtext_len;
}
```

9.7 本章小结

随着信息安全的挑战越来越严峻,保护系统的安全可靠运行,守护用户的数据隐私安全成为当前数据库产品必须具备的能力。openGauss 将逐步构建更加完备的安全体系,从身份认证、角色模型、权限管理、审计追踪、数据加解密等多维度来守护系统和数据安全。

本章详细解析了 openGauss 的安全架构,并通过关键数据结构和关键函数代码解读每种安全防护机制的实现细节,这些代码实现细节将有助于开发者了解 openGauss 的安全原理,并基于最新的安全标准优化和改善安全机制。

第 10 章

备份恢复机制

本章主要介绍 openGauss 的备份恢复原理和技术。备份恢复是数据库日常维护的一个例行活动,通过把数据库数据备份到另外一个地方,可以抵御介质类的损坏,增加数据库数据的可靠性。数据库的备份恢复主要分为逻辑备份恢复和物理备份恢复。

逻辑备份是把数据库中的数据导出为文本文件,这些文本文件内容一般来说是 SQL 语句。恢复数据时再把文本文件中的 SQL 语句导入数据库中恢复。逻辑备份比较灵活,可以支持库级、模式级和表级备份,但逻辑备份只读取了某个时间点的数据库快照对应的数据,很难实现增量备份,恢复时也无法恢复到指定的时间点。在 openGauss 中实现逻辑备份恢复的工具为 gs_dump/gs_restore,具体使用方法请参考 openGauss 社区网站(https://opengauss.org/)的《管理员指南》手册。

物理备份是指直接复制数据库的物理文件,性能比较高,对应用的约束比较少,但只能对整个库进行备份。物理备份又分为全量备份和增量备份。增量备份又有两种方式,一种是结合数据库的脏页跟踪实现的增量备份,另外一种是根据 redo 日志的增量实现的增量备份。根据脏页进行的增量备份可以和历史上的备份进行合并,减少存储空间的占用,恢复时可以恢复到增量备份的时间点,无法恢复到任意时间点。根据 redo 日志进行的增量备份在恢复时可以恢复到指定时间点,但所有的 redo 日志都需要进行备份,占用的存储空间较大。

逻辑备份主要用于异构数据库的迁移,物理备份主要用于保障数据库数据的可靠性。本章主要介绍 openGauss 的物理备份机制,包括全量备份技术和增量备份技术。

10.1 openGauss 全量备份技术

openGauss 有两个备份工具 gs_basebackup 和 gs_probackup。gs_basebackup 只能进行全量备份,gs_probackup 既可进行全量备份,也可进行增量备份。gs_probackup 全量备份的原理和 gs_basebackup 是类似的,本节以 gs_basebackup 工具为例介绍全量备份的原理。

10.1.1 gs_basebackup 备份工具

gs_basebackup 是一个独立的二进制程序,有自己的主函数,代码在 src/bin/pg_basebackup 目录下。在备份时,gs_basebackup 通过指定的 IP 地址连接 openGauss 数据库服务器,openGauss 数据库服务器把需要备份的数据文件和 redo 日志文件发送给备份工具

gs_basebackup,gs_basebackup收到后把文件存放到本地指定的目录,从而完成数据库的备份。

gs_basebackup主要有两种备份格式:plain普通格式和tar压缩包格式。普通格式就是将通常的数据文件进行备份,tar压缩包格式就是把备份文件打包进行备份。openGauss的tar包头是2048字节,文件名最长支持1024字节长度,不是标准的tar,所以需要openGauss自行解包,实现解包的命令为GsTar。

gs_basebackup的主干处理流程比较简单,首先对支持的命令行参数进行解析,主要的命令行参数请参照表10-1。参数解析后进入备份主函数BaseBackup,BaseBackup参照后面详细介绍。在主函数之后是free_basebackup,释放前面分配的内存资源,整个备份流程就结束了。

表10-1 主要的命令行参数

参数	描述
-D	备份的目的路径
-F	备份的文件格式,plain普通格式和tar压缩包格式
-X	是否进行流复制模式,当前要求必须采用流复制模式,保证备份数据的正确性
-Z	压缩级别
-c	备份时是否做快速检查点
-h	进行备份的数据库服务器监听IP地址
-p	进行备份的数据库服务器监听端口号
-U	进行备份时链接数据库服务器的用户名
-W	进行备份时链接数据库服务器的密码
-s	备份时状态更新时间间隔
-v	是否显示备份详细信息
- P	是否显示备份进度信息

10.1.2 gs_basebackup备份交互流程

1. plain普通格式备份

plain普通格式备份的主函数为BaseBackup,具体备份交互流程如图10-1所示。

从图10-1可以看出,数据库物理全量备份主要包括两个流程,一个是数据文件的备份,一个是XLOG文件的备份,详细过程如下。

(1) gs_basebackup在BaseBackup函数中创建数据传输的链接。

(2) 执行IDENTIFY_SYSTEM命令,获取时间线和系统标识符。

(3) 执行BASE_BACKUP LABEL备份命令,获取XLOG的存放路径和备份开始时日志的位置,然后从数据库服务器获取表空间的路径,创建对应的路径。

(4) 在复制数据文件之前,创建一个单独的子进程用于日志传输。日志传输处理的主函数为StartLogStreamer。在StartLogStreamer函数中,先调用GetConnection函数创建一个日志传输的链接,然后调用fork函数创建子进程,在子进程内部通过

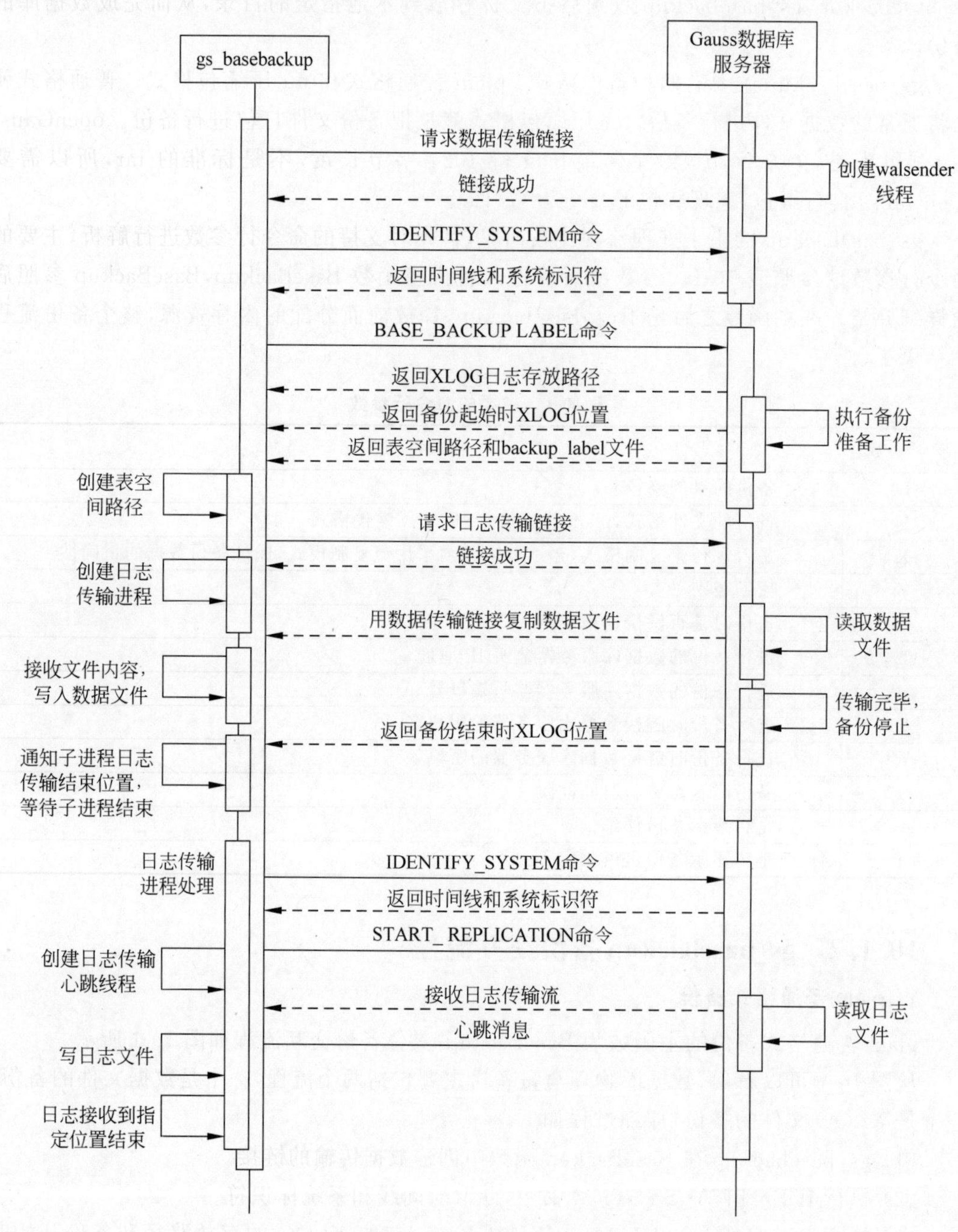

图 10-1　具体备份交互流程

LogStreamerMain 函数调用 ReceiveXlogStream 执行实际的日志传输。在 ReceiveXlogStream 中，也是先调用 IDENTIFY_SYSTEM 获取系统标识并且进行校验，判断与前面获取的系统标识是否一致。接着执行 START_REPLICATION，通知数据库服务器日志传输的起始位置。调用 createHeartbeatTimer 启动心跳线程，保证能够实时监控传输过程中的连接状态。接下来进行日志接收循环，接收数据库服务器传输的日志，写入本地日志路径，直到接收到通知的日志停止位置。

(5) 在主进程创建日志接收子进程之后，调用 ReceiveAndUnpackTarFile 进行数据文件的复制，在这个函数中，有一个 while (1)循环，循环接收数据库服务器传输的数据文件，直到接收完数据库服务传输的全部数据文件。数据库文件传输完毕后，数据库服务器会返回一个备份结束时的日志位置。

(6) 主进程接收这个位置，把这个位置通过管道发送给日志接收子进程，日志接收子进程把这个位置与当前日志传输位置相比较，如果达到了这个位置，则日志接收结束，日志子进程退出。主进程等到日志传输子进程退出后，数据库备份的主流程就基本结束了。这个过程保证了 redo 日志覆盖到整个数据库文件的复制过程，即使在复制数据文件时可能由于数据库的并发刷盘导致数据页可能不一致，但这些不一致可以通过 redo 日志进行恢复，从而保证整个数据库备份数据的一致性。

(7) 后面两个函数，一个是 FetchMotCheckpoint 函数，这个函数备份 MOT 内存表的数据文件，流程和前面基本相似；还有一个是 backup_dw_file 函数，在 backup_dw_file 文件中，删除存在的双写文件，然后写入一个空的数据页，这个只是一个空文件，避免启动时的文件检查异常。最后释放前面获得的系统标识符，至此，客户端工具完成整个备份流程。

在数据库服务器端，备份主要在 HandleWalReplicationCommand 函数中进行，该函数主要接收客户端命令，并根据命令标识符进行处理。

(1) IDENTIFY_SYSTEM 命令对应的标识符为 T_IdentifySystemCmd，处理函数为 IdentifySystem，在 IdentifySystem 中，构造 systemid 和 timeline 的数据元组，返回给客户端备份工具。

(2) BASE_BACKUP LABEL 命令对应的标识符为 T_BaseBackupCmd，对应的主要处理函数为 SendBaseBackup，在 SendBaseBackup 函数中，首先调用 parse_basebackup_options 解析备份的命令参数，包括备份标签(label)、备份进度(progress)、快速检查点(fast)、是否等待(nowait)、是否包括 redo 日志(wal)等选项参数，然后调用 send_xlog_location 函数发送日志文件的路径，最后调用 perform_base_backup 函数执行数据文件的备份。在 perform_base_backup 函数中，首先调用 do_pg_start_backup 执行备份权限检查，根据备份命令行参数决定是否请求检查点(RequestCheckpoint 函数)，然后生成备份标签文件 backup_label，backup_label 是备份的重要文件，这个文件包括的内容如下。

① START WAL LOCATION：备份开始时日志的位置。

② CHECKPOINT LOCATION：检查点的位置。

③ BACKUP METHOD：备份方法，pg_start_backup 方式还是 streamed 方式。pg_start_backup 没有指定备份标签文件，整个数据库只能同时运行一个备份；streamed 方式有备份标签文件，可以同时运行多个备份。

④ BACKUP FROM：备份源 standby 还是 master。

⑤ START TIME：备份开始的物理时间。

⑥ LABEL：备份标签。

backup_label 文件最重要的作用是记录数据库恢复的起始位置，在数据库恢复时使用，其次是对本次备份的一个标识及记录一些备份的参考信息。

调用 SendXlogRecPtrResult 函数把备份开始时的日志位置发送给客户端。

perform_base_backup 函数在/ * Collect information about all tablespaces */while ((de = ReadDir(tblspcdir,"pg_tblspc")) != NULL）循环读取每个表空间的数据文件，通过 sendTablespace 调用 sendDir，把表空间目录下的数据文件发送给客户端备份工具。在把全部文件发送给客户端备份工具后，调用 do_pg_stop_backup 进行停止备份的处理，在 do_pg_stop_backup 函数中，先解析原来备份的 backup_label 文件，获取备份起始的 XLOG 位置，写入 XLOG_BACKUP_END 到日志文件，然后调用 RequestXLogSwitch 进行 XLOG 文件段切换，方便归档快速完成。请求一次新的检查点 RequestCheckpoint，写当前备份的历史文件“. Backup”文件，调用 CleanupBackupHistory 清除历史备份文件。do_pg_stop_backup 备份结束后，调用 SendXlogRecPtrResult 把备份结束的 XLOG 位置发送给客户端备份工具，服务器端备份命令的处理流程就结束了。

START_REPLICATION 对应的标识符为 T_StartReplicationCmd，处理函数为 StartReplication，在 StartReplication 函数中，首先给客户端工具发送 CopyBothResponse 响应消息，然后调用 WalSndSetPercentCountStartLsn 设置流复制开始位置，然后设置 replication_started 为 true，启动正式的流复制过程。

2. tar 压缩包格式备份

tar 压缩包格式备份的处理函数为 ReceiveTarFile，具体过程如下。

(1) 根据备份内容(全部还是具体表空间)和是否压缩，确定文件名称是 base. tar[. gz]还是< tablespaceoid >. tar[. gz]。

(2) 打开 tar 文件，接收数据库服务器发送的 COPY 数据流，写入 tar 文件，直到复制完整个内容。数据库服务器往 GsBaseBackup 发送的数据流就是一个压缩后的 tar 流。

如前所述，openGauss 的 tar 包格式是自定义的，所以需要实现解包。解包的命令为 GsTar，主要有两个命令行参数：①-D，--destination＝DIRECTORY，解压后的文件存放路径；②-F，--filename＝FILENAME，需要解压的 tar 包。

10.2　openGauss 增量备份技术

全量备份每次备份都需要复制全部数据库的文件，备份时间和存储空间的开销都比较大。增量备份只备份自上次备份以来的数据改变，可以减少备份的开销。

openGauss 增量备份工具为 gs_probackup。gs_probackup 支持全量备份、增量备份、对备份元数据进行管理、设置备份的留存策略、合并增量备份、删除过期备份，并且可备份外部目录的内容，如脚本文件、配置文件、日志文件、dump 文件等。

增量备份需要数据库服务器端的配合，在 conf 文件中配置参数 enable_cbm_tracking＝on，启动数据库服务器对脏页数据修改的跟踪。

增量备份的主要逻辑在 gs_probackup 工具中实现，一些备份原理和前面介绍的全量物理备份相似，下面主要介绍 gs_probackup 工具的代码实现逻辑。源代码在 src\bin\pg_probackup 目录下，gs_probackup 是一个独立的二进制工具，有自己的主函数，主函数在 pg_probackup.cpp 文件中。主函数是增量备份处理的一个框架，开始时调用 pgBackupInit 初始化当前备份的元数据信息，然后调用 init_config 初始化实例的备份配置信息，解析备份子命令和命令行参数，根据子命令调用子命令的处理函数进行处理。

10.2.1　gs_probackup 子命令

gs_probackup 子命令支持的功能和处理函数如下。

(1) 打印 gs_probackup 版本，代码如下：

```
gs_probackup -V|--version
gs_probackup version
```

这个子命令没有处理函数，直接打印显示当前版本号。

(2) 显示 gs_probackup 命令的帮助信息。如果指定了 gs_probackup 的子命令，则显示可用于此子命令的参数的详细信息，代码如下：

```
gs_probackup -?|--help
gs_probackup help [command]
```

处理函数为 help_command 和 help_pg_probackup。

(3) 初始化备份路径 backup-path 中的备份目录，该目录将存储备份的内容。如果备份路径 backup-path 已存在，则 backup-path 必须为空目录，代码如下：

```
gs_probackup init -B backup-path [--help]
```

处理函数为 do_init。

(4) 在备份路径 backup-path 内初始化一个新的备份实例，并生成 pg_probackup.conf 配置文件，该文件保存了指定数据目录 pgdata-path 的 gs_probackup 设置，代码如下：

```
gs_probackup add-instance -B backup-path -D pgdata-path --instance=instance_name
[-E external-directories-paths]
[remote_options]
[--help]
```

处理函数为 do_add_instance。

(5) 在备份路径 backup-path 内删除指定实例相关的备份内容，代码如下：

```
gs_probackup del-instance -B backup-path --instance=instance_name
[--help]
```

处理函数为do_delete_instance。

(6) 将指定的连接、压缩、日志等相关设置添加到pg_probackup.conf配置文件中，或修改已设置的值，不需要手动编辑pg_probackup.conf配置文件，代码如下：

```
gs_probackup set-config -B backup-path --instance=instance_name
[-D pgdata-path] [-E external-directories-paths] [--restore-command=cmdline] [--archive-timeout=timeout]
[--retention-redundancy=retention-redundancy] [--retention-window=retention-window] [--wal-depth=wal-depth]
[--compress-algorithm=compress-algorithm] [--compress-level=compress-level]
[-d dbname] [-h hostname] [-p port] [-U username]
[logging_options] [remote_options]
[--help]
```

处理函数为do_set_config。

(7) 将备份相关设置添加到backup.control配置文件中，或修改已设置的值，代码如下：

```
gs_probackup set-backup -B backup-path --instance=instance_name -i backup-id
[--note=text] [pinning_options]
[--help]
```

处理函数为do_set_backup。

(8) 显示位于备份目录中的pg_probackup.conf配置文件的内容。可以通过指定--format=json选项，以json格式显示。默认情况下，显示为纯文本格式，代码如下：

```
gs_probackup show-config -B backup-path --instance=instance_name
[--format=plain|json]
[--help]
```

处理函数为do_show_config。

(9) 显示备份目录的内容。如果指定了instance_name和backup_id，则显示该备份的详细信息。可以通过指定--format=json选项，以json格式显示。默认情况下，备份目录的内容显示为纯文本格式，代码如下：

```
gs_probackup show -B backup-path
[--instance=instance_name [-i backup-id]] [--archive] [--format=plain|json]
[--help]
```

处理函数为do_show。

(10) 创建指定实例的备份，代码如下：

```
gs_probackup backup -B backup-path --instance=instance_name -b backup-mode
[-D pgdata-path] [-C] [-S slot-name] [--temp-slot] [--backup-pg-log] [-j threads_num] [--progress]
[--no-validate] [--skip-block-validation] [-E external-directories-paths] [--no-sync] [--note=text]
[--archive-timeout=timeout]
```

```
[logging_options] [retention_options] [compression_options]
[connection_options] [remote_options] [pinning_options]
[ -- help]
```

处理函数为 do_backup。

(11) 从备份目录 backup-path 中的备份副本恢复指定实例。如果指定了恢复目标选项，gs_probackup 将查找最近的备份并将其还原到指定的恢复目标，否则使用最近一次备份，代码如下：

```
gs_probackup restore -B backup-path --instance=instance_name
[-D pgdata-path] [-i backup_id] [-j threads_num] [--progress] [--force] [--no-sync]
[--no-validate] [--skip-block-validation]
[--external-mapping=OLDDIR=NEWDIR] [-T OLDDIR=NEWDIR] [--skip-external-dirs] [-I
incremental_mode]
[recovery_options] [remote_options] [logging_options]
[--help]
```

处理函数为 do_restore_or_validate。

(12) 将指定的增量备份与其父完全备份之间的所有增量备份合并到父完全备份。父完全备份将接收所有合并的数据，而已合并的增量备份将作为冗余被删除，代码如下：

```
gs_probackup merge -B backup-path --instance=instance_name -i backup_id
[-j threads_num] [--progress] [logging_options]
[--help]
```

处理函数为 do_merge。

(13) 删除指定备份，或删除不满足当前保留策略的备份，代码如下：

```
gs_probackup delete -B backup-path --instance=instance_name
[-i backup-id | --delete-expired | --merge-expired | --status=backup_status]
[--delete-wal] [-j threads_num] [--progress]
[--retention-redundancy=retention-redundancy] [--retention-window=retention-
window]
[--wal-depth=wal-depth] [--dry-run]
[logging_options]
[--help]
```

处理函数为 do_delete、do_retention 和 do_delete_status。

(14) 验证恢复数据库所需的所有文件是否存在且未损坏。如果未指定 instance_name，gs_probackup 将验证备份目录中的所有可用备份；如果指定 instance_name 而不指定任何附加选项，gs_probackup 将验证此备份实例的所有可用备份；如果指定了 instance_name 并且指定 backup-id 或恢复目标相关选项，gs_probackup 将检查是否可以使用这些选项恢复数据库，代码如下：

```
gs_probackup validate -B backup-path
```

```
[ -- instance = instance_name] [ - i backup - id]
[ - j threads_num] [ -- progress] [ -- skip - block - validation]
[ -- recovery - target - time = time | -- recovery - target - xid = xid | -- recovery - target -
lsn = lsn | -- recovery - target - name = target - name]
[ -- recovery - target - inclusive = boolean] [ -- recovery - target - timeline = timeline]
[logging_options]
[ -- help]
```

处理函数为 do_validate_all 和 do_restore_or_validate。

gs_probackup 在执行各个子命令处理函数之前，需要解析各个命令的命令行参数，gs_probackup 支持的命令行参数如表 10-2 所示。

表 10-2 gs_probackup 支持的命令行参数

参　数	类 别	描　述
Command	通用参数	gs_probackup 除 version 和 help 外的子命令：init、add-instance、del-instance、set-config、set-backup、show-config、show、backup、restore、merge、delete、validate
-?,--help	通用参数	显示 gs_probackup 命令行参数的帮助信息，然后退出。子命令中只能使用--help，不能使用-?
-V,--version	通用参数	打印 gs_probackup 版本，然后退出
-B backup-path,--backup-path = backup-path	通用参数	备份的路径。 系统环境变量：$BACKUP_PATH
-D pgdata-path,--pgdata＝pgdata-path	通用参数	数据目录的路径。 系统环境变量：$PGDATA
--instance ＝instance_name	通用参数	实例名
-i backup-id,--backup-id＝backup-id	通用参数	备份的唯一标识
--format＝format	通用参数	指定显示备份信息的格式，支持 plain 和 json 格式。 默认值：plain
--status ＝backup_status	通用参数	删除指定状态的所有备份
-j threads_num,--threads＝threads_num	通用参数	设置备份、还原、合并进程的并行线程数
--archive	通用参数	显示 WAL 归档信息
--progress	通用参数	显示进度
--note＝text	通用参数	给备份添加 note
-b backup-mode,--backup-mode = backup-mode	备份参数	指定备份模式，支持 FULL 和 PTRACK。 FULL：创建全量备份，全量备份包含所有数据文件。 PTRACK：创建 PTRACK 增量备份
-C,--smooth-checkpoint	备份参数	将检查点在一段时间内完成。默认情况下，gs_probackup 会尝试尽快完成检查点

续表

参　数	类　别	描　述
-S slot-name,--slot=slot-name	备份参数	指定 WAL 流处理的复制槽
--temp-slot	备份参数	在备份的实例中为 WAL 流处理创建一个临时物理复制槽,它确保在备份过程中,所有所需的 WAL 段仍然是可用的。默认的 slot 名为 pg_probackup_slot,可通过选项--slot/-S 更改
--backup-pg-log	备份参数	将日志目录包含到备份中。此目录通常包含日志消息,默认情况下不包含日志目录
-E external-directories-paths,--external-dirs=external-directories-paths	备份参数	将指定的目录包含到备份中。此选项对于备份位于数据目录外部的脚本、SQL 转储和配置文件很有用。如果要备份多个外部目录,请在 UNIX 上用冒号分隔它们的路径,如-E /tmp/dir1:/tmp/dir2
--skip-block-validation	备份参数	关闭块级校验,加快备份速度
--no-validate	备份参数	在完成备份后跳过自动验证
--no-sync	备份参数	不将备份文件同步到磁盘
--archive-timeout=timeout	备份参数	以秒为单位设置流式处理的超时时间。 默认值:300
-I,--incremental-mode=none|checksum|lsn	恢复参数	若 PGDATA 中可用的有效页没有修改,则重新使用它们。 默认值:none
--external-mapping=OLDDIR=NEWDIR	恢复参数	在恢复时,将包含在备份中的外部目录从 OLDDIR 重新定位到 NEWDIR 目录。OLDDIR 和 NEWDIR 都必须是绝对路径。如果路径中包含“=”,则使用反斜杠转义。此选项可为多个目录多次指定
-T OLDDIR = NEWDIR,--tablespace-mapping=OLDDIR=NEWDIR	恢复参数	在恢复时,将表空间从 OLDDIR 重新定位到 NEWDIR 目录。OLDDIR 和 NEWDIR 必须都是绝对路径。如果路径中包含“=”,则使用反斜杠转义。多个表空间可以多次指定此选项。此选项必须和--external-mapping 一起使用
--skip-external-dirs	恢复参数	跳过备份中包含的使用--external-dirs 选项指定的外部目录。这些目录的内容将不会被恢复
--skip-block-validation	恢复参数	跳过块级校验,以加快验证速度。在恢复之前的自动验证期间,将仅做文件级别的校验
--no-validate	恢复参数	跳过备份验证
--force	恢复参数	允许忽略备份的无效状态。如果出于某种原因需要从损坏的或无效的备份中恢复数据,可以使用此标志。请谨慎使用

续表

参数	类别	描述
--recovery-target=immediate|latest	恢复目标参数	恢复目标参数：如果配置了连续的WAL归档，则可以和restore命令一起使用这些参数，定义何时停止恢复。 immediate：当达到指定备份的一致性状态后，停止恢复；如果省略-i/--backup_id参数，则恢复到最新的可用的备份之后，停止恢复。 latest：持续进行恢复，直到应用了所有存档中的所有可用的WAL段。 --recovery-target的默认值取决于要恢复的备份的WAL传输方式，STREAM流备份为immediate，归档模式为latest
--recovery-target-timeline=timeline	恢复目标参数	指定要恢复到的timeline。默认情况下，使用指定备份的timeline
--recovery-target-lsn=lsn	恢复目标参数	指定要恢复到的lsn
--recovery-target-name=target-name	恢复目标参数	指定要将数据恢复到的已命名的保存点
--recovery-target-time=time	恢复目标参数	指定要恢复到的时间
--recovery-target-xid=xid	恢复目标参数	指定要恢复到的事务ID
--recovery-target-inclusive=boolean	恢复目标参数	当该参数指定为true时，恢复目标将包括指定的内容； 当该参数指定为false时，恢复目标将不包括指定的内容。 该参数必须和--recovery-target-name、--recovery-target-time、--recovery-target-lsn 或--recovery-target-xid一起使用
--recovery-target-action=pause|promote|shutdown	恢复目标参数	指定恢复至目标时，服务器应执行的操作
--restore-command=cmdline	恢复目标参数	指定恢复相关的命令。 例如：--restore-command = 'cp /mnt/server/archivedir/%f "%p"'
--retention-redundancy=retention-redundancy	备份留存参数	备份留存相关参数：可以和backup和delete命令一起使用这些参数。指定在数据目录中留存的完整备份数。必须为正整数。0表示禁用此设置。 默认值：0

续表

参　　数	类　别	描　　述
--retention-window＝retention-window	备份留存参数	指定留存的天数。必须为正整数。0 表示禁用此设置。 默认值：0
--wal-depth＝wal-depth	备份留存参数	每个时间轴上必须留存的执行 PITR 能力的最新有效备份数。必须为正整数。0 表示禁用此设置。 默认值：0
--delete-wal	备份留存参数	从任何现有的备份中删除不需要的 WAL 文件
--delete-expired	备份留存参数	删除不符合 pg_probackup. conf 配置文件中定义的留存策略的备份
--merge-expired	备份留存参数	将满足留存策略要求的最旧的增量备份与其已过期的父备份合并
--dry-run	备份留存参数	显示所有可用备份的当前状态，不删除或合并过期备份
--ttl＝interval	备份留存参数	指定从恢复时间开始计算备份要留存的时间量。必须为正整数。0 表示取消备份。 支持的单位：ms、s、min、h、d（默认为 s）。例如：--ttl＝30d。 将某些备份从已建立的留存策略中排除，可以和 backup 和 set-backup 命令一起使用这些参数
--expire-time＝time	备份留存参数	指定备份留存失效的时间戳。必须是 ISO-8601 标准的时间戳。 例如：--expire-time＝'2020-01-01 00：00：00＋03'
--log-level-console＝log-level-console	日志参数	日志级别：verbose、log、info、warning、error 和 off。 设置要发送到控制台的日志级别。每个级别都包含其后的所有级别。级别越高，发送的消息越少。 指定 off 级别表示禁用控制台日志记录。 默认值：info
--log-level-file＝log-level-file	日志参数	设置要发送到日志文件的日志级别。每个级别都包含其后的所有级别。级别越高，发送的消息越少。指定 off 级别表示禁用日志文件记录。 默认值：off

续表

参　数	类 别	描　述
--log-filename=log-filename	日志参数	指定要创建的日志文件的文件名。文件名可以使用strftime模式,因此可以使用%-escapes指定随时间变化的文件名。 例如,如果指定了"pg_probackup-%u.log"模式,则pg_probackup为每周的每天生成单独的日志文件,其中%u替换为相应的十进制数字,即pg_probackup-1.log表示星期一,pg_probackup-2.log表示星期二,以此类推。 如果指定了--log-level-file参数启用日志文件记录,则该参数有效。 默认值:"pg_probackup.log"
--error-log-filename=error-log-filename	日志参数	指定仅用于error日志的日志文件名。指定方式与--log-filename参数相同。此参数用于故障排除和监视
--log-directory=log-directory	日志参数	指定创建日志文件的目录。必须是绝对路径。此目录会在写入第一条日志时创建。 默认值:$BACKUP_PATH/log
--log-rotation-size=log-rotation-size	日志参数	指定单个日志文件的最大值。如果达到此值,则启动gs_probackup命令后,日志文件将循环,但help和version命令除外。0表示禁用基于文件大小的循环。 支持的单位:KB、MB、GB、TB(默认为KB)。 默认值:0
--log-rotation-age=log-rotation-age	日志参数	单个日志文件的最大生命周期。如果达到此值,则启动gs_probackup命令后,日志文件将循环,但help和version命令除外。$BACKUP_PATH/log/log_rotation目录下保存最后一次创建日志文件的时间。0表示禁用基于时间的循环。 支持的单位:ms、s、min、h、d(默认为min)。 默认值:0
-ddbname,--pgdatabase=dbname	连接参数	指定要连接的数据库名称。该连接仅用于管理备份进程,因此可以连接到任何现有的数据库。如果命令行、PGDATABASE环境变量或pg_probackup.conf配置文件中没有指定此参数,则gs_probackup会尝试从PGUSER环境变量中获取该值。如果未设置PGUSER变量,则从当前用户名获取。系统环境变量:$PGDATABASE

续表

参　数	类　别	描　述
-h hostname,--pghost=hostname	连接参数	指定运行服务器的系统的主机名。如果该值以斜杠开头,则被用作 UNIX 域套接字的路径。 系统环境变量：$PGHOST 默认值：local socket
-p port,--pgport=port	连接参数	指定服务器正在侦听连接的 TCP 端口或本地 UNIX 域套接字文件扩展名。 系统环境变量：$PGPORT 默认值：5432
-U username,---pguser=username	连接参数	指定所连接主机的用户名。 系统环境变量：$PGUSER
-w,--no-password	连接参数	不出现输入密码提示。如果主机要求密码认证并且密码没有通过其他形式给出,则连接尝试将会失败。该选项在批量工作和不存在用户输入密码的脚本中很有帮助
-W,--password	连接参数	强制出现输入密码提示
--compress-algorithm=compress-algorithm	压缩参数	可以和 backup 命令一起使用这些参数,指定用于压缩数据文件的算法。 compress-algorithm 取值包括 zlib、pglz 和 none。如果设置为 zlib 或 pglz,此选项将启用压缩。默认情况下,压缩功能处于关闭状态。 默认值：none
--compress-level=compress-level	压缩参数	compress-level 指定压缩级别,取值范围为 0～9。 0 表示无压缩；1 表示压缩比最小,处理速度最快； 9 表示压缩比最大,处理速度最慢； 可与--compress-algorithm 选项一起使用。 默认值：1
--remote-proto=protocol	远程模式参数	通过 SSH 远程运行 gs_probackup 操作的相关参数。可以和 add-instance、set-config、backup、restore 命令一起使用这些参数。 指定用于远程操作的协议。目前只支持 SSH 协议。取值包括： SSH：通过 SSH 启用远程备份模式,这是默认值。 none：显式禁用远程模式。 如果指定了--remote-host 参数,可以省略此参数
--remote-host=destination	远程模式参数	指定要连接的远程主机的 IP 地址或主机名
--remote-port=port	远程模式参数	指定要连接的远程主机的端口号。 默认值：22

续表

参　　数	类　别	描　　述
--remote-user＝username	远程模式参数	指定 SSH 连接的远程主机用户。如果省略此参数,则使用当前发起 SSH 连接的用户。 默认值：当前用户
--remote-path＝path	远程模式参数	指定 gs_probackup 在远程系统的安装目录。 默认值：当前路径
--ssh-options＝ssh_options	远程模式参数	指定 SSH 命令行参数的字符串。 例如：--ssh-options＝'-c cipher_spec -F configfile'

10.2.2 gs_probackup 主要文件

增量备份与全量备份相比,最重要的就是对备份数据和元数据的管理。备份数据主要通过目录来区分,元数据主要通过 backup. control 文件来管理。gs_probackup 的主要目录文件如下。

(1) backup_path：备份根目录,所有实例的备份文件都存放在这个目录下。

(2) backup_path/backups/：数据根目录,所有实例的数据文件都存放在这个目录下。

(3) backup_path/wal/：日志根目录,所有实例的日志文件都存放在这个目录下。

(4) backup_path/backups/instance_name：实例的数据根目录,一个实例的所有数据都存放在这个目录下。实例备份的配置参数文件 pg_probackup. conf 存放在这个目录下。

(5) backup_path/wal/instance_name：实例的日志根目录,一个实例的所有 WAL 日志都存放在这个目录下。

(6) backup_path/backups/instance_name/backupID：一个具体备份的数据目录,一次备份的数据存放在这个 backupID 下,backupID 是用这次备份的开始时间 start_time 进行 36 位编码生成的,即 backupID 等于 base36enc(backup→start_time),base36enc 是一个 36 位编码的转换函数。备份元数据控制文件 backup. control 就存放在这个目录下。

gs_probackup 备份元数据文件 backup. control 内容参照 pgBackupWriteControl 函数写的内容,也可以通过 gs_probackup show -B backup-path 查看备份元数据信息。

文件内容具体如下：

(1) ＃Configuration 配置小节。

① backup-mode＝"PAGE","PTRACK","DELTA","FULL"。当前只支持 FULL 和 PTRACK。

② stream＝true 或者 false,表示是否流复制备份模式。

③ compress-alg＝none,zlib 或者 pglz。

④ compress-level＝0 到 9,级别越大,压缩率越高。

⑤ from-replica＝true 或者 false,true 表示是从备机备份数据,false 表示从主机备份数据。通过执行 pg_is_in_recovery SQL 函数来判断主备机。

(2) #Compatibility 兼容性小节。

① block-size=数据库数据文件数据页的大小。

② xlog-block-size=数据库日志文件日志页的大小。

③ checksum-version=CRC 校验算法的版本号,数值类型,与 global/pg_control 文件中的 data_checksum_version 参数一致。

④ program-version=gs_probackup 工具版本号,字符串类型。

⑤ server-version=数据库服务器版本号,字符串类型。

(3) #Result backup info。

① timelineid=备份时数据库的时间线。

② start-lsn=备份开始时的 XLOG 位置。

③ stop-lsn=备份结束时的 XLOG 位置。

④ start-time=备份开始时的时间(备份状态设置为 BACKUP_STATUS_RUNNING 的时间)。

⑤ merge-time=备份合并的时间,如果没有合并,则为 0。

⑥ end-time=备份结束时的时间(或者是备份非正常终止的时间)。

⑦ recovery-xid=这个备份能够恢复到的最早事务 ID。

⑧ recovery-time=这个备份能够恢复到的最早时间点。

⑨ expire-time=备份过期的时间。

⑩ merge-dest-id=备份能合并到的备份 ID。

⑪ data-bytes=备份的数据大小,这个是原始大小。

⑫ wal-bytes=备份的 WAL 日志文件大小。

⑬ uncompressed-bytes=备份的数据未压缩大小,不包括 WAL 文件。

⑭ pgdata-bytes=备份时数据库的数据目录 PGDATA 的大小。

⑮ status = 备份状态 "UNKNOWN","OK","ERROR","RUNNING","MERGING","MERGED","DELETING","DELETED","DONE","ORPHAN","CORRUPT"。

⑯ parent-backup-id=父备份 ID,只有在增量备份的时候有效。

⑰ primary_conninfo = 连接数据库的信息,包括 replication,dbname,fallback_application_name,password 等连接信息。

⑱ external-dirs=备份的外部地址列表。

⑲ note=备份的注释信息。

⑳ content-crc=整个备份数据的 CRC 校验值。backup_content.control 文件存放了备份文件的信息。

10.2.3 gs_probackup 备份恢复流程

gs_probackup 工具在备份之前需要先进行备份目录初始化,然后进行数据库实例的全量备份,在全量备份的基础上才能进行增量备份。类似地,增量恢复也必须以某个全量备份为基础进行恢复。gs_probackup 除支持本地备份外,也支持通过 SSH 进行远程备份。下面是几个主要的步骤。

(1) 初始化备份目录。在指定的目录下创建 backups/和 wal/子目录,分别用于存放备份文件和 WAL 文件,代码如下:

```
gs_probackup init - B backup_dir
```

(2) 初始化一个数据库实例的备份,代码如下:

```
gs_probackup add - instance - B backup_dir - D data_dir -- instance instance_name [remote_options]
```

(3) 创建指定实例的备份。在进行增量备份之前,必须至少创建一次全量备份。全量还是增量由-b backup_mode 参数控制,FULL 表示创建全量备份,PTRACK 表示创建 PTRACK 增量备份,代码如下:

```
gs_probackup backup - B backup_dir -- instance instance_name - b backup_mode
```

(4) 从指定实例的备份中恢复数据,代码如下:

```
gs_probackup restore - B backup_dir -- instance instance_name - i backup_id
```

如果进行远程备份和恢复,需要初始化备份目录和初始化一个数据库实例的备份,第一步、第二步和本地备份恢复是相同的,执行上文中的(1)和(2)即可,但第三步和第四步需要使用 SSH 的远程连接信息进行备份和恢复,步骤如下。

(1) 远程备份,代码如下:

```
gs_probackup backup - B backup_dir - b FULL -- stream -- instance = instance_name -- remote - user = remote_user -- remote - host = ip -- remote - port = remote_port - d db - p port - U user
```

(2) 远程恢复,代码如下:

```
gs_probackup restore - B backup_dir -- instance = instance_name -- remote - user = remote_user -- remote - host = ip -- remote - port = remote_port -- incremental - mode = checksum
```

下面介绍每个处理函数的详细实现。

(1) init 命令的处理函数是 do_init,在 do_init 函数中:

① 首先检查命令行输入的备份路径 backup_dir 是否为空目录,要求必须为空目录。如果 backup_dir 不存在,则创建。

② 在 backup_dir 下创建 backups 子目录,创建 wal 子目录。

(2) add-instance 的处理函数为 do_add_instance,在 do_add_instance 处理函数中:

① 创建 backup_dir/backups/instance_name 子目录,创建 backup_dir/wal/instance_name 子目录。

② 获取实例备份参数信息,包括 system_identifier、xlog_seg_size、remote. host、 remote. proto、remote. port、remote. path、remote. user、remote. ssh_options、remote. ssh_config 等，通过调用函数 do_set_config 把这些实例备份信息写到 backup_path/backups/instance_name/pg_probackup. conf 配置文件中。

(3) backup 的处理函数为 do_backup，do_backup 根据参数 backup_mode 是 FULL 还是 PTRACK 进行全量备份或者增量备份。全量备份和增量备份基本流程是一样的，唯一的区别是全量备份复制全部数据文件，增量备份只复制自上次备份以来的脏数据页。函数的处理流程如下。

① 调用 pgNodeInit 初始化备份数据库服务器节点的信息。

② 设置备份状态为 BACKUP_STATUS_RUNNING 和其他备份元数据，包括备份时间、当前版本、压缩算法、压缩级别和外部目录地址。

③ 调用 pgBackupCreateDir 创建备份路径，备份路径由 pgBackupGetPath 构造，路径为 backup_dir/backups/instance_name/base36enc(backup→start_time)，同时创建外部目录的备份地址，地址为 backup_dir/backups/instance_name/ extern_direc。

④ 备份元数据写入 backup. control 控制文件中。

⑤ 调用 pgdata_basic_setup 创建到数据库服务器的连接，检查校验备份工具的 block_size、wal_block_size、checksum_version 等和数据库服务器的版本是否兼容。调用 check_system_identifiers 校验系统标识符 system_identifier 是否一致。检查数据库服务器的 ptrack 版本是否兼容，并且开关是否打开。

⑥ 调用 add_note 把备份描述信息添加到备份元数据中。

⑦ 调用 do_backup_instance 进行数据库实例数据备份。

⑧ 更新备份元数据中的备份结束时间，备份状态为 BACKUP_STATUS_DONE。更新备份的留存策略 ttl 或者 expire_time。

⑨ 如果需要校验备份，则调用 pgBackupValidate 对备份数据进行校验。

⑩ 最后如果需要删除过期的备份或者合并备份，则调用 do_retention 把过期的备份删除。

(4) restore 的处理函数为 do_restore_or_validate，函数的处理流程如下。

① 检查如果 data 目录不为空，看是否为增量恢复，并且当前的增量和路径中存在的数据是否兼容。首先检查两者的 system_identifier 标识符是否一致，如果不一致，则恢复失败。然后检查目录中是否有备份标签文件，如果存在，则恢复失败。

② 调用 catalog_get_backup_list 获取实例的所有备份。在 catalog_get_backup_list 函数中，遍历实例所有的 backup. control 文件，获取所有 backup_id，并且根据 backup_id 排序。所有增量备份和它们的祖先连接起来，备份元数据有一个 parent_backup，指向的就是父备份 ID。

```
/* Link incremental backups with their ancestors. */
for (i = 0; i < parray_num(backups); i++)
{
    pgBackup    *curr = parray_get(backups, i);
```

```
    pgBackup ** ancestor;
    pgBackup key;
    if (curr->backup_mode == BACKUP_MODE_FULL)
        continue;
    key.start_time = curr->parent_backup;
    ancestor = (pgBackup **) parray_bsearch(backups, &key,
    pgBackupCompareIdDesc);
    if (ancestor)
        curr->parent_backup_link = *ancestor;
}
```

③ 在备份列表中，查找满足恢复条件的备份。如果指定了 target_backup_id 则根据 backup_id 进行匹配。如果指定了 pgRecoveryTarget，则根据 pgRecoveryTarget 进行匹配，判断函数为 satisfy_recovery_target。

④ 如果找到的备份是全量备份，那么当前 backup_id 就是满足要求的。如果找到的备份是增量备份，需要遍历整个增量备份链表查找之前所有备份。

⑤ 检查表空间映射。

⑥ 如果是 INCR_LSN 恢复，确定恢复链中的恢复位置。

⑦ 如果恢复前需要验证文件正确性，则调用 pgBackupValidate 和 validate_wal 验证数据文件和日志文件正确性。

⑧ 调用 restore_chain，根据备份链进行恢复。

⑨ 根据传入的恢复参数调用 create_recovery_conf 创建 recovery.conf 恢复文件。整个恢复结束。

其他的一些流程处理如下。

(5) help 的 help_pg_probackup 和 help_command，这两个函数的处理都在 help.cpp 中。

① help_pg_probackup 命令没有输入参数，打印整个工具的命令行使用帮助信息。

② help_command(char * command)有一个输入参数 command，根据 command 参数指定的子命令分别调用相应子命令的帮助处理函数。

(6) del-instance 删除实例的处理函数为 do_delete_instance，在 do_delete_instance 处理函数中。

① 调用 catalog_get_backup_list 获取实例。backup_dir/backups/instance_name 子目录下的所有数据备份。遍历删除这些数据备份。

② 删除 backup_dir/wal/instance_name 子目录下的所有 WAL 日志文件。

③ 删除实例备份配置文件 backup_dir/backups/instance_name/pg_probackup.conf。

④ 删除实例 backup_dir/backups/instance_name 子目录本身，删除 backup_path/wal/instance_name 子目录本身。

(7) 设置实例备份配置文件 backup_dir/backups/instance_name/pg_probackup.conf 的处理函数为 do_set_config，do_set_config 函数根据解析的命令行参数，以 name=value 的形式把新值设置到配置文件中。pg_probackup.conf 是文本文件，为了避免文件写坏，先把内

容写到一个 pg_probackup. conf. tmp 临时文件,最后再重命名为正式文件。

(8) 显示实例备份配置文件 backup_dir/backups/instance_name/pg_probackup. conf 的处理函数为 do_show_config,do_show_config 函数根据命令行要求是 json 还是普通格式把参数以 name=value 的方式显示出来。

10.2.4　redo 日志增量备份恢复流程

在 gs_basebackup 或者 gs_probackup 工具全量备份的基础上,再加上数据库的 redo 日志,就可以实现基于 redo 日志的增量备份和恢复。如果把所有 redo 日志都进行归档备份,那么数据库就可以实现基于时间点的恢复 PITR,把数据库恢复到基于全量备份以来的任意时间点。当前 openGauss 没有提供工具进行 redo 日志的备份,应用可以通过配置归档命令的方式或者自己复制的方式把 redo 日志复制到备份目录进行备份。恢复时只需要一个全量备份加上 redo 日志就可以进行数据库的恢复。这个过程不涉及代码逻辑,所以不再进行详细描述。

10.3　本章小结

物理备份是通过复制文件方式进行的备份,备份文件主要分为数据文件和 XLOG 文件。为了保证备份可用,需要保证 XLOG 文件的范围覆盖了备份数据的整个过程。因为在复制数据的过程中,这些数据页可能被正在执行的在线事务进行修改,这些修改只能通过 XLOG 恢复保证数据的一致性。增量备份只复制上次备份以来的数据脏页,能减少备份的数据量,提高备份效率,但增量备份只能恢复到备份的某个时间点,无法恢复到任意时间点,任意时间点的恢复只能用全量备份和全量 XLOG 日志的方式进行实现。